发电企业安全管理系列丛书

火力发电厂检修文件包

中国神华能源股份有限公司 编

中国电力出版社
CHINA ELECTRIC POWER PRESS

内容提要

本书采用基于风险预控管理的检修作业管理方法，选择火力发电有代表性检修作业编制了检修文件包范本。该方法将检修作业全过程划分为八个环节，进行系统的风险辨识和风险评估，制定安全作业标准，在此基础上，编制规范的检修文件包。为有效防范在检修作业过程中，由于安全措施不完善，管理责任落实不到位，作业人员违章作业及误操作等原因而导致的生产中断、设备损坏及人身伤害等事件发生提供了有效途径。

本书针对性、实用性强，可供火力发电运行人员参考使用，也可作为编制检修文件包的指导工具书。

图书在版编目（CIP）数据

火力发电厂检修文件包 / 中国神华能源股份有限公司编. —北京：中国电力出版社，2018.4（2019.4重印）
（发电企业安全管理系列丛书）
ISBN 978-7-5198-2434-1

Ⅰ.①火… Ⅱ.①中… Ⅲ.①火力厂－检修－安全管理－文件－汇编－中国 Ⅳ.①TM621

中国版本图书馆 CIP 数据核字（2018）第 216061 号

出版发行：中国电力出版社
地　　址：北京市东城区北京站西街 19 号（邮政编码 100005）
网　　址：http：//www.cepp.sgcc.com.cn
责任编辑：郑艳蓉 （010-63412379）徐 超 马雪倩
责任校对：黄 蓓 常燕昆 太兴华
装帧设计：赵姗姗
责任印制：蔺义舟

印　　刷：北京天宇星印刷厂
版　　次：2018 年 4 月第一版
印　　次：2019 年 4 月北京第二次印刷
开　　本：880 毫米×1230 毫米 16 开本
印　　张：33.75
字　　数：1130 千字
印　　数：1001—2000 册
定　　价：129.00 元

本书编写组

主　编　王树民

副主编　（按姓氏笔画排序）

方世清　史颖君　刘志江　刘志强　孙小玲　李　石

李　忠　李瑞欣　李　巍　肖创英　吴优福　何成江

宋　畅　张光德　陈志龙　陈　英　陈杭君　国汉君

季明彬　赵世斌　赵岫华　赵振海　秦文军　凌荣华

蒋国俊　魏　星

参编人员　（按姓氏笔画排序）

王　飞　王　勇　王　晖　王天海　王朝飞　王渤海

付　昱　田红鹏　白　继　刘　斌　孙志春　安志勇

吴海斌　张　磊　张力夫　张大健　张建生　张艳亮

李　鹏　李海节　杨　建　陈　晗　陈福安　卓　华

庞宏利　林秀华　祝　捷　赵　跃　钟　波　项颗林

唐　辉　曾袁斌　童朝平

前 言

中国神华能源股份有限公司是集煤炭、电力、铁路、港口、航运、煤制油与煤化工等板块于一体的特大型综合能源企业。基于各板块均属于高危行业的特点，中国神华能源股份有限公司始终高度重视安全生产工作，并利用企业内涉及行业多的特点，在实践中相互借鉴，积极探索创新安全管理。早在 20 世纪 90 年代企业成立之初，从煤炭板块开始开展安全质量标准化建设，并在国内率先推广到电力、铁路、港口等其他行业领域；进入新世纪，2001 年中国神华能源股份有限公司电力板块从国外引进 NOSA 安健环管理模式，在国内安全生产领域首次引入了风险预控管理的理念；2005 年，在国家安全生产监督管理总局的指导下，中国神华能源股份有限公司在煤炭板块率先开展“安全生产风险预控管理体系”研究，经过历时两年的研究和在全国百家煤矿单位试点实践，取得良好的效果。2010 年开始，中国神华能源股份有限公司在电力、铁路、港口、煤制油和煤化工等板块创建安全风险预控管理体系。经过不断完善，逐步形成了一套日趋成熟的安全生产管理体系。

中国神华能源股份有限公司历经多年创建的这套安全管理体系包含了多项创新，核心内容包括：要素全面系统的管理体系建设标准；一套系统的危害辨识和风险预控管理模式及方法；作业任务风险评估、设备故障（模式）风险评估、生产区域风险评估等相互关联的三种模式和方法；一套基于风险预控的生产作业文件，将危险源辨识结果及风险预控措施与传统的操作票、工作票、检修工序卡和检修文件包相结合；系统的安全质量标准化标准；一套完善的保障管理制度流程；一套考核评审办法和安全审计机制。

中国神华能源股份有限公司编写的这套《发电企业安全管理系列丛书》具有管理制度化、制度表单化、表单信息化的特点，将管理要求分解为具体的执行表单，以信息化手段实施，落实了岗位职责，提高了管理效率，促进了管理的规范化与标准化。

近年来，中国神华能源股份有限公司体系建设取得多项成果，建立行业标准 4 项，企业标准 13 项，获行业科技成果一等奖三项。

为了更好地推广应用，将实践成果进行归纳整理，出版了该套《发电企业安全管理系列丛书》，具有极强的可操作性和实用性，可作为发电企业领导、安全生产管理人员、专业技术人员、班组长以上管理人员的管理工具书，也可作为发电企业安全生产管理培训教材。

由于编写人员水平有限，编写时间仓促，书中难免存在不足之处，真诚希望广大读者批评指正。

编 者

2018 年 3 月

编 制 说 明

经过多年的探索与实践，基于风险预控管理，建立了一套系统的检修文件包管理方法。针对检修作业全过程，在危害辨识和风险评估基础上，制定安全作业标准，建立体现风险预控思想的检修文件包，作为发电检修维护人员进行设备检修时使用的书面文件，具有显著特点，在生产实践中起到了很好的效果。

1. 风险辨识评估及预控

采用基于作业任务的双因（内外因）综合辨识方法，对检修作业可能存在的风险进行全面辨识和评估，制订预控措施，具体体现在以下方面：

（1）作业环境。对检修作业现场条件是否符合安全作业要求进行风险辨识评估，制定预控措施。

（2）安全隔离措施。从介质隔离、工作地点隔离、检修需采取的其他安全措施等方面辨识危险源和危害因素，制定预控措施。

（3）工器具。对作业中使用的工器具、施工机具及消防设施等进行危险源和危害因素辨识，制定质量完好标准。

（4）作业过程。按照具体检修作业工序，从工器具、施工机具的使用及各类高风险作业要求等方面辨识危险源和危害因素，制定安全作业标准。

（5）检修作业结束。按照工完、料净、场地清的标准，从有无遗留物件，临时打开的孔、洞、栏杆以及临时拆除安全措施是否恢复原状等方面辨识危险源和危害因素，制订控制措施。

2. 全过程控制

将检修过程的各环节管理要求集中编制在一个文件包中，进行全过程文件化管理。主要包括以下环节：

（1）检修任务策划，包括检修项目、修后目标、安全、质量鉴证点分布等。

（2）修前准备，包括检修人员准备以及针对设备基本情况、检修经历、存在的缺陷等进行技术交底。

（3）办理工作票。

（4）检修现场准备，包括检修现场布置、工器具及备品备件准备等。

（5）检修过程，包括每一道检修工序的安全、质量标准及其鉴证确认。

（6）完工验收，包括安全措施恢复情况、设备自身状况、设备环境状况等。

（7）完工报告，包括缺陷处理情况、设备异动情况、让步接受情况、遗留问题及采取措施、修后总体评价等。

3. 标准化管理

一是检修文件包结构形式标准化，采用统一的结构形式，且规范术语和编写要求，保证检修文件包结构清晰，表述严谨。

二是检修作业要求标准化，明确检修作业的工作步序，并根据风险预控措施建立各步序安全作业标准，有效解决风险预控与实际工作脱节的问题。

4. 鉴证签字要求

明确了各环节安全管理程序和相关责任人签字要求。根据工序的重要性、难易程度及安全风险设置安全鉴证点（H/W/S），根据风险等级，明确不同等级安全鉴证点对相关人员鉴证确认要求。通过责任落实，确保安全、质量标准执行到位。

5. 信息化管理

检修文件包在编制过程中，首先直接从信息系统数据库中调取风险辨识评估及预控措施等相关基本内容，并结合具体检修作业进行审核并修改完善，既提高了文件包编制的效率，又保证了质量，同时将修改后的内容存入数据库，做到持续改进。

该检修文件包具有很强的针对性、实用性，为有效防范检修作业过程中，由于安全措施不完善、质量标准执行不到位，管理责任不落实等原因而导致的人身伤害和设备损坏等事件提供了有效途径。

目　　录

1 锅炉检修

检修文件包

单位：__________ 班组：__________ 编号：__________

检修任务：引风机检修 风险等级：__________

一、检修工作任务单

计划检修时间	年 月 日 至 年 月 日	计划工日	

主要检修项目	1．叶片检查 2．检查叶片轴承 3．轮毂检查、更换润滑油 4．动叶伺服装置检查 5．烟风道及伸缩节检查 6．主轴承箱解体检修	7．叶片调节装置检修 8．联轴器中心调整 9．入口挡板检修 10．油站系统检修 11．密封风机检修
修后目标	1．风机轴承振动值（*X*、*Y* 向）：≤4.6mm/s 2．风机轴承温度：≤70℃ 3．油系统无渗油漏油现象 4．设备各种标牌齐全	

	W 点	工序及质检点内容	H 点	工序及质检点内容	S 点	工序及安全鉴证点内容
鉴证点分布	1-W2	□1.1 风机叶片编号，检查风机叶片间隙	1-H3	□3.1 复查风机侧及电机侧联轴器中心偏差	1-S2	□1.1 打开风机进气箱及扩压器人孔
	2-W2	□4.4 吊起附有主轴承和伺服电动机的转子	2-H3	□5.3 轴承箱与下机壳就位检查	2-S2	□4 主轴、轮毂、伺服油缸及轴承箱的拆除
	3-W2	□5.4 定位齿形轴封位置检查	3-H3	□5.5 主轴水平	3-S2	□5 轴、轮毂、轴承箱及伺服油缸回装
	4-W2	□5.8 油管、伺服阀与油分配座连接	4-H3	□5.6 检查伺服控制装置油缸紧固力矩，安装伺服阀		
	5-W2	□6.5 叶片拧紧力矩检查	5-H3	□6.2 轮毂、叶片、叶片轴着色探伤		
	6-W2	□6.9 叶片与芯筒间隙检查	6-H3	□6.6 校核叶片间隙		
	7-W2	□6.11 叶片执行器定位机壳外部指示标记	7-H3	□6.10 叶片开关定位		
	8-W2	□7.1 检查联轴器	8-H3	□7.3 联轴器校正中心		
	9-W2	□7.2 联轴器预拉检查	9-H3	□12 油站试运		
	10-W2	□8.5 入口挡板检修	10-H3	□13 风机试运		
	11-W2	□9.9 油泵检修				
	12-W2	□10.3 冷油器检修				
	13-W2	□11 冷却风机检修				

质量验收人员	一级验收人员	二级验收人员	三级验收人员
安全验收人员	一级验收人员	二级验收人员	三级验收人员

二、修前准备卡

设 备 基 本 参 数

设备参数

YU16650-02G 型引风机，是单级动叶可调式轴流通风机，叶轮直径 3350mm，每级动叶片由 22 个叶片组成。叶片拴接于轮毂上，引风机本体由进气箱、轴承箱及叶轮升压级、动叶调节装置及扩散器组成。每个叶片沿着叶柄轴转动方向＋20°～－36°，所有叶片的转动是与一个总的液压传动机构同步进行的。

设 备 基 本 参 数

序号	项目	单位	技术规范
1	引风机型号	—	YU16650-02G
2	引风机调节装置型号	—	U166T
3	叶轮直径	mm	3350
4	轴承箱型号	—	UZ12000
5	主轴的材质	—	42CrMo
6	叶轮轮毂材质	—	45 号
7	叶轮叶片型号	—	22 型
8	叶轮叶片材质	—	Q345D 或 16MnR
9	叶轮叶片使用寿命	h	≥50000
10	每级叶片数	片	22
11	转子质量	kg	10000
12	引风机的第一临界转速	r/min	970
13	轴承润滑方式	—	循环油＋油池
14	引风机旋转方向（从电机看引风机）	—	逆时针旋转
15	冷却风机型号/数量	—	5-19No5A/2
16	冷却风机风量、风压	—	1930～3860m^3/h、3743～2731Pa
17	检修时最大起吊重量/高度	kg/m	10000kg/≥5.0m

设 备 修 前 状 况

检修前交底（设备运行状况、历次主要检修经验和教训、检修前主要缺陷）

（1）动叶片对碰撞敏感，吊装移动机壳时应格外小心！若动叶未完全关闭就起吊机壳上盖，将对叶片造成损伤。

（2）请勿以机壳中分面找水平，应以轮毂中介环端为基准找风机主轴水平。

（3）如果叶片需要更换，应整套更换，不能单件更换，动叶安装顺序错误会产生不平衡和振动，应按正确的编号顺序安装动叶。

（4）叶片开度校核调整工作必须在油站检修完毕、润滑及控制油压正常的情况下进行，两台风机一定要同步。

（5）运行中振动数据监测：

引风机	监测点	方向	振动（常规）	振动（修前）	温度（常规）	温度（修前）
	前轴承	X/Y	＜4.6mm/s		≤70℃	
	后轴承	X/Y	＜4.6mm/s		≤70℃	

技术交底人		年 月 日
接受交底人		年 月 日

人 员 准 备

序号	工种	工作组人员姓名	资格证书编号	检查结果
1				□
2				□
3				□
4				□
5				□
6				□

续表

<table>
<tr><td colspan="5">三、现场准备卡</td></tr>
<tr><td colspan="5">办 理 工 作 票</td></tr>
<tr><td colspan="5">工作票编号：</td></tr>
<tr><td colspan="5">施 工 现 场 准 备</td></tr>
<tr><td>序号</td><td colspan="3">安 全 措 施 检 查</td><td>确认符合</td></tr>
<tr><td>1</td><td colspan="3">进入粉尘较大的场所作业，作业人员必须戴防尘口罩</td><td>☐</td></tr>
<tr><td>2</td><td colspan="3">进入噪声区域、使用高噪声工具时正确佩戴合格的耳塞</td><td>☐</td></tr>
<tr><td>3</td><td colspan="3">必须保证检修区域照明充足</td><td>☐</td></tr>
<tr><td>4</td><td colspan="3">开工前检查并补全缺失盖板和防护栏，工作场所的孔、洞必须覆以与地面齐平的坚固盖板</td><td>☐</td></tr>
<tr><td>5</td><td colspan="3">不准擅自拆除设备上的安全防护设施</td><td>☐</td></tr>
<tr><td>6</td><td colspan="3">工作前核对设备名称及编号</td><td>☐</td></tr>
<tr><td>7</td><td colspan="3">开工前与运行人员共同确认检修的设备已可靠与运行中的系统隔断，检查相关阀门已关闭，电源已断开，挂“禁止操作，有人工作”标示牌</td><td>☐</td></tr>
<tr><td>8</td><td colspan="3">转动设备检修时应采取防转动措施</td><td>☐</td></tr>
<tr><td colspan="5">确认人签字：</td></tr>
<tr><td colspan="5">工 器 具 准 备 与 检 查</td></tr>
<tr><td>序号</td><td>工具名称及型号</td><td>数量</td><td>完 好 标 准</td><td>确认符合</td></tr>
<tr><td>1</td><td>脚手架</td><td>2</td><td>搭设结束后，必须履行脚手架验收手续，填写脚手架验收单，并在“脚手架验收单”上分级签字；验收合格后应在脚手架上悬挂合格证，方可使用；工作负责人每天上脚手架前，必须进行脚手架整体检查</td><td>☐</td></tr>
<tr><td>2</td><td>安全带</td><td>2</td><td>检查检验合格证应在有效期内，标识（产品标识和定期检验合格标识）应清晰齐全；各部件应完整无缺失、无伤残破损，腰带、胸带、围杆带、围杆绳、安全绳应无灼伤、脆裂、断股、霉变；金属卡环（钩）必须有保险装置，且操作要灵活。钩体和钩舌的咬口必须完整，两者不得偏斜</td><td>☐</td></tr>
<tr><td>3</td><td>电动葫芦</td><td>1</td><td>检查电动葫芦检验合格证在有效期内；使用前应做无负荷起落试验一次，检查刹车及传动装置应良好无缺陷；吊钩滑轮杆无磨损现象，开口销完整；开口度符合标准要求；吊钩无裂纹或显著变形，无严重腐蚀、磨损现象；销子及滚珠轴承良好</td><td>☐</td></tr>
<tr><td>4</td><td>手拉葫芦
（10t）</td><td>2</td><td>检查检验合格证在有效期内；链节无严重锈蚀及裂纹，无打滑现象；齿轮完整，轮杆无磨损现象，开口销完整；吊钩无裂纹变形；链扣、蜗母轮及轮轴发生变形、生锈或链索磨损严重时，均应禁止使用；撑牙灵活能起刹车作用；撑牙平面垫片有足够厚度，加荷重后不会拉滑；使用前应做无负荷的起落试验一次，检查其煞车以及传动装置是否良好，然后再进行工作</td><td>☐</td></tr>
<tr><td>5</td><td>手拉葫芦
（5t）</td><td>2</td><td>检查检验合格证在有效期内；链节无严重锈蚀及裂纹，无打滑现象；齿轮完整，轮杆无磨损现象，开口销完整；吊钩无裂纹变形；链扣、蜗母轮及轮轴发生变形、生锈或链索磨损严重时，均应禁止使用；撑牙灵活能起刹车作用；撑牙平面垫片有足够厚度，加荷重后不会拉滑；使用前应做无负荷的起落试验一次，检查其煞车以及传动装置是否良好，然后再进行工作</td><td>☐</td></tr>
<tr><td>6</td><td>螺旋千斤顶
（16t）</td><td>1</td><td>检查检验合格证在有效期内；由操作人员检查螺旋千斤顶或齿条千斤顶装有防止螺杆或齿条脱离丝扣或齿轮的装置；不准使用螺纹或齿条已磨损的千斤顶</td><td>☐</td></tr>
<tr><td>7</td><td>钢丝绳
（ϕ16）</td><td>5</td><td>起重工具使用前，必须检查完好、无破损；所选用的吊索具应与被吊工件的外形特点及具体要求相适应；吊具及配件不能超过其额定起重量，起重吊具、吊索不得超过其相应吊挂状态下的最大工作载荷</td><td>☐</td></tr>
<tr><td>8</td><td>卡环
（10t）</td><td>4</td><td>起重工具使用前，必须检查完好、无破损；所选用的吊索具应与被吊工件的外形特点及具体要求相适应；吊具及配件不能超过其额定起重量，起重吊具、吊索不得超过其相应吊挂状态下的最大工作载荷</td><td>☐</td></tr>
</table>

续表

序号	工具名称及型号	数量	完 好 标 准	确认符合
9	手电钻	1	检查检验合格证在有效期内；检查电源线、电源插头完好无破损；有漏电保护器；检查各部件齐全，外壳和手柄无破损；检查电源开关动作正常、灵活；检查转动部分转动灵活、轻快，无阻滞	□
10	角磨机（ϕ100）	5	检查检验合格证在有效期内；检查电源线、电源插头完好无缺损；有漏电保护器；检查防护罩完好；检查电源开关动作正常、灵活；检查转动部分转动灵活、轻快，无阻滞	□
11	切割机（ϕ150）	4	检查检验合格证在有效期内；检查电源线、电源插头完好无缺损，电源开关完好无损且动作正常灵活；检查保护接地线连接完好无损；检查各部件完整齐全，防护罩、砂轮片完好无缺损；检查转动部分转动灵活、轻快，无阻滞	□
12	电动扳手（配16、18、22、24mm套筒）	1	检查检验合格证在有效期内；检查电动扳手电源线、电源插头完好无破损；有漏电保护器；检查手柄、外壳部分、驱动套筒完好无损伤；进出风口清洁干净无遮挡；检查正反转开关完好且操作灵活可靠	□
13	移动式电源盘（配航空插头220V）	1	检查检验合格证在有效期内；检查电源盘电源线、电源插头、插座完好无破损；漏电保护器动作正确；检查电源盘线盘架、拉杆、线盘架轮子及线盘摇动手柄齐全完好	□
14	临时电源及电源线	1	严禁将电源线缠绕在护栏、管道和脚手架上，临时电源线架设高度室内不低于2.5m；检查电源线外绝缘良好，线绝缘有破损不完整或带电部分外露时，应立即找电气人员修好，否则不准使用；检查电源盘检验合格证在有效期内；不准使用破损的电源插头插座；安装、维修或拆除临时用电工作，必须由电工完成。电工必须持有效证件上岗；分级配置漏电保护器，工作前试验漏电保护器正确动作；电源箱箱体接地良好，接地、接零标志清晰；工作前核算用电负荷在电源最高负荷内，并在规定负荷内用电	□
15	行灯（24V）	1	检查行灯电源线、电源插头完好无破损；行灯电源线应采用橡胶套软电缆；行灯的手柄应绝缘良好且耐热、防潮；行灯变压器必须采用双绕组型，变压器一、二次侧均应装熔断器；行灯变压器外壳必须有良好的接地线，高压侧应使用三相插头；行灯应有保护罩；行灯电压不应超过36V；在潮湿的金属容器内工作时不准超过12V	□
16	电焊机	1	检查电焊机检验合格证在有效期内；检查电焊机电源线、电源插头、电焊钳等完好无损，电焊工作所用的导线必须使用绝缘良好的皮线；电焊机的裸露导电部分和转动部分以及冷却用的风扇，均应装有保护罩；电焊机金属外壳应有明显的可靠接地，且一机一接地；电焊机应放置在通风、干燥处，露天放置应加防雨罩；电焊机、焊钳与电缆线连接牢固，接地端头不外露；连接到电焊钳上的一端，至少有5m为绝缘软导线；每台焊机应该设有独立的接地，接零线，其接点应用螺丝压紧；电焊机必须装有独立的专用电源开关，其容量应符合要求，电焊机超负荷时，应能自动切断电源，禁止多台焊机共用一个电源开关；不准利用厂房的金属结构、管道、轨道或其他金属搭接起来作为导线使用	□
17	氧气、乙炔	1	氧气瓶和乙炔气瓶应垂直放置并固定，氧气瓶和乙炔气瓶的距离不得小于5m；在工作地点，最多只许有两个氧气瓶（一个工作，一个备用）；安放在露天的气瓶，应用帐篷或轻便的板棚遮护，以免受到阳光曝晒；乙炔气瓶禁止放在高温设备附近，应距离明火10m以上；只有经过检验合格的氧气表、乙炔表才允许使用；氧气表、乙炔表的连接螺纹及接头必须保证氧气表、乙炔表安在气瓶阀或软管上之后连接良好、无任何泄漏；在连接橡胶软管前，应先将软管吹净，并确定管中无水后，才许使用；不准用氧气吹乙炔气管；乙炔气瓶上应有阻火器，防止回火并经常检查，以防阻火器失灵；禁止使用没有防震胶圈和保险帽的气瓶；禁止装有气体的气瓶与电线相接触	□
18	手锯（350mm）	1	手锯手柄应安装牢固，没有手柄的不准使用	□
19	一字螺丝刀（300mm）	1	螺丝刀手柄应安装牢固，没有手柄的不准使用	□

续表

序号	工具名称及型号	数量	完好标准	确认符合
20	十字螺丝刀（300mm）	1	螺丝刀手柄应安装牢固，没有手柄的不准使用	□
21	撬棍（300mm）	1	必须保证撬杠强度满足要求。在使用加力杆时，必须保证其强度和嵌套深度满足要求，以防折断或滑脱	□
22	手锤（2p）	1	手锤的锤头须完整，其表面须光滑微凸，不得有歪斜、缺口、凹入及裂纹等情形。手锤的柄须用整根的硬木制成，并将头部用楔栓固定。楔栓宜采用金属楔，楔子长度不应大于安装孔的2/3	□
23	手锤（3p）	1	手锤的锤头须完整，其表面须光滑微凸，不得有歪斜、缺口、凹入及裂纹等情形。手锤的柄须用整根的硬木制成，并将头部用楔栓固定。楔栓宜采用金属楔，楔子长度不应大于安装孔的2/3	□
24	大锤（18p）	1	手锤的锤头须完整，其表面须光滑微凸，不得有歪斜、缺口、凹入及裂纹等情形。手锤的柄须用整根的硬木制成，并将头部用楔栓固定。楔栓宜采用金属楔，楔子长度不应大于安装孔的2/3	□
25	内六角（6～16mm）	1	表面应光滑，不应有裂纹、毛刺等影响使用性能的缺陷	□
26	活扳手（300mm）	1	活动扳口应在扳体导轨的全行程上灵活移动；活扳手不应有裂缝、毛刺及明显的夹缝、氧化皮等缺陷，柄部平直且不应有影响使用性能的缺陷	□
27	管钳（450mm）	1	管钳固定销钉应牢固，钳头、钳柄应无裂纹，活爪、齿纹、齿轮应完整灵活	□
28	梅花扳手（12～14、17～19、22～24、27～29、24～27、30～32mm）	1	扳手不应有裂缝、毛刺及明显的夹缝、切痕、氧化皮等缺陷，柄部应平直	□
29	力矩扳手	1	外观完整，定期检验合格证在有效期内	□
30	铜棒	2	铜棒端部无卷边、无裂纹，铜棒本体无弯曲	□
31	手电筒	1	电池电量充足、亮度正常、开关灵活好用	□
32	刚卷尺	1	检查刻度和数字应清晰、均匀，不应有脱色现象	□
33	克丝钳（150mm）	1	钢丝钳手柄应安装牢固，没有手柄的不准使用	□
34	呆板手（M36、M41、M46、M55）	1	扳手不应有裂缝、毛刺及明显的夹缝、切痕、氧化皮等缺陷，柄部应平直	□
35	平板锉（300mm）	1	锉刀手柄应安装牢固，没有手柄的不准使用	□
36	游标卡尺（0～200mm）	1	检查测定面是否有毛头；检查卡尺的表面应无锈蚀、碰伤或其他缺陷，刻度和数字应清晰、均匀，不应有脱色现象，游标刻线应刻至斜面下缘	□
37	百分表（0～5mm）	2	百分表的表面应无锈蚀、碰伤或其他缺陷，刻度和数字应清晰、均匀，不应有脱色现象	□
38	钢板尺（200mm）	1	刻度和数字应清晰、均匀，不应有脱色现象	□
39	内径千分（50～600mm）	1	表面应无锈蚀、碰伤或其他缺陷，刻度和数字应清晰、均匀，不应有脱色现象	□
40	外径千分尺（0～25mm）	1	表面应无锈蚀、碰伤或其他缺陷，刻度和数字应清晰、均匀，不应有脱色现象	□
41	塞尺（300mm）	1	保持清洁，无油污、铁屑	□

续表

序号	工具名称及型号	数量	完 好 标 准	确认符合
42	滤油机	1	滤油机的电源线、电源插头应完好无破损；金属外壳应有明显可靠的接地线，滤油机输油管应连接牢固，无渗漏油	□
确认人签字：				

材 料 准 备

序号	材料名称	规 格	单位	数量	检查结果
1	擦机布		kg	4	□
2	油脂	二硫化钼	kg	8	□
3	塑料布		m^2	4	□
4	煤油		kg	30	□
5	清洗剂	250mL	瓶	24	□
6	松锈灵	250mL	瓶	24	□
7	耐油高压石棉板	δ=1.5	m^2	4	□
8	纸垫	0.1～0.5	m^2	各1	□
9	熔丝	5～10A	卷	各1	□
10	密封胶	732	支	2	□
11	汽轮机油	L-TSA46	kg	340	□
12	耐油胶皮	δ=3	m^2	4	□
13	铜皮	0.1～0.5	kg	1	□

备 件 准 备

序号	备件名称	规格型号	单位	数量	检查结果
1	钢片联轴器		件	1	□
	验收标准：钢片联轴器内外清洁，无损坏、磨损、腐蚀。联轴器预拉值为4.5～5mm（原始间隙为43mm）				
2	油泵	CBF-F100/16BP；CB-B160	台	4	□
	验收标准：油泵外壳无砂眼、裂纹等缺陷。齿轮与壳体径向间隙不大于0.10mm 齿轮与泵体轴向间隙不大于0.25mm，轴与套间隙不大于0.10mm。齿面磨损不超过0.70mm。齿轮啮合的齿顶间隙与齿背间隙均不大于0.5mm。外壳与两侧端盖应平整严密。齿轮轴与孔的磨损不大于0.20mm。齿轮啮合面沿齿长及齿高方向均不少于80%。齿轮与轴配合过盈为0.01～0.02mm。各结合面严密不漏				
3	油缸组连杆	ϕ30×370 U166Z051（U266/3I010）	套	1	□
	执行器连杆	ϕ27×898 U166Z052（TY9001020）	套	1	□
	验收标准：油缸伺服阀与叉形摆臂之间连杆组件理论长度约为424mm；叶片全开时伺服阀端面到油缸端面距离约为44.5mm（对应叶片+20°）；叶片全关时伺服阀端面到油缸端面距离约为128mm（对应叶片−36°）				

四、检修工序卡

检修工序步骤及内容	安全、质量标准
1 拆卸风机主机保温及机壳（与油站检修为并列工序） □1.1 打开风机进气箱及扩压器人孔进入风机内部，为风机叶片进行编号，使用楔形塞尺检查风机叶片叶顶间隙，并做好记录 危险源：大锤、手锤、空气 安全鉴证点 1-S2	□A1.1（a） 锤把上不可有油污，严禁单手抡大锤；使用大锤时，周围不得有人靠近，严禁戴手套抡大锤。 □A1.1（b） 打开所有通风口进行通风；进入前仪器探测容器内一氧化碳浓度不大于30mg/m^3，保证内部通风畅通，必要时使用轴流风机强制通风；严禁向容器内部输送氧气；测量氧气浓度保持在19.5%～21%范围内；设置逃生通道，并保持通道畅通；设专人不间断地监护，特殊情况时要增加监护人数量，人员进出应登记。

续表

检修工序步骤及内容	安全、质量标准
质检点 1-W2 □1.2　拆除主机部分机壳中分面及非金属补偿器处螺栓和吊装点处的保温 危险源：手电钻、安全带、高空中的工器具、零部件、石棉粉尘 安全鉴证点 1-S1 □1.3　拆除主机部分机壳中分面（内外部含后导叶）及非金属补偿器处螺栓和定位销，安装好天车及吊装钢丝绳，固定好非金属补偿器，并做好各部位位置记号 □1.4　将动叶移至全关位置或拆下动叶片，缓慢向上吊起机壳上半部，放置于零米的枕木上 危险源：大锤、手锤、吊具、起吊物、电动葫芦、超载荷存放、手拉葫芦 安全鉴证点 2-S1	1.1　风机叶片编号原则应以轮毂上“H”标记位置为初始标记点，沿风机旋转方向进行标记。叶顶间隙测量应沿机壳圆周方向均布 8 点，在每个点盘动转子，逐片记录叶顶及叶根间隙（不应小于 2mm）。 □A1.2（a）　使用电钻等电气工具时必须戴绝缘手套；在高处作业时，电动工具必须系好安全绳。 □A1.2（b）　使用时，安全带的挂钩或绳子应挂在腰部以上结实牢固的构件上。 □A1.2（c）　高处作业应一律使用工具袋；较大的工具应用绳拴在牢固的构件上。 □A1.2（d）　进入粉尘较大的场所作业，作业人员必须戴防尘口罩；安装和运输材料及废料时应用袋和箱装运；安装过程中应采取防止散落、飞扬措施。 □A1.4（a）　锤把上不可有油污；禁止单手抡大锤；使用大锤时，周围不得有人靠近；严禁戴手套抡大锤。 □A1.4（b）　起重吊物之前，必须清楚物件的实际重量；吊拉时两根钢丝绳之间的夹角一般不得大于 90°；吊拉捆绑时，重物或设备构件的锐边处必须加装衬垫物；起吊时，严禁歪斜拽吊，必须按规定选择吊点并捆绑牢固；起重搬运时应由一人指挥，指挥人员应由经有关机构专业技术培训取得资格证的人员担任；吊装作业现场必须设警戒区域，设专人监护；任何人不准在吊杆和吊物下停留或行走。 □A1.4（c）　起重物品必须绑牢，吊钩应挂在物品的重心上，吊钩钢丝绳应保持垂直，禁止使吊钩斜着拖吊重物；工作负荷不准超过电动葫芦铭牌规定；起重机械只限于熟悉使用方法并经有关机构业务培训考试合格、取得操作资格证的人员操作。 □A1.4（d）　大型物件的放置地点必须为荷重区域，不准将重物放置在孔、洞的盖板或非支撑平面上面；应事先选好地点，放好方木等衬垫物品，确保平稳牢固。 □A1.4（e）　悬挂手拉葫芦的架梁或建筑物，必须经过计算，否则不准悬挂；不准把手拉葫芦挂在任何管道上或管道的支吊架上；禁止用手拉葫芦长时间悬吊重物
2　动叶拆卸 危险源：大锤、手锤、风机、重物 安全鉴证点 3-S1 □2.1　风机上部机壳已揭开，转子已装在机壳下半部 □2.2　动叶布置不平衡，转子可能会突然转动，会造成损害。拆除顺序应采用对称拆除方式，拧出动叶上的螺栓，卸下动叶 □2.3　轮毂上附着的灰尘会导致锈蚀，使转动卡涩，拨松后用吸尘器吸力清除；转子叶片不得置于露天，可用防水布遮盖好	□A2（a）　使用大锤、手时锤把上不可有油污；使用大锤时，周围不得有人靠近，严禁戴手套抡大锤、严禁单手抡大锤。 □A2（b）　按直径相对称的叶片进行拆卸，拆卸时应确保转子不要转动；动叶进、出口边及防磨层对碰压敏感，只能用进口边叶跟部固定转子以防转动。 □A2（c）　手搬物件时应量力而行，不得搬运超过自己能力的物件，作业人员应根据搬运物件的需要，穿戴披肩、垫肩、手套、口罩、眼镜等防护用品
3　拆装联轴器 危险源：大锤、吊具、起吊物、手拉葫芦 安全鉴证点 4-S1 □3.1　架设百分表，复查风机侧及电机侧联轴器中心偏差，检查预拉间隙 质检点 1-H3	□A3（a）　锤把上不可有油污；严禁单手抡大锤；使用大锤时，周围不得有人靠近；严禁戴手套抡大锤。 □A3（b）　起重吊物之前，必须清楚物件的实际重量；吊拉时两根钢丝绳之间的夹角一般不得大于 90°；吊拉捆绑时，重物或设备构件的锐边处必须加装衬垫物；工作起吊时严禁歪斜拽吊必须按规定选择吊点并捆绑牢固；起重搬运时应由一人指挥，指挥人员应由经有关机构专业技术培训取得资格证的人员担任；吊装作业现场必须设警戒区域，设专人监护；任何人不准在吊物下停留或行走。 □A3（c）　悬挂手拉葫芦的架梁或建筑物，必须经过计算，否则不准悬挂；不准把手拉葫芦挂在任何管道上或管道的支吊架上；禁止用手拉葫芦长时间悬吊重物；工作负荷不准超过铭牌规定；禁止用链式起重机长时间悬吊重物；工作负荷不准超过铭牌规定

续表

检修工序步骤及内容	安全、质量标准
□3.2 拆卸联轴器螺栓，做好位置记号 □3.3 联轴器螺栓拆至最后一条时，使用起重工具吊住中间垫板，拆净螺栓后将垫板取下，妥善放置 □3.4 联轴器如需更换，应安装拔轴器，加热联轴器套，起顶取下。回装时尽量用油加热。如现场确无此条件，可用火焰均匀加热，但需控制温度（<80℃）	3.1 钢片联轴器内外清洁，无损坏，磨损、腐蚀联轴器预拉值为4.5～5mm（原始间隙为43mm） 3.2 应使用垫木在中间轴护套内垫好，防止拆除过程中脱落伤人 3.4 回装后联轴器键侧间隙为零，与轴肩处用0.05mm塞尺塞不进
4 主轴、轮毂、伺服油缸及轴承箱的拆除 危险源：吊具、起吊物、重物、电动葫芦、切割机、超载荷存放、手拉葫芦、润滑油 安全鉴证点 | 2-S2 | □4.1 支撑住联轴器中间轴段，拆下风机侧的半联轴器法兰 □4.2 割除焊接防松装置，使用套筒扳手拆除轴承座与机壳的联接螺栓 □4.3 拆卸轴承座上各管线、润滑油进出接口、温度及振动监测装置，拆除动叶调节伺服阀及关联油管 □4.4 安装吊具，吊起拆下附有主轴承和伺服电动机的转子，摆放在适合的安装架上 质检点 | 2-W2 |	□A4（a） 起重吊物之前，必须清楚物件的实际重量；吊拉时两根钢丝绳之间的夹角一般不得大于90°；吊拉捆绑时，重物或设备构件的锐边处必须加装衬垫物；起吊时，严禁歪斜拽吊，必须按规定选择吊点并捆绑牢固；起重搬运时应由一人指挥，指挥人员应由经有关机构专业技术培训取得资格证的人员担任；吊装作业现场必须设警戒区域，设专人监护。 □A4（b） 起重物品必须绑牢，吊钩应挂在物品的重心上，吊钩钢丝绳应保持垂直，禁止使吊钩斜着拖吊重物；工作负荷不准超过电动葫芦铭牌规定；起重机械只限于熟悉使用方法并经有关机构业务培训考试合格、取得操作资格证的人员操作。 □A4（c） 手持切割机操作人员必须正确佩戴防护面罩、防护眼镜；不准手提切割机的导线或转动部分；更换切割片前必须先切断电源。 □A4（d） 大型物件的放置地点必须为荷重区域，不准将重物放置在孔、洞的盖板或非支撑平面上面；应事先选好地点，放好方木等衬垫物品，确保平稳牢固。 □A4（e） 悬挂手拉葫芦的架梁或建筑物，必须经过计算，否则不准悬挂；不准把手拉葫芦挂在任何管道上或管道的支吊架上；禁止用手拉葫芦长时间悬吊重物；工作负荷不准超过铭牌规定。 □A4（f） 检修中应使用接油盘、地面铺设胶皮或塑料布等措施，防止润滑油滴落污染地面，地面有油水必须及时清除，以防滑跌；不准将油污、油泥、废油等（包括沾油棉纱、布、手套、纸等）倒入下水道排放或随地倾倒，应收集放于指定的地点，妥善处理，以防污染环境及发生火灾。 4.1 在连接位作标记，使重新安装时不会错误。 4.2 拆除前应使用起重设备吊住轮毂，防止转子倾倒。接合面清理干净。螺栓妥善保存。 4.3 做好标记，拆除后应妥善保管，检查油管不能有变形、开裂、老化等现象。伺服阀应无渗漏油现象，否则进行更换
5 主轴、轮毂、轴承箱及伺服油缸的回装 危险源：吊具、起吊物、重物、电动葫芦、角磨机、手拉葫芦、法兰螺丝孔 安全鉴证点 | 3-S2 | □5.1 清理机壳内部，安排好天车及吊具，将主轴承箱、叶轮、伺服电动机总装配组吊装至下机壳就位	□A5（a） 起重吊物之前，必须清楚物件的实际重量；吊拉时两根钢丝绳之间的夹角一般不得大于90°；吊拉捆绑时，重物或设备构件的锐边处必须加装衬垫物；起吊时，严禁歪斜拽吊，必须按规定选择吊点并捆绑牢固；起重搬运时应由一人指挥，指挥人员应由经有关机构专业技术培训取得资格证的人员担任；吊装作业现场必须设警戒区域，设专人监护；任何人不准在吊杆和吊物下停留或行走。 □A5（b） 起重物品必须绑牢，吊钩应挂在物品的重心上，吊钩钢丝绳应保持垂直，禁止使吊钩斜着拖吊重物；工作负荷不准超过电动葫芦铭牌规定；起重机械只限于熟悉使用方法并经有关机构业务培训考试合格、取得操作资格证的人员操作。

续表

检修工序步骤及内容	安全、质量标准
	□A5（c） 操作人员必须正确佩戴防护面罩、防护眼镜；不准手提角磨机的导线或转动部分；使用角磨机时，应采取防火措施，防止火花引发火灾。 □A5（d） 悬挂手拉葫芦的架梁或建筑物，必须经过计算，否则不准悬挂；不准把手拉葫芦挂在任何管道上或管道的支吊架上；禁止用手拉葫芦长时间悬吊重物；工作负荷不准超过铭牌规定。 □A5（e） 安装管道法兰和阀门的螺丝时，应用撬棒校正螺丝孔，不准用手指伸入螺丝孔内触摸，以防轧伤手指。
□5.2 联接风机侧联轴器法兰；移去联轴器中间轴的支撑	5.2 联轴器螺栓拧紧力矩为3600Nm。
□5.3 安装治具使轴承箱与下机壳接触面充分接触，安装轴承座与机壳的联接螺栓，必须按规定力矩紧固，避免松动造成损坏，拧紧后可对螺栓实施焊接防松 质检点 | 2-H3 |	5.3 结合面应清洁无毛刺，紧固螺栓拧紧力矩为650Nm，拧紧后结合面圆周方向2/3部分用0.05mm塞尺塞不进。
□5.4 调整定位齿形轴封位置达到标准后，配钻芯筒法兰上的螺栓，并紧固定位 质检点 | 3-W2 |	5.4 轴封与毂盘或中介环间隙为0.5～1mm，与芯筒法兰尺寸控制在10～20mm。
□5.5 找主轴水平，打磨轮毂中介环中线位置，在水平位置使用框式水平仪测量风机主轴水平度（应旋转180°进行复检），通过在下机壳与基础台板增减垫片的方法调整风机主轴水平 质检点 | 3-H3 |	5.5 风机主轴水平误差：≤0.02mm（提示：请勿以机壳中分面找水平，应以轮毂中介环端为基准找水平）。
□5.6 复检伺服控制装置油缸紧固力矩，安装伺服阀，通过调整伺服阀紧固螺栓控制伺服阀与主轴同心度保持一致 质检点 | 4-H3 |	5.6 伺服控制装置油缸螺栓紧固力矩650Nm，使用在机壳上安装百分表来检测伺服阀同心度，同心度偏差应不大于0.05mm。
□5.7 清洗外接油路、控制油路各油管	5.7 检查所有紧固件联接的可靠性，紧固螺钉用 MoS_2 涂在螺纹和螺头接触面，采用力矩刻度扳手并达到规定力矩，供油装置在运行中应无泄漏。
□5.8 用三根高压橡胶油管将伺服阀与油分配座联接 质检点 | 4-W2 |	5.8 颜色对应联接，控制油进油管（面对风机左侧）、回油管（面对风机右侧）、溢油管（中间）。
□5.9 联接伺服阀拉杆（提示：此时联接只是临时性联接，待叶片调试时重新调整）	
□5.10 电动执行器与驱动轴曲柄用连杆联接，正确联接振动温度测点等所有管线到主轴承座，保持紧固	5.10 执行器曲柄要与驱动轴曲柄平行，夹紧螺栓一定要松开
6 叶片回装及开度调整 危险源：大锤、手锤、风机、重物、法兰的螺丝孔 安全鉴证点 | 5-S1 |	□A6（a） 使用大锤、手锤时锤把上不可有油污；使用大锤时，周围不得有人靠近，严禁戴手套抡大锤、严禁单手抡大锤。 □A6（b） 按直径相对称的叶片进行拆卸，拆卸时应确保转子不要转动；动叶进、出口边及防磨层对碰压敏感，只能用进口边叶跟部固定转子以防转动。 □A6（c） 手搬物件时应量力而行，不得搬运超过自己能力的物件，作业人员应根据搬运物件的需要，穿戴披肩、垫肩、手套、口罩、眼镜等防护用品。 □A6（d） 安装管道法兰和阀门的螺丝时，应用撬棒校正螺丝孔，不准用手指伸入螺丝孔内触摸，以防轧伤手指；如果叶片需要更换，应整套更换，不能单件更换。
□6.1 叶片用字母和数码标记（从1～22为每一个叶轮上的叶片数目），一台整机的所有叶片应标相同的字母	6.1 检查叶片标记应与拆除时相对应，动叶安装顺序错误会产生不平衡和振动，应按正确的编号顺序安装动叶；如果更换整套叶片，转子叶片的顺序由其编号决定，编号必须按圆周上的顺序定；不必在乎哪片叶片作1号或叶片以顺时针或逆时针安装。

续表

检修工序步骤及内容	安全、质量标准
□6.2 清洁轮毂结合面、叶片根部、端表面和叶片轴；进行着色探伤 质检点 | 5-H3 |	6.2 表面应清洁无锈蚀及毛刺，着色探伤无缺陷。
□6.3 安装叶片组合密封环 □6.4 在螺纹和螺头压紧处使用 MoS_2 润滑剂 □6.5 使用对应口径的力矩扳手对称拧紧螺栓，力矩符合规定 质检点 | 5-W2 |	6.5 新转子叶片应用新螺栓安装，用过的螺栓也可以再利用，但应保证它们没有被加热方式拆卸过，也没有锈蚀损坏，并能按规定拧紧。螺栓拧紧力矩为450Nm，安装角度一致。
□6.6 测量校核叶片间隙（包含动叶与机壳内径的间隙和动叶与轮毂外径的间隙）。凡更换转子和叶片之后，均要测量其间隙，使符合要求 质检点 | 6-H3 |	6.6 以叶顶间隙最小的叶片来观察，转动叶轮，在整个圆周观测，间隙过小运行时可能发生擦碰；如果叶根间隙太小则可能产生调节卡涩问题，无论叶顶或叶根间隙均不应小于2mm，叶顶间隙在机壳圆周方向应在4.1～5.5mm。
□6.7 拆除“H”标志叶片，检查轮毂轴对应刻度	6.7 叶片轴上的刻度对应轮毂上的法线标记，油缸全行程100mm，对应叶片开度在＋24°～－45°之间。
□6.8 连接油缸伺服阀与叉形摆臂之间的连接杆组件，通过调整连接杆长度来定位叶片的全开及全关位置 □6.9 在扩压器芯筒内用人工往复拉动伺服阀，使叶片开到最大和关到最小。开到最大时叶轮手动盘车一周，检查叶片底部是否与芯筒摩擦，顶部是否与外壳及失速探针摩擦 质检点 | 6-W2 |	6.8 油缸伺服阀与叉形摆臂之间连杆组件理论长度约为424mm
□6.10 将叶片关到最小开度，此时电动执行器定位0%，同时机械定位限位。用钢板尺测量伺服阀端面到油缸端面距离并记录以备调试另一台时参照 质检点 | 7-H3 |	6.10 叶片全开时伺服阀端面到油缸端面距离约为44.5mm（对应叶片＋20°）；叶片全关时伺服阀端面到油缸端面距离约为128mm（对应叶片－36°）
□6.11 将驱动轴曲柄螺栓紧固，连接执行器曲臂，点动执行器使叶片开到＋20°，（实际按刻度盘最大正角度确定）执行器定位100%，使叶片开到－36°，执行器定位0%，同时机械限位。做好机壳外部指示牌标记 质检点 | 7-W2 |	6.11 反复传动检查是否存在偏离现象，调整叉形摆臂定位螺栓，全开时无间隙，全关时预留5mm，将定位螺栓点焊防松
7 校正风机电机轴系中心 危险源：吊具、起吊物、电动葫芦、大锤、手锤、法兰螺丝孔 安全鉴证点 | 5-S1 |	□A7（a） 起重吊物之前，必须清楚物件的实际重量；吊拉时两根钢丝绳之间的夹角一般不得大于90°；吊拉捆绑时，重物或设备构件的锐边处必须加装衬垫物；起吊时，严禁歪斜拽吊，必须按规定选择吊点并捆绑牢固；起重搬运时应由一人指挥，指挥人员应由经有关机构专业技术培训取得资格证的人员担任；吊装作业现场必须设警戒区域，设专人监护；任何人不准在吊杆和吊物下停留或行走。 □A7（b） 起重物品必须绑牢，吊钩应挂在物品的重心上，吊钩钢丝绳应保持垂直，禁止使吊钩斜着拖吊重物；工作负荷不准超过电动葫芦铭牌规定；起重机械只限于熟悉使用方法并经有关机构业务培训考试合格、取得操作资格证的人员操作。 □A7（c） 锤把上不可有油污；严禁单手抡大锤；使用大锤时，周围不得有人靠近；严禁戴手套抡大锤。 □A7（d） 安装管道法兰和阀门的螺丝时，应用撬棒校正螺丝孔，不准用手指伸入螺丝孔内触摸，以防轧伤手指。
□7.1 找正前，在轴承内充以适量润滑油。检查联轴器 质检点 | 8-W2 |	7.1 联轴器应完好，无裂纹、变形现象。键与键槽间隙配合不许有松动感，键的顶部应有0.20～0.30mm间隙，与轴颈配合紧力为0.02～0.05mm。联轴器叠片无弯曲变形，螺纹完整无损。

续表

检修工序步骤及内容	安全、质量标准
□7.2 将电机吊到基础上，调整位置并进行水平找正，使联轴器法兰端面与中间传动轴法兰端面之间有1mm间隙。可通过移动电机或车削联轴器垫板保持预拉尺寸 质检点 9-W2	7.2 电机轴水平误差不应大于0.05mm，预拉开尺寸（常规140℃±50℃时，为4.5～5mm；原始叠片自由间距约为43mm。
□7.3 紧固联轴器螺栓，风机及电机联轴器两侧用百分表进行校正中心 质检点 8-H3 □7.4 找好中心后，联接好中间轴，抱闸及其护罩 □7.5 中心找正完毕后，可吊装恢复机壳上盖，恢复前应复检各管线连接情况	7.3 联轴器紧固力矩约为3600Nm；电机水平轴线应略高于风机水平轴线，约为叶轮直径的万分之五（约为1.5mm），即安装时电机端联轴器为上张口，风机端联轴器为下张口，各张口上下间隙尺寸差约为叶轮直径的十万分之六（径向位移$r \leq 0.1mm$，安装角位移$\alpha \leq 0.25°$水平找正同时两端联轴器找正（提示：联轴器径向不找正，只找联轴器端面平行度即可，找正精度0.05～0.1mm）
8 检修入口挡板 危险源：高空中的工器具、零部件、安全带、手拉葫芦、氧气、乙炔、行灯、电焊机 安全鉴证点 6-S1	□A8（a） 高处作业应一律使用工具袋；较大的工具应用绳拴在牢固的构件上；工器具和零部件不准上下抛掷，应使用绳系牢后往下或往上吊；使用时安全带的挂钩或绳子应挂在腰部以上结实牢固的构件上。 □A8（b） 悬挂手拉葫芦的架梁或建筑物，必须经过计算，否则不准悬挂；不准把手拉葫芦挂在任何管道上或管道的支吊架上；禁止用手拉葫芦长时间悬吊重物；工作负荷不准超过铭牌规定。 □A8（c） 使用中不准混用氧气软管与乙炔软管；通气的乙炔及氧气软管上方禁止进行动火作业；焊接工作结束或中断焊接工作时，应关闭氧气和乙炔气瓶、供气管路的阀门，确保气体不外漏。 □A8（d） 不准将行灯变压器带入金属容器或管道内。 □A8（e） 电焊人员应持有有效的焊工证；正确使用面罩，穿电焊服，戴电焊手套，戴白光眼镜，穿橡胶绝缘鞋；电焊工更换焊条时，必须戴电焊手套；停止、间断焊接时必须及时切断焊机电源；工作人员工作服保持干燥；必须站在干燥的木板上，或穿橡胶绝缘鞋；容器外面应设有可看见和听见焊工工作的监护人，并应设有开关，以便根据焊工的信号切断电源。
□8.1 拆开拉杆连接关节球轴承螺栓 □8.2 拆开挡板两端支撑轴承螺栓，检查更换轴承，检修完毕后补充润滑脂 □8.3 拆除挡板两端小轴及盘根套及压盖组件，检查磨损情况 □8.4 用倒链吊下挡板，清理检查，更换密封片 □8.5 依次回装，调整开关限位 质检点 10-W2	8.1 连杆转动灵活无卡涩。 8.2 轴承转动灵活无损坏。 8.3 支承架磨损不超过孔径的1/5。 8.4 挡板磨损不超过1/3，无裂纹、缺损。 8.5 开关灵活，调整开关位置正确，关断严密
9 检查油站油箱、油泵检修、清理滤网 危险源：润滑油 安全鉴证点 7-S1	□A9 检修中应采用接油盘、地面铺设有胶皮或塑料布等措施，防止润滑油滴落污染地面，地面有油水必须及时清除，以防滑跌；不准将油污、油泥、废油等（包括沾油棉纱、布、手套、纸等）倒入下水道排放或随地倾倒，应收集放于指定的地点，妥善处理，以防污染环境及发生火灾。注意滤油机跑、漏油现象，避免环境污染；滤油机使用前检查滤芯，不合格进行更换。
□9.1 清洁所有油路和油箱，将油箱内存油抽出，并取样化验。不得有沙尘、烟灰、清洁布残留纤维和固体杂质沉淀；绒毛会干扰油系统传感器的功能，清洁时只能用无纤维布 □9.2 用煤油清洗油箱内部，用白面黏净 □9.3 清洗油位计，检查指示是否正确 □9.4 取出滤网清洗干净 □9.5 油系统各阀门盘根更换、法兰密封检查	9.1 油箱内无油污垢杂物。不允许进入任何异物，否则会造成轴承损害。 9.3 油位计和标识齐全、正确。 9.4 过滤器内清洁干净，无杂物。 9.5 各油管阀门开关自如，填料适中。各阀门盘根压盖、法兰、螺纹无渗漏。

续表

检修工序步骤及内容	安全、质量标准
□9.6 新联结的管路必须酸洗，避免尘渣和残留锈皮损坏轴承和控制装置，第一次注油前要用油冲洗油路，只用运行所需油量的一半就足够，在轴承壳前用堵板阻塞油道，用一根旁通软管引到回油管。在伺服电动机控制头处联结进油和回油管路到一起，继续冲洗，直到油过滤器中没有细小灰尘及杂物出现为止，此油过滤后还可以使用 □9.7 通过一高标准的过滤器向油箱注入油，也可使用油液分离装置。检验证明油不能再用时，则必须换掉 □9.8 将油泵与电机连接螺栓拆开，移开电机，检查联轴器 □9.9 拆卸油管及地脚螺栓取出油泵。拆下端盖作好印记，检查轴封。用塞尺和铅丝测量各部间隙和齿轮啮合间隙。检查油泵外壳有无裂纹、砂眼等缺陷。取出齿轮清洗干净，检查齿轮磨损情况。检查各轴孔、轴颈磨损情况。用红丹粉检查齿面接触情况 质检点 | 11-W2 | □9.10 调压阀的解体，检查弹簧、阀体、弹簧弹性足够，阀芯与阀体接触严密 □9.11 单向阀解体，检查阀体，阀芯是否动作灵活	9.8 对轮与轴配合过盈为 0.015mm.键顶部间隙 0.20mm，两侧有过盈。对轮端面平整、圆周无伤痕、毛刺。对轮弹性块无损坏。 9.9 油泵外壳无砂眼、裂纹等缺陷。齿轮与壳体径向间隙不大于 0.10mm；齿轮与泵体轴向间隙不大于 0.25mm，轴与套间隙不大于 0.10mm；齿面磨损不超过 0.70mm；齿轮啮合的齿顶间隙与齿背间隙均不大于 0.5mm；外壳与两侧端盖应平整严密。齿轮轴与孔的磨损不大于 0.20mm；齿轮啮合面沿齿长及齿高方向均不少于 80%；齿轮与轴配合过盈为 0.01～0.02mm；各结合面严密不漏。 9.10 单向阀用煤油检查其严密性
10 冷油器的检修 □10.1 切断水源，拆开冷却水管，关闭冷油器油路出入口门 □10.2 打开冷油器放油阀，放水孔，将油水放尽 □10.3 打开冷却器两端紧固螺栓，打开冷油器两端端盖，清洗冷油器内部 质检点 | 12-W2 | □10.4 依次回装	10.1 冷油器管束内外壁清洁无油垢、水垢、污物。 10.2 水室、油室、清洁干净，无杂物、污物。 10.3 疏通冷油器，严禁用硬物强行疏通，可用清洗剂，细铜刷等方法进行清洗，以免接口开裂、变形。清洗完毕后，应做 0.8MPa 水压试验 5min 后无渗漏。 10.4 冷油器外壳和上端盖上配有放气丝堵，当冷油器充水和油时应将其拧开，排尽空气后立即拧紧
11 冷却风机检修 □11.1 拆开引风机冷却风机电源线。拆开冷却风机与风壳连接螺栓。吊风机于指定地点 □11.2 拆集流器，清理滤网 □11.3 拆开风轮轴头固定螺母及压紧块拔出风轮 □11.4 拆开内壳与电机固定螺栓并拆下风壳 □11.5 检查电机振动情况，必要时找风轮动平衡 □11.6 清理检查折向挡板及风管道 质检点 | 13-W2 |	11.2 滤网清洁。 11.3 轴与内轮配合过盈 0.02～0.03mm。键与键槽两侧配合紧密无松动。键顶部留有 0.20mm 间隙。风轮在轴上无明显摆动。风轮轴头压紧块与轮毂配合有一定过盈。叶轮叶片磨损不超过叶片宽度的 1/5，厚度的 1/3
12 油站试运 □12.1 冷却水管畅通，油位正常 □12.2 启动油泵运行 20～30mm，调整各润滑油阀门。调整调压阀保证泵出口及供油压力 质检点 | 9-H3 | □12.3 检查油泵振动情况，并做好记录	12.1 油系统、水系统无渗漏。 12.2 润滑压力在 0.2～0.25MPa，控制油压在 3.5～4.2MPa。滤油器进、出口压差小于 0.08MPa，轴承供油量 4～8L/min。 12.3 油泵转动平稳、无杂声。油泵振动不大于 0.08mm
13 封闭人孔、风机试运 危险源：遗留人员、物、大锤、手锤、转动的风机、挡板 安全鉴证点 | 8-S1 | □13.1 测试各种工况下，转动部件轴承的振动值、轴承的温度 □13.2 油系统运行完好	□A13（a）封闭人孔前工作负责人应认真清点工作人员；核对进出入登记，确认无人员和工器具遗落，并喊话确认无人。 □A13（b）锤把上不可有油污；严禁单手抡大锤；使用大锤时，周围不得有人靠近；严禁戴手套抡大锤。 □A13（c）设备的转动部分必须装设防护罩，并标明旋转方向，露出的轴端必须装设护盖。 □A13（d）衣服和袖口应扣好，不得戴围巾领带，必须将长发盘到安全帽内。

续表

<table>
<tr><th>检修工序步骤及内容</th><th>安全、质量标准</th></tr>
<tr><td>□13.3　禁止风机在系统挡板关闭情况下启动
□13.4　禁止在其外壳内温度低于－30℃下启动
□13.5　禁止在冷风条件下大风量工况下启动风机
□13.6　试运 8h 正常

| 质检点 | 10-H3 | |</td><td>□A13（e）检查设备的运行状态，保持设备的振动、温度、运行电流等参数符合标准，如发现参数超标及时处理；不准将用具、工器具接触设备的转动部位。
□A13（f）不准在转动设备附近长时间停留；不准在靠背轮上、安全罩上或运行中设备的轴承上行走和坐立。
□A13（g）转动设备试运行时所有人员应先远离，站在转动机械的轴向位置，并有一人站在事故按钮位置
13　挡板开关灵活，指示准确。
润滑油循环正常，静止部件与转部件无卡涩、冲击、摩擦现象。轴承声音正常无异声。
试运 8h 后轴承温度不超过 60℃。
轴承振动（X/Y 向）：小于 4.6mm/s 为合格，小于 3mm/s 为良，小于 1mm/s 为优。
挡板开关灵活，指示准确</td></tr>
<tr><td>14　检修工作结束

危险源：孔、洞、废料

| 安全鉴证点 | 9-S1 | |

□14.1　检修技术记录检查。检修技术记录齐全、准确
□14.2　检修后设备检查。现场整洁，设备干净，保温油漆全面。各种标志、指示清晰准确。无漏烟、灰、油、水现象
□14.3　确认各项工作已完成，工作负责人在办理工作票结束手续之前应询问相关班组的工作班成员其检修工作是否结束，确定所有工作确已结束后办理工作结束手续
□14.4　检修场地清扫干净；无遗留工器具，检修废料。由运行人员检查设备文明环境，修后围栏、孔洞、脚手架符合安全要求，双方终结工作票</td><td>□A14（a）临时打的孔、洞，施工结束后，必须恢复原状。
□A14（b）废料及时清理，做到工完、料尽、场地清</td></tr>
</table>

五、安全鉴证卡		
风险鉴证点：1-S2　工序 1.1　打开风机进气箱及扩压器人孔		
一级验收		年　月　日
二级验收		年　月　日
一级验收		年　月　日
二级验收		年　月　日
一级验收		年　月　日
二级验收		年　月　日
一级验收		年　月　日
二级验收		年　月　日
一级验收		年　月　日
二级验收		年　月　日
一级验收		年　月　日
二级验收		年　月　日
一级验收		年　月　日
二级验收		年　月　日
一级验收		年　月　日
二级验收		年　月　日

续表

风险鉴证点：1-S2　工序 1.1　打开风机进气箱及扩压器人孔		
一级验收		年　月　日
二级验收		年　月　日
一级验收		年　月　日
二级验收		年　月　日
一级验收		年　月　日
二级验收		年　月　日
一级验收		年　月　日
二级验收		年　月　日
一级验收		年　月　日
二级验收		年　月　日
一级验收		年　月　日
二级验收		年　月　日
一级验收		年　月　日
二级验收		年　月　日
一级验收		年　月　日
二级验收		年　月　日
风险鉴证点：2-S2　工序 4　主轴、轮毂、伺服油缸及轴承箱的拆除		
一级验收		年　月　日
二级验收		年　月　日
一级验收		年　月　日
二级验收		年　月　日
一级验收		年　月　日
二级验收		年　月　日
一级验收		年　月　日
二级验收		年　月　日
一级验收		年　月　日
二级验收		年　月　日
一级验收		年　月　日
二级验收		年　月　日
一级验收		年　月　日
二级验收		年　月　日
一级验收		年　月　日
二级验收		年　月　日
一级验收		年　月　日
二级验收		年　月　日
一级验收		年　月　日

续表

风险鉴证点：2-S2　工序4　主轴、轮毂、伺服油缸及轴承箱的拆除		
二级验收		年　月　日
一级验收		年　月　日
二级验收		年　月　日
一级验收		年　月　日
二级验收		年　月　日
一级验收		年　月　日
二级验收		年　月　日
一级验收		年　月　日
二级验收		年　月　日
一级验收		年　月　日
二级验收		年　月　日
一级验收		年　月　日
二级验收		年　月　日
一级验收		年　月　日
二级验收		年　月　日
一级验收		年　月　日
二级验收		年　月　日
风险鉴证点：3-S2　工序5　轴、轮毂、轴承箱及伺服油缸的回装		
一级验收		年　月　日
二级验收		年　月　日
一级验收		年　月　日
二级验收		年　月　日
一级验收		年　月　日
二级验收		年　月　日
一级验收		年　月　日
二级验收		年　月　日
一级验收		年　月　日
二级验收		年　月　日
一级验收		年　月　日
二级验收		年　月　日
一级验收		年　月　日
二级验收		年　月　日
一级验收		年　月　日
二级验收		年　月　日
一级验收		年　月　日
二级验收		年　月　日

续表

风险鉴证点：3-S2　工序 5　轴、轮毂、轴承箱及伺服油缸的回装		
一级验收		年　月　日
二级验收		年　月　日
一级验收		年　月　日
二级验收		年　月　日
一级验收		年　月　日
二级验收		年　月　日
一级验收		年　月　日
二级验收		年　月　日
一级验收		年　月　日
二级验收		年　月　日
一级验收		年　月　日
二级验收		年　月　日
一级验收		年　月　日
二级验收		年　月　日
一级验收		年　月　日
二级验收		年　月　日
一级验收		年　月　日
二级验收		年　月　日

六、质量验收卡

质检点：1-W2　工序 1.1　风机叶片编号，检查风机叶片间隙

标准：风机叶片编号原则应以轮毂上“H”标记位置为初始标记点，沿风机旋转方向进行标记。叶顶间隙测量应沿机壳圆周方向均布 8 点，在每个点盘动转子，逐片纪录叶顶及叶根间隙（不应小于 2mm）。

检查情况：

测量器具/编号			
测量（检查）人		记录人	
一级验收			年　月　日
二级验收			年　月　日

质检点：1-H3　工序 3.1　复查风机侧及电机侧联轴器中心偏差

标准： 钢片联轴器内外清洁，无损坏、磨损、腐蚀。联轴器预拉值为 4.5～5mm（原始间隙为 43mm），回装后联轴器键侧间隙为零，与轴肩处用 0.05mm 塞尺塞不进。

检查情况：

续表

测量器具/编号			
测量（检查）人		记录人	
一级验收			年　月　日
二级验收			年　月　日
三级验收			年　月　日

质检点：2-W2　工序 4.4　吊起附有主轴承和伺服电动机的转子

标准：拆除前应使用起重设备吊住轮毂，防止转子倾倒。接合面清理干净。螺栓妥善保存，并做好标记，拆除后应妥善保管，检查、油管不能有变形、开裂、老化等现象。伺服阀应无渗漏油现象，否则进行更换。

检查情况：

测量器具/编号			
测量人		记录人	
一级验收			年　月　日
二级验收			年　月　日

质检点：2-H3　工序 5.3　轴承箱与下机壳就位检查

标准：联轴器螺栓拧紧力矩为 3600Nm；结合面应清洁无毛刺，紧固螺栓拧紧力矩为 650Nm，拧紧后结合面圆周方向 2/3 部分用 0.05mm 塞尺塞不进。

检查情况：

测量器具/编号			
测量人		记录人	
一级验收			年　月　日
二级验收			年　月　日
三级验收			年　月　日

质检点：3-W2　工序 5.4　定位齿形轴封位置检查

标准：轴封与毂盘或中介环间隙为 0.5～1mm，与芯筒法兰尺寸控制在 10～20mm。

检查情况：

测量器具/编号			
测量人		记录人	
一级验收			年　月　日
二级验收			年　月　日

续表

质检点：3-H3　工序 5.5　主轴水平

标准：勿以机壳中分面找水平，应以轮毂中介环端为基准找水平，风机主轴水平误差不大于 0.02mm。

检查情况：

测量器具/编号			
测量人		记录人	
一级验收			年　月　日
二级验收			年　月　日
三级验收			年　月　日

质检点：4-H3　工序 5.6　检查伺服控制装置油缸紧固力矩，安装伺服阀

标准：伺服控制装置油缸螺栓紧固力矩 650Nm，使用在机壳上安装百分表来检测伺服阀同心度，同心度偏差应：≤0.05mm。

检查情况：

测量器具/编号			
测量人		记录人	
一级验收			年　月　日
二级验收			年　月　日
三级验收			年　月　日

质检点：4-W2　工序 5.8　油管、伺服阀与油分配座联接

标准：检查所有紧固件联接的可靠性，紧固螺钉用 MoS2 涂在螺纹和螺头接触面，采用力矩刻度扳手并达到规定力矩，供油装置在运行中应无泄漏；颜色对应联接，控制油进油管（面对风机左侧）、回油管（面对风机右侧）、溢油管（中间）；执行器曲柄要与驱动轴曲柄平行，夹紧螺栓一定要松开。

检查情况：

测量器具/编号			
测量人		记录人	
一级验收			年　月　日
二级验收			年　月　日

质检点：5-H3　工序 6.2　轮毂、叶片、叶片轴着色探伤

标准：表面应清洁，无锈蚀及毛刺，着色探伤无缺陷。

检查情况：

续表

<table>
<tr><td>测量器具/编号</td><td colspan="3"></td></tr>
<tr><td>测量人</td><td></td><td>记录人</td><td></td></tr>
<tr><td>一级验收</td><td colspan="2"></td><td>年　月　日</td></tr>
<tr><td>二级验收</td><td colspan="2"></td><td>年　月　日</td></tr>
<tr><td>三级验收</td><td colspan="2"></td><td>年　月　日</td></tr>
<tr><td colspan="4">质检点：5-W2　工序 6.5　叶片拧紧力矩检查
标准：新转子叶片应用新螺栓安装，用过的螺栓也可以再利用，但应保证它们没有被用加热方式拆卸过，也没有锈蚀损坏，并能按规定拧紧。螺栓拧紧力矩为 450Nm，安装角度一致。
检查情况：</td></tr>
<tr><td>测量器具/编号</td><td colspan="3"></td></tr>
<tr><td>测量人</td><td></td><td>记录人</td><td></td></tr>
<tr><td>一级验收</td><td colspan="2"></td><td>年　月　日</td></tr>
<tr><td>二级验收</td><td colspan="2"></td><td>年　月　日</td></tr>
<tr><td colspan="4">质检点：6-H3　工序 6.6　校核叶片间隙
标准：以叶顶间隙最小的叶片来观察，转动叶轮，在整个圆周观测，间隙过小运行时可能发生擦碰；如果叶根间隙太小则可能产生调节卡涩问题，无论叶顶或叶根间隙均不应小于 2mm，叶顶间隙在机壳圆周方向应在 4.1～5.5mm。
检查情况：</td></tr>
<tr><td>测量器具/编号</td><td colspan="3"></td></tr>
<tr><td>测量人</td><td></td><td>记录人</td><td></td></tr>
<tr><td>一级验收</td><td colspan="2"></td><td>年　月　日</td></tr>
<tr><td>二级验收</td><td colspan="2"></td><td>年　月　日</td></tr>
<tr><td>三级验收</td><td colspan="2"></td><td>年　月　日</td></tr>
<tr><td colspan="4">质检点：6-W2　工序 6.9　叶片与芯筒间隙检查
标准：使叶片开到最大和关到最小。开到最大时，叶轮手动盘车一周检查叶片底部是否与芯筒摩擦，顶部是否与外壳及失速探针摩擦。
检查情况：</td></tr>
<tr><td>测量器具/编号</td><td colspan="3"></td></tr>
<tr><td>测量人</td><td></td><td>记录人</td><td></td></tr>
<tr><td>一级验收</td><td colspan="2"></td><td>年　月　日</td></tr>
<tr><td>二级验收</td><td colspan="2"></td><td>年　月　日</td></tr>
</table>

续表

质检点：7-H3　工序 6.10　叶片开关定位

标准：叶片全开时伺服阀端面到油缸端面距离约为 44.5mm（对应叶片+20°）；叶片全关时伺服阀端面到油缸端面距离约为 128mm（对应叶片－36°）。

检查情况：

测量器具/编号			
测量人		记录人	
一级验收			年　月　日
二级验收			年　月　日
三级验收			年　月　日

质检点：7-W2　工序 6.11　叶片执行器定位机壳外部指示牌标记

标准：将驱动轴曲柄螺栓紧固，连接执行器曲臂，点动执行器使叶片开到+20°，（实际按刻度盘最大正角度确定）执行器定位 100%，使叶片开到－36°，执行器定位 0%，同时机械限位。反复传动检查是否存在偏离现象，调整叉形摆臂定位螺栓，全开时无间隙，全关时预留 5mm，将定位螺栓点焊防松。

检查情况：

测量器具/编号			
测量人		记录人	
一级验收			年　月　日
二级验收			年　月　日

质检点：8-W2　工序 7.1　检查联轴器

标准：轴器应完好，无裂纹、变形现象。键与键槽间隙配合不许有松动感，键的顶部应有 0.20～0.30mm 间隙，与轴颈配合紧力 0.02～0.05mm 间隙。联轴器叠片无弯曲变形，螺纹完整无损。

检查情况：

测量器具/编号			
测量人		记录人	
一级验收			年　月　日
二级验收			年　月　日

质检点：9-W2　工序 7.2　联轴器预拉检查

标准：电机轴水平误差不应大于 0.05mm，预拉开尺寸（常规 140℃±50℃时）为 4.5～5mm；原始叠片自由间距约为 43mm。

检查情况：

续表

测量器具/编号			
测量人		记录人	
一级验收			年 月 日
二级验收			年 月 日

质检点：8-H3　工序 7.3　联轴器校正中心

标准：联轴器紧固力矩约为 3600Nm；电机水平轴线应略高于风机水平轴线，约为叶轮直径的万分之五（约为 1.5mm），即安装时电机端联轴器为上张口，风机端联轴器为下张口，各张口上下间隙尺寸差约为叶轮直径的十万分之六；径向位移 $r \leq 0.1$mm，安装角位移 $\alpha \leq 0.25°$水平找正同时两端联轴器找正（提示：联轴器径向不找正，只找联轴器端面平行度即可，找正精度 0.05～0.1mm）。

检查情况：

测量器具/编号			
测量人		记录人	
一级验收			年 月 日
二级验收			年 月 日
三级验收			年 月 日

质检点：10-W2　工序 8　检修入口挡板

标准：连杆转动灵活无卡涩；轴承转动灵活无损坏；调整开关位置正确，关断严密。

检查情况：

测量器具/编号			
测量人		记录人	
一级验收			年 月 日
二级验收			年 月 日

质检点 11-W2　工序 9.9　油泵检修

标准：对轮与轴配合过盈为 0.015mm，键侧有过盈；对轮弹性块无损坏；各结合面严密不漏；单向阀用煤油检查其严密性。

检查情况：

测量器具/编号			
测量人		记录人	
一级验收			年 月 日
二级验收			年 月 日

续表

质检点：12-W2　工序 10.3　冷油器检修
标准：冷油器管束内外壁清洁无油垢、水垢、污物，做 0.8MPa 水压试验 5min 后无渗漏。
检查情况：

测量器具/编号			
测量人		记录人	
一级验收			年　月　日
二级验收			年　月　日

质检点：13-W2　工序 11　冷却风机检修
标准：轴与内轮配合过盈 0.02～0.03mm。键与键槽两侧配合紧密无松动。键顶部留有 0.20mm 间隙。风轮在轴上无明显摆动。风轮轴头压紧块与轮毂配合有一定过盈。叶轮叶片磨损不超过叶片宽度的 1/5、厚度的 1/3。
检查情况：

测量器具/编号			
测量人		记录人	
一级验收			年　月　日
二级验收			年　月　日

质检点：：9-H3　工序 12　油站试运
标准：油系统、水系统无渗漏；润润滑压力在 0.2～0.25MPa 之间，控制油压在 3.5～4.2MPa 之间。滤油器进、出口压差小于 0.08MPa，轴承供油量 4～8L/min 之间；油泵转动平稳、无杂声。油泵振动不大于 0.08mm。
检查情况：

名称	数值	名称	数值
1 号油泵振动⊥∥⊙		2 号油泵振动⊥∥⊙	
1 号油泵温度（℃）		2 号油泵温度（℃）	
1 号油泵运行滤网前压力（MPa）		2 号油泵运行滤网前压力（MPa）	
1 号油泵运行供油压力（MPa）		2 号油泵运行供油压力（MPa）	
冷油器后润滑油温度（℃）			

验收结论：

测量器具/编号			
测量人		记录人	
一级验收			年　月　日
二级验收			年　月　日
三级验收			年　月　日

续表

质检点：10-H3　工序 13　风机试运

标准：设备干净，保温油漆全面。各种标志、指示清晰准确。无漏烟、灰、油、水现象。挡板开关灵活，指示准确。润滑油循环正常，静止部件与转部件无卡涩、冲击、摩擦现象。轴承声音正常无异声。试运 8h 后轴承温度不超过 60℃。轴承振动（*X*/*Y* 向）：小于 4.6mm/s 为合格，小于 3mm/s 为良，小于 1mm/s 为优。

检查情况：

名称	数值	名称	数值
轴承箱垂直振动 *X*		1 号轴承温度	
轴承箱水平振动 *Y*		2 号轴承温度	

验收结论：

测量器具/编号			
测量人		记录人	
一级验收			年　月　日
二级验收			年　月　日
三级验收			年　月　日

七、完工验收卡

序号	检查内容	标　准	检查结果
1	安全措施恢复情况	1.1 检修工作全部结束 1.2 整改项目验收合格 1.3 检修脚手架拆除完毕 1.4 孔洞、坑道等盖板恢复 1.5 临时拆除的防护栏恢复 1.6 安全围栏、标示牌等撤离现场 1.7 安全措施和隔离措施具备恢复条件 1.8 工作票具备押回条件	□ □ □ □ □ □ □ □
2	设备自身状况	2.1 设备与系统全面连接 2.2 设备各人孔、开口部分密封良好 2.3 设备标示牌齐全 2.4 设备油漆完整 2.5 设备管道色环清晰准确 2.6 阀门手轮齐全 2.7 设备保温恢复完毕	□ □ □ □ □ □ □
3	设备环境状况	3.1 检修整体工作结束，人员撤出 3.2 检修剩余备件材料清理出现场 3.3 检修现场废弃物清理完毕 3.4 检修用辅助设施拆除结束 3.5 临时电源、水源、气源、照明等拆除完毕 3.6 工器具及工具箱运出现场 3.7 地面铺垫材料运出现场 3.8 检修现场卫生整洁	□ □ □ □ □ □ □ □

一级验收	二级验收

续表

<table>
<tr><td colspan="6">八、完工报告单</td></tr>
<tr><td>工期</td><td colspan="3">年 月 日 至 年 月 日</td><td>实际完成工日</td><td>工日</td></tr>
<tr><td rowspan="6">主要材料备件消耗统计</td><td>序号</td><td>名称</td><td>规格与型号</td><td>生产厂家</td><td>消耗数量</td></tr>
<tr><td>1</td><td></td><td></td><td></td><td></td></tr>
<tr><td>2</td><td></td><td></td><td></td><td></td></tr>
<tr><td>3</td><td></td><td></td><td></td><td></td></tr>
<tr><td>4</td><td></td><td></td><td></td><td></td></tr>
<tr><td>5</td><td></td><td></td><td></td><td></td></tr>
<tr><td rowspan="5">缺陷处理情况</td><td>序号</td><td colspan="2">缺陷内容</td><td colspan="2">处理情况</td></tr>
<tr><td>1</td><td colspan="2"></td><td colspan="2"></td></tr>
<tr><td>2</td><td colspan="2"></td><td colspan="2"></td></tr>
<tr><td>3</td><td colspan="2"></td><td colspan="2"></td></tr>
<tr><td>4</td><td colspan="2"></td><td colspan="2"></td></tr>
<tr><td>异动情况</td><td colspan="5"></td></tr>
<tr><td>让步接受情况</td><td colspan="5"></td></tr>
<tr><td>遗留问题及采取措施</td><td colspan="5"></td></tr>
<tr><td>修后总体评价</td><td colspan="5"></td></tr>
<tr><td rowspan="2">各方签字</td><td colspan="2">一级验收人员</td><td colspan="2">二级验收人员</td><td>三级验收人员</td></tr>
<tr><td colspan="2"></td><td colspan="2"></td><td></td></tr>
</table>

检 修 文 件 包

单位：__________ 班组：__________ 编号：__________

检修任务：**送风机A级检修** 风险等级：__________

<table>
<tr><td colspan="7">一、检修工作任务单</td></tr>
<tr><td colspan="2">计划检修时间</td><td colspan="3">年 月 日 至 年 月 日</td><td>计划工日</td><td></td></tr>
<tr><td>主要检修项目</td><td colspan="4">1．叶片检查
2．检查叶片轴承
3．轮毂检查、更换润滑油
4．动叶伺服装置检查
5．烟风道及伸缩节检查
6．主轴承箱解体检修</td><td colspan="2">7．叶片调节装置检修
8．联轴器中心调整
9．出口挡板
10．油站系统检修</td></tr>
<tr><td>修后目标</td><td colspan="6">1．送风机轴承振动值（X、Y向）：≤4.6mm/s
2．送风机轴承温度：≤70℃
3．油系统无渗油漏油现象
4．设备各种标牌齐全</td></tr>
<tr><td rowspan="13">质检点分布</td><td>W点</td><td>工序及质检点内容</td><td>H点</td><td>工序及质检点内容</td><td>S点</td><td>工序及安全鉴证点内容</td></tr>
<tr><td>1-W2</td><td>□1.1 风机叶片编号，检查风机叶片间隙</td><td>1-H3</td><td>□3.1 复查风机侧及电机侧联轴器中心偏差</td><td>1-S2</td><td>□1.1 打开风机进气箱及扩压器人孔</td></tr>
<tr><td>2-W2</td><td>□4.4 吊起附有主轴承和伺服电动机的转子</td><td>2-H3</td><td>□5.3 轴承箱与下机壳就位检查</td><td>2-S2</td><td>□4 主轴、轮毂、伺服油缸及轴承箱的拆除</td></tr>
<tr><td>3-W2</td><td>□5.4 定位齿形轴封位置检查</td><td>3-H3</td><td>□5.5 主轴水平</td><td>3-S2</td><td>□5 轴、轮毂、轴承箱及伺服油缸的回装</td></tr>
<tr><td>4-W2</td><td>□5.8 油管、伺服阀与油分配座联接</td><td>4-H3</td><td>□5.6 检查伺服控制装置油缸紧固力矩，安装伺服阀</td><td>4-S2</td><td></td></tr>
<tr><td>5-W2</td><td>□6.5 叶片拧紧力矩检查</td><td>5-H3</td><td>□6.2 轮毂、叶片、叶片轴着色探伤</td><td></td><td></td></tr>
<tr><td>6-W2</td><td>□6.9 叶片与芯筒间隙检查</td><td>6-H3</td><td>□6.6 校核叶片间隙</td><td></td><td></td></tr>
<tr><td>7-W2</td><td>□6.11 叶片执行器定位机壳外部指示牌标记</td><td>7-H3</td><td>□6.10 叶片开关定位</td><td></td><td></td></tr>
<tr><td>8-W2</td><td>□7.1 检查联轴器</td><td>8-H3</td><td>□7.3 联轴器校正中心</td><td></td><td></td></tr>
<tr><td>9-W2</td><td>□7.2 联轴器预拉检查</td><td>9-H3</td><td>□11 油站试运</td><td></td><td></td></tr>
<tr><td>10-W2</td><td>□8 出口挡板检修</td><td>10-H3</td><td>□12 风机试运</td><td></td><td></td></tr>
<tr><td>11-W2</td><td>□9.9 油泵检修</td><td></td><td></td><td></td><td></td></tr>
<tr><td>12-W2</td><td>□10.3 冷油器检修</td><td></td><td></td><td></td><td></td></tr>
<tr><td rowspan="2">质量验收人员</td><td colspan="2">一级验收人员</td><td colspan="2">二级验收人员</td><td colspan="2">三级验收人员</td></tr>
<tr><td colspan="2"></td><td colspan="2"></td><td colspan="2"></td></tr>
<tr><td rowspan="2">安全验收人员</td><td colspan="2">一级验收人员</td><td colspan="2">二级验收人员</td><td colspan="2">三级验收人员</td></tr>
<tr><td colspan="2"></td><td colspan="2"></td><td colspan="2"></td></tr>
</table>

<table>
<tr><td>二、修前准备卡</td></tr>
<tr><td>设 备 基 本 参 数</td></tr>
<tr><td>设备参数：
GU15236-02G型送风机，是单级动叶可调式轴流通风机，叶轮直径2661mm，每级动叶片由22个叶片组成。叶片拴接于轮毂上，风机本体由可分离的三部分组成，进气箱、轴承箱及叶轮升压级、动叶调节装置及扩散器。每个叶片可以围着自己的轴转动，沿着叶柄轴转动＋20°～－35°，所有叶片的转动是与一个总的液压传动机构同步进行的，在风机壳体侧部安有导向装置工作位置指示器。</td></tr>
</table>

续表

设备基本参数			
序号	项目	单位	数值
1	送风机型号	—	GU15236-02G
2	送风机调节装置型号	—	U152T
3	叶轮直径	mm	2661
4	轴承箱型号	—	U140D00
5	主轴的材质	—	42CrMo
6	叶轮轮毂材质	—	45号
7	叶轮叶片型号	—	22型
8	叶轮叶片材质	—	航空锻铝
9	叶轮叶片使用寿命	h	≥50000
10	每级叶片数	片	22
11	转子质量	kg	4000
12	转子转动惯量	$kg \cdot m^2$	900
13	送风机的第一临界转速	r/min	1287
14	进风箱材质/壁厚	/mm	Q235/6
15	机壳材质/壁厚	/mm	Q235/16～20
16	扩压器材质/壁厚	/mm	Q235/6
17	送风机轴承形式	—	滚动轴承
18	轴承润滑方式	—	循环油＋油池
19	送风机旋转方向（从电机看送风机）	—	逆时针旋转
20	送风机总质量	kg	25000
21	安装时最大起吊质量/高度	kg/m	12000/≥3.0
22	检修时最大起吊质量/高度	kg/m	4000/≥3.0

设备修前状况

检修前交底（设备运行状况、历次主要检修经验和教训、检修前主要缺陷）

（1）动叶片对碰撞敏感，吊装移动机壳时应格外小心！若动叶未完全关闭就起吊机壳上盖，将对叶片造成损伤。

（2）请勿以机壳中分面找水平，应以轮毂中介环端为基准找风机主轴水平。

（3）如果叶片需要更换，应整套更换，不能单件更换，动叶安装顺序错误会产生不平衡和振动，应按正确的编号顺序安装动叶。

（4）叶片开度校核调整工作必须在油站检修完毕，润滑及控制油压正常的情况下进行，两台风机一定要同步。

（5）运行中振动数据监测：

引风机	监测点	方向	振动（常规）	振动（修前）	温度（常规）	温度（修前）
	前轴承	*X*/*Y*	＜4.6mm/s		≤70℃	
	后轴承	*X*/*Y*	＜4.6mm/s		≤70℃	

技术交底人		年 月 日
接受交底人		年 月 日

人员准备

序号	工种	工作组人员姓名	资格证书编号	检查结果
1				
2				

续表

序号	工种	工作组人员姓名	资格证书编号	检查结果
3				
4				
5				
6				

三、现场准备卡				
办 理 工 作 票				
工作票编号：				
施 工 现 场 准 备				
序号	安 全 措 施 检 查			确认符合
1	进入粉尘较大的场所作业，作业人员必须戴防尘口罩			□
2	进入噪声区域、使用高噪声工具时正确佩戴合格的耳塞			□
3	必须保证检修区域照明充足			□
4	开工前检查并补全缺失盖板和防护栏，工作场所的孔、洞必须覆以与地面齐平的坚固盖板			□
5	不准擅自拆除设备上的安全防护设施			□
6	工作前核对设备名称及编号			□
7	开工前与运行人员共同确认检修的设备已可靠与运行中的系统隔断，检查相关阀门已关闭，电源已断开，挂“禁止操作，有人工作”标示牌			□
8	转动设备检修时应采取防转动措施			□
确认人签字：				
工 器 具 准 备 与 检 查				
序号	工具名称及型号	数量	完 好 标 准	确认符合
1	脚手架	2	搭设结束后，必须履行脚手架验收手续，填写脚手架验收单，并在“脚手架验收单”上分级签字；验收合格后应在脚手架上悬挂合格证，方可使用；工作负责人每天上脚手架前，必须进行脚手架整体检查	□
2	安全带	2	检查检验合格证应在有效期内，标识（产品标识和定期检验合格标识）应清晰齐全；各部件应完整，无缺失、无伤残破损，腰带、胸带、围杆带、围杆绳、安全绳应无灼伤、脆裂、断股、霉变；金属卡环（钩）必须有保险装置，且操作要灵活。钩体和钩舌的咬口必须完整，两者不得偏斜	□
3	电动葫芦	1	检查电动葫芦检验合格证在有效期内；使用前应做无负荷起落试验一次，检查刹车及传动装置应良好无缺陷；吊钩滑轮杆无磨损现象，开口销完整；开口度符合标准要求；吊钩无裂纹或显著变形，无严重腐蚀、磨损现象；销子及滚珠轴承良好	□
4	手拉葫芦（10t）	2	检查检验合格证在有效期内；链节无严重锈蚀及裂纹，无打滑现象；齿轮完整，轮杆无磨损现象，开口销完整；吊钩无裂纹变形；链扣、蜗母轮及轮轴发生变形、生锈或链索磨损严重时，均应禁止使用；撑牙灵活能起刹车作用；撑牙平面垫片有足够厚度，加荷重后不会拉滑；使用前应做无负荷的起落试验一次，检查其煞车以及传动装置是否良好，然后再进行工作	□
5	手拉葫芦（5t）	2	检查检验合格证在有效期内；链节无严重锈蚀及裂纹，无打滑现象；齿轮完整，轮杆无磨损现象，开口销完整；吊钩无裂纹变形；链扣、蜗母轮及轮轴发生变形、生锈或链索磨损严重时，均应禁止使用；撑牙灵活能起刹车作用；撑牙平面垫片有足够厚度，加荷重后不会拉滑；使用前应做无负荷的起落试验一次，检查其煞车以及传动装置是否良好，然后再进行工作	□

续表

序号	工具名称及型号	数量	完好标准	确认符合
6	螺旋千斤顶（16t）	1	检查检验合格证在有效期内；由操作人员检查螺旋千斤顶或齿条千斤顶装有防止螺杆或齿条脱离丝扣或齿轮的装置；不准使用螺纹或齿条已磨损的千斤顶	□
7	钢丝绳（ϕ16）	5	起重工具使用前，必须检查完好、无破损；所选用的吊索具应与被吊工件的外形特点及具体要求相适应；吊具及配件不能超过其额定起重量，起重吊具、吊索不得超过其相应吊挂状态下的最大工作载荷	□
8	卡环（10t）	4	起重工具使用前，必须检查完好、无破损；所选用的吊索具应与被吊工件的外形特点及具体要求相适应；吊具及配件不能超过其额定起重量，起重吊具、吊索不得超过其相应吊挂状态下的最大工作载荷	□
9	手电钻	1	检查检验合格证在有效期内；检查电源线、电源插头完好无破损；有漏电保护器；检查各部件齐全，外壳和手柄无破损、无影响安全使用的灼伤；检查电源开关动作正常、灵活；检查转动部分转动灵活、轻快，无阻滞	□
10	角磨机（ϕ100）	5	检查检验合格证在有效期内；检查电源线、电源插头完好无缺损；有漏电保护器；检查防护罩完好；检查电源开关动作正常、灵活；检查转动部分转动灵活、轻快，无阻滞	□
11	切割机（ϕ150）	4	检查检验合格证在有效期内；检查电源线、电源插头完好无缺损，电源开关完好无损且动作正常灵活；检查保护接地线联接完好无损；检查各部件完整齐全，防护罩、砂轮片完好无缺损；检查转动部分转动灵活、轻快，无阻滞	□
12	电动扳手（配16、18、22、24mm套筒）	1	检查检验合格证在有效期内；检查电动扳手电源线、电源插头完好无破损；有漏电保护器；检查手柄、外壳部分、驱动套筒完好无损伤；进出风口清洁干净无遮挡；检查正反转开关完好且操作灵活可靠	□
13	移动式电源盘（配航空插头220V）	1	检查检验合格证在有效期内；检查电源盘电源线、电源插头、插座完好无破损；漏电保护器动作正确；检查电源盘线盘架、拉杆、线盘架轮子及线盘摇动手柄齐全完好	□
14	临时电源及电源线	1	严禁将电源线缠绕在护栏、管道和脚手架上，临时电源线架设高度室内不低于2.5m；检查电源线外绝缘良好，线绝缘有破损不完整或带电部分外露时，应立即找电气人员修好，否则不准使用；检查电源盘检验合格证在有效期内；不准使用破损的电源插头插座；安装、维修或拆除临时用电工作，必须由电工完成。电工必须持有效证件上岗；分级配置漏电保护器，工作前试验漏电保护器正确动作；电源箱箱体接地良好，接地、接零标志清晰；工作前核算用电负荷在电源最高负荷内，并在规定负荷内用电	□
15	行灯（24V）	1	检查行灯电源线、电源插头完好无破损；行灯电源线应采用橡胶套软电缆；行灯的手柄应绝缘良好且耐热、防潮；行灯变压器必须采用双绕组型，变压器一、二次侧均应装熔断器；行灯变压器外壳必须有良好的接地线，高压侧应使用三相插头；行灯应有保护罩；行灯电压不应超过36V；在潮湿的金属容器内工作时不准超过12V	□
16	电焊机	1	检查电焊机检验合格证在有效期内；检查电焊机电源线、电源插头、电焊钳等完好无损，电焊工作所用的导线必须使用绝缘良好的皮线；电焊机的裸露导电部分和转动部分以及冷却用的风扇，均应装有保护罩；电焊机金属外壳应有明显的可靠接地，且一机一接地；电焊机应放置在通风、干燥处，露天放置应加防雨罩；电焊机、焊钳与电缆线连接牢固，接地端头不外露；连接到电焊钳上的一端，至少有5m为绝缘软导线；每台焊机应该设有独立的接地，接零线，其接点应用螺丝压紧；电焊机必须装有独立的专用电源开关，其容量应符合要求，电焊机超负荷时，应能自动切断电源，禁止多台焊机共用一个电源开关；不准利用厂房的金属结构、管道、轨道或其他金属搭接起来作为导线使用	□
17	氧气、乙炔	1	氧气瓶和乙炔气瓶应垂直放置并固定，氧气瓶和乙炔气瓶的距离不得小于5m；在工作地点，最多只许有两个氧气瓶（一个工作，一个备用）；安放在露天的气瓶，应用帐篷或轻便的板棚遮护，以免受到阳光曝晒；乙炔气瓶禁止放在高温设备附近，应距离明火10m以上；只有经过检验	□

续表

序号	工具名称及型号	数量	完 好 标 准	确认符合
17	氧气、乙炔	1	合格的氧气表、乙炔表才允许使用；氧气表、乙炔表的连接螺纹及接头必须保证氧气表、乙炔表安在气瓶阀或软管上之后连接良好、无任何泄漏；在连接橡胶软管前，应先将软管吹净，并确定管中无水后，才许使用；不准用氧气吹乙炔气管；乙炔气瓶上应有阻火器，防止回火并经常检查，以防阻火器失灵；禁止使用没有防震胶圈和保险帽的气瓶；禁止装有气体的气瓶与电线相接触	□
18	手锯（350mm）	1	手锯手柄应安装牢固，没有手柄的不准使用	□
19	一字螺丝刀（300mm）	1	螺丝刀手柄应安装牢固，没有手柄的不准使用	□
20	十字螺丝刀（300mm）	1	螺丝刀手柄应安装牢固，没有手柄的不准使用	□
21	撬棍（300mm）	1	必须保证撬杠强度满足要求。在使用加力杆时，必须保证其强度和嵌套深度满足要求，以防折断或滑脱	□
22	手锤（2p）	1	手锤的锤头须完整，其表面须光滑微凸，不得有歪斜、缺口、凹入及裂纹等情形。手锤的柄须用整根的硬木制成，并将头部用楔栓固定。楔栓宜采用金属楔，楔子长度不应大于安装孔的 2/3	□
23	手锤（3p）	1	手锤的锤头须完整，其表面须光滑微凸，不得有歪斜、缺口、凹入及裂纹等情形。手锤的柄须用整根的硬木制成，并将头部用楔栓固定。楔栓宜采用金属楔，楔子长度不应大于安装孔的 2/3	□
24	大锤（18p）	1	手锤的锤头须完整，其表面须光滑微凸，不得有歪斜、缺口、凹入及裂纹等情形。手锤的柄须用整根的硬木制成，并将头部用楔栓固定。楔栓宜采用金属楔，楔子长度不应大于安装孔的 2/3	□
25	内六角（6～16mm）	1	表面应光滑，不应有裂纹、毛刺等影响使用性能的缺陷	□
26	活扳手（300mm）	1	活动扳口应在扳体导轨的全行程上灵活移动；活扳手不应有裂缝、毛刺及明显的夹缝、氧化皮等缺陷，柄部平直且不应有影响使用性能的缺陷	□
27	管钳（450mm）	1	管钳固定销钉应牢固，钳头、钳柄应无裂纹，活爪、齿纹、齿轮应完整灵活	□
28	梅花扳手（12～14、17～19、22～24、27～29、24～27、30～32mm）	1	扳手不应有裂缝、毛刺及明显的夹缝、切痕、氧化皮等缺陷，柄部应平直	□
29	力矩扳手	1	外观完整，定期检验合格证在有效期内	□
30	铜棒	2	铜棒端部无卷边、无裂纹，铜棒本体无弯曲	□
31	手电筒	1	电池电量充足、亮度正常、开关灵活好用	□
32	刚卷尺	1	检查刻度和数字应清晰、均匀，不应有脱色现象	□
33	克丝钳（150mm）	1	钢丝钳手柄应安装牢固，没有手柄的不准使用	□
34	呆板手（M36、M41、M46、M55）	1	扳手不应有裂缝、毛刺及明显的夹缝、切痕、氧化皮等缺陷，柄部应平直	□
35	平板锉（300mm）	1	锉刀手柄应安装牢固，没有手柄的不准使用	□
36	游标卡尺（0～200mm）	1	检查测定面是否有毛头；检查卡尺的表面应无锈蚀、碰伤或其他缺陷，刻度和数字应清晰、均匀，不应有脱色现象，游标刻线应刻至斜面下缘	□
37	百分表（0～5mm）	2	百分表的表面应无锈蚀、碰伤或其他缺陷，刻度和数字应清晰、均匀，不应有脱色现象	□

续表

序号	工具名称及型号	数量	完 好 标 准	确认符合
38	钢板尺（200mm）	1	刻度和数字应清晰、均匀，不应有脱色现象	□
39	内径千分（50～600mm）	1	表面应无锈蚀、碰伤或其他缺陷，刻度和数字应清晰、均匀，不应有脱色现象	□
40	外径千分尺（0～25mm）	1	表面应无锈蚀、碰伤或其他缺陷，刻度和数字应清晰、均匀，不应有脱色现象	□
41	塞尺（300mm）	1	保持清洁，无油污、铁屑	□
42	滤油机	1	滤油机的电源线、电源插头应完好无破损；金属外壳应有明显可靠的接地线，滤油机输油管应连接牢固，无渗漏油	□
确认人签字：				

材 料 准 备

序号	材料名称	规 格	单位	数量	检查结果
1	擦机布		kg	4	□
2	油脂	二硫化钼	kg	8	□
3	塑料布		m^2	4	□
4	煤油		kg	30	□
5	清洗剂	250ML	瓶	24	□
6	松锈灵	250ML	瓶	24	□
7	耐油高压石棉板	$\delta=1.5$	m^2	4	□
8	纸垫	0.1～0.5	m^2	各1	□
9	熔丝	5～10A	卷	各1	□
10	密封胶	732	支	2	□
11	汽轮机油	L-TSA68	kg	340	□
12	耐油胶皮	$\delta=3$	m^2	4	□
13	铜皮	0.1～0.5	kg	1	□

备 件 准 备

序号	备件名称	规格型号	单位	数量	检查结果
1	钢片联轴器		件	1	□
	验收标准：钢片联轴器内外清洁，无损坏、磨损、腐蚀。联轴器预拉值为4.5～5mm（原始间隙为43mm）				
2	油泵	CBF-F100/16BP；CB-B160	台	4	□
	验收标准：油泵外壳无砂眼、裂纹等缺陷。齿轮与壳体径向间隙不大于0.10mm。齿轮与泵体轴向间隙不大于0.25mm，轴与套间隙不大于0.10mm。齿面磨损不超过0.70mm。齿轮啮合的齿顶间隙与齿背间隙均不大于0.5mm。外壳与两侧端盖应平整严密。齿轮轴与孔的磨损不大于0.20mm。齿轮啮合面沿齿长及齿高方向均不少于80%。齿轮与轴配合过盈为0.01～0.02mm。各结合面严密不漏。				
3	油缸组连杆	ϕ30×370 U166Z051（U266/3I010）	套	1	□
	执行器连杆	ϕ27×898 U166Z052（TY9001020）	套	1	□
	验收标准：油缸伺服阀与叉形摆臂之间连杆组件理论长度约为424mm；叶片全开时伺服阀端面到油缸端面距离约为44.5mm（对应叶片＋20°）；叶片全关时伺服阀端面到油缸端面距离约为128mm（对应叶片－36°）				

续表

四、检修工序卡	
检修工序步骤及内容	安全、质量标准
1　拆卸风机主机保温及机壳（与油站检修为并列工序） □1.1　打开风机进气箱及扩压器人孔进入风机内部，为风机叶片进行编号，使用楔形塞尺检查风机叶片叶顶间隙，并做好记录 危险源：大锤、手锤、空气 安全鉴证点 | 1-S2 | 质检点 | 1-W2 | □1.2　拆除主机部分机壳中分面、扩压器连接面及集流器密封带和吊装点处的保温 危险源：手电钻、安全带、高空中的工器具、零部件、石棉粉尘 安全鉴证点 | 1-S1 | □1.3　拆除主机部分机壳中分面（内外部含后导叶）、扩压器连接面及入口密封带处螺栓和定位销，安装好天车及吊装钢丝绳，并做好各部位位置记号 □1.4　将动叶移至全关位置或拆下动叶片，缓慢向上吊起机壳上半部，放置于零米的枕木上 危险源：大锤、手锤、吊具、起吊物、电动葫芦、超载荷存放、手拉葫芦 安全鉴证点 | 2-S1 |	□A1.1（a）　锤把上不可有油污，严禁单手抡大锤；使用大锤时，周围不得有人靠近，严禁戴手套抡大锤。 □A1.1（b）　打开所有通风口进行通风；进入前仪器探测容器内一氧化碳浓度不大于 30mg/m³，保证内部通风畅通，必要时使用轴流风机强制通风；严禁向容器内部输送氧气；测量氧气浓度保持在 19.5%～21%范围内；设置逃生通道，并保持通道畅通；设专人不间断地监护，特殊情况时要增加监护人数量，人员进出应登记。 1.1　风机叶片编号原则应以轮毂上“H”标记位置为初始标记点，沿风机旋转方向进行标记。叶顶间隙测量应沿机壳圆周方向均布 8 点，在每个点盘动转子，逐片纪录叶顶及叶根间隙（不应小于 2mm） □A1.2（a）　使用电钻等电气工具时必须戴绝缘手套；在高处作业时，电动工具必须系好安全绳。 □A1.2（b）　使用时，安全带的挂钩或绳子应挂在腰部以上结实牢固的构件上。 □A1.2（c）　高处作业应一律使用工具袋；较大的工具应用绳拴在牢固的构件上。 □A1.2（d）　进入粉尘较大的场所作业，作业人员必须戴防尘口罩；安装和运输材料和废料时应用袋和箱装运；安装过程中应采取防止散落、飞扬措施。 □A1.4（a）　锤把上不可有油污；禁单手抡大锤； 使用大锤时，周围不得有人靠近；严禁戴手套抡大锤。 □A1.4（b）　起重吊物之前，必须清楚物件的实际重量；吊拉时两根钢丝绳之间的夹角一般不得大于 90°；吊拉捆绑时，重物或设备构件的锐边处必须加装衬垫物；起吊时，必须按规定选择吊点并捆绑牢固；起重搬运时应由一人指挥，指挥人员应由经有关机构专业技术培训取得资格证的人员担任；吊装作业现场必须设警戒区域，设专人监护；任何人不准在吊杆和吊物下停留或行走。 □A1.4（c）　起重物品必须绑牢，吊钩应挂在物品的重心上，吊钩钢丝绳应保持垂直，禁止使吊钩斜着拖吊重物；工作负荷不准超过电动葫芦铭牌规定；起重机械只限于熟悉使用方法并经有关机构业务培训考试合格、取得操作资格证的人员操作。 □A1.4（d）　大型物件的放置地点必须为荷重区域，不准将重物放置在孔、洞的盖板或非支撑平面上面；应事先选好地点，放好方木等衬垫物品，确保平稳牢固。 □A1.4（e）　悬挂手拉葫芦的架梁或建筑物，必须经过计算，否则不准悬挂；不准把手拉葫芦挂在任何管道上或管道的支吊架上；禁止用手拉葫芦长时间悬吊重物
2　动叶拆卸 危险源：大锤、手锤、风机、重物 安全鉴证点 | 3-S1 | □2.1　风机上部机壳已揭开，转子已装在机壳下半部 □2.2　动叶布置不平衡，转子可能会突然转动，会造成损害。拆除顺序应采用对称拆除方式，拧出动叶上的螺栓，卸下动叶 □2.3　轮毂上附着的灰尘会导致锈蚀，使转动卡涩，拨松后用吸尘器吸力清除；转子叶片不得置于露天，可用防水布遮盖好	□A2（a）　使用大锤、手锤时锤把上不可有油污；使用大锤时，周围不得有人靠近，严禁戴手套抡大锤、严禁单手抡大锤。 □A2（b）　按直径相对称的叶片进行拆卸，拆卸时应确保转子不要转动；动叶进、出口边及防磨层对碰压敏感，只能用进口边叶跟部固定转子以防转动。 □A2（c）　手搬物件时应量力而行，不得搬运超过自己能力的物件，作业人员应根据搬运物件的需要，穿戴披肩、垫肩、手套、口罩、眼镜等防护用品
3　拆装联轴器 危险源：大锤、吊具、起吊物、手拉葫芦	□A3（a）　锤把上不可有油污；严禁单手抡大锤；使用大锤时，周围不得有人靠近；严禁戴手套抡大锤。

续表

检修工序步骤及内容	安全、质量标准
安全鉴证点 | 4-S1 | □3.1 架设百分表，复查风机侧及电机侧联轴器中心偏差，检查预拉间隙 质检点 | 1-H3 | □3.2 拆卸联轴器螺栓，做好位置记号 □3.3 联轴器螺栓拆至最后一条时，使用起重工具吊住中间垫板，拆净螺栓后将垫板取下，妥善放置 □3.4 联轴器如需更换，应安装拔轴器，加热联轴器套，起顶取下。回装时尽量用油加热。如现场确无此条件，可用火焰均匀加热，但需控制温度（<80℃）	□A3（b） 起重吊物之前，必须清楚物件的实际重量；吊拉时两根钢丝绳之间的夹角一般不得大于90°；吊拉捆绑时，重物或设备构件的锐边处必须加装衬垫物；工作起吊时严禁歪斜拽吊必须按规定选择吊点并捆绑牢固；起重搬运时应由一人指挥，指挥人员应由经有关机构专业技术培训取得资格证的人员担任；吊装作业现场必须设警戒区域，设专人监护；任何人不准在吊物下停留或行走。 □A3（c） 悬挂手拉葫芦的架梁或建筑物，必须经过计算，否则不准悬挂；不准把手拉葫芦挂在任何管道上或管道的支吊架上；禁止用手拉葫芦长时间悬吊重物；工作负荷不准超过铭牌规定；禁止用链式起重机长时间悬吊重物；工作负荷不准超过铭牌规定 3.1 钢片联轴器内外清洁，无损坏，磨损、腐蚀联轴器预拉值为4.5～5mm（原始间隙为43mm） 3.2 应使用垫木在中间轴护套内垫好，防止拆除过程中脱落伤人 3.4 回装后联轴器键侧间隙为零，与轴肩处用0.05mm塞尺塞不进
4 主轴、轮毂、伺服油缸及轴承箱的拆除 危险源：吊具、起吊物、重物、电动葫芦、切割机、超载荷存放、手拉葫芦、润滑油 安全鉴证点 | 2-S2 | □4.1 支撑住联轴器中间轴段，拆下风机侧的半联轴器法兰 □4.2 割除焊接防松装置，使用套筒扳手拆除轴承座与机壳的联接螺栓 □4.3 拆卸轴承座上各管线、润滑油进出接口、温度及振动监测装置，拆除动叶调节伺服阀及关联油管 □4.4 安装吊具，吊起拆下附有主轴承和伺服电动机的转子，摆放在适合的安装架上 质检点 | 2-W2 |	□A4（a） 起重吊物之前，必须清楚物件的实际重量；吊拉时两根钢丝绳之间的夹角一般不得大于90°；吊拉捆绑时，重物或设备构件的锐边处必须加装衬垫物；起吊时，严禁歪斜拽吊，必须按规定选择吊点并捆绑牢固；起重搬运时应由一人指挥，指挥人员应由经有关机构专业技术培训取得资格证的人员担任；吊装作业现场必须设警戒区域，设专人监护。 □A4（b） 起重物品必须绑牢，吊钩应挂在物品的重心上，吊钩钢丝绳应保持垂直，禁止使吊钩斜着拖吊重物；工作负荷不准超过电动葫芦铭牌规定；起重机械只限于熟悉使用方法并经有关机构业务培训考试合格、取得操作资格证的人员操作。 □A4（c） 手持切割机操作人员必须正确佩戴防护面罩、防护眼镜；不准手提切割机的导线或转动部分；更换切割片前必须先切断电源。 □A4（d） 大型物件的放置地点必须为荷重区域，不准将重物放置在孔、洞的盖板或非支撑平面上面；应事先选好地点，放好方木等衬垫物品，确保平稳牢固。 □A4（e） 悬挂手拉葫芦的架梁或建筑物，必须经过计算，否则不准悬挂；不准把手拉葫芦挂在任何管道上或管道的支吊架上；禁止用手拉葫芦长时间悬吊重物；工作负荷不准超过铭牌规定。 □A4（f） 检修中应使用接油盘、地面铺设胶皮或塑料布等措施，防止润滑油滴落污染地面，地面有油水必须及时清除，以防滑跌；不准将油污、油泥、废油等（包括沾油棉纱、布、手套、纸等）倒入下水道排放或随地倾倒，应收集放于指定的地点，妥善处理，以防污染环境及发生火灾。 4.1 在连接位作标记，使重新安装时不会错误。 4.2 拆除前应使用起重设备吊住轮毂，防止转子倾倒。接合面清理干净。螺栓妥善保存。 4.3 做好标记，拆除后应妥善保管，检查、油管不能有变形、开裂、老化等现象。伺服阀应无渗漏油现象，否则进行更换

续表

检修工序步骤及内容	安全、质量标准
5　主轴、轮毂、轴承箱及伺服油缸的回装 危险源：吊具、起吊物、重物、电动葫芦、角磨机、手拉葫芦、法兰螺丝孔 安全鉴证点　3-S2 □5.1　清理机壳内部，安排好天车及吊具，将主轴承箱、叶轮、伺服电动机总装配组吊装至下机壳就位	□A5（a）　起重吊物之前，必须清楚物件的实际重量；吊拉时两根钢丝绳之间的夹角一般不得大于90°；吊拉捆绑时，重物或设备构件的锐边处必须加装衬垫物；起吊时，严禁歪斜拽吊，必须按规定选择吊点并捆绑牢固；起重搬运时应由一人指挥，指挥人员应由经有关机构专业技术培训取得资格证的人员担任；吊装作业现场必须设警戒区域，设专人监护；任何人不准在吊杆和吊物下停留或行走。 □A5（b）　起重物品必须绑牢，吊钩应挂在物品的重心上，吊钩钢丝绳应保持垂直，禁止使吊钩斜着拖吊重物；工作负荷不准超过电动葫芦铭牌规定；起重机械只限于熟悉使用方法并经有关机构业务培训考试合格、取得操作资格证的人员操作。 □A5（c）　操作人员必须正确佩戴防护面罩、防护眼镜；不准手提角磨机的导线或转动部分；使用角磨机时，应采取防火措施，防止火花引发火灾。 □A5（d）　悬挂手拉葫芦的架梁或建筑物，必须经过计算，否则不准悬挂；不准把手拉葫芦挂在任何管道上或管道的支吊架上；禁止用手拉葫芦长时间悬吊重物；工作负荷不准超过铭牌规定。 □A5（e）　安装管道法兰和阀门的螺丝时，应用撬棒校正螺丝孔，不准用手指伸入螺丝孔内触摸，以防轧伤手指。
□5.2　联接风机侧联轴器法兰；移去联轴器中间轴的支撑	5.2　联轴器螺栓拧紧力矩为3600Nm。
□5.3　安装治具使轴承箱与下机壳接触面充分接触，安装轴承座与机壳的联接螺栓，必须按规定 力矩紧固，避免松动造成损坏，拧紧后可对螺栓实施焊接防松 质检点　2-H3	5.3　结合面应清洁无毛刺，紧固螺栓拧紧力矩为650Nm，拧紧后结合面圆周方向2/3部分用0.05mm塞尺塞不进。
□5.4　调整定位齿形轴封位置达到标准后，配钻芯筒法兰上的螺栓，并紧固定位 质检点　3-W2	5.4　轴封与毂盘或中介环间隙为0.5～1mm，与芯筒法兰尺寸控制在10～20mm。
□5.5　找主轴水平，打磨轮毂中介环中线位置，在水平位置使用框式水平仪测量风机主轴水平度（应旋转180°进行复检），通过在下机壳与基础台板增减垫片的方法调整风机主轴水平 质检点　3-H3	5.5　风机主轴水平误差：≤0.02mm（提示：请勿以机壳中分面找水平，应以轮毂中介环端为基准找水平）。
□5.6　复检伺服控制装置油缸紧固力矩，安装伺服阀，通过调整伺服阀紧固螺栓控制伺服阀与主轴同心度保持一致 质检点　4-H3	5.6　伺服控制装置油缸螺栓紧固力矩650Nm，使用在机壳上安装百分表来检测伺服阀同心度，同心度偏差应：≤0.05mm。
□5.7　清洗外接油路、控制油路各油管	5.7　检查所有紧固件联接的可靠性，紧固螺钉用MoS2涂在螺纹和螺头接触面，采用力矩刻度扳手并达到规定力矩，供油装置在运行中应无泄漏。
□5.8　用三根高压橡胶油管将伺服阀与油分配座联接 质检点　4-W2	5.8　颜色对应联接，控制油进油管（面对风机左侧）、回油管（面对风机右侧）、溢油管（中间）。
□5.9　联接伺服阀拉杆（提示：此时联接只是临时性联接，待叶片调试时重新调整）	
□5.10　电动执行器与驱动轴曲柄用连杆联接，正确联接振动温度测点等所有管线到主轴承座，保持紧固	5.10　执行器曲柄要与驱动轴曲柄平行，夹紧螺栓一定要松开
6　叶片回装及开度调整 危险源：大锤、手锤、风机、重物、法兰的螺丝孔	□A6（a）　使用大锤、手锤时，锤把上不可有油污；使用大锤时，周围不得有人靠近，严禁戴手套抡大锤、严禁单手抡大锤。

续表

检修工序步骤及内容	安全、质量标准
安全鉴证点 5-S1 □6.1 叶片用字母和数码标记（从1～22为每一个叶轮上的叶片数目），一台整机的所有叶片应标相同的字母 □6.2 清洁轮毂结合面、叶片根部、端表面和叶片轴；进行着色探伤 质检点 5-H3 □6.3 安装叶片组合密封环 □6.4 在螺纹和螺头压紧处使用MoS2润滑剂 □6.5 使用对应口径的力矩扳手对称拧紧螺栓，力矩符合规定 质检点 5-W2 □6.6 测量校核叶片间隙（包含动叶与机壳内径的间隙和动叶与轮毂外径的间隙）。凡更换转子和叶片之后，均要测量其间隙，使符合要求 质检点 6-H3 □6.7 拆除“H”标志叶片，检查轮毂轴对应刻度。 □6.8 连接油缸伺服阀与叉形摆臂之间的连接杆组件，通过调整连接杆长度来定位叶片的全开及全关位置 □6.9 在扩压器芯筒内用人工往复拉动伺服阀，使叶片开到最大和关到最小。开到最大时叶轮手动盘车一周，检查叶片底部是否与芯筒摩擦，顶部是否与外壳及失速探针摩擦 质检点 6-W2 □6.10 将叶片关到最小开度，此时电动执行器定位0%，同时机械定位限位。用钢板尺测量伺服阀端面到油缸端面距离并记录以备调试另一台时参照 质检点 7-H3 □6.11 将驱动轴曲柄螺栓紧固，连接执行器曲臂，点动执行器使叶片开到+20°，（实际按刻度盘最大正角度确定）执行器定位100%，使叶片开到−36°。执行器定位0%，同时机械限位。做好机壳外部指示牌标记 质检点 7-W2	□A6（b） 按直径相对称的叶片进行拆卸，拆卸时应确保转子不要转动；动叶进、出口边及防磨层对碰压敏感，只能用进口边叶跟部固定转子以防转动。 □A6（c） 手搬物件时应量力而行，不得搬运超过自己能力的物件，作业人员应根据搬运物件的需要，穿戴披肩、垫肩、手套、口罩、眼镜等防护用品 □A6（d） 安装管道法兰和阀门的螺丝时，应用撬棒校正螺丝孔，不准用手指伸入螺丝孔内触摸，以防轧伤手指；如果叶片需要更换，应整套更换，不能单件更换。 6.1 检查叶片标记应与拆除时相对应，动叶安装顺序错误会产生不平衡和振动，应按正确的编号顺序安装动叶；如果更换整套叶片，转子叶片的顺序由其编号决定，编号必须按圆周上的顺序定；不必在乎哪片叶片作1号或叶片以顺时针或逆时针安装。 6.2 表面应清洁无锈蚀及毛刺，着色探伤无缺陷。 6.5 新转子叶片应用新螺栓安装，用过的螺栓也可以再利用，但应保证它们没有被加热方式拆卸过，也没有锈蚀损坏，并能按规定拧紧。螺栓拧紧力矩为450Nm，安装角度一致。 6.6 以叶顶间隙最小的叶片来观察，转动叶轮，在整个圆周观测，间隙过小运行时可能发生擦碰；如果叶根间隙太小则可能产生调节卡涩问题，无论叶顶或叶根间隙均不应小于2mm，叶顶间隙在机壳圆周方向应在4.1～5.5mm之间。 6.7 叶片轴上的刻度对应轮毂上的法线标记，油缸全行程100mm，对应叶片开度+24°～−45°之间 6.8 油缸伺服阀与叉形摆臂之间连杆组件理论长度约为424mm 6.10 叶片全开时伺服阀端面到油缸端面距离约为44.5mm（对应叶片+20°）；叶片全关时伺服阀端面到油缸端面距离约为128mm（对应叶片−36°） 6.11 反复传动检查是否存在偏离现象，调整叉形摆臂定位螺栓，全开时无间隙，全关时预留5mm，将定位螺栓点焊防松
7 校正风机电机轴系中心 危险源：吊具、起吊物、电动葫芦、大锤、手锤、法兰螺丝孔 安全鉴证点 5-S1	□A7（a） 起重吊物之前，必须清楚物件的实际重量；吊拉时两根钢丝绳之间的夹角一般不得大于90°；吊拉捆绑时，重物或设备构件的锐边处必须加装衬垫物；起吊时，严禁歪斜拽吊，必须按规定选择吊点并捆绑牢固；起重搬运时应由一人指挥，指挥人员应由经有关机构专业技术培训取得资格证的人员担任；吊装作业现场必须设警戒区域，设专人监护；任何人不准在吊杆和吊物下停留或行走。 □A7（b） 起重物品必须绑牢，吊钩应挂在物品的重心上，吊钩钢丝绳应保持垂直，禁止使吊钩斜着拖吊重物；工作负

续表

<table>
<tr><th>检修工序步骤及内容</th><th>安全、质量标准</th></tr>
<tr><td>□7.1　找正前，在轴承内充以适量润滑油。检查联轴器
| 质检点 | 8-W2 | |
□7.2　将电机吊到基础上，调整位置并进行水平找正，使联轴器法兰端面与中间传动轴法兰端面之间有1mm间隙。可通过移动电机或车削联轴器垫板保持预拉尺寸
| 质检点 | 9-W2 | |
□7.3　紧固联轴器螺栓，风机及电机联轴器两侧用百分表进行校正中心
| 质检点 | 8-H3 | |
□7.4　找好中心后，联接好中间轴，抱闸及其护罩
□7.5　中心找正完毕后，可吊装恢复机壳上盖，恢复前应复检各管线连接情况</td><td>荷不准超过电动葫芦铭牌规定；起重机械只限于熟悉使用方法并经有关机构业务培训考试合格、取得操作资格证的人员操作。
□A7（c）　锤把上不可有油污；严禁单手抡大锤；使用大锤时，周围不得有人靠近；严禁戴手套抡大锤。
□A7（d）　安装管道法兰和阀门的螺丝时，应用撬棒校正螺丝孔，不准用手指伸入螺丝孔内触摸，以防轧伤手指
7.1　联轴器应完好，无裂纹、变形现象。键与键槽间隙配合不许有松动感，键的顶部应有0.20～0.30mm间隙，与轴颈配合紧力0.02～0.05mm。联轴器叠片无弯曲变形，螺纹完整无损。
7.2　电机轴水平误差应不大于0.05mm，预拉开尺寸（常规140℃±50℃时）为4.5～5mm；原始叠片自由间距约为43mm。
7.3　联轴器紧固力矩约为3600Nm；电机水平轴线应略高于风机水平轴线，约为叶轮直径的万分之五（约为1.5mm），即安装时电机端联轴器为上张口，风机端联轴器为下张口，各张口上下间隙尺寸差约为叶轮直径的十万分之六（径向位移$r \leqslant 0.1$mm，安装角位移$\alpha \leqslant 0.25°$）水平找正同时两端联轴器找正（提示：联轴器径向不找正，只找联轴器端面平行度即可，找正精度0.05～0.1mm）</td></tr>
<tr><td>8　检修出口挡板
危险源：高空中的工器具、零部件、安全带、手拉葫芦、氧气、乙炔、行灯、电焊机
| 安全鉴证点 | 6-S1 | |
□8.1　拆开拉杆连接关节球轴承螺栓
□8.2　拆开挡板两端支撑轴承螺栓，检查更换轴承，检修完毕后补充润滑脂
□8.3　拆除挡板两端小轴及盘根套及压盖组件，检查磨损情况
□8.4　用倒链吊下挡板，清理检查，更换密封片
□8.5　依次回装，调整开关限位
| 质检点 | 10-W2 | |</td><td>□A8（a）　高处作业应一律使用工具袋；较大的工具应用绳拴在牢固的构件上；工器具和零部件不准上下抛掷，应使用绳系牢后往下或往上吊；使用时安全带的挂钩或绳子应挂在腰部以上结实牢固的构件上。
□A8（b）　悬挂手拉葫芦的架梁或建筑物，必须经过计算，否则不准悬挂；不准把手拉葫芦挂在任何管道上或管道的支吊架上；禁止用手拉葫芦长时间悬吊重物；工作负荷不准超过铭牌规定。
□A8（c）　使用中不准混用氧气软管与乙炔软管；通气的乙炔及氧气软管上方禁止进行动火作业；焊接工作结束或中断焊接工作时，应关闭氧气和乙炔气瓶、供气管路的阀门，确保气体不外漏。
□A8（d）　不准将行灯变压器带入金属容器或管道内。
□A8（e）　电焊人员应持有有效的焊工证；正确使用面罩，穿电焊服，戴电焊手套，戴白光眼镜，穿橡胶绝缘鞋；电焊工更换焊条时，必须戴电焊手套；停止、间断焊接时必须及时切断焊机电源；工作人员工作服保持干燥；必须站在干燥的木板上，或穿橡胶绝缘鞋；容器外面应设有可看见和听见焊工工作的监护人，并应设有开关，以便根据焊工的信号切断电源。
8.1　连杆转动灵活无卡涩。
8.2　轴承转动灵活无损坏。
8.3　支承架磨损不超过孔径的1/5。
8.4　挡板磨损不超过1/3，无裂纹、缺损。
8.5　开关灵活，调整开关位置正确，关断严密</td></tr>
<tr><td>9　检查油站油箱、油泵检修、清理滤网
危险源：润滑油
| 安全鉴证点 | 7-S1 | |</td><td>□A9　检修中应采用接油盘、地面铺设有胶皮或塑料布等措施，防止润滑油滴落污染地面，地面有油水必须及时清除，以防滑跌；不准将油污、油泥、废油等（包括沾油棉纱、布、手套、纸等）倒入下水道排放或随地倾倒，应收集放于指定的地点，妥善处理，以防污染环境及发生火灾。注意滤油机跑、漏油现象，避免环境污染；滤油机使用前检查滤芯，不合格进行更换。</td></tr>
</table>

续表

检修工序步骤及内容	安全、质量标准
□9.1　清洁所有油路和油箱，将油箱内存油抽出，并取样化验。不得有沙尘、烟灰、清洁布残留纤维和固体杂质沉淀；绒毛会干扰油系统传感器的功能，清洁时只能用无纤维布 □9.2　用煤油清洗油箱内部，用白面黏净 □9.3　清洗油位计，检查指示是否正确 □9.4　取出滤网清洗干 □9.5　油系统各阀门盘根更换、法兰密封检查 □9.6　新联结的管路必须酸洗，避免尘渣和残留锈皮损坏轴承和控制装置，第一次注油前要用油冲洗油路，只用运行所需油量的一半就足够，在轴承壳前用堵板阻塞油道，用一根旁通软管引到回油管。在伺服电动机控制头处联结进油和回油管路到一起，继续冲洗，直到油过滤器中没有细小灰尘及杂物出现为止，此油过滤后还可以使用 □9.7　通过一高标准的过滤器向油箱注入油，也可使用油液分离装置。检验证明油不能再用时，则必须换掉 □9.8　将油泵与电机连接螺栓拆开，移开电机，检查联轴器 □9.9　拆卸油管及地脚螺栓取出油泵。拆下端盖作好印记，检查轴封。用塞尺和铅丝测量各部间隙和齿轮啮合间隙。检查油泵外壳有无裂纹、砂眼等缺陷。取出齿轮清洗干净，检查齿轮磨损情况。检查各轴孔、轴颈磨损情况。用红丹粉检查齿面接触情况 质检点　11-W2 □9.10　调压阀的解体，检查弹簧、阀体、弹簧弹性足够，阀芯与阀体接触严密 □9.11　单向阀解体，检查阀体，阀芯是否动作灵活	9.1　油箱内无油污垢杂物。不允许进入任何异物，否则会造成轴承损害。 9.3　油位计和标识齐全、正确。 9.4　过滤器内清洁干净，无杂物。 9.5　各油管阀门开关自如，填料适中。各阀门盘根压盖、法兰、螺纹无渗漏。 9.8　对轮与轴配合过盈为 0.015mm，键顶部间隙 0.20mm，两侧有过盈。对轮端面平整、圆周无伤痕、毛刺。对轮弹性块无损坏。 9.9　油泵外壳无砂眼、裂纹等缺陷。齿轮与壳体径向间隙不大于 0.10mm；齿轮与泵体轴向间隙不大于 0.25mm，轴与套间隙不大于 0.10mm；齿面磨损不超过 0.70mm；齿轮啮合的齿顶间隙与齿背间隙均不大于 0.5mm；外壳与两侧端盖应平整严密。齿轮轴与孔的磨损不大于 0.20mm；齿轮啮合面沿齿长及齿高方向均不少于 80%；齿轮与轴配合过盈为 0.01～0.02mm；各结合面严密不漏。 9.10　单向阀用煤油检查其严密性
10　冷油器的检修 □10.1　切断水源，拆开冷却水管，关闭冷油器油路出入口门 □10.2　打开冷油器放油阀，放水孔，将油水放尽 □10.3　打开冷却器两端紧固螺栓。打开冷油器两端端盖，清洗冷油器内部 质检点　12-W2 □10.4　依次回装	10.1　冷油器管束内外壁清洁无油垢、水垢、污物。 10.2　水室、油室、清洁干净，无杂物、污物。 10.3　疏通冷油器，严禁用硬物强行疏通，可用清洗剂，细铜刷等方法进行清洗，以免接口开裂、变形。清洗完毕后，应做 0.8MPa 水压试验 5min 后无渗漏。 10.4　冷油器外壳和上端盖上配有放气丝堵，当冷油器充水和油时应将其拧开，排尽空气后立即拧紧
11　油站试运（注意调整供油压力及流量） □11.1　冷却水管畅通，油位正常 □11.2　启动油泵运行 20～30mm，调整各润滑油阀门。调整调压阀保证泵出口及供油压力 质检点　9-H3 □11.3　检查油泵振动情况，并做好记录	11.1　油系统、水系统无渗漏。 11.2　润滑压力在 0.2～0.25MPa 之间，控制油压在 1.3～1.5 MPa 之间。滤油器进、出口压差小于 0.08MPa，轴承供油量 3～7L/min 之间。 11.3　油泵转动平稳、无杂声。油泵振动不大于 0.08mm
12　封闭人孔、风机试运 危险源：遗留人员、物、大锤、手锤、转动的风机、挡板 安全鉴证点　8-S1 □12.1　测试各种工况下，转动部件轴承的振动值、轴承的温度 □12.2　油系统运行完好	□A12（a）封闭人孔前工作负责人应认真清点工作人员；核对进出入登记，确认无人员和工器具遗落，并喊话确认无人。 □A12（b）　锤把上不可有油污；严禁单手抡大锤；使用大锤时，周围不得有人靠近；严禁戴手套抡大锤。 □A12（c）　设备的转动部分必须装设防护罩，并标明旋转方向，露出的轴端必须装设护盖。 □A12（d）　衣服和袖口应扣好，不得戴围巾领带，必须将长发盘到安全帽内。 □A12（e）检查设备的运行状态，保持设备的振动、温度、运行电流等参数符合标准，如发现参数超标及时处理；不准将用具、工器具接触设备的转动部位。

续表

检修工序步骤及内容	安全、质量标准
□12.3　禁止风机在系统挡板关闭情况下启动 □12.4　禁止在其外壳内温度低于−30℃下启动 □12.5　禁止在冷风条件下大风量工况下启动风机 □12.6　试运 8h 正常 质检点 | 10-H3 |	□A12（f）不准在转动设备附近长时间停留；不准在靠背轮上、安全罩上或运行中设备的轴承上行走和坐立。 □A12（g）转动设备试运行时所有人员应先远离，站在转动机械的轴向位置，并有一人站在事故按钮位置。 12　挡板开关灵活，指示准确。 润滑油循环正常，静止部件与转部件无卡涩、冲击、摩擦现象。轴承声音正常无异声。 试运 8h 后轴承温度不超过 60℃。 轴承振动（*X*/*Y* 向）：小于 4.6mm/s 为合格，小于 3mm/s 为良，小于 1mm/s 为优

五、安全鉴证卡		
风险鉴证点：1-S2　工序 1.1　打开风机进气箱及扩压器人孔		
一级验收		年　月　日
二级验收		年　月　日
一级验收		年　月　日
二级验收		年　月　日
一级验收		年　月　日
二级验收		年　月　日
一级验收		年　月　日
二级验收		年　月　日
一级验收		年　月　日
二级验收		年　月　日
一级验收		年　月　日
二级验收		年　月　日
一级验收		年　月　日
二级验收		年　月　日
一级验收		年　月　日
二级验收		年　月　日
一级验收		年　月　日
二级验收		年　月　日
一级验收		年　月　日
二级验收		年　月　日
一级验收		年　月　日
二级验收		年　月　日
一级验收		年　月　日
二级验收		年　月　日
一级验收		年　月　日
二级验收		年　月　日
一级验收		年　月　日
二级验收		年　月　日
一级验收		年　月　日

续表

风险鉴证点：1-S2　工序 1.1　打开风机进气箱及扩压器人孔		
二级验收		年　月　日
一级验收		年　月　日
二级验收		年　月　日
一级验收		年　月　日
二级验收		年　月　日
一级验收		年　月　日
二级验收		年　月　日
风险鉴证点：2-S2　工序 4　主轴、轮毂、伺服油缸及轴承箱的拆除		
一级验收		年　月　日
二级验收		年　月　日
一级验收		年　月　日
二级验收		年　月　日
一级验收		年　月　日
二级验收		年　月　日
一级验收		年　月　日
二级验收		年　月　日
一级验收		年　月　日
二级验收		年　月　日
一级验收		年　月　日
二级验收		年　月　日
一级验收		年　月　日
二级验收		年　月　日
一级验收		年　月　日
二级验收		年　月　日
一级验收		年　月　日
二级验收		年　月　日
一级验收		年　月　日
二级验收		年　月　日
一级验收		年　月　日
二级验收		年　月　日
一级验收		年　月　日
二级验收		年　月　日
一级验收		年　月　日
二级验收		年　月　日
一级验收		年　月　日
二级验收		年　月　日
一级验收		年　月　日
二级验收		年　月　日
一级验收		年　月　日

续表

风险鉴证点：2-S2　工序 4　主轴、轮毂、伺服油缸及轴承箱的拆除		
二级验收		年　月　日
一级验收		年　月　日
二级验收		年　月　日
一级验收		年　月　日
二级验收		年　月　日
风险鉴证点：3-S2　工序 5　轴、轮毂、轴承箱及伺服油缸的回装		
一级验收		年　月　日
二级验收		年　月　日
一级验收		年　月　日
二级验收		年　月　日
一级验收		年　月　日
二级验收		年　月　日
一级验收		年　月　日
二级验收		年　月　日
一级验收		年　月　日
二级验收		年　月　日
一级验收		年　月　日
二级验收		年　月　日
一级验收		年　月　日
二级验收		年　月　日
一级验收		年　月　日
二级验收		年　月　日
一级验收		年　月　日
二级验收		年　月　日
一级验收		年　月　日
二级验收		年　月　日
一级验收		年　月　日
二级验收		年　月　日
一级验收		年　月　日
二级验收		年　月　日
一级验收		年　月　日
二级验收		年　月　日
一级验收		年　月　日
二级验收		年　月　日
一级验收		年　月　日
二级验收		年　月　日
一级验收		年　月　日
二级验收		年　月　日

续表

风险鉴证点：3-S2　工序 5　轴、轮毂、轴承箱及伺服油缸的回装		
一级验收		年　月　日
二级验收		年　月　日
三级验收		年　月　日

六、质量验收卡			
质检点：1-W2　工序 1.1　风机叶片编号，检查风机叶片间隙 标准：风机叶片编号原则应以轮毂上“H”标记位置为初始标记点，沿风机旋转方向进行标记。叶顶间隙测量应沿机壳圆周方向均布 8 点，在每个点盘动转子，逐片纪录叶顶及叶根间隙（不应小于 2mm）。 检查情况：			
测量器具/编号			
测量（检查）人		记录人	
一级验收			年　月　日
二级验收			年　月　日
质检点：1-H3　工序 3.1　复查风机侧及电机侧联轴器中心偏差 标准：钢片联轴器内外清洁，无损坏、磨损、腐蚀。联轴器预拉值约为 0.5mm（原始间隙为 30mm），回装后联轴器键侧间隙为零，与轴肩处用 0.05mm 塞尺塞不进。 检查情况：			
测量器具/编号			
测量（检查）人		记录人	
一级验收			年　月　日
二级验收			年　月　日
三级验收			年　月　日
质检点：2-W2　工序 4.4　吊起附有主轴承和伺服电动机的转子 标准：拆除前应使用起重设备吊住轮毂，防止转子倾倒。接合面清理干净。螺栓妥善保存，并做好标记，拆除后应妥善保管，检查、油管不能有变形、开裂、老化等现象。伺服阀应无渗漏油现象，否则进行更换。 检查情况：			
测量器具/编号			
测量人		记录人	
一级验收			年　月　日
二级验收			年　月　日

续表

<table>
<tr><td colspan="4">质检点：2-H3　工序 5.3　轴承箱与下机壳就位检查
标准：联轴器螺栓拧紧力矩为 1000Nm；结合面应清洁无毛刺，紧固螺栓拧紧力矩为 380Nm，拧紧后结合面圆周方向 2/3 部分用 0.05mm 塞尺塞不进。
检查情况：</td></tr>
<tr><td>测量器具/编号</td><td colspan="3"></td></tr>
<tr><td>测量人</td><td></td><td>记录人</td><td></td></tr>
<tr><td>一级验收</td><td colspan="2"></td><td>年　月　日</td></tr>
<tr><td>二级验收</td><td colspan="2"></td><td>年　月　日</td></tr>
<tr><td>三级验收</td><td colspan="2"></td><td>年　月　日</td></tr>
<tr><td colspan="4">质检点：3-W2　工序 5.4　定位齿形轴封位置检查
标准：轴封与毂盘或中介环间隙为 0.5～1mm，与芯筒法兰尺寸控制在 6～14mm。
检查情况：</td></tr>
<tr><td>测量器具/编号</td><td colspan="3"></td></tr>
<tr><td>测量人</td><td></td><td>记录人</td><td></td></tr>
<tr><td>一级验收</td><td colspan="2"></td><td>年　月　日</td></tr>
<tr><td>二级验收</td><td colspan="2"></td><td>年　月　日</td></tr>
<tr><td colspan="4">质检点：3-H3　工序 5.5　主轴水平
标准：勿以机壳中分面找水平，应以轮毂中介环端为基准找水平，风机主轴水平误差不大于 0.02mm。
检查情况：</td></tr>
<tr><td>测量器具/编号</td><td colspan="3"></td></tr>
<tr><td>测量人</td><td></td><td>记录人</td><td></td></tr>
<tr><td>一级验收</td><td colspan="2"></td><td>年　月　日</td></tr>
<tr><td>二级验收</td><td colspan="2"></td><td>年　月　日</td></tr>
<tr><td>三级验收</td><td colspan="2"></td><td>年　月　日</td></tr>
<tr><td colspan="4">质检点：4-H3　工序 5.6　检查伺服控制装置油缸紧固力矩，安装伺服阀
标准：伺服控制装置油缸螺栓紧固力矩 200Nm，使用在机壳上安装百分表来检测伺服阀同心度，同心度偏差不应大于 0.05mm。
检查情况：</td></tr>
</table>

续表

测量器具/编号			
测量人		记录人	
一级验收			年 月 日
二级验收			年 月 日
三级验收			年 月 日

质检点：4-W2 工序 5.8 油管、伺服阀与油分配座联接

标准：检查所有紧固件联接的可靠性，紧固螺钉用 MoS_2 涂在螺纹和螺头接触面，采用力矩刻度扳手并达到规定力矩，供油装置在运行中应无泄漏；颜色对应联接，控制油进油管（面对风机左侧）、回油管（面对风机右侧）、溢油管（中间）；执行器曲柄要与驱动轴曲柄平行，夹紧螺栓一定要松开。

检查情况：

测量器具/编号			
测量人		记录人	
一级验收			年 月 日
二级验收			年 月 日

质检点：5-H3 工序 6.2 轮毂、叶片、叶片轴着色探伤

标准：表面应清洁，无锈蚀及毛刺，着色探伤无缺陷。

检查情况：

测量器具/编号			
测量人		记录人	
一级验收			年 月 日
二级验收			年 月 日
三级验收			年 月 日

质检点：5-W2 工序 6.5 叶片拧紧力矩检查

标准：新转子叶片应用新螺栓安装，用过的螺栓也可以再利用，但应保证它们没有被用加热方式拆卸过，也没有锈蚀损坏，并能按规定拧紧。螺栓拧紧力矩为 100Nm，安装角度一致。

检查情况：

测量器具/编号			
测量人		记录人	
一级验收			年 月 日
二级验收			年 月 日

续表

质检点：6-H3　工序 6.6　校核叶片间隙

标准：以叶顶间隙最小的叶片来观察，转动叶轮，在整个圆周观测，间隙过小运行时可能发生擦碰；如果叶根间隙太小则可能产生调节卡涩问题，无论叶顶或叶根间隙均不应小于 2mm，叶顶间隙在机壳圆周方向应在 3～5.3mm 之间。

检查情况：

测量器具/编号			
测量人		记录人	
一级验收			年　月　日
二级验收			年　月　日
三级验收			年　月　日

质检点：6-W2　工序 6.9　叶片与芯筒间隙检查

标准：使叶片开到最大和关到最小。开到最大时叶轮手动盘车一周检查叶片底部是否与芯筒摩擦，顶部是否与外壳及失速探针摩擦。

检查情况：

测量器具/编号			
测量人		记录人	
一级验收			年　月　日
二级验收			年　月　日

质检点：7-H3　工序 6.10　叶片开关定位

标准：叶片全开时伺服阀端面到油缸端面距离约为 30mm（对应叶片＋20°）；叶片全关时伺服阀端面到油缸端面距离约为 93mm（对应叶片－35°）。

检查情况：

测量器具/编号			
测量人		记录人	
一级验收			年　月　日
二级验收			年　月　日
三级验收			年　月　日

质检点：7-W2　工序 6.11　叶片执行器定位机壳外部指示牌标记

标准：将驱动轴曲柄螺栓紧固，连接执行器曲臂，点动执行器使叶片开到＋20°，（实际按刻度盘最大正角度确定）执行器定位 100%，使叶片开到－36°，执行器定位 0%，同时机械限位。反复传动检查是否存在偏离现象，调整叉形摆臂定位螺栓，全开时无间隙，全关时预留 5mm，将定位螺栓点焊防松。

检查情况：

续表

<table>
<tr><td>测量器具/编号</td><td colspan="3"></td></tr>
<tr><td>测量人</td><td></td><td>记录人</td><td></td></tr>
<tr><td>一级验收</td><td colspan="2"></td><td>年　月　日</td></tr>
<tr><td>二级验收</td><td colspan="2"></td><td>年　月　日</td></tr>
<tr><td colspan="4">质检点：8-W2　工序 7.1　检查联轴器
标准：联轴器应完好，无裂纹、变形现象。键与键槽间隙配合不许有松动感，键的顶部应有 0.20～0.30mm 间隙，与轴颈配合紧力 0.02～0.05mm。联轴器叠片无弯曲变形，螺纹完整无损。
检查情况：</td></tr>
<tr><td>测量器具/编号</td><td colspan="3"></td></tr>
<tr><td>测量人</td><td></td><td>记录人</td><td></td></tr>
<tr><td>一级验收</td><td colspan="2"></td><td>年　月　日</td></tr>
<tr><td>二级验收</td><td colspan="2"></td><td>年　月　日</td></tr>
<tr><td colspan="4">质检点：9-W2　工序 7.2　联轴器预拉检查
标准：电机轴水平误差不应大于 0.05mm，预拉开尺寸（常规±50℃时）约为 0.5mm；原始叠片自由间距约为 30mm。
检查情况：</td></tr>
<tr><td>测量器具/编号</td><td colspan="3"></td></tr>
<tr><td>测量人</td><td></td><td>记录人</td><td></td></tr>
<tr><td>一级验收</td><td colspan="2"></td><td>年　月　日</td></tr>
<tr><td>二级验收</td><td colspan="2"></td><td>年　月　日</td></tr>
<tr><td colspan="4">质检点：8-H3　工序 7.3 联轴器校正中心
标准：联轴器紧固力矩约为 1000Nm；径向位移 r≤0.1mm，安装角位移 α≤0.25°水平找正同时两端联轴器找正（提示：联轴器径向不找正，只找联轴器端面平行度即可，找正精度 0.05～0.1mm）。
检查情况：</td></tr>
<tr><td>测量器具/编号</td><td colspan="3"></td></tr>
<tr><td>测量人</td><td></td><td>记录人</td><td></td></tr>
<tr><td>一级验收</td><td colspan="2"></td><td>年　月　日</td></tr>
<tr><td>二级验收</td><td colspan="2"></td><td>年　月　日</td></tr>
<tr><td>三级验收</td><td colspan="2"></td><td>年　月　日</td></tr>
</table>

续表

质检点：10-W2　工序 8　出口挡板检修

标准：连杆转动灵活无卡涩；轴承转动灵活无损坏；支承架磨损不超过孔径的 1/5；板磨损不超过 1/3，无裂纹、缺损；开关灵活，调整开关位置正确，关断严密。

检查情况：

测量器具/编号			
测量人		记录人	
一级验收			年　月　日
二级验收			年　月　日

质检点 11-W2　工序 9.9　油泵检修

标准：对轮与轴配合过盈为 0.015mm.键侧有过盈；对轮弹性块无损坏；油泵外壳无砂眼、裂纹；齿轮与壳体径向间隙不大于 0.10mm；齿面磨损不超过 0.70mm。齿轮啮合的齿顶间隙与齿背间隙均不大于 0.5mm；齿轮轴与孔的磨损不大于 0.20mm。齿轮啮合面沿齿长及齿高方向均不少于 80%。齿轮与轴配合过盈为 0.01～0.02mm。各结合面严密不漏。单向阀用煤油检查其严密性。

检查情况：

测量器具/编号			
测量人		记录人	
一级验收			年　月　日
二级验收			年　月　日

质检点：12-W2　工序 10.3　冷油器检修

标准：冷油器管束内外壁清洁无油垢、水垢、污物；水室、油室、清洁干净，无杂物、污物；做 0.8MPa 水压试验 5min 后无渗漏。

检查情况：

测量器具/编号			
测量人		记录人	
一级验收			年　月　日
二级验收			年　月　日

质检点：9-H3　工序 11　油站试运

标准：油系统、水系统无渗漏；润滑压力在 0.2～0.25MPa 之间，控制油压在 1.3～1.5 MPa 之间。滤油器进、出口压差小于 0.08MPa，轴承供油量 3～7L/min 之间；油泵转动平稳、无杂声。油泵振动不大于 0.08mm。

检查情况：

续表

名称	数值	名称	数值
1 号油泵振动⊥ // ⊙		2 号油泵振动⊥ // ⊙	
1 号油泵温度（℃）		2 号油泵温度（℃）	
1 号油泵运行滤网前压力（MPa）		2 号油泵运行滤网前压力（MPa）	
1 号油泵运行供油压力（MPa）		2 号油泵运行供油压力（MPa）	
冷油器后润滑油温度（℃）			
验收结论：			
测量器具/编号			
测量人		记录人	
一级验收			年 月 日
二级验收			年 月 日
三级验收			年 月 日

质检点：10-H3 工序 12 风机试运

标准：设备干净，保温油漆全面。各种标志、指示清晰准确。无漏烟、灰、油、水现象。挡板开关灵活，指示准确，润滑油循环正常，静止部件与转部件无卡涩、冲击、摩擦现象。轴承声音正常无异声。试运 8h 后轴承温度不超过 60℃。轴承振动（*X*/*Y* 向）：小于 4.6mm/s 为合格，小于 3mm/s 为良，小于 1mm/s 为优。

检查情况：

名称	数值	名称	数值
轴承箱垂直振动 *X*		1 号轴承温度	
轴承箱水平振动 *Y*		2 号轴承温度	
验收结论：			
测量器具/编号			
测量人		记录人	
一级验收			年 月 日
二级验收			年 月 日
三级验收			年 月 日

七、完工验收卡

序号	检查内容	标 准	检查结果
1	安全措施恢复情况	1.1 检修工作全部结束 1.2 整改项目验收合格 1.3 检修脚手架拆除完毕 1.4 孔洞、坑道等盖板恢复 1.5 临时拆除的防护栏恢复 1.6 安全围栏、标示牌等撤离现场 1.7 安全措施和隔离措施具备恢复条件 1.8 工作票具备押回条件	□ □ □ □ □ □ □ □

续表

<table>
<tr><th>序号</th><th>检查内容</th><th>标　　准</th><th>检查结果</th></tr>
<tr><td>2</td><td>设备自身状况</td><td>2.1 设备与系统全面连接
2.2 设备各人孔、开口部分密封良好
2.3 设备标示牌齐全
2.4 设备油漆完整
2.5 设备管道色环清晰准确
2.6 阀门手轮齐全
2.7 设备保温恢复完毕</td><td>□
□
□
□
□
□
□</td></tr>
<tr><td>3</td><td>设备环境状况</td><td>3.1 检修整体工作结束，人员撤出
3.2 检修剩余备件材料清理出现场
3.3 检修现场废弃物清理完毕
3.4 检修用辅助设施拆除结束
3.5 临时电源、水源、气源、照明等拆除完毕
3.6 工器具及工具箱运出现场
3.7 地面铺垫材料运出现场
3.8 检修现场卫生整洁</td><td>□
□
□
□
□
□
□
□</td></tr>
<tr><td colspan="3">一级验收</td><td colspan="1">二级验收</td></tr>
<tr><td colspan="3"></td><td colspan="1"></td></tr>
</table>

<table>
<tr><td colspan="6">八、完工报告单</td></tr>
<tr><td>工期</td><td colspan="3">年　月　日　至　年　月　日</td><td>实际完成工日</td><td>工日</td></tr>
<tr><td rowspan="6">主要材料备件消耗统计</td><td>序号</td><td>名称</td><td>规格与型号</td><td>生产厂家</td><td>消耗数量</td></tr>
<tr><td>1</td><td></td><td></td><td></td><td></td></tr>
<tr><td>2</td><td></td><td></td><td></td><td></td></tr>
<tr><td>3</td><td></td><td></td><td></td><td></td></tr>
<tr><td>4</td><td></td><td></td><td></td><td></td></tr>
<tr><td>5</td><td></td><td></td><td></td><td></td></tr>
<tr><td rowspan="5">缺陷处理情况</td><td>序号</td><td colspan="2">缺陷内容</td><td colspan="2">处理情况</td></tr>
<tr><td>1</td><td colspan="2"></td><td colspan="2"></td></tr>
<tr><td>2</td><td colspan="2"></td><td colspan="2"></td></tr>
<tr><td>3</td><td colspan="2"></td><td colspan="2"></td></tr>
<tr><td>4</td><td colspan="2"></td><td colspan="2"></td></tr>
<tr><td>异动情况</td><td colspan="5"></td></tr>
<tr><td>让步接受情况</td><td colspan="5"></td></tr>
<tr><td>遗留问题及采取措施</td><td colspan="5"></td></tr>
<tr><td>修后总体评价</td><td colspan="5"></td></tr>
<tr><td rowspan="2">各方签字</td><td colspan="2">一级验收人员</td><td colspan="2">二级验收人员</td><td>三级验收人员</td></tr>
<tr><td colspan="2"></td><td colspan="2"></td><td></td></tr>
</table>

检 修 文 件 包

单位：________ 班组：________ 编号：________

检修任务：给煤机检修 风险等级：________

<table>
<tr><td colspan="7">一、检修工作任务单</td></tr>
<tr><td colspan="2">计划检修时间</td><td colspan="3">年 月 日 至 年 月 日</td><td>计划工日</td><td></td></tr>
<tr><td>主要检修项目</td><td colspan="3">1．皮带检查更换
2．驱动滚筒及轴承磨损检查更换
3．张紧滚筒及轴承磨损检查更换
4．清扫链条、刮板检修
5．皮带清洁刮板磨损检查更换
6．托辊磨损检查更换</td><td colspan="3">7．给煤机内部磨损检查、观察窗清理
8．孔门密封材料检查更换
9．轴承、减速器润滑油脂更换
10．称重系统标定（配合）
11．给煤机空载试运
12．给煤机带载试运</td></tr>
<tr><td>修后目标</td><td colspan="6">1．给煤机一次启动成功运转平稳，无异声，出力正常
2．给煤机皮带减速器振动值：≤0.08mm；温度：≤65℃
3．给煤机清扫链减速器振动值：≤0.08mm；温度：≤65℃
4．系统无漏风粉、漏油现象</td></tr>
<tr><td rowspan="14">鉴证点分布</td><td>W 点</td><td>工序及质检点内容</td><td>H 点</td><td>工序及质检点内容</td><td>S 点</td><td>工序及安全鉴证点内容</td></tr>
<tr><td>1-W2</td><td>□2.1 各部件轴承、油封检查</td><td>1-H3</td><td>□7.6 给煤机空载试运</td><td>1-S2</td><td>□1.4 给煤机本体各部拆卸解体</td></tr>
<tr><td>2-W2</td><td>□2.2 皮带检查</td><td></td><td></td><td></td><td></td></tr>
<tr><td>3-W2</td><td>□2.3 托辊、称重辊检查</td><td></td><td></td><td></td><td></td></tr>
<tr><td>4-W2</td><td>□2.4 皮带主动、被动滚筒检查</td><td></td><td></td><td></td><td></td></tr>
<tr><td>5-W2</td><td>□2.5 皮带主动滚筒连接键检查</td><td></td><td></td><td></td><td></td></tr>
<tr><td>6-W2</td><td>□2.6 清扫链条及刮板检查</td><td></td><td></td><td></td><td></td></tr>
<tr><td>7-W2</td><td>□2.7 清扫链主、从动轴链轮检查</td><td></td><td></td><td></td><td></td></tr>
<tr><td>8-W2</td><td>□3.4 调整清扫链涨紧度</td><td></td><td></td><td></td><td></td></tr>
<tr><td>9-W2</td><td>□3.6 调整皮带涨紧度并对中</td><td></td><td></td><td></td><td></td></tr>
<tr><td>10-W2</td><td>□4.3 减速器添加润滑油</td><td></td><td></td><td></td><td></td></tr>
<tr><td>11-W2</td><td>□5.9 入口闸板门开关检查</td><td></td><td></td><td></td><td></td></tr>
<tr><td>12-W2</td><td>□6.9 出口闸板门开关检查</td><td></td><td></td><td></td><td></td></tr>
<tr><td>13-W2</td><td>□7.7 给煤机整体试运</td><td></td><td></td><td></td><td></td></tr>
<tr><td rowspan="2">质量验收人员</td><td colspan="2">一级验收人员</td><td colspan="2">二级验收人员</td><td colspan="2">三级验收人员</td></tr>
<tr><td colspan="2"></td><td colspan="2"></td><td colspan="2"></td></tr>
<tr><td rowspan="2">安全验收人员</td><td colspan="2">一级验收人员</td><td colspan="2">二级验收人员</td><td colspan="2">三级验收人员</td></tr>
<tr><td colspan="2"></td><td colspan="2"></td><td colspan="2"></td></tr>
</table>

<table>
<tr><td>二、修前准备卡</td></tr>
<tr><td>设 备 基 本 参 数</td></tr>
<tr><td>1．给煤机规格型号：HD-BSC26 型
2．介质参数</td></tr>
</table>

续表

<table>
<tr><td colspan="5">设 备 基 本 参 数</td></tr>
<tr><td colspan="5">额定出力为 100t/h；实际出力范围为 5～120t/h；胶带速度为 0.02～0.2m/s ；给煤距离为 400mm；煤层高度为 195mm；驱动电机功率为 4kW；电机电压为 380V；清扫链电机功率为 0.55kW。
3．结构特点
其主要由给煤机机体、皮带及驱动装置、清扫输送链及驱动和传动装置、给煤机电子控制装置和微处理机控制装置、皮带堵煤及断煤报警装置、工作灯等几部分组成的。在工作时，原煤从原煤斗下落到给煤机的输送皮带上，给煤机皮带在传动装置的带动下，将原煤传递到落煤管入口处，原煤通过自重下落到磨煤机内，黏结在皮带上的少量煤通过皮带清理刮板被刮落，落在机壳底部的积煤被清扫链刮板清理至落煤口，随同皮带上落下的煤一起进入磨煤机。通过变频器改变主电机的转速从而改变计量输送胶带的输送速度，使实际给煤量与要求的给煤量相同，以满足锅炉燃烧相同的需要。
4．图例
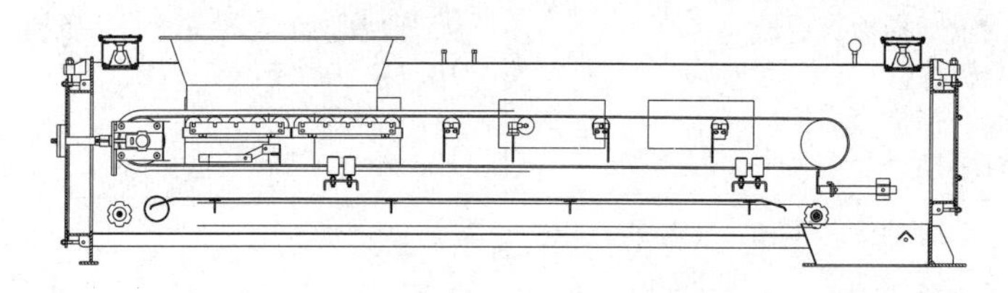</td></tr>
<tr><td colspan="5">设 备 修 前 状 况</td></tr>
<tr><td colspan="5">检修前交底（设备运行状况、历次主要检修经验和教训、检修前主要缺陷）
（1）历次主要检修经验和教训：皮带检修调整后在空载运行和重载运行时跑偏程度不同，均需进行跟踪调整；清扫链刮板有脱落的现象，需对刮板焊口检查加固。
（2）检修前主要缺陷：给煤机皮带磨损老化严重需更换</td></tr>
<tr><td>技术交底人</td><td colspan="3"></td><td>年　月　日</td></tr>
<tr><td>接受交底人</td><td colspan="3"></td><td>年　月　日</td></tr>
<tr><td colspan="5">人 员 准 备</td></tr>
<tr><td>序号</td><td>工种</td><td>工作组人员姓名</td><td>资格证书编号</td><td>检查结果</td></tr>
<tr><td>1</td><td></td><td></td><td></td><td></td></tr>
<tr><td>2</td><td></td><td></td><td></td><td></td></tr>
<tr><td>3</td><td></td><td></td><td></td><td></td></tr>
<tr><td>4</td><td></td><td></td><td></td><td></td></tr>
<tr><td>5</td><td></td><td></td><td></td><td></td></tr>
</table>

<table>
<tr><td colspan="3">三、现场准备卡</td></tr>
<tr><td colspan="3">办 理 工 作 票</td></tr>
<tr><td colspan="3">工作票编号：</td></tr>
<tr><td colspan="3">施 工 现 场 准 备</td></tr>
<tr><td>序号</td><td>安 全 措 施 检 查</td><td>确认符合</td></tr>
<tr><td>1</td><td>进入粉尘较大的场所作业，作业人员必须戴防尘口罩</td><td>□</td></tr>
<tr><td>2</td><td>进入噪声区域、使用高噪声工具时正确佩戴合格的耳塞</td><td>□</td></tr>
<tr><td>3</td><td>必须保证检修区域照明充足</td><td>□</td></tr>
<tr><td>4</td><td>开工前检查并补全缺失盖板和防护栏，工作场所的孔、洞必须覆以与地面齐平的坚固盖板</td><td>□</td></tr>
<tr><td>5</td><td>设备的转动部分必须装设防护罩，并标明旋转方向，露出的轴端必须装设护盖</td><td>□</td></tr>
<tr><td>6</td><td>不准擅自拆除设备上的安全防护设施</td><td>□</td></tr>
<tr><td>7</td><td>工作前核对设备名称及编号</td><td>□</td></tr>
<tr><td>8</td><td>开工前与运行人员共同确认检修的设备已可靠与运行中的系统隔断，检查给煤机电机已停运，检查煤闸板、密封风门已关闭，电源已断开，挂“禁止操作，有人工作”标示牌</td><td>□</td></tr>
<tr><td colspan="3">确认人签字：</td></tr>
</table>

续表

工器具准备与检查				
序号	工具名称及型号	数量	完 好 标 准	确认符合
1	脚手架	2	搭设结束后，必须履行脚手架验收手续，填写脚手架验收单，并在“脚手架验收单”上分级签字；验收合格后应在脚手架上悬挂合格证，方可使用；工作负责人每天上脚手架前，必须进行脚手架整体检查	□
2	安全带	2	检查检验合格证应在有效期内，标识（产品标识和定期检验合格标识）应清晰齐全；各部件应完整无缺失、无伤残破损，腰带、胸带、围杆带、围杆绳、安全绳应无灼伤、脆裂、断股、霉变；金属卡环（钩）必须有保险装置，且操作要灵活。钩体和钩舌的咬口必须完整，两者不得偏斜	□
3	手拉葫芦（1t）	2	检查检验合格证在有效期内；链节无严重锈蚀及裂纹，无打滑现象；齿轮完整，轮杆无磨损现象，开口销完整；吊钩无裂纹变形；链扣、蜗母轮及轮轴发生变形、生锈或链索磨损严重时，均应禁止使用；撑牙灵活能起刹车作用；撑牙平面垫片有足够厚度，加荷重后不会拉滑；使用前应做无负荷的起落试验一次，检查其煞车以及传动装置是否良好，然后再进行工作	□
4	手拉葫芦（2t）	2	检查检验合格证在有效期内；链节无严重锈蚀及裂纹，无打滑现象；齿轮完整，轮杆无磨损现象，开口销完整；吊钩无裂纹变形；链扣、蜗母轮及轮轴发生变形、生锈或链索磨损严重时，均应禁止使用；撑牙灵活能起刹车作用；撑牙平面垫片有足够厚度，加荷重后不会拉滑；使用前应做无负荷的起落试验一次，检查其煞车以及传动装置是否良好，然后再进行工作	□
5	千斤顶（16t）	2	检查检验合格证在有效期内；由操作人员检查螺旋千斤顶或齿条千斤顶装有防止螺杆或齿条脱离丝扣或齿轮的装置；不准使用螺纹或齿条已磨损的千斤顶	□
6	钢丝绳（ϕ10）	4	起重工具使用前，必须检查完好、无破损；所选用的吊索具应与被吊工件的外形特点及具体要求相适应；吊具及配件不能超过其额定起重量，起重吊具、吊索不得超过其相应吊挂状态下的最大工作载荷	□
7	卡环（30t）	4	起重工具使用前，必须检查完好、无破损；所选用的吊索具应与被吊工件的外形特点及具体要求相适应；吊具及配件不能超过其额定起重量，起重吊具、吊索不得超过其相应吊挂状态下的最大工作载荷	□
8	角向磨光机（125mm）	1	检查检验合格证在有效期内；检查电源线、电源插头完好无缺损；有漏电保护器；检查防护罩完好；检查电源开关动作正常、灵活；检查转动部分转动灵活、轻快，无阻滞	□
9	电动扳手	1	检查检验合格证在有效期内；检查电动扳手电源线、电源插头完好无破损；有漏电保护器；检查手柄、外壳部分、驱动套筒完好无损伤；进出风口清洁干净无遮挡；检查正反转开关完好且操作灵活可靠	□
10	移动式电源盘（配航空插头）（220V）	2	检查检验合格证在有效期内；检查电源盘电源线、电源插头、插座完好无破损；漏电保护器动作正确；检查电源盘线盘架、拉杆、线盘架轮子及线盘摇动手柄齐全完好	□
11	行灯（24V）	1	检查行灯电源线、电源插头完好无破损；行灯电源线应采用橡胶套软电缆；行灯的手柄应绝缘良好且耐热、防潮；行灯变压器必须采用双绕组型，变压器一、二次侧均应装熔断器；行灯变压器外壳必须有良好的接地线，高压侧应使用三相插头；行灯电压不应超过 36V；在周围均是金属导体的场所和容器内工作时，不应超过 24V；行灯应有保护罩	□
12	电焊机	1	检查电焊机检验合格证在有效期内；检查电焊机电源线、电源插头、电焊钳等完好无损，电焊工作所用的导线必须使用绝缘良好的皮线；电焊机的裸露导电部分和转动部分以及冷却用的风扇，均应装有保护罩；电焊机金属外壳应有明显的可靠接地，且一机一接地；电焊机应放置在通风、干燥处，露天放置应加防雨罩；电焊机、焊钳与电缆线连接牢固，接地端头不外露；连接到电焊钳上的一端，至少有 5m 为绝缘软导线；每台焊机应该设有独立的接地，接零线，其接点应用螺丝压紧；电焊机必须装有独立的专用电源开关，其容量应符合要求，电焊机超负荷时，应能自动切断电源，禁止多台焊机共用一个电源开关；不准利用厂房的金属结构、管道、轨道或其他金属搭接起来作为导线使用	□

续表

序号	工具名称及型号	数量	完　好　标　准	确认符合
13	氧气、乙炔	1	氧气瓶和乙炔气瓶应垂直放置并固定，氧气瓶和乙炔气瓶的距离不得小于5m；在工作地点，最多只许有两个氧气瓶（一个工作，一个备用）；安放在露天的气瓶，应用帐篷或轻便的板棚遮护，以免受到阳光曝晒；乙炔气瓶禁止放在高温设备附近，应距离明火10m以上；只有经过检验合格的氧气表、乙炔表才允许使用；氧气表、乙炔表的连接螺纹及接头必须保证氧气表、乙炔表安在气瓶阀或软管上之后，且连接良好、无任何泄漏；在连接橡胶软管前，应先将软管吹净，并确定管中无水后，才许使用；不准用氧气吹乙炔气管；乙炔气瓶上应有阻火器，防止回火并经常检查，以防阻火器失灵；禁止使用没有防震胶圈和保险帽的气瓶；禁止装有气体的气瓶与电线相接触	□ □
14	大锤 （8p）	1	大锤的锤头须完整，其表面须光滑微凸，不得有歪斜、缺口、凹入及裂纹等情形。大锤和手锤的柄须用整根的硬木制成，并将头部用楔栓固定。楔栓宜采用金属楔，楔子长度不应大于安装孔的2/3	□
15	手锤 （0.75p）	2	大锤的锤头须完整，其表面须光滑微凸，不得有歪斜、缺口、凹入及裂纹等情形。大锤和手锤的柄须用整根的硬木制成，并将头部用楔栓固定。楔栓宜采用金属楔，楔子长度不应大于安装孔的2/3	□
16	撬棍 （1000mm）	2	必须保证撬杠强度满足要求。在使用加力杆时，必须保证其强度和嵌套深度满足要求，以防折断或滑脱	□
17	螺丝刀 （150mm）	2	螺丝刀手柄应安装牢固，没有手柄的不准使用	□
18	錾子 （50mm）	2	工作前应对錾子外观检查，不准使用不完整工器具；錾子被敲击部分有伤痕不平整、沾有油污等，不准使用	□
19	活扳手 （300mm）	2	活动扳口应在扳体导轨的全行程上灵活移动；活扳手不应有裂缝、毛刺及明显的夹缝、氧化皮等缺陷，柄部平直且不应有影响使用性能的缺陷	□
20	活扳手 （450mm）	2	活动扳口应在扳体导轨的全行程上灵活移动；活扳手不应有裂缝、毛刺及明显的夹缝、氧化皮等缺陷，柄部平直且不应有影响使用性能的缺陷	□
21	内六角扳手 （8～14mm）	1	表面应光滑，不应有裂纹、毛刺等影响使用性能的缺陷	□
22	梅花扳手 （10～32mm）	2	表面应光滑，不应有裂纹、毛刺等影响使用性能的缺陷	□
23	开口扳手 （10～32mm）	2	表面应光滑，不应有裂纹、毛刺等影响使用性能的缺陷	□
24	铜棒 （30mm）	2	铜棒端部无卷边、无裂纹，铜棒本体无弯曲	□
25	游标卡尺 （0～120mm）	1	检查测定面是否有毛头；检查卡尺的表面应无锈蚀、碰伤或其他缺陷，刻度和数字应清晰、均匀，不应有脱色现象，游标刻线应刻至斜面下缘。卡尺上应有刻度值、制造厂商、工厂标志和出厂编号	□
26	钢板尺 （500mm）	1	刻度和数字应清晰、均匀，不应有脱色现象	□
27	塞尺 （300mm）	1	保持清洁，无油污、铁屑	□

确认人签字：

材　料　准　备					
序号	材料名称	规　　格	单位	数量	检查结果
1	擦机布		kg	30	□
2	彩条布		m^2	20	□

续表

序号	材料名称	规　　格	单位	数量	检查结果
3	石棉布		kg	20	□
4	齿轮油	Shell Omala 220	L	20	□
5	齿轮油	Shell Omala 680	L	1	□
6	二硫化钼锂基脂	3 号	kg	5	□
7	煤油		L	20	□
8	螺栓松动剂	JF-51	瓶	4	□
9	硅橡胶密封剂	732R	瓶	3	□
10	焊条	J507	kg	20	□
11	六角螺栓	M12×35	个	50	□
12	六角螺栓	M16×40	个	40	□
13	六角螺母	M12	个	60	□
备 件 准 备					
序号	备件名称	规格型号	单位	数量	检查结果
1	计量输送胶带	HD-BSC26.1-1	套	1	□
	验收标准：胶带表面无裂纹、划痕，硫化层完整，胶带裙边及侧端面无开裂				
2	被动滚筒及张紧装置	HD-BSC26.1.4	套	1	□
	验收标准：滚筒表面橡胶层牢固无脱落，滚筒与主轴焊接牢固、无松动				
3	包胶主动滚筒	HD-BSC26.1.5、ϕ315×1740	套	1	□
	验收标准：滚筒表面人字形橡胶层牢固无脱落、层间无异物，滚筒与主轴焊接牢固、无松动				
4	给煤机清扫链组件	HD-BSC26.1.4、75×132/9900	套	1	□
	验收标准：各链节、销轴转动灵活，且销轴与链节固定牢固，刮板连接板焊接牢固、无变形				
5	给煤机入口传动组件	GMJRK、1435×60×5	套	2	□
	验收标准：传动螺母无铸造砂眼、裂纹、缩孔等缺陷，螺纹完整、无加工缺陷；丝杠螺纹为反扣，螺纹表面光滑、无毛刺及加工缺陷				
6	托辊装置	HD-BSC26.1.2	根	13	□
	验收标准：各托辊轴端密封良好，转动灵活，外表面光滑，无磨损、异物及弯曲缺陷				
7	轴承	UCFC218C、UCT209C、UCFC209C、1000907（61907）	套	8	□
	验收标准：各轴承盘动转动灵活、无卡涩现象				

四、检修工序卡	
检修工序步骤及内容	安全、质量标准
1　给煤机本体各部拆卸解体 危险源：高空中的工器具、零部件、大锤、手锤、重物、手拉葫芦、吊具、起吊物、撬杠 安全鉴证点 | 1-S1 | □1.1　用扳手拆卸给煤机本体两侧的检修孔盖板，拆卸之前做好记号，并将盖板及螺栓妥善保存 □1.2　用活扳手逆时针调松安装在给煤机尾部孔门处的皮带张紧装置，使皮带有足够的下垂度以便拆除托辊和内清扫器	□A1（a）　高处作业面应进行铺垫，在格栅式的平台上工作时，应采取防止工具和器材掉落的措施。 □A1（b）　锤把上不可有油污；严禁单手抡大锤；使用大锤时，周围不得有人靠近；严禁戴手套抡大锤。 □A1（c）　两人以上抬运重物时，必须同一顺肩，换肩时重物必须放下；多人共同搬运、抬运或装卸较大的重物时，应有一人担任指挥，搬运的步调应一致，前后扛应同肩，必要时还应有专人在旁监护；滚动物件摆放必须加设垫块并捆绑牢固。 □A1（d）　悬挂手拉葫芦的架梁或建筑物，必须经过计算，否则不准悬挂；不准把手拉葫芦挂在任何管道上或管道的支吊架上；禁止用手拉葫芦长时间悬吊重物。

续表

<table>
<tr><th>检修工序步骤及内容</th><th>安全、质量标准</th></tr>
<tr><td>□1.3　拆除皮带托辊和皮带内侧清扫器，如需拆除托辊支撑板，则做好标记，防止回装托辊时偏斜
□1.4　用扳手松开给煤机本体前后两端的 14 条检查门螺栓，将检查门全部打开
危险源：空气、孔洞
| 安全鉴证点 | 1-S2 | |
□1.5　联系热工调节班人员拆除主驱动减速机端的测速传感器的防转矩螺栓，松开并取下定位环，将测速传感器褪下
□1.6　拆除胶带驱动减速器。确认主驱动减速器电机动力线及地线拆除后，将主驱动减速器的防转矩螺栓拆下，拆除主驱动减速器
□1.7　将主动滚筒拆卸工具随皮带滚入主动滚筒与皮带贴合处，拉动主动滚筒专用工具使主动滚筒专用工具和主动滚筒离开
□1.8　主动滚筒拆除，将主动滚筒一端的轴承端盖拆下，用 10mm 内六角螺栓松开轴承顶丝，拆下主动轴承、轴承座，将主动滚筒托架借助轴承座的螺栓孔安装于主动滚筒轴下，使主轴基本保持平行
□1.9　按上述方法拆卸另一端的轴承盖及轴承后，利用倒链沿一端将主动滚筒抽出
□1.10　将被动滚筒的张紧装置和被动滚筒托架的螺栓松开，拆除托架端板、张紧套，使张紧套装置和长螺杆脱开。拆除前做好标记并妥善保存
□1.11　拆除被动滚筒及皮带，将被动滚筒专用工具安装在被动滚筒托架上，沿被动滚筒专用工具将被动滚筒和皮带一起拖拽出给煤机，拆除被动滚筒及皮带
□1.12　确认清扫链电机动力线及地线拆除后，松开清扫电机的防转矩螺栓，将减速器拆下
□1.13　打开主动链轮端的检修门，松开主动轴两端的轴承盖，松开顶丝可对轴承进行检查拆卸
□1.14　主动链轮拆除。松开主动链轮的压盖螺栓，拆除定位顶丝，将主动轴从主动链轮中抽出，可对链轮进行更换
□1.15　被动链轮及轴承拆除。将被动轴两端的螺栓松拆卸下被动轴，松开压盖和密封垫；将被动链轮连同轴承一起取下，可进行链轮和轴承更换
□1.16　清扫链及刮板的拆除更换。取出链条，可对链条销钉和刮板进行检查，如有损坏则更换新链条和刮板</td><td>□A1（e）　吊拉捆绑时，重物或设备构件的锐边处必须加装衬垫物；起吊时，严禁歪斜拽吊，必须按规定选择吊点并捆绑牢固；吊装作业现场必须设警戒区域，设专人监护。
□A1（f）　使用撬棍时，应保证支撑物可靠；撬动过程中应采取防止被撬物倾斜或滚落的措施。
□A1.4（a）　打开通风口进行通风；保证容器内部通风畅通，检测有毒、有害、易燃易爆物质浓度不超标，氧气浓度保持在 19.5%～21%范围内；一氧化碳不大于 30mg/m^3；设专人不间断地监护；人员进出应登记。
□A1.4（b）　在检修工作中如需将盖板取下，必须设牢固的临时围栏。

1.11　重要提示：专用工具安装牢固，避免滚筒拆出时掉落损坏</td></tr>
<tr><td>2　给煤机本体各部件清理、检查、更换
危险源：重物、大锤、手锤、撬杠、润滑油
| 安全鉴证点 | 6-S1 | |

□2.1　清洗并检查各部件轴承
对皮带主动滚筒、从动滚筒，清扫链主、从动轴，皮带托辊等部件轴承进行检查、清理，不合格轴承进行更换
| 质检点 | 1-W2 | |</td><td>□A2（a）　两人以上抬运重物时，必须同一顺肩，换肩时重物必须放下；多人共同搬运、抬运或装卸较大的重物时，应有一人担任指挥，搬运的步调应一致，前后扛应同肩，必要时还应有专人在旁监护；必须将物件牢固、稳妥地绑住；滚动物件必须加设垫块并捆绑牢固。
□A2（b）　严禁单手抡大锤；使用大锤时，周围不得有人靠近；严禁戴手套抡大锤。
□A2（c）　应保证支撑物可靠；撬动过程中应采取防止被撬物倾斜或滚落的措施。
□A2（d）　检修中应使用接油盘、地面铺设有胶皮或塑料布等措施，防止润滑油滴落污染地面，地面有油水必须及时清除，以防滑跌；不准将油污、油泥、废油等（包括沾油棉纱、布、手套、纸等）倒入下水道排放或随地倾倒，应收集放于指定的地点，妥善处理，以防污染环境及发生火灾。

2.1　轴承应无腐蚀、裂纹，保持架完整，无积粉、油脂润滑良好</td></tr>
</table>

续表

检修工序步骤及内容	安全、质量标准
□2.2 皮带检查 清理皮带的黏煤，对皮带表面、裙边等部位进行检查处理，不合格进行更换 质检点 | 2-W2 |	2.2 皮带表面及裙边无严重划伤、脱落、裂口；表面无龟裂、硬化等变质现象
□2.3 清理并检查托辊、称重辊 用手转动托辊轴、称重辊轴，检查托辊旋转的灵活性；同时用钢板尺检查托辊的弯曲情况 质检点 | 3-W2 |	2.3 托辊无弯曲，变形损伤现象且托辊转动灵活，否则更换轴承及挡圈
□2.4 清洗并检查皮带主动滚筒、被动滚筒 对主动滚筒、被动滚筒键槽、焊口、滚筒表面质量进行检查，并对内、外部清扫器进行检查 质检点 | 4-W2 |	2.4 滚筒无弯曲，变形损伤，键槽完好、焊口无开焊、表面胶层无脱落；清扫器的刮板（橡胶条或尼龙条）露出其固定钢架装置不低于 5mm
□2.5 检查主动滚筒与减速器连接键及键槽 质检点 | 5-W2 |	2.5 连接键无变形、磨损、裂纹，键槽无变形、磨损
□2.6 检查清扫链条及刮板 清理清扫链的积粉，对各链节、销轴及刮板进行检查 质检点 | 6-W2 |	2.6 链条各链节无变形、裂纹，刮板与链条连接处无开焊、断裂现象
□2.7 清理检查清扫链主、从动轴链轮 质检点 | 7-W2 |	2.7 清扫链主、从动轴链轮无裂纹、变形，磨损量小于 1/3
3 给煤机回装 危险源：吊具、起吊物、手拉葫芦、重物、撬杠、润滑油、法兰的螺丝孔 安全鉴证点 | 7-S1 | □3.1 将所有的备件清理干净 □3.2 各部件轴承在安装前加好润滑脂，轴承紧固螺钉安装到位 □3.3 将清扫链、主动轴链轮依次放置到给煤机中，并将清扫链安装到主动轴链轮上，装入从动轴链轮，并将清扫链安装到链轮上 □3.4 通过调整从动轴的固定螺栓调整清扫链的涨紧度 质检点 | 8-W2 | □3.5 利用专用工具和绳索将皮带、从动滚筒装入给煤机中，将皮带拖拽至主动滚筒处，安装各托辊后，再利用支撑皮带的专用导向板将皮带拖拽至最长位置后，将主动滚筒安装到位并回装骨架油封、密封 O 形圈及轴承	□A3（a） 起重吊物之前，必须清楚物件的实际重量；吊拉时两根钢丝绳之间的夹角一般不得大于 90°；吊拉捆绑时，重物或设备构件的锐边处必须加装衬垫物；起吊时，严禁歪斜拽吊，必须按规定选择吊点并捆绑牢固；吊装作业现场必须设警戒区域，设专人监护。 □A3（b） 悬挂手拉葫芦的架梁或建筑物，必须经过计算，否则不准悬挂；不准把手拉葫芦挂在任何管道上或管道的支吊架上；禁止用手拉葫芦长时间悬吊重物；工作负荷不准超过铭牌规定。 □A3（c） 两人以上抬运重物时，必须同一顺肩，换肩时重物必须放下；多人共同搬运、抬运或装卸较大的重物时，应有一人担任指挥，搬运的步调应一致，前后扛应同肩，必要时还应有专人在旁监护；必须将物件牢固、稳妥地绑住；滚动物件必须加设垫块并捆绑牢固。 □A3（d） 使用撬棍时，应保证支撑物可靠；撬动过程中应采取防止被撬物倾斜或滚落的措施。 □A3（e） 检修中应使用接油盘、地面铺设有胶皮或塑料布等措施，防止润滑油滴落污染地面，地面有油水必须及时清除，以防滑跌；不准将油污、油泥、废油等（包括沾油棉纱、布、手套、纸等）倒入下水道排放或随地倾倒，应收集放于指定的地点，妥善处理，以防污染环境及发生火灾。 □A3（f） 安装管道法兰和阀门的螺丝时，应用撬棒校正螺丝孔，不准用手指伸入螺丝孔内触摸，以防轧伤手指。 3.4 清扫链的涨紧后，链条垂度小于 30mm；关键工序提示：皮带按箭头方向安装，箭头方向与皮带转向一致；更换型主动滚筒后轴承定位螺丝处需打定位孔，并将定位螺丝紧固到位并做样冲眼防松；新从动滚筒轴端攻丝（M16）并安装垫片及螺母。

续表

<table>
<tr><th>检修工序步骤及内容</th><th>安全、质量标准</th></tr>
<tr><td>□3.6　通过给煤机尾部的调整螺栓调整皮带的涨紧度并对中皮带左右位置
| 质检点 | 9-W2 | |
□3.7　将给煤机本体各观察窗内部积灰、粉尘擦拭干净</td><td>3.6　经检查合格的皮带安装调整后，上部皮带的裙边与下煤口钢板之间间隙均匀，偏差小于10mm；下部裙边与清扫链支撑筋板目测有50mm间隙</td></tr>
<tr><td>4　皮带减速器和清扫链减速器更换润滑油
危险源：润滑油
| 安全鉴证点 | 8-S1 | |
□4.1　新润滑油取样化验合格
□4.2 用10mm内六角扳手拆除皮带及清扫链减速器底部放油堵，并拆下呼吸器，将减速器内润滑油放尽
□4.3　通过加油孔用少量新油将减速器进行冲洗后，加入新润滑油至合适油位
| 质检点 | 10-W2 | |
□4.4　将油位检查孔封堵严密</td><td>□A4 检修中应使用接油盘、地面铺设有胶皮或塑料布等措施，防止润滑油滴落污染地面；地面有油水必须及时清除，以防滑跌，不准将油污、油泥、废油等（包括沾油棉纱、布、手套、纸等）倒入下水道排放或随地倾倒，应收集放于指定的地点，妥善处理，以防污染环境及发生火灾
4.3　减速器侧面油位检查孔处有润滑油流出后说明油位达到标准</td></tr>
<tr><td>5　入口煤闸门丝杠、丝母、轴承、轴承座检修、更换
危险源：安全带、高空中的工器具、零部件、手拉葫芦、大锤、手锤、撬棍、法兰螺丝孔
| 安全鉴证点 | 9-S1 | |
□5.1　用扳手松开煤闸板上盖板的紧固螺栓，用倒链将上盖板吊起，将轴承座端部的紧固螺栓松开，使压盖和轴承座端盖分开，后将轴承座端盖与轴承座松开
□5.2　用倒链将电装进行固定，用扳手松开电装连接法兰上的螺栓，将电装褪出
□5.3　将与电装连接的三爪连接套连同键一起从轴上拆卸下来
□5.4　将轴承座抽出，可更换靠近电装一端的轴承
□5.5　拆除闸板与丝母的连接螺栓，使闸板与丝母脱开
□5.6　调整丝杠与闸板的距离，使丝母、压盖、端盖旋下丝杠
□5.7　抽出丝杠，则可更换安装另一个轴承及丝杠、丝母
□5.8　丝杠、丝母、轴承备件更换完毕后加油并回装
□5.9　手动和电动开关进口闸板门进行检查
| 质检点 | 11-W2 | |
□5.10　待闸板送电后与热控人员一同标定入口闸板门的开关位</td><td>□A5（a）　使用时安全带的挂钩或绳子应挂在腰部以上结实牢固的构件上。
□A5（b）　高处作业应一律使用工具袋；较大的工具应用绳拴在牢固的构件上；在高处作业区域周围设置明显的围栏，悬挂安全警示标示牌，并设置专人监护，不准无关人员入内或在工作地点下方行走和停留；工器具和零部件不准上下抛掷，应使用绳系牢后往下或往上吊。
□A5（c）　悬挂手拉葫芦的架梁或建筑物，必须经过计算，否则不准悬挂；不准把手拉葫芦挂在任何管道上或管道的支吊架上；禁止用手拉葫芦长时间悬吊重物；工作负荷不准超过铭牌规定。
□A5（d）　锤把上不可有油污；严禁单手抡大锤；使用大锤时，周围不得有人靠近；严禁戴手套抡大锤。
□A5（e）　使用撬棍时，应保证支撑物可靠；撬动过程中应采取防止被撬物倾斜或滚落的措施。
□A5（f）　安装管道法兰和阀门的螺丝时，应用撬棒校正螺丝孔，不准用手指伸入螺丝孔内触摸，以防轧伤手指。
5.1　上盖板固定牢固，避免脱落伤人。
5.9　闸板门手动开关灵活，无卡涩，电动关闭后两块闸板门之间缝隙小于10mm，开位设定以原煤斗落煤不冲刷闸板设定开位置</td></tr>
<tr><td>6　出口煤闸门轴承、轴承座、丝杠检修（不定工序）
危险源：安全带、高空中的工器具、零部件、手拉葫芦、大锤、手锤、撬棍、法兰螺丝孔
| 安全鉴证点 | 10-S1 | |
□6.1　松开上盖板的紧固螺栓，揭开上盖板，将轴承座端部的紧固螺栓松开，使压盖和轴承座端盖分开，后将轴承座端盖与轴承座松开
□6.2　用适合的吊装工具将电装事先固定，松开电装连接法兰上的螺栓，将电装褪出
□6.3　将与电装连接的三爪套连同键一起从轴上拆卸下来
□6.4　将轴承座抽出，可更换靠近电装一端的轴承
□6.5　拆除闸板与丝母的连接螺栓，使闸板与丝母脱开
□6.6　调整丝杠与闸板的距离，使丝母、压盖、端盖旋下丝杠</td><td>□A6（a）　使用时安全带的挂钩或绳子应挂在腰部以上结实牢固的构件上。
□A6（b）　高处作业应一律使用工具袋；较大的工具应用绳拴在牢固的构件上；在高处作业区域周围设置明显的围栏，悬挂安全警示标示牌，并设置专人监护，不准无关人员入内或在工作地点下方行走和停留；工器具和零部件不准上下抛掷，应使用绳系牢后往下或往上吊。
□A6（c）　悬挂手拉葫芦的架梁或建筑物，必须经过计算，否则不准悬挂；不准把手拉葫芦挂在任何管道上或管道的支吊架上；禁止用手拉葫芦长时间悬吊重物；工作负荷不准超过铭牌规定。
□A6（d）　锤把上不可有油污；严禁单手抡大锤；使用大锤时，周围不得有人靠近；严禁戴手套抡大锤。
□A6（e）　使用撬棍时，应保证支撑物可靠；撬动过程中应采取防止被撬物倾斜或滚落的措施。</td></tr>
</table>

续表

<table>
<tr><th>检修工序步骤及内容</th><th>安全、质量标准</th></tr>
<tr><td>□6.7 抽出丝杠，可更换另一个轴承及丝杠、丝母备件
□6.8 丝杠、丝母、轴承备件更换完毕后加油并回装
□6.9 手动开关进口闸板门检查有无卡涩现象
<table><tr><td>质检点</td><td>12-W2</td><td></td></tr></table>
□6.10 待闸板送电后与热控人员一同标定入口闸板门的开关位</td><td>□A6（f） 安装管道法兰和阀门的螺丝时，应用撬棒校正螺丝孔，不准用手指伸入螺丝孔内触摸，以防轧伤手指。
6.9（a） 闸板传动前应检查确定磨煤机内部无检修人员工作。
6.9（b） 闸板门手动开关灵活，无卡涩，电动关闭后闸板与落煤管之间无缝隙，开位设定以落煤管落煤不冲刷闸板设定开位置</td></tr>
<tr><td>7 给煤机试运
□7.1 检修技术记录检查。检修技术记录清晰、完整
□7.2 检修后设备检查。阀门标牌齐全完好；管道保温完好；设备见本色，保温、油漆良好
□7.3 检修场地清扫干净；无遗留工器具，检修废料
□7.4 设备周围围栏、孔洞、脚手架符合安全要求
□7.5 检查各部件回装完毕，电机接线完好，系统正常符合给煤机试运条件
□7.6 押回工作票进行给煤机空载运行，同时配合热工人员进行给煤机称重标定工作，工作结束后，封闭所有检查孔门，终结工作票
危险源：电机、遗留人员、物
<table><tr><td>安全鉴证点</td><td>11-S1</td><td></td></tr></table>
<table><tr><td>质检点</td><td>1-H3</td><td></td></tr></table>
□7.7 给煤机带载启动运行时，需检修人员线程跟踪检查，对重载运行工况下有跑偏现象的皮带进行随时调整。调整方法参照给煤机设备本体尾部孔门上粘贴的皮带调整说明
<table><tr><td>质检点</td><td>13-W2</td><td></td></tr></table></td><td>□A7.6（a） 转动机械检修完毕后，应恢复防护装置，否则不准启动。
□A7.6（b） 封闭人孔前工作负责人应认真清点工作人员；核对进出入登记，确认无人员和工器具遗落，并喊话确认无人。
7.6 空载运行时注意及时对跑偏的皮带调整，防止皮带裙边与入口钢板接触；安全防护罩牢固，动、静部分无摩擦。减速箱运行平稳无漏油、无异音；检查给煤机内各托辊与皮带的接触及转动情况，同时特别注意称重托辊与皮带是否接触良好，并能始终随皮带运行同时转动，否则需对托辊进行检查并调整其高度，直至转动正常。
7.7 皮带运行平稳，带煤量及落煤正常；皮带基本处于滚筒中间位置，皮带裙边与原煤斗出口钢板间隙均匀</td></tr>
<tr><td>8 给煤机检修工作结束
危险源：孔、洞、废料
<table><tr><td>安全鉴证点</td><td>12-S1</td><td></td></tr></table>
□8.1 检修技术记录检查。检修技术记录清晰、完整
□8.2 检修后设备检查
□8.3 确认各项工作已完成，工作负责人在办理工作票结束手续之前应询问相关班组的工作班成员其检修工作是否结束，确定所有工作确已结束后办理工作结束手续
□8.4 检修场地清扫干净；无遗留工器具，检修废料，终结工作票</td><td>□A8（a） 临时打的孔、洞，施工结束后，必须恢复原状。
□A8（b） 废料及时清理，做到工完、料尽、场地清。
8.2 设备标牌齐全完好；管道保温完好；设备见本色，保温、油漆良好</td></tr>
</table>

<table>
<tr><td colspan="3">五、安全鉴证卡</td></tr>
<tr><td colspan="3">风险鉴证点：1-S2 工序 1.4 打开给煤机检查门</td></tr>
<tr><td>一级验收</td><td></td><td>年 月 日</td></tr>
<tr><td>二级验收</td><td></td><td>年 月 日</td></tr>
<tr><td>一级验收</td><td></td><td>年 月 日</td></tr>
<tr><td>二级验收</td><td></td><td>年 月 日</td></tr>
<tr><td>一级验收</td><td></td><td>年 月 日</td></tr>
<tr><td>二级验收</td><td></td><td>年 月 日</td></tr>
<tr><td>一级验收</td><td></td><td>年 月 日</td></tr>
<tr><td>二级验收</td><td></td><td>年 月 日</td></tr>
<tr><td>一级验收</td><td></td><td>年 月 日</td></tr>
</table>

续表

风险鉴证点：1-S2　工序 1.4　打开给煤机检查门		
二级验收		年　月　日
一级验收		年　月　日
二级验收		年　月　日
一级验收		年　月　日
二级验收		年　月　日
一级验收		年　月　日
二级验收		年　月　日
一级验收		年　月　日
二级验收		年　月　日
一级验收		年　月　日
二级验收		年　月　日
一级验收		年　月　日
二级验收		年　月　日
一级验收		年　月　日
二级验收		年　月　日
一级验收		年　月　日
二级验收		年　月　日
一级验收		年　月　日
二级验收		年　月　日
一级验收		年　月　日
二级验收		年　月　日
一级验收		年　月　日
二级验收		年　月　日
一级验收		年　月　日
二级验收		年　月　日
一级验收		年　月　日
二级验收		年　月　日

六、质量验收卡			
质检点：1-W2　工序 2.1　各轴承部件检查 质量标准：轴承应无腐蚀、裂纹，保持架完整，无积粉，油脂润滑良好。 检查情况：			
测量器具/编号			
测量（检查）人		记录人	
一级验收			年　月　日
二级验收			年　月　日

续表

质检点：2-W2　工序 2.2　皮带检查
质量标准：皮带表面及裙边无严重划伤、脱落、裂口；表面无龟裂、硬化等变质现象。
检查情况：

测量器具/编号			
测量（检查）人		记录人	
一级验收			年　月　日
二级验收			年　月　日

质检点：3-W2　工序 2.3　清理并检查托辊、称重辊
质量标准：各托辊、称重辊无弯曲、变形、磨损现象；转动灵活无卡涩。
检查情况：

测量器具/编号			
测量人		记录人	
一级验收			年　月　日
二级验收			年　月　日

质检点：4-W2　工序 2.4　检查皮带主动滚筒、被动滚筒
质量标准：滚筒无弯曲、变形损伤，键槽完好、焊口无开焊、表面胶层无脱落；清扫器的刮板（橡胶条或尼龙条）露出其固定钢架装置不低于 5mm。
检查情况：

测量器具/编号			
测量人		记录人	
一级验收			年　月　日
二级验收			年　月　日

质检点：5-W2　工序 2.5　主动滚筒与减速器连接键及键槽检查
质量标准：连接键无变形、磨损、裂纹，键槽无变形、磨损。
检查情况：

续表

测量器具/编号			
测量人		记录人	
一级验收			年　月　日
二级验收			年　月　日

质检点：6-W2　工序 2.6　清扫链条及刮板检查
质量标准：链条各链节无变形、裂纹，刮板与链条连接牢固，无开焊、断裂现象。
检查情况：

测量器具/编号			
测量人		记录人	
一级验收			年　月　日
二级验收			年　月　日

质检点：7-W2　工序 2.7　清扫链主、从动轴链轮检查
质量标准：清扫链主、从动轴链轮无裂纹、变形，磨损量小于 1/3。
检查情况：

测量器具/编号			
测量人		记录人	
一级验收			年　月　日
二级验收			年　月　日

质检点：8-W2　工序 3.4　调整清扫链的安装与紧度调整
质量标准：清扫链涨紧后，目测上侧链条垂度不大于 30mm。
检查情况：

测量器具/编号			
测量人		记录人	
一级验收			年　月　日
二级验收			年　月　日

质检点：9-W2　工序 3.6　皮带的安装及调整
质量标准：经检查合格的皮带安装调整后，上部皮带的裙边与下煤口钢板之间间隙均匀，偏差小于 10mm；下部裙边与清扫链支撑筋板目测有 50mm 间隙。
检查情况：

续表

<table>
<tr><td>测量器具/编号</td><td colspan="3"></td></tr>
<tr><td>测量人</td><td></td><td>记录人</td><td></td></tr>
<tr><td>一级验收</td><td colspan="2"></td><td>年 月 日</td></tr>
<tr><td>二级验收</td><td colspan="2"></td><td>年 月 日</td></tr>
<tr><td></td><td colspan="2"></td><td></td></tr>
<tr><td colspan="4">质检点：10-W2 工序 4.3 皮带减速器及清扫链减速器更换润滑油
质量标准：皮带减速器润滑油型号为 SHELL220，清扫链减速器润滑油型号为 SHELL680，加油前确认油脂牌号正确，检验合格。减速器侧面油位检查孔处有润滑油流出后说明油位达到标准。
检查情况：</td></tr>
<tr><td>测量器具/编号</td><td colspan="3"></td></tr>
<tr><td>测量人</td><td></td><td>记录人</td><td></td></tr>
<tr><td>一级验收</td><td colspan="2"></td><td>年 月 日</td></tr>
<tr><td>二级验收</td><td colspan="2"></td><td>年 月 日</td></tr>
<tr><td colspan="4">质检点：11-W2 工序 5.9 入口煤闸门开关检查
质量标准：闸板门手动开关灵活，无卡涩，电动关闭后两块闸板门之间缝隙小于 10mm，开位设定以原煤斗落煤不冲刷闸板设定开位置。
检查情况：</td></tr>
<tr><td>测量器具/编号</td><td colspan="3"></td></tr>
<tr><td>测量人</td><td></td><td>记录人</td><td></td></tr>
<tr><td>一级验收</td><td colspan="2"></td><td>年 月 日</td></tr>
<tr><td>二级验收</td><td colspan="2"></td><td>年 月 日</td></tr>
<tr><td colspan="4">质检点：12-W2 工序 6.9 出口煤闸门开关检查
质量标准：闸板门手动开关灵活，无卡涩，电动关闭后闸板与落煤管之间无缝隙，开位设定以落煤管落煤不冲刷闸板设定开位置。
检查情况：</td></tr>
<tr><td>测量器具/编号</td><td colspan="3"></td></tr>
<tr><td>测量人</td><td></td><td>记录人</td><td></td></tr>
<tr><td>一级验收</td><td colspan="2"></td><td>年 月 日</td></tr>
<tr><td>二级验收</td><td colspan="2"></td><td>年 月 日</td></tr>
</table>

续表

<table>
<tr><td colspan="4">质检点：1-H3　工序 7.6　给煤机空载试运行
质量标准：空载运行时注意及时对跑偏的皮带调整，防止皮带裙边与入口钢板接触；安全防护罩牢固，动、静部分无摩擦。减速箱运行平稳无漏油、无异声。
检查给煤机内各托辊与皮带的接触及转动情况，同时特别注意称重托辊与皮带是否接触良好，并能始终随皮带运行同时转动。否则需对托辊进行检查并调整其高度，直至转动正常。
检查情况：</td></tr>
<tr><td>测量器具/编号</td><td colspan="3"></td></tr>
<tr><td>测量人</td><td></td><td>记录人</td><td></td></tr>
<tr><td>一级验收</td><td colspan="2"></td><td>年　月　日</td></tr>
<tr><td>二级验收</td><td colspan="2"></td><td>年　月　日</td></tr>
<tr><td>三级验收</td><td colspan="2"></td><td>年　月　日</td></tr>
<tr><td colspan="4">质检点：13-W2　工序 7.7　给煤机重载运行
质量标准：皮带运行平稳，带煤量及落煤正常；皮带基本处于滚筒中间位置，皮带裙边与原煤斗出口钢板间隙均匀。
检查情况：</td></tr>
<tr><td>测量器具/编号</td><td colspan="3"></td></tr>
<tr><td>测量人</td><td></td><td>记录人</td><td></td></tr>
<tr><td>一级验收</td><td colspan="2"></td><td>年　月　日</td></tr>
<tr><td>验收</td><td colspan="2"></td><td>年　月　日</td></tr>
</table>

<table>
<tr><td colspan="4">七、完工验收卡</td></tr>
<tr><td>序号</td><td>检查内容</td><td>标　准</td><td>检查结果</td></tr>
<tr><td>1</td><td>安全措施恢复情况</td><td>1.1　检修工作全部结束
1.2　整改项目验收合格
1.3　检修脚手架拆除完毕
1.4　孔洞、坑道等盖板恢复
1.5　临时拆除的防护栏恢复
1.6　安全围栏、标示牌等撤离现场
1.7　安全措施和隔离措施具备恢复条件
1.8　工作票具备押回条件</td><td>□
□
□
□
□
□
□
□</td></tr>
<tr><td>2</td><td>设备自身状况</td><td>2.1　设备与系统全面连接
2.2　设备各人孔、开口部分密封良好
2.3　设备标示牌齐全
2.4　设备油漆完整
2.5　设备管道色环清晰准确
2.6　阀门手轮齐全
2.7　设备保温恢复完毕</td><td>□
□
□
□
□
□
□</td></tr>
<tr><td>3</td><td>设备环境状况</td><td>3.1　检修整体工作结束，人员撤出
3.2　检修剩余备件材料清理出现场
3.3　检修现场废弃物清理完毕</td><td>□
□
□</td></tr>
</table>

续表

序号	检查内容	标　准	检查结果
3	设备环境状况	3.4 检修用辅助设施拆除结束 3.5 临时电源、水源、气源、照明等拆除完毕 3.6 工器具及工具箱运出现场 3.7 地面铺垫材料运出现场 3.8 检修现场卫生整洁	□ □ □ □ □
一级验收		二级验收	

八、完工报告单					
工期	年　月　日　至　年　月　日			实际完成工日	工日
主要材料备件消耗统计	序号	名称	规格与型号	生产厂家	消耗数量
	1				
	2				
	3				
	4				
	5				
缺陷处理情况	序号	缺陷内容		处理情况	
	1				
	2				
	3				
	4				
异动情况					
让步接受情况					
遗留问题及采取措施					
修后总体评价					
各方签字	一级验收人员		二级验收人员	三级验收人员	

检 修 文 件 包

单位：________ 班组：________ 编号：________

检修任务：喷燃器检修 风险等级：________

一、检修工作任务单						
计划检修时间	年 月 日 至 年 月 日				计划工日	
主要检修项目	1. 稳燃齿检查更换 2. 喷燃器浓淡装置检修			3. 喷燃器内、外二次风筒和喷口检修 4. 喷燃器二次风调节装置检修		
修后目标	1. 喷燃器冷却风筒，一次风筒、二次风筒同心度不大于±10mm 2. 喷燃器冷却风筒，一次风筒、二次风筒头部平齐，与水冷壁中心线偏差不大于±10mm 3. 喷燃器二次风调整机构灵活可靠					
鉴证点分布	W 点	工序及质检点内容	H 点	工序及质检点内容	S 点	工序及安全鉴证点内容
	1-W2	□1.2 联系起重人员搭脚手架	1-H3	□1.4 搭设检修用平台或吊篮	1-S2	□1.2 打开炉膛人孔
	2-W2	□2.4 沿一次风筒抽出喷燃器浓缩装置	2-H3	□4.1 冷却风筒回装	2-S2	□1.5 清理炉膛结焦
	3-W2	□3.2 一次风筒检查、检修				
质量验收人员	一级验收人员		二级验收人员		三级验收人员	
安全验收人员	一级验收人员		二级验收人员		三级验收人员	

二、修前准备卡
设 备 基 本 参 数
设备形式：旋流喷燃器 布置方式：对冲布置 各部尺寸：浓缩管ϕ341×8×10，头部ϕ305×12 内二次风组件ϕ1158×12 外二次风组件扩口ϕ1488 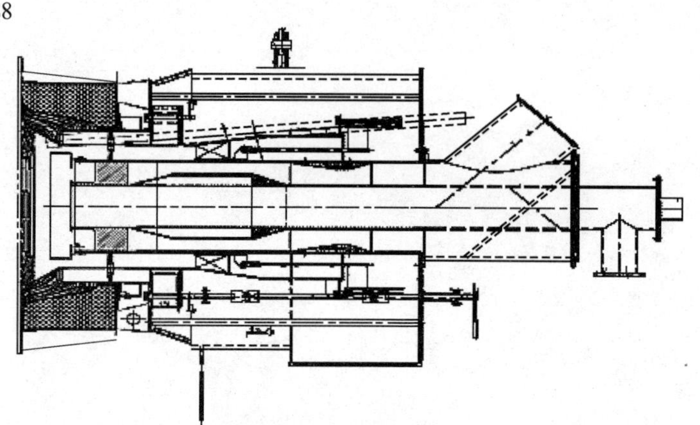

续表

设 备 修 前 状 况				
检修前交底（设备运行状况、历次主要检修经验和教训、检修前主要缺陷） 上一次检修时间：　年　月　日。 检修前主要缺陷：喷燃器浓缩装置耐磨瓷砖脱落，浓缩筒磨损，一次风筒发生烧蚀、变形或焊口开裂缺陷；二次风筒变形、烧蚀，焊接部位开裂；二次风旋流叶片旋转方向不统一，调整机构不灵活。				
技术交底人				年　月　日
接受交底人				年　月　日
人 员 准 备				
序号	工　种	工作组人员姓名	资格证书编号	检查结果
1				□
2				
3				
4				□

三、现场准备卡		
办 理 工 作 票		
工作票编号：		
施 工 现 场 准 备		
序号	安 全 措 施 检 查	确认符合
1	锅炉内部温度超过60℃不准入内	□
2	若进入60℃以上的燃烧室、烟道内进行短时间的工作时，应制定组织措施、技术措施、安全措施、应急救援预案，设专人监护，并经厂主管生产的领导批准	□
3	保证足够的饮水及防暑药品，人员轮换工作	□
4	进入粉尘较大的场所作业，作业人员必须戴防尘口罩	□
5	作业场所应设置充足的照明	□
6	在燃烧室内工作需加强照明时，应由电气专业人员安设110、220V临时性的固定电灯，电灯及电线须绝缘良好，并安装牢固，放在碰不着人的高处。安装后必须由检修工作负责人检查	□
7	作业人员应随身携带应急手电筒，禁止带电移动110、220V的临时电灯	□
8	在高处作业区域周围设置明显的围栏，悬挂安全警示标识牌，必要时在作业区内搭设防护棚，不准无关人员入内或在工作地点下方行走和停留	□
9	开工前与运行人员共同确认检修的设备已可靠与运行中的系统隔断，检查六大风机已停运，电源已断开，挂“禁止操作，有人工作”标示牌	□
确认人签字：		

工 器 具 准 备 与 检 查				
序号	工具名称	数量	完　好　标　准	确认符合
1	脚手架	1	搭设结束后，必须履行脚手架验收手续，填写脚手架验收单，并在“脚手架验收单”上分级签字；验收合格后应在脚手架上悬挂合格证，方可使用；工作负责人每天上脚手架前，必须进行脚手架整体检查	□
2	安全带	2	检查检验合格证应在有效期内，标识（产品标识和定期检验合格标识）应清晰齐全；各部件应完整无缺失、无伤残破损，腰带、胸带、围杆带、围杆绳、安全绳应无灼伤、脆裂、断股、霉变；金属卡环（钩）必须有保险装置，且操作要灵活。钩体和钩舌的咬口必须完整，两者不得偏斜	□
3	手拉葫芦（1t×3m）	3	检查检验合格证在有效期内；链节无严重锈蚀及裂纹，无打滑现象；齿轮完整，轮杆无磨损现象，开口销完整；吊钩无裂纹变形；链扣、蜗母轮及轮轴发生变形、生锈或链索磨损严重时，均应禁止使用；撑牙灵活能起刹车作用；撑牙平面垫片有足够厚度，加荷重后不会拉滑；使用	□

续表

序号	工具名称	数量	完 好 标 准	确认符合
3	手拉葫芦 （1t×3m）	3	前应做无负荷的起落试验一次，检查其煞车以及传动装置是否良好，然后再进行工作	□
4	钢丝绳 （ϕ10）	6	起重工具使用前，必须检查完好、无破损；所选用的吊索具应与被吊工件的外形特点及具体要求相适应；吊具及配件不能超过其额定起重量，起重吊具、吊索不得超过其相应吊挂状态下的最大工作载荷	□
5	螺旋千斤顶 （1.5t）	2	检查检验合格证在有效期内；由操作人员检查螺旋千斤顶或齿条千斤顶装有防止螺杆或齿条脱离丝扣或齿轮的装置；不准使用螺纹或齿条已磨损的千斤顶	□
6	角向磨光机 （ϕ100）	1	检查检验合格证在有效期内；检查电源线、电源插头完好无缺损；有漏电保护器；检查防护罩完好；检查电源开关动作正常、灵活；检查转动部分转动灵活、轻快，无阻滞	□
7	手电钻	1	检查检验合格证在有效期内；检查电源线、电源插头完好无破损；有漏电保护器；检查各部件齐全，外壳和手柄无破损、无影响安全使用的灼伤；检查电源开关动作正常、灵活；检查转动部分转动灵活、轻快，无阻滞	□
8	电动扳手 （轻型）	1	检查检验合格证在有效期内；检查电动扳手电源线、电源插头完好无破损；有漏电保护器；检查手柄、外壳部分、驱动套筒完好无损伤；进出风口清洁干净无遮挡；检查正反转开关完好且操作灵活可靠	□
9	行灯	1	检查行灯电源线、电源插头完好无破损；行灯电源线应采用橡胶套软电缆；行灯的手柄应绝缘良好且耐热、防潮；行灯变压器必须采用双绕组型，变压器一、二次侧均应装熔断器；行灯变压器外壳必须有良好的接地线，高压侧应使用三相插头；行灯应有保护罩；行灯电压不应超过36V；在潮湿的金属容器内工作时不准超过12V	□
10	移动式电源盘 （配航空插头220V）	1	检查检验合格证在有效期内；检查电源盘电源线、电源插头、插座完好无破损；漏电保护器动作正确；检查电源盘线盘架、拉杆、线盘架轮子及线盘摇动手柄齐全完好	□
11	电焊机	2	检查电焊机检验合格证在有效期内；检查电焊机电源线、电源插头、电焊钳等完好无损，电焊工作所用的导线必须使用绝缘良好的皮线；电焊机的裸露导电部分和转动部分以及冷却用的风扇，均应装有保护罩；电焊机金属外壳应有明显的可靠接地，且一机一接地；电焊机应放置在通风、干燥处，露天放置应加防雨罩；电焊机、焊钳与电缆线连接牢固，接地端头不外露；连接到电焊钳上的一端，至少有5m为绝缘软导线；每台焊机应该设有独立的接地，接零线，其接点应用螺丝压紧；电焊机必须装有独立的专用电源开关，其容量应符合要求，电焊机超负荷时，应能自动切断电源，禁止多台焊机共用一个电源开关；不准利用厂房的金属结构、管道、轨道或其他金属搭接起来作为导线使	□
12	氧气、乙炔	2	氧气瓶和乙炔气瓶应垂直放置并固定，氧气瓶和乙炔气瓶的距离不得小于5m；在工作地点，最多只许有两个氧气瓶：一个工作，一个备用；安放在露天的气瓶，应用帐篷或轻便的板棚遮护，以免受到阳光曝晒；乙炔气瓶禁止放在高温设备附近，应距离明火10m以上；只有经过检验合格的氧气表、乙炔表才允许使用；氧气表、乙炔表的连接螺纹及接头必须保证氧气表、乙炔表安在气瓶阀或软管上之后连接良好、无任何泄漏；在连接橡胶软管前，应先将软管吹净，并确定管中无水后，才许使用；不准用氧气吹乙炔气管；乙炔气瓶上应有阻火器，防止回火并经常检查，以防阻火器失灵；禁止使用没有防震胶圈和保险帽的气瓶；禁止装有气体的气瓶与电线相接触	□
13	手锤 （1.5p）	2	手锤的锤头须完整，其表面须光滑微凸，不得有歪斜、缺口、凹入及裂纹等情形。手锤的柄须用整根的硬木制成，并将头部用楔栓固定。楔栓宜采用金属楔，楔子长度不应大于安装孔的2/3	□
14	錾子	1	工作前应对錾子外观检查，不准使用不完整工器具；錾子被敲击部分有伤痕不平整、沾有油污等，不准使用	□
15	撬棍 （500mm）	1	必须保证撬杠强度满足要求。在使用加力杆时，必须保证其强度和嵌套深度满足要求，以防折断或滑脱	□

续表

序号	工具名称	数量	完 好 标 准	确认符合
16	撬棍（1000mm）	1	必须保证撬杠强度满足要求。在使用加力杆时，必须保证其强度和嵌套深度满足要求，以防折断或滑脱	□
17	梅花扳手（17～27mm）	2	扳手不应有裂缝、毛刺及明显的夹缝、切痕、氧化皮等缺陷，柄部应平直	□
18	刮刀（平面）	1	刮刀手柄应安装牢固，没有手柄的不准使用	□
19	活扳手（300mm）	2	活动扳口应在扳体导轨的全行程上灵活移动；活扳手不应有裂缝、毛刺及明显的夹缝、氧化皮等缺陷，柄部平直且不应有影响使用性能的缺陷	□
20	开口扳手（17～27mm）	1	扳手不应有裂缝、毛刺及明显的夹缝、切痕、氧化皮等缺陷，柄部应平直	□
21	盒尺	1	检查刻度和数字应清晰、均匀，不应有脱色现象	□
22	钢板尺	1	检查，刻度和数字应清晰、均匀，不应有脱色现象	□
23	手电	1	电池电量充足、亮度正常、开关灵活好用	□
确认人签字：				

材 料 准 备

序号	材料名称	规　　格	单位	数量	检查结果
1	擦机布		kg	1	□
2	胶皮	$\delta=3$	kg	15	□
3	松锈灵		罐	1	□
4	锂基润滑脂		kg	0.5	□
5	记号笔	粗白	支	2	□
6	焊条	J422	kg	10	□
7	焊条	A307	kg	10	□
8	钢板	$\delta=3$	kg	2	□
9	石棉垫片	$\delta=5$	kg	20	□
10	螺栓	M16×50	条	14	□
11	螺栓	M16×75	条	17	□
12	无缝管	ϕ325×10	kg	10	□
13	直缝管	ϕ670×10	kg	15	□
14	硅酸盐涂料		m^3	0.3	□

备 件 准 备

序号	备件名称	规格型号	单位	数量	检查结果
1	火焰稳燃器	HY-RSQ-PS-01	件	1	□
2	销轴	HY-RSQ-PS-02	件	1	□
3	一次风浓缩装置	HY-RSQ-PS-03	件	1	□
4	锥体	HY-RSQ-PS-04	件	1	□

四、检修工序卡

检修工序步骤及内容	安全、质量标准
1　设备检查 □1.1　检查炉膛温度是否降至60℃以下 质检点 | 1-R1 |	

续表

检修工序步骤及内容	安全、质量标准
□1.2 联系起重人员搭脚手架 危险源：大锤、空气、高温环境、脚手架 安全鉴证点 1-S2 质检点 1-W1	□A1.2（a） 锤把上不可有油污；严禁单手抡大锤；使用大锤时，周围不得有人靠近；严禁戴手套抡大锤。 □A1.2（b） 打开所有通风口进行通风；保证内部通风畅通，必要时使用轴流风机强制通风；严禁向容器内部输送氧气；测量氧气浓度保持在19.5%～21%范围内；设置逃生通道，并保持通道畅通；设专人不间断地监护，特殊情况时要增加监护人数量，人员进出应登记。 □A1.2（c） 燃烧室及烟道内的温度在60℃以上时，不准入内进行检修及清扫工作。若有必要进入60℃以上的燃烧室、烟道内进行短时间的工作时，应制定组织措施、技术措施、安全措施、应急救援预案，设专人监护，并经厂主管生产的领导批准。 □A1.2（d） 脚手架必须由具有合格资质的专业架子工进行；搭拆脚手架时工作人员必须戴安全帽，系安全带，穿防滑鞋；在高处作业区域周围设置明显的围栏，悬挂安全警示标示牌，并设置专人监护，不准无关人员入内或在工作地点下方行走和停留；在危险的边沿进行工作，临空一面应装设安全网或防护栏杆；脚手架要同建筑物连接牢固，立杆与支杆的底端要坐落在结实的地面或物件上；搭设好的脚手架，未经验收不得擅自使用。使用工作负责人每天上脚手架前，必须进行脚手架整体检查。
□1.3 拆除燃烧器的保温及附件 危险源：安全带、手电钻、高空中的工器具、零部件、石棉粉尘 安全鉴证点 1-S1	□A1.3（a） 使用时安全带的挂钩或绳子应挂在腰部以上结实牢固的构件上。 □A1.3（b） 正确佩戴防护面罩、防护眼镜、耳塞；使用电钻等电气工具时必须戴绝缘手套，禁止带线织手套；在高处作业时，电动工具必须系好安全绳。 □A1.3（c） 高处作业应一律使用工具袋；较大的工具应用绳拴在牢固的构件上；零部件应用绳拴在牢固的构件上，不准随便乱放；高处作业面应进行铺垫，在格栅式的平台上工作时，应采取防止工具和器材掉落的措施。 □A1.3（d） 进入粉尘较大的场所作业，作业人员必须戴防尘口罩；拆装和运输材料和废料时应用袋和箱装运；拆装过程中应采取防止散落、飞扬措施。
□1.4 炉内组装吊篮 危险源：吊篮、卷扬机 安全鉴证点 2-S1 质检点 1-H3	□A1.4（a） 安装人员必须经过专业培训；吊篮安装完毕后必须经相关部门验收合格后方可使用；每次工作前按规定检查吊篮情况；每次使用前检查吊篮的完好性和安全措施的有效性；吊篮上工作不得核定载荷。 □A1.4（b） 不准往滑车上套钢丝绳；不准修理或调整卷扬机的转动部分；不准当物件下落时用木棍来制动卷扬机的滚筒；不准站在提升或放下重物的地方附近；不准改正卷扬机滚筒上缠绕得不正确的钢丝绳；手动卷扬机工作完毕后必须取下手柄。
□1.5 清理炉膛结焦 危险源：吊篮、安全带、行灯、防坠器、铁锹、扁铲等、焦渣 安全鉴证点 2-S2 □1.6 规划好检修工作场地，以存放零部件及工具	□A1.5（a） 每次工作前按规定检查吊篮情况；每次使用前检查吊篮的完好性和安全措施的有效性；吊篮上工作不得核定载荷。 □A1.5（b） 使用时安全带的挂钩或绳子应挂在腰部以上结实牢固的构件上。 □A1.5（c） 不准将行灯变压器带入金属容器或管道内。 □A1.5（d） 使用时必须高挂低用，悬挂在使用者上方坚固钝边的结构物上；防坠器安全绳严禁扭结使用。 □A1.5（e） 高空中的工器具必须使用防坠绳；应用绳拴在牢固的构件上，不准随便乱放；不准上下抛掷，应使用绳系牢后往下或往上吊。 □A1.5（f） 在清焦时做好隔离，工作区域下方禁止其他作业
2 喷燃器解体 危险源：安全带、大锤、手锤、高空中的工器具、零部件、柴油、手拉葫芦、撬棍、吊具、起吊物	□A2（a） 使用时安全带的挂钩或绳子应挂在腰部以上结实牢固的构件上。 □A2（b） 严禁单手抡大锤；使用大锤时，周围不得有人靠近；严禁戴手套抡大锤。

续表

<table>
<tr><th>检修工序步骤及内容</th><th>安全、质量标准</th></tr>
<tr><td>

安全鉴证点	3-S1	

□2.1 解开与喷燃器相连的油枪软管、点火枪软管，拆除喷燃器上的油枪推进器、点火枪
□2.2 解开与喷燃器冷却风管
□2.3 拆开一次风筒端盖
□2.4 沿一次风筒抽出喷燃器浓缩装置

质检点	2-W2	

</td><td>□A2（c） 高处作业面应进行铺垫，在格栅式的平台上工作时，应采取防止工具和器材掉落的措施。
□A2（d） 确认油管路里无油，所有积油已全部排出，残油排至油污箱内；及时清理地面油污，做到随清随洁，防止脚下打滑摔伤；在油系统周围必须摆放灭火器和干沙箱。
□A2（e） 悬挂手拉葫芦的架梁或建筑物，必须经过计算，否则不准悬挂；不准把手拉葫芦挂在任何管道上或管道的支吊架上；禁止用手拉葫芦长时间悬吊重物；工作负荷不准超过铭牌规定。
□A2（f） 使用撬棍应保证支撑物可靠；撬动过程中应采取防止被撬物倾斜或滚落的措施。
□A2（g） 起重吊物之前，必须清楚物件的实际重量；吊拉时两根钢丝绳之间的夹角一般不得大于90°；吊拉捆绑时，重物或设备构件的锐边处必须加装衬垫物；工作起吊时严禁歪斜拽吊必须按规定选择吊点并捆绑牢固；起重搬运时应由一人指挥，指挥人员应由经有关机构专业技术培训取得资格证的人员担任；吊装作业现场必须设警戒区域，设专人监护；任何人不准在吊杆和吊物下停留或行走。
2. 作业人员统一指挥，防止喷燃器冷却风筒飞出伤人</td></tr>
<tr><td>3 喷燃器检查、检修
危险源：行灯、电焊机、高温焊渣、电焊接尘、氧气、乙炔

安全鉴证点	4-S1	

□3.1 冷却风筒（或微油点火喷燃器一次风入口弯头）检查、检修

质检点	2-R1	

</td><td>□A3（a） 不准将行灯变压器带入金属容器或管道内；行灯电源线不准与其他线路缠绕在一起。
□A3（b） 电焊人员应持有有效的焊工证；正确使用面罩，穿电焊服，戴电焊手套，戴白光眼镜，穿橡胶绝缘鞋；电焊工更换焊条时，必须戴电焊手套；停止、间断焊接时必须及时切断焊机电源
工作人员工作服保持干燥；必须站在干燥的木板上或穿橡胶绝缘鞋。
□A3（c） 焊接人员离开现场前，必须进行检查，现场应无火种留下。
□A3（d） 容器外面应设有可看见和听见焊工工作的监护人，并应设有开关，以便根据焊工的信号切断电源；所有焊接、切割、钎焊及有关的操作必须要在足够的通风条件下（包括自然通风或机械通风）进行。
□A3（e） 使用中不准混用氧气软管与乙炔软管；通气的乙炔及氧气软管上方禁止进行动火作业；焊接工作结束或中断焊接工作时，应关闭氧气和乙炔气瓶、供气管路的阀门，确保气体不外漏。
3.1（a） 冷却风筒磨损不超过4mm；法兰表面平整光滑，防磨装置完好，冷却风管与法兰之间焊缝的磨损不大于2mm；冷却风管的耐磨板磨损小于8mm，焊缝无裂纹；冷却风管变形椭圆度小于冷却风管直径的8%，超标更换，冷却风筒与一次风筒浓缩装置无磨损，耐磨瓷砖无脱落缺陷，否则修复，修复时预留膨胀间隙。
3.1（b） 一次风筒焊口无开裂现象，喷口变形小于±15mm，一次风筒磨损量不大于4mm，超标更换。
3.1（c） 油枪配风筒无变形、烧蚀现象，否则更换。
3.1（d） 更换后冷却风管长度误差不大于±8mm。
3.1（e） 冷却风筒端面与水冷壁管子中心垂直，其偏斜值不超过5mm/m。
3.1（f） 点火枪和油枪套管固定牢固，且无磨损</td></tr>
<tr><td>4 喷燃器回装
危险源：安全带、手拉葫芦、吊具、起吊物、撬杠、法兰和阀门螺丝孔、大锤、手锤

安全鉴证点	5-S1	

</td><td>□A4（a） 使用时安全带的挂钩或绳子应挂在腰部以上结实牢固的构件上。
□A4（b） 悬挂手拉葫芦的架梁或建筑物，必须经过计算，否则不准悬挂；不准把手拉葫芦挂在任何管道上或管道的支吊架上；禁止用手拉葫芦长时间悬吊重物；工作负荷不准超过铭牌规定。
□A4（c） 起重吊物之前，必须清楚物件的实际重量；吊拉时两根钢丝绳之间的夹角一般不得大于90°；吊拉捆绑时，</td></tr>
</table>

续表

<table>
<tr><th>检修工序步骤及内容</th><th>安全、质量标准</th></tr>
<tr><td>□4.1　冷却风筒回装
<table><tr><td>质检点</td><td>2-H3</td><td></td></tr></table>
□4.2　回装油枪推进器管
□4.3　回装油枪
□4.4　回装点火枪，恢复热工测点
□4.5　恢复保温
危险源：安全带、手电钻、石棉粉尘</td><td>重物或设备构件的锐边处必须加装衬垫物；工作起吊时严禁歪斜拽吊必须按规定选择吊点并捆绑牢固；起重搬运时应由一人指挥，指挥人员应由经有关机构专业技术培训取得资格证的人员担任；吊装作业现场必须设警戒区域，设专人监护；任何人不准在吊杆和吊物下停留或行走
□A4（d）　使用撬棍应保证支撑物可靠；撬动过程中应采取防止被撬物倾斜或滚落的措施。
□A4（e）　安装管道法兰和阀门的螺丝时，应用撬棒校正螺丝孔，不准用手指伸入螺丝孔内触摸，以防轧伤手指。
4.1（a）冷却风管回装时炉内做好吊点，以防回装时碰坏粘贴在冷却风管上的耐磨瓷砖。
4.1（b）　冷却风管回装到位，连接法兰严密，不漏风粉。
4.2　油枪推进器与喷燃器连接牢固。
4.3（a）　油枪与油汽系统紧密不漏油、不漏汽。
4.3（b）　油枪与推进器连接牢固。
4.4　点火枪软管丝扣完好，连接牢固。
□A4.5（a）　使用时安全带的挂钩或绳子应挂在腰部以上结实牢固的构件上。
□A4.5（b）　使用电钻等电气工具时必须戴绝缘手套，禁止带线织手套；在高处作业时，电动工具必须系好安全绳。
□A4.5（c）　进入粉尘较大的场所作业，作业人员必须戴防尘口罩；拆装和运输材料和废料时应用袋和箱装运；拆装过程中应采取防止散落、飞扬措施</td></tr>
<tr><td>5　检修工作结束
危险源：孔、洞、废料
<table><tr><td>安全鉴证点</td><td>10-S1</td><td></td></tr></table>
□5.1　检修工作结束，清点工具及材料，清理现场
□5.2　检修工作结束后，检查检修现场所需的脚手架、临时电源、照明是否都已拆除，并清理干净
<table><tr><td>质检点</td><td>5-R1</td><td></td></tr></table></td><td>□A5（a）　临时打的孔、洞，施工结束后，必须恢复原状。
□A5（b）　废料及时清理，做到工完、料尽、场地清</td></tr>
</table>

五、安全鉴证卡		
风险鉴证点：1-S2　工序 1.2　打开炉膛人孔		
一级验收		年　月　日
二级验收		年　月　日
一级验收		年　月　日
二级验收		年　月　日
一级验收		年　月　日
二级验收		年　月　日
一级验收		年　月　日
二级验收		年　月　日
一级验收		年　月　日
二级验收		年　月　日
一级验收		年　月　日
二级验收		年　月　日
一级验收		年　月　日
二级验收		年　月　日

续表

风险鉴证点：1-S2　工序 1.2　打开炉膛人孔		
一级验收		年　月　日
二级验收		年　月　日
一级验收		年　月　日
二级验收		年　月　日
一级验收		年　月　日
二级验收		年　月　日
一级验收		年　月　日
二级验收		年　月　日
一级验收		年　月　日
二级验收		年　月　日
一级验收		年　月　日
二级验收		年　月　日
一级验收		年　月　日
二级验收		年　月　日
一级验收		年　月　日
二级验收		年　月　日
一级验收		年　月　日
二级验收		年　月　日
一级验收		年　月　日
二级验收		年　月　日
一级验收		年　月　日
风险鉴证点：2-S2 工序 1.5　清理炉膛结焦		
一级验收		年　月　日
二级验收		年　月　日
一级验收		年　月　日
二级验收		年　月　日
一级验收		年　月　日
二级验收		年　月　日
一级验收		年　月　日
二级验收		年　月　日
一级验收		年　月　日
二级验收		年　月　日
一级验收		年　月　日
二级验收		年　月　日
一级验收		年　月　日
二级验收		年　月　日
一级验收		年　月　日
二级验收		年　月　日
一级验收		年　月　日

续表

风险鉴证点：2-S2 工序 1.5　清理炉膛结焦		
二级验收		年　月　日
一级验收		年　月　日
二级验收		年　月　日
一级验收		年　月　日
二级验收		年　月　日
一级验收		年　月　日
二级验收		年　月　日
一级验收		年　月　日
二级验收		年　月　日
一级验收		年　月　日
二级验收		年　月　日
一级验收		年　月　日
二级验收		年　月　日
一级验收		年　月　日
二级验收		年　月　日
一级验收		年　月　日
二级验收		年　月　日
一级验收		年　月　日

六、质量验收卡			
质检点：1-R1　工序 1.1　检查炉膛温度是否降至 60℃以下 检查情况：			
测量器具/编号			
测量（检查）人		记录人	
一级验收			年　月　日
质检点：1-W2　工序 1.2　联系起重人员搭脚手架 检查情况：			
测量器具/编号			
测量人		记录人	
一级验收			年　月　日
二级验收			年　月　日

续表

<table>
<tr><td colspan="4">质检点：1-H3　工序 1.4　搭设检修用平台或吊篮
检查情况：</td></tr>
<tr><td>检查人</td><td></td><td>记录人</td><td></td></tr>
<tr><td>一级验收</td><td colspan="2"></td><td>年　月　日</td></tr>
<tr><td>二级验收</td><td colspan="2"></td><td>年　月　日</td></tr>
<tr><td>三级验收</td><td colspan="2"></td><td>年　月　日</td></tr>
<tr><td colspan="4">质检点：2-W2　工序 2.4　沿一次风筒抽出喷燃器浓缩装置
检查情况：</td></tr>
<tr><td>测量器具/编号</td><td colspan="3"></td></tr>
<tr><td>测量人</td><td></td><td>记录人</td><td></td></tr>
<tr><td>一级验收</td><td colspan="2"></td><td>年　月　日</td></tr>
<tr><td>二级验收</td><td colspan="2"></td><td>年　月　日</td></tr>
<tr><td colspan="4">质检点：2-R1　工序 3.1　冷却风筒（或微油点火喷燃器一次风入口弯头）检查、检修
检查情况：</td></tr>
<tr><td>测量器具/编号</td><td colspan="3"></td></tr>
<tr><td>测量人</td><td></td><td>记录人</td><td></td></tr>
<tr><td>一级验收</td><td colspan="2"></td><td>年　月　日</td></tr>
<tr><td colspan="4">质检点：2-H3　工序 4.1　冷却风筒回装
检查情况：</td></tr>
<tr><td>检查人</td><td></td><td>记录人</td><td></td></tr>
<tr><td>一级验收</td><td colspan="2"></td><td>年　月　日</td></tr>
<tr><td>二级验收</td><td colspan="2"></td><td>年　月　日</td></tr>
<tr><td>三级验收</td><td colspan="2"></td><td>年　月　日</td></tr>
</table>

续表

<table>
<tr><td colspan="4">质检点：5-R1　工序 5　检修工作结束
检查情况：</td></tr>
<tr><td>测量器具/编号</td><td colspan="3"></td></tr>
<tr><td>测量人</td><td></td><td>记录人</td><td></td></tr>
<tr><td>一级验收</td><td colspan="2"></td><td>年　月　日</td></tr>
</table>

<table>
<tr><td colspan="4">七、完工验收卡</td></tr>
<tr><td>序号</td><td>检查内容</td><td>标　　准</td><td>检查结果</td></tr>
<tr><td>1</td><td>安全措施恢复情况</td><td>1.1　检修工作全部结束
1.2　整改项目验收合格
1.3　检修脚手架拆除完毕
1.4　孔洞、坑道等盖板恢复
1.5　临时拆除的防护栏恢复
1.6　安全围栏、标示牌等撤离现场
1.7　安全措施和隔离措施具备恢复条件
1.8　工作票具备押回条件</td><td>□
□
□
□
□
□
□
□</td></tr>
<tr><td>2</td><td>设备自身状况</td><td>2.1　设备与系统全面连接
2.2　设备各人孔、开口部分密封良好
2.3　设备标示牌齐全
2.4　设备油漆完整
2.5　设备管道色环清晰准确
2.6　阀门手轮齐全
2.7　设备保温恢复完毕</td><td>□
□
□
□
□
□
□</td></tr>
<tr><td>3</td><td>设备环境状况</td><td>3.1　检修整体工作结束，人员撤出
3.2　检修剩余备件材料清理出现场
3.3　检修现场废弃物清理完毕
3.4　检修用辅助设施拆除结束
3.5　临时电源、水源、气源、照明等拆除完毕
3.6　工器具及工具箱运出现场
3.7　地面铺垫材料运出现场
3.8　检修现场卫生整洁</td><td>□
□
□
□
□
□
□
□</td></tr>
<tr><td colspan="2">一级验收</td><td colspan="2">二级验收</td></tr>
<tr><td colspan="2"></td><td colspan="2"></td></tr>
</table>

<table>
<tr><td colspan="6">八、完工报告单</td></tr>
<tr><td>工期</td><td colspan="3">年　月　日　至　年　月　日</td><td>实际完成工日</td><td>工日</td></tr>
<tr><td rowspan="6">主要材料备件消耗统计</td><td>序号</td><td>名称</td><td>规格与型号</td><td>生产厂家</td><td>消耗数量</td></tr>
<tr><td>1</td><td></td><td></td><td></td><td></td></tr>
<tr><td>2</td><td></td><td></td><td></td><td></td></tr>
<tr><td>3</td><td></td><td></td><td></td><td></td></tr>
<tr><td>4</td><td></td><td></td><td></td><td></td></tr>
<tr><td>5</td><td></td><td></td><td></td><td></td></tr>
<tr><td rowspan="2">缺陷处理情况</td><td>序号</td><td colspan="2">缺陷内容</td><td colspan="2">处理情况</td></tr>
<tr><td>1</td><td colspan="2"></td><td colspan="2"></td></tr>
</table>

续表

<table>
<tr><td rowspan="4">缺陷处理情况</td><td>序号</td><td>名称</td><td>规格与型号</td><td>生产厂家</td><td>消耗数量</td></tr>
<tr><td>2</td><td colspan="2"></td><td colspan="2"></td></tr>
<tr><td>3</td><td colspan="2"></td><td colspan="2"></td></tr>
<tr><td>4</td><td colspan="2"></td><td colspan="2"></td></tr>
<tr><td>异动情况</td><td colspan="5"></td></tr>
<tr><td>让步接受情况</td><td colspan="5"></td></tr>
<tr><td>遗留问题及
采取措施</td><td colspan="5"></td></tr>
<tr><td>修后总体评价</td><td colspan="5"></td></tr>
<tr><td rowspan="2">各方签字</td><td colspan="2">一级验收人员</td><td colspan="2">二级验收人员</td><td>三级验收人员</td></tr>
<tr><td colspan="2"></td><td colspan="2"></td><td></td></tr>
</table>

检 修 文 件 包

单位：__________ 班组：__________ 编号：__________

检修任务：**水冷壁检修** 风险等级：__________

一、检修工作任务单						
计划检修时间	年 月 日 至 年 月 日				计划工日	
主要检修项目	1．水冷壁防磨防爆检查、消缺 2．水冷壁按照化学要求取样			3．缺陷管段水冷壁换管		
修后目标	1．焊口合格率不低于98% 2．水压试验一次合格					
鉴证点分布	W点	工序及质检点内容	H点	工序及质检点内容	S点	工序及安全鉴证点内容
	1-W2	□3.1 检查水冷壁管子腐蚀、磨损、胀粗、鼓包、结焦裂纹情况	1-H3	□1.1 炉膛冷灰斗搭设平台	1-S2	□1.1 炉膛冷灰斗搭设平台
	2-W2	□3.2 检查管子是否弯曲变形	2-H3	□1.2 炉内组装检修平台或吊篮	2-S2	□1.3 使用吊篮将悬焦、挂焦打掉
	3-W2	□3.3 检查水冷壁各孔门弯管与直管鳍片间、水冷壁管屏间密封情况	3-H3	□2 搭设炉膛脚手架	3-S2	□4.4 对口焊接
	4-W2	□3.4 检查水冷壁支吊架、管卡、拉钩和膨胀止晃装置	4-H3	□7 炉膛脚手架拆除	4-S2	□4.5 焊口经外观和拍X光片检验合格
	5-W2	□3.5 炉膛及对流竖井水冷壁组装焊口部位检查并处理缺陷			1-S3	□2 搭设炉膛脚手架
	6-W2	□3.6 水平烟道Ⅰ段、Ⅱ段之间与炉膛结合部检查			2-S3	□7 炉膛脚手架拆除
质量验收人员	一级验收人员		二级验收人员		三级验收人员	
安全验收人员	一级验收人员		二级验收人员		三级验收人员	

二、修前准备卡
设 备 基 本 参 数
1．设备型号：ПП-1650-25-545KT（П-76） 2．布置方式：T形 3．各部尺寸：炉膛长×宽（23.08×13.864）m；水冷壁规格直径（外径）×壁厚×间距（ϕ32×6×48）、（ϕ32×6×72）；材质12Cr1MoV 4．循环形式：超临界直流，垂直往复一次上升
设 备 修 前 状 况
检修前交底（设备运行状况、历次主要检修经验和教训、检修前主要缺陷） 一次检修时间：年 月 日～ 日。 检修前主要缺陷：水冷壁鳍片间有裂纹；人孔、看火孔直管与弯管间鳍片有裂纹；水吹灰孔直管与弯管间鳍片有裂纹；炉膛高热负荷区水冷壁管表面有横向裂纹；炉膛冷灰斗及四角水冷壁管和鳍片有砸伤、拉裂缺陷；喷燃器口、过量风口、燃尽风口水冷壁直管与弯管间鳍片有裂纹；炉膛局部有水冷壁管弯曲现象；水冷壁吊件有变形情况发生。炉膛、竖井、顶棚水冷壁安装组焊焊口单面焊缺陷较多，经常发生鳍片撕裂水冷壁管壁的缺陷，造成水冷壁管泄漏，这些位置在检修过程中应该仔细检查

续表

设 备 修 前 状 况				
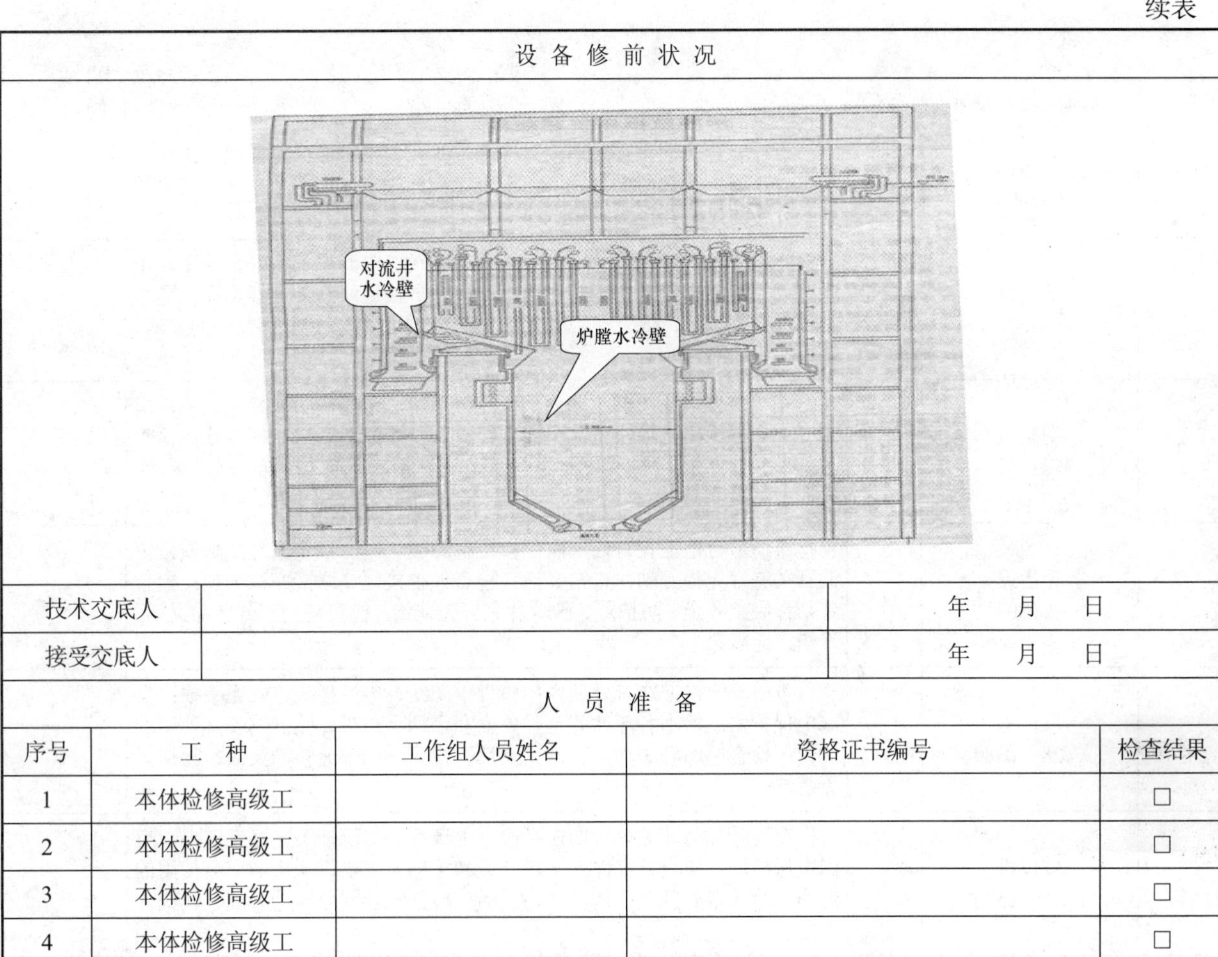 				
技术交底人			年　月　日	
接受交底人			年　月　日	
人 员 准 备				
序号	工　种	工作组人员姓名	资格证书编号	检查结果
1	本体检修高级工			□
2	本体检修高级工			□
3	本体检修高级工			□
4	本体检修高级工			□

三、现场准备卡		
办 理 工 作 票		
工作票编号：		
施 工 现 场 准 备		
序号	安 全 措 施 检 查	确认符合
1	锅炉内部温度超过60℃不准入内	□
2	若进入60℃以上的燃烧室、烟道内进行短时间的工作时，应制定组织措施、技术措施、安全措施、应急救援预案，设专人监护，并经厂主管生产的领导批准	□
3	保证足够的饮水及防暑药品，人员轮换工作	□
4	进入粉尘较大的场所作业，作业人员必须戴防尘口罩	□
5	作业场所应设置充足的照明	□
6	在燃烧室内工作需加强照明时，应由电气专业人员安设110、220V临时性的固定电灯，电灯及电线须绝缘良好，并安装牢固，放在碰不着人的高处。安装后必须由检修工作负责人检查	□
7	作业人员应随身携带应急手电筒，禁止带电移动110、220V的临时电灯	□
8	在高处作业区域周围设置明显的围栏，悬挂安全警示标示牌，必要时在作业区内搭设防护棚，不准无关人员入内或在工作地点下方行走和停留	□
9	开工前与运行人员共同确认检修的设备已可靠与运行中的系统隔断，检查六大风机已停运，电源已断开，挂“禁止操作，有人工作”标示牌	□
10	开工前与运行人员共同确认检修的设备已可靠与运行中的系统隔断，检查确认所有排空、疏水门已打开	□
确认人签字：		

续表

工器具准备与检查				
序号	工具名称及型号	数量	完　好　标　准	确认符合
1	角磨机 （ϕ100）	5	检查检验合格证在有效期内；检查电源线、电源插头完好无缺损；有漏电保护器；检查防护罩完好；检查电源开关动作正常、灵活；检查转动部分转动灵活、轻快，无阻滞	□
2	切割机 （ϕ150）	4	检查检验合格证在有效期内；检查电源线、电源插头完好无缺损，电源开关完好无损且动作正常灵活；检查保护接地线联接完好无损；检查各部件完整齐全，防护罩、砂轮片完好无缺损；检查转动部分转动灵活、轻快，无阻滞	□
3	切割机 （ϕ125）	4	检查检验合格证在有效期内；检查电源线、电源插头完好无缺损，电源开关完好无损且动作正常灵活；检查保护接地线联接完好无损；检查各部件完整齐全，防护罩、砂轮片完好无缺损；检查转动部分转动灵活、轻快，无阻滞	□
4	无齿锯 （ϕ350）	1	检查检验合格证在有效期内；检查电源线、电源插头完好无缺损，电源开关完好无损且动作正常灵活；检查保护接地线联接完好无损；检查各部件完整齐全，防护罩、砂轮片完好无缺损；检查转动部分转动灵活、轻快，无阻滞	□
5	坡口机 （ϕ28～ϕ38）	3	检查检验合格证在有效期内；检查电源线、电源插头完好无破损；有漏电保护器；检查各部件齐全，外壳和手柄无破损、无影响安全使用的灼伤；检查电源开关动作正常、灵活；检查转动部分转动灵活、轻快，无阻滞	□
6	坡口机 （ϕ42～ϕ57）	1	检查检验合格证在有效期内；检查电源线、电源插头完好无破损；有漏电保护器；检查各部件齐全，外壳和手柄无破损、无影响安全使用的灼伤；检查电源开关动作正常、灵活；检查转动部分转动灵活、轻快，无阻滞	□
7	行灯	4	检查行灯电源线、电源插头完好无破损；行灯电源线应采用橡胶套软电缆；行灯的手柄应绝缘良好且耐热、防潮；行灯变压器必须采用双绕组型，变压器一、二次侧均应装熔断器；行灯变压器外壳必须有良好的接地线，高压侧应使用三相插头；在周围均是金属导体的场所和容器内工作时，不应超过24V；行灯应有保护罩	□
8	移动式电源盘	10	检查检验合格证在有效期内；检查电源盘电源线、电源插头、插座完好无破损；漏电保护器动作正确；检查电源盘线盘架、拉杆、线盘架轮子及线盘摇动手柄齐全完好	□
9	临时电源及电源线	1	严禁将电源线缠绕在护栏、管道和脚手架上，临时电源线架设高度室内不低于2.5m；检查电源线外绝缘良好，线绝缘有破损不完整或带电部分外露时，应立即找电气人员修好，否则不准使用；检查电源盘检验合格证在有效期内；不准使用破损的电源插头插座；安装、维修或拆除临时用电工作，必须由电工完成。电工必须持有效证件上岗；分级配置漏电保护器，工作前试验漏电保护器正确动作；电源箱箱体接地良好，接地、接零标志清晰；工作前核算用电负荷在电源最高负荷内，并在规定负荷内用电	□
10	内磨机	2	检查检验合格证在有效期内；检查电源线、电源插头完好无缺损；有漏电保护器；检查电源开关动作正常、灵活；检查转动部分转动灵活、轻快，无阻滞	□
11	内磨机	4	检查检验合格证在有效期内；检查电源线、电源插头完好无缺损；有漏电保护器；检查电源开关动作正常、灵活；检查转动部分转动灵活、轻快，无阻滞	□
12	往复锯	2	检查检验合格证在有效期内；检查电源线、电源插头完好无破损；有漏电保护器；检查各部件齐全，外壳和手柄无破损、无影响安全使用的灼伤；检查电源开关动作正常、灵活；检查往复部分转动灵活、轻快，无阻滞	□
13	吊篮	2	外观检查完整，各焊点金相定期检验合格	□

续表

序号	工具名称及型号	数量	完 好 标 准	确认符合
14	手拉葫芦（1t）	4	检查检验合格证在有效期内；链节无严重锈蚀及裂纹，无打滑现象；齿轮完整，轮杆无磨损现象，开口销完整；吊钩无裂纹变形；链扣、蜗母轮及轮轴发生变形、生锈或链索磨损严重时，均应禁止使用	□
15	手拉葫芦（2t）	1	检查检验合格证在有效期内；链节无严重锈蚀及裂纹，无打滑现象；齿轮完整，轮杆无磨损现象，开口销完整；吊钩无裂纹变形；链扣、蜗母轮及轮轴发生变形、生锈或链索磨损严重时，均应禁止使用	□
16	撬棍（1000mm）	2	必须保证撬杠强度满足要求。在使用加力杆时，必须保证其强度和嵌套深度满足要求，以防折断或滑脱	□
17	活扳手（250mm）	2	活动扳口应在扳体导轨的全行程上灵活移动；活扳手不应有裂缝、毛刺及明显的夹缝、氧化皮等缺陷，柄部平直且不应有影响使用性能的缺陷	□
18	克丝钳	2	手柄应安装牢固，没有手柄的不准使用	□
19	手锤（2p）	2	大锤的锤头须完整，其表面须光滑微凸，不得有歪斜、缺口、凹入及裂纹等情形。大锤和手锤的柄须用整根的硬木制成，并将头部用楔栓固定。楔栓宜采用金属楔，楔子长度不应大于安装孔的2/3	□
20	样冲	1	—	□
21	大锤（10p）	1	大锤的锤头须完整，其表面须光滑微凸，不得有歪斜、缺口、凹入及裂纹等情形。大锤和手锤的柄须用整根的硬木制成，并将头部用楔栓固定。楔栓宜采用金属楔，楔子长度不应大于安装孔的2/3	□
22	手电筒	6	电池电量充足、亮度正常、开关灵活好用	□
23	手锯、扁铲	1	手锯、扁铲等手柄应安装牢固，没有手柄的不准使用	□
24	电焊机	1	检查电焊机检验合格证在有效期内；检查电焊机电源线、电源插头、电焊钳等完好无损，电焊工作所用的导线必须使用绝缘良好的皮线；电焊机的裸露导电部分和转动部分以及冷却用的风扇，均应装有保护罩；电焊机金属外壳应有明显的可靠接地，且一机一接地；电焊机应放置在通风、干燥处，露天放置应加防雨罩；电焊机、焊钳与电缆线连接牢固，接地端头不外露；连接到电焊钳上的一端，至少有5m为绝缘软导线；每台焊机应该设有独立的接地，接零线，其接点应用螺丝压紧；电焊机必须装有独立的专用电源开关，其容量应符合要求，电焊机超负荷时，应能自动切断电源，禁止多台焊机共用一个电源开关；不准利用厂房的金属结构、管道、轨道或其他金属搭接起来作为导线使用	□
25	氧气、乙炔	1	氧气瓶和乙炔气瓶应垂直放置并固定，氧气瓶和乙炔气瓶的距离不得小于5m；在工作地点，最多只许有两个氧气瓶（一个工作，一个备用）；安放在露天的气瓶，应用帐篷或轻便的板棚遮护，以免受到阳光曝晒；乙炔气瓶禁止放在高温设备附近，应距离明火10m以上；只有经过检验合格的氧气表、乙炔表才允许使用；氧气表、乙炔表的连接螺纹及接头必须保证氧气表、乙炔表安在气瓶阀或软管上之后连接良好、无任何泄漏；在连接橡胶软管前，应先将软管吹净，并确定管中无水后，才许使用；不准用氧气吹乙炔气管；乙炔气瓶上应有阻火器，防止回火并经常检查，以防阻火器失灵；禁止使用没有防震胶圈和保险帽的气瓶；禁止装有气体的气瓶与电线相接触	□
26	脚手架	1	搭设结束后，必须履行脚手架验收手续，填写脚手架验收单，并在“脚手架验收单”上分级签字；验收合格后应在脚手架上悬挂合格证，方可使用；工作负责人每天上脚手架前，必须进行脚手架整体检查	□
确认人签字：				

材 料 准 备

序号	材料名称	规 格	单位	数量	检查结果
1	合金板	$\delta=6$	kg	1000	□
2	合金板	$\delta=3$	kg	300	□
3	不锈钢丝	$\phi1.5$	kg	50	□

续表

序号	材料名称	规　　格	单位	数量	检查结果
4	不锈圆钢	ϕ6	kg	50	□
5	镀锌铁丝	8 号	kg	300	□
6	镀锌铁丝	10 号	kg	200	□
7	绝缘黑胶布		卷	6	□
8	坡口机刀头	WD12×12mm	把	100	□
9	高速切割片	ϕ150×16×1mm	片	100	□
10	角向砂轮片	ϕ100×6mm×16mm	片	80	□
11	单层纤维薄片砂轮（无齿锯片）	ϕ350×25.4mm×3.2mm	片	20	□
12	油漆笔		支	20	□
13	编织袋	550×950	个	500	□
14	笤帚	草（长把）	把	12	□
15	硬质合金旋转锉	锥形圆头	个	15	□
16	着色探伤剂	6 筒/套	套	10	□
17	洗涤灵	无磷 500g/瓶	瓶	4	□
18	漏电保护插座	公牛	个	8	□
19	不锈钢焊条	A307，ϕ3.2	kg	200	□
20	镍基焊条	M303C，ϕ2.4	kg	6	□
21	钨极	ϕ2.5	kg	10	□
22	往复锯条	22 号	片	100	□
23	氩弧焊丝	MGSS347　ϕ2.0	kg	5	□
24	白松板	3000mm×300mm×50mm	m^3	6	□
25	杉杆	6m	根	50	□
26	硅酸铝梳形板	600mm×480mm×60mmϕ32，孔距 48mm	m^3	8	□
27	硅酸铝针刺毯	δ=50	m^3	10	□
28	硅酸铝针刺毡	1000mm×600mm×30mm	m^3	20	□
备　件　准　备					
序号	备件名称	规格型号	单位	数量	检查结果
1	水冷壁鳍片管	ϕ32×6mm×48mm	kg	2000	□
2	鳍片管	ϕ32×6mm×48mm×7mm	kg	200	□
3	V 形卡子	12Cr1MoV；高度 60mm	件	20	□
4	V 形卡子	12Cr1MoV；高度 80mm	件	20	□
5	V 形卡子	12Cr1MoV；高度 160mm	件	20	□
6	焊条	R317	kg	1000	□
7	焊丝	R31	kg	200	□
8	合金板	12Cr1MoV；δ=6mm	kg	1000	□

续表

四、检修工序卡	
检修工序步骤及内容	安全、质量标准
1 炉膛水冷壁清理结焦 □1.1 炉膛冷灰斗搭设平台 危险源：大锤、空气、脚手架 安全鉴证点　1-S2 质检点　1-H3 □1.2 炉内组装吊篮 危险源：脚手架、吊篮、卷扬机 安全鉴证点　1-S1 质检点　2-H3 □1.3 使用吊篮将悬焦、挂焦打掉，并将喷燃器周围较大挂焦清除 危险源：吊篮、安全带、行灯、防坠器、铁锹、扁铲等、焦渣 安全鉴证点　2-S2 质检点　1-R1	□A1.1（a） 锤把上不可有油污；严禁单手抡大锤；使用大锤时，周围不得有人靠近；严禁戴手套抡大锤。 □A1.1（b） 打开所有通风口进行通风；保证内部通风畅通，必要时使用轴流风机强制通风；严禁向容器内部输送氧气；测量氧气浓度保持在19.5%～21%范围内；设置逃生通道，并保持通道畅通；设专人不间断地监护，特殊情况时要增加监护人数量，人员进出应登记。 □A1.1（c） 脚手架必须由具有合格资质的专业架子工进行；搭拆脚手架时工作人员必须戴安全帽，系安全带，穿防滑鞋；在高处作业区域周围设置明显的围栏，悬挂安全警示标示牌，并设置专人监护，不准无关人员入内或在工作地点下方行走和停留；在危险的边沿进行工作，临空一面应装设安全网或防护栏杆；脚手架要同建筑物连接牢固，立杆与支杆的底端要坐落在结实的地面或物件上；搭设好的脚手架，未经验收不得擅自使用。使用工作负责人每天上脚手架前，必须进行脚手架整体检查。 □A1.2（a） 安装人员必须经过专业培训；吊篮安装完毕后必须经相关部门验收合格后方可使用；每次工作前按规定检查吊篮情况；每次使用前检查吊篮的完好性和安全措施的有效性；吊篮上工作不得核定载荷。 □A1.2（b） 不准往滑车上套钢丝绳；不准修理或调整卷扬机的转动部分；不准当物件下落时用木棍来制动卷扬机的滚筒；不准站在提升或放下重物的地方附近；不准改正卷扬机滚筒上缠绕得不正确的钢丝绳；手动卷扬机工作完毕后必须取下手柄。 □A1.3（a） 每次工作前按规定检查吊篮情况；每次使用前检查吊篮的完好性和安全措施的有效性；吊篮上工作不得核定载荷。 □A1.3（b） 使用时安全带的挂钩或绳子应挂在结实牢固的构件上；安全带要挂在上方，高度不低于腰部（即高挂低用）；利用安全带进行悬挂作业时，不能将挂钩直接勾在安全绳上，应勾在安全带的挂环上；严禁用安全带来传递重物；安全带严禁打结使用，使用中要避开尖锐的构件。 □A1.3（c） 不准将行灯变压器带入金属容器或管道内。 □A1.3（d） 使用时必须高挂低用，悬挂在使用者上方坚固钝边的结构物上；防坠器安全绳严禁扭结使用。 □A1.3（e） 高空中的工器具必须使用防坠绳；应用绳拴在牢固的构件上，不准随便乱放；不准上下抛掷，应使用绳系牢后往下或往上吊。 □A1.3（f） 在清焦时做好隔离，工作区域下方禁止其他作业。 1.3 受热面及喷燃器部位无较大或易脱落的挂焦
2 搭设炉膛脚手架 □2.1 搭设炉膛脚手架至锅炉标高55m 危险源：脚手架、安全带 安全鉴证点　1-S3	□A2.1（a） 脚手架必须由具有合格资质的专业架子工进行；搭拆脚手架时工作人员必须戴安全帽，系安全带，穿防滑鞋；脚手板要满铺于架子的横杆上在斜道两边和脚手架工作面的外侧，应设1.2m高的栏杆，并在其下部加设18cm高的护板；必要时在脚手板上铺设苫布，动火时铺设石棉布；搭设满堂脚手架时，踢脚板的高度为180mm，作业层立面必须满挂密目安全网；临边防护必须符合搭设要求选用合适材料，符合搭设高度，且满足上下两道栏杆的规定；金属脚手架的接头应用特制的金属铰链搭接，连接各个构件之间的螺栓必须拧紧；脚手架要同建筑物连接牢固，立杆与支杆的底端要坐落在结实的地面或物件上；在危险的边沿进行工作，临空一面应装设安全网或防护栏杆。

续表

检修工序步骤及内容	安全、质量标准
□2.2　脚手架搭设完后组织验收 危险源：脚手架、安全带 安全鉴证点　2-S1 质检点　3-H3	□A2.1（b）　使用时安全带的挂钩或绳子应挂在结实牢固的构件上；安全带要挂在上方，高度不低于腰部（即高挂低用）；利用安全带进行悬挂作业时，不能将挂钩直接勾在安全绳上，应勾在安全带的挂环上；严禁用安全带来传递重物；安全带严禁打结使用，使用中要避开尖锐的构件。 □A2.2　搭设好的脚手架，未经验收不得擅自使用。使用工作负责人每天上脚手架前，必须进行脚手架整体检查
3　水冷壁防磨防爆检查 □3.1　检查水冷壁管子腐蚀、磨损、胀粗、鼓包、结焦及裂纹情况 危险源：安全带、脚手架、高空中的工器具 安全鉴证点　3-S1 质检点　1-W2	□A3.1（a）　使用时安全带的挂钩或绳子应挂在结实牢固的构件上；安全带要挂在上方，高度不低于腰部（即高挂低用）；利用安全带进行悬挂作业时，不能将挂钩直接勾在安全绳上，应勾在安全带的挂环上；安全带严禁打结使用，使用中要避开尖锐的构件。 □A3.1（b）　在高处作业区域周围设置明显的围栏，悬挂安全警示标识牌，并设置专人监护，必要时在作业区内搭设防护棚，不准无关人员入内或在工作地点下方行走和停留；在靠近人行通道处使用脚手架时，脚手架下方周围必须装设防护围栏并悬挂安全警示的标示牌；从事高处作业的人员必须身体健康；患有精神病、癫痫病以及经医师鉴定患有高血压、心脏病等不宜从事高处作业病症的人员，不准参加高处作业；凡发现工作人员精神不振时，禁止登高作业；上下脚手架应走人行通道或梯子，不准攀登架体；不准站在脚手架的探头上作业；不准在架子上退着行走或跨坐在防护横杆上休息；脚手架上作业时不准蹬在木桶、木箱、砖及其他建筑材料上；脚手架上不准乱拉电线；必须安装临时照明线路时，木竹脚手架应采用绝缘子，金属脚手架应另设木横担。 □A3.1（c）　高空中的工器具必须使用防坠绳；应用绳拴在牢固的构件上，不准随便乱放；不准上下抛掷，应使用绳系牢后往下或往上吊。 3.1（a）　检查水冷壁管子表面有无腐蚀现象。 3.1（b）　水冷壁管磨损、吹损、砸伤面积小于 10mm^2，局部损伤不超过原管壁厚的 30%（1.8mm）。 3.1（c）　管子胀粗不超过原管径的 2.5%（32.8mm）。 3.1（d）　管子表面无鼓包现象，管子表面无结焦、挂焦。 3.1（e）　管子表面无腐蚀性裂纹等缺陷。
□3.2　检查管子是否弯曲变形 质检点　2-W2	3.2（a）　弯曲变形不得超过半个管子直径。 3.2（b）　管屏平整，管子无超温过热现象，各种拉钩完好。
□3.3　检查水冷壁各孔门弯管与直管鳍片间、水冷壁管屏间密封情况 质检点　3-W2	3.3（a）　弯管与直管间鳍片无裂纹或疲劳现象，鳍片外观良好完整，止裂槽处鳍片无裂纹。 3.3（b）　水冷壁管屏间鳍片无漏焊、孔洞、裂纹等缺陷。 3.3（c）　如有裂纹将裂纹打磨干净，伤及管壁厚度 30%以上的进行换管处理，其他补焊。
□3.4　检查水冷壁支吊架、管卡、拉钩和膨胀止晃装置 质检点　4-W2	3.4（a）　支吊架无歪斜、松脱、弹簧受力均匀，无压死现象。 3.4（b）　止晃装置、膨胀间隙满足机组满负合要求。 3.4（c）　与本体相连的膨胀指示器动作灵活并指向零位。
□3.5　炉膛及对流竖井水冷壁组装焊口部位检查并处理缺陷 质检点　5-W2	3.5（a）　组装焊口的鳍片部位无泄漏迹象，鳍片无开裂。 3.5（b）　水冷壁管屏间鳍片无漏焊、孔洞、裂纹等缺陷。 3.5（c）　如有裂纹将裂纹打磨干净，伤及管壁厚度 30%以上的进行换管处理，其他补焊。
□3.6　水平烟道Ⅰ段、Ⅱ段之间与炉膛结合部检查 质检点　6-W2	3.6（a）　水平烟道Ⅰ与炉膛接合部，水平烟道Ⅰ与Ⅱ之间，水平烟道各联箱组件间鳍片无裂纹缺陷。 3.6（b）　水冷壁管屏间鳍片无漏焊、孔洞、裂纹等缺陷。 3.6（c）　如有裂纹将裂纹打磨干净，伤及管壁厚度 30%以上的进行换管处理，其他补焊。

续表

检修工序步骤及内容	安全、质量标准
□3.7 水冷壁各联络管支吊架检查 质检点 | 7-W2 |	3.7 吊架无歪斜、松脱、弹簧受力均匀无压死现象，满足机组满负荷运行要求
4 水冷壁取样 □4.1 拆开保温，并划好锯割线 □4.2 用机械方法割管 危险源：切割机、角磨机、内磨机、坡口机、安全带、手拉葫芦、高空设备设施、脚手架 安全鉴证点 | 4-S1 | 质检点 | 2-R1 |	□A4.2（a） 操作人员必须正确佩戴防护面罩、防护眼镜；启动前先试转一下，检查切割机运转方向正确；不准手提切割机的导线或转动部分；工件切割时应紧固后再作业；火花飞溅方向不准有人停留或通过，并应预防火花点燃周围物品；使用切割机时禁止撞击，禁止用切割片的侧面磨削物件；更换切割片前必须先切断电源。 □A4.2（b） 操作人员必须正确佩戴防护面罩、防护眼镜；不准手提角磨机的导线或转动部分；使用角磨机时，应采取防火措施，防止火花引发火灾。 □A4.2（c） 操作人员必须正确佩戴防护面罩、防护眼镜；使用前检查角磨头完好无缺损；不准手提内磨机的导线或转动部分；更换磨头前必须先切断电源。 □A4.2（d） 更换车刀前必须先切断电源；工作中，离开工作场所、暂停作业以及遇临时停电时，须立即切断电源。 □A4.2（e） 使用时安全带的挂钩或绳子应挂在结实牢固的构件上；安全带要挂在上方，高度不低于腰部（即高挂低用）；利用安全带进行悬挂作业时，不能将挂钩直接勾在安全绳上，应勾在安全带的挂环上；安全带严禁打结使用，使用中要避开尖锐的构件。 □A4.2（f） 悬挂链式起重机的架梁或建筑物，必须经过计算，否则不准悬挂。禁止用链式起重机长时间悬吊重物；工作负荷不准超过铭牌规定。 □A4.2（g） 每次使用前检查脚手架完好性和安全措施的有效性。 □A4.2（h） 在高处作业区域周围设置明显的围栏，悬挂安全警示标识牌，并设置专人监护，必要时在作业区内搭设防护棚，不准无关人员入内或在工作地点下方行走和停留；在靠近人行通道处使用脚手架时，脚手架下方周围必须装设防护围栏并悬挂安全警示的标示牌；从事高处作业的人员必须身体健康；患有精神病、癫痫病以及经医师鉴定患有高血压、心脏病等不宜从事高处作业病症的人员，不准参加高处作业；凡发现工作人员精神不振时，禁止登高作业；上下脚手架应走人行通道或梯子，不准攀登架体；不准站在脚手架的探头上作业；不准在架子上退着行走或跨坐在防护横杆上休息；脚手架上作业时不准蹬在木桶、木箱、砖及其他建筑材料上；架子上应保持清洁，随时清理杂物等，不准乱堆乱放物料；不得在防护栏杆上拴挂任何重物；工作过程中，不准随意改变脚手架的结构，必要时，必须经过搭设脚手架的技术负责人同意，并再次验收合格后方可使用；脚手架上不准乱拉电线；必须安装临时照明线路时，木竹脚手架应采用绝缘子，金属脚手架应另设木横担；不准在脚手架和脚手板上聚集人员或放置超过计算荷重的材料；脚手架上临时放置的零星物件，必须做好防窜、防坠落、防滑的措施；脚手架上的废弃物应及时清理，并用绳子系牢后溜放到地面；不准在脚手架和脚手板上进行起重工作。 4.2（a） 鳍片割开长度比更换管两端各长 20mm，注意割鳍片时不要割伤管子。 4.2（b） 割管一般用机械方法切割，且端面垂直度偏差不大于管外径的 1%，且不大于 0.5mm。 4.2（c） 割下的管子应注明部位、根数，并做好记录。 4.2（d） 管子割取完后在水冷壁管口位置封堵并加装盖板，防止杂物落入管内。 4.3（a） 管子用前应逐根进行外观检查，不得有重皮、裂纹、凹坑和表面划痕等缺陷。

续表

<table>
<tr><th>检修工序步骤及内容</th><th>安全、质量标准</th></tr>
<tr><td>□4.3 新水冷壁管的配置

| 质检点 | 3-R1 | |</td><td>4.3（b） 管子材质为 12Cr1MoV。管子直径偏差不大于公称直径的 8%。
4.3（c） 壁厚偏差不大于原壁厚的 10%。
4.3（d） 制作破口，坡口标准：每边角度为（33±2）°，钝边 0～1mm。
□A4.4（a） 电焊人员应持有有效的焊工证；正确使用面罩，穿电焊服，戴电焊手套，戴白光眼镜，穿橡胶绝缘鞋；电焊工更换焊条时，必须戴电焊手套；停止、间断焊接时必须及时切断焊机电源。
□A4.4（b） 氧气表、乙炔表在气瓶上应安装合理、牢固；采用螺纹连接时，应拧足五个螺扣以上；采用专门的夹具压紧时，装卡应平整牢固；使用中不准混用氧气软管与乙炔软管；禁止使用泄漏、烧坏、磨损、老化或有其他缺陷的软管；焊接工作结束或中断焊接工作时，应关闭氧气和乙炔气瓶、供气管路的阀门，确保气体不外漏；重新开始工作时，应再次确认没有可燃气体外漏时方可点火工作。
□A4.4（c） 气割火炬不准对着周围工作人员；穿帆布工作服，戴工作帽，上衣不准扎在裤子里，口袋须有遮盖，裤脚不得挽起，脚面有鞋罩。
□A4.4（d） 进行焊接工作时，必须设有防止金属熔渣飞溅、掉落引起火灾的措施以及防止烫伤、触电、爆炸等措施。
□A4.4（e） 所有焊接、切割、钎焊及有关的操作必须要在足够的通风条件下（包括自然通风或机械通风）进行。
□A4.4（f） 高空中的工器具、零部件必须使用防坠绳；应用绳拴在牢固的构件上，不准随便乱放；不准上下抛掷，应使用绳系牢后往下或往上吊。
□A4.4（g） 使用时安全带的挂钩或绳子应挂在结实牢固的构件上；安全带要挂在上方，高度不低于腰部（即高挂低用）；利用安全带进行悬挂作业时，不能将挂钩直接勾在安全绳上，应勾在安全带的挂环上；安全带严禁打结使用，使用中要避开尖锐的构件。</td></tr>
<tr><td>□4.4 对口焊接
危险源：电焊机、氧气、乙炔、热辐射、高温焊渣、焊接尘、高空中的工器具、零部件、安全带</td><td>4.4（a） 水冷壁管对口焊接前，检查所换管两侧水冷壁管和鳍片的情况，应无割伤、碰伤及其他缺陷。
4.4（b） 对口间隙 2～3mm。
4.4（c） 管子不得强力对口以免引起焊口的附加应力。
4.4（d） 管子对口偏折度，在距离焊口中心 200mm 处测量不超过 1mm。
□A4.5（a） 使用时安全带的挂钩或绳子应挂在结实牢固的构件上；安全带要挂在上方，高度不低于腰部（即高挂低用）；利用安全带进行悬挂作业时，不能将挂钩直接勾在安全绳上，应勾在安全带的挂环上。
□A4.5（b） 使用前检查电源线和外壳是否损坏；使用带漏电保护器的电源。
□A4.5（c） 工作前做好安全区隔离、悬挂“当心辐射”标示牌；提出风险预警通知告知全员，并指定专人现场监护，防止非工作人员误入。
4.5 焊口经外观和拍 X 光片检验错口符合要求，焊口无超标缺陷。
□A4.6（a） 电焊人员应持有有效的焊工证；正确使用面罩，穿电焊服，戴电焊手套，戴白光眼镜，穿橡胶绝缘鞋；电焊工更换焊条时，必须戴电焊手套；停止、间断焊接时必须及时切断焊机电源。
□A4.6（b） 氧气表、乙炔表在气瓶上应安装合理、牢固；采用螺纹连接时，应拧足五个螺扣以上；采用专门的夹具压紧时，装卡应平整牢固；使用中不准混用氧气软管与乙炔软管；禁止使用泄漏、烧坏、磨损、老化或有其他缺陷的软管；焊接工作结束或中断焊接工作时，应关闭氧气和乙炔气瓶、供气管路的阀门，确保气体不外漏；重新开始工作时，应再次确认没有可燃气体外漏时方可点火工作。</td></tr>
</table>

续表

检修工序步骤及内容	安全、质量标准
安全鉴证点 3-S2 质检点 4-R1 □4.5 焊口经外观和拍X光片检验合格 危险源：安全带、220伏交流电、X射线 安全鉴证点 4-S2 □4.6 恢复水冷壁鳍片 危险源：电焊机、高温焊渣、焊接尘、高空中的工器具、零部件、安全带 安全鉴证点 5-S1 质检点 5-R1 □4.7 恢复炉墙保温	□A4.6（c） 气割火炬不准对着周围工作人员；穿帆布工作服，戴工作帽，上衣不准扎在裤子里，口袋须有遮盖，裤脚不得挽起，脚面有鞋罩。 □A4.6（d） 进行焊接工作时，必须设有防止金属熔渣飞溅、掉落引起火灾的措施以及防止烫伤、触电、爆炸等措施。 □A4.6（e） 所有焊接、切割、钎焊及有关的操作必须要在足够的通风条件下（包括自然通风或机械通风）进行。 □A4.6（f） 高空中的工器具、零部件必须使用防坠绳；应用绳拴在牢固的构件上，不准随便乱放；不准上下抛掷，应使用绳系牢后往下或往上吊。 □A4.6（g） 使用时安全带的挂钩或绳子应挂在结实牢固的构件上；安全带要挂在上方，高度不低于腰部（即高挂低用）；利用安全带进行悬挂作业时，不能将挂钩直接勾在安全绳上，应勾在安全带的挂环上；安全带严禁打结使用，使用中要避开尖锐的构件。 4.6（a） 鳍片对接间隙不大于3mm。 4.6（b） 焊接厚度不大于3mm，焊肉圆满。 4.6（c） 焊接鳍片时禁止焊接到水冷壁管上。 4.6（d） 鳍片焊接电流控制在120A±10A。 4.7 内部保温材料错缝搭实，保温表面平整
5 水冷壁变形超标管段修理	5 按照标准要求，磨损、吹损伤及管壁厚度30%（1.8mm）以上，损伤面积大于10 mm^2换管处理； 水冷壁管子弯曲变形超过半个管径的换管处理； 金属检查球化等级达到4级以上的换管处理； 鳍片裂纹伤及管壁30%（1.8mm）以上的换管或补焊处理
6 拆除炉内吊篮并运至炉外放置 危险源：安全带、卷扬机、高空中的工器具 安全鉴证点 6-S1	□A6（a） 使用时安全带的挂钩或绳子应挂在结实牢固的构件上；安全带要挂在上方，高度不低于腰部（即高挂低用）；利用安全带进行悬挂作业时，不能将挂钩直接勾在安全绳上，应勾在安全带的挂环上。 □A6（b） 不准往滑车上套钢丝绳；不准修理或调整卷扬机的转动部分；不准当物件下落时用木棍来制动卷扬机的滚筒；不准站在提升或放下重物的地方附近；不准改正卷扬机滚筒上缠绕得不正确的钢丝绳；手动卷扬机工作完毕后必须取下手柄。 □A6（c） 必须使用防坠绳；应用绳拴在牢固的构件上，不准随便乱放；不准上下抛掷，应使用绳系牢后往下或往上吊
7 炉膛脚手架拆除 危险源：安全带、防坠器、脚手架、高空中的工器具 安全鉴证点 2-S3 质检点 4-H3	□A7（a） 使用时安全带的挂钩或绳子应挂在结实牢固的构件上；安全带要挂在上方，高度不低于腰部（即高挂低用）；利用安全带进行悬挂作业时，不能将挂钩直接勾在安全绳上，应勾在安全带的挂环上。 □A7（b） 使用时必须高挂低用，悬挂在使用者上方坚固钝边的结构物上；防坠器安全绳严禁扭结使用。 □A7（c） 拆除区域必须设置隔离带，设置安全警示标志并设专人看护；作业人员必须正确佩戴合格的安全帽、护目眼镜、手套、工作鞋等必要的个人防护用品；拆除作业现场必须设专人指挥；拆除作业时，人员应站在脚手架或其他牢固的构架上；拆除作业应严格按照拆除工程方案进行，应自上而下、逐层逐跨拆除；拆除作业有倒塌伤人危险时，应采用支柱、支撑等防护措施；拆除作业时，不准数层同时交叉作业；拆下的物料不得在脚手架上、通道以及楼板上乱堆乱放，应及时清运。

续表

<table>
<tr><th>检修工序步骤及内容</th><th>安全、质量标准</th></tr>
<tr><td></td><td>□A7（d） 必须使用防坠绳；应用绳拴在牢固的构件上，不准随便乱放；不准上下抛掷，应使用绳系牢后往下或往上吊。
7 脚手架拆除前进行区域隔离；
脚手架拆除工作人员必须经过专门培训；
脚手架拆除按照炉膛脚手架拆除方案执行；
炉膛脚手架拆除完毕后，清理炉内遗留的架杆、架板、卡扣、铁丝等杂物</td></tr>
<tr><td>8 检修工作结束
危险源：遗留人员、大锤、孔、洞、废料、火种、易燃物等

| 安全鉴证点 | 7-S1 | |

□8.1 检修工作结束，清点工具及材料，清理现场
□8.2 检修工作结束后，检查检修现场所需的脚手架、临时电源、照明是否都已拆除，并清理干净
□8.3 锅炉水压试验时，水压试验按照相关规定执行，水压试验检查时每组不得少于 2 人
□8.4 水压试验合格后锅炉关闭人孔，关闭人孔时检查炉内是否有工作人员，并进行喊话，确认无人后方可关闭人孔

| 质检点 | 6-R1 | |</td><td>□A8（a） 封闭人孔前工作负责人应认真清点工作人员；核对进出入登记，确认无人员和工器具遗落，并喊话确认无人。
□A8（b） 锤把上不可有油污；严禁单手抡大锤；使用大锤时，周围不得有人靠近；严禁戴手套抡大锤。
□A8（c） 临时打的孔、洞，施工结束后，必须恢复原状。
□A8（d） 废料及时清理，做到工完、料尽、场地清</td></tr>
</table>

五、安全鉴证卡

风险鉴证点：1-S2 工序 1.1 炉膛冷灰斗搭设平台

一级验收		年 月 日
二级验收		年 月 日
一级验收		年 月 日
二级验收		年 月 日
一级验收		年 月 日
二级验收		年 月 日
一级验收		年 月 日
二级验收		年 月 日
一级验收		年 月 日
二级验收		年 月 日
一级验收		年 月 日
二级验收		年 月 日
一级验收		年 月 日
二级验收		年 月 日
一级验收		年 月 日
二级验收		年 月 日
一级验收		年 月 日
二级验收		年 月 日
一级验收		年 月 日
二级验收		年 月 日

续表

风险鉴证点：1-S2 工序 1.1 炉膛冷灰斗搭设平台		
一级验收		年 月 日
二级验收		年 月 日
一级验收		年 月 日
二级验收		年 月 日
一级验收		年 月 日
二级验收		年 月 日
一级验收		年 月 日
二级验收		年 月 日
一级验收		年 月 日
二级验收		年 月 日
一级验收		年 月 日
二级验收		年 月 日
一级验收		年 月 日
二级验收		年 月 日
一级验收		年 月 日
二级验收		年 月 日
一级验收		年 月 日
二级验收		年 月 日
风险鉴证点：2-S2 工序 1.3 使用吊篮将悬焦、挂焦打掉，并将喷燃器周围较大挂焦清除		
一级验收		年 月 日
二级验收		年 月 日
一级验收		年 月 日
二级验收		年 月 日
一级验收		年 月 日
二级验收		年 月 日
一级验收		年 月 日
二级验收		年 月 日
一级验收		年 月 日
二级验收		年 月 日
一级验收		年 月 日
二级验收		年 月 日
一级验收		年 月 日
二级验收		年 月 日
一级验收		年 月 日
二级验收		年 月 日
一级验收		年 月 日
二级验收		年 月 日
一级验收		年 月 日
二级验收		年 月 日

续表

风险鉴证点：2-S2　工序 1.3　使用吊篮将悬焦、挂焦打掉，并将喷燃器周围较大挂焦清除		
一级验收		年　月　日
二级验收		年　月　日
一级验收		年　月　日
二级验收		年　月　日
一级验收		年　月　日
二级验收		年　月　日
一级验收		年　月　日
二级验收		年　月　日
一级验收		年　月　日
二级验收		年　月　日
一级验收		年　月　日
二级验收		年　月　日
一级验收		年　月　日
二级验收		年　月　日
一级验收		年　月　日
二级验收		年　月　日
一级验收		年　月　日
二级验收		年　月　日
风险鉴证点：3-S2　工序 4.4　对口焊接		
一级验收		年　月　日
二级验收		年　月　日
一级验收		年　月　日
二级验收		年　月　日
一级验收		年　月　日
二级验收		年　月　日
一级验收		年　月　日
二级验收		年　月　日
一级验收		年　月　日
二级验收		年　月　日
一级验收		年　月　日
二级验收		年　月　日
一级验收		年　月　日
二级验收		年　月　日
一级验收		年　月　日
二级验收		年　月　日
一级验收		年　月　日
二级验收		年　月　日
一级验收		年　月　日
二级验收		年　月　日

续表

风险鉴证点：3-S2　工序 4.4　对口焊接		
一级验收		年　月　日
二级验收		年　月　日
一级验收		年　月　日
二级验收		年　月　日
一级验收		年　月　日
二级验收		年　月　日
一级验收		年　月　日
二级验收		年　月　日
一级验收		年　月　日
二级验收		年　月　日
一级验收		年　月　日
二级验收		年　月　日
一级验收		年　月　日
二级验收		年　月　日
一级验收		年　月　日
二级验收		年　月　日
一级验收		年　月　日
二级验收		年　月　日
风险鉴证点：4-S2　工序 4.5　焊口经外观和拍 X 光片检验合格		
一级验收		年　月　日
二级验收		年　月　日
一级验收		年　月　日
二级验收		年　月　日
一级验收		年　月　日
二级验收		年　月　日
一级验收		年　月　日
二级验收		年　月　日
一级验收		年　月　日
二级验收		年　月　日
一级验收		年　月　日
二级验收		年　月　日
一级验收		年　月　日
二级验收		年　月　日
一级验收		年　月　日
二级验收		年　月　日
一级验收		年　月　日
二级验收		年　月　日
一级验收		年　月　日
二级验收		年　月　日

续表

风险鉴证点：4-S2　工序 4.5　焊口经外观和拍 X 光片检验合格		
一级验收		年　月　日
二级验收		年　月　日
一级验收		年　月　日
二级验收		年　月　日
一级验收		年　月　日
二级验收		年　月　日
一级验收		年　月　日
二级验收		年　月　日
一级验收		年　月　日
二级验收		年　月　日
一级验收		年　月　日
二级验收		年　月　日
一级验收		年　月　日
二级验收		年　月　日
一级验收		年　月　日
二级验收		年　月　日
一级验收		年　月　日
二级验收		年　月　日
风险鉴证点：1-S3　工序 2　搭设炉膛脚手架		
一级验收		年　月　日
二级验收		年　月　日
三级验收		年　月　日
一级验收		年　月　日
二级验收		年　月　日
三级验收		年　月　日
一级验收		年　月　日
二级验收		年　月　日
三级验收		年　月　日
一级验收		年　月　日
二级验收		年　月　日
三级验收		年　月　日
一级验收		年　月　日
二级验收		年　月　日
三级验收		年　月　日
一级验收		年　月　日
二级验收		年　月　日
三级验收		年　月　日
一级验收		年　月　日
二级验收		年　月　日

续表

风险鉴证点：1-S3　工序 2　搭设炉膛脚手架		
三级验收		年　月　日
一级验收		年　月　日
二级验收		年　月　日
三级验收		年　月　日
一级验收		年　月　日
二级验收		年　月　日
三级验收		年　月　日
一级验收		年　月　日
二级验收		年　月　日
三级验收		年　月　日
一级验收		年　月　日
二级验收		年　月　日
三级验收		年　月　日
一级验收		年　月　日
二级验收		年　月　日
三级验收		年　月　日
风险鉴证点：2-S3　工序 7　炉膛脚手架拆除		
一级验收		年　月　日
二级验收		年　月　日
三级验收		年　月　日
一级验收		年　月　日
二级验收		年　月　日
三级验收		年　月　日
一级验收		年　月　日
二级验收		年　月　日
三级验收		年　月　日
一级验收		年　月　日
二级验收		年　月　日
三级验收		年　月　日
一级验收		年　月　日
二级验收		年　月　日
三级验收		年　月　日
一级验收		年　月　日
二级验收		年　月　日
三级验收		年　月　日
一级验收		年　月　日
二级验收		年　月　日
三级验收		年　月　日
一级验收		年　月　日

续表

风险鉴证点：2-S3　工序 7　炉膛脚手架拆除		
二级验收		年　月　日
三级验收		年　月　日
一级验收		年　月　日
二级验收		年　月　日
三级验收		年　月　日
一级验收		年　月　日
二级验收		年　月　日
三级验收		年　月　日
一级验收		年　月　日
二级验收		年　月　日
三级验收		年　月　日
一级验收		年　月　日
二级验收		年　月　日
三级验收		年　月　日

六、质量验收卡			
质检点：1-H3　工序 1.1　炉膛冷灰斗搭设平台 检查情况：			
测量器具/编号			
测量人		记录人	
一级验收			年　月　日
二级验收			年　月　日
三级验收			年　月　日
质检点：2-H3　工序 1.2　炉内组装检修平台或吊篮 检查情况：			
测量器具/编号			
测量人		记录人	
一级验收			年　月　日

续表

质检点：1-R1　1.3　使用检修平台或吊篮将悬焦、挂焦打掉，并将喷燃器周围较大挂焦清除 检查情况：			
测量器具/编号			
测量人		记录人	
一级验收			年　月　日
二级验收			年　月　日
三级验收			年　月　日
质检点：3-H3　工序 2.2　脚手架搭设完后组织验收 检查情况：			
测量器具/编号			
测量人		记录人	
一级验收			年　月　日
二级验收			年　月　日
三级验收			年　月　日
质检点：1-W2　工序 3.1　检查水冷壁管子腐蚀、磨损、胀粗、鼓包、结焦及裂纹情况 检查情况：			
测量器具/编号			
测量人		记录人	
一级验收			年　月　日
二级验收			年　月　日
质检点：2-W2　工序 3.2　检查管子是否弯曲变形 检查情况：			
测量器具/编号			
测量人		记录人	
一级验收			年　月　日
二级验收			年　月　日

续表

<table>
<tr><td colspan="4">质检点：3-W2　工序 3.3　检查水冷壁各孔门弯管与直管鳍片间、水冷壁管屏间密封情况
检查情况：</td></tr>
<tr><td>测量器具/编号</td><td colspan="3"></td></tr>
<tr><td>检查人</td><td></td><td>记录人</td><td></td></tr>
<tr><td>一级验收</td><td colspan="2"></td><td>年　月　日</td></tr>
<tr><td>二级验收</td><td colspan="2"></td><td>年　月　日</td></tr>
<tr><td colspan="4">质检点：4-W2　工序 3.4　检查水冷壁支吊架、管卡、拉钩和膨胀止晃装置
检查情况：</td></tr>
<tr><td>测量器具/编号</td><td colspan="3"></td></tr>
<tr><td>检查人</td><td></td><td>记录人</td><td></td></tr>
<tr><td>一级验收</td><td colspan="2"></td><td>年　月　日</td></tr>
<tr><td>二级验收</td><td colspan="2"></td><td>年　月　日</td></tr>
<tr><td colspan="4">质检点：5-W2　工序 3.5　炉膛及对流竖井水冷壁组装焊口部位检查并处理缺陷
检查情况：</td></tr>
<tr><td>测量器具/编号</td><td colspan="3"></td></tr>
<tr><td>检查人</td><td></td><td>记录人</td><td></td></tr>
<tr><td>一级验收</td><td colspan="2"></td><td>年　月　日</td></tr>
<tr><td>二级验收</td><td colspan="2"></td><td>年　月　日</td></tr>
<tr><td colspan="4">质检点：6-W2　工序 3.6　水平烟道Ⅰ段Ⅱ段之间与炉膛结合部检查
检查情况：</td></tr>
<tr><td>测量器具/编号</td><td colspan="3"></td></tr>
<tr><td>检查人</td><td></td><td>记录人</td><td></td></tr>
<tr><td>一级验收</td><td colspan="2"></td><td>年　月　日</td></tr>
<tr><td>二级验收</td><td colspan="2"></td><td>年　月　日</td></tr>
</table>

续表

<table>
<tr><td colspan="4">质检点：7-W2　工序 3.7　水冷壁各联络管支吊架检查
检查情况：</td></tr>
<tr><td>测量器具/编号</td><td colspan="3"></td></tr>
<tr><td>检查人</td><td></td><td>记录人</td><td></td></tr>
<tr><td>一级验收</td><td colspan="2"></td><td>年　月　日</td></tr>
<tr><td>二级验收</td><td colspan="2"></td><td>年　月　日</td></tr>
<tr><td colspan="4">质检点：2-R1　工序 4.2　用机械方法割管
检查情况：</td></tr>
<tr><td>测量器具/编号</td><td colspan="3"></td></tr>
<tr><td>测量人</td><td></td><td>记录人</td><td></td></tr>
<tr><td>一级验收</td><td colspan="2"></td><td>年　月　日</td></tr>
<tr><td colspan="4">质检点：3-R1　工序 4.3　新水冷壁管的配置
检查情况：</td></tr>
<tr><td>测量器具/编号</td><td colspan="3"></td></tr>
<tr><td>测量人</td><td></td><td>记录人</td><td></td></tr>
<tr><td>一级验收</td><td colspan="2"></td><td>年　月　日</td></tr>
<tr><td colspan="4">质检点：4-R1　工序 4.4　对口焊接
检查情况：</td></tr>
<tr><td>测量器具/编号</td><td colspan="3"></td></tr>
<tr><td>测量人</td><td></td><td>记录人</td><td></td></tr>
<tr><td>一级验收</td><td colspan="2"></td><td>年　月　日</td></tr>
<tr><td colspan="4">质检点：5-R1　工序 4.5　恢复水冷壁鳍片
检查情况：</td></tr>
</table>

续表

<table>
<tr><td>测量器具/编号</td><td colspan="3"></td></tr>
<tr><td>检查人</td><td></td><td>记录人</td><td></td></tr>
<tr><td>一级验收</td><td colspan="2"></td><td>年　月　日</td></tr>
<tr><td colspan="4">质检点：4-H3　工序 7　炉膛脚手架拆除
检查情况：</td></tr>
<tr><td>测量器具/编号</td><td colspan="3"></td></tr>
<tr><td>测量人</td><td></td><td>记录人</td><td></td></tr>
<tr><td>一级验收</td><td colspan="2"></td><td>年　月　日</td></tr>
<tr><td>二级验收</td><td colspan="2"></td><td>年　月　日</td></tr>
<tr><td>三级验收</td><td colspan="2"></td><td>年　月　日</td></tr>
<tr><td colspan="4">质检点：6-R1　工序 8.4　检修工作结束
检查情况：</td></tr>
<tr><td>测量器具/编号</td><td colspan="3"></td></tr>
<tr><td>检查人</td><td></td><td>记录人</td><td></td></tr>
<tr><td>一级验收</td><td colspan="2"></td><td>年　月　日</td></tr>
</table>

七、完工验收卡

序号	检查内容	标　　准	检查结果
1	安全措施恢复情况	1.1　检修工作全部结束 1.2　整改项目验收合格 1.3　检修脚手架拆除完毕 1.4　孔洞、坑道等盖板恢复 1.5　临时拆除的防护栏恢复 1.6　安全围栏、标示牌等撤离现场 1.7　安全措施和隔离措施具备恢复条件 1.8　工作票具备押回条件	□ □ □ □ □ □ □ □
2	设备自身状况	2.1　设备与系统全面连接 2.2　设备各人孔、开口部分密封良好 2.3　设备标示牌齐全 2.4　设备油漆完整 2.5　设备管道色环清晰准确 2.6　阀门手轮齐全 2.7　设备保温恢复完毕	□ □ □ □ □ □ □
3	设备环境状况	3.1　检修整体工作结束，人员撤出 3.2　检修剩余备件材料清理出现场 3.3　检修现场废弃物清理完毕 3.4　检修用辅助设施拆除结束 3.5　临时电源、水源、气源、照明等拆除完毕 3.6　工器具及工具箱运出现场	□ □ □ □ □ □

续表

序号	检查内容	标　　准	检查结果
3	设备环境状况	3.7　地面铺垫材料运出现场 3.8　检修现场卫生整洁	□ □

一级验收	二级验收

<table>
<tr><td colspan="6">八、完工报告单</td></tr>
<tr><td>工期</td><td colspan="3">年　　月　　日　　至　年　　月　　日</td><td>实际完成工日</td><td>工日</td></tr>
<tr><td rowspan="6">主要材料备件消耗统计</td><td>序号</td><td>名称</td><td>规格与型号</td><td>生产厂家</td><td>消耗数量</td></tr>
<tr><td>1</td><td></td><td></td><td></td><td></td></tr>
<tr><td>2</td><td></td><td></td><td></td><td></td></tr>
<tr><td>3</td><td></td><td></td><td></td><td></td></tr>
<tr><td>4</td><td></td><td></td><td></td><td></td></tr>
<tr><td>5</td><td></td><td></td><td></td><td></td></tr>
<tr><td rowspan="5">缺陷处理情况</td><td>序号</td><td colspan="2">缺陷内容</td><td colspan="2">处理情况</td></tr>
<tr><td>1</td><td colspan="2"></td><td colspan="2"></td></tr>
<tr><td>2</td><td colspan="2"></td><td colspan="2"></td></tr>
<tr><td>3</td><td colspan="2"></td><td colspan="2"></td></tr>
<tr><td>4</td><td colspan="2"></td><td colspan="2"></td></tr>
<tr><td>异动情况</td><td colspan="5"></td></tr>
<tr><td>让步接受情况</td><td colspan="5"></td></tr>
<tr><td>遗留问题及采取措施</td><td colspan="5"></td></tr>
<tr><td>修后总体评价</td><td colspan="5"></td></tr>
<tr><td rowspan="2">各方签字</td><td colspan="2">一级验收人员</td><td colspan="2">二级验收人员</td><td>三级验收人员</td></tr>
<tr><td colspan="2"></td><td colspan="2"></td><td></td></tr>
</table>

检 修 文 件 包

单位：________ 班组：________ 编号：________

检修任务：省煤器检修 风险等级：________

一、检修工作任务单

计划检修时间	年 月 日 至 年 月 日	计划工日	

主要检修项目	1．省煤器管排积灰清理 2．省煤器管子防磨防爆检查	3．省煤器按照化学或金属要求取样 4．省煤器联箱检查
修后目标	1.管排平整，护瓦无歪斜缺损现象 2．水压试验一次成功	

鉴证点分布	W点	工序及质检点内容	H点	工序及质检点内容	S点	工序及安全鉴证点内容
	1-W2	□3.1 省煤器管子磨损、吹损、胀粗检查	1-H3	□2.2 清理省煤器积灰	1-S2	□1.2 打开对流井人孔门
	2-W2	□3.2 省煤器管排检查	2-H3	□2.3 省煤器入口段搭设脚手架	2-S2	□2.3 省煤器入口段搭设脚手架
	3-W2	□3.3 省煤器定位卡、梳型卡、防磨护瓦的检查			3-S2	□4.4 焊口检验
	4-W2	□3.4 省煤器联箱吊架检查			4-S2	□6 省煤器处脚手架拆除
	5-W2	□5.1 检查炉内联箱与竖井内水冷壁墙之间的间隙			1-S3	□4.3 配好管子，对口焊接
	6-W2	□5.2 检查联箱的弯曲度				
	7-W2	□5.3 检查联箱出入口焊口的角焊缝、出口联箱吊架				

质量验收人员	一级验收人员	二级验收人员	三级验收人员
安全验收人员	一级验收人员	二级验收人员	三级验收人员

二、修前准备卡

设 备 基 本 参 数

1．布置方式：炉顶悬挂，顺流布置

2．各部尺寸及材质

省煤器器： ϕ42×6.5 20G 696根

省煤器入口联箱：ϕ219×28 12Cr1MoV

省煤器中间联箱：ϕ168×28 12Cr1MoV

省煤器出口联箱：ϕ219×28 12Cr1MoV

设 备 修 前 状 况

检修前交底（设备运行状况、历次主要检修经验和教训、检修前主要缺陷）

上一次检修时间： 年 月 日～ 日。

检修前主要缺陷：省煤器管排间、省煤器防磨盒内部积灰较多，部分区域有可能形成烟气走廊，省煤器管子有可能发生磨损、吹损现象，部分护瓦翻转、脱落，管子的管卡、定位卡、悬吊装置发生滑脱、松弛、开裂的现象

续表

设 备 修 前 状 况		
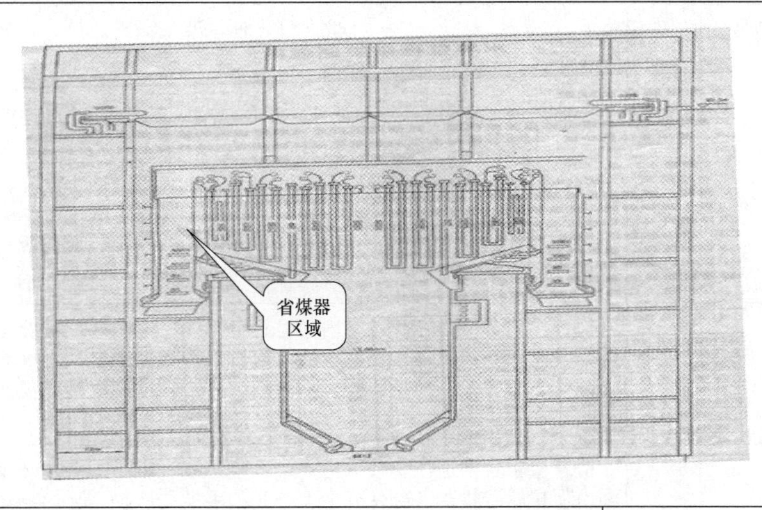		
技术交底人		年 月 日
接受交底人		年 月 日

人 员 准 备				
序号	工种	工作组人员姓名	资格证书编号	检查结果
1	本体检修高级工			□
2	本体检修高级工			□
3	本体检修高级工			□
4	本体检修中级工			□
5	本体检修中级工			□

三、现场准备卡		
办 理 工 作 票		
工作票编号：		
施 工 现 场 准 备		
序号	安 全 措 施 检 查	确认符合
1	进入粉尘较大的场所作业，作业人员必须戴防尘口罩	□
2	锅炉内部温度超过60℃不准入内	□
3	若进入60℃以上的燃烧室、烟道内进行短时间的工作时，应制定组织措施、技术措施、安全措施、应急救援预案，设专人监护，并经厂主管生产的领导批准	□
4	保证足够的饮水及防暑药品，人员轮换工作	□
5	作业场所应设置充足的照明	□
6	在燃烧室内工作需加强照明时，应由电气专业人员安设110、220V临时性的固定电灯，电灯及电线须绝缘良好，并安装牢固，放在碰不着人的高处。安装后必须由检修工作负责人检查	□
7	作业人员应随身携带应急手电筒，禁止带电移动110、220V的临时电灯	□
8	在高处作业区域周围设置明显的围栏，悬挂安全警示标示牌，必要时在作业区内搭设防护棚，不准无关人员入内或在工作地点下方行走和停留	□
9	对现场检修区域设置围栏、铺设胶皮，进行有效地隔离，有人监护	□
10	开工前确认现场安全措施、隔离措施正确完备，无介质串入炉内、转动机械运转的可能，没有汽、水、烟或可燃气流入的可能	□
确认人签字：		

续表

工器具准备与检查				
序号	工具名称及型号	数量	完好标准	确认符合
1	角磨机（ϕ100）	1	检查检验合格证在有效期内；检查电源线、电源插头完好无缺损；有漏电保护器；检查防护罩完好；检查电源开关动作正常、灵活；检查转动部分转动灵活、轻快，无阻滞	□
2	切割机（ϕ150）	1	检查检验合格证在有效期内；检查电源线、电源插头完好无缺损，电源开关完好无损且动作正常灵活；检查保护接地线联接完好无损；检查各部件完整齐全，防护罩、砂轮片完好无缺损；检查转动部分转动灵活、轻快，无阻滞	□
3	无齿锯（ϕ350）	1	检查检验合格证在有效期内；检查电源线、电源插头完好无缺损，电源开关完好无损且动作正常灵活；检查保护接地线联接完好无损；检查各部件完整齐全，防护罩完好无缺损；检查转动部分转动灵活、轻快，无阻滞	□
4	坡口机	1	检查检验合格证在有效期内；检查电源线、电源插头完好无破损；有漏电保护器；检查各部件齐全，外壳和手柄无破损、无影响安全使用的灼伤；检查电源开关动作正常、灵活；检查转动部分转动灵活、轻快，无阻滞	□
5	行灯（24V）	2	检查行灯电源线、电源插头完好无破损；行灯电源线应采用橡胶套软电缆；行灯的手柄应绝缘良好且耐热、防潮；行灯变压器必须采用双绕组型，变压器一、二次侧均应装熔断器；行灯变压器外壳必须有良好的接地线，高压侧应使用三相插头；在周围均是金属导体的场所和容器内工作时，不应超过24V；行灯应有保护罩	□
6	移动式电源盘	4	检查检验合格证在有效期内；检查电源盘电源线、电源插头、插座完好无破损；漏电保护器动作正确；检查电源盘线盘架、拉杆、线盘架轮子及线盘摇动手柄齐全完好	□
7	临时电源及电源线	1	严禁将电源线缠绕在护栏、管道和脚手架上，临时电源线架设高度室内不低于2.5m；检查电源线外绝缘良好，线绝缘有破损不完整或带电部分外露时，应立即找电气人员修好，否则不准使用；检查电源盘检验合格证在有效期内；不准使用破损的电源插头插座；安装、维修或拆除临时用电工作，必须由电工完成。电工必须持有效证件上岗；分级配置漏电保护器，工作前试验漏电保护器正确动作；电源箱箱体接地良好，接地、接零标志清晰；工作前核算用电负荷在电源最高负荷内，并在规定负荷内用电	□
8	内磨机	2	检查检验合格证在有效期内；检查电源线、电源插头完好无缺损；有漏电保护器；检查电源开关动作正常、灵活；检查转动部分转动灵活、轻快，无阻滞	□
9	手拉葫芦（3t）	2	检查检验合格证在有效期内；链节无严重锈蚀及裂纹，无打滑现象；齿轮完整，轮杆无磨损现象，开口销完整；吊钩无裂纹变形；链扣、蜗母轮及轮轴发生变形、生锈或链索磨损严重时，均应禁止使用	□
10	撬棍（1000mm）	2	必须保证撬杠强度满足要求。在使用加力杆时，必须保证其强度和嵌套深度满足要求，以防折断或滑脱	□
11	活扳手（250mm）	1	活动扳口应在扳体导轨的全行程上灵活移动；活扳手不应有裂缝、毛刺及明显的夹缝、氧化皮等缺陷，柄部平直且不应有影响使用性能的缺陷	□
12	克丝钳	1	手柄应安装牢固，没有手柄的不准使用	□
13	手锤（2p）	2	大锤的锤头须完整，其表面须光滑微凸，不得有歪斜、缺口、凹入及裂纹等情形。大锤和手锤的柄须用整根的硬木制成，并将头部用楔栓固定。楔栓宜采用金属楔，楔子长度不应大于安装孔的2/3	□
14	手电筒	4	电池电量充足、亮度正常、开关灵活好用	□
15	电焊机	1	检查电焊机检验合格证在有效期内；检查电焊机电源线、电源插头、电焊钳等完好无损，电焊工作所用的导线必须使用绝缘良好的皮线；电焊机的裸露导电部分和转动部分以及冷却用的风扇，均应装有保护罩；	□

续表

序号	工具名称及型号	数量	完 好 标 准	确认符合
15	电焊机	1	电焊机金属外壳应有明显的可靠接地，且一机一接地；电焊机应放置在通风、干燥处，露天放置应加防雨罩；电焊机、焊钳与电缆线连接牢固，接地端头不外露；连接到电焊钳上的一端，至少有5m为绝缘软导线；每台焊机应该设有独立的接地，接零线，其接点应用螺丝压紧；电焊机必须装有独立的专用电源开关，其容量应符合要求，电焊机超负荷时，应能自动切断电源，禁止多台焊机共用一个电源开关；不准利用厂房的金属结构、管道、轨道或其他金属搭接起来作为导线使用	
16	氧气、乙炔	1	氧气瓶和乙炔气瓶应垂直放置并固定，氧气瓶和乙炔气瓶的距离不得小于5m；在工作地点，最多只许有两个氧气瓶（一个工作，一个备用）；安放在露天的气瓶，应用帐篷或轻便的板棚遮护，以免受到阳光暴晒；乙炔气瓶禁止放在高温设备附近，应距离明火10m以上；只有经过检验合格的氧气表、乙炔表才允许使用；氧气表、乙炔表的连接螺纹及接头必须保证氧气表、乙炔表安在气瓶阀或软管上之后连接良好、无任何泄漏；在连接橡胶软管前，应先将软管吹净，并确定管中无水后，才许使用；不准用氧气吹乙炔气管；乙炔气瓶上应有阻火器，防止回火并经常检查，以防阻火器失灵；禁止使用没有防震胶圈和保险帽的气瓶；禁止装有气体的气瓶与电线相接触	□
17	脚手架	1	搭设结束后，必须履行脚手架验收手续，填写脚手架验收单，并在“脚手架验收单”上分级签字；验收合格后应在脚手架上悬挂合格证，方可使用；工作负责人每天上脚手架前，必须进行脚手架整体检查	□

确认人签字：

材 料 准 备

序号	材料名称	规 格	单位	数量	检查结果
1	绝缘黑胶布		卷	1	□
2	坡口机刀头	WD12×12mm	把	2	□
3	高速切割片	ϕ150×16mm×1mm	片	5	□
4	角向砂轮片	ϕ100×6mm×16mm	片	5	□
5	单层纤维薄片砂轮（无齿锯片）	ϕ350×25.4mm×3.2mm	片	1	□
6	油漆笔		支	2	□
7	硬质合金旋转锉	锥形圆头	个	2	□
8	着色探伤剂	6筒/套	套	1	□
9	洗涤灵	无磷 500g/瓶	瓶	1	□
10	漏电保护插座	公牛	个	1	□
11	氩弧焊丝	J50 ϕ2.0	kg	0.1	□
12	焊条	J507	kg	5	□

备 件 准 备

序号	备件名称	规格型号	单位	数量	检查结果
1	钢管20G	ϕ42×6.5mm	kg	5	□
2	护瓦	42mm×2.5mm×1000mm	块	20	□
3	波形卡		块	5	□

四、检修工序卡

检修工序步骤及内容	安全、质量标准
1 省煤器检修前的准备工作 □1.1 准备工作及现场布置	□A1.2（a） 锤把上不可有油污；严禁单手抡大锤；使用大锤时，周围不得有人靠近；严禁戴手套抡大锤。

续表

<table>
<tr><th>检修工序步骤及内容</th><th>安全、质量标准</th></tr>
<tr><td>□1.2　打开对流井人孔门
危险源：大锤、空气
<table><tr><td>安全鉴证点</td><td>1-S2</td><td></td></tr></table></td><td>□A1.2（b）　打开所有通风口进行通风；保证内部通风畅通，必要时使用轴流风机强制通风；严禁向容器内部输送氧气；测量氧气浓度保持在19.5%～21%范围内；设置逃生通道，并保持通道畅通；设专人不间断地监护，特殊情况时要增加监护人数量，人员进出应登记</td></tr>
<tr><td>2　进入竖井内部进行检修
□2.1　省煤器管排间积灰和杂物清理
□2.2　清理省煤器积灰
危险源：安全带、高空中的工器具、高压水
<table><tr><td>安全鉴证点</td><td>1-S1</td><td></td></tr></table><table><tr><td>质检点</td><td>1-H3</td><td></td></tr></table>
□2.3　省煤器入口段搭设脚手架
危险源：脚手架
<table><tr><td>安全鉴证点</td><td>2-S2</td><td></td></tr></table><table><tr><td>质检点</td><td>2-H3</td><td></td></tr></table></td><td>□A2.1（a）　使用时安全带的挂钩或绳子应挂在结实牢固的构件上；安全带要挂在上方，高度不低于腰部（即高挂低用）；利用安全带进行悬挂作业时，不能将挂钩直接勾在安全绳上，应勾在安全带的挂环上。
□A2.1（b）　高空中的工器具必须使用防坠绳；应用绳拴在牢固的构件上，不准随便乱放。
□A2.1（c）　高压冲洗工作应由有熟练操作经验的人员实施，并设专人监护；作业过程中发现高压冲洗设备有泄漏、部件松动、开关动作不正常等异常现象，应立即停止工作，消除设备故障；不准两套及以上高压冲洗设备在同一作业面上同时工作；作业时高压冲洗操作人员与控制开关操作人员配合协调，按冲洗操作人员指令操作；不准用消防水枪代替高压水冲洗设备进行冲洗工作。
2.2（a）　利用高压水清理省煤器管排上的积灰。
2.2（b）　高压水压力小于40MPa。
2.2（c）　高压水软管接口连接好，并挂好锁链，经过各层平台时要可靠固定。
2.2（d）　锅炉0m做好三级澄清池。
2.2（e）　及时清理锅炉0m澄清池内的积灰。
□A2.3　脚手架必须由具有合格资质的专业架子工进行；搭拆脚手架时工作人员必须戴安全帽，系安全带，穿防滑鞋；在高处作业区域周围设置明显的围栏，悬挂安全警示标示牌，并设置专人监护，不准无关人员入内或在工作地点下方行走和停留；在危险的边沿进行工作，临空一面应装设安全网或防护栏杆；搭设好的脚手架，未经验收不得擅自使用。使用工作负责人每天上脚手架前，必须进行脚手架整体检查</td></tr>
<tr><td>3　省煤器管子防磨防爆检查
危险源：安全带、高空中的工器具
<table><tr><td>安全鉴证点</td><td>2-S1</td><td></td></tr></table>
□3.1　省煤器管子磨损、吹损、胀粗检查
<table><tr><td>质检点</td><td>1-W2</td><td></td></tr></table>
□3.2　省煤器管排检查
<table><tr><td>质检点</td><td>2-W2</td><td></td></tr></table>□3.3　省煤器定位卡、梳型卡、防磨护瓦的检查
<table><tr><td>质检点</td><td>3-W2</td><td></td></tr></table></td><td>□A3（a）　使用时安全带的挂钩或绳子应挂在结实牢固的构件上；安全带要挂在上方；高度不低于腰部（即高挂低用）；利用安全带进行悬挂作业时，不能将挂钩直接勾在安全绳上，应勾在安全带的挂环上。
□A3（b）　高空中的工器具必须使用防坠绳；应用绳拴在牢固的构件上，不准随便乱放。
3.1（a）　管子磨损超过原管壁厚的30%（1.95mm），局部磨损面积超过20mm^{2}时，更换新管。
3.1（b）　管壁磨损不超过原壁厚的30%（1.95mm），局部磨损面积不超过20mm^{2}时可进行补焊。
3.1（c）　管子胀粗不能大于原管直径的3.5%（43.47mm），管子表面无裂纹，腐蚀坑等缺陷，对于缺陷超标的管子应更换。
3.1（d）　吹灰器通道部位的管子及护瓦无吹损现象。
3.2（a）　省煤器管子弯曲变形不得超过半个管径。
3.2（b）　管排应平整，管排间膨胀间隙足够，无卡死、阻塞现象。
3.2（c）　超标管子更换符合换管要求。
3.3（a）　定位卡、梳型卡完好，无阻碍膨胀的情况，吊杆无变形、腐蚀、耳件无开焊等现象。
3.3（b）　防磨板应紧贴被保护管子上部圆周不小于1/2处的弧上。
3.3（c）　防磨板应加在管子正对烟气流向及吹灰器正对蒸汽流向位置。
3.3（d）　脱落歪斜，鼓起不牢的防磨板进行修理调整，磨穿烧坏的应予更换。</td></tr>
</table>

续表

<table>
<tr><th>检修工序步骤及内容</th><th>安全、质量标准</th></tr>
<tr><td>□3.4 省煤器联箱吊架检查

| 质检点 | 4-W2 | |

□3.5 省煤器悬吊管检查

| 质检点 | 5-W2 | |</td><td>3.3（e） 防磨护罩内部无积灰、管排间通透。
3.4（a） 联箱吊架无腐蚀现象，外观良好。
3.4（b） 联箱吊架无歪斜、松脱现象。
3.4（c） 联箱吊架与省煤器管夹的焊接部位无开焊现象。
3.4（d） 吊架的耳件与联箱焊接良好，无开焊现象。
3.5（a） 防磨防爆检查标准同3.1、3.2、3.3、3.4的检查标准。
3.5（b） 检查与悬吊管相连的低温再热器吊耳，无裂纹、碰磨、吹损拉伤等缺陷</td></tr>
<tr><td>4 省煤器按照化学或金属要求取样
□4.1 省煤器取管
危险源：切割机、角磨机、内磨机、坡口机、安全带、手拉葫芦、高空设备设施

| 安全鉴证点 | 3-S1 | |

| 质检点 | 1-R1 | |

□4.2 领取管子，按测量好的尺寸下料，分别制好两端坡口

| 质检点 | 2-R1 | |

□4.3 配好管子，对口焊接
危险源：电焊机、氧气、乙炔、热辐射、高温焊渣、焊接尘、高空中的工器具、零部件、安全带

| 安全鉴证点 | 1-S3 | |</td><td>□A4.1（a） 操作人员必须正确佩戴防护面罩、防护眼镜；启动前先试转一下，检查切割机运转方向正确；不准手提切割机的导线或转动部分；工件切割时应紧固后再作业；火花飞溅方向不准有人停留或通过，并应预防火花点燃周围物品；使用切割机时禁止撞击，禁止用切割片的侧面磨削物件；更换切割片前必须先切断电源。
□A4.1（b） 操作人员必须正确佩戴防护面罩、防护眼镜；不准手提角磨机的导线或转动部分；使用角磨机时，应采取防火措施，防止火花引发火灾。
□A4.1（c） 操作人员必须正确佩戴防护面罩、防护眼镜；使用前检查角磨头完好无缺损；不准手提内磨机的导线或转动部分；更换磨头前必须先切断电源。
□A4.1（d） 更换车刀前必须先切断电源；工作中，离开工作场所、暂停作业以及遇临时停电时，须立即切断电源。
□A4.1（e） 使用时安全带的挂钩或绳子应挂在结实牢固的构件上；安全带要挂在上方；高度不低于腰部（即高挂低用）；利用安全带进行悬挂作业时，不能将挂钩直接勾在安全绳上，应勾在安全带的挂环上；安全带严禁打结使用，使用中要避开尖锐的构件。
□A4.1（f） 悬挂链式起重机的架梁或建筑物，必须经过计算，否则不准悬挂。禁止用链式起重机长时间悬吊重物；工作负荷不准超过铭牌规定。
□A4.1（g） 每次使用前检查脚手架完好性和安全措施的有效性。
4.1（a） 割管采用机械方法切割，端面垂直度的偏差不大于管外径的1%，且不大于0.5mm
4.1（b） 割下的管子应注明部位、根数，并做记录。
4.2（a） 管子使用前应逐根进行外观检查，不得有重皮、裂纹、凹坑和表面划痕等缺陷。
4.2（b） 管子使用前应查明钢号、通径、壁厚。弯曲度不大于 1.5mm/m，外径偏差不大于±0.6%，壁厚公差不大于7.5%，椭圆度和壁厚不均程度应分别不超过外径和壁厚公差的80%。
4.2（c） 坡口标准每边角度分别为30°～35°，钝边0～1mm。
□A4.3（a） 电焊人员应持有有效的焊工证；正确使用面罩，穿电焊服，戴电焊手套，戴白光眼镜，穿橡胶绝缘鞋；电焊工更换焊条时，必须戴电焊手套；停止、间断焊接时必须及时切断焊机电源。
□A4.3（b） 氧气表、乙炔表在气瓶上应安装合理、牢固；采用螺纹连接时，应拧足五个螺扣以上；采用专门的夹具压紧时，装卡应平整牢固；使用中不准混用氧气软管与乙炔软管；禁止使用泄漏、烧坏、磨损、老化或有其他缺陷的软管；焊接工作结束或中断焊接工作时，应关闭氧气和乙炔气瓶、供气管路的阀门，确保气体不外漏；重新开始工作时，应再次确认没有可燃气体外漏时方可点火工作。
□A4.3（c） 气割火炬不准对着周围工作人员；穿帆布工作服，戴工作帽，上衣不准扎在裤子里，口袋须有遮盖，裤脚不得挽起，脚面有鞋罩。</td></tr>
</table>

续表

<table>
<tr><th>检修工序步骤及内容</th><th>安全、质量标准</th></tr>
<tr><td>质检点 3-R1

□4.4　焊口检验
危险源：安全带、220V 交流电、X 射线

安全鉴证点 3-S2</td><td>□A4.3（d）　进行焊接工作时，必须设有防止金属熔渣飞溅、掉落引起火灾的措施以及防止烫伤、触电、爆炸等措施。
□A4.3（e）　所有焊接、切割、钎焊及有关的操作必须要在足够的通风条件下（包括自然通风或机械通风）进行。
□A4.3（f）　高空中的工器具、零部件必须使用防坠绳；应用绳拴在牢固的构件上，不准随便乱放；不准上下抛掷，应使用绳系牢后往下或往上吊。
□A4.3（g）　使用时安全带的挂钩或绳子应挂在结实牢固的构件上；安全带要挂在上方，高度不低于腰部（即高挂低用）；利用安全带进行悬挂作业时，不能将挂钩直接勾在安全绳上，应勾在安全带的挂环上；安全带严禁打结使用，使用中要避开尖锐的构件。
4.3（a）　焊接对口应内壁平齐、错口不超过壁厚的 10%，且不大于 1mm。
4.3（b）　管子接口距弯管起弧点不小于管外径，且不小于 70mm，两焊口间距离不小于管外径且不小于 150mm。
□A4.4（a）　使用时安全带的挂钩或绳子应挂在结实牢固的构件上；安全带要挂在上方，高度不低于腰部（即高挂低用）；利用安全带进行悬挂作业时，不能将挂钩直接勾在安全绳上，应勾在安全带的挂环上。
□A4.4（b）　使用前检查电源线和外壳是否损坏；使用带漏电保护器的电源。
□A4.4（c）　工作前做好安全区隔离、悬挂“当心辐射”标示牌；提出风险预警通知告知全员，并指定专人现场监护，防止非工作人员误入。
4.4　焊口经外观和拍 X 光片检验合格</td></tr>
<tr><td>5　省煤器联箱检查
危险源：安全带、高空中的工器具

安全鉴证点 4-S1

□5.1　检查炉内联箱与竖井内水冷壁墙之间的间隙
质检点 6-W2
□5.2　检查联箱的弯曲度
质检点 7-W2
□5.3　检查联箱出入口焊口的角焊缝、出口联箱吊架
质检点 8-W2</td><td>□A5（a）　使用时安全带的挂钩或绳子应挂在结实牢固的构件上；安全带要挂在上方，高度不低于腰部（即高挂低用）；利用安全带进行悬挂作业时，不能将挂钩直接勾在安全绳上，应勾在安全带的挂环上。
□A5（b）　高空中的工器具、零部件必须使用防坠绳；应用绳拴在牢固的构件上，不准随便乱放；不准上下抛掷，应使用绳系牢后往下或往上吊。
5.1　联箱端部与炉墙间隙不小于 3mm。

5.2（a）　做联箱水平中心线。
5.2（b）　使用拉绳法测量联箱弯曲度。
5.2（c）　联箱整体弯曲度不大于 7mm。
5.2（d）　角焊缝无裂纹、砂眼、疲劳等迹象。
5.3（a）　出口联箱吊架承力正常，盘簧无损坏。
5.3（b）　联箱吊架无歪斜、松脱现象</td></tr>
<tr><td>6　省煤器处脚手架拆除
危险源：安全带、防坠器、脚手架

安全鉴证点 4-S2

质检点 9-W2</td><td>□A6（a）　使用时安全带的挂钩或绳子应挂在结实牢固的构件上；安全带要挂在上方，高度不低于腰部（即高挂低用）；利用安全带进行悬挂作业时，不能将挂钩直接勾在安全绳上，应勾在安全带的挂环上；使用时必须高挂低用，悬挂在使用者上方坚固钝边的结构物上。
□A6（b）　防坠器安全绳严禁扭结使用。
□A6（c）　拆除区域必须设置隔离带，设置安全警示标志并设专人看护；作业人员必须正确佩戴合格的安全帽、护目眼镜、手套、工作鞋等必要的个人防护用品；拆除作业现场必须设专人指挥；拆除作业时，人员应站在脚手架或其他牢固的构架上；拆除作业应严格按照拆除工程方案进行，应自上而下、逐层逐跨拆除；拆除作业有倒塌伤人危险时，应采用支柱、支撑等防护措施；拆除作业时，不准数层同时交叉作业；拆下的物料不得在楼板上乱堆乱放，应及时清运</td></tr>
</table>

续表

<table>
<tr><th>检修工序步骤及内容</th><th>安全、质量标准</th></tr>
<tr><td>7 检修工作结束
危险源：遗留人员、大锤、孔、洞、废料、火种、易燃物等

| 安全鉴证点 | 5-S1 | |

□7.1 检修工作结束，清点工具及材料，清理现场
□7.2 检修工作结束后，检查检修现场所需的脚手架、临时电源、照明是否都已拆除，并清理干净。
□7.3 关闭人孔时检查炉内是否有工作人员，并进行喊话，确认无人后方可关闭人孔

| 质检点 | 4-R1 | |</td><td>□A7（a） 封闭人孔前工作负责人应认真清点工作人员；核对进出入登记，确认无人员和工器具遗落，并喊话确认无人。
□A7（b） 锤把上不可有油污；严禁单手抡大锤；使用大锤时，周围不得有人靠近；严禁戴手套抡大锤。
□A7（c） 临时打的孔、洞，施工结束后，必须恢复原状。
□A7（d） 废料及时清理，做到工完、料尽、场地清</td></tr>
</table>

五、安全鉴证卡		
风险鉴证点：1-S2　工序 1.2　打开对流井人孔门		
一级验收		年　月　日
二级验收		年　月　日
一级验收		年　月　日
二级验收		年　月　日
一级验收		年　月　日
二级验收		年　月　日
一级验收		年　月　日
二级验收		年　月　日
一级验收		年　月　日
二级验收		年　月　日
一级验收		年　月　日
二级验收		年　月　日
一级验收		年　月　日
二级验收		年　月　日
一级验收		年　月　日
二级验收		年　月　日
一级验收		年　月　日
二级验收		年　月　日
一级验收		年　月　日
二级验收		年　月　日
一级验收		年　月　日
二级验收		年　月　日
一级验收		年　月　日
二级验收		年　月　日
一级验收		年　月　日
二级验收		年　月　日
一级验收		年　月　日

续表

风险鉴证点：1-S2　工序 1.2　打开对流井人孔门		
二级验收		年　月　日
一级验收		年　月　日
二级验收		年　月　日
一级验收		年　月　日
二级验收		年　月　日
一级验收		年　月　日
二级验收		年　月　日
一级验收		年　月　日
二级验收		年　月　日
一级验收		年　月　日
二级验收		年　月　日
风险鉴证点：2-S2　工序 2.3　省煤器入口段搭设脚手架		
一级验收		年　月　日
二级验收		年　月　日
一级验收		年　月　日
二级验收		年　月　日
一级验收		年　月　日
二级验收		年　月　日
一级验收		年　月　日
二级验收		年　月　日
一级验收		年　月　日
二级验收		年　月　日
一级验收		年　月　日
二级验收		年　月　日
一级验收		年　月　日
二级验收		年　月　日
一级验收		年　月　日
二级验收		年　月　日
一级验收		年　月　日
二级验收		年　月　日
一级验收		年　月　日
二级验收		年　月　日
一级验收		年　月　日
二级验收		年　月　日
一级验收		年　月　日
二级验收		年　月　日
一级验收		年　月　日
二级验收		年　月　日
一级验收		年　月　日

续表

风险鉴证点：2-S2　工序 2.3　省煤器入口段搭设脚手架		
二级验收		年　月　日
一级验收		年　月　日
二级验收		年　月　日
一级验收		年　月　日
二级验收		年　月　日
一级验收		年　月　日
二级验收		年　月　日
一级验收		年　月　日
二级验收		年　月　日
一级验收		年　月　日
二级验收		年　月　日
风险鉴证点：3-S2　工序 4.4　焊口检验		
一级验收		年　月　日
二级验收		年　月　日
一级验收		年　月　日
二级验收		年　月　日
一级验收		年　月　日
二级验收		年　月　日
一级验收		年　月　日
二级验收		年　月　日
一级验收		年　月　日
二级验收		年　月　日
一级验收		年　月　日
二级验收		年　月　日
一级验收		年　月　日
二级验收		年　月　日
一级验收		年　月　日
二级验收		年　月　日
一级验收		年　月　日
二级验收		年　月　日
一级验收		年　月　日
二级验收		年　月　日
一级验收		年　月　日
二级验收		年　月　日
一级验收		年　月　日
二级验收		年　月　日
一级验收		年　月　日
二级验收		年　月　日
一级验收		年　月　日

续表

风险鉴证点：3-S2　工序 4.4　焊口检验		
二级验收		年　月　日
一级验收		年　月　日
二级验收		年　月　日
一级验收		年　月　日
二级验收		年　月　日
一级验收		年　月　日
二级验收		年　月　日
一级验收		年　月　日
二级验收		年　月　日
一级验收		年　月　日
二级验收		年　月　日
风险点鉴证点：4-S2　工序 6　省煤器处脚手架拆除		
一级验收		年　月　日
二级验收		年　月　日
一级验收		年　月　日
二级验收		年　月　日
一级验收		年　月　日
二级验收		年　月　日
一级验收		年　月　日
二级验收		年　月　日
一级验收		年　月　日
二级验收		年　月　日
一级验收		年　月　日
二级验收		年　月　日
一级验收		年　月　日
二级验收		年　月　日
一级验收		年　月　日
二级验收		年　月　日
一级验收		年　月　日
二级验收		年　月　日
一级验收		年　月　日
二级验收		年　月　日
一级验收		年　月　日
二级验收		年　月　日
一级验收		年　月　日
二级验收		年　月　日
一级验收		年　月　日
二级验收		年　月　日
一级验收		年　月　日

续表

风险点鉴证点：4-S2 工序 6 省煤器处脚手架拆除		
二级验收		年 月 日
一级验收		年 月 日
二级验收		年 月 日
一级验收		年 月 日
二级验收		年 月 日
一级验收		年 月 日
二级验收		年 月 日
一级验收		年 月 日
二级验收		年 月 日
一级验收		年 月 日
二级验收		年 月 日
风险鉴证点：1-S3 工序 4.3 配好管子，对口焊接		
一级验收		年 月 日
二级验收		年 月 日
三级验收		年 月 日
一级验收		年 月 日
二级验收		年 月 日
三级验收		年 月 日
一级验收		年 月 日
二级验收		年 月 日
三级验收		年 月 日
一级验收		年 月 日
二级验收		年 月 日
三级验收		年 月 日
一级验收		年 月 日
二级验收		年 月 日
三级验收		年 月 日
一级验收		年 月 日
二级验收		年 月 日
三级验收		年 月 日
一级验收		年 月 日
二级验收		年 月 日
三级验收		年 月 日
一级验收		年 月 日
二级验收		年 月 日
三级验收		年 月 日
一级验收		年 月 日
二级验收		年 月 日
三级验收		年 月 日

续表

风险鉴证点：1-S3　工序 4.3　配好管子，对口焊接		
一级验收		年　月　日
二级验收		年　月　日
三级验收		年　月　日
一级验收		年　月　日
二级验收		年　月　日
三级验收		年　月　日
一级验收		年　月　日
二级验收		年　月　日
三级验收		年　月　日

六、质量验收卡			
质检点：1-H3　工序 2.2　清理省煤器积灰 检查情况：			
测量器具/编号			
检查人		记录人	
一级验收			年　月　日
二级验收			年　月　日
三级验收			年　月　日
质检点：2-H3　工序 2.3　省煤器入口段搭设脚手架 检查情况：			
测量器具/编号			
测量人		记录人	
一级验收			年　月　日
二级验收			年　月　日
三级验收			年　月　日
质检点：1-W2　工序 3.1　省煤器管子磨损、吹损、胀粗检查 检查情况：			
测量器具/编号			
测量（检查）人		记录人	
一级验收			年　月　日
二级验收			年　月　日

续表

质检点：2-W2　工序 3.2　省煤器管排检查 检查情况：			
测量器具/编号			
测量（检查）人		记录人	
一级验收			年　月　日
二级验收			年　月　日
质检点：3-W2　工序 3.3　省煤器定位卡、梳型卡、防磨护瓦的检查 检查情况：			
测量器具/编号			
测量人		记录人	
一级验收			年　月　日
二级验收			年　月　日
质检点：4-W2　工序 3.4　省煤器联箱吊架检查 检查情况：			
测量器具/编号			
测量人		记录人	
一级验收			年　月　日
二级验收			年　月　日
质检点：5-W2　工序 3.5　省煤器悬吊管检查 检查情况：			
测量器具/编号			
测量人		记录人	
一级验收			年　月　日
二级验收			年　月　日

续表

质检点：1-R1　工序 4.1　省煤器取管
检查情况：

测量器具/编号			
测量（检查）人		记录人	
一级验收			年　月　日

质检点：2-R1　工序 4.2　领取管子，按测量好的尺寸下料，分别制好两端坡口
检查情况：

测量器具/编号			
测量（检查）人		记录人	
一级验收			年　月　日

质检点：3-R1　工序 4.3　配好管子，对口焊接
检查情况：

测量器具/编号			
测量（检查）人		记录人	
一级验收			年　月　日

质检点：6-W2　工序 5.1　检查炉内联箱与竖井内水冷壁墙之间的间隙
检查情况：

测量器具/编号			
测量人		记录人	
一级验收			年　月　日
二级验收			年　月　日

续表

质检点：7-W2 工序 5.2 检查联箱的弯曲度
检查情况：

测量器具/编号			
测量人		记录人	
一级验收			年 月 日
二级验收			年 月 日

质检点：8-W2 工序 5.3 检查联箱出入口焊口的角焊缝、出口联箱吊架
检查情况：

测量器具/编号			
检查人		记录人	
一级验收			年 月 日
二级验收			年 月 日

质检点：9-W2 工序 6 省煤器处脚手架拆除
检查情况：

测量器具/编号			
检查人		记录人	
一级验收			年 月 日
二级验收			年 月 日

质检点：4-R1 工序 7 检修工作结束
检查情况：

测量器具/编号			
测量（检查）人		记录人	
一级验收			

续表

七、完工验收卡

序号	检查内容	标　　准	检查结果
1	安全措施恢复情况	1.1　检修工作全部结束 1.2　整改项目验收合格 1.3　检修脚手架拆除完毕 1.4　孔洞、坑道等盖板恢复 1.5　临时拆除的防护栏恢复 1.6　安全围栏、标示牌等撤离现场 1.7　安全措施和隔离措施具备恢复条件 1.8　工作票具备押回条件	□ □ □ □ □ □ □ □
2	设备自身状况	2.1　设备与系统全面连接 2.2　设备各人孔、开口部分密封良好 2.3　设备标示牌齐全 2.4　设备油漆完整 2.5　设备管道色环清晰准确 2.6　阀门手轮齐全 2.7　设备保温恢复完毕	□ □ □ □ □ □ □
3	设备环境状况	3.1　检修整体工作结束，人员撤出 3.2　检修剩余备件材料清理出现场 3.3　检修现场废弃物清理完毕 3.4　检修用辅助设施拆除结束 3.5　临时电源、水源、气源、照明等拆除完毕 3.6　工器具及工具箱运出现场 3.7　地面铺垫材料运出现场 3.8　检修现场卫生整洁	□ □ □ □ □ □ □ □

一级验收	二级验收

八、完工报告单

工期	年　月　日　至　年　月　日			实际完成工日	工日
主要材料备件消耗统计	序号	名称	规格与型号	生产厂家	消耗数量
	1				
	2				
	3				
	4				
	5				
缺陷处理情况	序号	缺陷内容		处理情况	
	1				
	2				
	3				
	4				
异动情况					
让步接受情况					
遗留问题及采取措施					
修后总体评价					
各方签字	一级验收人员		二级验收人员	三级验收人员	

检修文件包

单位：________ 班组：________ 编号：________

检修任务：过热器检修 风险等级：________

一、检修工作任务单						
计划检修时间	年 月 日 至 年 月 日				计划工日	
主要检修项目	1．过热器受热面管子清理积灰 2．检查受热面管子外部磨损、吹损、蠕涨、弯曲变形情况并对超标的管子检修或更换			3．根据化学、金属要求过热器受热面割管检查		
修后目标	1．过热器管排平整，防磨防爆检查缺陷消除完毕，各项工作验收合格 2．点火启动后无泄漏情况					
鉴证点分布	W点	工序及质检点内容	H点	工序及质检点内容	S点	工序及安全鉴证点内容
	1-W2	□2.1 检查受热面管子弯曲变形情况并对弯曲的管子检修	1-H3	□1.3 过热器受热面区域搭设脚手架	1-S2	□1.2 过热器受热面管子外壁清理积灰
	2-W2	□2.2 检查管子的腐蚀、磨损、吹损、胀粗、鼓包及裂纹情况，更换超标的管段	2-H3	□4.5 焊口检验	2-S2	□1.3 过热器受热面区域搭设脚手架
	3-W2	□2.3 对过热器管进行壁厚、外径、间距测量并记录数据，进行相应调整	3-H3	□5 拆除过热器区域的脚手架	3-S2	□4.5 焊口检验
	4-W2	□2.4 过热器管卡、防磨装置的检查、修理			4-S2	□5 拆除过热器区域的脚手架
					1-S3	□4.4 配好管子，用管卡子把两端焊口卡好以后即可焊接
质量验收人员	一级验收人员		二级验收人员		三级验收人员	
安全验收人员	一级验收人员		二级验收人员		三级验收人员	

二、修前准备卡
设 备 基 本 参 数
1．布置方式：炉顶悬挂，顺流布置 2．各部尺寸及材质： 一级屏式过热器：ϕ32×6 12Cr1MoV 二级屏式过热器：炉外ϕ32×6 12Cr1MoV，炉内ϕ32×6 12Cr18Ni12Ti 三级屏式过热器：炉外入口ϕ32×6 12Cr1MoV，炉内ϕ32×6 12Cr18Ni12Ti，炉外出口ϕ36×8 12Cr1MoV 高温对流过热器：炉外入口ϕ36×8 12Cr1MoV，炉内ϕ32×6 12Cr18Ni12Ti，炉外出口ϕ42×11 12Cr1MoV
设 备 修 前 状 况
检修前交底（设备运行状况、历次主要检修经验和教训、检修前主要缺陷） 一次检修时间： 年 月 日～ 日。 检修前主要缺陷：部分管屏存在个别管子出列、管排不平整，管排整体歪斜，管排间距不均，管排管子间的S卡、波型卡有开裂、开焊、脱落的现象；过热器吹灰通道的护瓦有开裂、开焊脱落的现象；吊架管卡松脱、开裂，吊杆弹簧压死、断裂现象；管子有变色、氧化、涨粗、吹损、磨损等缺陷

续表

<table>
<tr><td colspan="5">设 备 修 前 状 况</td></tr>
<tr><td colspan="5">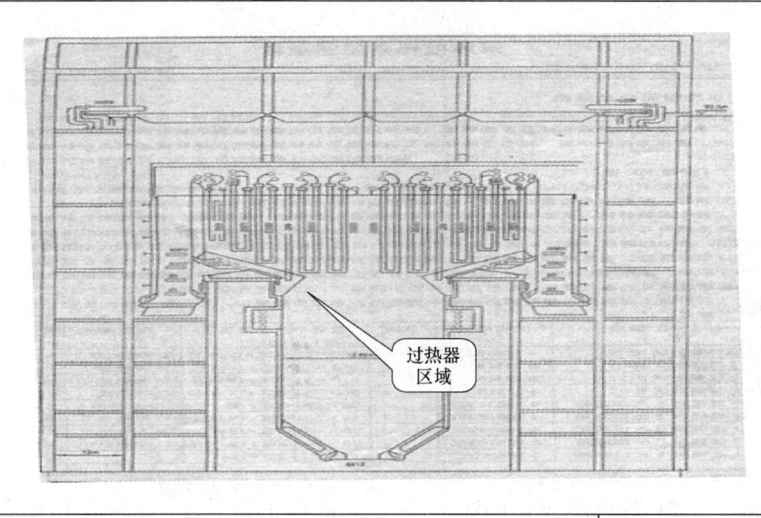
</td></tr>
<tr><td>技术交底人</td><td colspan="2"></td><td colspan="2">年　月　日</td></tr>
<tr><td>接受交底人</td><td colspan="2"></td><td colspan="2">年　月　日</td></tr>
<tr><td colspan="5">人 员 准 备</td></tr>
<tr><td>序号</td><td>工种</td><td>工作组人员姓名</td><td>资格证书编号</td><td>检查结果</td></tr>
<tr><td>1</td><td>本体检修高级工</td><td></td><td></td><td>□</td></tr>
<tr><td>2</td><td>本体检修高级工</td><td></td><td></td><td>□</td></tr>
<tr><td>3</td><td>本体检修高级工</td><td></td><td></td><td>□</td></tr>
<tr><td>4</td><td>本体检修高级工</td><td></td><td></td><td>□</td></tr>
</table>

<table>
<tr><td colspan="3">三、现场准备卡</td></tr>
<tr><td colspan="3">办 理 工 作 票</td></tr>
<tr><td colspan="3">工作票编号：</td></tr>
<tr><td colspan="3">施 工 现 场 准 备</td></tr>
<tr><td>序号</td><td>安 全 措 施 检 查</td><td>确认符合</td></tr>
<tr><td>1</td><td>进入粉尘较大的场所作业，作业人员必须戴防尘口罩</td><td>□</td></tr>
<tr><td>2</td><td>锅炉内部温度超过60℃不准入内</td><td>□</td></tr>
<tr><td>3</td><td>若进入60℃以上的燃烧室、烟道内进行短时间的工作时，应制定组织措施、技术措施、安全措施、应急救援预案，设专人监护，并经厂主管生产的领导批准</td><td>□</td></tr>
<tr><td>4</td><td>保证足够的饮水及防暑药品，人员轮换工作</td><td>□</td></tr>
<tr><td>5</td><td>作业场所应设置充足的照明</td><td>□</td></tr>
<tr><td>6</td><td>在燃烧室内工作需加强照明时，应由电气专业人员安设110、220V临时性的固定电灯，电灯及电线须绝缘良好，并安装牢固，放在碰不着人的高处。安装后必须由检修工作负责人检查</td><td>□</td></tr>
<tr><td>7</td><td>作业人员应随身携带应急手电筒，禁止带电移动110、220V的临时电灯</td><td>□</td></tr>
<tr><td>8</td><td>在高处作业区域周围设置明显的围栏，悬挂安全警示标示牌，必要时在作业区内搭设防护棚，不准无关人员入内或在工作地点下方行走和停留</td><td>□</td></tr>
<tr><td>9</td><td>对现场检修区域设置围栏、铺设胶皮，进行有效的隔离，有人监护</td><td>□</td></tr>
<tr><td>10</td><td>开工前确认现场安全措施、隔离措施正确完备，无介质串入炉内、转动机械运转的可能，没有汽、水、烟或可燃气流入的可能</td><td>□</td></tr>
<tr><td colspan="3">确认人签字：</td></tr>
</table>

续表

工器具准备与检查				
序号	工具名称及型号	数量	完 好 标 准	确认符合
1	角磨机 （ϕ100）	2	检查检验合格证在有效期内；检查电源线、电源插头完好无缺损；有漏电保护器；检查防护罩完好；检查电源开关动作正常、灵活；检查转动部分转动灵活、轻快，无阻滞	□
2	切割机 （ϕ150）	1	检查检验合格证在有效期内；检查电源线、电源插头完好无缺损，电源开关完好无损且动作正常灵活；检查保护接地线联接完好无损；检查各部件完整齐全，防护罩、砂轮片完好无缺损；检查转动部分转动灵活、轻快，无阻滞	□
3	切割机 （ϕ125）	1	检查检验合格证在有效期内；检查电源线、电源插头完好无缺损，电源开关完好无损且动作正常灵活；检查保护接地线联接完好无损；检查各部件完整齐全，防护罩、砂轮片完好无缺损；检查转动部分转动灵活、轻快，无阻滞	□
4	无齿锯 （ϕ350）	1	检查检验合格证在有效期内；检查电源线、电源插头完好无缺损，电源开关完好无损且动作正常灵活；检查保护接地线联接完好无损；检查各部件完整齐全，防护罩、砂轮片完好无缺损；检查转动部分转动灵活、轻快，无阻滞	□
5	坡口机 （ϕ28～ϕ38）	1	检查检验合格证在有效期内；检查电源线、电源插头完好无破损；有漏电保护器；检查各部件齐全，外壳和手柄无破损、无影响安全使用的灼伤；检查电源开关动作正常、灵活；检查转动部分转动灵活、轻快，无阻滞	□
6	行灯	3	检查行灯电源线、电源插头完好无破损；行灯电源线应采用橡胶套软电缆；行灯的手柄应绝缘良好且耐热、防潮；行灯变压器必须采用双绕组型，变压器一、二次侧均应装熔断器；行灯变压器外壳必须有良好的接地线，高压侧应使用三相插头；在周围均是金属导体的场所和容器内工作时，不应超过24V；行灯应有保护罩	□
7	移动式电源盘	6	检查检验合格证在有效期内；检查电源盘电源线、电源插头、插座完好无破损；漏电保护器动作正确；检查电源盘线盘架、拉杆、线盘架轮子及线盘摇动手柄齐全完好	□
8	临时电源及电源线	1	严禁将电源线缠绕在护栏、管道和脚手架上，临时电源线架设高度室内不低于2.5m；检查电源线外绝缘良好，线绝缘有破损不完整或带电部分外露时，应立即找电气人员修好，否则不准使用；检查电源盘检验合格证在有效期内；不准使用破损的电源插头插座；安装、维修或拆除临时用电工作，必须由电工完成。电工必须持有效证件上岗；分级配置漏电保护器，工作前试验漏电保护器正确动作；电源箱箱体接地良好，接地、接零标志清晰；工作前核算用电负荷在电源最高负荷内，并在规定负荷内用电	□
9	内磨机	2	检查检验合格证在有效期内；检查电源线、电源插头完好无缺损；有漏电保护器；检查电源开关动作正常、灵活；检查转动部分转动灵活、轻快，无阻滞	□
10	手拉葫芦 （1t）	2	检查检验合格证在有效期内；链节无严重锈蚀及裂纹，无打滑现象；齿轮完整，轮杆无磨损现象，开口销完整；吊钩无裂纹变形；链扣、蜗母轮及轮轴发生变形、生锈或链索磨损严重时，均应禁止使用	□
11	撬棍 （1000mm）	2	必须保证撬杠强度满足要求。在使用加力杆时，必须保证其强度和嵌套深度满足要求，以防折断或滑脱	□
12	活扳手 （250mm）	2	活动扳口应在扳体导轨的全行程上灵活移动；活扳手不应有裂缝、毛刺及明显的夹缝、氧化皮等缺陷，柄部平直且不应有影响使用性能的缺陷	□
13	克丝钳	2	手柄应安装牢固，没有手柄的不准使用	□
14	手锤 （2p）	2	大锤的锤头须完整，其表面须光滑微凸，不得有歪斜、缺口、凹入及裂纹等情形。大锤和手锤的柄须用整根的硬木制成，并将头部用楔栓固定。楔栓宜采用金属楔，楔子长度不应大于安装孔的2/3	□

续表

序号	工具名称及型号	数量	完 好 标 准	确认符合
15	手电筒	4	电池电量充足、亮度正常、开关灵活好用	□
16	电焊机	1	检查电焊机检验合格证在有效期内；检查电焊机电源线、电源插头、电焊钳等完好无损，电焊工作所用的导线必须使用绝缘良好的皮线；电焊机的裸露导电部分和转动部分以及冷却用的风扇，均应装有保护罩；电焊机金属外壳应有明显的可靠接地，且一机一接地；电焊机应放置在通风、干燥处，露天放置应加防雨罩；电焊机、焊钳与电缆线连接牢固，接地端头不外露；连接到电焊钳上的一端，至少有5m为绝缘软导线；每台焊机应该设有独立的接地，接零线，其接点应用螺丝压紧；电焊机必须装有独立的专用电源开关，其容量应符合要求，电焊机超负荷时，应能自动切断电源，禁止多台焊机共用一个电源开关；不准利用厂房的金属结构、管道、轨道或其他金属搭接起来作为导线使用	□
17	氧气、乙炔	1	氧气瓶和乙炔气瓶应垂直放置并固定，氧气瓶和乙炔气瓶的距离不得小于5m；在工作地点，最多只许有两个氧气瓶（一个工作，另一个备用）；安放在露天的气瓶，应用帐篷或轻便的板棚遮护，以免受到阳光暴晒；乙炔气瓶禁止放在高温设备附近，应距离明火10m以上；只有经过检验合格的氧气表、乙炔表才允许使用；氧气表、乙炔表的连接螺纹及接头必须保证氧气表、乙炔表安在气瓶阀或软管上之后连接良好、无任何泄漏；在连接橡胶软管前，应先将软管吹净，并确定管中无水后，才许使用；不准用氧气吹乙炔气管；乙炔气瓶上应有阻火器，防止回火并经常检查，以防阻火器失灵；禁止使用没有防震胶圈和保险帽的气瓶；禁止装有气体的气瓶与电线相接触	□
18	脚手架	1	搭设结束后，必须履行脚手架验收手续，填写脚手架验收单，并在“脚手架验收单”上分级签字；验收合格后应在脚手架上悬挂合格证，方可使用；工作负责人每天上脚手架前，必须进行脚手架整体检查	□
确认人签字：				

材 料 准 备

序号	材料名称	型 号	单位	数量	检查结果
1	不锈圆钢	ϕ6	kg	50	□
2	镀锌铁丝	8号	kg	300	□
3	镀锌铁丝	10号	kg	200	□
4	绝缘黑胶布		卷	2	□
5	坡口机刀头	WD12×12mm	把	5	□
6	高速切割片	ϕ150×16mm×1mm	片	10	□
7	角向砂轮片	ϕ100×6mm×16mm	片	10	□
8	单层纤维薄片砂轮（无齿锯片）	ϕ350×25.4mm×3.2mm	片	2	□
9	油漆笔		支	5	□
10	硬质合金旋转锉	锥形圆头	个	5	□
11	着色探伤剂	6筒/套	套	2	□
12	洗涤灵	无磷 500g/瓶	瓶	1	□
13	漏电保护插座	公牛	个	3	□
14	不锈钢焊条	A307，ϕ2.5	kg	15	□
15	往复锯条	22号	片	100	□
16	氩弧焊丝	MGSS347 ϕ2.0	kg	5	□

续表

备 件 准 备					
序号	备件名称	规 格 型 号	单位	数量	检查结果
1	异种钢街头	ϕ42×11mm 变ϕ32×6mm	根	6	□
2	异种钢街头	ϕ36×8mm 变ϕ32×6mm	根	6	□
3	弯头	ϕ32×6mm 12Cr18Ni12Ti	个	20	□
4	弯头	ϕ32×6mm 12Cr1MoV	个	6	□
5	不锈钢管	ϕ32×6mm 12Cr18Ni12Ti	kg	30	□
6	合金钢管	ϕ32×6mm 12Cr1MoV	kg	20	□
7	S 卡		个	80	□
8	疏型卡		个	10	□
9	护瓦	32mm×3mm×400mm×90°	块	20	□
10	护瓦	32mm×3mm×400mm	块	40	□

四、检修工序卡	
检修工序步骤及内容	安全、质量标准
1 过热器清扫工作 □1.1 进入炉顶热箱内部进行振焦 危险源：大锤、空气 安全鉴证点 1-S2	□A1.1（a） 锤把上不可有油污；严禁单手抡大锤；使用大锤时，周围不得有人靠近；严禁戴手套抡大锤。 □A1.1（b） 打开所有通风口进行通风；保证内部通风畅通，必要时使用轴流风机强制通风；严禁向容器内部输送氧气；测量氧气浓度保持在19.5%～21%范围内；设置逃生通道，并保持通道畅通；设专人不间断地监护，特殊情况时要增加监护人数量，人员进出应登记。 1.1 热箱温降到60℃以下，方可进入工作。 □A1.2（a） 使用时安全带的挂钩或绳子应挂在结实牢固的构件上；安全带要挂在上方，高度不低于腰部（即高挂低用）；利用安全带进行悬挂作业时，不能将挂钩直接勾在安全绳上，应勾在安全带的挂环上。 □A1.2（b） 高空中的工器具必须使用防坠绳；应用绳拴在牢固的构件上，不准随便乱放；不准上下抛掷，应使用绳系牢后往下或往上吊。 □A1.2（c） 工作人员应从分隔屏管子上看火孔等处检查受热面上是否附着有可能掉落的大块焦渣，如有应先用长棒打落。
□1.2 过热器受热面管子外壁清理积灰 危险源：安全带、高空中的工器具、分隔屏结焦 安全鉴证点 1-S1 质检点 1-R1	1.2 将悬焦、挂焦打掉，管间杂物及积灰清理干净，受热面清洁，无挂焦、杂物、积灰。 □A1.3（a） 使用时安全带的挂钩或绳子应挂在结实牢固的构件上；安全带要挂在上方，高度不低于腰部（即高挂低用）；利用安全带进行悬挂作业时，不能将挂钩直接勾在安全绳上，应勾在安全带的挂环上。
□1.3 过热器受热面区域搭设脚手架 危险源：安全带、脚手架 安全鉴证点 2-S2 质检点 1-H3	□A1.3（b） 脚手架必须由具有合格资质的专业架子工进行；搭拆脚手架时工作人员必须戴安全帽，系安全带，穿防滑鞋；在高处作业区域周围设置明显的围栏，悬挂安全警示标示牌，并设置专人监护，不准无关人员入内或在工作地点下方行走和停留；在危险的边沿进行工作，临空一面应装设安全网或防护栏杆；搭设好的脚手架，未经验收不得擅自使用。使用工作负责人每天上脚手架前，必须进行脚手架整体检查
2 过热器防磨防爆检查 危险源：安全带、脚手架、高空的工器具 安全鉴证点 1-S1	□A2（a） 验收合格后应在脚手架上悬挂合格证，方可使用；工作负责人每天上脚手架前，必须进行脚手架整体检查。 □A2（b） 使用时安全带的挂钩或绳子应挂在结实牢固的构件上；安全带要挂在上方，高度不低于腰部（即高挂低用）；利用安全带进行悬挂作业时，不能将挂钩直接勾在安全绳上，应勾在安全带的挂环上。

续表

检修工序步骤及内容	安全、质量标准
□2.1　检查受热面管子弯曲变形情况并对弯曲的管子检修 质检点　1-W2 □2.2　检查管子的腐蚀、磨损、吹损、胀粗、鼓包及裂纹情况，更换超标的管段 质检点　2-W2 □2.3　对过热器管进行壁厚、外径、间距测量并记录数据，进行相应调整 质检点　3-W2 □2.4　过热器管卡、防磨装置的检查、修理 质检点　4-W2	□A2（c）　不允许交叉作业，特殊情况必须交叉作业时，中间隔层必须搭设牢固、可靠的防护隔板或防护网。 2.1（a）　宏观检查受热面管子有无变形情况。 2.1（b）　对弯曲变形超过半个管径的管子拉回固定，保证管排平整。 2.2（a）　局部磨损面积小于 $10mm^2$，局部损伤不超过原管壁厚的 25%（1.5mm）。 2.2（b）　管子胀粗，局部鼓包不超过原管直径的 2.5%（32.8mm）。 2.2（c）　宏观检查过热器管的焊口，看有无缺陷，管壁外侧无腐蚀现象。 2.2（d）　更换超标管段。 2.3（a）　壁厚不小于 3/4 原管壁厚度（4.5mm）。 2.3（b）　检查管子外径，外径不超过 32.8mm。 2.3（c）　屏间间距均匀，符合设计尺寸。 2.4（a）　宏观检查过热器管卡、防磨装置应完好，无损坏、烧坏、脱落现象。 2.4（b）　管间膨胀间隙足够，无阻碍现象；修复脱落的护瓦。 2.4（c）　护瓦与管子间贴合紧密无间隙
3　过热器联络管、联箱吊点检查 危险源：安全带、脚手架、高空的工器具 安全鉴证点　2-S1 质检点　2-R1	□A3（a）　验收合格后应在脚手架上悬挂合格证，方可使用；工作负责人每天上脚手架前，必须进行脚手架整体检查。 □A3（b）　使用时安全带的挂钩或绳子应挂在结实牢固的构件上；安全带要挂在上方，高度不低于腰部（即高挂低用）；利用安全带进行悬挂作业时，不能将挂钩直接勾在安全绳上，应勾在安全带的挂环上。 □A3（c）　不允许交叉作业，特殊情况必须交叉作业时，中间隔层必须搭设牢固、可靠的防护隔板或防护网
4　过热器管子按照化学、金属要求取样 □4.1　确定取样位置 □4.2　过热器割管 危险源：切割机、角磨机、内磨机、坡口机、安全带、手拉葫芦、高空中的工器具、高空设备设施 安全鉴证点　3-S1 质检点　3-R1	4.1　割管位置由化学、金属、检修三方人员确认。 □A4.2（a）　操作人员必须正确佩戴防护面罩、防护眼镜；启动前先试转一下，检查切割机运转方向正确；不准手提切割机的导线或转动部分；工件切割时应紧固后再作业；火花飞溅方向不准有人停留或通过，并应预防火花点燃周围物品；使用切割机时禁止撞击，禁止用切割片的侧面磨削物件；更换切割片前必须先切断电源。 □A4.2（b）　操作人员必须正确佩戴防护面罩、防护眼镜；不准手提角磨机的导线或转动部分；使用角磨机时，应采取防火措施，防止火花引发火灾。 □A4.2（c）　操作人员必须正确佩戴防护面罩、防护眼镜；使用前检查角磨头完好无缺损；不准手提内磨机的导线或转动部分；更换磨头前必须先切断电源。 □A4.2（d）更换坡口机车刀前必须先切断电源；工作中，离开工作场所、暂停作业以及遇临时停电时，须立即切断电源。 □A4.2（e）　使用时安全带的挂钩或绳子应挂在结实牢固的构件上；安全带要挂在上方，高度不低于腰部（即高挂低用）；利用安全带进行悬挂作业时，不能将挂钩直接勾在安全绳上，应勾在安全带的挂环上；安全带严禁打结使用，使用中要避开尖锐的构件。 □A4.2（f）　悬挂链式起重机的架梁或建筑物，必须经过计算，否则不准悬挂。禁止用链式起重机长时间悬吊重物；工作负荷不准超过铭牌规定。 □A4.2（g）　高空中的工器具必须使用防坠绳；应用绳拴在牢固的构件上，不准随便乱放；不准上下抛掷，应使用绳系牢后往下或往上吊；高处作业面应进行铺垫，在格栅式的平台上工作时，应采取防止工具和器材掉落的措施。

续表

检修工序步骤及内容	安全、质量标准
	□A4.2（h） 每次使用前检查脚手架完好性和安全措施的有效性。 4.2 割管一般用机械方法切割，端面垂直度的偏差不大于管外径的1%，且不大于0.5mm，割下的管子注明部位，根数，并做记录。
□4.3 领取管子，按测量好的尺寸下料，分别制好两端坡口 质检点 4-R1	4.3（a） 管子使用前应逐根进行外观检查，不得有重皮、裂纹，凹坑和表面划痕等缺陷。 4.3（b） 管子使用前应查明钢号、通径、壁厚，符合设计要求，方可使用。 4.3（c） 管子弯曲度不大于 1.5mm/m，外径偏差不大于±0.6%，壁厚公差不大于+7.5%，椭圆度和壁厚不均程度应分别不超过外径和壁厚公差的 85%，管的椭圆度不大于管外径的 8%，弯曲半径允许偏差不大于±3mm。 4.3（d）坡口标准每边角度分别为 30°～35°，钝边 0～1mm。
□4.4 配好管子，用管卡子把两端焊口卡好以后即可焊接 危险源：电焊机、氧气、乙炔、热辐射、高温焊渣、焊接尘、高空中的工器具、零部件、安全带 安全鉴证点 1-S3 质检点 5-R1	□A4.4（a） 电焊人员应持有有效的焊工证；正确使用面罩，穿电焊服，戴电焊手套，戴白光眼镜，穿橡胶绝缘鞋；电焊工更换焊条时，必须戴电焊手套；停止、间断焊接时必须及时切断焊机电源。 □A4.4（b） 氧气表、乙炔表在气瓶上应安装合理、牢固；采用螺纹连接时，应拧足五个螺扣以上；采用专门的夹具压紧时，装卡应平整牢固；使用中不准混用氧气软管与乙炔软管；禁止使用泄漏、烧坏、磨损、老化或有其他缺陷的软管；焊接工作结束或中断焊接工作时，应关闭氧气和乙炔气瓶、供气管路的阀门，确保气体不外漏；重新开始工作时，应再次确认没有可燃气体外漏时方可点火工作。 □A4.4（c） 气割火炬不准对着周围工作人员；穿帆布工作服，戴工作帽，上衣不准扎在裤子里，口袋须有遮盖，裤脚不得挽起，脚面有鞋罩。 □A4.4（d） 进行焊接工作时，必须设有防止金属熔渣飞溅、掉落引起火灾的措施以及防止烫伤、触电、爆炸等措施。 □A4.4（e） 所有焊接、切割、钎焊及有关的操作必须要在足够的通风条件下（包括自然通风或机械通风）进行。 □A4.4（f） 高空中的工器具、零部件必须使用防坠绳；应用绳拴在牢固的构件上，不准随便乱放；不准上下抛掷，应使用绳系牢后往下或往上吊。 □A4.4（g） 使用时安全带的挂钩或绳子应挂在结实牢固的构件上；安全带要挂在上方，高度不低于腰部（即高挂低用）；利用安全带进行悬挂作业时，不能将挂钩直接勾在安全绳上，应勾在安全带的挂环上；安全带严禁打结使用，使用中要避开尖锐的构件。 4.4（a） 管子坡口及内外壁 10～15mm 内的油漆、垢、锈，对口前清理干净，直至出现金属光泽。 4.4（b） 管子接口距弯管弯曲起点不小于管外径，且不小于 70mm，两焊口间距离不小于管外径且不小于 150mm。 4.4（c） 管子对口间隙 2～3mm。不得强力对口，以免引起焊口附加应力。 4.4（d） 焊接对口应内壁平齐、错口不超过壁厚的 10%，且不大于 1mm，管子对口偏折度在距离焊口中心 200mm 处，测量其折口偏差不大于 1mm。
□4.5 焊口检验 危险源：安全带、220V 交流电、X 射线 安全鉴证点 3-S2 质检点 2-H3	□A4.5（a） 使用时安全带的挂钩或绳子应挂在结实牢固的构件上；安全带要挂在上方，高度不低于腰部（即高挂低用）；利用安全带进行悬挂作业时，不能将挂钩直接勾在安全绳上，应勾在安全带的挂环上。 □A4.5（b） 使用前检查电源线和外壳是否损坏。 □A4.5（c） 使用带漏电保护器的电源；工作前做好安全区隔离、悬挂“当心辐射”标示牌；提出风险预警通知告知全员，并指定专人现场监护，防止非工作人员误入。 4.5 焊口经外观和拍 X 光片检验合格。
□4.6 恢复管卡、防磨护瓦 质检点 6-R1	

续表

<table>
<tr><th>检修工序步骤及内容</th><th>安全、质量标准</th></tr>
<tr><td></td><td>4.6（a） 恢复完成的过热器管按照原样恢复过热器 S 卡，梳形卡、波形卡，保证管排平整。
4.6（b） 恢复完成的过热器管在吹灰器通道、管排易吹损部位加装护瓦并焊接牢固</td></tr>
<tr><td>5 拆除过热器区域的脚手架
危险源：安全带、防坠器、脚手架拆除

| 安全鉴证点 | 4-S2 | |
| 质检点 | 3-H3 | |</td><td>□A5（a） 使用时安全带的挂钩或绳子应挂在结实牢固的构件上；安全带要挂在上方，高度不低于腰部（即高挂低用）；利用安全带进行悬挂作业时，不能将挂钩直接勾在安全绳上，应勾在安全带的挂环上。
□A5（b） 防坠器安全绳严禁扭结使用；使用时必须高挂低用，悬挂在使用者上方坚固钝边的结构物上。
□A5（c） 拆除区域必须设置隔离带，设置安全警示标志并设专人看护；作业人员必须正确佩戴合格的安全帽、护目眼镜、手套、工作鞋等必要的个人防护用品；拆除作业现场必须设专人指挥；拆除作业时，人员应站在脚手架或其他牢固的构架上；拆除作业应严格按照拆除工程方案进行，应自上而下、逐层逐跨拆除；拆除作业有倒塌伤人危险时，应采用支柱、支撑等防护措施；拆除作业时，不准数层同时交叉作业；拆下的物料不得在楼板上乱堆乱放，应及时清运</td></tr>
<tr><td>6 检修工作结束
危险源：遗留人员、大锤、孔、洞、废料、火种、易燃物等

| 安全鉴证点 | 4-S1 | |

□6.1 检修工作结束，清点工具及材料，清理现场
□6.2 检修工作结束后，检查检修现场所需的脚手架、临时电源、照明是否都已拆除，并清理干净
□6.3 关闭人孔时检查炉内是否有工作人员，并进行喊话，确认无人后方可关闭人孔

| 质检点 | 7-R1 | |</td><td>□A6（a） 封闭人孔前工作负责人应认真清点工作人员；核对进出入登记，确认无人员和工器具遗落，并喊话确认无人。
□A6（b） 锤把上不可有油污；严禁单手抡大锤；使用大锤时，周围不得有人靠近；严禁戴手套抡大锤。
□A6（c） 临时打的孔、洞，施工结束后，必须恢复原状。
□A6（d） 废料及时清理，做到工完、料尽、场地清</td></tr>
</table>

五、安全鉴证卡		
风险鉴证点：1-S2 工序 1.2 过热器受热面管子外壁清理积灰		
一级验收		年 月 日
二级验收		年 月 日
一级验收		年 月 日
二级验收		年 月 日
一级验收		年 月 日
二级验收		年 月 日
一级验收		年 月 日
二级验收		年 月 日
一级验收		年 月 日
二级验收		年 月 日
一级验收		年 月 日
二级验收		年 月 日
一级验收		年 月 日
二级验收		年 月 日

续表

风险鉴证点：1-S2　工序 1.2　过热器受热面管子外壁清理积灰		
一级验收		年　月　日
二级验收		年　月　日
一级验收		年　月　日
二级验收		年　月　日
一级验收		年　月　日
二级验收		年　月　日
一级验收		年　月　日
二级验收		年　月　日
一级验收		年　月　日
二级验收		年　月　日
一级验收		年　月　日
二级验收		年　月　日
一级验收		年　月　日
二级验收		年　月　日
一级验收		年　月　日
二级验收		年　月　日
一级验收		年　月　日
二级验收		年　月　日
一级验收		年　月　日
二级验收		年　月　日
一级验收		年　月　日
二级验收		年　月　日
风险鉴证点：2-S2　工序 1.3　过热器受热面区域搭设脚手架		
一级验收		年　月　日
二级验收		年　月　日
一级验收		年　月　日
二级验收		年　月　日
一级验收		年　月　日
二级验收		年　月　日
一级验收		年　月　日
二级验收		年　月　日
一级验收		年　月　日
二级验收		年　月　日
一级验收		年　月　日
二级验收		年　月　日
一级验收		年　月　日
二级验收		年　月　日
一级验收		年　月　日
二级验收		年　月　日

续表

风险鉴证点：2-S2　工序 1.3　过热器受热面区域搭设脚手架		
一级验收		年　月　日
二级验收		年　月　日
一级验收		年　月　日
二级验收		年　月　日
一级验收		年　月　日
二级验收		年　月　日
一级验收		年　月　日
二级验收		年　月　日
一级验收		年　月　日
二级验收		年　月　日
一级验收		年　月　日
二级验收		年　月　日
一级验收		年　月　日
二级验收		年　月　日
一级验收		年　月　日
二级验收		年　月　日
一级验收		年　月　日
二级验收		年　月　日
一级验收		年　月　日
二级验收		年　月　日
风险鉴证点：3-S2　工序 4.5　焊口检验		
一级验收		年　月　日
二级验收		年　月　日
一级验收		年　月　日
二级验收		年　月　日
一级验收		年　月　日
二级验收		年　月　日
一级验收		年　月　日
二级验收		年　月　日
一级验收		年　月　日
二级验收		年　月　日
一级验收		年　月　日
二级验收		年　月　日
一级验收		年　月　日
二级验收		年　月　日
一级验收		年　月　日
二级验收		年　月　日
一级验收		年　月　日
二级验收		年　月　日

续表

风险鉴证点：3-S2　工序 4.5　焊口检验		
一级验收		年　月　日
二级验收		年　月　日
一级验收		年　月　日
二级验收		年　月　日
一级验收		年　月　日
二级验收		年　月　日
一级验收		年　月　日
二级验收		年　月　日
一级验收		年　月　日
二级验收		年　月　日
一级验收		年　月　日
二级验收		年　月　日
一级验收		年　月　日
二级验收		年　月　日
一级验收		年　月　日
二级验收		年　月　日
一级验收		年　月　日
二级验收		年　月　日
风险鉴证点：4-S2　工序 5　拆除过热器区域的脚手架		
一级验收		年　月　日
二级验收		年　月　日
一级验收		年　月　日
二级验收		年　月　日
一级验收		年　月　日
二级验收		年　月　日
一级验收		年　月　日
二级验收		年　月　日
一级验收		年　月　日
二级验收		年　月　日
一级验收		年　月　日
二级验收		年　月　日
一级验收		年　月　日
二级验收		年　月　日
一级验收		年　月　日
二级验收		年　月　日
一级验收		年　月　日
二级验收		年　月　日
一级验收		年　月　日
二级验收		年　月　日

续表

风险鉴证点：4-S2　工序 5　拆除过热器区域的脚手架		
一级验收		年　月　日
二级验收		年　月　日
一级验收		年　月　日
二级验收		年　月　日
一级验收		年　月　日
二级验收		年　月　日
一级验收		年　月　日
二级验收		年　月　日
一级验收		年　月　日
二级验收		年　月　日
一级验收		年　月　日
二级验收		年　月　日
一级验收		年　月　日
二级验收		年　月　日
一级验收		年　月　日
二级验收		年　月　日
风险鉴证点：1-S3　工序 4.4　配好管子，用管卡子把两端焊口卡好以后即可焊接		
一级验收		年　月　日
二级验收		年　月　日
三级验收		年　月　日
一级验收		年　月　日
二级验收		年　月　日
三级验收		年　月　日
一级验收		年　月　日
二级验收		年　月　日
三级验收		年　月　日
一级验收		年　月　日
二级验收		年　月　日
三级验收		年　月　日
一级验收		年　月　日
二级验收		年　月　日
三级验收		年　月　日
一级验收		年　月　日
二级验收		年　月　日
三级验收		年　月　日
一级验收		年　月　日
二级验收		年　月　日
三级验收		年　月　日
一级验收		年　月　日

续表

风险鉴证点：1-S3　工序 4.4　配好管子，用管卡子把两端焊口卡好以后即可焊接		
二级验收		年　月　日
三级验收		年　月　日
一级验收		年　月　日
二级验收		年　月　日
三级验收		年　月　日
一级验收		年　月　日
二级验收		年　月　日
三级验收		年　月　日
一级验收		年　月　日
二级验收		年　月　日
三级验收		年　月　日
一级验收		年　月　日
二级验收		年　月　日
三级验收		年　月　日

六、质量验收卡			
质检点：1-R1　工序 1.2　过热器受热面管子外壁清理积灰 检查情况：			
测量器具/编号			
测量（检查）人		记录人	
一级验收			年　月　日
质检点：1-H3　工序 1.3　过热器受热面区域搭设脚手架 检查情况：			
测量器具/编号			
测量人		记录人	
一级验收			年　月　日
二级验收			年　月　日
三级验收			年　月　日
质检点：1-W2　工序 2.1　检查受热面管子弯曲变形情况并对弯曲的管子检修 检查情况：			

续表

测量器具/编号			
检查人		记录人	
一级验收			年　月　日
二级验收			年　月　日
质检点：2-W2　工序 2.2　检查管子的腐蚀、磨损、吹损、胀粗、鼓包及裂纹情况，更换超标的管段 检查情况：			
测量器具/编号			
检查人		记录人	
一级验收			年　月　日
二级验收			年　月　日
质检点：3-W2　工序 2.3　对过热器管进行壁厚、外径、间距测量并记录数据，进行相应调整 检查情况：			
测量器具/编号			
测量人		记录人	
一级验收			年　月　日
二级验收			年　月　日
质检点：4-W2　工序 2.4　过热器管卡、防磨装置的检查、修理 检查情况：			
测量器具/编号			
测量人		记录人	
一级验收			年　月　日
二级验收			年　月　日
质检点：2-R1　工序 3　过热器联络管、联箱吊点检查修理 检查情况：			

续表

<table>
<tr><td>测量器具/编号</td><td colspan="3"></td></tr>
<tr><td>测量人</td><td></td><td>记录人</td><td></td></tr>
<tr><td>一级验收</td><td colspan="2"></td><td>年 月 日</td></tr>
<tr><td colspan="4">质检点：3-R1 工序 4.2 过热器割管
检查情况：</td></tr>
<tr><td>测量器具/编号</td><td colspan="3"></td></tr>
<tr><td>测量人</td><td></td><td>记录人</td><td></td></tr>
<tr><td>一级验收</td><td colspan="2"></td><td>年 月 日</td></tr>
<tr><td colspan="4">质检点：4-R1 工序 4.3 领取管子，按测量好的尺寸下料，分别制好两端坡口
检查情况：</td></tr>
<tr><td>测量器具/编号</td><td colspan="3"></td></tr>
<tr><td>测量人</td><td></td><td>记录人</td><td></td></tr>
<tr><td>一级验收</td><td colspan="2"></td><td>年 月 日</td></tr>
<tr><td colspan="4">质检点：5-R1 工序 4.4 配好管子，用管卡子把两端焊口卡好以后即可焊接
检查情况：</td></tr>
<tr><td>测量器具/编号</td><td colspan="3"></td></tr>
<tr><td>测量人</td><td></td><td>记录人</td><td></td></tr>
<tr><td>一级验收</td><td colspan="2"></td><td>年 月 日</td></tr>
<tr><td colspan="4">质检点：2-H3 工序 4.5 焊口检验
检查情况：</td></tr>
<tr><td>测量器具/编号</td><td colspan="3"></td></tr>
<tr><td>测量人</td><td></td><td>记录人</td><td></td></tr>
<tr><td>一级验收</td><td colspan="2"></td><td>年 月 日</td></tr>
<tr><td>二级验收</td><td colspan="2"></td><td>年 月 日</td></tr>
<tr><td>三级验收</td><td colspan="2"></td><td>年 月 日</td></tr>
</table>

续表

<table>
<tr><td colspan="4">质检点：6-R1　工序 4.6　恢复管卡、防磨护瓦
检查情况：</td></tr>
<tr><td>测量器具/编号</td><td colspan="3"></td></tr>
<tr><td>测量人</td><td></td><td>记录人</td><td></td></tr>
<tr><td>一级验收</td><td colspan="2"></td><td>年　月　日</td></tr>
<tr><td colspan="4">质检点：3-H3　工序 5　拆除过热器区域的脚手架
检查情况：</td></tr>
<tr><td>测量器具/编号</td><td colspan="3"></td></tr>
<tr><td>测量人</td><td></td><td>记录人</td><td></td></tr>
<tr><td>一级验收</td><td colspan="2"></td><td>年　月　日</td></tr>
<tr><td>二级验收</td><td colspan="2"></td><td>年　月　日</td></tr>
<tr><td>三级验收</td><td colspan="2"></td><td>年　月　日</td></tr>
<tr><td colspan="4">质检点：7-R1　工序 6　检修工作结束
检查情况：</td></tr>
<tr><td>测量器具/编号</td><td colspan="3"></td></tr>
<tr><td>测量人</td><td></td><td>记录人</td><td></td></tr>
<tr><td>一级验收</td><td colspan="2"></td><td></td></tr>
</table>

<table>
<tr><td colspan="4">七、完工验收卡</td></tr>
<tr><td>序号</td><td>检查内容</td><td>标　　准</td><td>检查结果</td></tr>
<tr><td>1</td><td>安全措施恢复情况</td><td>1.1　检修工作全部结束
1.2　整改项目验收合格
1.3　检修脚手架拆除完毕
1.4　孔洞、坑道等盖板恢复
1.5　临时拆除的防护栏恢复
1.6　安全围栏、标示牌等撤离现场
1.7　安全措施和隔离措施具备恢复条件
1.8　工作票具备押回条件</td><td>□
□
□
□
□
□
□
□</td></tr>
<tr><td>2</td><td>设备自身状况</td><td>2.1　设备与系统全面连接
2.2　设备各人孔、开口部分密封良好</td><td>□
□</td></tr>
</table>

续表

序号	检查内容	标　　准	检查结果
2	设备自身状况	2.3 设备标示牌齐全 2.4 设备油漆完整 2.5 设备管道色环清晰准确 2.6 阀门手轮齐全 2.7 设备保温恢复完毕	□ □ □ □ □
3	设备环境状况	3.1 检修整体工作结束，人员撤出 3.2 检修剩余备件材料清理出现场 3.3 检修现场废弃物清理完毕 3.4 检修用辅助设施拆除结束 3.5 临时电源、水源、气源、照明等拆除完毕 3.6 工器具及工具箱运出现场 3.7 地面铺垫材料运出现场 3.8 检修现场卫生整洁	□ □ □ □ □ □ □ □
一级验收		二级验收	

八、完工报告单					
工期	年　月　日　至　年　月　日			实际完成工日	工日
主要材料备件消耗统计	序号	名称	规格与型号	生产厂家	消耗数量
	1				
	2				
	3				
	4				
	5				
缺陷处理情况	序号	缺陷内容		处理情况	
	1				
	2				
	3				
	4				
异动情况					
让步接受情况					
遗留问题及采取措施					
修后总体评价					
各方签字	一级验收人员		二级验收人员	三级验收人员	

检修文件包

单位：＿＿＿＿＿＿ 班组：＿＿＿＿＿＿ 编号：＿＿＿＿＿＿

检修任务：再热器检修 风险等级：＿＿＿＿

一、检修工作任务单						
计划检修时间	年 月 日 至 年 月 日				计划工日	
主要检修项目	1. 再热器积灰清理 2. 再热器脚手架搭设			3. 再热器防磨防爆检查 4. 再热器取样		
修后目标	1. 再热器管排间通透无积灰 2. 再热器护瓦平整齐全，管卡焊接牢固 3. 再热器管排平整，管子无出排现象					
鉴证点分布	W点	工序及质检点内容	H点	工序及质检点内容	S点	工序及安全鉴证点内容
	1-W2	□2.1 检查高温再热器疏型卡、护瓦、管卡	1-H3	□1.3 高温再热器区域搭设脚手架	1-S2	□1.2 低温再热器、高温再热器受热面管子外壁清理积灰
	2-W2	□2.2 检查低温再热器、高温再热器管排的防磨护瓦	2-H3	□2.4 再热器防磨防爆检查缺陷修理	2-S2	□1.3 高温再热器区域搭设脚手架
	3-W2	□2.3 再热器管子及管排检查	3-H3	□2.5 检修高温再热器管排的防磨护瓦	3-S2	□4.5 焊口检验
	4-W2	□2.6 检修低温再热器管排的防磨护瓦			4-S2	□5 拆除再热器区域的脚手架
	5-W2	□5 拆除再热器区域的脚手架			1-S3	□4.4 配好管子，用管卡子把两端焊口卡好以后即可焊接
质量验收人员	一级验收人员		二级验收人员		三级验收人员	
安全验收人员	一级验收人员		二级验收人员		三级验收人员	

二、修前准备卡

设 备 基 本 参 数

1. 布置方式：高温再热器为炉顶悬挂，顺流布置；低温再热器为水平布置
2. 各部尺寸及材质：

高温再热器：ϕ57×4 12Cr18Ni12Ti

炉内根数（牌数×根数×列）：112×4×2 896根

低温再热器：ϕ57×4 12Cr1MoV

炉内根数：916根

设 备 修 前 状 况

检修前交底（设备运行状况、历次主要检修经验和教训、检修前主要缺陷）

一次检修时间： 年 月 日～ 日。

检修前主要缺陷：部分管屏存在个别管子突出，管排不平整，管排整体歪斜，管排间距不均，管排管子间的波形卡、疏型卡有开裂、开焊、脱落的现象；高温再热器吹灰通道的护瓦有开裂、开焊脱落的现象；吊架管卡松脱、开裂，吊杆弹簧压死、断裂现象；管子有变色、氧化、胀粗等缺陷。低温再热器管排间积灰较多，防磨护瓦间连接钢筋开焊、断开造成防磨护瓦翻转、脱落、翘起情况发生。

续表

设 备 修 前 状 况				
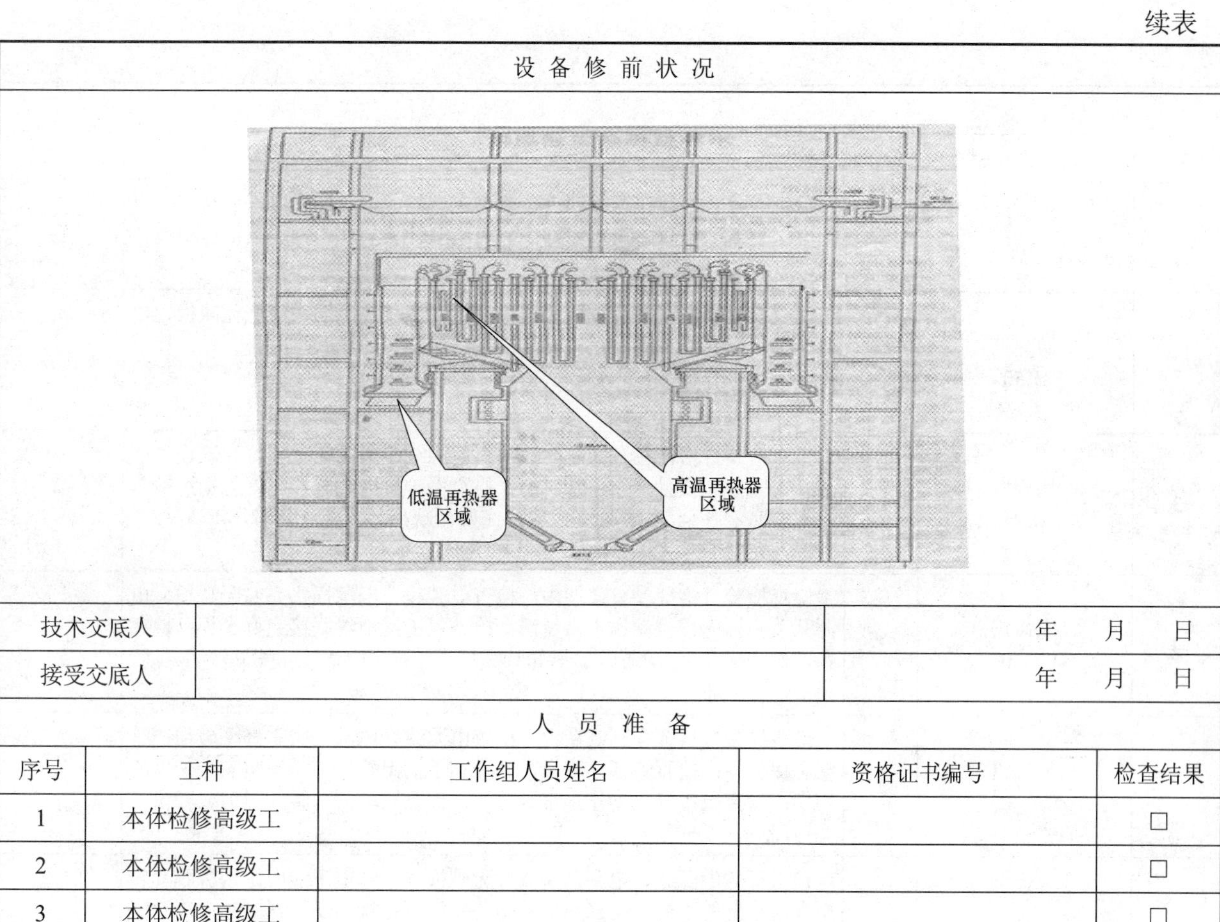 				
技术交底人			年　月　日	
接受交底人			年　月　日	
人 员 准 备				
序号	工种	工作组人员姓名	资格证书编号	检查结果
1	本体检修高级工			□
2	本体检修高级工			□
3	本体检修高级工			□

三、现场准备卡		
办 理 工 作 票		
工作票编号：		
施 工 现 场 准 备		
序号	安 全 措 施 检 查	确认符合
1	进入粉尘较大的场所作业，作业人员必须戴防尘口罩	□
2	锅炉内部温度超过60℃不准入内	□
3	若进入60℃以上的燃烧室、烟道内进行短时间的工作时，应制定组织措施、技术措施、安全措施、应急救援预案，设专人监护，并经厂主管生产的领导批准	□
4	保证足够的饮水及防暑药品，人员轮换工作	□
5	作业场所应设置充足的照明	□
6	在燃烧室内工作需加强照明时，应由电气专业人员安设110、220V临时性的固定电灯，电灯及电线须绝缘良好，并安装牢固，放在碰不着人的高处。安装后必须由检修工作负责人检查	□
7	作业人员应随身携带应急手电筒，禁止带电移动110、220V的临时电灯	□
8	在高处作业区域周围设置明显的围栏，悬挂安全警示标示牌，必要时在作业区内搭设防护棚，不准无关人员入内或在工作地点下方行走和停留	□
9	对现场检修区域设置围栏、铺设胶皮，进行有效的隔离，有人监护	□
10	开工前确认现场安全措施、隔离措施正确完备，无介质串入炉内、转动机械运转的可能，没有汽、水、烟或可燃气流入的可能	□
确认人签字：		

续表

工器具准备与检查				
序号	工具名称及型号	数量	完好标准	确认符合
1	角磨机（ϕ100）	2	检查检验合格证在有效期内；检查电源线、电源插头完好无缺损；有漏电保护器；检查防护罩完好；检查电源开关动作正常、灵活；检查转动部分转动灵活、轻快，无阻滞	□
2	切割机（ϕ150）	1	检查检验合格证在有效期内；检查电源线、电源插头完好无缺损，电源开关完好无损且动作正常灵活；检查保护接地线联接完好无损；检查各部件完整齐全，防护罩、砂轮片完好无缺损；检查转动部分转动灵活、轻快，无阻滞	□
3	切割机（ϕ125）	1	检查检验合格证在有效期内；检查电源线、电源插头完好无缺损，电源开关完好无损且动作正常灵活；检查保护接地线联接完好无损；检查各部件完整齐全，防护罩、砂轮片完好无缺损；检查转动部分转动灵活、轻快，无阻滞	□
4	无齿锯（ϕ350）	1	检查检验合格证在有效期内；检查电源线、电源插头完好无缺损，电源开关完好无损且动作正常灵活；检查保护接地线联接完好无损；检查各部件完整齐全，防护罩、砂轮片完好无缺损；检查转动部分转动灵活、轻快，无阻滞	□
5	坡口机（ϕ28～ϕ38）	1	检查检验合格证在有效期内；检查电源线、电源插头完好无破损；有漏电保护器；检查各部件齐全，外壳和手柄无破损、无影响安全使用的灼伤；检查电源开关动作正常、灵活；检查转动部分转动灵活、轻快，无阻滞	□
6	行灯	4	检查行灯电源线、电源插头完好无破损；行灯电源线应采用橡胶套软电缆；行灯的手柄应绝缘良好且耐热、防潮；行灯变压器必须采用双绕组型，变压器一、二次侧均应装熔断器；行灯变压器外壳必须有良好的接地线，高压侧应使用三相插头；在周围均是金属导体的场所和容器内工作时，不应超过24V；行灯应有保护罩	□
7	移动式电源盘	4	检查检验合格证在有效期内；检查电源盘电源线、电源插头、插座完好无破损；漏电保护器动作正确；检查电源盘线盘架、拉杆、线盘架轮子及线盘摇动手柄齐全完好	□
8	临时电源及电源线	1	严禁将电源线缠绕在护栏、管道和脚手架上，临时电源线架设高度室内不低于2.5m；检查电源线外绝缘良好，线绝缘有破损不完整或带电部分外露时，应立即找电气人员修好，否则不准使用；检查电源盘检验合格证在有效期内；不准使用破损的电源插头插座；安装、维修或拆除临时用电工作，必须由电工完成。电工必须持有效证件上岗；分级配置漏电保护器，工作前试验漏电保护器正确动作；电源箱箱体接地良好，接地、接零标志清晰；工作前核算用电负荷在电源最高负荷内，并在规定负荷内用电	□
9	内磨机	2	检查检验合格证在有效期内；检查电源线、电源插头完好无缺损；有漏电保护器；检查电源开关动作正常、灵活；检查转动部分转动灵活、轻快，无阻滞	□
10	手拉葫芦（1t）	2	检查检验合格证在有效期内；链节无严重锈蚀及裂纹，无打滑现象；齿轮完整，轮杆无磨损现象，开口销完整；吊钩无裂纹变形；链扣、蜗母轮及轮轴发生变形、生锈或链索磨损严重时，均应禁止使用	□
11	撬棍（1000mm）	4	必须保证撬杠强度满足要求。在使用加力杆时，必须保证其强度和嵌套深度满足要求，以防折断或滑脱	□
12	活扳手（250mm）	2	活动扳口应在扳体导轨的全行程上灵活移动；活扳手不应有裂缝、毛刺及明显的夹缝、氧化皮等缺陷，柄部平直且不应有影响使用性能的缺陷	□
13	克丝钳	2	手柄应安装牢固，没有手柄的不准使用	□
14	手锤（2p）	2	大锤的锤头须完整，其表面须光滑微凸，不得有歪斜、缺口、凹入及裂纹等情形。大锤和手锤的柄须用整根的硬木制成，并将头部用楔栓固定。楔栓宜采用金属楔，楔子长度不应大于安装孔的2/3	□

续表

序号	工具名称及型号	数量	完 好 标 准	确认符合
15	手电筒	4	电池电量充足、亮度正常、开关灵活好用	□
16	电焊机	1	检查电焊机检验合格证在有效期内；检查电焊机电源线、电源插头、电焊钳等完好无损，电焊工作所用的导线必须使用绝缘良好的皮线；电焊机的裸露导电部分和转动部分以及冷却用的风扇，均应装有保护罩；电焊机金属外壳应有明显的可靠接地，且一机一接地；电焊机应放置在通风、干燥处，露天放置应加防雨罩；电焊机、焊钳与电缆线连接牢固，接地端头不外露；连接到电焊钳上的一端，至少有 5m 为绝缘软导线；每台焊机应该设有独立的接地，接零线，其接点应用螺丝压紧；电焊机必须装有独立的专用电源开关，其容量应符合要求，电焊机超负荷时，应能自动切断电源，禁止多台焊机共用一个电源开关；不准利用厂房的金属结构、管道、轨道或其他金属搭接起来作为导线使用	□
17	氧气、乙炔	1	氧气瓶和乙炔气瓶应垂直放置并固定，氧气瓶和乙炔气瓶的距离不得小于 5m；在工作地点，最多只许有两个氧气瓶（一个工作，另一个备用）；安放在露天的气瓶，应用帐篷或轻便的板棚遮护，以免受到阳光曝晒；乙炔气瓶禁止放在高温设备附近，应距离明火 10m 以上；只有经过检验合格的氧气表、乙炔表才允许使用；氧气表、乙炔表的连接螺纹及接头必须保证氧气表、乙炔表安在气瓶阀或软管上之后连接良好、无任何泄漏；在连接橡胶软管前，应先将软管吹净，并确定管中无水后，才许使用；不准用氧气吹乙炔气管；乙炔气瓶上应有阻火器，防止回火并经常检查，以防阻火器失灵；禁止使用没有防震胶圈和保险帽的气瓶；禁止装有气体的气瓶与电线相接触	□
18	脚手架	1	搭设结束后，必须履行脚手架验收手续，填写脚手架验收单，并在“脚手架验收单”上分级签字；验收合格后应在脚手架上悬挂合格证，方可使用；工作负责人每天上脚手架前，必须进行脚手架整体检查	□

确认人签字：

材 料 准 备

序号	材料名称	规 格	单位	数量	检查结果
1	不锈圆钢	$\phi 6$	kg	15	□
2	镀锌铁丝	8 号	kg	100	□
3	镀锌铁丝	10 号	kg	100	□
4	绝缘黑胶布		卷	2	□
5	坡口机刀头	WD12×12mm	把	4	□
6	高速切割片	$\phi 150$×16mm×1mm	片	10	□
7	角向砂轮片	$\phi 100$×6mm×16mm	片	10	□
8	单层纤维薄片砂轮（无齿锯片）	$\phi 350$×25.4mm×3.2mm	片	2	□
9	油漆笔		支	5	□
10	硬质合金旋转锉	锥形圆头	个	5	□
11	着色探伤剂	6 筒/套	套	2	□
12	洗涤灵	无磷 500g/瓶	瓶	1	□
13	漏电保护插座	公牛	个	2	□
14	不锈钢焊条	A307，$\phi 2.5$	kg	15	□
15	氩弧焊丝	MGSS347 $\phi 2.0$	kg	1	□

备 件 准 备

序号	备件名称	规格型号	单位	数量	检查结果
1	异种钢衔头	$\phi 57$×4mm	根	2	□

续表

序号	备件名称	规格型号	单位	数量	检查结果
2	弯头	ϕ57×4mm 12Cr18Ni12Ti	个	2	□
3	弯头	ϕ57×4mm 12Cr1MoV	个	2	□
4	不锈钢管	ϕ57×4mm 12Cr18Ni12Ti	kg	20	□
5	合金钢管	ϕ57×4mm 12Cr1MoV	kg	20	□
6	疏型卡		个	10	□
7	护瓦	ϕ57×3mm×400mm×90°	个	12	□
8	护瓦	ϕ57×3mm×400mm	块	50	□

四、检修工序卡

检修工序步骤及内容	安全、质量标准
1 检修前的准备工作 □1.1 进入炉顶热箱内部进行振焦 危险源：大锤、空气 安全鉴证点 1-S2 □1.2 低温再热器、高温再热器受热面管子外壁清理积灰 危险源：安全带、高空中的工器具 安全鉴证点 1-S1 质检点 1-R1 □1.3 高温再热器区域搭设脚手架 危险源：脚手架 安全鉴证点 2-S2 质检点 1-H3	□A1.1（a） 锤把上不可有油污；严禁单手抡大锤；使用大锤时，周围不得有人靠近；严禁戴手套抡大锤。 □A1.1（b） 打开所有通风口进行通风；保证内部通风畅通，必要时使用轴流风机强制通风；严禁向容器内部输送氧气；测量氧气浓度保持在19.5%～21%范围内；设置逃生通道，并保持通道畅通；设专人不间断地监护，特殊情况时要增加监护人数量，人员进出应登记。 1.1 热室温降到60℃以下，方可进入工作。 □A1.2（a） 使用时安全带的挂钩或绳子应挂在结实牢固的构件上；安全带要挂在上方，高度不低于腰部（即高挂低用）；利用安全带进行悬挂作业时，不能将挂钩直接勾在安全绳上，应勾在安全带的挂环上。 □A1.2（b） 高空中的工器具必须使用防坠绳；应用绳拴在牢固的构件上，不准随便乱放。 1.2 将悬焦、挂焦打掉，管间杂物及积灰清理干净，受热面清洁、无挂焦、杂物、积灰。 □A1.3 脚手架必须由具有合格资质的专业架子工进行；搭拆脚手架时工作人员必须戴安全帽，系安全带，穿防滑鞋；在高处作业区域周围设置明显的围栏，悬挂安全警示标示牌，并设置专人监护，不准无关人员入内或在工作地点下方行走和停留；在危险的边沿进行工作，临空一面应装设安全网或防护栏杆；搭设好的脚手架，未经验收不得擅自使用。使用工作负责人每天上脚手架前，必须进行脚手架整体检查
2 高温再热器防磨防爆检查 危险源：安全带、高空中的工器具 安全鉴证点 2-S1 □2.1 检查高温再热器疏型卡、护瓦、管卡 质检点 1-W2 □2.2 检查低温再热器、高温再热器管排的防磨护瓦 质检点 2-W2 □2.3 再热器管子及管排检查（用专用卡规和卡尺测量再热器管胀粗情况，用测厚仪测量管子磨损情况，在上（前）、中（前）、下（前）三点进行测量，检查管子表面是否有裂纹，氧化皮脱落，膨胀受阻，吹损、焊口部位裂纹、管子乱排等器情况）	□A2（a） 使用时安全带的挂钩或绳子应挂在结实牢固的构件上；安全带要挂在上方，高度不低于腰部（即高挂低用）；利用安全带进行悬挂作业时，不能将挂钩直接勾在安全绳上，应勾在安全带的挂环上。 □A2（b） 高空中的工器具必须使用防坠绳；应用绳拴在牢固的构件上，不准随便乱放。 2.1 手持强光手电，检查再热器管排疏型卡、护瓦、定位卡，观察梳形卡、护瓦、波形卡有无烧坏、脱落、开焊、变形现象。 2.2 检查护瓦有无吹损、磨损、开裂、脱落、翻转现象，对有明显减薄现象的需更换护瓦（护瓦减薄量不大于1.5mm/年）并做好记录，减薄总量不超过2mm。 2.3（a） 检查高温再热器管子外径，管子胀粗超过外径的2.5%（58.4mm）时更换新管。 2.3（b） 高温再热器管子磨损、吹损减薄不应超过原管壁厚度的20%（管壁厚度不小于3.2mm）；超标换管。 2.3（c） 高温再热器管子局部磨损面积不大于10mm^2，磨损深度不超过0.8mm，超标应更换新管。 2.3（d） 低温再热器管子磨损不应超过原管壁厚度的30%（管壁厚度不小于 2.8mm），超标应更换新管；磨损不超标的管子，可进行补焊加强。

续表

<table>
<tr><th>检修工序步骤及内容</th><th>安全、质量标准</th></tr>
<tr><td>质检点 | 3-W2 |

□2.4 再热器防磨防爆检查缺陷修理

质检点 | 2-H3 |

□2.5 检修高温再热器管排的防磨护瓦

质检点 | 3-H3 |

□2.6 检修低温再热器管排的防磨护瓦

质检点 | 4-W2 |</td><td>2.3（e） 低温再热器管子局部磨损面积不大于 10mm²，磨损深度不超过 1.2mm，超标应更换新管。
2.3（f） 高、低温再热器管排弯曲变形不得超过半个管子直径，单根管子出列不得超过半个管子直径，不超标的予以拉回，超标予以换管处理。
2.5（a） 检修过程中传递物件要拿稳，传递工具时要使用工具袋；焊接护瓦时做好防触电措施，电焊线绝缘良好，不应有漏电现象；工作人员着装符合要求；工作人员高处作业时系好安全带；正确使用各种防护用品及电动工器具，人孔门外面设置专职监护人员。
2.5（b） 高温再热器护瓦焊接要求采用 A307 焊条，焊接牢固，卡子与护瓦搭接处必须满焊，护瓦与管子贴合紧密不留间隙。
2.6 护瓦与管子搭接紧密，连接钢筋焊接良好，护瓦与管子无间隙，消除护瓦翻转、脱落、缺失缺陷。技术要求同 2.5 各项</td></tr>
<tr><td>3 再热器联络管、联箱吊点检查
危险源：安全带、高空中的工器具

安全鉴证点 | 3-S1 |

质检点 | 2-R1 |</td><td>□A3（a） 使用时安全带的挂钩或绳子应挂在结实牢固的构件上；安全带要挂在上方，高度不低于腰部（即高挂低用）；利用安全带进行悬挂作业时，不能将挂钩直接勾在安全绳上，应勾在安全带的挂环上。
□A3（b） 高空中的工器具必须使用防坠绳；应用绳拴在牢固的构件上，不准随便乱放。

3.1 各联络管吊架承力正常，吊架无歪斜、压死、松弛现象。
3.2 检查联箱吊架无歪斜、开裂、松弛现象，吊点无开裂现象</td></tr>
<tr><td>4 再热器管子按照化学、金属要求取样
□4.1 确定取样位置

质检点 | 3-R1 |

□4.2 再热器割管
危险源：切割机、角磨机、内磨机、坡口机、安全带、手拉葫芦、高空设备设施

安全鉴证点 | 4-S1 |

质检点 | 4-R1 |</td><td>4.1 割管位置由化学、金属、检修三方人员确认

□A4.2（a） 操作人员必须正确佩戴防护面罩、防护眼镜；启动前先试转一下，检查切割机运转方向正确；不准手提切割机的导线或转动部分；工件切割时应紧固后再作业；火花飞溅方向不准有人停留或通过，并应预防火花点燃周围物品；使用切割机时禁止撞击，禁止用切割片的侧面磨削物件；更换切割片前必须先切断电源。
□A4.2（b） 操作人员必须正确佩戴防护面罩、防护眼镜；不准手提角磨机的导线或转动部分；使用角磨机时，应采取防火措施，防止火花引发火灾。
□A4.2（c） 操作人员必须正确佩戴防护面罩、防护眼镜；使用前检查角磨头完好无缺损；不准手提内磨机的导线或转动部分；更换磨头前必须先切断电源。
□A4.2（d） 更换车刀前必须先切断电源；工作中，离开工作场所、暂停作业以及遇临时停电时，须立即切断电源。
□A4.2（e） 使用时安全带的挂钩或绳子应挂在结实牢固的构件上；安全带要挂在上方，高度不低于腰部（即高挂低用）；利用安全带进行悬挂作业时，不能将挂钩直接勾在安全绳上，应勾在安全带的挂环上；安全带严禁打结使用，使用中要避开尖锐的构件。
□A4.2（f） 悬挂链式起重机的架梁或建筑物，必须经过计算，否则不准悬挂。禁止用链式起重机长时间悬吊重物；工作负荷不准超过铭牌规定。
□A4.2（g） 每次使用前检查脚手架完好性和安全措施的有效性。
4.2 割管一般用机械方法切割，端面垂直度的偏差不大于管外径的 1%，且不大于 0.5mm，割下的管子注明部位，根数，并做记录。</td></tr>
</table>

续表

检修工序步骤及内容	安全、质量标准
□4.3　领取管子，按测量好的尺寸下料，分别制好两端坡口 质检点 | 5-R1 |	4.3（a）　管子使用前应逐根进行外观检查，不得有重皮、裂纹，凹坑和表面划痕等缺陷。 4.3（b）　管子使用前应查明钢号、通径、壁厚，符合设计要求，方可使用。 4.3（c）　管子弯曲度不大于 1.5mm/m，外径偏差不大于±0.6%，壁厚公差不大于＋7.5%，椭圆度和壁厚不均程度应分别不超过外径和壁厚公差的 85%，管的椭圆度不大于管外径的 8%，弯曲半径允许偏差不大于±3mm。 4.3（d）坡口标准每边角度分别为 30°～35°，钝边 0～1mm。
□4.4　配好管子，用管卡子把两端焊口卡好以后即可焊接 危险源：电焊机、氧气、乙炔、热辐射、高温焊渣、焊接尘、高空中的工器具、零部件、安全带 安全鉴证点 | 1-S3 | 质检点 | 6-R1 |	□A4.4（a）　电焊人员应持有有效的焊工证；正确使用面罩，穿电焊服，戴电焊手套，戴白光眼镜，穿橡胶绝缘鞋；电焊工更换焊条时，必须戴电焊手套；停止、间断焊接时必须及时切断焊机电源。 □A4.4（b）　氧气表、乙炔表在气瓶上应安装合理、牢固；采用螺纹连接时，应拧足五个螺扣以上；采用专门的夹具压紧时，装卡应平整牢固；使用中不准混用氧气软管与乙炔软管；禁止使用泄漏、烧坏、磨损、老化或有其他缺陷的软管；焊接工作结束或中断焊接工作时，应关闭氧气和乙炔气瓶、供气管路的阀门，确保气体不外漏；重新开始工作时，应再次确认没有可燃气体外漏时方可点火工作。 □A4.4（c）　气割火炬不准对着周围工作人员；穿帆布工作服，戴工作帽，上衣不准扎在裤子里，口袋须有遮盖，裤脚不得挽起，脚面有鞋罩。 □A4.4（d）　进行焊接工作时，必须设有防止金属熔渣飞溅、掉落引起火灾的措施以及防止烫伤、触电、爆炸等措施。 □A4.4（e）　所有焊接、切割、钎焊及有关的操作必须要在足够的通风条件下（包括自然通风或机械通风）进行。 □A4.4（f）　高空中的工器具、零部件必须使用防坠绳；应用绳拴在牢固的构件上，不准随便乱放；不准上下抛掷，应使用绳系牢后往下或往上吊。 □A4.4（g）　使用时安全带的挂钩或绳子应挂在结实牢固的构件上；安全带要挂在上方，高度不低于腰部（即高挂低用）；利用安全带进行悬挂作业时，不能将挂钩直接勾在安全绳上，应勾在安全带的挂环上；安全带严禁打结使用，使用中要避开尖锐的构件。 4.4（a）　管子坡口及内外壁 10～15mm 内的油漆、垢、锈，对口前清理干净，直至出现金属光泽。 4.4（b）　管子接口距弯管弯曲起点不小于管外径，且不小于 70mm，两焊口间距离不小于管外径且不小于 150mm。 4.4（c）　管子对口间隙 2～3mm，不得强力对口，以免引起焊口附加应力。 4.4（d）　焊接对口应内壁平齐、错口不超过壁厚的 10%，且不大于 1mm，管子对口偏折度在距离焊口中心 200mm 处，测量其折口偏差不大于 1mm。
□4.5　焊口检验 危险源：安全带、220V 交流电、X 射线 安全鉴证点 | 3-S2 | 质检点 | 7-R1 |	□A4.5（a）　使用时安全带的挂钩或绳子应挂在结实牢固的构件上；安全带要挂在上方，高度不低于腰部（即高挂低用）；利用安全带进行悬挂作业时，不能将挂钩直接勾在安全绳上，应勾在安全带的挂环上。 □A4.5（b）　使用前检查电源线和外壳是否损坏；使用带漏电保护器的电源。 □A4.5（c）　工作前做好安全区隔离、悬挂“当心辐射”标示牌；提出风险预警通知告知全员，并指定专人现场监护，防止非工作人员误入。 4.5　焊口经外观和拍 X 光片检验合格
5　拆除再热器区域的脚手架 危险源：安全带、防坠器、脚手架 安全鉴证点 | 4-S2 |	□A5（a）　使用时安全带的挂钩或绳子应挂在结实牢固的构件上；安全带要挂在上方，高度不低于腰部（即高挂低用）；利用安全带进行悬挂作业时，不能将挂钩直接勾在安全绳上，应勾在安全带的挂环上；使用时必须高挂低用，悬挂在使用者上方坚固钝边的结构物上。

续表

检修工序步骤及内容	安全、质量标准
质检点 | 5-W2 |	□A5（b） 防坠器安全绳严禁扭结使用。 □A5（c） 拆除区域必须设置隔离带，设置安全警示标志并设专人看护；作业人员必须正确佩戴合格的安全帽、护目眼镜、手套、工作鞋等必要的个人防护用品；拆除作业现场必须设专人指挥；拆除作业时，人员应站在脚手架或其他牢固的构架上；拆除作业应严格按照拆除工程方案进行，应自上而下、逐层逐跨拆除；拆除作业有倒塌伤人危险时，应采用支柱、支撑等防护措施；拆除作业时，不准数层同时交叉作业；拆下的物料不得在楼板上乱堆乱放，应及时清运
6　检修工作结束 危险源：遗留人员、大锤、孔、洞、废料、火种、易燃物等 安全鉴证点 | 5-S1 | □6.1　检修工作结束，清点工具及材料，清理现场 □6.2　检修工作结束后，检查检修现场所需的脚手架、临时电源、照明是否都已拆除，并清理干净 □6.3　关闭人孔时检查炉内是否有工作人员，并进行喊话，确认无人后方可关闭人孔 质检点 | 8-R1 |	□A6（a） 封闭人孔前工作负责人应认真清点工作人员；核对进出入登记，确认无人员和工器具遗落，并喊话确认无人。 □A6（b） 锤把上不可有油污；严禁单手抡大锤；使用大锤时，周围不得有人靠近；严禁戴手套抡大锤。 □A6（c） 临时打的孔、洞，施工结束后，必须恢复原状。 □A6（d） 废料及时清理，做到工完、料尽、场地清

五、安全鉴证卡		
风险鉴证点：1-S2　工序 1.2　低温再热器、高温再热器受热面管子外壁清理积灰		
一级验收		年　月　日
二级验收		年　月　日
一级验收		年　月　日
二级验收		年　月　日
一级验收		年　月　日
二级验收		年　月　日
一级验收		年　月　日
二级验收		年　月　日
一级验收		年　月　日
二级验收		年　月　日
一级验收		年　月　日
二级验收		年　月　日
一级验收		年　月　日
二级验收		年　月　日
一级验收		年　月　日
二级验收		年　月　日
一级验收		年　月　日
二级验收		年　月　日
一级验收		年　月　日
二级验收		年　月　日
一级验收		年　月　日

续表

风险鉴证点：1-S2　工序 1.2　低温再热器、高温再热器受热面管子外壁清理积灰		
二级验收		年　月　日
一级验收		年　月　日
二级验收		年　月　日
一级验收		年　月　日
二级验收		年　月　日
一级验收		年　月　日
二级验收		年　月　日
一级验收		年　月　日
二级验收		年　月　日
一级验收		年　月　日
二级验收		年　月　日
一级验收		年　月　日
二级验收		年　月　日
一级验收		年　月　日
二级验收		年　月　日
一级验收		年　月　日
二级验收		年　月　日
风险鉴证点：2-S2　工序 1.3　高温再热器区域搭设脚手架		
一级验收		年　月　日
二级验收		年　月　日
一级验收		年　月　日
二级验收		年　月　日
一级验收		年　月　日
二级验收		年　月　日
一级验收		年　月　日
二级验收		年　月　日
一级验收		年　月　日
二级验收		年　月　日
一级验收		年　月　日
二级验收		年　月　日
一级验收		年　月　日
二级验收		年　月　日
一级验收		年　月　日
二级验收		年　月　日
一级验收		年　月　日
二级验收		年　月　日
一级验收		年　月　日
二级验收		年　月　日
一级验收		年　月　日

续表

风险鉴证点：2-S2　工序 1.3　高温再热器区域搭设脚手架		
二级验收		年　月　日
一级验收		年　月　日
二级验收		年　月　日
一级验收		年　月　日
二级验收		年　月　日
一级验收		年　月　日
二级验收		年　月　日
一级验收		年　月　日
二级验收		年　月　日
一级验收		年　月　日
二级验收		年　月　日
一级验收		年　月　日
二级验收		年　月　日
一级验收		年　月　日
二级验收		年　月　日
一级验收		年　月　日
二级验收		年　月　日
风险鉴证点：3-S2　工序 4.5　焊口检验		
一级验收		年　月　日
二级验收		年　月　日
一级验收		年　月　日
二级验收		年　月　日
一级验收		年　月　日
二级验收		年　月　日
一级验收		年　月　日
二级验收		年　月　日
一级验收		年　月　日
二级验收		年　月　日
一级验收		年　月　日
二级验收		年　月　日
一级验收		年　月　日
二级验收		年　月　日
一级验收		年　月　日
二级验收		年　月　日
一级验收		年　月　日
二级验收		年　月　日
一级验收		年　月　日
二级验收		年　月　日
一级验收		年　月　日

续表

风险鉴证点：3-S2　工序 4.5　焊口检验		
二级验收		年　月　日
一级验收		年　月　日
二级验收		年　月　日
一级验收		年　月　日
二级验收		年　月　日
一级验收		年　月　日
二级验收		年　月　日
一级验收		年　月　日
二级验收		年　月　日
一级验收		年　月　日
二级验收		年　月　日
一级验收		年　月　日
二级验收		年　月　日
一级验收		年　月　日
二级验收		年　月　日
一级验收		年　月　日
二级验收		年　月　日
风险鉴证点：4-S2　工序 5　拆除再热器区域的脚手架验		
一级验收		年　月　日
二级验收		年　月　日
一级验收		年　月　日
二级验收		年　月　日
一级验收		年　月　日
二级验收		年　月　日
一级验收		年　月　日
二级验收		年　月　日
一级验收		年　月　日
二级验收		年　月　日
一级验收		年　月　日
二级验收		年　月　日
一级验收		年　月　日
二级验收		年　月　日
一级验收		年　月　日
二级验收		年　月　日
一级验收		年　月　日
二级验收		年　月　日
一级验收		年　月　日
二级验收		年　月　日
一级验收		年　月　日

续表

风险鉴证点：4-S2　工序 5　拆除再热器区域的脚手架验		
二级验收		年　月　日
一级验收		年　月　日
二级验收		年　月　日
一级验收		年　月　日
二级验收		年　月　日
一级验收		年　月　日
二级验收		年　月　日
一级验收		年　月　日
二级验收		年　月　日
一级验收		年　月　日
二级验收		年　月　日
一级验收		年　月　日
二级验收		年　月　日
一级验收		年　月　日
二级验收		年　月　日
一级验收		年　月　日
二级验收		年　月　日
风险鉴证点：1-S3　工序 4.4　配好管子，用管卡子把两端焊口卡好以后即可焊接		
一级验收		年　月　日
二级验收		年　月　日
三级验收		年　月　日
一级验收		年　月　日
二级验收		年　月　日
三级验收		年　月　日
一级验收		年　月　日
二级验收		年　月　日
三级验收		年　月　日
一级验收		年　月　日
二级验收		年　月　日
三级验收		年　月　日
一级验收		年　月　日
二级验收		年　月　日
三级验收		年　月　日
一级验收		年　月　日
二级验收		年　月　日
三级验收		年　月　日
一级验收		年　月　日
二级验收		年　月　日
三级验收		年　月　日

续表

风险鉴证点：1-S3　工序 4.4　配好管子，用管卡子把两端焊口卡好以后即可焊接		
一级验收		年　月　日
二级验收		年　月　日
三级验收		年　月　日
一级验收		年　月　日
二级验收		年　月　日
三级验收		年　月　日
一级验收		年　月　日
二级验收		年　月　日
三级验收		年　月　日
一级验收		年　月　日
二级验收		年　月　日
三级验收		年　月　日
一级验收		年　月　日
二级验收		年　月　日
三级验收		年　月　日

六、质量验收卡			
质检点：1-R1　工序 1.2　低温再热器、高温再热器受热面管子外壁外壁清理积灰 检查情况：			
测量器具/编号			
测量（检查）人		记录人	
一级验收			年　月　日
质检点：1-H3　工序 1.3　高温再热器区域搭设脚手架 检查情况：			
测量器具/编号			
测量人		记录人	
一级验收			年　月　日
二级验收			年　月　日
三级验收			年　月　日

续表

质检点：1-W2　工序 2.1　检查高温再热器疏型卡、护瓦、管卡
检查情况：

测量器具/编号			
测量人		记录人	
一级验收			年　月　日
二级验收			年　月　日

质检点：2-W2　工序 2.2　检查低温再热器、高温再热器管排的防磨护瓦
检查情况：

测量器具/编号			
测量人		记录人	
一级验收			年　月　日
二级验收			年　月　日

质检点：3-W2　工序 2.3　再热器管子及管排检查
检查情况：

测量器具/编号			
测量人		记录人	
一级验收			年　月　日
二级验收			年　月　日

质检点：2-H3　工序 2.4　再热器防磨防爆检查缺陷修理
检查情况：

测量器具/编号			
测量人		记录人	
一级验收			年　月　日
二级验收			年　月　日
三级验收			年　月　日

续表

<table>
<tr><td colspan="4">质检点：3-H3　工序 2.5　检修高温再热器管排的防磨护瓦
检查情况：</td></tr>
<tr><td>测量器具/编号</td><td colspan="3"></td></tr>
<tr><td>测量人</td><td></td><td>记录人</td><td></td></tr>
<tr><td>一级验收</td><td colspan="2"></td><td>年　月　日</td></tr>
<tr><td>二级验收</td><td colspan="2"></td><td>年　月　日</td></tr>
<tr><td>三级验收</td><td colspan="2"></td><td>年　月　日</td></tr>
<tr><td colspan="4">质检点：4-W2　工序 2.6　检修低温再热器管排的防磨护瓦
检查情况：</td></tr>
<tr><td>测量器具/编号</td><td colspan="3"></td></tr>
<tr><td>检查人</td><td></td><td>记录人</td><td></td></tr>
<tr><td>一级验收</td><td colspan="2"></td><td>年　月　日</td></tr>
<tr><td>二级验收</td><td colspan="2"></td><td>年　月　日</td></tr>
<tr><td colspan="4">质检点：2-R1　工序 3　再热器联络管、联箱吊点检查修理
检查情况：</td></tr>
<tr><td>测量器具/编号</td><td colspan="3"></td></tr>
<tr><td>测量人</td><td></td><td>记录人</td><td></td></tr>
<tr><td>一级验收</td><td colspan="2"></td><td>年　月　日</td></tr>
<tr><td colspan="4">质检点：3-R1　工序 4.1　确定取样位置
检查情况：</td></tr>
<tr><td>测量器具/编号</td><td colspan="3"></td></tr>
<tr><td>测量人</td><td></td><td>记录人</td><td></td></tr>
<tr><td>一级验收</td><td colspan="2"></td><td>年　月　日</td></tr>
</table>

续表

<table>
<tr><td colspan="4">质检点：4-R1　工序 4.2　再热器割管
检查情况：</td></tr>
<tr><td>测量器具/编号</td><td colspan="3"></td></tr>
<tr><td>测量人</td><td></td><td>记录人</td><td></td></tr>
<tr><td>一级验收</td><td colspan="2"></td><td>年　月　日</td></tr>
<tr><td colspan="4">质检点：5-R1　工序 4.3　领取管子，按测量好的尺寸下料，分别制好两端坡口
检查情况：</td></tr>
<tr><td>测量器具/编号</td><td colspan="3"></td></tr>
<tr><td>测量人</td><td></td><td>记录人</td><td></td></tr>
<tr><td>一级验收</td><td colspan="2"></td><td>年　月　日</td></tr>
<tr><td colspan="4">质检点：6-R1　工序 4.4　配好管子，用管卡子把两端焊口卡好以后即可焊接
检查情况：</td></tr>
<tr><td>测量器具/编号</td><td colspan="3"></td></tr>
<tr><td>测量人</td><td></td><td>记录人</td><td></td></tr>
<tr><td>一级验收</td><td colspan="2"></td><td>年　月　日</td></tr>
<tr><td colspan="4">质检点：7-R1　工序 4.5　焊口检验
检查情况：</td></tr>
<tr><td>测量器具/编号</td><td colspan="3"></td></tr>
<tr><td>测量人</td><td></td><td>记录人</td><td></td></tr>
<tr><td>一级验收</td><td colspan="2"></td><td>年　月　日</td></tr>
<tr><td colspan="4">质检点：5-W2　工序　工序 5　拆除再热器区域的脚手架
检查情况：</td></tr>
</table>

续表

测量器具/编号			
检查人		记录人	
一级验收			年　月　日
二级验收			年　月　日
质检点：8-R1　工序9　检修工作结束 检查情况：			
测量器具/编号			
测量人		记录人	
一级验收			年　月　日

七、完工验收卡			
序号	检查内容	标　准	检查结果
1	安全措施恢复情况	1.1　检修工作全部结束 1.2　整改项目验收合格 1.3　检修脚手架拆除完毕 1.4　孔洞、坑道等盖板恢复 1.5　临时拆除的防护栏恢复 1.6　安全围栏、标示牌等撤离现场 1.7　安全措施和隔离措施具备恢复条件 1.8　工作票具备押回条件	□ □ □ □ □ □ □ □
2	设备自身状况	2.1　设备与系统全面连接 2.2　设备各人孔、开口部分密封良好 2.3　设备标示牌齐全 2.4　设备油漆完整 2.5　设备管道色环清晰准确 2.6　阀门手轮齐全 2.7　设备保温恢复完毕	□ □ □ □ □ □ □
3	设备环境状况	3.1　检修整体工作结束，人员撤出 3.2　检修剩余备件材料清理出现场 3.3　检修现场废弃物清理完毕 3.4　检修用辅助设施拆除结束 3.5　临时电源、水源、气源、照明等拆除完毕 3.6　工器具及工具箱运出现场 3.7　地面铺垫材料运出现场 3.8　检修现场卫生整洁	□ □ □ □ □ □ □ □
一级验收		二级验收	

八、完工报告单					
工期	年　月　日　至　年　月　日			实际完成工日	工日
主要材料备件消耗统计	序号	名称	规格与型号	生产厂家	消耗数量
	1				
	2				

续表

<table>
<tr><td rowspan="4">主要材料备件消耗统计</td><td>序号</td><td>名称</td><td>规格与型号</td><td>生产厂家</td><td>消耗数量</td></tr>
<tr><td>3</td><td></td><td></td><td></td><td></td></tr>
<tr><td>4</td><td></td><td></td><td></td><td></td></tr>
<tr><td>5</td><td></td><td></td><td></td><td></td></tr>
<tr><td rowspan="5">缺陷处理情况</td><td>序号</td><td colspan="2">缺陷内容</td><td colspan="2">处理情况</td></tr>
<tr><td>1</td><td colspan="2"></td><td colspan="2"></td></tr>
<tr><td>2</td><td colspan="2"></td><td colspan="2"></td></tr>
<tr><td>3</td><td colspan="2"></td><td colspan="2"></td></tr>
<tr><td>4</td><td colspan="2"></td><td colspan="2"></td></tr>
<tr><td>异动情况</td><td colspan="5"></td></tr>
<tr><td>让步接受情况</td><td colspan="5"></td></tr>
<tr><td>遗留问题及采取措施</td><td colspan="5"></td></tr>
<tr><td>修后总体评价</td><td colspan="5"></td></tr>
<tr><td rowspan="2">各方签字</td><td colspan="2">一级验收人员</td><td colspan="2">二级验收人员</td><td>三级验收人员</td></tr>
<tr><td colspan="2"></td><td colspan="2"></td><td></td></tr>
</table>

检修文件包

单位：__________ 班组：__________ 编号：__________

检修任务：**疏水电动门检修** 风险等级：__________

一、检修工作任务单						
计划检修时间	年　月　日　至　年　月　日				计划工日	
主要检修项目	1．检修前的准备工作 2．阀体及传动机构拆除 3．阀门零部件检查、修理、测量			4．阀芯及阀座密封面检查、研磨 5．阀门整体组装 6．阀门限位整定		
修后目标	1．阀门手动及电动开关灵活 2．行程：30mm 3．阀门投入运行，密封无泄漏					
鉴证点分布	W 点	工序及质检点内容	H 点	工序及质检点内容	S 点	工序及安全鉴证点内容
	1-W2	□3.5　阀杆与填料座圈、填料压盖间隙检查、测量	1-H3	□4.1　阀芯及阀座密封面研磨、检验	1-S2	□2　低温段再热器入口联箱疏水电动门阀门解体
	2-W2	□5.5　紧固阀杆密封填料，阀门开关检查				
质量验收人员	一级验收人员		二级验收人员		三级验收人员	
安全验收人员	一级验收人员		二级验收人员		三级验收人员	

二、修前准备卡
设 备 基 本 参 数
1．阀门规格型号：1055-50-ЭA、1054-50-ЭA、1055-40-ЭA、1054-40-ЭA 型俄制截止阀 2．介质参数：蒸汽系统 28.4MPa/510℃，给水系统 37.3MPa/280℃ 3．结构特点：截止阀一般装在公称直径小于 100mm 的管道中，按介质工作参数要求，用于过热蒸汽管道上的温度大于 450℃的阀门，门体材质为 12Cr1MoV 钢。用在工作介质温度不大于 450℃的阀门，门体材质为 25 号钢。截止阀手轮顺时针旋转时关闭阀门，截止阀的上阀杆旋转并沿直线运动，依靠联接件来保证下阀杆的直线运动，阀杆为分体式 4．图例：
设 备 修 前 状 况
检修前交底（设备运行状况、历次主要检修经验和教训、检修前主要缺陷） 设备运行中阀门无缺陷。 以往检修中检查发现，上阀杆磨损、阀芯及阀座密封面冲刷等问题，已在检修中予以处理。 检修前主要缺陷：设备检修前无明显缺陷

续表

设备修前状况		
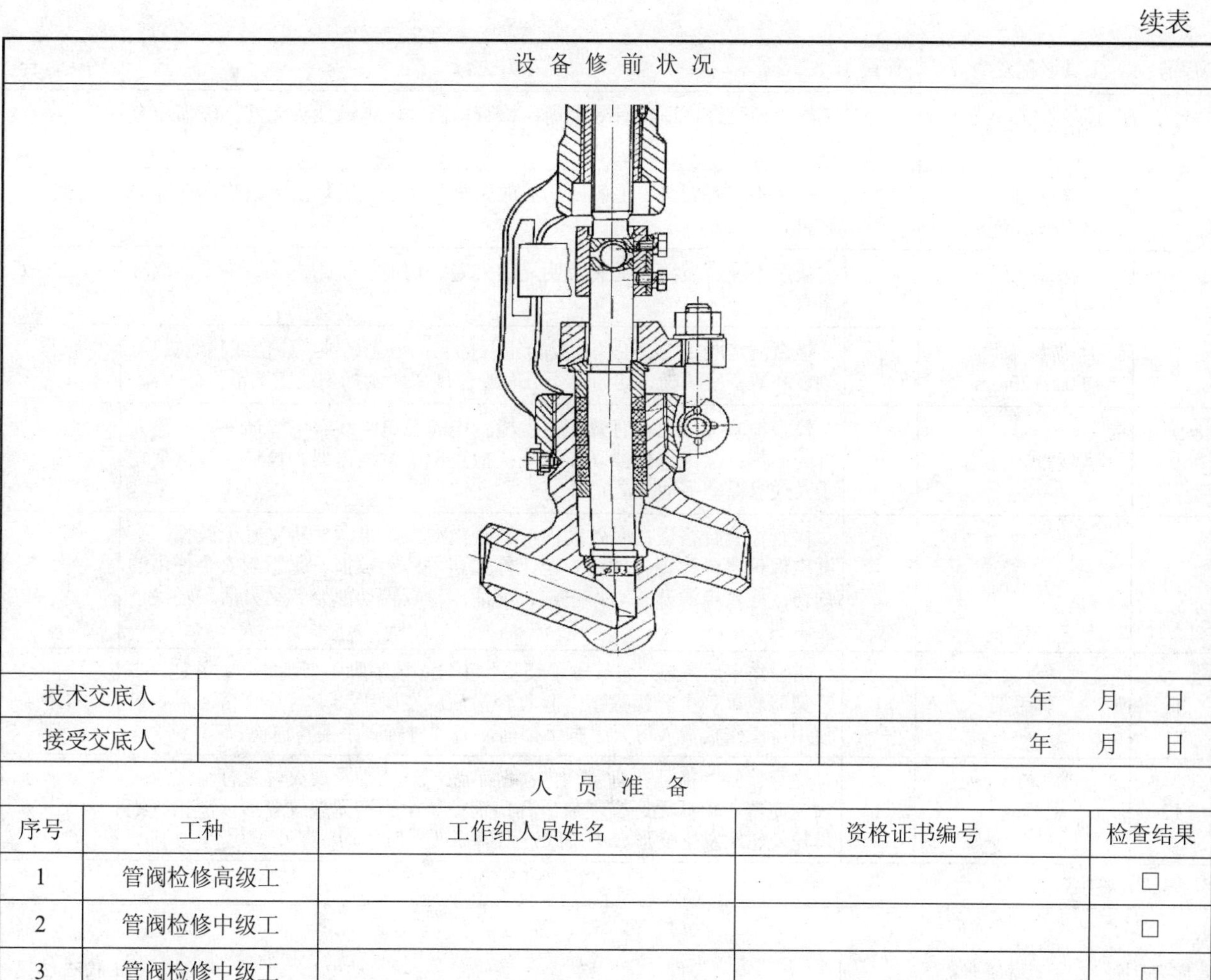		
技术交底人		年 月 日
接受交底人		年 月 日

人员准备				
序号	工种	工作组人员姓名	资格证书编号	检查结果
1	管阀检修高级工			□
2	管阀检修中级工			□
3	管阀检修中级工			□

三、现场准备卡		
办理工作票		
工作票编号：		
施工现场准备		
序号	安全措施检查	确认符合
1	进入粉尘较大的场所作业，作业人员必须戴防尘口罩	□
2	进入噪声区域、使用高噪声工具时正确佩戴合格的耳塞	□
3	在高处作业区域周围设置明显的围栏，悬挂安全警示标示牌，必要时在作业区内搭设防护棚，不准无关人员入内或在工作地点下方行走和停留	□
4	对现场检修区域设置围栏、铺设胶皮，进行有效的隔离，有人监护	□
5	开工前与运行人员共同确认检修的设备已可靠与运行中的系统隔断，没有汽、水流入的可能	□
确认人签字：		

工器具准备与检查				
序号	工具名称及型号	数量	完好标准	确认符合
1	手锤 （2p）	1	大锤的锤头须完整，其表面须光滑微凸，不得有歪斜、缺口、凹入及裂纹等情形。大锤和手锤的柄须用整根的硬木制成，并将头部用楔栓固定。楔栓宜采用金属楔，楔子长度不应大于安装孔的2/3	□
2	活扳手 （300mm）	1	活动扳口应在扳体导轨的全行程上灵活移动；活扳手不应有裂缝、毛刺及明显的夹缝、氧化皮等缺陷，柄部平直且不应有影响使用性能的缺陷	□
3	手电筒	2	电池电量充足、亮度正常、开关灵活好用	□
4	螺丝刀 （150mm）	1	螺丝刀手柄应安装牢固，没有手柄的不准使用	□

续表

序号	工具名称及型号	数量	完 好 标 准	确认符合
5	电动研磨机	1	检查检验合格证在有效期内；检查电源线、电源插头完好无破损；有漏电保护器	□
6	梅花扳手（30～32mm）	1	扳手不应有裂缝、毛刺及明显的夹缝、切痕、氧化皮等缺陷，柄部应平直	□
7	梅花扳手（17～19mm）	1	扳手不应有裂缝、毛刺及明显的夹缝、切痕、氧化皮等缺陷，柄部应平直	□
8	游标卡尺（0～120mm）	1	检查测定面是否有毛头；检查卡尺的表面应无锈蚀、碰伤或其他缺陷，刻度和数字应清晰、均匀，不应有脱色现象，游标刻线应刻至斜面下缘	□
9	移动式电源盘	6	检查检验合格证在有效期内；检查电源盘电源线、电源插头、插座完好无破损；漏电保护器动作正确；检查电源盘线盘架、拉杆、线盘架轮子及线盘摇动手柄齐全完好	□
10	手电钻	1	检查检验合格证在有效期内；检查电源线、电源插头完好无破损；有漏电保护器；检查各部件齐全，外壳和手柄无破损、无影响安全使用的灼伤；检查电源开关动作正常、灵活；检查转动部分转动灵活、轻快，无阻滞	□
11	脚手架	1	搭设结束后，必须履行脚手架验收手续，填写脚手架验收单，并在“脚手架验收单”上分级签字；验收合格后应在脚手架上悬挂合格证，方可使用；工作负责人每天上脚手架前，必须进行脚手架整体检查	□
12	手拉葫芦	1	检查检验合格证在有效期内；链节无严重锈蚀及裂纹，无打滑现象；齿轮完整，轮杆无磨损现象，开口销完整；吊钩无裂纹变形；链扣、蜗母轮及轮轴发生变形、生锈或链索磨损严重时，均应禁止使用	□
确认人签字：				

材 料 准 备

序号	材料名称	规 格	单位	数量	检查结果
1	擦机布		kg	1	□
2	塑料布		m^2	2	□
3	抗咬合剂	N-7000	支	0.2	□
4	松锈灵	250mL	瓶	1	□
5	红丹粉		kg	0.05	□
6	记号笔	粗	支	1	□
7	脱脂棉		kg	0.1	□
8	研磨砂	W5-W20	kg	0.25	□
9	水砂纸	120～600 号	张	4	□
10	砂布	0～60 号	张	2	□
11	双面胶带	50mm	卷	0.1	□

备 件 准 备

序号	备件名称	规格型号	单位	数量	检查结果
1	上阀杆组件	G977.012Z	件	1	□
	下门杆	G9772.013	件	1	□
	填料压环	977.645/G	件	1	□
	填料压盖	9772.404/G	件	1	□
	铰链螺栓	9772.646/G	件	1	□
	截止阀体	9772.1476/G	件	1	□
	验收标准：核对备件制造厂家、规格型号、材质、质量合格证等信息。上述备件外观检查无明显磕碰和划伤；测量备件形体尺寸和定位尺寸，满足设备安装，符合“质量标准”中的相关尺寸和要求；含螺纹部分的备件安装前进行试装配，无咬口现象；阀瓣有效包装，密封面无划痕等缺陷				

续表

序号	备件名称	规格型号	单位	数量	检查结果
2	CXB 组合填料环	$\phi56\times36$	套	1	□
	验收标准：核对密封件制造厂家、规格型号、材质、质量合格证等信息。密封件完整无破损，外观应无扭曲变形；盘根（CXB 组合填料）无松散，切口整齐				

<table>
<tr><td colspan="2">四、检修工序卡</td></tr>
<tr><td>检修工序步骤及内容</td><td>安全、质量标准</td></tr>
<tr><td>1 低温段再热器入口联箱疏水电动门阀门传动机构拆除
危险源：手拉葫芦、扳手、润滑油
<table><tr><td>安全鉴证点</td><td>1-S1</td><td></td></tr></table>□1.1 手动将阀门开启 2～3 圈
□1.2 松开填料压盖螺母
□1.3 悬挂倒链，旋出电动执行器的止动螺钉，取下电动执行器，放置在垫有胶皮的指定检修地方。电动执行器应水平放好，防止蜗轮箱内齿轮油漏入电动机里
□1.4 从阀杆上取下传动键</td><td>□A1（a） 悬挂链式起重机的架梁或建筑物，必须经过计算，否则不准悬挂。禁止用链式起重机长时间悬吊重物；工作负荷不准超过铭牌规定。
□A1（b） 正确佩戴防护手套。
□A1（c） 地面有油水必须及时清除，以防滑跌</td></tr>
<tr><td>2 低温段再热器入口联箱疏水电动门阀门解体
危险源：高温部件、大锤、钢丝钳、扳手
<table><tr><td>安全鉴证点</td><td>1-S2</td><td></td></tr></table>□2.1 拆卸阀门框架，先展平止动垫，用标准扳手（梅花扳手 17～19mm）松开框架固定螺钉
□2.2 将框架逆时针方向旋转，同时将上部阀杆沿开启方向旋转，使其带动下阀杆一起提升，将框架连同上下阀杆一起取下
□2.3 松开开度指示板。用冲子取出下阀杆与连接套连接销，取出下阀杆和连接钢珠。使用专用样冲，避免损坏连接销
□2.4 从上门杆螺母中旋出上门杆。从连接套上的小孔中退出滚珠，将连接套与上门杆脱离，保存好滚珠
□2.5 用盘根钩子将阀杆密封填料清理干净，从下阀杆上取下填料压盖和压板</td><td>□A2（a） 工作人员应与高温部件保持适当距离或穿戴防高温烫伤隔热服及防护手套；应用专用测温工具测量高温部件温度，不准用手臂直接接触判断；监测阀体温度低于 50℃时方可拆除保温及阀门部件。
□A2（b） 锤把上不可有油污；抡大锤时，周围不得有人靠近，不得单手抡大锤；打锤人不得戴手套。
□A2（c） 正确佩戴防护手套使用工器具</td></tr>
<tr><td>3 低温段再热器入口联箱疏水电动门零部件检查、修理、测量（3.4 项与 3.5 项可并列进行）
□3.1 阀体检查。清理检查阀体内部杂质，必要时可进行探伤试验
<table><tr><td>质检点</td><td>1-R1</td><td></td></tr></table>□3.2 检查阀杆。宏观检查，阀杆有无弯曲变形，如有异常，需放到 V 形铁上架百分表检查。上阀杆螺纹完好，表面光洁、无腐蚀划痕
<table><tr><td>质检点</td><td>2-R1</td><td></td></tr></table>□3.3 清理填料压盖与压板的锈垢，表面应清洁、完好
□3.4 各部位连接、紧固螺栓、螺母检查
□3.5 填料室清理，阀杆与填料座圈、填料压盖间隙检查、测量
<table><tr><td>质检点</td><td>1-W2</td><td></td></tr></table>□3.6 阀杆螺母检查</td><td>3.1 阀体无裂纹、砂眼，阀体通道冲刷腐蚀不得超过原壁厚的 1/3。阀体出入口管道畅通，无杂物。
3.2（a） 阀杆螺纹（Tr36×6）完好，无断扣、咬扣现象，螺纹磨损不大于原齿厚的 1/3（齿顶厚度不小于 1mm）。
3.2（b） 阀杆表面锈蚀，磨损深度不超过 0.25mm。
3.2（c） 阀杆不符合上述要求应进行更换。
3.4（a） 螺母在铰接螺栓上活动灵活，螺纹完整无咬扣乱扣现象。
3.4（b） 部位螺栓及螺母无裂纹、腐蚀；螺栓及螺母应符合高压螺栓尺寸要求，螺母六方完好，无歪斜或圆角缺陷，手旋可将螺母旋至螺栓螺纹底部。
3.5（a） 填料压盖及压兰无锈垢，填料室内壁清洁。
3.5（b） 阀杆与压盖间隙为 0.1～0.3mm。
3.5（c） 填料室与压盖间隙要适当，一般为 0.2～0.4mm。
3.6（a） 清理阀杆螺母，检查内外丝扣是否完好，与外壳固定螺钉应牢固可靠。
3.6（b） 阀杆螺母梯形螺纹磨损不应超过齿厚的 1/3。</td></tr>
</table>

续表

<table>
<tr><th>检修工序步骤及内容</th><th>安全、质量标准</th></tr>
<tr><td>
<table><tr><td>质检点</td><td>3-R1</td><td></td></tr></table>
□3.7　电动装置检查、检修。手动-电动切换装置、电动-手动切换装置检查，内部油脂检查及轴承检查（仅限于扬州电动装置）
<table><tr><td>质检点</td><td>4-R1</td><td></td></tr></table>
</td><td>
3.7（a）　手动切换到电动装置时，检查输出轴的中间离合器上移，可靠压迫压簧，确保中间离合器与手动轴爪啮合。
3.7（b）　电动切换到手动装置时，检查电机带动蜗轮后，直立杆应立即倒下，中间离合器应与蜗轮啮合。
3.7（c）　电动装置内部轴承检查完好，滚珠完整，无麻坑、重皮、锈蚀。
3.7（d）　内部油脂无变质
</td></tr>
<tr><td>
4　低温段再热器入口联箱疏水电动门密封面研磨、试验
危险源：电动研磨机、噪声
<table><tr><td>安全鉴证点</td><td>2-S1</td><td></td></tr></table>
□4.1　阀芯及阀座密封面研磨、检验
<table><tr><td>质检点</td><td>1-H3</td><td></td></tr></table>
</td><td>
□A4（a）　阀门研磨时，无关人员远离，工作人员站在侧面。
□A4（b）　现场保持通风，人员戴好防护口罩；阀门研磨时必须戴好防护耳塞。
4.1（a）　阀瓣及阀座密封面应无沟槽、麻点；阀瓣及阀座密封面无明显缺陷可采用直接研磨的方法进行研磨；密封面磨损、冲刷超过 1.5mm，应予以更换。
4.1（b）　研磨时应及时检查纠偏。
4.1（c）　研磨后的阀杆及阀座封面不得有可见麻点，沟槽，全圈光亮，表面粗糙度在 0.6 以上，做红丹粉接触试验。
4.1（d）　阀瓣锥形密封面应保持其锥度与阀座一致，阀杆及阀座封面接触面应在锥面中间处为佳
</td></tr>
<tr><td>
5　低温段再热器入口联箱疏水电动门整体组装
□5.1　阀体内部清理
□5.2　填加阀杆密封填料。将下阀杆擦干净套入填料座圈，放入框架内；填料接口角度为 45°，每相邻两圈填料接口处应错开 90°～180°，填料放入填料室长短应适宜，不应有间隙或叠加现象；使用 CXB 填料应按顺序安装；用填料压紧树脂棒检查填料座圈落底、平整，密封填料应逐圈压实，放入填料压盖及压板
<table><tr><td>质检点</td><td>5-R1</td><td></td></tr></table>
□5.3　上阀杆组件及阀体框架组装。先将连接套，套在上阀杆上，从连接套小孔装入滚珠。装入滚珠前应先在轨道槽内涂少许润滑油。滚珠数量以 12 颗为宜，滚珠装好后，应检查其转动是否灵活。将上阀杆组件选入阀体框架中。将下阀杆擦干净套入填料座圈，放入框架内。将阀门框架套在阀体上，顺时针旋转到阀体根部，用固定螺钉固定门体与框架，并上好止动垫。在上下阀杆间放入滚珠，将下阀杆穿入连接套并用销子固定好。在连接套上紧好开度指示板
危险源：大锤、钢丝钳
<table><tr><td>安全鉴证点</td><td>3-S1</td><td></td></tr></table>
□5.4　装复阀门驱动装置
危险源：手拉葫芦、扳手
<table><tr><td>安全鉴证点</td><td>4-S1</td><td></td></tr></table>
□5.5　紧固阀杆密封填料，阀门开关检查
<table><tr><td>质检点</td><td>2-W2</td><td></td></tr></table>
□5.6　联系热工人员进行阀门调试传动。记录阀门开度及力矩值（禁止使用力矩开关调整阀门限位）
危险源：380V 电源、转动的门杆
<table><tr><td>安全鉴证点</td><td>5-S1</td><td></td></tr></table>
阀门更换新型执行器或更换新型号阀门时，阀门限位整订方法如下：
（1）电动截止阀开（关）整定禁止使用执行器转矩直接进行整订。
</td><td>
5.1　阀体内部无遗留杂物。
5.2　记录填料数量。
□A5.3（a）　锤把上不可有油污；抡大锤时，周围不得有人靠近，不得单手抡大锤；打锤人不得戴手套。
□A5.3（b）　正确佩戴防护手套使用工器具。
□A5.4（a）　悬挂链式起重机的架梁或建筑物，必须经过计算，否则不准悬挂。禁止用链式起重机长时间悬吊重物；工作负荷不准超过铭牌规定。
□A5.4（b）　正确佩戴防护手套使用工器具。
5.4　手动开启检查阀门应动作灵活、可靠；手动-电动切换手柄动作正确。
5.5（a）　阀杆、填料压盖、填料室间隙均匀，填料压盖压入填料室为其高度（25mm）尺寸的 1/3，且不大于 1/2；填料压盖与阀杆间间隙均匀。
5.5（b）　再次手动开启检查阀门，应动作灵活、可靠，将阀门摇为全关状态。
□A5.6（a）　阀门传动前送电调试检查电动执行机构绝缘及接地装置良好。
□A5.6（b）　调整阀门执行机构行程的同时不得用手触摸阀杆和手轮，避免挤伤手指。
5.6（a）　行程限位准确：30mm。
5.6（b）　力矩开关动作正常
</td></tr>
</table>

续表

检修工序步骤及内容	安全、质量标准
（2）电动截止阀需手动关严后方能确定阀门关闭位置并做标记，采用逐渐加大电动执行器转矩的方式，使其关到标记位置。 （3）电动截止阀开启转矩一般大于关闭转矩，如关4开5、关5开6等。 （4）以上调整均在空载无介质压力等因素下调整，在有压力、温度时应注意其能否关严，如关不严则要适当增加转矩值，以关得严打得开为准。 （5）转矩调整完毕后，在进行行程控制机构调整。 注：上述方式仅限于DZW型电动装置、AUMA或OTORK等电动装置，俄制电动装置则不在此列 质检点 | 6-R1 |	
6　检修工作结束 危险源：废料 安全鉴证点 | 5-S1 | □6.1　检修技术记录检查。检修技术记录清晰、完整 □6.2　检修后设备检查。阀门标牌齐全完好；管道保温完好；设备见本色，保温、油漆良好	□A6　废料及时清理，做到工完、料尽、场地清

五、安全鉴证卡		
风险鉴证点：1-S2　工序2　低温段再热器入口联箱疏水电动门阀门解体		
一级验收		年　月　日
二级验收		年　月　日
一级验收		年　月　日
二级验收		年　月　日
一级验收		年　月　日
二级验收		年　月　日
一级验收		年　月　日
二级验收		年　月　日
一级验收		年　月　日
二级验收		年　月　日
一级验收		年　月　日
二级验收		年　月　日
一级验收		年　月　日
二级验收		年　月　日
一级验收		年　月　日
二级验收		年　月　日
一级验收		年　月　日
二级验收		年　月　日
一级验收		年　月　日
二级验收		年　月　日
一级验收		年　月　日
二级验收		年　月　日

续表

风险鉴证点：1-S2　工序 2　低温段再热器入口联箱疏水电动门阀门解体		
一级验收		年　月　日
二级验收		年　月　日
一级验收		年　月　日
二级验收		年　月　日
一级验收		年　月　日
二级验收		年　月　日
一级验收		年　月　日
二级验收		年　月　日
一级验收		年　月　日
二级验收		年　月　日
一级验收		年　月　日
二级验收		年　月　日
一级验收		年　月　日
二级验收		年　月　日
一级验收		年　月　日
二级验收		年　月　日

六、质量验收卡

质检点：1-R1　工序 3.1　阀体检查
质量标准：阀体无裂纹、砂眼，阀体通道冲刷腐蚀不得超过原壁厚的 1/3；阀体出入口管道畅通，无杂物。
检查情况：

测量器具/编号			
测量（检查）人		记录人	
一级验收			年　月　日

质检点：2-R1　工序 3.2　阀杆检查
质量标准：阀杆螺纹（Tr36×6 左）完好，无断扣、咬扣现象，螺纹磨损不大于原齿厚的 1/3。阀杆表面锈蚀，磨损深度不超过 0.1～0.25mm。阀杆不符合上述要求应进行更换。
检查情况：

测量值／测量位置	标准值（mm）		修后值（mm）
阀杆螺纹（Tr36×6 左）	齿顶厚度不小于 1mm		
阀杆表面锈蚀、磨损深度	<0.25		
测量器具/编号			
测量（检查）人		记录人	
一级验收			年　月　日

质检点：1-W2　工序 3.5　填料室清理，阀杆与填料座圈、填料压盖间隙检查、测量
质量标准：填料压盖及压兰无锈垢，填料室内壁清洁。

续表

数据名称	质量标准	单位	测量值
填料室内径（ϕ56.3）	0.1～0.3	mm	
填料压盖外径（ϕ56）			
填料压盖内径（ϕ36.3）	0.2～0.4	mm	
阀杆外径（ϕ36）			
测量器具/编号			
测量（检查）人		记录人	
一级验收			年　月　日
二级验收			年　月　日

质检点：3-R1　工序 3.6　阀杆螺母检查

质量标准：清理阀杆螺母，检查内外丝扣是否完好，与外壳固定螺钉应牢固可靠。阀杆螺母梯形螺纹（Tr36×6 左）磨损不应超过齿厚的 1/3。

检查情况：

测量值 测量位置	标准值		修后值（mm）
阀杆螺母（Tr36×6 左）	齿顶厚度不小于 1mm		
测量器具/编号			
测量（检查）人		记录人	
一级验收			年　月　日

质检点：4-R1　工序 3.7　电动装置检查、检修。手动-电动切换装置、电动-手动切换装置检查，内部油脂检查及轴承检查

质量标准：手动切换到电动装置时，检查输出轴的中间离合器上移，可靠压迫压簧，确保中间离合器与手动轴爪啮合。电动切换到手动装置时，检查电机带动蜗轮后，直立杆应立即倒下，中间离合器应与蜗轮啮合。电动装置内部轴承检查完好，滚珠完整，无麻坑、重皮、锈蚀。内部油脂无变质。

检查情况：

测量器具/编号			
测量（检查）人		记录人	
一级验收			年　月　日

质检点：1-H3　工序 4.1　阀芯及阀座密封面研磨、检验

质量标准：阀瓣及阀座密封面应无沟槽、麻点；阀瓣及阀座密封面无明显缺陷可采用直接研磨的方法进行研磨；密封面磨损、冲刷超过 1.5mm，应予以更换。研磨时应及时检查纠偏。研磨后的阀杆及阀座封面不得有可见麻点，沟槽，全圈光亮，表面粗糙度在 1.6 以上，做红丹粉接触试验。阀瓣锥形密封面应保持其锥度与阀座一致，阀杆及阀座封面接触面应在锥面中间处为佳。

检查情况：

续表

测量器具/编号			
测量（检查）人		记录人	
一级验收			年　月　日
二级验收			年　月　日
三级验收			年　月　日

质检点：5-R1　工序　5.2　填加阀杆密封填料
质量标准：记录填料数量。
检查情况：

测量位置	取出数量（环）		填加数量（环）
高碳纤维填料环ϕ56×36			
石墨填料换ϕ56×36			
测量器具/编号			
测量（检查）人		记录人	
一级验收			年　月　日

质检点：2-W2　工序 5.5　紧固阀杆密封填料，阀门开关检查
质量标准：阀杆、填料压盖、填料室间隙均匀，填料压盖压入填料室为其高度（25mm）尺寸的 1/3，且不大于 1/2。再次手动开启检查阀门，应动作灵活、可靠，将阀门摇为全关状态。
检查情况：

测量器具/编号			
测量（检查）人		记录人	
一级验收			年　月　日
二级验收			年　月　日

质检点：6-R1　工序 5.6 联系热工人员进行阀门调试传动
质量标准：记录阀门开度及力矩值。禁止使用力矩开关调整阀门限位；行程限位准确为 30mm。
检查情况：

数据名称	质量标准	单位	测量值
阀门行程	30	mm	
阀门力矩（开）	—	—	
阀门力矩（关）	—	—	
测量器具/编号			
测量（检查）人		记录人	
一级验收			年　月　日

七、完工验收卡

序号	检查内容	标　　准	检查结果
1	安全措施恢复情况	1.1　检修工作全部结束 1.2　整改项目验收合格 1.3　检修脚手架拆除完毕	□ □ □

续表

序号	检查内容	标　　准	检查结果
1	安全措施恢复情况	1.4 孔洞、坑道等盖板恢复 1.5 临时拆除的防护栏恢复 1.6 安全围栏、标示牌等撤离现场 1.7 安全措施和隔离措施具备恢复条件 1.8 工作票具备押回条件	□ □ □ □ □
2	设备自身状况	2.1 设备与系统全面连接 2.2 设备各人孔、开口部分密封良好 2.3 设备标示牌齐全 2.4 设备油漆完整 2.5 设备管道色环清晰准确 2.6 阀门手轮齐全 2.7 设备保温恢复完毕	□ □ □ □ □ □ □
3	设备环境状况	3.1 检修整体工作结束，人员撤出 3.2 检修剩余备件材料清理出现场 3.3 检修现场废弃物清理完毕 3.4 检修用辅助设施拆除结束 3.5 临时电源、水源、气源、照明等拆除完毕 3.6 工器具及工具箱运出现场 3.7 地面铺垫材料运出现场 3.8 检修现场卫生整洁	□ □ □ □ □ □ □ □
一级验收		二级验收	

八、完工报告单					
工期	年　月　日　至　年　月　日			实际完成工日	工日
主要材料备件消耗统计	序号	名称	规格与型号	生产厂家	消耗数量
	1				
	2				
	3				
	4				
	5				
缺陷处理情况	序号	缺陷内容		处理情况	
	1				
	2				
	3				
	4				
异动情况					
让步接受情况					
遗留问题及采取措施					
修后总体评价					
各方签字	一级验收人员		二级验收人员	三级验收人员	

检修文件包

单位：________ 班组：________ 编号：________

检修任务：安全门脉冲阀检修 风险等级：________

一、检修工作任务单					
计划检修时间	年 月 日 至 年 月 日			计划工日	
主要检修项目	1．检修前的准备工作 2．安全阀解体 3．安全阀零部件检查、修理、测量		4．安全阀阀瓣与阀座密封面检查、研磨 5．安全阀整体组装		
修后目标	1．阀门动作灵活 2．阀门投入运行，密封无泄漏				

鉴证点分布	W点	工序及质检点内容	H点	工序及质检点内容	S点	工序及安全鉴证点内容
	1-W2	□2.1 阀体检查	1-H3	□3.2 密封面检查、研磨	1-S2	□1 主汽安全门脉冲阀阀体解体
	2-W2	□3.1 阀瓣及阀座密封面检查				
	3-W2	□4.4 调整杠杆水平				

质量验收人员	一级验收人员	二级验收人员	三级验收人员
安全验收人员	一级验收人员	二级验收人员	三级验收人员

二、修前准备卡

设备基本参数

1．阀门规格型号：586-20-Э M-01 型电磁重锤杠杆式脉冲阀

2．介质参数：安装在锅炉主蒸汽系统管道上，介质温度 545℃，压力 25MPa

3．结构特点：电磁重锤杠杆式脉冲阀密封面为平面接触，为了方便检修其阀座密封面可以拆下；一般都装有用压力继电器和电磁铁组成的电气自动开启，回座系统也可以在控制盘上用电气开关远距离操作，在正常情况下，为使脉冲阀关闭更严密，回座电磁铁一般都通有电流，使阀瓣受到一个附加的作用力

设备修前状况

检修前交底（设备运行状况、历次主要检修经验和教训、检修前主要缺陷）

以往检修中检查发现，上阀杆磨损、阀芯及阀座密封面冲刷等问题，已在检修中予以处理。

检修前主要缺陷：设备检修前无明显缺陷

技术交底人		年 月 日
接受交底人		年 月 日

续表

人 员 准 备				
序号	工种	工作组人员姓名	资格证书编号	检查结果
1				□
2				□

三、现场准备卡		
办 理 工 作 票		
工作票编号：		
施 工 现 场 准 备		
序号	安 全 措 施 检 查	确认符合
1	进入粉尘较大的场所作业，作业人员必须戴防尘口罩	□
2	进入噪声区域、使用高噪声工具时正确佩戴合格的耳塞	□
3	在高处作业区域周围设置明显的围栏，悬挂安全警示标示牌，必要时在作业区内搭设防护棚，不准无关人员入内或在工作地点下方行走和停留	□
4	对现场检修区域设置围栏、铺设胶皮，进行有效的隔离，有人监护	□
5	开工前与运行人员共同确认检修的设备已可靠与运行中的系统隔断，没有汽、水流入的可能	□
确认人签字：		

工 器 具 准 备 与 检 查				
序号	工具名称及型号	数量	完 好 标 准	确认符合
1	手锤（2p）	1	大锤的锤头须完整，其表面须光滑微凸，不得有歪斜、缺口、凹入及裂纹等情形。大锤和手锤的柄须用整根的硬木制成，并将头部用楔栓固定。楔栓宜采用金属楔，楔子长度不应大于安装孔的2/3	□
2	活扳手（300mm）	1	活动扳口应在扳体导轨的全行程上灵活移动；活扳手不应有裂缝、毛刺及明显的夹缝、氧化皮等缺陷，柄部平直且不应有影响使用性能的缺陷	□
3	手电筒	2	电池电量充足、亮度正常、开关灵活好用	□
4	螺丝刀（150mm）	1	手柄应安装牢固，没有手柄的不准使用	□
5	梅花扳手（24～27mm）	1	扳手不应有裂缝、毛刺及明显的夹缝、切痕、氧化皮等缺陷，柄部应平直	□
6	手锯（300mm）	1	手柄应安装牢固，没有手柄的不准使用	□
7	平板锉（200mm）	1	手柄应安装牢固，没有手柄的不准使用	□
8	游标卡尺（0～120mm）	1	检查测定面是否有毛头；检查卡尺的表面应无锈蚀、碰伤或其他缺陷，刻度和数字应清晰、均匀，不应有脱色现象，游标刻线应刻至斜面下缘	□
9	研磨胎具	1	—	□
10	研磨平板（300mm×300mm）	1	—	□
11	切割机	1	检查检验合格证在有效期内；检查电源线、电源插头完好无缺损，电源开关完好无损且动作正常灵活；检查保护接地线联接完好无损；检查各部件完整齐全，防护罩、砂轮片完好无缺损；检查转动部分转动灵活、轻快，无阻滞	
12	电动研磨机	1	检查检验合格证在有效期内；检查电源线、电源插头完好无破损；有漏电保护器	□

续表

序号	工具名称及型号	数量	完 好 标 准	确认符合
13	移动式电源盘	6	检查检验合格证在有效期内；检查电源盘电源线、电源插头、插座完好无破损；漏电保护器动作正确；检查电源盘线盘架、拉杆、线盘架轮子及线盘摇动手柄齐全完好	□
14	脚手架	1	搭设结束后，必须履行脚手架验收手续，填写脚手架验收单，并在“脚手架验收单”上分级签字；验收合格后应在脚手架上悬挂合格证，方可使用；工作负责人每天上脚手架前，必须进行脚手架整体检查	□
15	手拉葫芦	1	检查检验合格证在有效期内；链节无严重锈蚀及裂纹，无打滑现象；齿轮完整，轮杆无磨损现象，开口销完整；吊钩无裂纹变形；链扣、蜗母轮及轮轴发生变形、生锈或链索磨损严重时，均应禁止使用	□
确认人签字：				

材 料 准 备

序号	材料名称	规 格	单位	数量	检查结果
1	擦机布		kg	1	□
2	塑料布		m^2	2	□
3	抗咬合剂	N-7000	支	0.2	□
4	松锈灵	250mL	瓶	1	□
5	红丹粉		kg	0.05	□
6	记号笔	粗	支	1	□
7	研磨砂	W5-W20	kg	0.25	□
8	水砂纸	120～600 号	张	5	□
9	双面胶带	50mm	卷	0.1	□

备 件 准 备

序号	备件名称	规格型号	单位	数量	检查结果
1	螺栓	9772.617/G	条	2	□
2	螺母	83-8233	件	2	□
3	刃口	977.619/G	件	1	□
4	阀杆	9772.076/G	件	1	□
5	阀瓣	9772.026/G	件	1	□

验收标准：核对备件制造厂家、规格型号、材质、质量合格证等信息。上述备件外观检查无明显磕碰和划伤；测量备件形体尺寸和定位尺寸，满足设备安装，符合“质量标准”中的相关尺寸和要求；含螺纹部分的备件安装前进行试装配，无咬口现象；阀瓣有效包装，密封面无划痕等缺陷

四、检修工序卡

检修工序步骤及内容	安全、质量标准
1 主汽安全门脉冲阀阀体解体 □1.1 割开脉冲阀排汽管 危险源：切割机 安全鉴证点 | 1-S1 |	□A1.1 操作人员必须正确佩戴防护面罩、防护眼镜；启动前先试转一下，检查切割机运转方向正确；不准手提切割机的导线或转动部分；工件切割时应紧固后再作业；火花飞溅方向不准有人停留或通过，并应预防火花点燃周围物品；使用切割机时禁止撞击，禁止用切割片的侧面磨削物件，更换切割片前必须先切断电源。
□1.2 杠杆、重锤及阀芯组件拆除。松开重锤固定螺钉，从杠杆上取下重锤；取下杠杆端部和刀刃连接部分销轴，取下杠杆；从阀杆上部取下销轴，拆下刀刃部分；松开脉冲门上盖紧固螺母（选用 22～24mm 梅花扳手），从阀体上拆下上盖和阀杆，脉冲门及时封堵，防止落入杂物；从上盖中取下	□A1.2（a） 应用专用测温工具测量高温部件温度，不准用手臂直接接触判断；被解体的阀门能有效隔离且隔离严密，阀门前后疏水门打开，放尽余汽水；监测阀体温度低于 50℃时方可拆除保温及阀门部件。 □A1.2（b） 悬挂链式起重机的架梁或建筑物，必须经过计算，否则不准悬挂；禁止用链式起重机长时间悬吊重物；

续表

检修工序步骤及内容	安全、质量标准
阀杆和阀瓣和套；从阀杆上拆下轴，取下阀瓣；取下阀瓣内的垫片；从门体上松开杠杆支架紧固螺母，并取下杠杆，解开杠杆支架；松开门体排污口锁紧螺栓，取出垫片，进行排污 危险源：高温部件、手拉葫芦、螺丝刀、扳手、大锤、安全带 安全鉴证点 | 1-S2 | 质检点 | 1-R1 |	工作负荷不准超过铭牌规定。 □A1.2（c） 正确佩戴防护手套使用工器具。 □A1.2（d） 锤把上不可有油污；抡大锤，周围不得有人靠近，不得单手抡大锤；打锤人不得戴手套。 □A1.2（e） 使用时安全带的挂钩或绳子应挂在结实牢固的构件上；安全带要挂在上方，高度不低于腰部（即高挂低用）；利用安全带进行悬挂作业时，不能将挂钩直接勾在安全绳上，应勾在安全带的挂环上。 1.2 松开重锤前，应在杠杆上做好标记，并记录
2 主汽安全门脉冲阀零部件检查、修理、测量（2.3 项与 2.4 项可并列进行） □2.1 阀体检查。清理检查阀体内部杂质，必要时可进行探伤试验。清理阀体内滤网下部杂物，检查不锈钢垫密封部位结合面有无齿痕，必要时研磨处理 质检点 | 1-W2 | □2.2 阀杆检查 质检点 | 2-R1 | □2.3 螺栓、螺母清理，检查 □2.4 阀体与阀盖结合面检查清理 质检点 | 3-R1 | □2.5 阀盖内衬汽套检查 □2.6 安全阀杠杆支点“刀口”检查 质检点 | 4-R1 |	2.1 阀体无裂纹、砂眼，阀体通道冲刷腐蚀不得超过原壁厚的 1/3。阀体出入口管道畅通，无杂物。阀体密封结合面无齿痕。 2.2 阀杆表面锈蚀，磨损深度不超过 0.25mm。 2.3 螺栓、螺母清理光洁；螺栓、螺母应无裂纹及腐蚀。 2.4 接合面应光洁、平整、表面无坑点，压紧后法兰接合面应间隙均匀，法兰凸面应能可靠压入凹面。 2.5 无冲刷、腐蚀，其间隙应保证组装时灵活，无卡涩。 2.6 对于杠杆上支力点的刀口，进行水平，垂直度校正。刀口刃部平面应为 0.3～0.6mm
3 主汽安全门脉冲阀密封面研磨、试验 □3.1 阀瓣及阀座密封面检查 危险源：电动研磨机、噪声 安全鉴证点 | 2-S1 | 质检点 | 2-W2 | □3.2 阀瓣及阀座密封面检验 质检点 | 1-H3 |	□A3.1（a） 阀门研磨时，无关人员远离，工作人员站在侧面。 □A3.1（b） 现场保持通风，人员戴好防护口罩；阀门研磨时必须戴好防护耳塞。 3.1 阀瓣及阀座密封面应无沟槽、麻点；阀瓣及阀座密封面无明显缺陷可采用直接研磨的方法进行研磨；密封面磨损、冲刷超过 1.5mm，应予以更换。 3.2（a） 阀瓣与阀座密封面无麻点、沟槽，研磨后光洁平整，无划痕，且全圈光亮。密封面表面粗糙度在 0.4 以上。 3.2.（b） 阀瓣及阀座密封面红丹粉接触部分，应占密封面口宽的 2/3 以上
4 主汽安全门脉冲阀整体组装 □4.1 阀芯、阀杆、汽封套等阀门零部件装复。阀芯与阀杆连接，销钉应牢固可靠。阀芯内凹形垫片及连接球应清洁、完好，且保证阀杆与阀芯组合后能自动调心；汽封套清理干净，装复于阀盖；将阀芯与阀座密封面擦净，阀杆连同阀芯	□A4.1（a） 锤把上不可有油污；抡大锤时，周围不得有人靠近，不得单手抡大锤；打锤人不得戴手套。 □A4.1（b） 使用时安全带的挂钩或绳子应挂在结实牢固的构件上；安全带要挂在上方，高度不低于腰部（即高挂低

续表

<table>
<tr><th>检修工序步骤及内容</th><th>安全、质量标准</th></tr>
<tr><td>一起放入阀体上盖与阀体接合面处放入齿形垫，将阀盖套在阀杆上。齿形垫内外圆尺寸合适，不妨碍阀芯动作。阀盖与阀体连接螺栓涂抹抗咬合剂，拧紧时应对角均匀进行。法兰间隙均匀一致
危险源：大锤、安全带、手拉葫芦、高空的工器具、零部件
安全鉴证点 ｜ 2-S1 ｜

□4.2 检查阀门开度。先将阀门关严，在阀杆上划出位置标记，再向上提足测量其开度距离
质检点 ｜ 5-R1 ｜

□4.3 杠杆及重锤安装。将阀体刀刃与调整螺栓连接后，拧到阀体上，旋紧固螺钉；力点和支力点刀刃正对刀口，不得偏斜；棱支柱保持垂直，杠杆与限位柱侧面应保持间隙，不得妨碍杠杆动作
□4.4 调整杠杆水平。可调整阀体刀刃之调整螺钉，将杠杆找平，并检查杠杆侧面与限位架及各处间隙均匀
质检点 ｜ 3-W2 ｜

□4.5 阀体排污螺母组件恢复。检查阀体内腔无杂物后，更换阀体下部排污口结合面的齿形垫片和密封件，并用锁紧螺栓拧紧。齿形垫应装复到位
□4.6 焊接脉冲阀至主阀间的导汽管
危险源：电焊机、X 射线
安全鉴证点 ｜ 2-S1 ｜
质检点 ｜ 6-R1 ｜</td><td>用）；利用安全带进行悬挂作业时，不能将挂钩直接勾在安全绳上，应勾在安全带的挂环上。
□A4.1（c） 悬挂链式起重机的架梁或建筑物，必须经过计算，否则不准悬挂。禁止用链式起重机长时间悬吊重物；工作负荷不准超过铭牌规定。
□A4.1（d） 高空中的工器具、零部件必须使用防坠绳；应用绳拴在牢固的构件上，不准随便乱放；不准上下抛掷，应使用绳系牢后往下或往上吊。
4.2 记录阀门开度。

4.3 刀刃无松动；杠杆固定销轴灵活，无卡涩

4.4 支点架对边进行平整度找正，且使其间隙保持在 1.5～2mm 范围内。提升电磁铁与杠杆间隙符合要求，确保电磁装置投入后，杠杆水平

□A4.6（a） 电焊人员应持有有效的焊工证；正确使用面罩，穿电焊服，戴电焊手套，戴白光眼镜，穿橡胶绝缘鞋；电焊工更换焊条时，必须戴电焊手套；停止、间断焊接时必须及时切断焊机电源。
□A4.6（b） 工作前做好安全区隔离、悬挂“当心辐射”标示牌；提出风险预警通知告知全员，并指定专人现场监护，防止非工作人员误入。
4.6 联系金相人员探伤检查，焊口检验合格</td></tr>
<tr><td>5 检修工作结束
危险源：孔、洞、废料
安全鉴证点 ｜ 3-S1 ｜

□5.1 检修技术记录检查。检修技术记录清晰、完整
□5.2 检修后设备检查。阀门标牌齐全完好；管道保温完好；设备见本色，保温、油漆良好
□5.3 确认各项工作已完成，工作负责人在办理工作票结束手续之前应询问相关班组的工作班成员其检修工作是否结束，确定所有工作确已结束后办理工作结束手续
□5.4 检修场地清扫干净；无遗留工器具，检修废料。由运行人员检查设备文明环境，修后围栏、孔洞、脚手架符合安全要求，双方终结工作票</td><td>□A5 临时打的孔、洞，施工结束后，必须恢复原状；废料及时清理，做到工完、料尽、场地清</td></tr>
</table>

五、安全鉴证卡		
风险鉴证点：1-S2 工序 1 主汽安全门脉冲阀阀体解体		
一级验收		年 月 日
二级验收		年 月 日
一级验收		年 月 日
二级验收		年 月 日
一级验收		年 月 日
二级验收		年 月 日
一级验收		年 月 日

续表

风险鉴证点：1-S2　工序1　主汽安全门脉冲阀阀体解体		
一级验收		年　月　日
二级验收		年　月　日
一级验收		年　月　日
二级验收		年　月　日
一级验收		年　月　日
二级验收		年　月　日
一级验收		年　月　日
二级验收		年　月　日
一级验收		年　月　日
二级验收		年　月　日
一级验收		年　月　日
二级验收		年　月　日
一级验收		年　月　日
二级验收		年　月　日
一级验收		年　月　日
二级验收		年　月　日
一级验收		年　月　日
二级验收		年　月　日
一级验收		年　月　日
二级验收		年　月　日
一级验收		年　月　日
二级验收		年　月　日
一级验收		年　月　日
二级验收		年　月　日
一级验收		年　月　日
二级验收		年　月　日
一级验收		年　月　日
二级验收		年　月　日
一级验收		年　月　日
二级验收		年　月　日

六、质量验收卡			
质检点：1-R1　工序2.2　杠杆重锤做标记 质量标准：松开重锤前，应在杠杆上做好标记，并记录。 检查情况：			
测量位置	修前值（mm）		修后值（mm）
重锤位置			
测量器具/编号			
测量（检查）人		记录人	
一级验收			年　月　日

续表

质检点：1-W2　工序 2.1　阀体检查
质量标准：阀体无裂纹、砂眼，阀体通道冲刷腐蚀不得超过原壁厚的 1/3。阀体出入口管道畅通，无杂物。阀体密封结合面无齿痕。
检查情况：

测量器具/编号			
测量（检查）人		记录人	
一级验收			年　月　日
二级验收			年　月　日

质检点：2-R1　工序 2.2　阀杆检查
质量标准：阀杆表面锈蚀，磨损深度不超过 0.25mm。
检查情况：

测量器具/编号			
测量（检查）人		记录人	
一级验收			年　月　日

质检点：3-R1　工序 2.4　阀体与阀盖结合面检查
质量标准：接合面应光洁、平整、表面无坑点，压紧后法兰接合面应间隙均匀，法兰凸面应能可靠压入凹面。
检查情况：

测量器具/编号			
测量（检查）人		记录人	
一级验收			年　月　日

质检点：4-R1　工序 2.6　安全阀杠杆支点“刀口”检查
质量标准：刀口刃部平面应为 0.3～0.6mm。
检查情况：

测量位置	标准值（mm）	修后值（mm）
刀口刃面	0.3～0.6m	

续表

<table>
<tr><td>测量器具/编号</td><td colspan="3"></td></tr>
<tr><td>测量（检查）人</td><td></td><td>记录人</td><td></td></tr>
<tr><td>一级验收</td><td colspan="2"></td><td>年　月　日</td></tr>
<tr><td colspan="4">质检点：2-W2　工序 3.1　阀瓣及阀座密封面检查
质量标准：阀瓣及阀座密封面应无沟槽、麻点；阀瓣及阀座密封面无明显缺陷可采用直接研磨的方法进行研磨；密封面磨损、冲刷超过 1.5mm，应予以更换。
检查情况：</td></tr>
<tr><td>测量器具/编号</td><td colspan="3"></td></tr>
<tr><td>测量（检查）人</td><td></td><td>记录人</td><td></td></tr>
<tr><td>一级验收</td><td colspan="2"></td><td>年　月　日</td></tr>
<tr><td>二级验收</td><td colspan="2"></td><td>年　月　日</td></tr>
<tr><td colspan="4">质检点：1-H3　工序 3.2　密封面检验
质量标准：阀瓣与阀座密封面无麻点、沟槽，研磨后光洁平整，无划痕，且全圈光亮。密封面表面粗糙度在 0.4 以上；阀瓣及阀座密封面红丹粉接触部分，应占密封面口宽的 2/3 以上。
检查情况：</td></tr>
<tr><td>测量器具/编号</td><td colspan="3"></td></tr>
<tr><td>测量（检查）人</td><td></td><td>记录人</td><td></td></tr>
<tr><td>一级验收</td><td colspan="2"></td><td>年　月　日</td></tr>
<tr><td>二级验收</td><td colspan="2"></td><td>年　月　日</td></tr>
<tr><td>三级验收</td><td colspan="2"></td><td>年　月　日</td></tr>
<tr><td colspan="4">质检点：5-R1　工序 4.2　阀门开度检验
质量标准：记录阀门开度。
检查情况：</td></tr>
<tr><td>测量值
测量位置</td><td colspan="2">修前值（mm）</td><td>修后值（mm）</td></tr>
<tr><td>阀门开度</td><td colspan="2"></td><td></td></tr>
<tr><td>测量器具/编号</td><td colspan="3"></td></tr>
<tr><td>测量（检查）人</td><td></td><td>记录人</td><td></td></tr>
<tr><td>一级验收</td><td colspan="2"></td><td>年　月　日</td></tr>
<tr><td colspan="4">质检点：3-W2　工序 4.4　调整杠杆水平
质量标准：提升电磁铁与杠杆间隙符合要求，确保电磁装置投入后，杠杆水平。
检查情况：</td></tr>
</table>

续表

测量器具/编号			
测量（检查）人		记录人	
一级验收			年　月　日
二级验收			年　月　日
质检点：6-R1　工序 4.6 焊接脉冲阀至主阀间的导汽管 质量标准：联系金相人员探伤检查，焊口检验合格。 检查情况：			
测量器具/编号			
测量（检查）人		记录人	
一级验收			年　月　日

七、完工验收卡			
序号	检查内容	标　准	检查结果
1	安全措施恢复情况	1.1　检修工作全部结束 1.2　整改项目验收合格 1.3　检修脚手架拆除完毕 1.4　孔洞、坑道等盖板恢复 1.5　临时拆除的防护栏恢复 1.6　安全围栏、标示牌等撤离现场 1.7　安全措施和隔离措施具备恢复条件 1.8　工作票具备押回条件	□ □ □ □ □ □ □ □
2	设备自身状况	2.1　设备与系统全面连接 2.2　设备各人孔、开口部分密封良好 2.3　设备标示牌齐全 2.4　设备油漆完整 2.5　设备管道色环清晰准确 2.6　阀门手轮齐全 2.7　设备保温恢复完毕	□ □ □ □ □ □ □
3	设备环境状况	3.1　检修整体工作结束，人员撤出 3.2　检修剩余备件材料清理出现场 3.3　检修现场废弃物清理完毕 3.4　检修用辅助设施拆除结束 3.5　临时电源、水源、气源、照明等拆除完毕 3.6　工器具及工具箱运出现场 3.7　地面铺垫材料运出现场 3.8　检修现场卫生整洁	□ □ □ □ □ □ □ □
一级验收		二级验收	

八、完工报告单					
工期	年　月　日　至　年　月　日			实际完成工日	工日
主要材料备件消耗统计	序号	名称	规格与型号	生产厂家	消耗数量
	1				
	2				

续表

<table>
<tr><td rowspan="4">主要材料备件
消耗统计</td><td>序号</td><td>名称</td><td>规格与型号</td><td>生产厂家</td><td>消耗数量</td></tr>
<tr><td>3</td><td></td><td></td><td></td><td></td></tr>
<tr><td>4</td><td></td><td></td><td></td><td></td></tr>
<tr><td>5</td><td></td><td></td><td></td><td></td></tr>
<tr><td rowspan="5">缺陷处理情况</td><td>序号</td><td colspan="2">缺陷内容</td><td colspan="2">处理情况</td></tr>
<tr><td>1</td><td colspan="2"></td><td colspan="2"></td></tr>
<tr><td>2</td><td colspan="2"></td><td colspan="2"></td></tr>
<tr><td>3</td><td colspan="2"></td><td colspan="2"></td></tr>
<tr><td>4</td><td colspan="2"></td><td colspan="2"></td></tr>
<tr><td>异动情况</td><td colspan="5"></td></tr>
<tr><td>让步接受情况</td><td colspan="5"></td></tr>
<tr><td>遗留问题及
采取措施</td><td colspan="5"></td></tr>
<tr><td>修后总体评价</td><td colspan="5"></td></tr>
<tr><td rowspan="2">各方签字</td><td colspan="2">一级验收人员</td><td colspan="2">二级验收人员</td><td>三级验收人员</td></tr>
<tr><td colspan="2"></td><td colspan="2"></td><td></td></tr>
</table>

检修文件包

单位：______ 班组：______ 编号：______

检修任务：长杆蒸汽吹灰器检修 风险等级：______

一、检修工作任务单						
计划检修时间	年 月 日 至 年 月 日				计划工日	
主要检修项目	1．外管托架检查 2．链条检查 3．行走箱、减速箱齿轮、轴承检查 4．内外管磨损检查			5．吹灰器试运 6．进汽阀检查 7．内管托架检查 8．墙箱密封装置检查修复		
修后目标	1．各转动部位灵活无卡涩 2．吹灰器动静结合面无漏汽 3．吹灰器运行平稳，无跳动现象 4．给油脂量标准，吹灰压力达到参数要求					
鉴证点分布	W点	工序及质检点内容	H点	工序及质检点内容	S点	工序及安全鉴证点内容
	1-W2	□1.5 进汽阀检查	1-H3	□8.2 吹灰器冷态试运	1-S2	□1 拆卸进汽阀并解体检查
	2-W2	□2.3 内管检查	2-H3	□8.3 吹灰器热态试运		
	3-W2	□3.3 外管及外管托架检查				
	4-W2	□4.3 减速箱、行走箱检查				
	5-W2	□7.6 墙箱密封装置检查修复				
质量验收人员	一级验收人员		二级验收人员		三级验收人员	
安全验收人员	一级验收人员		二级验收人员		三级验收人员	

二、修前准备卡

设备基本参数

1．吹扫水平烟道的德国克莱德贝尔格曼产PLS86E吹灰器装在炉膛前后壁和水平烟道的管屏上。Ⅰ流程和Ⅱ流程屏式蒸汽过热器（按烟气流程）的清理由16台吹灰器，这些吹灰器分四层装在标高55.9、60.1、64.1、67.98m处。12台吹灰器对第三流程的屏式过热器和КВП-Ⅱ清扫，分三层布置在标高60.3、64.1、67.98m处。一次对流式蒸汽过热器有8台吹灰器分别布置在标高64.1m和67.98m处。水平烟道受热面上层的吹灰器吹扫顶部管屏，下层的吹灰器吹扫水平烟道的斜面台

2．设备参数

序号	技术参数	单位	数值	备注
1	喷头工作行程	mm	11640	
2	设计出口压力	MPa	1.6	
3	耗汽量	t/h	8	

续表

序号	技术参数	单位	数值	备注
4	工作时间	s	685	
5	蒸汽温度	℃	474～483	
6	每条流道最大耗气量	t/h	24	
7	喷嘴前吹灰压力	bar	16	
8	通风方式		自带密封风机通风	
9	电机转速	r/min	1410	
10	传动惯量	kg·m^2	0.0028	
11	扭矩	Nm	7.45	

设备修前状况

检修前交底（设备运行状况、历次主要检修经验和教训、检修前主要缺陷）

（1）吹灰器减速器齿轮在历次检查中均发现齿轮断齿现象，本次检修应作为检查重点。

（2）部分吹灰器外管存在裂纹隐患，本次检修焊口着色后进行修复或更换。

（3）对于单台吹灰器吹扫压力应逐台设定，参照给定标准值，防止受热面损坏。

（4）布置在炉膛中心位置的后墙9、7、3、5、49、47、43、45号，前墙10、8、4、6、48、46、42、44号，吹灰器外管材质为T91；喷嘴角度10°，更换时请注意防止材质错误。

（5）吹灰器墙箱密封装置应进行检查，对于磨损较大的部分应进行修复

技术交底人		年 月 日
接受交底人		年 月 日

人员准备

序号	工种	工作组人员姓名	资格证书编号	检查结果
1	热力机械检修工			□
2	热力机械检修工			□
3	热力机械检修工			□

三、现场准备卡

办理工作票

工作票编号：

施工现场准备

序号	安全措施检查	确认符合
1	进入粉尘较大的场所作业，作业人员必须戴防尘口罩	□
2	保证足够的饮水及防暑药品，人员轮换工作	□
3	在高温场所工作时，应为工作人员提供足够的饮水、清凉饮料及防暑药品	□
4	在高处作业区域周围设置明显的围栏，悬挂安全警示标示牌，必要时在作业区内搭设防护棚，不准无关人员入内或在工作地点下方行走和停留	□
5	对现场检修区域设置围栏、铺设胶皮，进行有效的隔离，有人监护	□
6	开工前与运行人员共同确认检修的设备已可靠与运行中的系统隔断，检查进汽门已关闭，电源已断开，挂“禁止操作，有人工作”标示牌	□

确认人签字：

续表

工器具准备与检查				
序号	工具名称及型号	数量	完 好 标 准	确认符合
1	梅花扳手 （17～19mm）	1	扳手不应有裂缝、毛刺及明显的夹缝、切痕、氧化皮等缺陷，柄部应平直	□
2	开口扳手 （17～19mm）	1	扳手不应有裂缝、毛刺及明显的夹缝、切痕、氧化皮等缺陷，柄部应平直	□
3	叉扳手 12～14 （150mm）	1	扳手不应有裂缝、毛刺及明显的夹缝、切痕、氧化皮等缺陷，柄部应平直	□
4	击打呆扳手 （s36）	1	扳手不应有裂缝、毛刺及明显的夹缝、切痕、氧化皮等缺陷，柄部应平直	□
5	扭力扳手 （s36）	1	扳手不应有裂缝、毛刺及明显的夹缝、切痕、氧化皮等缺陷，柄部应平直	□
6	内六角扳手 （6mm）	1	表面应光滑，不应有裂纹、毛刺等影响使用性能的缺陷	□
7	手锤 （2p）	1	大锤的锤头须完整，其表面须光滑微凸，不得有歪斜、缺口、凹入及裂纹等情形。大锤和手锤的柄须用整根的硬木制成，并将头部用楔栓固定。楔栓宜采用金属楔，楔子长度不应大于安装孔的 2/3	□
8	活扳手 （300mm）	1	活动扳口应在扳体导轨的全行程上灵活移动；活扳手不应有裂缝、毛刺及明显的夹缝、氧化皮等缺陷，柄部平直且不应有影响使用性能的缺陷	□
9	管钳 （900mm）	1	管钳固定销钉牢固，钳头、钳柄应无裂纹，活抓、齿纹、齿轮应完整灵活	□
10	管钳 （150～300mm）	1	管钳固定销钉牢固，钳头、钳柄应无裂纹，活抓、齿纹、齿轮应完整灵活	□
11	挡圈钳 （225mm）	1	手柄应安装牢固，没有手柄的不准使用	□
12	盘根工具	1	—	□
13	游标卡尺 （0～120mm）	1	检查测定面是否有毛头；检查卡尺的表面应无锈蚀、碰伤或其他缺陷，刻度和数字应清晰、均匀，不应有脱色现象，游标刻线应刻至斜面下缘	□
14	撬棍 （1500mm）	1	必须保证撬杠强度满足要求。在使用加力杆时，必须保证其强度和嵌套深度满足要求，以防折断或滑脱	□
15	手拉葫芦 （5t）	1	检查检验合格证在有效期内；链节无严重锈蚀及裂纹，无打滑现象；齿轮完整，轮杆无磨损现象，开口销完整；吊钩无裂纹变形；链扣、蜗母轮及轮轴发生变形、生锈或链索磨损严重时，均应禁止使用	□
16	吊具	1	起重工具使用前，必须检查完好、无破损；所选用的吊索具应与被吊工件的外形特点及具体要求相适应，在不具备使用条件的情况下，决不能使用；作业中应防止损坏吊索具及配件，必要时在棱角处应加护角防护；吊具及配件不能超过其额定起重量，起重吊具、吊索不得超过其相应吊挂状态下的最大工作载荷	□
确认人签字：				

材料准备					
序号	材料名称	规 格	单位	数量	检查结果
1	擦机布		kg	4	□
2	铁霸油脂 B.R		kg	0.2	□
3	塑料布		m^2	1	□
4	抗咬合剂	N-7000	支	1	□
5	清洗剂	250mL	瓶	1	□

续表

序号	材料名称	规格	单位	数量	检查结果
6	松锈灵	250mL	瓶	1	□
7	红丹粉		kg	0.05	□
8	记号笔	粗	支	1	□
9	极压齿轮油	铁霸 B7	kg	3	□
备件准备					
序号	备件名称	规格型号	单位	数量	检查结果
1	进汽阀组	DN80	套	1	□
	验收标准：阀杆无变形；阀芯无麻点、裂纹；弹簧无疲劳损伤，密封面良好，能够使进汽阀开启与关断灵活并无泄漏；开阀装置动作正确灵活，无变形				
2	轴承	60×80×110　LS80E	套	1	□
	验收标准：游隙 0.06～0.23mm。内圈与轴应有 0～0.02mm 紧力，滚珠及内外套无麻点、裂纹、起皮、过热，珠架无变形				
3	内管	6028 C5	件	1	□
	验收标准：内管挠度小于 10mm，表面光洁度良好，无明显划痕及损伤				
4	外管	90×140	套	1	□
	验收标准：外管无过渡弯曲，挠度小于 10mm；喷嘴及焊口完好无变形和裂纹，气流角度正确				

四、检修工序卡

检修工序步骤及内容	安全、质量标准
1　拆卸进汽阀并解体检查 危险源：高温部件、手拉葫芦、螺丝刀、高空中的工器具、零部件 安全鉴证点 | 1-S2 | □1.1　解开进汽阀与进汽管连接螺栓 □1.2　解开进汽阀与支撑板连接螺栓 □1.3　解开进汽阀启动拉杆的连接 □1.4　取下阀体、传动组件、内管、阀体半圆卡环、铜垫圈 □1.5　检查进汽阀密封面、空气阀密封面、阀杆、弹簧、开阀装置等组件，进行渗油试验或红丹试口 质检点 | 1-W2 |	□A1（a）　应用专用测温工具测量高温部件温度，不准用手臂直接接触判断；被解体的阀门能有效隔离且隔离严密，阀门前后疏水门打开，放尽余汽水；监测阀体温度低于 50℃时方可拆除保温及阀门部件。 □A1（b）　悬挂链式起重机的架梁或建筑物，必须经过计算，否则不准悬挂。禁止用链式起重机长时间悬吊重物。 □A1（c）　工作负荷不准超过铭牌规定；正确佩戴防护手套。 □A1（d）　高空中的工器具、零部件必须使用防坠绳；应用绳拴在牢固的构件上，不准随便乱放。 1.5　阀杆无变形。阀芯无麻点，裂纹。弹簧无疲劳损伤，密封面良好，能够使进汽阀开启与关断灵活并无泄漏。开阀装置动作正确灵活，无变形
2　内管及内管拖架拆卸与检查 □2.1　将进汽阀支撑板与钢梁连接螺栓解开后取下 危险源：手拉葫芦、螺丝刀、高空中的工器具、零部件、废油 安全鉴证点 | 1-S1 | □2.2　将内管的两个拖架取下并检查 质检点 | 1-R1 | □2.3　拆除盘根组件，向后拖出内管并检查	□A2.1（a）　悬挂链式起重机的架梁或建筑物，必须经过计算，否则不准悬挂。禁止用链式起重机长时间悬吊重物；工作负荷不准超过铭牌规定。 □A2.1（b）　正确佩戴防护手套使用工器具。 □A2.1（c）　高空中的工器具、零部件必须使用防坠绳；应用绳拴在牢固的构件上，不准随便乱放。 □A2.1（d）　不准将油污、油泥、废油等（包括沾油棉纱、布、手套、纸等）倒入下水道排放或随地倾倒，应收集放于指定的地点，妥善处理，以防污染环境及发生火灾。 2.2　滚轮组件完好，托架无变形。两支撑套应无明显磨损，磨损超过 1/2 时应更换。 2.3　检查内管挠度小于 10mm，表面光洁度良好，无明显划痕及损伤

续表

检修工序步骤及内容	安全、质量标准
质检点 | 2-W2 |	
3　外管及外管托架拆卸并检查 □3.1　解开外管与行走箱连接螺栓 危险源：手拉葫芦、螺丝刀、高空中的工器具、零部件、废油 安全鉴证点 | 2-S1 | □3.2　向后盘动行走箱并向前盘动内外管使内管与行走箱脱开 □3.3　检查外管托架及外管 质检点 | 3-W2 |	□A3.1（a）　悬挂链式起重机的架梁或建筑物，必须经过计算，否则不准悬挂。禁止用链式起重机长时间悬吊重物；工作负荷不准超过铭牌规定。 □A3.1（b）　正确佩戴防护手套使用工器具。 □A3.1（c）　高空中的工器具、零部件必须使用防坠绳；应用绳拴在牢固的构件上，不准随便乱放。 □A3.1（d）　不准将油污、油泥、废油等（包括沾油棉纱、布、手套、纸等）倒入下水道排放或随地倾倒，应收集放于指定的地点，妥善处理，以防污染环境及发生火灾。 3.2　外管与行走箱的铜垫应无变形损伤，否则应更换。 3.3　外管无过渡弯曲，挠度小于 10mm。喷嘴及焊口完好无变形和裂纹，气流角度正确，外管滚轮组件完好，托架无变形，润滑良好
4　吹灰器传动部分的检查检修 □4.1　检查链条与链轮 质检点 | 2-R1 | □4.2　检查爬行齿轮与齿条 质检点 | 3-R1 | □4.3　拆下行走箱与减速箱并解体。行走箱、减速箱齿轮、轴承检查。检查轴承并测量各部分间隙，做好记录 危险源：高空中的工器具、零部件、螺丝刀、重物、转动的减速机 安全鉴证点 | 3-S1 | 质检点 | 4-W2 | □4.4　组装减速箱与行走箱，添加润滑油 质检点 | 4-R1 | □4.5　检查行走箱滚轮组件 质检点 | 5-R1 |	4.1　链条，链轮磨损量不大于 1/3，张紧轮装置良好，盘车检查动作灵活无卡涩现象。 4.2　齿轮与齿条磨损不大于 1/3，无点蚀、断齿现象。 □A4.3（a）　高空中的工器具、零部件必须使用防坠绳；应用绳拴在牢固的构件上，不准随便乱放。 □A4.3（b）　正确佩戴防护手套。 □A4.3（c）　手搬物件时应量力而行，不得搬运超过自己能力的物件；多人共同搬运、抬运或装卸较大的重物时，应有 1 人担任指挥，搬运的步调应一致，前后扛应同肩，必要时还应有专人在旁监护。 □A4.3（d）　盘车时不要接触转动部位，防止受伤。 4.3　游隙 0.06～0.23mm。内圈与轴应有 0～0.02mm 紧力，滚珠及内外套无麻点、裂纹、起皮、过热，珠架无变形。 4.4　润滑脂达到容积的 2/3，润滑油油位达到齿轮的 1/3。 4.5　滚轮组件完好，托架无变形，润滑良好
5　内管支撑套与盘根室清理 □5.1　用挡圈钳将内管前导向套的固定挡圈拆下，取出导向套 质检点 | 6-R1 | □5.2　将盘根及压环用专用工具拆下并取出后导向套 □5.3　取出内管支撑后套并将盘根室清理干净，并用砂纸打磨平整 □5.4　更换前后导向套及盘根组件	5.1　内管支撑套应无磨损划痕，否则应更换。盘根室内应平整无损伤。 5.4　两圈相邻的盘根接口应错开，盘根紧力适中
6　回装内管支撑套及外管与行走箱的连接 □6.1　将内管支撑套置于原位，用挡圈钳将固定挡圈回装 □6.2　将内管穿入支撑套内，外管与行走箱恢复螺栓连接后紧固	6.1　两支撑套应无明显磨损，否则应更换。 6.2　注意螺栓突出部分不应阻碍链条运转。

续表

检修工序步骤及内容	安全、质量标准
□6.3 填加专用盘根组件 质检点 | 7-R1 | □6.4 回装内管托架并检查	6.3 组件中的铜环在最深处，两圈相邻的盘根接口应错开，盘根紧力适中。 6.4 滚轮转动应灵活，无损伤，拖架无变形
7 组装进汽阀并回装 危险源：手拉葫芦、螺丝刀、高空中的工器具、零部件 安全鉴证点 | 4-S1 | □7.1 组装进汽阀 □7.2 恢复进汽阀与内管连接 □7.3 回装进汽阀启动组件与拉杆 □7.4 回装密封风机及密封风管 质检点 | 8-R1 | □7.5 恢复进汽阀法兰与供汽管连接 □7.6 检查修复墙箱密封组件 质检点 | 5-W2 |	□A7（a） 悬挂链式起重机的架梁或建筑物，必须经过计算，否则不准悬挂。禁止用链式起重机长时间悬吊重物；工作负荷不准超过铭牌规定。 □A7（b） 正确佩戴防护手套。 □A7（c） 高空中的工器具、零部件必须使用防坠绳；应用绳拴在牢固的构件上，不准随便乱放。 7.2 进汽阀与内管的铜垫应无变形，半圆卡环、键应无损伤、毛边，否则应更换或打磨平整。 7.4 密封风机转动灵活，无卡涩异声。 7.5 连接螺栓紧力应均匀，操作时对角紧固。高强垫片不应偏离法兰中心。 7.6 墙箱护板无明显烧损，密封片组合方式正确，磨损不超过直径的 1/5
8 吹灰器试运 危险源：转动设备、链条 安全鉴证点 | 5-S1 | □8.1 主电机接线后上护板，吹灰器检修工作结束 □8.2 吹灰器冷态试运 质检点 | 1-H3 | □8.3 吹灰器热态试运校正吹灰压力 质检点 | 2-H3 | □8.4 恢复护板，清扫现场卫生，设备见本色 质检点 | 9-R1 |	□A8（a） 工作前核对设备名称及编号；完善补齐缺损的设备标识和标告牌。 □A8（b） 衣服和袖口应扣好，不得戴围巾领带，长发必须盘在安全帽内。 □A8（c） 不准将用具、工器具接触设备的转动部位。 □A8（d） 恢复链条防护罩后试运设备。 8.2 吹灰器运动灵活无卡涩现象，轴承、链条、齿轮润滑良好。限位开关动作正确，密封风机运转良好无异声。 8.3 打开供汽阀压力调整螺栓，安装专用压力表，盘动阀盘，调整单台吹灰压力达到规程要求。 8.4 板螺栓齐全完整
9 工作结束 危险源：孔、洞、废料 安全鉴证点 | 6-S1 | □9.1 检修技术记录检查。检修技术记录齐全、准确 □9.2 检修后设备检查。现场整洁，设备干净，保温油漆全面。各种标志、指示清晰准确。无漏油、汽现象 □9.3 确认各项工作已完成，工作负责人在办理工作票结束手续之前应询问相关班组的工作班成员其检修工作是否结束，确定所有工作确已结束后办理工作结束手续 □9.4 检修场地清扫干净；无遗留工器具，检修废料。由运行人员检查设备文明环境，修后围栏、孔洞、脚手架符合安全要求，双方终结工作票	□A9 临时打的孔、洞，施工结束后，必须恢复原状；废料及时清理，做到工完、料尽、场地清

五、安全鉴证卡		
风险鉴证点：1-S2 工序 1 拆卸进汽阀并解体检查		
一级验收		年 月 日
二级验收		年 月 日
一级验收		年 月 日

续表

风险鉴证点：1-S2　工序 1　拆卸进汽阀并解体检查		
二级验收		年　月　日
一级验收		年　月　日
二级验收		年　月　日
一级验收		年　月　日
二级验收		年　月　日
一级验收		年　月　日
二级验收		年　月　日
一级验收		年　月　日
二级验收		年　月　日
一级验收		年　月　日
二级验收		年　月　日
一级验收		年　月　日
二级验收		年　月　日
一级验收		年　月　日
二级验收		年　月　日
一级验收		年　月　日
二级验收		年　月　日
一级验收		年　月　日
二级验收		年　月　日
一级验收		年　月　日
二级验收		年　月　日
一级验收		年　月　日
二级验收		年　月　日
一级验收		年　月　日
二级验收		年　月　日
一级验收		年　月　日
二级验收		年　月　日
一级验收		年　月　日
二级验收		年　月　日
一级验收		年　月　日
二级验收		年　月　日
一级验收		年　月　日
二级验收		年　月　日
一级验收		年　月　日
二级验收		年　月　日

续表

六、质量验收卡			
质检点：1-W2　工序 1.5　进汽阀检查 质量标准：阀杆无变形；阀芯无麻点、裂纹；弹簧无疲劳损伤，密封面良好，能够使进汽阀开启与关断灵活并无泄漏；开阀装置动作正确灵活，无变形。 检查情况：			
测量器具/编号			
测量（检查）人		记录人	
一级验收			年　月　日
二级验收			年　月　日
质检点：1-R1　工序 2.2　内管的两个拖架取下并检查 质量标准：滚轮组件完好，托架无变形；两支撑套应无明显磨损，磨损超过 1/2 时应更换。 检查情况：			
测量器具/编号			
测量（检查）人		记录人	
一级验收			年　月　日
质检点：2-W2　工序 2.3　内管检查 质量标准：检查内管挠度小于 10mm，表面光洁度良好，无明显划痕及损伤。 检查情况：			
测量器具/编号			
测量人		记录人	
一级验收			年　月　日
二级验收			年　月　日
质检点：3-W2　工序 3.3　检查外管托架及外管 质量标准：外管无过渡弯曲，挠度小于 10mm。喷嘴及焊口完好无变形和裂纹，气流角度正确，外管滚轮组件完好，托架无变形，润滑良好。 检查情况：			

续表

<table>
<tr><td>测量器具/编号</td><td colspan="3"></td></tr>
<tr><td>测量人</td><td></td><td>记录人</td><td></td></tr>
<tr><td>一级验收</td><td colspan="2"></td><td>年　月　日</td></tr>
<tr><td>二级验收</td><td colspan="2"></td><td>年　月　日</td></tr>
<tr><td colspan="4">质检点：2-R1　工序 4.1　检查链条与链轮
质量标准：链条、链轮磨损量不大于 1/3，张紧轮装置良好，盘车检查动作灵活无卡涩现象。
检查情况：</td></tr>
<tr><td>测量器具/编号</td><td colspan="3"></td></tr>
<tr><td>测量人</td><td></td><td>记录人</td><td></td></tr>
<tr><td>一级验收</td><td colspan="2"></td><td>年　月　日</td></tr>
<tr><td colspan="4">质检点：3-R1　工序 4.2　检查爬行齿轮与齿条
质量标准：齿轮与齿条磨损不大于 1/3，无点蚀、断齿现象。
检查情况：</td></tr>
<tr><td>测量器具/编号</td><td colspan="3"></td></tr>
<tr><td>测量人</td><td></td><td>记录人</td><td></td></tr>
<tr><td>一级验收</td><td colspan="2"></td><td>年　月　日</td></tr>
<tr><td colspan="4">质检点：4-W2　工序 4.3　行走箱、减速箱齿轮、轴承检查
质量标准：游隙 0.06～0.23mm。内圈与轴应有 0～0.02mm 紧力，滚珠及内外套无麻点、裂纹、起皮、过热，珠架无变形。
检查情况：</td></tr>
<tr><td>测量器具/编号</td><td colspan="3"></td></tr>
<tr><td>测量人</td><td></td><td>记录人</td><td></td></tr>
<tr><td>一级验收</td><td colspan="2"></td><td>年　月　日</td></tr>
<tr><td>二级验收</td><td colspan="2"></td><td>年　月　日</td></tr>
<tr><td colspan="4">质检点：4-R1　工序 4.4　组装减速箱与行走箱，添加润滑油
质量标准：润滑脂达到容积 2/3，润滑油油位达到齿轮 1/3。
检查情况：</td></tr>
<tr><td>测量器具/编号</td><td colspan="3"></td></tr>
<tr><td>测量人</td><td></td><td>记录人</td><td></td></tr>
<tr><td>一级验收</td><td colspan="2"></td><td>年　月　日</td></tr>
</table>

续表

<table>
<tr><td colspan="4">质检点：5-R1　工序 4.5　检查行走箱滚轮组件
质量标准：滚轮组件完好，托架无变形，润滑良好。
检查情况：</td></tr>
<tr><td>测量器具/编号</td><td colspan="3"></td></tr>
<tr><td>测量人</td><td></td><td>记录人</td><td></td></tr>
<tr><td>一级验收</td><td colspan="2"></td><td>年　月　日</td></tr>
<tr><td colspan="4">质检点：6-R1　工序 5.1　内管支撑套与盘根室检查
质量标准：内管支撑套应无磨损划痕，否则应更换；盘根室内应平整无损伤。
检查情况：</td></tr>
<tr><td>测量器具/编号</td><td colspan="3"></td></tr>
<tr><td>测量人</td><td></td><td>记录人</td><td></td></tr>
<tr><td>一级验收</td><td colspan="2"></td><td>年　月　日</td></tr>
<tr><td colspan="4">质检点：7-R1　工序 6.3 更换前后导向套及盘根组件
质量标准：两圈相邻的盘根接口应错开，盘根紧力适中。
检查情况：</td></tr>
<tr><td>测量器具/编号</td><td colspan="3"></td></tr>
<tr><td>测量人</td><td></td><td>记录人</td><td></td></tr>
<tr><td>一级验收</td><td colspan="2"></td><td>年　月　日</td></tr>
<tr><td colspan="4">质检点：8-R1　工序 7.4　密封风机及密封风管
质量标准：密封风机转动灵活，无卡涩异声。
检查情况：</td></tr>
</table>

续表

<table>
<tr><td>测量器具/编号</td><td colspan="3"></td></tr>
<tr><td>测量人</td><td></td><td>记录人</td><td></td></tr>
<tr><td>一级验收</td><td colspan="2"></td><td>年　月　日</td></tr>
<tr><td colspan="4">质检点：5-W2　工序 7.6　检查修复墙箱密封组件
质量标准：墙箱护板无明显烧损，密封片组合方式正确，磨损不超过直径的 1/5。
检查情况：</td></tr>
<tr><td>测量器具/编号</td><td colspan="3"></td></tr>
<tr><td>测量人</td><td></td><td>记录人</td><td></td></tr>
<tr><td>一级验收</td><td colspan="2"></td><td>年　月　日</td></tr>
<tr><td>二级验收</td><td colspan="2"></td><td>年　月　日</td></tr>
<tr><td colspan="4">质检点：1-H3　工序 8.2　吹灰器冷态试运
质量标准：吹灰器运动灵活无卡涩现象，轴承、链条、齿轮润滑良好。限位开关动作正确，密封风机运转良好无异声。
检查情况：</td></tr>
<tr><td>测量器具/编号</td><td colspan="3"></td></tr>
<tr><td>测量人</td><td></td><td>记录人</td><td></td></tr>
<tr><td>一级验收</td><td colspan="2"></td><td>年　月　日</td></tr>
<tr><td>二级验收</td><td colspan="2"></td><td>年　月　日</td></tr>
<tr><td>三级验收</td><td colspan="2"></td><td>年　月　日</td></tr>
<tr><td colspan="4">质量质检点：2-H3　工序 8.3　热态试运校正吹灰压力
质量标准：调整单台吹灰压力达到规程要求。
检查情况：</td></tr>
<tr><td>测量器具/编号</td><td colspan="3"></td></tr>
<tr><td>测量人</td><td></td><td>记录人</td><td></td></tr>
<tr><td>一级验收</td><td colspan="2"></td><td>年　月　日</td></tr>
<tr><td>二级验收</td><td colspan="2"></td><td>年　月　日</td></tr>
<tr><td>三级验收</td><td colspan="2"></td><td>年　月　日</td></tr>
</table>

续表

质检点：9-R1　工序 8.4　清扫现场卫生，设备见本色 质量标准：护板螺栓齐全完整，保温油漆良好，标志牌齐全清晰。 检查情况：			
测量器具/编号			
测量人		记录人	
一级验收			年　月　日

七、完工验收卡			
序号	检查内容	标　　准	检查结果
1	安全措施恢复情况	1.1　检修工作全部结束 1.2　整改项目验收合格 1.3　检修脚手架拆除完毕 1.4　孔洞、坑道等盖板恢复 1.5　临时拆除的防护栏恢复 1.6　安全围栏、标示牌等撤离现场 1.7　安全措施和隔离措施具备恢复条件 1.8　工作票具备押回条件	□ □ □ □ □ □ □ □
2	设备自身状况	2.1　设备与系统全面连接 2.2　设备各人孔、开口部分密封良好 2.3　设备标示牌齐全 2.4　设备油漆完整 2.5　设备管道色环清晰准确 2.6　阀门手轮齐全 2.7　设备保温恢复完毕	□ □ □ □ □ □ □
3	设备环境状况	3.1　检修整体工作结束，人员撤出 3.2　检修剩余备件材料清理出现场 3.3　检修现场废弃物清理完毕 3.4　检修用辅助设施拆除结束 3.5　临时电源、水源、气源、照明等拆除完毕 3.6　工器具及工具箱运出现场 3.7　地面铺垫材料运出现场 3.8　检修现场卫生整洁	□ □ □ □ □ □ □ □
一级验收		二级验收	

八、完工报告单					
工期	年　月　日　至　年　月　日			实际完成工日	工日
主要材料备件消耗统计	序号	名称	规格与型号	生产厂家	消耗数量
	1				
	2				
	3				
	4				
	5				
缺陷处理情况	序号	缺陷内容		处理情况	
	1				

续表

缺陷处理情况	序号	缺陷内容	处理情况
	2		
	3		
	4		
异动情况			
让步接受情况			
遗留问题及采取措施			
修后总体评价			
各方签字	一级验收人员	二级验收人员	三级验收人员

2 电 气 检 修

检 修 文 件 包

单位：__________ 班组：__________ 编号：__________

检修任务：**500kV GIS 检修** 风险等级：__________

<table>
<tr><td colspan="7">一、检修工作任务单</td></tr>
<tr><td>计划检修时间</td><td colspan="4">年 月 日 至 年 月 日</td><td>计划工日</td><td></td></tr>
<tr><td>主要检修项目</td><td colspan="3">1．开关检查、清理
2．开关、机构渗漏点检查，机构油位检查
3．套管瓷绝缘外观检查
4．开关机构箱密封条检查
5．密度继电器校验</td><td colspan="3">6．SF_6气体微水测试
7．液压系统检查
8．电气试验
9．互感器二次接线检查</td></tr>
<tr><td>修后目标</td><td colspan="3">1.开关分合动作正常
2．无异声、温度、温升正常
3．油泵打压正常
4．外表清洁无污、完好</td><td colspan="3">5．开关周围无影响运行物件
6．压力表显示正常
7．一、二次接线紧固</td></tr>
<tr><td rowspan="8">鉴证点分布</td><td>W 点</td><td>工序及质检点内容</td><td>H 点</td><td>工序及质检点内容</td><td>S 点</td><td>工序及安全鉴证点内容</td></tr>
<tr><td>1-W2</td><td>□1 GIS 外观清扫、检查</td><td>1-H3</td><td>□6 电气试验</td><td></td><td></td></tr>
<tr><td>2-W2</td><td>□2 套管瓷绝缘外观检查</td><td></td><td></td><td></td><td></td></tr>
<tr><td>3-W2</td><td>□3 液压机构检查</td><td></td><td></td><td></td><td></td></tr>
<tr><td>4-W2</td><td>□4 油泵打压时间检查</td><td></td><td></td><td></td><td></td></tr>
<tr><td>5-W2</td><td>□5 隔离开关、接地开关机构及转动部分清洁润滑检查</td><td></td><td></td><td></td><td></td></tr>
<tr><td>6-W2</td><td>□7 互感器接线检查试验</td><td></td><td></td><td></td><td></td></tr>
<tr><td>7-W2</td><td>□8 各气室 SF_6气体密度继检查校验、微水含量测试</td><td></td><td></td><td></td><td></td></tr>
<tr><td rowspan="2">质量验收人员</td><td colspan="2">一级验收人员</td><td colspan="2">二级验收人员</td><td colspan="2">三级验收人员</td></tr>
<tr><td colspan="2"></td><td colspan="2"></td><td colspan="2"></td></tr>
<tr><td rowspan="2">安全验收人员</td><td colspan="2">一级验收人员</td><td colspan="2">二级验收人员</td><td colspan="2">三级验收人员</td></tr>
<tr><td colspan="2"></td><td colspan="2"></td><td colspan="2"></td></tr>
</table>

<table>
<tr><td colspan="2">二、修前策划卡</td></tr>
<tr><td colspan="2">设 备 基 本 参 数</td></tr>
<tr><td>1．型号：断路器 LW13A-550Y
2．基本参数：
生产厂家：西安西开高压电气股份有限公司
断路器
额定电压：550kV
额定电流：5000A
额定分合闸操作电压（DC）：110V
额定频率：50Hz
额定操作压力：53.1MPa
额定雷电冲击耐受电压：1675kV
额定峰值耐受电流：171kA
额定短路开断电流：63kA</td><td>隔离开关 GWG6A-550

隔离开关
额定电压：550kV
额定电流：5000A
额定雷电冲击耐受受电压：1675kV
额定短时耐受电流（3s）：63kA
额定操作冲击耐受电压：1300kV
辅助回路额定电压（AC）：220V</td></tr>
</table>

续表

设备修前状况				
检修前交底（设备运行状况、历次主要检修经验和教训、检修前主要缺陷） 设备运行状况： 历次主要检修经验和教训： 检修前主要缺陷：				
技术交底人			年　月　日	
接受交底人			年　月　日	
人员准备				
序号	工种	工作组人员姓名	资格证书编号	检查结果
1	变配检修高级工			□
2	变配检修中级工			□
3	变配检修初级工			□
4	变配检修初级工			□
5	变配检修初级工			□
6	高压试验高级工			□
7	高压试验中级工			□

三、现场准备卡		
办理工作票		
工作票编号：		
施工现场准备		
序号	安全措施检查	确认符合
1	在5级及以上的大风以及暴雨、雷电、冰雹、大雾等恶劣天气，应停止露天高处作业	□
2	增加临时照明	□
3	进入GIS开关室前须先强制通风15min，并用检漏仪测量SF_6气体含量（不超过1000μL/L）	□
4	进入SF_6高压开关室低位区或电缆沟工作应先检测含氧量（不低于18%）和SF_6气体含量（不超过1000μL/L）	□
5	与带电设备保持5m安全距离	□
6	使用警戒遮拦对检修与运行区域进行隔离，并对内悬挂“止步、高压危险”警告标示牌，防止人员误入带电运行设备区域	□
7	电气设备的金属外壳应实行单独接地	□
8	与运行人员共同确认现场安全措施、隔离措施正确完备；确认隔离开关拉开，机械状态指示应正确，控制方式在“就地”位置，操作电源、动力电源断开，验明检修设备确无电压；确认“禁止合闸、有人工作”“在此工作”等警告标示牌按措施要求悬挂；明确相邻带电设备及带电部位；确认三相短路接地刀闸是否按措施要求合闸，三相短路接地刀闸机械状态指示应正确	□

续表

序号	安 全 措 施 检 查			确认符合
9	工作前核对设备名称及编号；工作前验电			□
10	设置电气专人进行监护及安全交底			□
11	清理检修现场；设置检修现场定制图；地面使用胶皮铺设，并设置围栏及警告标示牌；检修工器具、材料备件定置摆放			□
12	检修管理文件、原始记录本已准备齐全			□
确认人签字：				
工 器 具 准 备 与 检 查				
序号	工具名称及型号	数量	完 好 标 准	确认符合
1	移动式电源盘	1	（1）检查检验合格证在有效期内。 （2）检查电源盘电源线、电源插头、插座完好无破损；漏电保护器动作正确。 （3）检查电源盘线盘架、拉杆、线盘架轮子及线盘摇动手柄齐全完好	□
2	安全带	3	（1）检查检验合格证应在有效期内，标识（产品标识和定期检验合格标识）应清晰齐全。 （2）各部件应完整，无缺失、无伤残破损，腰带、胸带、围杆带、围杆绳、安全绳应无灼伤、脆裂、断股、霉变；金属卡环（钩）必须有保险装置，且操作要灵活。钩体和钩舌的咬口必须完整，两者不得偏斜	□
3	绝缘手套	1	（1）检查绝缘手套在使用有效期及检测合格周期内，产品标识及定期检验合格标识应清晰齐全，出厂年限满5年的绝缘手套应报废。 （2）使用前检查绝缘手套有无漏气（裂口）等，手套表面必须平滑，无明显的波纹和铸模痕迹。 （3）手套内外面应无针孔、无疵点、无裂痕、无砂眼、无杂质、无霉变、无划痕损伤、无夹紧痕迹、无黏连、无发脆、无染料污染痕迹等各种明显缺陷	□
4	验电器	1	（1）检查验电器在使用有效期及检测合格周期内，产品标识及定期检验合格标识应清晰齐全。 （2）严格执行《电业安全工作规程》，根据检修设备的额定电压选用相同电压等级的验电器。 （3）工作触头的金属部分连接应牢固，无放电痕迹。 （4）验电器的绝缘杆表面应清洁光滑、干燥，无裂纹、无破损、无绝缘层脱落、无变形及放电痕迹等明显缺陷。 （5）握柄应无裂纹、无破损、无有碍手握的缺陷。 （6）验电器（触头、绝缘杆、握柄）各处连接应牢固可靠。 （7）验电前应将验电器在带电的设备上验电，证实验电器声光报警等是否良好	□
5	脚手架	1	（1）搭设结束后，必须履行脚手架验收手续，填写脚手架验收单，并在“脚手架验收单”上分级签字。 （2）验收合格后应在脚手架上悬挂合格证，方可使用。 （3）工作负责人每天上脚手架前，必须进行脚手架整体检查	□
6	梯子	1	（1）检查梯子检验合格证在有效期内。 （2）使用梯子前应先检查梯子坚实、无缺损，止滑脚完好，不得使用有故障的梯子。 （3）人字梯应具有坚固的铰链和限制开度的拉链。 （4）各个连接件应无目测可见的变形，活动部件开合或升降应灵活	□
7	内六角扳手（4～10mm）	1	表面应光滑，不应有裂纹、毛刺等影响使用性能的缺陷	□
8	尖嘴钳	1	尖嘴钳手柄应安装牢固，没有手柄的不准使用	□
9	活扳手（20～40mm）	1	（1）活动扳口应在扳体导轨的全行程上灵活移动。 （2）活扳手不应有裂缝、毛刺及明显的夹缝、氧化皮等缺陷，柄部平直且不应有影响使用性能的缺陷	□

续表

序号	工具名称及型号	数量	完 好 标 准	确认符合
10	梅花扳手（10～20mm）	2	扳手不应有裂缝、毛刺及明显的夹缝、切痕、氧化皮等缺陷，柄部应平直	□
11	套筒扳手（8～32mm）	1	扳手不应有裂缝、毛刺及明显的夹缝、切痕、氧化皮等缺陷，柄部应平直	□
12	开口扳手（10～20mm）	2	扳手不应有裂缝、毛刺及明显的夹缝、切痕、氧化皮等缺陷，柄部应平直	□
13	十字螺丝刀（5、6mm）	2	螺丝刀手柄应安装牢固，没有手柄的不准使用	□
14	平口螺丝刀（6、8mm）	2	螺丝刀手柄应安装牢固，没有手柄的不准使用	□
15	万用表	1	（1）检查检验合格证在有效期内。 （2）塑料外壳具有足够的机械强度，不得有缺损和开裂、划伤和污迹，不允许有明显的变形，按键、按钮应灵活可靠，无卡死和接触不良的现象	□
16	回路电阻测试仪	1	外框表面不应有明显的凹痕、划伤、裂缝和变形等现象，表面镀涂层不应起泡、龟裂和脱落。金属零件不应有锈蚀及其他机械损伤。操作开关、旋钮应灵活可靠，使用方便。回路仪应能正常显示极性、读数、超量程	□
17	开关特性测试仪	1	仪器表面应光洁平整，不应有凹、凸及划痕、裂缝、变形现象，涂层不应起泡、脱落，字迹应清晰、明了。金属零件不应有锈蚀及机械损伤，接插件牢固可靠，开关、按钮均应动作灵活。仪器应有明显的接地标识	□
18	500V 绝缘电阻表	1	（1）检查检验合格证在有效期内。 （2）外表应整洁美观，不应有变形、缩痕、裂纹、划痕、剥落、锈蚀、油污、变色等缺陷。文字、标志等应清晰无误。绝缘电阻表的零件、部件、整件等应装配正确，牢固可靠。绝缘电阻表的控制调节机构和指示装置应运行平稳，无阻滞和抖动现象	□
19	2500V 绝缘电阻表	1	（1）检查检验合格证在有效期内。 （2）外表应整洁美观，不应有变形、缩痕、裂纹、划痕、剥落、锈蚀、油污、变色等缺陷。文字、标志等应清晰无误。绝缘电阻表的零件、部件、整件等应装配正确，牢固可靠。绝缘电阻表的控制调节机构和指示装置应运行平稳，无阻滞和抖动现象	□
20	微水测试仪	1	（1）检查检验合格证在有效期内。 （2）外壳表面无凸凹伤痕，涂层色泽均匀，不得有明显的损伤、起泡、露底、锈蚀等现象，铭牌清晰、技术文件齐全、附件完整。微水仪的开关、旋钮、按键、紧固件等应安装牢固，定位准确、调节灵活；其仪表刻度或数字显示应清晰；应有明显的接地标识	□
21	气体检漏仪	1	外观良好，仪器完整，连接可靠，各旋钮应能正常调节	□
22	气体密度继电器测试仪	1	（1）检查检验合格证在有效期内。 （2）外壳表面无凸凹伤痕，涂层色泽均匀，不得有明显的损伤、起泡、露底、锈蚀等现象，铭牌清晰、技术文件齐全、附件完整。仪器的开关、旋钮、按键、紧固件等应安装牢固，定位准确、调节灵活；其仪表刻度或数字显示应清晰；应有明显的接地标识	□
确认人签字：				

材 料 准 备

序号	材料名称	规 格	单位	数量	检查结果
1	白布		kg	0.5	□
2	酒精	500mL	瓶	1	□
3	毛刷	25、50mm	把	2	□
4	清洗剂	500mL	瓶	2	□

续表

序号	材料名称	规　　格	单位	数量	检查结果
5	黄油		kg	0.5	□
6	机油		g	20	□
7	导电膏		盒	1	□
8	六氟化硫气体	纯度 99.999%	L	10	□
备　件　准　备					
序号	备件名称	规格型号	单位	数量	检查结果
1	无				□
	验收标准：				
2	无				□
	验收标准：				

四、检修工序卡	
检修工序步骤及内容	安全、质量标准
1　GIS 外观清扫、检查 □1.1　GIS 各部件外观清扫 危险源：安全带 安全鉴证点 | 1-S1 □1.2　检查支架、接地线、地脚螺栓紧固 质检点 | 1-W2	□A1.1　使用时安全带的挂钩或绳子应挂在结实牢固的构件上；安全带要挂在上方，高度不低于腰部（即高挂低用）；安全带严禁打结使用，使用中要避开尖锐的构件。 1.1　各部件无损坏及脏污。 1.2　螺栓紧固且无锈蚀
2　出线套管绝缘外观清扫、检查 危险源：脚手架、安全带 安全鉴证点 | 2-S1 □2.1　一次引线接触情况检查紧固 □2.2　均压环清理刷相色漆 □2.3　清理套管表面浮土 □2.4　套管基座螺栓紧固、除锈刷漆 质检点 | 2-W2	□A2（a）　上下脚手架应走人行通道或梯子，不准攀登架体；不准站在脚手架的探头上作业；不准在架子上退着行走或跨坐在防护横杆上休息；脚手架上作业时不准蹬在木桶、木箱、砖及其他建筑材料上；工作过程中，不准随意改变脚手架的结构，必要时，必须经过搭设脚手架的技术负责人同意，并再次验收合格后方可使用。 □A2（b）　使用时安全带的挂钩或绳子应挂在结实牢固的构件上；安全带要挂在上方，高度不低于腰部（即高挂低用）；安全带严禁打结使用，使用中要避开尖锐的构件。 2.1　引线接线紧固。 2.2　相色漆均匀。 2.3　瓷瓶表面清洁，无裂纹。 2.4　基座螺栓紧固，无锈蚀
3　液压机构检查 □3.1　拆开机构盖板 □3.2　操作泄压阀，使其油压至零，检查机构油位 危险源：液压油 安全鉴证点 | 3-S1 □3.3　检查分合闸线圈、直流电机引线有无卡伤；用 500V 绝缘电阻表测量线圈绝缘电阻、用万用表测量线圈直流电阻 危险源：试验电压 安全鉴证点 | 4-S1 □3.4　检查电动机碳刷及整流子磨损情况、清扫碳粉 □3.5　检查液压蝶簧，用低温润滑脂润滑 危险源：操动机构	□A3.2　不准带油压紧固接头，避免管道接头爆开后高压油伤人。 3.2　清洁无渗漏，油位 1/3 刻度以上。 □A3.3（a）　测量人员和绝缘电阻表安放位置，应选择适当，保持安全距离，以免绝缘电阻表引线或引线支持物触碰带电部分；移动引线时，应注意监护，防止工作人员触电。 □A3.3（b）　试验结束将所试设备对地放电，释放残余电压。 3.3　绝缘电阻不小于 1MΩ、直流电阻不超过 36Ω±5%。 3.4　碳刷长度：≤11mm 时更换。 □A3.5（a）　检修前切断操动机构操作电源及储能电源。 □A3.5（b）　就地分合机构时，检修人员不得触及连扳和

续表

检修工序步骤及内容	安全、质量标准
安全鉴证点 | 5-S1 | □3.6 检查连接部分的销子、紧固机构各螺栓 □3.7 检查辅助开关、紧固低压回路连接导线 □3.8 检查加热器接线状况、分合指示器位置、记录动作计数器次数 质检点 | 3-W2 |	传动部件。 3.6 无生锈、变形。 3.7 开关转换正确，触点直阻小于 5Ω，接线紧固。 3.8 分合指示器安装牢固，动作指示正确
4 油泵打压时间检查 □4.1 零表压启动油泵打压 □4.2 一次重合闸后打压 □4.3 保压试验：机构储能至额定压力，关闭电机控制开关，24h 后检查碟片弹簧压缩量变化 质检点 | 4-W2 |	4.1 不超过 5min。 4.2 不超过 3min。 4.3 不大于 30mm
5 隔离开关、接地开关机构及转动部分清洁润滑检查 危险源：安全带、高空的工器具 安全鉴证点 | 6-S1 | □5.1 检查机构箱各部件，清理灰尘、污垢，对主要活动环节加低温润滑脂 □5.2 操作机构传动连杆检查紧固，伞齿轮磨损检查 □5.3 接地铜板连接螺栓紧固 □5.4 检查电机引线有无卡伤，用 500V 绝缘电阻表测量线圈绝缘电阻、用万用表测量绕组直流电阻 危险源：试验电压 安全鉴证点 | 7-S1 | 质检点 | 5-W2 |	□A5（a） 使用时安全带的挂钩或绳子应挂在结实牢固的构件上；安全带要挂在上方，高度不低于腰部（即高挂低用）；安全带严禁打结使用，使用中要避开尖锐的构件。 □A5（b） 高处作业应一律使用工具袋，较大的工具应用绳拴在牢固的构件上；工器具和零部件不准上下抛掷，应使用绳系牢后往下或往上吊；不允许交叉作业，特殊情况必须交叉作业时，中间隔层必须搭设牢固、可靠的防护隔板或防护网 5.1 各部件无损坏及脏污。 5.2 各连接部位紧固，无缺齿。 5.3 螺栓连接牢固、无松动。 □A5.4（a） 测量人员和绝缘电阻表安放位置，应选择适当，保持安全距离，以免绝缘电阻表引线或引线支持物触碰带电部分；移动引线时，应注意监护，防止工作人员触电。 □A5.4（b） 试验结束将所试设备对地放电，释放残余电压 5.4 线圈绝缘电阻不小于 1MΩ、直阻不超过规定±5%
6 电气试验 □6.1 断路器动作特性测试 □6.2 断路器导、隔离开关电回路电阻测试 危险源：试验电压 安全鉴证点 | 8-S1 | □6.3 分合闸线圈直流电阻测量 质检点 | 1-H2 |	6.1 分闸电压（30%～65%）U_N；合闸电压（30%～80%）U_N；分闸时间：≤50ms；合闸时间：≤100ms；分闸同期性：≤3ms；合闸同期性：≤5ms。 □A6.2（a） 试验工作不得少于两人。试验负责人应由有经验的人员担任，开始试验前，试验负责人应向全体试验人员详细布置试验中的安全注意事项，交待邻近间隔的带电部位，以及其他安全注意事项。 □A6.2（b） 试验时，通知所有人员离开被试设备，并取得试验负责人许可，方可加压。加压过程中应有人监护并呼唱。 □A6.2（c） 变更接线或试验结束时，应首先断开试验电源。 □A6.2（d） 试验结束时，对被试设备进行检查，恢复试验前的状态，经试验负责人复查后，进行现场清理。 6.2 测试仪测试电流不小于 200A，依据现场情况，测量相关断路器及隔离开关的回路电阻值，并记录数据与交接数据进行对比。 6.3 与历次测量值无明显差别

续表

<table>
<tr><th>检修工序步骤及内容</th><th>安全、质量标准</th></tr>
<tr><td>7 互感器接线检查试验
□7.1 检查互感器二次接线端子
危险源：感应电压
| 安全鉴证点 | 9-S1 | |
□7.2 用 500V 绝缘电阻表测量二次线圈绝缘电阻、用电桥测量线圈直流电
| 质检点 | 6-W2 | |</td><td>□A7.1 应加装接地线，释放感应电压。
7.1 接线紧固电缆无破损。
7.2 绝缘电阻不小于 1MΩ，直流电阻与上次数据进行对比</td></tr>
<tr><td>8 各气室 SF_6 气体密度继检查校验、微水含量测试
□8.1 检查各气室 SF_6 气体压力值
□8.2 检查 SF_6 密度继电器接线是否可靠
□8.3 SF_6 密度继电器校验
危险源：SF_6 气体
| 安全鉴证点 | 10-S1 | |
□8.4 各气室 SF_6 气体微水含量测试
| 质检点 | 7-W2 | |</td><td>8.1 断路器不小于 0.4MPa，其他气室不小于 0.35MPa，套管气室不小于 0.35MPa。
8.2 接线牢固。
□A8.3 SF_6 气体检漏、作业、回收时人员应站在上风侧，并正确佩戴合格的防毒面具。
8.3 按量程的百分数计算：示值误差±2.5%、回程误差±2.5%。
8.4 断路器气室微水含量：≤300μL/L，其他气室微水含量：≤500μL/L</td></tr>
<tr><td>9 开关机构箱密封条检查，电缆孔洞封堵检查
□9.1 密封条齐全完整无破损
□9.2 电缆孔洞封堵严密</td><td>9.1 密封条齐全完整无破损，如有损坏更换。
9.2 封堵严密</td></tr>
<tr><td>10 检修工作结束
危险源：施工废料
| 安全鉴证点 | 11-S1 | |
□10.1 清点检修使用的工器具、备件数量应符合使用前的数量要求，出现丢失等及时进行查找
□10.2 清理工作现场
□10.3 同运行人员按照规定程序办理结束工作票手续</td><td>□A10 废料及时清理，做到工完、料尽、场地清。
10.1 回收的工器具应齐全、完整</td></tr>
</table>

<table>
<tr><td colspan="4">五、质量验收卡</td></tr>
<tr><td colspan="4">质检点：1-W2 工序 1 GIS 外观清扫、检查
检查情况：</td></tr>
<tr><td>测量器具/编号</td><td colspan="3"></td></tr>
<tr><td>测量（检查）人</td><td></td><td>记录人</td><td></td></tr>
<tr><td>一级验收</td><td colspan="2"></td><td>年 月 日</td></tr>
<tr><td>二级验收</td><td colspan="2"></td><td>年 月 日</td></tr>
<tr><td colspan="4">质检点：2-W2 工序 2 套管瓷绝缘外观检查
检查情况：</td></tr>
</table>

续表

测量器具/编号			
测量（检查）人		记录人	
一级验收			年　月　日
二级验收			年　月　日
质检点：3-W2　工序 3　液压机构检查 检查情况：			
测量器具/编号			
测量（检查）人		记录人	
一级验收			年　月　日
二级验收			年　月　日
质检点：4-W2　工序 4　油泵打压时间检查 检查情况：			
测量器具/编号			
测量（检查）人		记录人	
一级验收			年　月　日
二级验收			年　月　日
质检点：5-W2　工序 5　隔离开关、接地开关机构及转动部分清洁润滑检查 检查情况：			
测量器具/编号			
测量（检查）人		记录人	
一级验收			年　月　日
二级验收			年　月　日

续表

<table>
<tr><td colspan="4">质检点：1-H3　工序 6　电气试验
试验记录：</td></tr>
<tr><td>测量器具/编号</td><td colspan="3"></td></tr>
<tr><td>测量（检查）人</td><td></td><td>记录人</td><td></td></tr>
<tr><td>一级验收</td><td colspan="2"></td><td>年　月　日</td></tr>
<tr><td>二级验收</td><td colspan="2"></td><td>年　月　日</td></tr>
<tr><td>三级验收</td><td colspan="2"></td><td>年　月　日</td></tr>
<tr><td colspan="4">质检点：6-W2　工序 7　互感器检查试验
检查情况：</td></tr>
<tr><td>测量器具/编号</td><td colspan="3"></td></tr>
<tr><td>测量（检查）人</td><td></td><td>记录人</td><td></td></tr>
<tr><td>一级验收</td><td colspan="2"></td><td>年　月　日</td></tr>
<tr><td>二级验收</td><td colspan="2"></td><td>年　月　日</td></tr>
<tr><td colspan="4">质检点：7-W2　工序 8　各气室 SF_6 气体密度继电器检查校验、微水含量测试
检查情况：</td></tr>
<tr><td>测量器具/编号</td><td colspan="3"></td></tr>
<tr><td>测量（检查）人</td><td></td><td>记录人</td><td></td></tr>
<tr><td>一级验收</td><td colspan="2"></td><td>年　月　日</td></tr>
<tr><td>二级验收</td><td colspan="2"></td><td>年　月　日</td></tr>
</table>

<table>
<tr><td colspan="4">六、完工验收卡</td></tr>
<tr><td>序号</td><td>检查内容</td><td>标　　准</td><td>检查结果</td></tr>
<tr><td>1</td><td>安全措施恢复情况</td><td>1.1　检修工作全部结束
1.2　整改项目验收合格
1.3　检修脚手架拆除完毕
1.4　孔洞、坑道等盖板恢复
1.5　临时拆除的防护栏恢复
1.6　安全围栏、标示牌等撤离现场
1.7　安全措施和隔离措施具备恢复条件
1.8　工作票具备押回条件</td><td>□
□
□
□
□
□
□
□</td></tr>
</table>

续表

<table>
<tr><th>序号</th><th>检查内容</th><th colspan="2">标　　准</th><th>检查结果</th></tr>
<tr><td>2</td><td>设备自身状况</td><td colspan="2">2.1 设备与系统全面连接
2.2 设备标示牌齐全
2.3 设备油漆完整
2.4 设备各部相色标志清晰准确
2.5 拆除各附件试验合格并安装完毕</td><td>□
□
□
□
□</td></tr>
<tr><td>3</td><td>设备环境状况</td><td colspan="2">3.1 检修整体工作结束，人员撤出
3.2 检修剩余备件材料清理出现场
3.3 检修现场废弃物清理完毕
3.4 检修用辅助设施拆除结束
3.5 临时电源、水源、气源、照明等拆除完毕
3.6 工器具及工具箱运出现场
3.7 地面铺垫材料运出现场
3.8 检修现场卫生整洁</td><td>□
□
□
□
□
□
□
□</td></tr>
<tr><td colspan="3">一级验收</td><td colspan="2">二级验收</td></tr>
<tr><td colspan="3"></td><td colspan="2"></td></tr>
</table>

<table>
<tr><td colspan="7">七、完工报告单</td></tr>
<tr><td>工期</td><td colspan="3">年　月　日　至　年　月　日</td><td>实际完成工日</td><td colspan="2">工日</td></tr>
<tr><td rowspan="6">主要材料备件消耗统计</td><td>序号</td><td>名称</td><td>规格与型号</td><td>生产厂家</td><td colspan="2">消耗数量</td></tr>
<tr><td>1</td><td></td><td></td><td></td><td colspan="2"></td></tr>
<tr><td>2</td><td></td><td></td><td></td><td colspan="2"></td></tr>
<tr><td>3</td><td></td><td></td><td></td><td colspan="2"></td></tr>
<tr><td>4</td><td></td><td></td><td></td><td colspan="2"></td></tr>
<tr><td>5</td><td></td><td></td><td></td><td colspan="2"></td></tr>
<tr><td rowspan="5">缺陷处理情况</td><td>序号</td><td colspan="2">缺陷内容</td><td colspan="3">处理情况</td></tr>
<tr><td>1</td><td colspan="2"></td><td colspan="3"></td></tr>
<tr><td>2</td><td colspan="2"></td><td colspan="3"></td></tr>
<tr><td>3</td><td colspan="2"></td><td colspan="3"></td></tr>
<tr><td>4</td><td colspan="2"></td><td colspan="3"></td></tr>
<tr><td>异动情况</td><td colspan="6"></td></tr>
<tr><td>让步接受情况</td><td colspan="6"></td></tr>
<tr><td>遗留问题及采取措施</td><td colspan="6"></td></tr>
<tr><td>修后总体评价</td><td colspan="6"></td></tr>
<tr><td rowspan="2">各方签字</td><td colspan="2">一级验收人员</td><td colspan="2">二级验收人员</td><td colspan="2">三级验收人员</td></tr>
<tr><td colspan="2"></td><td colspan="2"></td><td colspan="2"></td></tr>
</table>

检 修 文 件 包

单位：________ 班组：________ 编号：________

检修任务：**220kV SF_6断路器检修** 风险等级：________

<table>
<tr><td colspan="7">一、检修工作任务单</td></tr>
<tr><td>计划检修时间</td><td colspan="4">年 月 日 至 年 月 日</td><td>计划工日</td><td></td></tr>
<tr><td>主要检修项目</td><td colspan="3">1．开关瓷瓶检查、清理
2．开关引出线检查
3．开关机构箱密封条检查
4．密度继电器校验</td><td colspan="3">5．SF_6气体微水测试
6．液压系统检查
7．开关动作特性试验
8．传动试验</td></tr>
<tr><td>修后目标</td><td colspan="3">1．开关分合动作
2．无异声、温度、温升正常
3．油泵打压正常
4．外表清洁无污，瓷瓶完好</td><td colspan="3">5．开关周围无影响运行物件
6．压力表显示正常
7．接线紧固</td></tr>
<tr><td rowspan="4">鉴证点分布</td><td>W点</td><td>工序及质检点内容</td><td>H点</td><td>工序及质检点内容</td><td>S点</td><td>工序及安全鉴证点内容</td></tr>
<tr><td>1-W2</td><td>□1 开关瓷瓶清扫、引线接头检查</td><td>1-H3</td><td>□5 开关动作特性试验、回路电阻测试</td><td></td><td></td></tr>
<tr><td>2-W2</td><td>□3 液压系统检查</td><td></td><td></td><td></td><td></td></tr>
<tr><td>3-W2</td><td>□4 SF_6气体密度继电器校验、SF_6气体微水检测</td><td></td><td></td><td></td><td></td></tr>
<tr><td rowspan="2">质量验收人员</td><td colspan="2">一级验收人员</td><td colspan="2">二级验收人员</td><td colspan="2">三级验收人员</td></tr>
<tr><td colspan="2"></td><td colspan="2"></td><td colspan="2"></td></tr>
<tr><td rowspan="2">安全验收人员</td><td colspan="2">一级验收人员</td><td colspan="2">二级验收人员</td><td colspan="2">三级验收人员</td></tr>
<tr><td colspan="2"></td><td colspan="2"></td><td colspan="2"></td></tr>
</table>

<table>
<tr><td colspan="3">二、修前策划卡</td></tr>
<tr><td colspan="3">设 备 基 本 参 数</td></tr>
<tr><td colspan="3">1．型号：3AQ1EG
2．基本参数：
额定电压：252kV　　额定频率：50Hz
额定电流：4000A　　额定失步开断电流：50kA
额定雷电冲击电压：1050kV　　额定工频耐压：460kV
生产厂家：SIEMENS</td></tr>
<tr><td colspan="3">设 备 修 前 状 况</td></tr>
<tr><td colspan="3">检修前交底（设备运行状况、历次主要检修经验和教训、检修前主要缺陷）
设备运行状况：

历次主要检修经验和教训：

检修前主要缺陷：</td></tr>
<tr><td>技术交底人</td><td></td><td>年 月 日</td></tr>
<tr><td>接受交底人</td><td></td><td>年 月 日</td></tr>
</table>

续表

人 员 准 备				
序号	工种	工作组人员姓名	资格证书编号	检查结果
1	变配检修高级工			□
2	变配检修中级工			□
3	变配检修初级工			□
4	变配检修初级工			□
5	变配检修初级工			□
6	高压试验高级工			□
7	高压试验中级工			□

三、现场准备卡		
办 理 工 作 票		
工作票编号：		
施 工 现 场 准 备		
序号	安 全 措 施 检 查	确认符合
1	与带电设备保持3m安全距离	□
2	使用警戒遮拦对检修与运行区域进行隔离，并对内悬挂“止步、高压危险”警告标示牌，防止人员误入带电运行设备区域	□
3	电气设备的金属外壳应实行单独接地	□
4	在5级及以上的大风以及暴雨、雷电、冰雹、大雾等恶劣天气，应停止露天高处作业	□
5	与运行人员共同确认现场安全措施、隔离措施正确完备；确认隔离开关拉开，机械状态指示应正确，控制方式在“就地”位置，操作电源、动力电源断开，验明检修设备确无电压；确认“禁止合闸、有人工作”“在此工作”等警告标示牌按措施要求悬挂；明确相邻带电设备及带电部位；确认三相短路接地刀闸是否按措施要求合闸，三相短路接地刀闸机械状态指示应正确	□
6	工作前核对设备名称及编号；工作前验电	□
7	设置电气专人进行监护及安全交底	□
8	清理检修现场；设置检修现场定制图；地面使用胶皮铺设，并设置围栏及警告标示牌；检修工器具、材料备件定置摆放	□
9	检修管理文件、原始记录本已准备齐全	□
确认人签字：		

工 器 具 准 备 与 检 查				
序号	工具名称及型号	数量	完 好 标 准	确认符合
1	移动式电源盘	1	（1）检查检验合格证在有效期内。 （2）检查电源盘电源线、电源插头、插座完好无破损；漏电保护器动作正确。 （3）检查电源盘线盘架、拉杆、线盘架轮子及线盘摇动手柄齐全完好	□
2	安全带	3	（1）检查检验合格证应在有效期内，标识（产品标识和定期检验合格标识）应清晰齐全。 （2）各部件应完整无缺失、无伤残破损，腰带、胸带、围杆带、围杆绳、安全绳应无灼伤、脆裂、断股、霉变。 （3）金属卡环（钩）必须有保险装置，且操作要灵活。钩体和钩舌的咬口必须完整，两者不得偏斜	□
3	绝缘手套	1	（1）检查绝缘手套在使用有效期及检测合格周期内，产品标识及定期检验合格标识应清晰齐全，出厂年限满5年的绝缘手套应报废。 （2）使用前检查绝缘手套有无漏气（裂口）等，手套表面必须平滑，无明显的波纹和铸模痕迹。	□

续表

序号	工具名称及型号	数量	完 好 标 准	确认符合
3	绝缘手套	1	（3）手套内外面应无针孔、无疵点、无裂痕、无砂眼、无杂质、无霉变、无划痕损伤、无夹紧痕迹、无黏连、无发脆、无染料污染痕迹等各种明显缺陷	
4	验电器	1	（1）检查验电器在使用有效期及检测合格周期内，产品标识及定期检验合格标识应清晰齐全。 （2）严格执行《电业安全工作规程》，根据检修设备的额定电压选用相同电压等级的验电器。 （3）工作触头的金属部分连接应牢固，无放电痕迹。 （4）验电器的绝缘杆表面应清洁光滑、干燥，无裂纹、无破损、无绝缘层脱落、无变形及放电痕迹等明显缺陷。 （5）握柄应无裂纹、无破损、无有碍手握的缺陷。 （6）验电器（触头、绝缘杆、握柄）各处连接应牢固可靠。 （7）验电前应将验电器在带电的设备上验电，证实验电器声光报警等是否良好	□
5	绝缘靴	1	（1）检查绝缘靴在使用有效期及检测合格周期内，产品标识及定期检验合格标识应清晰齐全。 （2）严格执行《电业安全工作规程》，使用电压等级 6kV 或 10kV 的绝缘靴。 （3）使用前检查绝缘靴整体各处应无裂纹、无漏洞、无气泡、无灼伤、无划痕等损伤。 （4）靴底的防滑花纹磨损不应超过 50%，不能磨透露出绝缘层	□
6	脚手架	1	（1）搭设结束后，必须履行脚手架验收手续，填写脚手架验收单，并在“脚手架验收单”上分级签字。 （2）验收合格后应在脚手架上悬挂合格证，方可使用。 （3）工作负责人每天上脚手架前，必须进行脚手架整体检查	□
7	内六角扳手 （4～10mm）	1	表面应光滑，不应有裂纹、毛刺等影响使用性能的缺陷	□
8	尖嘴钳	1	尖嘴钳手柄应安装牢固、没有手柄的不准使用	□
9	活扳手 （20～40mm）	1	（1）活动扳口应在扳体导轨的全行程上灵活移动。 （2）活扳手不应有裂缝、毛刺及明显的夹缝、氧化皮等缺陷，柄部平直且不应有影响使用性能的缺陷	□
10	梅花扳手 （10～20mm）	1	扳手不应有裂缝、毛刺及明显的夹缝、切痕、氧化皮等缺陷，柄部应平直	□
11	套筒扳手 （8～32mm）	1	扳手不应有裂缝、毛刺及明显的夹缝、切痕、氧化皮等缺陷，柄部应平直	□
12	开口扳手 （10～20mm）	1	扳手不应有裂缝、毛刺及明显的夹缝、切痕、氧化皮等缺陷，柄部应平直	□
13	十字螺丝刀 （5、6mm）	2	螺丝刀手柄应安装牢固，没有手柄的不准使用	□
14	平口螺丝刀 （6、8mm）	2	螺丝刀手柄应安装牢固，没有手柄的不准使用	□
15	万用表	1	（1）检查检验合格证在有效期内。 （2）塑料外壳具有足够的机械强度，不得有缺损和开裂、划伤和污迹，不允许有明显的变形，按键、按钮应灵活可靠，无卡死和接触不良的现象	□
16	回路电阻测试仪	1	外框表面不应有明显的凹痕、划伤、裂缝和变形等现象，表面镀涂层不应起泡、龟裂和脱落。金属零件不应有锈蚀及其他机械损伤。操作开关、旋钮应灵活可靠，使用方便。回路仪应能正常显示极性、读数、超量程	□
17	开关特性测试仪	1	仪器表面应光洁平整，不应有凹、凸及划痕、裂缝、变形现象，涂层不应起泡、脱落，字迹应清晰、明了。金属零件不应有锈蚀及机械损伤，接插件牢固可靠，开关、按钮均应动作灵活。仪器应有明显的接地标识	□

续表

序号	工具名称及型号	数量	完 好 标 准	确认符合
18	500V 绝缘电阻表	1	（1）检查检验合格证在有效期内。 （2）外表应整洁美观，不应有变形、缩痕、裂纹、划痕、剥落、锈蚀、油污、变色等缺陷。文字、标志等应清晰无误。绝缘电阻表的零件、部件、整件等应装配正确，牢固可靠。绝缘电阻表的控制调节机构和指示装置应运行平稳，无阻滞和抖动现象	□
19	2500V 绝缘电阻表	1	（1）检查检验合格证在有效期内。 （2）外表应整洁美观，不应有变形、缩痕、裂纹、划痕、剥落、锈蚀、油污、变色等缺陷。文字、标志等应清晰无误。绝缘电阻表的零件、部件、整件等应装配正确，牢固可靠。绝缘电阻表的控制调节机构和指示装置应运行平稳，无阻滞和抖动现象	□
20	微水测试仪	1	（1）检查检验合格证在有效期内。 （2）外壳表面无凸凹伤痕，涂层色泽均匀，不得有明显的损伤、起泡、露底、锈蚀等现象，铭牌清晰、技术文件齐全、附件完整。微水仪的开关、旋钮、按键、紧固件等应安装牢固，定位准确、调节灵活；其仪表刻度或数字显示应清晰；应有明显的接地标识	□
21	气体密度继电器测试仪	1	（1）检查检验合格证在有效期内。 （2）外壳表面无凸凹伤痕，涂层色泽均匀，不得有明显的损伤、起泡、露底、锈蚀等现象，铭牌清晰、技术文件齐全、附件完整。仪器的开关、旋钮、按键、紧固件等应安装牢固，定位准确、调节灵活；其仪表刻度或数字显示应清晰；应有明显的接地标识	□
确认人签字：				

材 料 准 备

序号	材料名称	规 格	单位	数量	检查结果
1	白布		kg	0.5	□
2	酒精	500mL	瓶	1	□
3	毛刷	25、50mm	把	2	□
4	清洗剂	500mL	瓶	2	□
5	黄油		kg	0.5	□
6	机油		g	20	□
7	导电膏		盒	1	□
8	六氟化硫气体	纯度 99.999%	L	5	□

备 件 准 备

序号	备件名称	规格型号	单位	数量	检查结果
1	无				□
	验收标准：				
2	无				□
	验收标准：				

四、检修工序卡

检修工序步骤及内容	安全、质量标准
1 开关瓷瓶清扫、引线接头检查 危险源：脚手架、安全带、高空工器具 安全鉴证点 | 1-S1 |	□A1（a） 上下脚手架应走人行通道或梯子，不准攀登架体；不准站在脚手架的探头上作业；不准在架子上退着行走或跨坐在防护横杆上休息；脚手架上作业时不准蹬在木桶、木箱、砖及其他建筑材料上；工作过程中，不准随意改变脚手架的结构，必要时，必须经过搭设脚手架的技术负责人同意，并再次验收合格后方可使用。

续表

检修工序步骤及内容	安全、质量标准
□1.1 用包布将瓷瓶擦拭干净 □1.2 检查开关瓷瓶清洁、无裂纹 □1.3 紧固各部螺栓，对锈蚀螺栓进行处理 质检点 1-W2	□A1（b） 使用时安全带的挂钩或绳子应挂在结实牢固的构件上；安全带要挂在上方，高度不低于腰部（即高挂低用）；安全带严禁打结使用，使用中要避开尖锐的构件。 □A1（c） 高处作业应一律使用工具袋，较大的工具应用绳拴在牢固的构件上；工器具和零部件不准上下抛掷，应使用绳系牢后往下或往上吊；不允许交叉作业，特殊情况必须交叉作业时，中间隔层必须搭设牢固、可靠的防护隔板或防护网。 1.1 各部件无脏污。 1.2 各部件无损坏。 1.3 各部螺栓紧固，锈蚀螺栓涂可润齐
2 开关机构箱密封条检查，电缆孔洞封堵，加热器检查 □2.1 密封条齐全完整无破损 □2.2 电缆孔洞封堵严密 □2.3 防露加热器电源回路检查、紧线；防露加热器直阻、绝缘测试	2.3 绝缘不低于 0.5MΩ
3 液压系统检查 □3.1 电气回路检查 □3.1.1 测量液压机构的打压电机直流电阻 □3.1.2 测量打压电机及电机引线回路的绝缘电阻 危险源：试验电压 安全鉴证点 2-S1 □3.1.3 动力回路检查紧线，各接头压接良好 □3.2 液压泄漏试验 危险源：液压油 安全鉴证点 3-S1 □3.2.1 检查机构油位合格 □3.2.2 在周期1～3年或大修后对液压机构进行分合位置下的泄漏试验 □3.2.3 油泵打压运转时间检查 质检点 2-W2	3.1.1 三相误差不大于 4%。 □A3.1.2 测量人员和绝缘电阻表安放位置，应选择适当，保持安全距离，以免绝缘电阻表引线或引线支持物触碰带电部分；移动引线时，应注意监护，防止工作人员触电；试验结束将所试设备对地放电，释放残余电压。 3.1.2 绝缘电阻应大于 0.5MΩ。 □A3.2 不准带油压紧固接头，避免管道接头爆开后高压油伤人。 3.2.1 在上下油位线之间。 3.2.2 开关分合时，在常见压力（约 32MPa）下检测。在油泵停止后，压力稳定后，泄漏率每小时不超过 0.5MPa，温度变动约为 0.1MPa/1℃。 3.2.3 补压时间为小于 30s，零起打压应小于 3min，泵打压间隔时间应大于 1h
4 SF_6气体密度继电器校验、SF_6气体微水检测 □4.1 检查 SF_6气体压力值 □4.2 检查 SF_6密度继电器接线是否可靠 □4.3 SF_6密度继电器校验 危险源：SF_6气体 安全鉴证点 4-S1 □4.4 SF_6气体微水含量测试 质检点 3-W2	4.1 与温度压力曲线相符。 4.2 接线牢固。 □A4.3 SF_6气体检漏、作业、回收时人员应站在上风侧，并正确佩戴合格的防毒面具。 4.3 按量程的百分数计算：示值误差±2.5%、回程误差±2.5%。 4.4 断路器气室微水含量：≤300μL/L
5 开关动作特性试验、回路电阻测试 □5.1 分合闸铁芯、线圈检查 □5.2 开关的分合闸时间测量	5.1 直阻值与历次测量值无明显差别；线圈绝缘不小于 0.5MΩ。 5.2 合闸时间。105ms±5ms。 分闸时间 36ms±3ms。

续表

<table>
<tr><th>检修工序步骤及内容</th><th>安全、质量标准</th></tr>
<tr><td>□5.3　同期性测试
□5.4　机械特性试验

□5.5　开关回路电阻测试

危险源：试验电压

安全鉴证点 5-S1

质检点 1-H3</td><td>5.3　相间合闸不同期不大于 5ms；相间分闸不同期不大于3ms。
5.4 操动机构合闸脱扣器在直流额定电压的 80%时应可靠动作；分、合闸电磁铁或合闸接触器端子上的最低动作电压应在操作电压额定值的 30%～65%之间。
□A5.5（a）　试验工作不得少于两人。试验负责人应由有经验的人员担任，开始试验前，试验负责人应向全体试验人员详细布置试验中的安全注意事项，交待邻近间隔的带电部位，以及其他安全注意事项。
□A5.5（b）　试验时，通知所有人员离开被试设备，并取得试验负责人许可，方可加压。加压过程中应有人监护并呼唱。
□A5.5（c）　变更接线或试验结束时，应首先断开试验电源。
□A5.5（d）　试验结束时，对被试设备进行检查，恢复试验前的状态，经试验负责人复查后，进行现场清理。
5.5　导电回路电阻应在 33μΩ±9μΩ 范围内</td></tr>
<tr><td>6　传动试验
□6.1　电动在额定操作电压下分、合闸 2 次</td><td>6.1　分、合动作正常，机械状态指示与 DCS 画面显示一致</td></tr>
<tr><td>7　检修工作结束
危险源：施工废料

安全鉴证点 6-S1

□7.1　清点检修使用的工器具、备件数量应符合使用前的数量要求，出现丢失等及时进行查找
□7.2　清理工作现场
□7.3　同运行人员按照规定程序办理结束工作票手续</td><td>□A7　废料及时清理，做到工完、料尽、场地清

7.1　回收的工器具应齐全、完整</td></tr>
</table>

<table>
<tr><td colspan="4">五、质量验收卡</td></tr>
<tr><td colspan="4">质检点：1-W2　工序 1　开关瓷瓶清扫、引线接头检查
检查情况：

试验记录：</td></tr>
<tr><td>测量器具/编号</td><td colspan="3"></td></tr>
<tr><td>测量（检查）人</td><td></td><td>记录人</td><td></td></tr>
<tr><td>一级验收</td><td colspan="2"></td><td>年　　月　　日</td></tr>
<tr><td>二级验收</td><td colspan="2"></td><td>年　　月　　日</td></tr>
<tr><td colspan="4">质检点：2-W2　工序 3　液压系统检查
检查情况：</td></tr>
</table>

续表

测量器具/编号			
测量（检查）人		记录人	
一级验收			年　月　日
二级验收			年　月　日

质检点：3-W2　工序 4　SF_6气体密度继电器校验、SF_6气体微水检测
检查情况：

测量器具/编号			
测量（检查）人		记录人	
一级验收			年　月　日
二级验收			年　月　日

质检点：1-H3　工序 5　开关动作特性试验 、回路电阻测试
试验记录：

测量器具/编号			
测量（检查）人		记录人	
一级验收			年　月　日
二级验收			年　月　日
三级验收			年　月　日

六、完工验收卡

序号	检查内容	标　准	检查结果
1	安全措施恢复情况	1.1　检修工作全部结束 1.2　整改项目验收合格 1.3　检修脚手架拆除完毕 1.4　孔洞、坑道等盖板恢复 1.5　临时拆除的防护栏恢复 1.6　安全围栏、标示牌等撤离现场 1.7　安全措施和隔离措施具备恢复条件 1.8　工作票具备押回条件	□ □ □ □ □ □ □ □
2	设备自身状况	2.1　设备与系统全面连接 2.2　设备标示牌齐全 2.3　设备油漆完整 2.4　设备各部相色标志清晰准确 2.5　拆除各附件试验合格并安装完毕	□ □ □ □ □
3	设备环境状况	3.1　检修整体工作结束，人员撤出 3.2　检修剩余备件材料清理出现场 3.3　检修现场废弃物清理完毕	□ □ □

续表

序号	检查内容	标　　准	检查结果
3	设备环境状况	3.4　检修用辅助设施拆除结束 3.5　临时电源、水源、气源、照明等拆除完毕 3.6　工器具及工具箱运出现场 3.7　地面铺垫材料运出现场 3.8　检修现场卫生整洁	□ □ □ □ □
一级验收		二级验收	

<table>
<tr><td colspan="6">七、完工报告单</td></tr>
<tr><td>工期</td><td colspan="3">年　　月　　日　　至　年　　月　　日</td><td>实际完成工日</td><td>工日</td></tr>
<tr><td rowspan="6">主要材料备件消耗统计</td><td>序号</td><td>名称</td><td>规格与型号</td><td>生产厂家</td><td>消耗数量</td></tr>
<tr><td>1</td><td></td><td></td><td></td><td></td></tr>
<tr><td>2</td><td></td><td></td><td></td><td></td></tr>
<tr><td>3</td><td></td><td></td><td></td><td></td></tr>
<tr><td>4</td><td></td><td></td><td></td><td></td></tr>
<tr><td>5</td><td></td><td></td><td></td><td></td></tr>
<tr><td rowspan="5">缺陷处理情况</td><td>序号</td><td colspan="2">缺陷内容</td><td colspan="2">处理情况</td></tr>
<tr><td>1</td><td colspan="2"></td><td colspan="2"></td></tr>
<tr><td>2</td><td colspan="2"></td><td colspan="2"></td></tr>
<tr><td>3</td><td colspan="2"></td><td colspan="2"></td></tr>
<tr><td>4</td><td colspan="2"></td><td colspan="2"></td></tr>
<tr><td>异动情况</td><td colspan="5"></td></tr>
<tr><td>让步接受情况</td><td colspan="5"></td></tr>
<tr><td>遗留问题及采取措施</td><td colspan="5"></td></tr>
<tr><td>修后总体评价</td><td colspan="5"></td></tr>
<tr><td rowspan="2">各方签字</td><td colspan="2">一级验收人员</td><td colspan="2">二级验收人员</td><td>三级验收人员</td></tr>
<tr><td colspan="2"></td><td colspan="2"></td><td></td></tr>
</table>

检修文件包

单位：________ 班组：________ 编号：________

检修任务：**220kV隔离开关检修** 风险等级：________

<table>
<tr><td colspan="7">一、检修工作任务单</td></tr>
<tr><td colspan="2">计划检修时间</td><td colspan="3">年　月　日　至　年　月　日</td><td>计划工日</td><td></td></tr>
<tr><td>主要检修项目</td><td colspan="3">1．动、静触头检查、清理
2．导电部分检查、清理
3．传动部分检查
4．刀闸、地刀操作机构检查</td><td colspan="3">5．接地刀检查
6．开关机构箱密封条检查，电缆孔洞封堵
7．传动试验
8．刀闸瓷瓶检查、清理</td></tr>
<tr><td>修后目标</td><td colspan="3">1．隔离开关分合动作正常
2．无异声、温度、温升正常
3．接地刀闸分合正常</td><td colspan="3">4．外表清洁无污，瓷瓶完好
5．隔离开关周围无影响运行物件</td></tr>
<tr><td rowspan="7">鉴证点分布</td><td>W点</td><td>工序及质检点内容</td><td>H点</td><td>工序及质检点内容</td><td>S点</td><td>工序及安全鉴证点内容</td></tr>
<tr><td>1-W2</td><td>□2　动、静触头检查、清理，一次引线接头检查</td><td></td><td></td><td></td><td></td></tr>
<tr><td>2-W2</td><td>□4　电气试验</td><td></td><td></td><td></td><td></td></tr>
<tr><td>3-W2</td><td>□5　刀闸、地刀操作机构检查</td><td></td><td></td><td></td><td></td></tr>
<tr><td></td><td></td><td></td><td></td><td></td><td></td></tr>
<tr><td></td><td></td><td></td><td></td><td></td><td></td></tr>
<tr><td></td><td></td><td></td><td></td><td></td><td></td></tr>
<tr><td rowspan="2">质量验收人员</td><td colspan="2">一级验收人员</td><td colspan="2">二级验收人员</td><td colspan="2">三级验收人员</td></tr>
<tr><td colspan="2"></td><td colspan="2"></td><td colspan="2"></td></tr>
<tr><td rowspan="2">安全验收人员</td><td colspan="2">一级验收人员</td><td colspan="2">二级验收人员</td><td colspan="2">三级验收人员</td></tr>
<tr><td colspan="2"></td><td colspan="2"></td><td colspan="2"></td></tr>
</table>

<table>
<tr><td colspan="3">二、修前策划卡</td></tr>
<tr><td colspan="3">设 备 基 本 参 数</td></tr>
<tr><td colspan="3">1．型号：DR21-MH25
2．基本参数：
生产厂家：SIEMENS　　额定电流：2500A
额定电压：220kV　　操作电压：DC 110V
生产日期：　年　月</td></tr>
<tr><td colspan="3">设 备 修 前 状 况</td></tr>
<tr><td colspan="3">检修前交底（设备运行状况、历次主要检修经验和教训、检修前主要缺陷）
设备运行状况：

历次主要检修经验和教训：

检修前主要缺陷：</td></tr>
<tr><td>技术交底人</td><td></td><td>年　月　日</td></tr>
<tr><td>接受交底人</td><td></td><td>年　月　日</td></tr>
</table>

续表

人 员 准 备				
序号	工种	工作组人员姓名	资格证书编号	检查结果
1	变配检修高级工			□
2	变配检修中级工			□
3	变配检修初级工			□
4	变配检修初级工			□
5	变配检修初级工			□
6	高压试验高级工			□
7	高压试验中级工			□

三、现场准备卡		
办 理 工 作 票		
工作票编号：		
施 工 现 场 准 备		
序号	安 全 措 施 检 查	确认符合
1	与带电设备保持3m安全距离	□
2	使用警戒遮拦对检修与运行区域进行隔离，并对内悬挂“止步、高压危险”警告标示牌，防止人员误入带电运行设备区域	□
3	在5级及以上的大风以及暴雨、雷电、冰雹、大雾等恶劣天气，应停止露天高处作业	□
4	电气设备的金属外壳应实行单独接地	□
5	与运行人员共同确认现场安全措施、隔离措施正确完备；确认隔离开关拉开，机械状态指示应正确，控制方式在“就地”位置，操作电源、动力电源断开，验明检修设备确无电压；确认“禁止合闸、有人工作”“在此工作”等警告标示牌按措施要求悬挂；明确相邻带电设备及带电部位；确认三相短路接地刀闸是否按措施要求合闸，三相短路接地刀闸机械状态指示应正确	□
6	工作前核对设备名称及编号；工作前验电	□
7	设置电气专人进行监护及安全交底	□
8	清理检修现场；设置检修现场定制图；地面使用胶皮铺设，并设置围栏及警告标示牌；检修工器具、材料备件定置摆放	□
9	检修管理文件、原始记录本已准备齐全	□
确认人签字：		

工 器 具 准 备 与 检 查				
序号	工具名称及型号	数量	完 好 标 准	确认符合
1	移动式电源盘	1	（1）检查检验合格证在有效期内。 （2）检查电源盘电源线、电源插头、插座完好无破损；漏电保护器动作正确。 （3）检查电源盘线盘架、拉杆、线盘架轮子及线盘摇动手柄齐全完好	□
2	安全带	3	（1）检查检验合格证应在有效期内，标识（产品标识和定期检验合格标识）应清晰齐全。 （2）各部件应完整，无缺失、无伤残破损，腰带、胸带、围杆带、围杆绳、安全绳应无灼伤、脆裂、断股、霉变。 （3）金属卡环（钩）必须有保险装置，且操作要灵活。钩体和钩舌的咬口必须完整，两者不得偏斜	□
3	绝缘手套	1	（1）检查绝缘手套在使用有效期及检测合格周期内，产品标识及定期检验合格标识应清晰齐全，出厂年限满5年的绝缘手套应报废。 （2）使用前检查绝缘手套有无漏气（裂口）等，手套表面必须平滑，无明显的波纹和铸模痕迹。	□

续表

序号	工具名称及型号	数量	完 好 标 准	确认符合
3	绝缘手套	1	（3）手套内外面应无针孔、无疵点、无裂痕、无砂眼、无杂质、无霉变、无划痕损伤、无夹紧痕迹、无黏连、无发脆、无染料污染痕迹等各种明显缺陷	
4	验电器	1	（1）检查验电器在使用有效期及检测合格周期内，产品标识及定期检验合格标识应清晰齐全。 （2）严格执行《电业安全工作规程》，根据检修设备的额定电压选用相同电压等级的验电器。 （3）工作触头的金属部分连接应牢固，无放电痕迹。 （4）验电器的绝缘杆表面应清洁光滑、干燥，无裂纹、无破损、无绝缘层脱落、无变形及放电痕迹等明显缺陷。 （5）握柄应无裂纹、无破损、无有碍手握的缺陷。 （6）验电器（触头、绝缘杆、握柄）各处连接应牢固可靠。 （7）验电前应将验电器在带电的设备上验电，证实验电器声光报警等是否良好	□
5	绝缘靴	1	（1）检查绝缘靴在使用有效期及检测合格周期内，产品标识及定期检验合格标识应清晰齐全。 （2）严格执行《电业安全工作规程》，使用电压等级 6kV 或 10kV 的绝缘靴。 （3）使用前检查绝缘靴整体各处应无裂纹、无漏洞、无气泡、无灼伤、无划痕等损伤。 （4）靴底的防滑花纹磨损不应超过 50%，不能磨透露出绝缘层	□
6	脚手架	1	（1）搭设结束后，必须履行脚手架验收手续，填写脚手架验收单，并在"脚手架验收单"上分级签字。 （2）验收合格后应在脚手架上悬挂合格证，方可使用。 （3）工作负责人每天上脚手架前，必须进行脚手架整体检查	□
7	内六角扳手（4～10mm）	1	表面应光滑，不应有裂纹、毛刺等影响使用性能的缺陷	□
8	尖嘴钳	1	尖嘴钳手柄应安装牢固，没有手柄的不准使用	□
9	活扳手（20～40mm）	1	（1）活动扳口应在扳体导轨的全行程上灵活移动。 （2）活扳手不应有裂缝、毛刺及明显的夹缝、氧化皮等缺陷，柄部平直且不应有影响使用性能的缺陷	□
10	梅花扳手（10～20mm）	1	扳手不应有裂缝、毛刺及明显的夹缝、切痕、氧化皮等缺陷，柄部应平直	□
11	套筒扳手（8～32mm）	1	扳手不应有裂缝、毛刺及明显的夹缝、切痕、氧化皮等缺陷，柄部应平直	□
12	开口扳手（10～20mm）	1	扳手不应有裂缝、毛刺及明显的夹缝、切痕、氧化皮等缺陷，柄部应平直	□
13	十字螺丝刀（5、6mm）	2	螺丝刀手柄应安装牢固，没有手柄的不准使用	□
14	平口螺丝刀（6、8mm）	2	螺丝刀手柄应安装牢固，没有手柄的不准使用	□
15	万用表	1	（1）检查检验合格证在有效期内。 （2）塑料外壳具有足够的机械强度，不得有缺损和开裂、划伤和污迹，不允许有明显的变形，按键、按钮应灵活可靠，无卡死和接触不良的现象	□
16	回路电阻测试仪	1	回路仪外框表面不应有明显的凹痕、划伤、裂缝和变形等现象，表面镀涂层不应起泡、龟裂和脱落。金属零件不应有锈蚀及其他机械损伤。操作开关、旋钮应灵活可靠，使用方便。回路仪应能正常显示极性、读数、超量程	□
17	500V 绝缘电阻表	1	（1）检查检验合格证在有效期内。 （2）外表应整洁美观，不应有变形、缩痕、裂纹、划痕、剥落、锈蚀、	□

续表

序号	工具名称及型号	数量	完 好 标 准	确认符合
17	500V 绝缘电阻表	1	油污、变色等缺陷。文字、标志等应清晰无误。绝缘电阻表的零件、部件、整件等应装配正确，牢固可靠。绝缘电阻表的控制调节机构和指示装置应运行平稳，无阻滞和抖动现象	
18	2500V 绝缘电阻表	1	（1）检查检验合格证在有效期内。 （2）外表应整洁美观，不应有变形、缩痕、裂纹、划痕、剥落、锈蚀、油污、变色等缺陷。文字、标志等应清晰无误。绝缘电阻表的零件、部件、整件等应装配正确，牢固可靠。绝缘电阻表的控制调节机构和指示装置应运行平稳，无阻滞和抖动现象	□
确认人签字：				

材 料 准 备					
序号	材料名称	规 格	单位	数量	检查结果
1	白布		kg	0.5	□
2	酒精	500mL	瓶	1	□
3	毛刷	25、50mm	把	2	□
4	清洗剂	500mL	瓶	2	□
5	黄油		kg	0.5	□
6	机油		g	20	□
7	导电膏		盒	1	□
8	砂纸	400 目	张	5	□

备 件 准 备					
序号	备件名称	规格型号	单位	数量	检查结果
1	无				□
	验收标准：				
2	无				□
	验收标准：				

四、检修工序卡	
检修工序步骤及内容	安全、质量标准
1 隔离开关瓷瓶清扫检查 危险源：脚手架、安全带 安全鉴证点 1-S1 □1.1 用包布将瓷瓶擦拭干净 □1.2 检查瓷瓶清洁、无裂纹	□A1（a） 上下脚手架应走人行通道或梯子，不准攀登架体；不准站在脚手架的探头上作业；不准在架子上退着行走或跨坐在防护横杆上休息；脚手架上作业时不准蹬在木桶、木箱、砖及其他建筑材料上；工作过程中，不准随意改变脚手架的结构，必要时，必须经过搭设脚手架的技术负责人同意，并再次验收合格后方可使用。 □A1（b） 使用时安全带的挂钩或绳子应挂在结实牢固的构件上；安全带要挂在上方，高度不低于腰部（即高挂低用）；安全带严禁打结使用，使用中要避开尖锐的构件。 1.1 各部件无脏污。 1.2 各部件无损坏
2 动、静触头检查、清理，一次引线接头检查 危险源：脚手架、安全带、高空工器具 安全鉴证点 2-S1	□A2（a） 上下脚手架应走人行通道或梯子，不准攀登架体；不准站在脚手架的探头上作业；不准在架子上退着行走或跨坐在防护横杆上休息；脚手架上作业时不准蹬在木桶、木箱、砖及其他建筑材料上；工作过程中，不准随意改变脚手架的结构，必要时，必须经过搭设脚手架的技术负责人同意，并再次验收合格后方可使用。 □A2（b） 使用时安全带的挂钩或绳子应挂在结实牢固的构件上；安全带要挂在上方，高度不低于腰部（即高挂低用）；安全带严禁打结使用，使用中要避开尖锐的构件。

续表

检修工序步骤及内容	安全、质量标准
□2.1　刀闸动、静触头接触情况检查 □2.2　动、静触头检查 □2.3　检查静触头齿板是否锈蚀，如锈蚀应进行处理，触指与齿板间涂润滑油，静触头弹簧检查有无锈蚀 □2.4　一次引线接头检查 质检点 | 1-W2 |	□A2（c）　高处作业应一律使用工具袋，较大的工具应用绳拴在牢固的构件上；工器具和零部件不准上下抛掷，应使用绳系牢后往下或往上吊；不允许交叉作业，特殊情况必须交叉作业时，中间隔层必须搭设牢固、可靠的防护隔板或防护网。 2.1　用 0.05mm 塞尺塞不入。 2.2　动、静触头无烧伤，轻微烧伤可用锉刀打磨，深度达到 1mm 或面积达到 5%应更换。 2.3　静触指与齿板之间滑动自如。 2.4　接头连接良好，无变形，无烧伤，无过热痕迹
3　传动部分检查 □3.1　检查导电回路转动部分连接片 □3.2　检查刀闸各部固定螺栓 □3.3　检查刀闸各连杆连接螺栓，开口销 □3.4　传动齿轮，蜗杆加油	3.1　软连接片无损坏，连接螺栓紧固。 3.2　螺栓紧固。 3.3　螺栓紧固，无断裂变形，开口销齐全，如有锈蚀应做防锈处理。 3.4　润滑良好，无卡涩
4　电气试验 □4.1　刀闸回路电阻测试 危险源：试验电压 安全鉴证点 | 3-S1 | 质检点 | 2-W2 |	□A4.1（a）　试验工作不得少于两人。试验负责人应由有经验的人员担任，开始试验前，试验负责人应向全体试验人员详细布置试验中的安全注意事项，交待邻近间隔的带电部位，以及其他安全注意事项。 □A4.1（b）　试验时，通知所有人员离开被试设备，并取得试验负责人许可，方可加压。加压过程中应有人监护并呼唱。 □A4.1（c）　变更接线或试验结束时，应首先断开试验电源。 □A4.1（d）　试验结束时，对被试设备进行检查，恢复试验前的状态，经试验负责人复查后，进行现场清理。 4.1　接触电阻小于 100μΩ
5　刀闸、地刀操作机构检查 □5.1　分、合闸位置机械闭锁情检查 □5.2　动力回路检查紧线，各接头压接良好 □5.3　电机绝缘、直阻检查 危险源：试验电压 安全鉴证点 | 4-S1 | □5.4　电缆绝缘检查 □5.5　转换开关、辅助接点检查 □5.6　动力电源开关检查分合正常，导通良好 质检点 | 3-W2 |	5.1　分、合闸位置正确，机械闭锁可靠。 5.2　接线紧固、无松动。 □A5.3　测量人员和绝缘电阻表安放位置，应选择适当，保持安全距离，以免绝缘电阻表引线或引线支持物触碰带电部分；移动引线时，应注意监护，防止工作人员触电 ；试验结束将所试设备对地放电，释放残余电压。 5.3　电机直阻三相比较无明显差别；电机绝缘应大于 0.5MΩ。 5.4　动力电缆绝缘应大于 0.5MΩ。 5.5　通断良好
6　开关机构箱密封条检查，电缆孔洞封堵，加热器检查 □6.1　密封条齐全完整无破损 □6.2　电缆孔洞封堵严密 □6.3　防露加热器电源回路检查、紧线；防露加热器直阻、绝缘测试	6.3　绝缘不低于 0.5MΩ
7　传动试验 □7.1　电动在额定操作电压下分、合闸 2 次	7.1　分、合动作正常，机械状态指示与 DCS 画面显示一致
8　检修工作结束 危险源：施工废料	□A8　废料及时清理，做到工完、料尽、场地清。

续表

<table>
<tr><th>检修工序步骤及内容</th><th>安全、质量标准</th></tr>
<tr><td>| 鉴证点 | 5-S1 | |
□8.1　清点检修使用的工器具、备件数量应符合使用前的数量要求，出现丢失等及时进行查找
□8.2　清理工作现场
□8.3　同运行人员按照规定程序办理结束工作票手续</td><td>8.1　回收的工器具应齐全、完整</td></tr>
</table>

<table>
<tr><td colspan="4">五、质量验收卡</td></tr>
<tr><td colspan="4">质检点：1-W2　工序 2　动、静触头检查、清理，一次引线接头检查
检查情况：</td></tr>
<tr><td>测量器具/编号</td><td colspan="3"></td></tr>
<tr><td>测量（检查）人</td><td></td><td>记录人</td><td></td></tr>
<tr><td>一级验收</td><td colspan="2"></td><td>年　月　日</td></tr>
<tr><td>二级验收</td><td colspan="2"></td><td>年　月　日</td></tr>
<tr><td colspan="4">质检点：2-W2　工序 4　电气试验
检查情况：

试验记录：</td></tr>
<tr><td>测量器具/编号</td><td colspan="3"></td></tr>
<tr><td>测量（检查）人</td><td></td><td>记录人</td><td></td></tr>
<tr><td>一级验收</td><td colspan="2"></td><td>年　月　日</td></tr>
<tr><td>二级验收</td><td colspan="2"></td><td>年　月　日</td></tr>
<tr><td colspan="4">质检点：3-W2　工序 5　刀闸、地刀操作机构检查
检查情况：</td></tr>
<tr><td>测量器具/编号</td><td colspan="3"></td></tr>
<tr><td>测量（检查）人</td><td></td><td>记录人</td><td></td></tr>
<tr><td>一级验收</td><td colspan="2"></td><td>年　月　日</td></tr>
<tr><td>二级验收</td><td colspan="2"></td><td>年　月　日</td></tr>
</table>

续表

六、完工验收卡			
序号	检查内容	标　　准	检查结果
1	安全措施恢复情况	1.1　检修工作全部结束 1.2　整改项目验收合格 1.3　检修脚手架拆除完毕 1.4　孔洞、坑道等盖板恢复 1.5　临时拆除的防护栏恢复 1.6　安全围栏、标示牌等撤离现场 1.7　安全措施和隔离措施具备恢复条件 1.8　工作票具备押回条件	□ □ □ □ □ □ □ □
2	设备自身状况	2.1　设备与系统全面连接 2.2　设备标示牌齐全 2.3　设备油漆完整 2.4　设备各部相色标志清晰准确 2.5　拆除各附件试验合格并安装完毕	□ □ □ □ □
3	设备环境状况	3.1　检修整体工作结束，人员撤出 3.2　检修剩余备件材料清理出现场 3.3　检修现场废弃物清理完毕 3.4　检修用辅助设施拆除结束 3.5　临时电源、水源、气源、照明等拆除完毕 3.6　工器具及工具箱运出现场 3.7　地面铺垫材料运出现场 3.8　检修现场卫生整洁	□ □ □ □ □ □ □ □
一级验收		二级验收	

七、完工报告单					
工期	年　月　日　至　年　月　日			实际完成工日	工日
主要材料备件消耗统计	序号	名称	规格与型号	生产厂家	消耗数量
	1				
	2				
	3				
	4				
	5				
缺陷处理情况	序号	缺陷内容		处理情况	
	1				
	2				
	3				
	4				
异动情况					
让步接受情况					
遗留问题及采取措施					
修后总体评价					
各方签字	一级验收人员		二级验收人员	三级验收人员	

检 修 文 件 包

单位：________ 班组：________ 编号：________

检修任务：**220kV 电容型电流互感器检修** 风险等级：________

一、检修工作任务单						
计划检修时间	年 月 日 至 年 月 日				计划工日	
主要检修项目	1．瓷瓶清扫检查 2．导电部分检查、清理 3．渗漏点检查、油位检查			4．绕组及末屏的绝缘电阻测量 5．主绝缘的 tanδ 及电容量测量		
修后目标	1．外表清洁无污，瓷瓶完好 2．无异声、温度、温升正常			3．设备运行正常，无渗漏油 4．周围无影响运行物件		
鉴证点分布	W 点	工序及质检点内容	H 点	工序及质检点内容	S 点	工序及安全鉴证点内容
	1-W2	□2 互感器一次连接引线拆除，导电接头检查	1-H3	□5 主绝缘的 tanδ 及电容量测量	1-S2	□5 主绝缘的 tanδ 及电容量测量
	2-W2	□3 渗漏点检查、油位检查				
	3-W2	□4 绕组及末屏的绝缘电阻测量				
	4-W2	□6 互感器一次连接引线接线				
质量验收人员	一级验收人员		二级验收人员		三级验收人员	
安全验收人员	一级验收人员		二级验收人员		三级验收人员	

二、修前策划卡	
设 备 基 本 参 数	
1．型号：LB11-220W2 2．基本参数： 额定电压：220kV 最高电压：252kV 额定一次电流：1200A 额定频率：50Hz 额定二次电流：5 A 生产日期： 年 月 生产厂家：	
设 备 修 前 状 况	
检修前交底（设备运行状况、历次主要检修经验和教训、检修前主要缺陷） 设备运行状况： 历次主要检修经验和教训： 检修前主要缺陷：	
技术交底人	年 月 日
接受交底人	年 月 日

续表

人　员　准　备				
序号	工种	工作组人员姓名	资格证书编号	检查结果
1	变配检修高级工			□
2	变配检修中级工			□
3	变配检修初级工			□
4	变配检修初级工			□
5	变配检修初级工			□
6	高压试验高级工			□
7	高压试验中级工			□

三、现场准备卡		
办　理　工　作　票		
工作票编号：		
施　工　现　场　准　备		
序号	安　全　措　施　检　查	确认符合
1	与带电设备保持3m安全距离	□
2	使用警戒遮拦对检修与运行区域进行隔离，并对内悬挂“止步、高压危险”警告标示牌，防止人员误入带电运行设备区域	□
3	在5级及以上的大风以及暴雨、雷电、冰雹、大雾等恶劣天气，应停止露天高处作业	□
4	电气设备的金属外壳应实行单独接地	□
5	与运行人员共同确认现场安全措施、隔离措施正确完备；确认隔离开关拉开，机械状态指示应正确，控制方式在“就地”位置，操作电源、动力电源断开，验明检修设备确无电压；确认“禁止合闸、有人工作”“在此工作”等警告标示牌按措施要求悬挂；明确相邻带电设备及带电部位；确认三相短路接地刀闸是否按措施要求合闸，三相短路接地刀闸机械状态指示应正确	□
6	工作前核对设备名称及编号；工作前验电	□
7	设置电气专人进行监护及安全交底	□
8	应加装接地线，释放感应电压	□
9	清理检修现场；设置检修现场定制图；地面使用胶皮铺设，并设置围栏及警告标示牌；检修工器具、材料备件定置摆放	□
10	检修管理文件、原始记录本已准备齐全	□
确认人签字：		

工器具准备与检查				
序号	工具名称及型号	数量	完　好　标　准	确认符合
1	移动式电源盘	1	（1）检查检验合格证在有效期内。 （2）检查电源盘电源线、电源插头、插座完好无破损；漏电保护器动作正确。 （3）检查电源盘线盘架、拉杆、线盘架轮子及线盘摇动手柄齐全完好	□
2	安全带	3	（1）检查检验合格证应在有效期内，标识（产品标识和定期检验合格标识）应清晰齐全。 （2）各部件应完整，无缺失、无伤残破损，腰带、胸带、围杆带、围杆绳、安全绳应无灼伤、脆裂、断股、霉变。 （3）金属卡环（钩）必须有保险装置，且操作要灵活。钩体和钩舌的咬口必须完整，两者不得偏斜	□
3	绝缘手套	1	（1）检查绝缘手套在使用有效期及检测合格周期内，产品标识及定期检验合格标识应清晰齐全，出厂年限满5年的绝缘手套应报废。 （2）使用前检查绝缘手套有无漏气（裂口）等，手套表面必须平滑，	□

续表

序号	工具名称及型号	数量	完 好 标 准	确认符合
3	绝缘手套	1	无明显的波纹和铸模痕迹。 （3）手套内外面应无针孔、无疵点、无裂痕、无砂眼、无杂质、无霉变、无划痕损伤、无夹紧痕迹、无黏连、无发脆、无染料污染痕迹等各种明显缺陷	
4	验电器	1	（1）检查验电器在使用有效期及检测合格周期内，产品标识及定期检验合格标识应清晰齐全。 （2）严格执行《电业安全工作规程》，根据检修设备的额定电压选用相同电压等级的验电器。 （3）工作触头的金属部分连接应牢固，无放电痕迹。 （4）验电器的绝缘杆表面应清洁光滑、干燥，无裂纹、无破损、无绝缘层脱落、无变形及放电痕迹等明显缺陷。 （5）握柄应无裂纹、无破损、无有碍手握的缺陷。 （6）验电器（触头、绝缘杆、握柄）各处连接应牢固可靠。 （7）验电前应将验电器在带电的设备上验电，证实验电器声光报警等是否良好	□
5	绝缘靴	1	（1）检查绝缘靴在使用有效期及检测合格周期内，产品标识及定期检验合格标识应清晰齐全。 （2）严格执行《电业安全工作规程》，使用电压等级 6kV 或 10kV 的绝缘靴。 （3）使用前检查绝缘靴整体各处应无裂纹、无漏洞、无气泡、无灼伤、无划痕等损伤。 （4）靴底的防滑花纹磨损不应超过 50%，不能磨透露出绝缘层	□
6	脚手架	1	（1）搭设结束后，必须履行脚手架验收手续，填写脚手架验收单，并在“脚手架验收单”上分级签字。 （2）验收合格后应在脚手架上悬挂合格证，方可使用。 （3）工作负责人每天上脚手架前，必须进行脚手架整体检查	□
7	梯子	1	（1）检查梯子检验合格证在有效期内。 （2）使用梯子前应先检查梯子坚实、无缺损，止滑脚完好，不得使用有故障的梯子。 （3）人字梯应具有坚固的铰链和限制开度的拉链。 （4）各个连接件应无目测可见的变形，活动部件开合或升降应灵活	□
8	尖嘴钳	1	尖嘴钳手柄应安装牢固、没有手柄的不准使用	□
9	活扳手 （20～40mm）	1	（1）活动扳口应在扳体导轨的全行程上灵活移动。 （2）活扳手不应有裂缝、毛刺及明显的夹缝、氧化皮等缺陷，柄部平直且不应有影响使用性能的缺陷	□
10	梅花扳手 （10～20mm）	1	扳手不应有裂缝、毛刺及明显的夹缝、切痕、氧化皮等缺陷，柄部应平直	□
11	套筒扳手 （8～32mm）	1	扳手不应有裂缝、毛刺及明显的夹缝、切痕、氧化皮等缺陷，柄部应平直	□
12	开口扳手 （10～20mm）	1	扳手不应有裂缝、毛刺及明显的夹缝、切痕、氧化皮等缺陷，柄部应平直	□
13	十字螺丝刀 （5、6mm）	2	螺丝刀手柄应安装牢固，没有手柄的不准使用	□
14	平口螺丝刀 （6、8mm）	2	螺丝刀手柄应安装牢固，没有手柄的不准使用	□
15	万用表	1	（1）检查检验合格证在有效期内。 （2）塑料外壳具有足够的机械强度，不得有缺损和开裂、划伤和污迹，不允许有明显的变形，按键、按钮应灵活可靠，无卡死和接触不良的现象	□
16	介损电桥电桥	1	（1）检查检验合格证在有效期内。 （2）外观完好，各转换开关和接线端扭的标记应齐全清晰，接插件接触良好，开关转换灵活，定位准确，外壳上应有明显可靠的接地端子。	□

续表

序号	工具名称及型号	数量	完 好 标 准	确认符合
16	介损电桥电桥	1	介损仪上应有型号、名称、试验接线图、允许误差以及使用的测量频率、测量范围，参考电流工作范围和出厂编号、出厂日期、制造厂名等标记	
17	500V 绝缘电阻表	1	（1）检查检验合格证在有效期内。 （2）外表应整洁美观，不应有变形、缩痕、裂纹、划痕、剥落、锈蚀、油污、变色等缺陷。文字、标志等应清晰无误。绝缘电阻表的零件、部件、整件等应装配正确，牢固可靠。绝缘电阻表的控制调节机构和指示装置应运行平稳，无阻滞和抖动现象	□
18	2500V 绝缘电阻表	1	（1）检查检验合格证在有效期内。 （2）外表应整洁美观，不应有变形、缩痕、裂纹、划痕、剥落、锈蚀、油污、变色等缺陷。文字、标志等应清晰无误。绝缘电阻表的零件、部件、整件等应装配正确，牢固可靠。绝缘电阻表的控制调节机构和指示装置应运行平稳，无阻滞和抖动现象	□
确认人签字：				

材 料 准 备

序号	材料名称	规 格	单位	数量	检查结果
1	白布		kg	0.5	□
2	酒精	500mL	瓶	1	□
3	毛刷	25、50mm	把	2	□
4	清洗剂	500mL	瓶	2	□
5	导电膏		盒	1	□
6	砂纸	400 目	张	5	□
7	油瓶	500mL	只	1	□

备 件 准 备

序号	备件名称	规格型号	单位	数量	检查结果
1	无				□
	验收标准：				
2	无				□
	验收标准：				

四、检修工序卡

检修工序步骤及内容	安全、质量标准
1 瓷瓶清扫检查 危险源：脚手架、安全带 安全鉴证点 1-S1 □1.1 用包布将瓷瓶擦拭干净 □1.2 检查瓷瓶套管清洁、无裂纹	□A1（a） 上下脚手架应走人行通道或梯子，不准攀登架体；不准站在脚手架的探头上作业；不准在架子上退着行走或跨坐在防护横杆上休息；脚手架上作业时不准蹬在木桶、木箱、砖及其他建筑材料上；工作过程中，不准随意改变脚手架的结构，必要时，必须经过搭设脚手架的技术负责人同意，并再次验收合格后方可使用。 □A1（b） 使用时安全带的挂钩或绳子应挂在结实牢固的构件上；安全带要挂在上方，高度不低于腰部（即高挂低用）；安全带严禁打结使用，使用中要避开尖锐的构件。 1.1 各部件无脏污。 1.2 各部件无损坏
2 互感器一次连接引线拆除，导电接头检查 危险源：脚手架、安全带、高空工器具、零部件 安全鉴证点 2-S1	□A2（a） 上下脚手架应走人行通道或梯子，不准攀登架体；不准站在脚手架的探头上作业；不准在架子上退着行走或跨坐在防护横杆上休息；脚手架上作业时不准蹬在木桶、木箱、砖及其他建筑材料上；工作过程中，不准随意改变脚手架的结构，必要时，必须经过搭设脚手架的技术负责人同意，并再次验收合格后方可使用。

续表

检修工序步骤及内容	安全、质量标准
□2.1　一次连接引线拆除 危险源：感应电压 安全鉴证点 | 3-S1 | □2.2　导电接头检查 质检点 | 1-W2 |	□A2（b）　使用时安全带的挂钩或绳子应挂在结实牢固的构件上；安全带要挂在上方，高度不低于腰部（即高挂低用）；安全带严禁打结使用，使用中要避开尖锐的构件。 □A2（c）　高处作业应一律使用工具袋，较大的工具应用绳拴在牢固的构件上；工器具和零部件不准上下抛掷，应使用绳系牢后往下或往上吊；不允许交叉作业，特殊情况必须交叉作业时，中间隔层必须搭设牢固、可靠的防护隔板或防护网；引线设专人牵引，防止碰撞作业人员。 □A2.1　应加装接地线，释放感应电压。 2.1　拆除的一次引线需牢固固定。 2.2　导电接头无变形、无烧伤、无过热痕迹，导电表面氧化层清除
3　渗漏点检查、油位检查 □3.1　油位计检查 □3.2　取油样阀门检查 □3.3　注油门检查 质检点 | 2-W2 |	3.1　无裂纹油位在油标中线。 3.2　无渗漏。 3.3　无渗漏
4　绕组及末屏的绝缘电阻测量 危险源：试验电压 安全鉴证点 | 4-S1 | □4.1　测量一次绕组对地及其他绕组的绝缘电阻 □4.2　测量末屏套管的绝缘电阻 质检点 | 3-W2 |	□A4　测量人员和绝缘电阻表安放位置，应选择适当，保持安全距离，以免绝缘电阻表引线或引线支持物触碰带电部分；移动引线时，应注意监护，防止工作人员触电；试验结束将所试设备对地放电，释放残余电压。 4.1　绝缘电阻值不应低于10000MΩ。 4.2　绝缘电阻应大于1000MΩ
□5　主绝缘的tanδ及电容量测量 危险源：试验电压 安全鉴证点 | 1-S2 | 质检点 | 1-H3 |	□A5（a）　高压试验工作不得少于两人。试验负责人应由有经验的人员担任，开始试验前，试验负责人应向全体试验人员详细布置试验中的安全注意事项，交待邻近间隔的带电部位，以及其他安全注意事项；试验现场应装设遮栏或围栏，遮栏或围栏与试验设备高压部分应有足够的安全距离，向外悬挂“止步，高压危险”的标示牌，并派人看守；变更接线或试验结束时，应首先断开试验电源，并将升压设备的高压部分放电、短路接地。 □A5（b）　试验前确认试验电压标准；加压前必须认真检查试验结线，表计倍率、量程，调压器零位及仪表的开始状态，均正确无误；试验时，通知所有人员离开被试设备，并取得试验负责人许可，方可加压。加压过程中应有人监护并呼唱。 □A5（c）　试验结束时，试验人员应拆除自装的接地短路线，并对被试设备进行检查，恢复试验前的状态，经试验负责人复查后，进行现场清理。 5　电容量与初始值相比差别不超过±5%，其介损值不大于0.8%
6　互感器一次连接引线接线 危险源：脚手架、安全带、高空工器具、零部件 安全鉴证点 | 5-S1 |	□A6（a）　上下脚手架应走人行通道或梯子，不准攀登架体；不准站在脚手架的探头上作业；不准在架子上退着行走或跨坐在防护横杆上休息；脚手架上作业时不准蹬在木桶、木箱、砖及其他建筑材料上；工作过程中，不准随意改变脚手架的结构，必要时，必须经过搭设脚手架的技术负责人同意，并再次验收合格后方可使用。

续表

<table>
<tr><th>检修工序步骤及内容</th><th>安全、质量标准</th></tr>
<tr><td>□6.1　导电连接部分涂导电膏
□6.2　恢复一次连接引线，紧固各部螺栓

| 质检点 | 4-W2 | |</td><td>□A6（b）　使用时安全带的挂钩或绳子应挂在结实牢固的构件上；安全带要挂在上方，高度不低于腰部（即高挂低用）；安全带严禁打结使用，使用中要避开尖锐的构件。
□A6（c）　高处作业应一律使用工具袋，较大的工具应用绳拴在牢固的构件上；工器具和零部件不准上下抛掷，应使用绳系牢后往下或往上吊；不允许交叉作业，特殊情况必须交叉作业时，中间隔层必须搭设牢固、可靠的防护隔板或防护网；工作前套牢引线，引线设专人牵引，防止碰撞作业人员。
6.2　螺栓紧固、无锈蚀</td></tr>
<tr><td>7　检修工作结束
危险源：施工废料

| 安全鉴证点 | 6-S1 | |

□7.1　清点检修使用的工器具、备件数量应符合使用前的数量要求，出现丢失等及时进行查找
□7.2　清理工作现场
□7.3　同运行人员按照规定程序办理结束工作票手续</td><td>□A7　废料及时清理，做到工完、料尽、场地清。

7.1　回收的工器具应齐全、完整</td></tr>
</table>

<table>
<tr><td colspan="3">五、安全鉴证卡</td></tr>
<tr><td colspan="3">风险点鉴证点：1-S2　工序 5　主绝缘的 $\tan\delta$ 及电容量测量
试验现场隔离措施完备，无关人员撤出，试验人员与被试设备保持安全距离</td></tr>
<tr><td>一级验收</td><td></td><td>年　月　日</td></tr>
<tr><td>二级验收</td><td></td><td>年　月　日</td></tr>
</table>

<table>
<tr><td colspan="4">六、质量验收卡</td></tr>
<tr><td colspan="4">质检点：1-W2　工序 2　互感器一次连接引线拆除，导电接头检查
检查情况：</td></tr>
<tr><td>测量器具/编号</td><td colspan="3"></td></tr>
<tr><td>测量（检查）人</td><td></td><td>记录人</td><td></td></tr>
<tr><td>一级验收</td><td colspan="2"></td><td>年　月　日</td></tr>
<tr><td>二级验收</td><td colspan="2"></td><td>年　月　日</td></tr>
<tr><td colspan="4">质检点：2-W2　工序 3　渗漏点检查、油位检查
检查情况：</td></tr>
</table>

续表

测量器具/编号			
测量（检查）人		记录人	
一级验收			年 月 日
二级验收			年 月 日

质检点：3-W2 工序 4 绕组及末屏的绝缘电阻测量
试验记录：

测量器具/编号			
测量（检查）人		记录人	
一级验收			年 月 日
二级验收			年 月 日

质检点：1-H3 工序 5 主绝缘的 $\tan\delta$ 及电容量测量
试验记录：

测量器具/编号			
测量（检查）人		记录人	
一级验收			年 月 日
二级验收			年 月 日
三级验收			年 月 日

质检点：4-W2 工序 6 互感器一次连接引线接线
检查情况：

测量器具/编号			
测量（检查）人		记录人	
一级验收			年 月 日
二级验收			年 月 日

七、完工验收卡

序号	检查内容	标 准	检查结果
1	安全措施恢复情况	1.1 检修工作全部结束 1.2 整改项目验收合格 1.3 检修脚手架拆除完毕 1.4 孔洞、坑道等盖板恢复 1.5 临时拆除的防护栏恢复	□ □ □ □ □

续表

序号	检查内容	标　　准	检查结果
1	安全措施恢复情况	1.6　安全围栏、标示牌等撤离现场 1.7　安全措施和隔离措施具备恢复条件 1.8　工作票具备押回条件	□ □ □
2	设备自身状况	2.1　设备与系统全面连接 2.2　设备标示牌齐全 2.3　设备油漆完整 2.4　设备各部相色标志清晰准确 2.5　拆除各附件试验合格并安装完毕	□ □ □ □ □
3	设备环境状况	3.1　检修整体工作结束，人员撤出 3.2　检修剩余备件材料清理出现场 3.3　检修现场废弃物清理完毕 3.4　检修用辅助设施拆除结束 3.5　临时电源、水源、气源、照明等拆除完毕 3.6　工器具及工具箱运出现场 3.7　地面铺垫材料运出现场 3.8　检修现场卫生整洁	□ □ □ □ □ □ □ □
一级验收		二级验收	

八、完工报告单					
工期	年　月　日　至　年　月　日			实际完成工日	工日
主要材料备件消耗统计	序号	名称	规格与型号	生产厂家	消耗数量
	1				
	2				
	3				
	4				
	5				
缺陷处理情况	序号	缺陷内容		处理情况	
	1				
	2				
	3				
	4				
异动情况					
让步接受情况					
遗留问题及采取措施					
修后总体评价					
各方签字	一级验收人员		二级验收人员	三级验收人员	

检修文件包

单位：＿＿＿＿＿＿＿＿　班组：＿＿＿＿＿＿＿＿　编号：＿＿＿＿＿＿＿＿

检修任务：<u>220kV 电容型电压互感器检修</u>　风险等级：＿＿＿＿＿＿

一、检修工作任务单							
计划检修时间	年　月　日　至　年　月　日					计划工日	
主要检修项目	1．瓷瓶清扫检查 2．导电部分检查、清理 3．渗漏点检查、油位检查			4．电容型 PT 各部件绝缘电阻测量 5．主绝缘的 tanδ 及电容量测量量			
修后目标	1．外表清洁无污，瓷瓶完好 2．无异声、温度、温升正常			3．设备运行正常，无渗漏油 4．周围无影响运行物件			
鉴证点分布	W 点	工序及质检点内容	H 点	工序及质检点内容	S 点	工序及安全鉴证点内容	
	1-W2	□2　互感器一次连接引线拆除，导电接头检查	1-H3	□5　主绝缘的 tanδ 及电容量测量	1-S2	□5　主绝缘的 tanδ 及电容量测量	
	2-W2	□3　渗漏点检查、油位检查					
	3-W2	□4　电容型 PT 各部件绝缘电阻测量					
	4-W2	□6　互感器一次连接引线接线					
质量验收人员	一级验收人员		二级验收人员		三级验收人员		
安全验收人员	一级验收人员		二级验收人员		三级验收人员		

二、修前策划卡			
设 备 基 本 参 数			
1．型号：TYD220/$\sqrt{3}$ －0.01H 2．基本参数： 额定电压：220kV　　额定频率：50Hz 温度类别：－40～＋45℃　　电容量：0.01032nF 使用条件：户外式　　生产日期：2003 年 8 月 生产厂家：西安西电高压电瓷有限责任公司			
设 备 修 前 状 况			
检修前交底（设备运行状况、历次主要检修经验和教训、检修前主要缺陷） 设备运行状况： 历次主要检修经验和教训： 检修前主要缺陷：			
技术交底人			年　月　日
接受交底人			年　月　日

续表

人 员 准 备				
序号	工种	工作组人员姓名	资格证书编号	检查结果
1	变配检修高级工			□
2	变配检修中级工			□
3	变配检修初级工			□
4	变配检修初级工			□
5	变配检修初级工			□
6	高压试验高级工			□
7	高压试验中级工			□

三、现场准备卡		
办 理 工 作 票		
工作票编号：		
施 工 现 场 准 备		
序号	安 全 措 施 检 查	确认符合
1	与带电设备保持 3m 安全距离	□
2	使用警戒遮拦对检修与运行区域进行隔离，并对内悬挂“止步、高压危险”警告标示牌，防止人员误入带电运行设备区域	□
3	在 5 级及以上的大风以及暴雨、雷电、冰雹、大雾等恶劣天气，应停止露天高处作业	□
4	电气设备的金属外壳应实行单独接地	□
5	与运行人员共同确认现场安全措施、隔离措施正确完备；确认隔离开关拉开，机械状态指示应正确，控制方式在“就地”位置，操作电源、动力电源断开，验明检修设备确无电压；确认“禁止合闸、有人工作”“在此工作”等警告标示牌按措施要求悬挂；明确相邻带电设备及带电部位；确认三相短路接地刀闸是否按措施要求合闸，三相短路接地刀闸机械状态指示应正确	□
6	工作前核对设备名称及编号；工作前验电	□
7	设置电气专人进行监护及安全交底	□
8	应加装接地线，释放感应电压	□
9	清理检修现场；设置检修现场定制图；地面使用胶皮铺设，并设置围栏及警示标示牌；检修工器具、材料备件定置摆放	□
10	检修管理文件、原始记录本已准备齐全	□
确认人签字：		

工 器 具 准 备 与 检 查				
序号	工具名称及型号	数量	完 好 标 准	确认符合
1	移动式电源盘	1	（1）检查检验合格证在有效期内。 （2）检查电源盘电源线、电源插头、插座完好无破损；漏电保护器动作正确。 （3）检查电源盘线盘架、拉杆、线盘架轮子及线盘摇动手柄齐全完好	□
2	安全带	3	（1）检查检验合格证应在有效期内，标识（产品标识和定期检验合格标识）应清晰齐全。 （2）各部件应完整，无缺失、无伤残破损，腰带、胸带、围杆带、围杆绳、安全绳应无灼伤、脆裂、断股、霉变。 （3）金属卡环（钩）必须有保险装置，且操作要灵活。钩体和钩舌的咬口必须完整，两者不得偏斜	□
3	绝缘手套	1	（1）检查绝缘手套在使用有效期及检测合格周期内，产品标识及定期检验合格标识应清晰齐全，出厂年限满 5 年的绝缘手套应报废。 （2）使用前检查绝缘手套有无漏气（裂口）等，手套表面必须平滑，	□

续表

序号	工具名称及型号	数量	完 好 标 准	确认符合
3	绝缘手套	1	无明显的波纹和铸模痕迹。 （3）手套内外面应无针孔、无疵点、无裂痕、无砂眼、无杂质、无霉变、无划痕损伤、无夹紧痕迹、无黏连、无发脆、无染料污染痕迹等各种明显缺陷	
4	验电器	1	（1）检查验电器在使用有效期及检测合格周期内，产品标识及定期检验合格标识应清晰齐全。 （2）严格执行《电业安全工作规程》，根据检修设备的额定电压选用相同电压等级的验电器。 （3）工作触头的金属部分连接应牢固，无放电痕迹。 （4）验电器的绝缘杆表面应清洁光滑、干燥，无裂纹、无破损、无绝缘层脱落、无变形及放电痕迹等明显缺陷。 （5）握柄应无裂纹、无破损、无有碍手握的缺陷。 （6）验电器（触头、绝缘杆、握柄）各处连接应牢固可靠。 （7）验电前应将验电器在带电的设备上验电，证实验电器声光报警等是否良好	□
5	绝缘靴	1	（1）检查绝缘靴在使用有效期及检测合格周期内，产品标识及定期检验合格标识应清晰齐全。 （2）严格执行《电业安全工作规程》，使用电压等级6kV或10kV的绝缘靴。 （3）使用前检查绝缘靴整体各处应无裂纹、无漏洞、无气泡、无灼伤、无划痕等损伤。 （4）靴底的防滑花纹磨损应不超过50%，不能磨透露出绝缘层	□
6	脚手架	1	（1）搭设结束后，必须履行脚手架验收手续，填写脚手架验收单，并在“脚手架验收单”上分级签字。 （2）验收合格后应在脚手架上悬挂合格证，方可使用。 （3）工作负责人每天上脚手架前，必须进行脚手架整体检查	□
7	梯子	1	（1）检查梯子检验合格证在有效期内。 （2）使用梯子前应先检查梯子坚实、无缺损，止滑脚完好，不得使用有故障的梯子。 （3）人字梯应具有坚固的铰链和限制开度的拉链。 （4）各个连接件应无目测可见的变形，活动部件开合或升降应灵活	□
8	尖嘴钳	1	尖嘴钳手柄应安装牢固，没有手柄的不准使用	□
9	活扳手 （20～40mm）	1	（1）活动扳口应在扳体导轨的全行程上灵活移动。 （2）活扳手不应有裂缝、毛刺及明显的夹缝、氧化皮等缺陷，柄部平直且不应有影响使用性能的缺陷	□
10	梅花扳手 （10～20mm）	1	扳手不应有裂缝、毛刺及明显的夹缝、切痕、氧化皮等缺陷，柄部应平直	□
11	套筒扳手 （8～32mm）	1	扳手不应有裂缝、毛刺及明显的夹缝、切痕、氧化皮等缺陷，柄部应平直	□
12	开口扳手 （10～20mm）	1	扳手不应有裂缝、毛刺及明显的夹缝、切痕、氧化皮等缺陷，柄部应平直	□
13	十字螺丝刀 （5、6mm）	2	螺丝刀手柄应安装牢固，没有手柄的不准使用	□
14	平口螺丝刀 （6、8mm）	2	螺丝刀手柄应安装牢固，没有手柄的不准使用	□
15	万用表	1	（1）检查检验合格证在有效期内。 （2）塑料外壳具有足够的机械强度，不得有缺损和开裂、划伤和污迹，不允许有明显的变形，按键、按钮应灵活可靠，无卡死和接触不良的现象	□
16	介损电桥电桥	1	（1）检查检验合格证在有效期内。 （2）外观完好，各转换开关和接线端扭的标记应齐全清晰，接插件接触良好，开关转换灵活，定位准确，外壳上应有明显可靠的接地端子。	□

续表

序号	工具名称及型号	数量	完 好 标 准	确认符合
16	介损电桥电桥	1	介损仪上应有型号、名称、试验接线图、允许误差以及使用的测量频率、测量范围，参考电流工作范围和出厂编号、出厂日期、制造厂名等标记	
17	500V 绝缘电阻表	1	（1）检查检验合格证在有效期内。 （2）外表应整洁美观，不应有变形、缩痕、裂纹、划痕、剥落、锈蚀、油污、变色等缺陷。文字、标志等应清晰无误。绝缘电阻表的零件、部件、整件等应装配正确，牢固可靠。绝缘电阻表的控制调节机构和指示装置应运行平稳，无阻滞和抖动现象	□
18	2500V 绝缘电阻表	1	（1）检查检验合格证在有效期内。 （2）外表应整洁美观，不应有变形、缩痕、裂纹、划痕、剥落、锈蚀、油污、变色等缺陷。文字、标志等应清晰无误。绝缘电阻表的零件、部件、整件等应装配正确，牢固可靠。绝缘电阻表的控制调节机构和指示装置应运行平稳，无阻滞和抖动现象	□
确认人签字：				

材 料 准 备

序号	材料名称	规 格	单位	数量	检查结果
1	白布		kg	0.5	□
2	酒精	500mL	瓶	1	□
3	毛刷	25、50mm	把	2	□
4	清洗剂	500mL	瓶	2	□
5	导电膏		盒	1	□
6	砂纸	400 目	张	5	□
7	油瓶	500mL	只	1	□

备 件 准 备

序号	备件名称	规格型号	单位	数量	检查结果
1	无				□
	验收标准：				
2	无				□
	验收标准：				

四、检修工序卡

检修工序步骤及内容	安全、质量标准
1 瓷瓶清扫检查 危险源：脚手架、安全带 安全鉴证点 1-S1 □1.1 用包布将瓷瓶擦拭干净 □1.2 检查瓷瓶套管清洁、无裂纹	□A1（a） 上下脚手架应走人行通道或梯子，不准攀登架体；不准站在脚手架的探头上作业；不准在架子上退着行走或跨坐在防护横杆上休息；脚手架上作业时不准蹬在木桶、木箱、砖及其他建筑材料上；工作过程中，不准随意改变脚手架的结构，必要时，必须经过搭设脚手架的技术负责人同意，并再次验收合格后方可使用。 □A1（b） 使用时安全带的挂钩或绳子应挂在结实牢固的构件上；安全带要挂在上方，高度不低于腰部（即高挂低用）；安全带严禁打结使用，使用中要避开尖锐的构件。 1.1 各部件无脏污。 1.2 各部件无损坏
2 互感器一次连接引线拆除，导电接头检查 危险源：脚手架、安全带、高空工器具、零部件 安全鉴证点 2-S1	□A2（a） 上下脚手架应走人行通道或梯子，不准攀登架体；不准站在脚手架的探头上作业；不准在架子上退着行走或跨坐在防护横杆上休息；脚手架上作业时不准蹬在木桶、木箱、砖及其他建筑材料上；工作过程中，不准随意改变脚手架的结构，必要时，必须经过搭设脚手架的技术负责人同意，并再次验收合格后方可使用。

续表

检修工序步骤及内容	安全、质量标准
□2.1 一次连接引线拆除 危险源：感应电压 安全鉴证点 3-S1 □2.2 导电接头检查 质检点 1-W2	□A2（b） 使用时安全带的挂钩或绳子应挂在结实牢固的构件上；安全带要挂在上方，高度不低于腰部（即高挂低用）；安全带严禁打结使用，使用中要避开尖锐的构件。 □A2（c） 高处作业应一律使用工具袋，较大的工具应用绳拴在牢固的构件上；工器具和零部件不准上下抛掷，应使用绳系牢后往下或往上吊；不允许交叉作业，特殊情况必须交叉作业时，中间隔层必须搭设牢固、可靠的防护隔板或防护网；引线设专人牵引，防止碰撞作业人员。 □A2.1 应加装接地线，释放感应电压。 2.1 拆除的一次引线需牢固固定。 2.2 导电接头无变形、无烧伤、无过热痕迹，导电表面氧化层清除
3 渗漏点检查、油位检查 □3.1 油位计检查 □3.2 取油样阀门检查 □3.3 注油门检查 质检点 2-W2	3.1 无裂纹油位在油标中线。 3.2 无渗漏。 3.3 无渗漏
4 电容型PT各部件绝缘电阻测量 危险源：试验电压 安全鉴证点 4-S1 □4.1 分别测量上、下节电容器对地及其他绕组的绝缘电阻 □4.2 分别测量PT二次侧各绕组的绝缘电阻 质检点 3-W2	□A4 测量人员和绝缘电阻表安放位置，应选择适当，保持安全距离，以免绝缘电阻表引线或引线支持物触碰带电部分；移动引线时，应注意监护，防止工作人员触电；试验结束将所试设备对地放电，释放残余电压。 4.1 绝缘电阻值不应低于5000MΩ。 4.2 绝缘电阻应大于100MΩ
5 主绝缘的 $\tan\delta$ 及电容量测量 危险源：试验电压 安全鉴证点 1-S2 □5.1 分别测量上、下节电容和整体电容的 $\tan\delta$ 及电容量 质检点 1-H3	□A5（a） 高压试验工作不得少于两人。试验负责人应由有经验的人员担任，开始试验前，试验负责人应向全体试验人员详细布置试验中的安全注意事项，交待邻近间隔的带电部位，以及其他安全注意事项；试验现场应装设遮栏或围栏，遮栏或围栏与试验设备高压部分应有足够的安全距离，向外悬挂“止步，高压危险”的标示牌，并派人看守；变更接线或试验结束时，应首先断开试验电源，并将升压设备的高压部分放电、短路接地。 □A5（b） 试验前确认试验电压标准；加压前必须认真检查试验结线，表计倍率、量程，调压器零位及仪表的开始状态，均正确无误；试验时，通知所有人员离开被试设备，并取得试验负责人许可，方可加压。加压过程中应有人监护并呼唱。 □A5（c） 试验结束时，试验人员应拆除自装的接地短路线，并对被试设备进行检查，恢复试验前的状态，经试验负责人复查后，进行现场清理。 5.1 其介损值不大于0.5%，电容值不超出额定值的－5%～＋10%。若电容值大于出厂值的102%时应缩短试验周期。一相中任两节实测电容值相差不超过5%
6 互感器一次连接引线接线 危险源：脚手架、安全带、高空工器具、零部件 安全鉴证点 5-S1	□A6（a） 上下脚手架应走人行通道或梯子，不准攀登架体；不准站在脚手架的探头上作业；不准在架子上退着行走或跨坐在防护横杆上休息；脚手架上作业时不准蹬在木桶、木箱、砖及其他建筑材料上；工作过程中，不准随意改变脚

续表

<table>
<tr><th>检修工序步骤及内容</th><th>安全、质量标准</th></tr>
<tr><td>□6.1　导电连接部分涂导电膏
□6.2　恢复一次连接引线，紧固各部螺栓<table><tr><td>质检点</td><td>4-W2</td><td></td></tr></table></td><td>手架的结构，必要时，必须经过搭设脚手架的技术负责人同意，并再次验收合格后方可使用。
□A6（b）　使用时安全带的挂钩或绳子应挂在结实牢固的构件上；安全带要挂在上方，高度不低于腰部（即高挂低用）；安全带严禁打结使用，使用中要避开尖锐的构件。
□A6（c）　高处作业应一律使用工具袋，较大的工具应用绳拴在牢固的构件上；工器具和零部件不准上下抛掷，应使用绳系牢后往下或往上吊；不允许交叉作业，特殊情况必须交叉作业时，中间隔层必须搭设牢固、可靠的防护隔板或防护网；工作前套牢引线，引线设专人牵引，防止碰撞作业人员。
6.2　螺栓紧固、无锈蚀</td></tr>
<tr><td>7　检修工作结束
危险源：施工废料<table><tr><td>安全鉴证点</td><td>6-S1</td><td></td></tr></table>□7.1　清点检修使用的工器具、备件数量应符合使用前的数量要求，出现丢失等及时进行查找
□7.2　清理工作现场
□7.3　同运行人员按照规定程序办理结束工作票手续</td><td>□A7　废料及时清理，做到工完、料尽、场地清。

7.1　回收的工器具应齐全、完整</td></tr>
</table>

<table>
<tr><td colspan="3">五、安全鉴证卡</td></tr>
<tr><td colspan="3">风险点鉴证点：1-S2　工序 5　主绝缘的 $\tan\delta$ 及电容量测量
试验现场隔离措施完备，无关人员撤出，试验人员与被试设备保持安全距离</td></tr>
<tr><td>一级验收</td><td></td><td>年　月　日</td></tr>
<tr><td>二级验收</td><td></td><td>年　月　日</td></tr>
</table>

<table>
<tr><td colspan="4">六、质量验收卡</td></tr>
<tr><td colspan="4">质检点：1-W2　工序 2　互感器一次连接引线拆除，导电接头检查
检查情况：</td></tr>
<tr><td>测量器具/编号</td><td colspan="3"></td></tr>
<tr><td>测量（检查）人</td><td></td><td>记录人</td><td></td></tr>
<tr><td>一级验收</td><td colspan="2"></td><td>年　月　日</td></tr>
<tr><td>二级验收</td><td colspan="2"></td><td>年　月　日</td></tr>
</table>

续表

<table>
<tr><td colspan="4">质检点：2-W2　工序 3　渗漏点检查、油位检查
检查情况：</td></tr>
<tr><td>测量器具/编号</td><td colspan="3"></td></tr>
<tr><td>测量（检查）人</td><td></td><td>记录人</td><td></td></tr>
<tr><td>一级验收</td><td colspan="2"></td><td>年　月　日</td></tr>
<tr><td>二级验收</td><td colspan="2"></td><td>年　月　日</td></tr>
<tr><td colspan="4">质检点：3-W2　工序 4　电容型 PT 各部件绝缘电阻测量
试验记录：</td></tr>
<tr><td>测量器具/编号</td><td colspan="3"></td></tr>
<tr><td>测量（检查）人</td><td></td><td>记录人</td><td></td></tr>
<tr><td>一级验收</td><td colspan="2"></td><td>年　月　日</td></tr>
<tr><td>二级验收</td><td colspan="2"></td><td>年　月　日</td></tr>
<tr><td colspan="4">质检点：1-H3　工序 5　主绝缘的 $\tan\delta$ 及电容量测量
试验记录：</td></tr>
<tr><td>测量器具/编号</td><td colspan="3"></td></tr>
<tr><td>测量（检查）人</td><td></td><td>记录人</td><td></td></tr>
<tr><td>一级验收</td><td colspan="2"></td><td>年　月　日</td></tr>
<tr><td>二级验收</td><td colspan="2"></td><td>年　月　日</td></tr>
<tr><td>三级验收</td><td colspan="2"></td><td>年　月　日</td></tr>
<tr><td colspan="4">质检点：4-W2　工序 6　互感器一次连接引线接线
检查情况：</td></tr>
</table>

续表

测量器具/编号			
测量（检查）人		记录人	
一级验收			年　月　日
二级验收			年　月　日

七、完工验收卡

序号	检查内容	标　　准	检查结果
1	安全措施恢复情况	1.1 检修工作全部结束 1.2 整改项目验收合格 1.3 检修脚手架拆除完毕 1.4 孔洞、坑道等盖板恢复 1.5 临时拆除的防护栏恢复 1.6 安全围栏、标示牌等撤离现场 1.7 安全措施和隔离措施具备恢复条件 1.8 工作票具备押回条件	□ □ □ □ □ □ □ □
2	设备自身状况	2.1 设备与系统全面连接 2.2 设备标示牌齐全 2.3 设备油漆完整 2.4 设备各部相色标志清晰准确 2.5 拆除各附件试验合格并安装完毕	□ □ □ □ □
3	设备环境状况	3.1 检修整体工作结束，人员撤出 3.2 检修剩余备件材料清理出现场 3.3 检修现场废弃物清理完毕 3.4 检修用辅助设施拆除结束 3.5 临时电源、水源、气源、照明等拆除完毕 3.6 工器具及工具箱运出现场 3.7 地面铺垫材料运出现场 3.8 检修现场卫生整洁	□ □ □ □ □ □ □ □

一级验收	二级验收

八、完工报告单

工期	年　月　日　至　年　月　日			实际完成工日	工日
主要材料备件消耗统计	序号	名　称	规格与型号	生产厂家	消耗数量
	1				
	2				
	3				
	4				
	5				
缺陷处理情况	序号	缺陷内容		处理情况	
	1				
	2				
	3				
	4				
异动情况					
让步接受情况					

续表

遗留问题及采取措施			
修后总体评价			
各方签字	一级验收人员	二级验收人员	三级验收人员

检 修 文 件 包

单位：________ 班组：________ 编号：________

检修任务：**220kV 氧化锌避雷器检修** 风险等级：________

一、检修工作任务单						
计划检修时间	年 月 日 至 年 月 日			计划工日		
主要检修项目	1．避雷器瓷瓶清扫检查 2．避雷器导电部分检查、清理 3．连接螺栓紧固			4．均压环检查 5．电气试验		
修后目标	1．外表清洁无污，瓷瓶完好 2．避雷器运行正常、无异声，温度、温升正常 3．避雷器周围无影响运行物件					
鉴证点分布	W 点	工序及质检点内容	H 点	工序及质检点内容	S 点	工序及安全鉴证点内容
	1-W2	□2 避雷器一次连接引线拆除，导电接头检查	1-H3	□5 电气试验	1-S2	□5 电气试验
	2-W2	□4 避雷器本体绝缘电阻测量				
	3-W2	□7 避雷器一次连接引线接线				
质量验收人员	一级验收人员		二级验收人员		三级验收人员	
安全验收人员	一级验收人员		二级验收人员		三级验收人员	

二、修前策划卡		
设 备 基 本 参 数		
1．型号：Y10W1-200/520W 2．基本参数： 额定电压：220kV　　1mA 泄漏电流下的参考电压：≥290kV 生产厂家：抚顺电瓷厂　　出厂日期：2003 年 6 月		
设 备 修 前 状 况		
检修前交底（设备运行状况、历次主要检修经验和教训、检修前主要缺陷） 设备运行状况： 历次主要检修经验和教训： 检修前主要缺陷：		
技术交底人		年 月 日
接受交底人		年 月 日

续表

人 员 准 备				
序号	工种	工作组人员姓名	资格证书编号	检查结果
1	变配检修高级工			□
2	变配检修中级工			□
3	变配检修初级工			□
4	变配检修初级工			□
5	变配检修初级工			□
6	高压试验高级工			□
7	高压试验中级工			□

三、现场准备卡		
办 理 工 作 票		
工作票编号：		
施 工 现 场 准 备		
序号	安 全 措 施 检 查	确认符合
1	与带电设备保持3m安全距离	□
2	使用警戒遮拦对检修与运行区域进行隔离，并对内悬挂“止步、高压危险”警告标示牌，防止人员误入带电运行设备区域	□
3	在5级及以上的大风以及暴雨、雷电、冰雹、大雾等恶劣天气，应停止露天高处作业	□
4	电气设备的金属外壳应实行单独接地	□
5	与运行人员共同确认现场安全措施、隔离措施正确完备；确认隔离开关拉开，机械状态指示应正确，控制方式在“就地”位置，操作电源、动力电源断开，验明检修设备确无电压；确认“禁止合闸、有人工作”“在此工作”等警告标示牌按措施要求悬挂；明确相邻带电设备及带电部位；确认三相短路接地刀闸是否按措施要求合闸，三相短路接地刀闸机械状态指示应正确	□
6	工作前核对设备名称及编号；工作前验电	□
7	设置电气专人进行监护及安全交底	□
8	油漆的存放环境温度不超过35℃，避免暴晒，远离高温与火源	□
9	清理检修现场；设置检修现场定制图；地面使用胶皮铺设，并设置围栏及警告标示牌；检修工器具、材料备件定置摆放	□
10	检修管理文件、原始记录本已准备齐全	□
确认人签字：		

工 器 具 准 备 与 检 查				
序号	工具名称及型号	数量	完 好 标 准	确认符合
1	移动式电源盘	1	（1）检查检验合格证在有效期内。 （2）检查电源盘电源线、电源插头、插座完好无破损；漏电保护器动作正确。 （3）检查电源盘线盘架、拉杆、线盘架轮子及线盘摇动手柄齐全完好	□
2	安全带	3	（1）检查检验合格证应在有效期内，标识（产品标识和定期检验合格标识）应清晰齐全。 （2）各部件应完整，无缺失、无伤残破损，腰带、胸带、围杆带、围杆绳、安全绳应无灼伤、脆裂、断股、霉变。 （3）金属卡环（钩）必须有保险装置，且操作要灵活。钩体和钩舌的咬口必须完整，两者不得偏斜	□
3	绝缘手套	1	（1）检查绝缘手套在使用有效期及检测合格周期内，产品标识及定期检验合格标识应清晰齐全，出厂年限满5年的绝缘手套应报废。 （2）使用前检查绝缘手套有无漏气（裂口）等，手套表面必须平滑，无明显的波纹和铸模痕迹。	□

续表

序号	工具名称及型号	数量	完 好 标 准	确认符合
3	绝缘手套	1	（3）手套内外面应无针孔、无疵点、无裂痕、无砂眼、无杂质、无霉变、无划痕损伤、无夹紧痕迹、无黏连、无发脆、无染料污染痕迹等各种明显缺陷	
4	验电器	1	（1）检查验电器在使用有效期及检测合格周期内，产品标识及定期检验合格标识应清晰齐全。 （2）严格执行《电业安全工作规程》，根据检修设备的额定电压选用相同电压等级的验电器。 （3）工作触头的金属部分连接应牢固，无放电痕迹。 （4）验电器的绝缘杆表面应清洁光滑、干燥，无裂纹、无破损、无绝缘层脱落、无变形及放电痕迹等明显缺陷。 （5）握柄应无裂纹、无破损、无有碍手握的缺陷。 （6）验电器（触头、绝缘杆、握柄）各处连接应牢固可靠。 （7）验电前应将验电器在带电的设备上验电，证实验电器声光报警等是否良好	□
5	绝缘靴	1	（1）检查绝缘靴在使用有效期及检测合格周期内，产品标识及定期检验合格标识应清晰齐全。 （2）严格执行《电业安全工作规程》，使用电压等级 6kV 或 10kV 的绝缘靴。 （3）使用前检查绝缘靴整体各处应无裂纹、无漏洞、无气泡、无灼伤、无划痕等损伤。 （4）靴底的防滑花纹磨损不应超过 50%，不能磨透露出绝缘层	□
6	脚手架	1	（1）搭设结束后，必须履行脚手架验收手续，填写脚手架验收单，并在“脚手架验收单”上分级签字。 （2）验收合格后应在脚手架上悬挂合格证，方可使用。 （3）工作负责人每天上脚手架前，必须进行脚手架整体检查	□
7	梯子	1	（1）检查梯子检验合格证在有效期内。 （2）使用梯子前应先检查梯子坚实、无缺损，止滑脚完好，不得使用有故障的梯子。 （3）人字梯应具有坚固的铰链和限制开度的拉链。 （4）各个连接件应无目测可见的变形，活动部件开合或升降应灵活	□
8	活扳手（20～40mm）	1	（1）活动扳口应在扳体导轨的全行程上灵活移动。 （2）活扳手不应有裂缝、毛刺及明显的夹缝、氧化皮等缺陷，柄部平直且不应有影响使用性能的缺陷	□
9	梅花扳手（10～20mm）	1	扳手不应有裂缝、毛刺及明显的夹缝、切痕、氧化皮等缺陷，柄部应平直	□
10	开口扳手（10～20mm）	1	扳手不应有裂缝、毛刺及明显的夹缝、切痕、氧化皮等缺陷，柄部应平直	□
11	放电计数器检验仪	1	（1）检查检验合格证在有效期内。 （2）绝缘杆表面应清洁光滑、干燥，无裂纹、无破损、无绝缘层脱落、无变形及放电痕迹等明显缺陷，各种调节旋钮、按键灵活可靠	□
12	300kV 直流高压发生器	1	（1）检查检验合格证在有效期内。 （2）外观整洁完好，无划痕损伤，各种标注清晰准确，各种调节旋钮、按键灵活可靠	□
13	2500V 绝缘电阻表	1	（1）检查检验合格证在有效期内。 （2）外表应整洁美观，不应有变形、缩痕、裂纹、划痕、剥落、锈蚀、油污、变色等缺陷。文字、标志等应清晰无误。绝缘电阻表的零件、部件、整件等应装配正确，牢固可靠。绝缘电阻表的控制调节机构和指示装置应运行平稳，无阻滞和抖动现象	□
确认人签字：				

续表

材 料 准 备					
序号	材料名称	规　　格	单位	数量	检查结果
1	白布		kg	0.5	□
2	酒精	500mL	瓶	1	□
3	清洗剂	500mL	瓶	2	□
4	导电膏		盒	1	□
5	砂纸	400 目	张	5	□
6	防锈漆		kg	2.5	□
7	银粉漆		kg	2.5	□

备 件 准 备					
序号	备件名称	规格型号	单位	数量	检查结果
1	无				□
	验收标准：				
2	无				□
	验收标准：				

四、检修工序卡	
检修工序步骤及内容	安全、质量标准
1　避雷器瓷瓶清扫检查 危险源：脚手架、安全带 安全鉴证点 1-S1	□A1（a）　上下脚手架应走人行通道或梯子，不准攀登架体；不准站在脚手架的探头上作业；不准在架子上退着行走或跨坐在防护横杆上休息；脚手架上作业时不准蹬在木桶、木箱、砖及其他建筑材料上；工作过程中，不准随意改变脚手架的结构，必要时，必须经过搭设脚手架的技术负责人同意，并再次验收合格后方可使用。 □A1（b）　使用时安全带的挂钩或绳子应挂在结实牢固的构件上；安全带要挂在上方，高度不低于腰部（即高挂低用）；安全带严禁打结使用，使用中要避开尖锐的构件。
□1.1　用包布将瓷瓶擦拭干净 □1.2　检查瓷瓶套管清洁、无裂纹	1.1　各部件无脏污。 1.2　各部件无损坏
2　避雷器一次连接引线拆除，导电接头检查 危险源：脚手架、安全带、高空工器具、零部件 安全鉴证点 2-S1	□A2（a）　上下脚手架应走人行通道或梯子，不准攀登架体；不准站在脚手架的探头上作业；不准在架子上退着行走或跨坐在防护横杆上休息；脚手架上作业时不准蹬在木桶、木箱、砖及其他建筑材料上；工作过程中，不准随意改变脚手架的结构，必要时，必须经过搭设脚手架的技术负责人同意，并再次验收合格后方可使用。 □A2（b）　使用时安全带的挂钩或绳子应挂在结实牢固的构件上；安全带要挂在上方，高度不低于腰部（即高挂低用）；安全带严禁打结使用，使用中要避开尖锐的构件。 □A2（c）　高处作业应一律使用工具袋，较大的工具应用绳拴在牢固的构件上；工器具和零部件不准上下抛掷，应使用绳系牢后往下或往上吊；不允许交叉作业，特殊情况必须交叉作业时，中间隔层必须搭设牢固、可靠的防护隔板或防护网；工作前套牢引线，引线设专人牵引，防止碰撞作业人员。
□2.1　一次连接引线拆除 危险源：感应电压 安全鉴证点 3-S1	□A2.1　应加装接地线，释放感应电压。 2.1　拆除的一次引线需牢固固定。

续表

检修工序步骤及内容	安全、质量标准
□2.2　导电接头检查 质检点 | 1-W2 |	2.2　导电接头无变形、无烧伤、无过热痕迹，导电表面氧化层清除
□3　均压环检查	3　安装端正无变形，螺栓紧固
4　避雷器本体绝缘电阻测量 危险源：试验电压 安全鉴证点 | 4-S1 | □4.1　测量氧化锌避雷器上、下节的绝缘电阻 □4.2　拆开底座上部与带电测试仪之间连接线，测量底座的绝缘电阻 质检点 | 2-W2 |	□A4　测量人员和绝缘电阻表安放位置，应选择适当，保持安全距离，以免绝缘电阻表引线或引线支持物触碰带电部分；移动引线时，应注意监护，防止工作人员触电；试验结束将所试设备对地放电，释放残余电压。 4.1　每节绝缘电阻值应大于 10000MΩ。 4.2　底座的绝缘电阻不小于 2MΩ
5　电气试验 危险源：试验电压 安全鉴证点 | 1-S2 | □5.1　分别测量避雷器上、下节直流泄漏电流测量 质检点 | 1-H3 |	□A5（a）　高压试验工作不得少于两人。试验负责人应由有经验的人员担任，开始试验前，试验负责人应向全体试验人员详细布置试验中的安全注意事项，交待邻近间隔的带电部位，以及其他安全注意事项；试验现场应装设遮栏或围栏，遮栏或围栏与试验设备高压部分应有足够的安全距离，向外悬挂“止步，高压危险”的标示牌，并派人看守；变更接线或试验结束时，应首先断开试验电源，并将升压设备的高压部分放电、短路接地。 □A5（b）　试验前确认试验电压标准；加压前必须认真检查试验结线，表计倍率、量程，调压器零位及仪表的开始状态，均正确无误；试验时，通知所有人员离开被试设备，并取得试验负责人许可，方可加压。加压过程中应有人监护并呼唱。 □A5（c）　试验结束时，试验人员应拆除自装的接地短路线，并对被试设备进行检查，恢复试验前的状态，经试验负责人复查后，进行现场清理。 5.1　1mA 泄漏电流下的电压值与初始值相比，变化不应大于±5%；$0.75U_{1mA}$ 下泄漏不应大于 50μA
6　避雷器计数器检查 □6.1　避雷器计数器外观检查，紧固螺丝 □6.2　避雷器计数器放电动作测试	6.1　外观清洁完好，螺丝紧固、无锈蚀。 6.2　连续动作 3 次，放电后计数器走表正常
7　避雷器一次连接引线接线 危险源：脚手架、安全带、高空工器具、零部件 安全鉴证点 | 5-S1 | □7.1　导电连接部分涂导电膏 □7.2　恢复一次连接引线，紧固各部螺栓 质检点 | 3-W2 |	□A7（a）　上下脚手架应走人行通道或梯子，不准攀登架体；不准站在脚手架的探头上作业；不准在架子上退着行走或跨坐在防护横杆上休息；脚手架上作业时不准蹬在木桶、木箱、砖及其他建筑材料上；工作过程中，不准随意改变脚手架的结构，必要时，必须经过搭设脚手架的技术负责人同意，并再次验收合格后方可使用。 □A7（b）　使用时安全带的挂钩或绳子应挂在结实牢固的构件上；安全带要挂在上方，高度不低于腰部（即高挂低用）；安全带严禁打结使用，使用中要避开尖锐的构件。 □A7（c）　高处作业应一律使用工具袋，较大的工具应用绳拴在牢固的构件上；工器具和零部件不准上下抛掷，应使用绳系牢后往下或往上吊；不允许交叉作业，特殊情况必须交叉作业时，中间隔层必须搭设牢固、可靠的防护隔板或防护网；工作前套牢引线，引线设专人牵引，防止碰撞作业人员。 7.2　螺栓紧固、无锈蚀

续表

检修工序步骤及内容	安全、质量标准
8 检修工作结束 危险源：施工废料 安全鉴证点 | 6-S1 | □8.1 清点检修使用的工器具、备件数量应符合使用前的数量要求，出现丢失等及时进行查找 □8.2 清理工作现场 □8.3 同运行人员按照规定程序办理结束工作票手续	□A8 废料及时清理，做到工完、料尽、场地清。 8.1 回收的工器具应齐全、完整

五、安全鉴证卡		
风险点鉴证点：1-S2 工序5 电气试验 试验现场隔离措施完备，无关人员撤出，试验人员与被试设备保持安全距离		
一级验收		年 月 日
二级验收		年 月 日

六、质量验收卡			
质检点：1-W2 工序2 避雷器一次连接引线拆除，导电接头检查 检查情况：			
测量器具/编号			
测量（检查）人		记录人	
一级验收			年 月 日
二级验收			年 月 日
质检点：2-W2 工序4 避雷器本体绝缘电阻测量 试验记录：			
测量器具/编号			
测量（检查）人		记录人	
一级验收			年 月 日
二级验收			年 月 日

续表

<table>
<tr><td colspan="4">质检点：1-H3　工序 5　电气试验
试验记录：</td></tr>
<tr><td>测量器具/编号</td><td colspan="3"></td></tr>
<tr><td>测量（检查）人</td><td></td><td>记录人</td><td></td></tr>
<tr><td>一级验收</td><td colspan="2"></td><td>年　月　日</td></tr>
<tr><td>二级验收</td><td colspan="2"></td><td>年　月　日</td></tr>
<tr><td>三级验收</td><td colspan="2"></td><td>年　月　日</td></tr>
<tr><td colspan="4">质检点：3-W2　工序 7　避雷器一次连接引线接线
检查情况：</td></tr>
<tr><td>测量器具/编号</td><td colspan="3"></td></tr>
<tr><td>测量（检查）人</td><td></td><td>记录人</td><td></td></tr>
<tr><td>一级验收</td><td colspan="2"></td><td>年　月　日</td></tr>
<tr><td>二级验收</td><td colspan="2"></td><td>年　月　日</td></tr>
</table>

七、完工验收卡

序号	检查内容	标　　准	检查结果
1	安全措施恢复情况	1.1　检修工作全部结束 1.2　整改项目验收合格 1.3　检修脚手架拆除完毕 1.4　孔洞、坑道等盖板恢复 1.5　临时拆除的防护栏恢复 1.6　安全围栏、警示牌等撤离现场 1.7　安全措施和隔离措施具备恢复条件 1.8　工作票具备押回条件	□ □ □ □ □ □ □ □
2	设备自身状况	2.1　设备与系统全面连接 2.2　设备标示牌齐全 2.3　设备油漆完整 2.4　设备各部相色标志清晰准确 2.5　拆除各附件试验合格并安装完毕	□ □ □ □ □
3	设备环境状况	3.1　检修整体工作结束，人员撤出 3.2　检修剩余备件材料清理出现场 3.3　检修现场废弃物清理完毕 3.4　检修用辅助设施拆除结束 3.5　临时电源、水源、气源、照明等拆除完毕 3.6　工器具及工具箱运出现场 3.7　地面铺垫材料运出现场 3.8　检修现场卫生整洁	□ □ □ □ □ □ □ □
一级验收		二级验收	

续表

<table>
<tr><td colspan="6">八、完工报告单</td></tr>
<tr><td>工期</td><td colspan="3">年 月 日 至 年 月 日</td><td>实际完成工日</td><td>工日</td></tr>
<tr><td rowspan="6">主要材料备件消耗统计</td><td>序号</td><td>名称</td><td>规格与型号</td><td>生产厂家</td><td>消耗数量</td></tr>
<tr><td>1</td><td></td><td></td><td></td><td></td></tr>
<tr><td>2</td><td></td><td></td><td></td><td></td></tr>
<tr><td>3</td><td></td><td></td><td></td><td></td></tr>
<tr><td>4</td><td></td><td></td><td></td><td></td></tr>
<tr><td>5</td><td></td><td></td><td></td><td></td></tr>
<tr><td rowspan="5">缺陷处理情况</td><td>序号</td><td colspan="2">缺陷内容</td><td colspan="2">处理情况</td></tr>
<tr><td>1</td><td colspan="2"></td><td colspan="2"></td></tr>
<tr><td>2</td><td colspan="2"></td><td colspan="2"></td></tr>
<tr><td>3</td><td colspan="2"></td><td colspan="2"></td></tr>
<tr><td>4</td><td colspan="2"></td><td colspan="2"></td></tr>
<tr><td>异动情况</td><td colspan="5"></td></tr>
<tr><td>让步接受情况</td><td colspan="5"></td></tr>
<tr><td>遗留问题及采取措施</td><td colspan="5"></td></tr>
<tr><td>修后总体评价</td><td colspan="5"></td></tr>
<tr><td rowspan="2">各方签字</td><td colspan="2">一级验收人员</td><td colspan="2">二级验收人员</td><td>三级验收人员</td></tr>
<tr><td colspan="2"></td><td colspan="2"></td><td></td></tr>
</table>

检 修 文 件 包

单位：__________ 班组：__________ 编号：__________

检修任务：**220kV 主变压器小修** 风险等级：__________

一、检修工作任务单

计划检修时间	年 月 日 至 年 月 日			计划工日	
主要检修项目	1. 高低压套管清扫检查 2. 本体冷却器清扫检修 3. 压力释放阀检查 4. 呼吸器硅胶检查更换 5. 渗漏点处理 6. 气体继电器检查			7. 潜油泵、冷却器风扇和电机回路检修 8. 变压器油枕检查 9. 变压器温控器校验 10. 分接开关检查 11. 中性点避雷器检修 12. 本体试验	
修后目标	1. 变压器启动一次成功 2. 无异声、温度、温升正常 3. 变压器各种仪表温度表指示正常			4. 外表清洁无油污漆面完好 5. 变压器周围无影响运行物件 6. 油位计显示油位正常、清晰可见	

鉴证点分布	W 点	工序及质检点内容	H 点	工序及质检点内容	S 点	工序及安全鉴证点内容
	1-W2	□1 高低压套管清扫检查	1-H3	□9 中性点接地闸刀、避雷器检修	1-S2	□1 高低压套管清扫检查
	2-W2	□2 潜油泵、冷却器风扇和电机回路检修	2-H3	□11 本体试验	2-S2	□9 中性点接地闸刀、避雷器检修
	3-W2	□3 压力释放阀检查	3-H3	□13 变压器引线回装	3-S2	□11 本体试验
	4-W2	□5 密封点检查、处理			4-S2	□13 变压器引线回装
	5-W2	□6 气体继电器检查				
	6-W2	□7 变压器油枕检查				
	7-W2	□8 变压器温控器校验				
	8-W2	□10 分接开关检查				
	9-W2	□12 绝缘油试验				
	10-W2	□14 本体冷却器清扫检修				

质量验收人员	一级验收人员	二级验收人员	三级验收人员
安全验收人员	一级验收人员	二级验收人员	三级验收人员

二、修前策划卡

设 备 基 本 参 数

1. 型号：SFP10-370000/220
2. 基本参数：

额定容量：370MVA　　电压组合：242±2×2.5%/20kV

额定电流：高压侧 883A；低压侧 10681 A

额定频率：50Hz　　空载损耗：186.1 kW

接线组别：Ynd11　　负载损耗：609.5kVA

调压方式：无载调压　　冷却方式：ODAF

短路阻抗：14.00%　　空载电流：0.25%

生产厂家：保定天威保变电器股份有限公司　　生产日期：2004 年 2 月

设 备 修 前 状 况

检修前交底（设备运行状况、历次主要检修经验和教训、检修前主要缺陷）

设备运行状况：

续表

<table>
<tr><td colspan="5">设 备 修 前 状 况</td></tr>
<tr><td colspan="5">历次主要检修经验和教训：

检修前主要缺陷：

</td></tr>
<tr><td>技术交底人</td><td colspan="2"></td><td colspan="2">年　月　日</td></tr>
<tr><td>接受交底人</td><td colspan="2"></td><td colspan="2">年　月　日</td></tr>
<tr><td colspan="5">人 员 准 备</td></tr>
<tr><td>序号</td><td>工种</td><td>工作组人员姓名</td><td>资格证书编号</td><td>检查结果</td></tr>
<tr><td>1</td><td>变配检修高级工</td><td></td><td></td><td>□</td></tr>
<tr><td>2</td><td>变配检修中级工</td><td></td><td></td><td>□</td></tr>
<tr><td>3</td><td>变压器检修高级工</td><td></td><td></td><td>□</td></tr>
<tr><td>4</td><td>变压器检修中级工</td><td></td><td></td><td>□</td></tr>
<tr><td>5</td><td>变压器检修初级工</td><td></td><td></td><td>□</td></tr>
<tr><td>6</td><td>高压试验高级工</td><td></td><td></td><td>□</td></tr>
<tr><td>7</td><td>高压试验中级工</td><td></td><td></td><td>□</td></tr>
<tr><td>8</td><td>高压试验初级工</td><td></td><td></td><td>□</td></tr>
</table>

<table>
<tr><td colspan="3">三、现场准备卡</td></tr>
<tr><td colspan="3">办 理 工 作 票</td></tr>
<tr><td colspan="3">工作票编号：</td></tr>
<tr><td colspan="3">施 工 现 场 准 备</td></tr>
<tr><td>序号</td><td>安 全 措 施 检 查</td><td>确认符合</td></tr>
<tr><td>1</td><td>与带电设备保持 3m 安全距离</td><td>□</td></tr>
<tr><td>2</td><td>使用警戒遮拦对检修与运行区域进行隔离，并对内悬挂“止步、高压危险”警告标示牌，防止人员误入带电运行设备区域</td><td>□</td></tr>
<tr><td>3</td><td>在 5 级及以上的大风以及暴雨、雷电、冰雹、大雾等恶劣天气，应停止露天高处作业</td><td>□</td></tr>
<tr><td>4</td><td>电气设备的金属外壳应实行单独接地；电气设备金属外壳的接地与电源中性点的接地分开</td><td>□</td></tr>
<tr><td>5</td><td>与运行人员共同确认现场安全措施、隔离措施正确完备；确认隔离开关拉开，机械状态指示应正确，控制方式在“就地”位置，操作电源、动力电源断开，验明检修设备确无电压；确认“禁止合闸、有人工作”“在此工作”等警告标示牌按措施要求悬挂；明确相邻带电设备及带电部位；确认三相短路接地刀闸或三相短路接地线是否按措施要求合闸或悬挂，三相短路接地刀闸机械状态指示应正确，三相短路接地线悬挂位置正确且牢固可靠</td><td>□</td></tr>
<tr><td>6</td><td>工作前核对设备名称及编号；工作前验电</td><td>□</td></tr>
<tr><td>7</td><td>设置电气专人进行监护及安全交底</td><td>□</td></tr>
<tr><td>8</td><td>变压器油储存中避免靠近火源和高温，油桶上要用防火石棉毯覆盖严密</td><td>□</td></tr>
<tr><td>9</td><td>清理检修现场；设置检修现场定制图；地面使用胶皮铺设，并设置围栏及警告标示牌；检修工器具、材料备件定置摆放</td><td>□</td></tr>
<tr><td>10</td><td>检修管理文件、原始记录本已准备齐全</td><td>□</td></tr>
<tr><td colspan="3">确认人签字：</td></tr>
</table>

续表

工器具准备与检查				
序号	工具名称及型号	数量	完　好　标　准	确认符合
1	移动式电源盘	2	（1）检查检验合格证在有效期内。 （2）检查电源盘电源线、电源插头、插座完好无破损；漏电保护器动作正确。 （3）检查电源盘线盘架、拉杆、线盘架轮子及线盘摇动手柄齐全完好	□
2	安全带	6	（1）检查检验合格证应在有效期内，标识（产品标识和定期检验合格标识）应清晰齐全。 （2）各部件应完整，无缺失、无伤残破损，腰带、胸带、围杆带、围杆绳、安全绳应无灼伤、脆裂、断股、霉变。 （3）金属卡环（钩）必须有保险装置，且操作要灵活。钩体和钩舌的咬口必须完整，两者不得偏斜	□
3	绝缘手套	1	（1）检查绝缘手套在使用有效期及检测合格周期内，产品标识及定期检验合格标识应清晰齐全，出厂年限满5年的绝缘手套应报废。 （2）使用前检查绝缘手套有无漏气（裂口）等，手套表面必须平滑，无明显的波纹和铸模痕迹。 （3）手套内外面应无针孔、无疵点、无裂痕、无砂眼、无杂质、无霉变、无划痕损伤、无夹紧痕迹、无粘连、无发脆、无染料污染痕迹等各种明显缺陷	□
4	验电器	1	（1）检查验电器在使用有效期及检测合格周期内，产品标识及定期检验合格标识应清晰齐全。 （2）严格执行《电业安全工作规程》，根据检修设备的额定电压选用相同电压等级的验电器。 （3）工作触头的金属部分连接应牢固，无放电痕迹。 （4）验电器的绝缘杆表面应清洁光滑、干燥，无裂纹、无破损、无绝缘层脱落、无变形及放电痕迹等明显缺陷。 （5）握柄应无裂纹、无破损、无有碍手握的缺陷。 （6）验电器（触头、绝缘杆、握柄）各处连接应牢固可靠。 （7）验电前应将验电器在带电的设备上验电，证实验电器声光报警等是否良好	□
5	绝缘靴	1	（1）检查绝缘靴在使用有效期及检测合格周期内，产品标识及定期检验合格标识应清晰齐全。 （2）严格执行《电业安全工作规程》，使用电压等级6kV或10kV的绝缘靴。 （3）使用前检查绝缘靴整体各处应无裂纹、无漏洞、无气泡、无灼伤、无划痕等损伤。 （4）靴底的防滑花纹磨损不应超过50%，不能磨透露出绝缘层	□
6	脚手架	1	（1）搭设结束后，必须履行脚手架验收手续，填写脚手架验收单，并在“脚手架验收单”上分级签字。 （2）验收合格后应在脚手架上悬挂合格证，方可使用。 （3）工作负责人每天上脚手架前，必须进行脚手架整体检查	□
7	梯子	1	（1）检查梯子检验合格证在有效期内。 （2）使用梯子前应先检查梯子坚实、无缺损，止滑脚完好，不得使用有故障的梯子。 （3）人字梯应具有坚固的铰链和限制开度的拉链。 （4）各个连接件应无目测可见的变形，活动部件开合或升降应灵活	□
8	尖嘴钳	2	尖嘴钳手柄应安装牢固、没有手柄的不准使用	□
9	梅花扳手（10～20mm）	2	扳手不应有裂缝、毛刺及明显的夹缝、切痕、氧化皮等缺陷，柄部应平直	□
10	套筒扳手（8～32mm）	2	扳手不应有裂缝、毛刺及明显的夹缝、切痕、氧化皮等缺陷，柄部应平直	□
11	开口扳手（10～20mm）	2	扳手不应有裂缝、毛刺及明显的夹缝、切痕、氧化皮等缺陷，柄部应平直	□

续表

序号	工具名称及型号	数量	完 好 标 准	确认符合
12	十字螺丝刀（5、6mm）	4	螺丝刀手柄应安装牢固，没有手柄的不准使用	□
13	平口螺丝刀（6、8mm）	4	螺丝刀手柄应安装牢固，没有手柄的不准使用	□
14	万用表	2	（1）检查检验合格证在有效期内。 （2）塑料外壳具有足够的机械强度，不得有缺损和开裂、划伤和污迹，不允许有明显的变形，按键、按钮应灵活可靠，无卡死和接触不良的现象	□
15	介损电桥	1	（1）检查检验合格证在有效期内。 （2）外观完好，各转换开关和接线端扭的标记应齐全清晰，接插件接触良好，开关转换灵活，定位准确，外壳上应有明显可靠的接地端子。介损仪上应有型号、名称、试验接线图、允许误差以及使用的测量频率、测量范围，参考电流工作范围和出厂编号、出厂日期、制造厂名等标记	□
16	500V 绝缘电阻表	1	（1）检查检验合格证在有效期内。 （2）外表应整洁美观，不应有变形、缩痕、裂纹、划痕、剥落、锈蚀、油污、变色等缺陷。文字、标志等应清晰无误。绝缘电阻表的零件、部件、整件等应装配正确，牢固可靠。绝缘电阻表的控制调节机构和指示装置应运行平稳，无阻滞和抖动现象	□
17	2500V 绝缘电阻表	1	（1）检查检验合格证在有效期内。 （2）外表应整洁美观，不应有变形、缩痕、裂纹、划痕、剥落、锈蚀、油污、变色等缺陷。文字、标志等应清晰无误。绝缘电阻表的零件、部件、整件等应装配正确，牢固可靠。绝缘电阻表的控制调节机构和指示装置应运行平稳，无阻滞和抖动现象	□
18	直流高压发生器	1	（1）检查检验合格证在有效期内。 （2）外观整洁完好，无划痕损伤，各种标注清晰准确，各种调节旋钮、按键灵活可靠	□
19	变压器直流电阻测试仪	1	（1）检查检验合格证在有效期内。 （2）产品及配套器件外观应完好，各转换开关和接线端钮的标记应齐全清晰、接插件接触良好、开关转动灵活、定位准确、外壳上应有明确可靠的接地端子。直阻仪上应有型号、名称、准确度级别、额定输出电流、测量范围、出厂编号、出厂日期、制造厂名等标记	□
20	绝缘油耐压测试仪	1	仪器表面应无裂纹和变形，金属件不应有锈蚀，连接部位不松动。各操作部件应灵活、无卡涩。标注明确、清晰	□
21	绝缘油介损测试仪	1	（1）检查检验合格证在有效期内。 （2）外观完好，各转换开关和接线端扭的标记应齐全清晰，接插件接触良好，开关转换灵活，定位准确，外壳上应有明显可靠的接地端子。介损仪上应有型号、名称、试验接线图、允许误差以及使用的测量频率、测量范围，参考电流工作范围和出厂编号、出厂日期、制造厂名等标记	□
确认人签字：				

材 料 准 备					
序号	材料名称	规 格	单位	数量	检查结果
1	白布		kg	1	□
2	酒精	500mL	瓶	1	□
3	毛刷	25、50mm	把	2	□
4	清洗剂	500mL	瓶	2	□
5	导电膏		盒	1	□
6	砂纸	400 目	张	5	□
7	油瓶	500mL	只	2	□

续表

序号	材料名称	规　　格	单位	数量	检查结果
8	密封胶	587	支	10	□
9	硅胶		瓶	10	□
10	绝缘胶布		盘	2	□
11	绳子	$10mm^2$	m	10	□
12	低温润滑油		kg	1	□
备　件　准　备					
序号	备件名称	规格型号	单位	数量	检查结果
1	风扇电机	北京福特	台	1	□
	验收标准：风扇电机制造厂名、规格型号等准确清晰，电机油漆完整。扇叶无损坏、无变形、焊接部位检查无裂纹。扇叶固定在电机上严密、可靠，轴销、平垫、弹簧垫齐全。电机固定在平台上试运 30min，检查温度、声音、振动达到使用要求				
2					□
	验收标准：				

四、检修工序卡	
工序步骤及内容	安全、质量标准
1　高低压套管清扫检查 危险源：脚手架、安全带、高空工器具、零部件 安全鉴证点 | 1-S2 | □1.1　打开低压套管橡胶伸缩节 □1.2　拆下低压套管引线 □1.3　用包布将套管擦净 □1.4　检查低压套管清洁无裂纹，排气塞无渗漏 □1.5　检查低压套管末屏螺丝固定牢固 □1.6　拆下高压套管引线 危险源：感应电压 安全鉴证点 | 1-S1 | □1.7　检查将军帽有无过热、玻璃油标密封垫是否老化，油标窗口除垢，将军帽刷色漆 □1.8　用包布将高压套管擦净 □1.9　检查高压套管清洁无裂纹，无渗漏 □1.10　检查高压套管法兰螺栓、末屏螺丝固定牢固 质检点 | 1-W2 |	□A1（a）　上下脚手架应走人行通道或梯子，不准攀登架体；不准站在脚手架的探头上作业；不准在架子上退着行走或跨坐在防护横杆上休息；脚手架上作业时不准蹬在木桶、木箱、砖及其他建筑材料上；工作过程中，不准随意改变脚手架的结构，必要时，必须经过搭设脚手架的技术负责人同意，并再次验收合格后方可使用。 □A1（b）　使用时安全带的挂钩或绳子应挂在结实牢固的构件上；安全带要挂在上方，高度不低于腰部（即高挂低用）；安全带严禁打结使用，使用中要避开尖锐的构件。 □A1（c）　高处作业应一律使用工具袋，较大的工具应用绳拴在牢固的构件上；工器具和零部件不准上下抛掷，应使用绳系牢后往下或往上吊；不允许交叉作业，特殊情况必须交叉作业时，中间隔层必须搭设牢固、可靠的防护隔板或防护网；工作前套牢引线，引线设专人牵引，防止碰撞作业人员。 1.4　低压套管清洁无裂纹、无渗漏。 1.5　螺栓固定良好无松动。 □A1.6　应加装接地线，释放感应电压。 1.6　拆除的高压引线牢固固定。 1.9　高压套管清洁无裂纹、无渗漏。 1.10　螺栓固定良好
2　潜油泵、冷却器风扇和电机回路检修 □2.1　冷却器控制箱清扫 □2.2　冷却器控制箱内元件检查 □2.3　控制、动力回路接线紧固 □2.4　风扇电机及潜油泵电机接线检查紧固，接线盒密封胶垫检查	2.1　清洁无灰尘。 2.2　元件完好无破损。 2.3　接线无过热，引线螺丝紧固。

续表

工序步骤及内容	安全、质量标准
□2.5　风扇电机及潜油泵电机绝缘电阻、直阻测试 危险源：试验电压 安全鉴证点　2-S1 □2.6　检查风扇叶片与轮壳的铆接情况，松动时用铁锤铆紧 □2.7　继电器、转换开关接点检查 □2.8　回路绝缘测量 □2.9　冷却器传动试验、温度自动启停试验 □2.10　控制箱密封性检查 □2.11　箱柜除锈后刷油漆 质检点　2-W2	□A2.5（a）　测量人员和绝缘电阻表安放位置，应选择适当，保持安全距离，以免绝缘电阻表引线或引线支持物触碰带电部分；移动引线时，应注意监护，防止工作人员触电。 □A2.5（b）　试验结束将所试设备对地放电，释放残余电压。 2.5　500V 绝缘电阻表测电机绝缘电阻：>0.5MΩ；测电机三相直阻互差：<2%。 2.7　接触电阻：<5Ω。 2.8　绝缘电阻：>1MΩ。 2.9　信号灯指示正常、双路电源及各组冷却器试运正常。 2.10　密封良好无老化。 2.11　外观无锈蚀
3　压力释放阀检查 □3.1　打开压力释放阀上盖 □3.2　压力释放阀清扫 □3.3　检查接点动作正常 □3.4　紧固地脚螺丝 □3.5　密封圈检查 质检点　3-W2	3.2　清洁无渗漏。 3.3　压力接点动作正确。 3.5　密封良好无渗漏
4　呼吸器硅胶检查更换 □4.1　呼吸器解体，更换变色的硅胶 □4.2　呼吸器安装 □4.3　油杯补油	4.1　硅胶罐顶部留有 20mm 空间，通气孔畅通。 4.2　连管，各法兰连接部位密封圈无裂纹，安装后压接均匀。 4.3　加变压器油至上下限之间。
5　密封点检查、处理 □5.1　检查变压器渗漏点 □5.2　对变压器渗漏点进行处理，使用密封胶进行封堵 质检点　4-W2	5.1　密封点螺栓紧固良好，密封垫无老化。 5.2　渗漏部位经处理后清洁无渗漏
6　气体继电器检查 危险源：安全带 安全鉴证点　3-S1 □6.1　检查气体继电器无渗漏 □6.2　气体继电器进行排气 □6.3　气体继电器传动试验 □6.4　气体继电器防雨检查 □6.5　二次接线检查 质检点　5-W2	□A6　使用时安全带的挂钩或绳子应挂在结实牢固的构件上；安全带要挂在上方，高度不低于腰部（即高挂低用）；安全带严禁打结使用，使用中要避开尖锐的构件。 6.1　清洁无油污。 6.2　继电器室无气体。 6.3　接点信号动作正确。 6.4　防雨罩安装牢固。 6.5　接线紧固电缆无破损
7　变压器油枕检查 □7.1　打开油枕与呼吸器的连接法兰 □7.2　用铁丝或细木棒缠上白布带检查胶囊内是否进油 □7.3　回装上法兰 □7.4　油枕油位表检查、接线盒防水检查 质检点　6-W2	7.2　胶囊内应清洁无油污，否则更换胶囊。 7.3　密封良好。 7.4　密封良好、指示正确
8　变压器温控器校验 □8.1　取下温度计探头 □8.2　拆除二次线，拆下温度计 □8.3　校验温度计	8.1　探头用布包好防止损坏。 8.2　做好标记。 8.3　经热控专业表计校验合格。

续表

<table>
<tr><th>工序步骤及内容</th><th>安全、质量标准</th></tr>
<tr><td>□8.4 温度计安装
□8.5 安装探头
□8.6 恢复二次接线
□8.7 观察表计指示无明显差别
质检点 | 7-W2 |</td><td>8.4 固定牢固，密封良好。
8.5 探头座清理后加入新油。
8.6 接线正确紧固</td></tr>
<tr><td>9 中性点接地闸刀、避雷器检修
9.1 中性点避雷器检修及预试
□9.1.1 拆除中性点避雷器一次接线
□9.1.2 用包布将套管擦净，检查瓷瓶清洁无裂纹
□9.1.3 避雷器绝缘电阻测试
□9.1.4 避雷器直流泄漏试验
危险源：试验电压
安全鉴证点 | 2-S2 |
□9.1.5 避雷器计数器校验
9.2 中性点接地闸刀检查
□9.2.1 闸刀检查
□9.2.2 操作箱检查
质检点 | 1-H3 |</td><td>9.1.1 拆除的高压引线牢固固定。
9.1.2 瓷瓶完好无裂纹，连接紧固。
9.1.3 每节绝缘电阻值应大于10000MΩ；底座的绝缘电阻不小于2MΩ。
□A9.1.4（a） 高压试验工作不得少于两人。试验负责人应由有经验的人员担任，开始试验前，试验负责人应向全体试验人员详细布置试验中的安全注意事项，交待邻近间隔的带电部位，以及其他安全注意事项；试验现场应装设遮栏或围栏，遮栏或围栏与试验设备高压部分应有足够的安全距离，向外悬挂“止步，高压危险”的标示牌，并派人看守；变更接线或试验结束时，应首先断开试验电源，并将升压设备的高压部分放电、短路接地。
□A9.1.4（b） 试验前确认试验电压标准；加压前必须认真检查试验结线，表计倍率、量程，调压器零位及仪表的开始状态，均正确无误；试验时，通知所有人员离开被试设备，并取得试验负责人许可，方可加压。加压过程中应有人监护并呼唱。
□A9.1.4（c） 试验结束时，试验人员应拆除自装的接地短路线，并对被试设备进行检查，恢复试验前的状态，经试验负责人复查后，进行现场清理。
9.1.4 1mA泄漏电流下的电压值与初始值相比，变化不应大于±5%；$0.75U_{1mA}$下泄漏不应大于50μA。
9.1.5 连续动作3次，放电后计数器走表正常。
9.2.1 闸刀操作中，灵活省力，动作正确。
9.2.2 接线紧固，封堵完好</td></tr>
<tr><td>10 分接开关检查
□10.1 打开分接开关操作机构外罩
□10.2 检查分接开关机构密封
□10.3 检查分接开关位置指示器
□10.4 紧固各部分螺栓
□10.5 上好分接开关外罩
质检点 | 8-W2 |</td><td>10.2 操作机构清洁无漏油。
10.3 分接位置指示正确</td></tr>
<tr><td>11 本体试验
危险源：试验电压
安全鉴证点 | 3-S2 |</td><td>□A11（a） 高压试验工作不得少于两人。试验负责人应由有经验的人员担任，开始试验前，试验负责人应向全体试验人员详细布置试验中的安全注意事项，交待邻近间隔的带电部位，以及其他安全注意事项；试验现场应装设遮栏或围栏，遮栏或围栏与试验设备高压部分应有足够的安全距离，向外悬挂“止步，高压危险”的标示牌，并派人看守；变更接线或试验结束时，应首先断开试验电源，并将升压设备的高压部分放电、短路接地。
□A11（b） 试验前确认试验电压标准；加压前必须认真检查试验结线，表计倍率、量程，调压器零位及仪表的开始状态，均正确无误；试验时，通知所有人员离开被试设备，并取得试验负责人许可，方可加压。加压过程中应有人监护并呼唱。</td></tr>
</table>

续表

工序步骤及内容	安全、质量标准
□11.1　绕组绝缘电阻、极化指数 □11.2　绕组直流电阻 □11.3　绕组的介损 □11.4　绕组泄漏电流 □11.5　套管的绝缘电阻 □11.6　套管的介损及电容量，试验后末屏螺丝紧固检查 □11.7　铁芯绝缘电阻 质检点　2-H3	□A11（c）试验结束时，试验人员应拆除自装的接地短路线，并对被试设备进行检查，恢复试验前的状态，经试验负责人复查后，进行现场清理。 □A11（d）测量人员和绝缘电阻表安放位置，应选择适当，保持安全距离，以免绝缘电阻表引线或引线支持物触碰带电部分；移动引线时，应注意监护，防止工作人员触电；试验结束将所试设备对地放电，释放残余电压。 11.1　绝缘电阻换算至同一温度下，与前一次测量结果相比无明显变化；吸收比不低于1.3或极化指数不低于1.5。 11.2　相间互差不大于2%，线间互差不大于1%，与以前测得值变化不大于1%。 11.3　高压侧不大于0.8%，低压侧不大于1.5%，介损值与历年的数值比较不应有显著变化（一般不大于30%）。 11.4　与以前测试结果相比无显著差别。 11.5　主绝缘不应低于10000MΩ，末屏绝缘不应低于1000MΩ。 11.6　低压不大于1%，高压不大于0.8%，末屏绝缘小于1000MΩ时，应测量末屏对地介损，其值不大于2%；电容值与出厂值或上一次试验值的差别超出±5%时，应查明原因。 11.7　绝缘不应低于500MΩ
12　绝缘油试验 □12.1　绝缘油介电强度 □12.2　绝缘油 $\tan\delta$（90℃时） 质检点　9-W2	12.1　计算五次电压击穿值的平均值，其值应不小于35kV。 12.2　$\tan\delta \leqslant 4$
13　变压器引线回装 □13.1　检查试验短接线全部拆除 □13.2　接高压低压引线时用导电膏均匀涂抹表面，清楚表面的毛刺，紧固各部螺栓 危险源：脚手架、安全带、高空工器具、零部件 安全鉴证点　4-S2 □13.3　经确认检查无误后，将低压侧封盖恢复 质检点　3-3	□A13.2（a）上下脚手架应走人行通道或梯子，不准攀登架体；不准站在脚手架的探头上作业；不准在架子上退着行走或跨坐在防护横杆上休息；脚手架上作业时不准蹬在木桶、木箱、砖及其他建筑材料上；工作过程中，不准随意改变脚手架的结构，必要时，必须经过搭设脚手架的技术负责人同意，并再次验收合格后方可使用。 □A13.2（b）使用时安全带的挂钩或绳子应挂在结实牢固的构件上；安全带要挂在上方，高度不低于腰部（即高挂低用）；安全带严禁打结使用，使用中要避开尖锐的构件。 □A13.2（c）高处作业应一律使用工具袋，较大的工具应用绳拴在牢固的构件上；工器具和零部件不准上下抛掷，应使用绳系牢后往下或往上吊；不允许交叉作业，特殊情况必须交叉作业时，中间隔层必须搭设牢固、可靠的防护隔板或防护网；工作前套牢引线，引线设专人牵引，防止碰撞作业人员。 13.2　平垫、弹簧垫齐全，螺栓紧固
14　本体冷却器清扫检修 危险源：安全带 安全鉴证点　4-S1 □14.1　做好电气防水措施 □14.2　清洗散热片上污渍	□A14　使用时安全带的挂钩或绳子应挂在结实牢固的构件上；安全带要挂在上方，高度不低于腰部（即高挂低用）；安全带严禁打结使用，使用中要避开尖锐的构件。 14.2　冷却器清洁无污渍。

续表

<table>
<tr><th>工序步骤及内容</th><th>安全、质量标准</th></tr>
<tr><td>□14.3　检查冷却器无渗漏
□14.4　清洗变压器本体污渍
质检点 | 10-W2 |</td><td>14.4　变压器清洁无污渍</td></tr>
<tr><td>15　检修工作结束
危险源：施工废料、废油
安全鉴证点 | 5-S1 |
□15.1　清点检修使用的工器具、备件数量应符合使用前的数量要求，出现丢失等及时进行查找
□15.2　清理工作现场
□15.3　同运行人员按照规定程序办理结束工作票手续</td><td>□A15　废料及时清理，做到工完、料尽、场地清；不准将油污、油泥、废油等（包括沾油棉纱、布、手套、纸等）倒入下水道排放或随地倾倒，应收集放于指定的地点，妥善处理，以防污染环境及发生火灾。
15.1　回收的工器具应齐全、完整</td></tr>
</table>

<table>
<tr><td colspan="3">五、安全鉴证卡</td></tr>
<tr><td colspan="3">风险点鉴证点：1-S2　工序 1　高低压套管清扫检查
安全防护措施完备，工器具完好，全体工作人员个人防护用品正确佩戴齐全，工作负责人已组织工作班人员对安全工作程序进行学习，对进行现场安全、技术交底完毕</td></tr>
<tr><td>一级验收</td><td></td><td>年　月　日</td></tr>
<tr><td>二级验收</td><td></td><td>年　月　日</td></tr>
<tr><td colspan="3">风险点鉴证点：2-S2　工序 9　中性点接地闸刀、避雷器检修
试验现场隔离措施完备，无关人员撤出，试验人员与被试设备保持安全距离</td></tr>
<tr><td>一级验收</td><td></td><td>年　月　日</td></tr>
<tr><td>二级验收</td><td></td><td>年　月　日</td></tr>
<tr><td colspan="3">风险点鉴证点：3-S2　工序 11　本体试验
试验现场隔离措施完备，无关人员撤出，试验人员与被试设备保持安全距离</td></tr>
<tr><td>一级验收</td><td></td><td>年　月　日</td></tr>
<tr><td>二级验收</td><td></td><td>年　月　日</td></tr>
<tr><td colspan="3">风险点鉴证点：4-S2　工序 13　变压器引线回装
安全防护措施完备，工器具完好，全体工作人员个人防护用品正确佩戴齐全，工作负责人已组织工作班人员对安全工作程序进行学习，对进行现场安全、技术交底完毕</td></tr>
</table>

续表

一级验收		年 月 日
二级验收		年 月 日

六、质量验收卡			
质检点：1-W2 工序 1 高低压套管清扫检查 检查情况：			
测量器具/编号			
测量（检查）人		记录人	
一级验收			年 月 日
二级验收			年 月 日
质检点：2-W2 工序 2 潜油泵、冷却器风扇和电机回路检修 检查情况：			
测量器具/编号			
测量（检查）人		记录人	
一级验收			年 月 日
二级验收			年 月 日
质检点：3-W2 工序 3 压力释放阀检查 检查情况：			
测量器具/编号			
测量（检查）人		记录人	
一级验收			年 月 日
二级验收			年 月 日
质检点：4-W2 工序 5 密封点检查、处理 检查情况：			

续表

测量器具/编号			
测量（检查）人		记录人	
一级验收			年　月　日
二级验收			年　月　日

质检点：5-W2　工序 6　气体继电器检查
检查情况：

测量器具/编号			
测量（检查）人		记录人	
一级验收			年　月　日
二级验收			年　月　日

质检点：6-W2　工序 7　变压器油枕检查
检查情况：

测量器具/编号			
测量（检查）人		记录人	
一级验收			年　月　日
二级验收			年　月　日

质检点：7-W2　工序 8　变压器温控器校验
检查情况：

测量器具/编号			
测量（检查）人		记录人	
一级验收			年　月　日
二级验收			年　月　日

质检点：1-H3　工序 9　中性点接地闸刀、避雷器检修
检查情况：

试验记录：

续表

<table>
<tr><td>测量器具/编号</td><td colspan="3"></td></tr>
<tr><td>测量（检查）人</td><td></td><td>记录人</td><td></td></tr>
<tr><td>一级验收</td><td colspan="2"></td><td>年　月　日</td></tr>
<tr><td>二级验收</td><td colspan="2"></td><td>年　月　日</td></tr>
<tr><td>三级验收</td><td colspan="2"></td><td>年　月　日</td></tr>
<tr><td colspan="4">质检点：8-W2　工序 10　分接开关检查
检查情况：</td></tr>
<tr><td>测量器具/编号</td><td colspan="3"></td></tr>
<tr><td>测量（检查）人</td><td></td><td>记录人</td><td></td></tr>
<tr><td>一级验收</td><td colspan="2"></td><td>年　月　日</td></tr>
<tr><td>二级验收</td><td colspan="2"></td><td>年　月　日</td></tr>
<tr><td colspan="4">质检点：2-H3　工序 11　本体试验
试验记录：</td></tr>
<tr><td>测量器具/编号</td><td colspan="3"></td></tr>
<tr><td>测量（检查）人</td><td></td><td>记录人</td><td></td></tr>
<tr><td>一级验收</td><td colspan="2"></td><td>年　月　日</td></tr>
<tr><td>二级验收</td><td colspan="2"></td><td>年　月　日</td></tr>
<tr><td>三级验收</td><td colspan="2"></td><td>年　月　日</td></tr>
<tr><td colspan="4">质检点：9-W2　工序 12　绝缘油试验
试验记录：</td></tr>
<tr><td>测量器具/编号</td><td colspan="3"></td></tr>
<tr><td>测量（检查）人</td><td></td><td>记录人</td><td></td></tr>
<tr><td>一级验收</td><td colspan="2"></td><td>年　月　日</td></tr>
<tr><td>二级验收</td><td colspan="2"></td><td>年　月　日</td></tr>
</table>

续表

质检点：3-H3　工序 12　变压器引线回装 检查情况：			
测量器具/编号			
测量（检查）人		记录人	
一级验收			年　月　日
二级验收			年　月　日
三级验收			年　月　日
质检点：10-W2　工序 14　本体冷却器清扫检修 检查情况：			
测量器具/编号			
测量（检查）人		记录人	
一级验收			年　月　日
二级验收			年　月　日

七、完工验收卡			
序号	检查内容	标　准	检查结果
1	安全措施恢复情况	1.1　检修工作全部结束 1.2　整改项目验收合格 1.3　检修脚手架拆除完毕 1.4　孔洞、坑道等盖板恢复 1.5　临时拆除的防护栏恢复 1.6　安全围栏、标示牌等撤离现场 1.7　安全措施和隔离措施具备恢复条件 1.8　工作票具备押回条件	□ □ □ □ □ □ □ □
2	设备自身状况	2.1　设备与系统全面连接 2.2　设备标示牌齐全 2.3　设备油漆完整 2.4　设备各部相色标志清晰准确 2.5　拆除各附件试验合格并安装完毕	□ □ □ □ □
3	设备环境状况	3.1　检修整体工作结束，人员撤出 3.2　检修剩余备件材料清理出现场 3.3　检修现场废弃物清理完毕 3.4　检修用辅助设施拆除结束 3.5　临时电源、水源、气源、照明等拆除完毕 3.6　工器具及工具箱运出现场 3.7　地面铺垫材料运出现场 3.8　检修现场卫生整洁	□ □ □ □ □ □ □ □
一级验收		二级验收	

续表

<table>
<tr><td colspan="8">八、完工报告单</td></tr>
<tr><td>工期</td><td colspan="3">年　月　日　至　年　月　日</td><td>实际完成工日</td><td colspan="3">工日</td></tr>
<tr><td rowspan="6">主要材料备件消耗统计</td><td>序号</td><td>名称</td><td>规格与型号</td><td>生产厂家</td><td colspan="3">消耗数量</td></tr>
<tr><td>1</td><td></td><td></td><td></td><td colspan="3"></td></tr>
<tr><td>2</td><td></td><td></td><td></td><td colspan="3"></td></tr>
<tr><td>3</td><td></td><td></td><td></td><td colspan="3"></td></tr>
<tr><td>4</td><td></td><td></td><td></td><td colspan="3"></td></tr>
<tr><td>5</td><td></td><td></td><td></td><td colspan="3"></td></tr>
<tr><td rowspan="5">缺陷处理情况</td><td>序号</td><td colspan="2">缺陷内容</td><td colspan="4">处理情况</td></tr>
<tr><td>1</td><td colspan="2"></td><td colspan="4"></td></tr>
<tr><td>2</td><td colspan="2"></td><td colspan="4"></td></tr>
<tr><td>3</td><td colspan="2"></td><td colspan="4"></td></tr>
<tr><td>4</td><td colspan="2"></td><td colspan="4"></td></tr>
<tr><td>异动情况</td><td colspan="7"></td></tr>
<tr><td>让步接受情况</td><td colspan="7"></td></tr>
<tr><td>遗留问题及采取措施</td><td colspan="7"></td></tr>
<tr><td>修后总体评价</td><td colspan="7"></td></tr>
<tr><td rowspan="2">各方签字</td><td colspan="3">一级验收人员</td><td colspan="2">二级验收人员</td><td colspan="2">三级验收人员</td></tr>
<tr><td colspan="3"></td><td colspan="2"></td><td colspan="2"></td></tr>
</table>

检 修 文 件 包

单位：________ 班组：________ 编号：________

检修任务：**220kV 启备变小修** 风险等级：________

<table>
<tr><td colspan="7">一、检修工作任务单</td></tr>
<tr><td>计划检修时间</td><td colspan="4">年 月 日 至 年 月 日</td><td>计划工日</td><td></td></tr>
<tr><td>主要检修项目</td><td colspan="3">1. 高低压套管清扫检查
2. 本体冷却器清扫检修
3. 压力释放阀检查
4. 呼吸器硅胶检查更换
5. 渗漏点处理
6. 气体继电器检查
7. 冷却器风扇和电机回路检修</td><td colspan="3">8. 变压器油枕检查
9. 变压器温控器校验
10. 分接开关检查
11. 分接开关动作特性测试
12. 接地电阻柜检修试验
13. 绝缘油试验
14. 本体试验</td></tr>
<tr><td>修后目标</td><td colspan="3">1. 变压器启动一次成功
2. 无异声、温度、温升正常
3. 变压器各种仪表温度表指示正常</td><td colspan="3">4. 外表清洁无油污，漆面完好
5. 变压器周围无影响运行物件
6. 油位计显示油位正常、清晰可见</td></tr>
<tr><td rowspan="11">鉴证点分布</td><td>W 点</td><td>工序及质检点内容</td><td>H 点</td><td>工序及质检点内容</td><td>S 点</td><td>工序及安全鉴证点内容</td></tr>
<tr><td>1-W2</td><td>□1 高低压套管清扫检查</td><td>1-H3</td><td>□10 分接开关检查、动作特性测试</td><td>1-S2</td><td>□1 高低压套管清扫检查</td></tr>
<tr><td>2-W2</td><td>□2 变压器风冷回路检修</td><td>2-H3</td><td>□11 本体试验</td><td>2-S2</td><td>□11 本体试验</td></tr>
<tr><td>3-W2</td><td>□3 压力释放阀检查</td><td>3-H3</td><td>□13 变压器引线回装</td><td>3-S2</td><td>□13 变压器引线回装</td></tr>
<tr><td>4-W2</td><td>□5 密封点检查、处理</td><td></td><td></td><td></td><td></td></tr>
<tr><td>5-W2</td><td>□6 气体继电器检查</td><td></td><td></td><td></td><td></td></tr>
<tr><td>6-W2</td><td>□7 变压器油枕检查</td><td></td><td></td><td></td><td></td></tr>
<tr><td>7-W2</td><td>□8 变压器温控器校验</td><td></td><td></td><td></td><td></td></tr>
<tr><td>8-W2</td><td>□9 接地电阻柜检修</td><td></td><td></td><td></td><td></td></tr>
<tr><td>9-W2</td><td>□12 绝缘油试验</td><td></td><td></td><td></td><td></td></tr>
<tr><td>10-W2</td><td>□14 本体冷却器清扫检修</td><td></td><td></td><td></td><td></td></tr>
<tr><td rowspan="2">质量验收人员</td><td colspan="2">一级验收人员</td><td colspan="2">二级验收人员</td><td colspan="2">三级验收人员</td></tr>
<tr><td colspan="2"></td><td colspan="2"></td><td colspan="2"></td></tr>
<tr><td rowspan="2">安全验收人员</td><td colspan="2">一级验收人员</td><td colspan="2">二级验收人员</td><td colspan="2">三级验收人员</td></tr>
<tr><td colspan="2"></td><td colspan="2"></td><td colspan="2"></td></tr>
</table>

<table>
<tr><td colspan="2">二、修前策划卡</td></tr>
<tr><td colspan="2">设 备 基 本 参 数</td></tr>
<tr><td colspan="2">1. 型号：SFFZ-46000/220
2. 基本参数：
额定容量：46000/28750-28750/15400kVA　　额定电压：230/6.3-6.3/10.5kV
冷却方式：ONAN/ONAF　　联接组别：YNyn0-yn0
额定频率：50Hz　　调压方式：有载调压
空载损耗：34.1kW　　负载损耗：184.1kVA
生产厂家：保定天威保变电器股份有限公司　　生产日期：2004 年 2 月</td></tr>
<tr><td colspan="2">设 备 修 前 状 况</td></tr>
<tr><td colspan="2">检修前交底（设备运行状况、历次主要检修经验和教训、检修前主要缺陷）
设备运行状况：</td></tr>
</table>

、续表

设 备 修 前 状 况				
历次主要检修经验和教训： 检修前主要缺陷：				
技术交底人			年 月 日	
接受交底人			年 月 日	
人 员 准 备				
序号	工种	工作组人员姓名	资格证书编号	检查结果
1	变配检修高级工			□
2	变配检修中级工			□
3	变压器检修高级工			□
4	变压器检修中级工			□
5	高压试验高级工			□
6	高压试验中级工			□
7	高压试验初级工			□
8	高压试验初级工			□

三、现场准备卡		
办 理 工 作 票		
工作票编号：		
施 工 现 场 准 备		
序号	安 全 措 施 检 查	确认符合
1	与带电设备保持 3m 安全距离	□
2	使用警戒遮拦对检修与运行区域进行隔离，并对内悬挂“止步、高压危险”警告标示牌，防止人员误入带电运行设备区域	□
3	在 5 级及以上的大风以及暴雨、雷电、冰雹、大雾等恶劣天气，应停止露天高处作业	□
4	电气设备的金属外壳应实行单独接地；电气设备金属外壳的接地与电源中性点的接地分开	□
5	与运行人员共同确认现场安全措施、隔离措施正确完备；确认隔离开关拉开，机械状态指示应正确，控制方式在“就地”位置，操作电源、动力电源断开，验明检修设备确无电压；确认“禁止合闸、有人工作”“在此工作”等警告标示牌按措施要求悬挂；明确相邻带电设备及带电部位；确认三相短路接地刀闸或三相短路接地线是否按措施要求合闸或悬挂，三相短路接地刀闸机械状态指示应正确，三相短路接地线悬挂位置正确且牢固可靠	□
6	工作前核对设备名称及编号；工作前验电	□
7	设置电气专人进行监护及安全交底	□
8	变压器油储存中避免靠近火源和高温，油桶上要用防火石棉毯覆盖严密	□
9	清理检修现场；设置检修现场定制图；地面使用胶皮铺设，并设置围栏及警告标示牌；检修工器具、材料备件定置摆放	□
10	检修管理文件、原始记录本已准备齐全	□
确认人签字：		

续表

工器具准备与检查				
序号	工具名称及型号	数量	完好标准	确认符合
1	移动式电源盘	2	（1）检查检验合格证在有效期内。 （2）检查电源盘电源线、电源插头、插座完好无破损；漏电保护器动作正确。 （3）检查电源盘线盘架、拉杆、线盘架轮子及线盘摇动手柄齐全完好	□
2	安全带	10	（1）检查检验合格证应在有效期内，标识（产品标识和定期检验合格标识）应清晰齐全。 （2）各部件应完整，无缺失、无伤残破损，腰带、胸带、围杆带、围杆绳、安全绳应无灼伤、脆裂、断股、霉变。 （3）金属卡环（钩）必须有保险装置，且操作要灵活。钩体和钩舌的咬口必须完整，两者不得偏斜	□
3	绝缘手套	1	（1）检查绝缘手套在使用有效期及检测合格周期内，产品标识及定期检验合格标识应清晰齐全，出厂年限满5年的绝缘手套应报废。 （2）使用前检查绝缘手套有无漏气（裂口）等，手套表面必须平滑，无明显的波纹和铸模痕迹。 （3）手套内外面应无针孔、无疵点、无裂痕、无砂眼、无杂质、无霉变、无划痕损伤、无夹紧痕迹、无黏连、无发脆、无染料污染痕迹等各种明显缺陷	□
4	验电器	1	（1）检查验电器在使用有效期及检测合格周期内，产品标识及定期检验合格标识应清晰齐全。 （2）严格执行《电业安全工作规程》，根据检修设备的额定电压选用相同电压等级的验电器。 （3）工作触头的金属部分连接应牢固，无放电痕迹。 （4）验电器的绝缘杆表面应清洁光滑、干燥，无裂纹、无破损、无绝缘层脱落、无变形及放电痕迹等明显缺陷。 （5）握柄应无裂纹、无破损、无有碍手握的缺陷。 （6）验电器（触头、绝缘杆、握柄）各处连接应牢固可靠。 （7）验电前应将验电器在带电的设备上验电，证实验电器声光报警等是否良好	□
5	绝缘靴	1	（1）检查绝缘靴在使用有效期及检测合格周期内，产品标识及定期检验合格标识应清晰齐全。 （2）严格执行《电业安全工作规程》，使用电压等级6kV或10kV的绝缘靴。 （3）使用前检查绝缘靴整体各处应无裂纹、无漏洞、无气泡、无灼伤、无划痕等损伤。 （4）靴底的防滑花纹磨损不应超过50%，不能磨透露出绝缘层	□
6	脚手架	1	（1）搭设结束后，必须履行脚手架验收手续，填写脚手架验收单，并在“脚手架验收单”上分级签字。 （2）验收合格后应在脚手架上悬挂合格证，方可使用。 （3）工作负责人每天上脚手架前，必须进行脚手架整体检查	□
7	梯子	1	（1）检查梯子检验合格证在有效期内。 （2）使用梯子前应先检查梯子坚实、无缺损，止滑脚完好，不得使用有故障的梯子。 （3）人字梯应具有坚固的铰链和限制开度的拉链。 （4）各个连接件应无目测可见的变形，活动部件开合或升降应灵活	□
8	尖嘴钳	2	尖嘴钳手柄应安装牢固，没有手柄的不准使用	□
9	活扳手（20～40mm）	2	（1）活动扳口应在扳体导轨的全行程上灵活移动。 （2）活扳手不应有裂缝、毛刺及明显的夹缝、氧化皮等缺陷，柄部平直且不应有影响使用性能的缺陷	□
10	梅花扳手（10～20mm）	2	扳手不应有裂缝、毛刺及明显的夹缝、切痕、氧化皮等缺陷，柄部应平直	□
11	套筒扳手（8～32mm）	2	扳手不应有裂缝、毛刺及明显的夹缝、切痕、氧化皮等缺陷，柄部应平直	□

续表

序号	工具名称及型号	数量	完 好 标 准	确认符合
12	开口扳手（10～20mm）	2	扳手不应有裂缝、毛刺及明显的夹缝、切痕、氧化皮等缺陷，柄部应平直	□
13	十字螺丝刀（5、6mm）	4	螺丝刀手柄应安装牢固，没有手柄的不准使用	□
14	平口螺丝刀（6、8mm）	4	螺丝刀手柄应安装牢固，没有手柄的不准使用	□
15	万用表	2	（1）检查检验合格证在有效期内。 （2）塑料外壳具有足够的机械强度，不得有缺损和开裂、划伤和污迹，不允许有明显的变形，按键、按钮应灵活可靠，无卡死和接触不良的现象	□
16	介损电桥	1	（1）检查检验合格证在有效期内。 （2）外观完好，各转换开关和接线端扭的标记应齐全清晰，接插件接触良好，开关转换灵活，定位准确，外壳上应有明显可靠的接地端子。介损仪上应有型号、名称、试验接线图、允许误差以及使用的测量频率、测量范围，参考电流工作范围和出厂编号、出厂日期、制造厂名等标记	□
17	500V 绝缘电阻表	1	（1）检查检验合格证在有效期内。 （2）外表应整洁美观，不应有变形、缩痕、裂纹、划痕、剥落、锈蚀、油污、变色等缺陷。文字、标志等应清晰无误。绝缘电阻表的零件、部件、整件等应装配正确，牢固可靠。绝缘电阻表的控制调节机构和指示装置应运行平稳，无阻滞和抖动现象	□
18	2500V 绝缘电阻表	1	（1）检查检验合格证在有效期内。 （2）外表应整洁美观，不应有变形、缩痕、裂纹、划痕、剥落、锈蚀、油污、变色等缺陷。文字、标志等应清晰无误。绝缘电阻表的零件、部件、整件等应装配正确，牢固可靠。绝缘电阻表的控制调节机构和指示装置应运行平稳，无阻滞和抖动现象	□
19	直流高压发生器	1	（1）检查检验合格证在有效期内。 （2）外观整洁完好，无划痕损伤，各种标注清晰准确，各种调节旋钮、按键灵活可靠	□
20	变压器直流电阻测试仪	1	（1）检查检验合格证在有效期内。 （2）产品及配套器件外观应完好，各转换开关和接线端钮的标记应齐全清晰、接插件接触良好、开关转动灵活、定位准确、外壳上应有明确可靠的接地端子。直阻仪上应有型号、名称、准确度级别、额定输出电流、测量范围、出厂编号、出厂日期、制造厂名等标记	□
21	绝缘油耐压测试仪	1	仪器表面应无裂纹和变形，金属件不应有锈蚀，连接部位不松动。各操作部件应灵活、无卡涩。标注明确、清晰	□
22	绝缘油介损测试仪	1	（1）检查检验合格证在有效期内。 （2）外观完好，各转换开关和接线端扭的标记应齐全清晰，接插件接触良好，开关转换灵活，定位准确，外壳上应有明显可靠的接地端子。介损仪上应有型号、名称、试验接线图、允许误差以及使用的测量频率、测量范围，参考电流工作范围和出厂编号、出厂日期、制造厂名等标记	□
23	有载分接开关特性测试仪	1	仪器表面无明显划痕、裂纹和变形，金属件无锈蚀，功能键操作灵活无卡涩，各引出端扭和功能按键应有明确、清晰的标注，测试仪应有明显的接地端扭	□
确认人签字：				

材 料 准 备

序号	材料名称	规　　格	单位	数量	检查结果
1	白布		kg	1	□
2	酒精	500mL	瓶	1	□
3	毛刷	25、50mm	把	2	□
4	清洗剂	500mL	瓶	2	□

续表

序号	材料名称	规　　格	单位	数量	检查结果
5	导电膏		盒	1	□
6	砂纸	400目	张	5	□
7	油瓶	500mL	只	2	□
8	密封胶	587	支	10	□
9	硅胶		瓶	10	□
10	塑料布	2m	kg	20	□
11	绳子	$10mm^2$	m	10	□
12	记号笔	细	支	2	□
13	绝缘胶布		盘	2	□
14	低温润滑油		kg	1	□
备　件　准　备					
序号	备件名称	规格型号	单位	数量	检查结果
1	轴承	SKF 6204	只	2	□
	验收标准：检查轴承备件合格证完整，制造厂名、规格型号、标准代号、包装日期、检验人等准确清晰；外观检查，用肉眼观察滚动轴承，内外滚道应没有剥落痕迹；所有滚动体表面应无斑点、裂纹和剥皮的现象；保持架应不松散、强度高；手感检查，测量轴承内、外径及宽度，轴承原始游隙符合滚动轴承国家标准；用手指捏住内座圈进行轴向晃动时，应无明显的旷动响声；采用转动法检查轴承振动及噪声，用一只手夹持轴承内圈，另一只手转动外圈，轴承应灵活转动，无异常响声				
2	轴承	SKF 6202	只	2	□
	验收标准：检查轴承备件合格证完整，制造厂名、规格型号、标准代号、包装日期、检验人等准确清晰；外观检查，用肉眼观察滚动轴承，内外滚道应没有剥落痕迹；所有滚动体表面应无斑点、裂纹和剥皮的现象；保持架应不松散、强度高；手感检查，测量轴承内、外径及宽度，轴承原始游隙符合滚动轴承国家标准；用手指捏住内座圈进行轴向晃动时，应无明显的旷动响声；采用转动法检查轴承振动及噪声，用一只手夹持轴承内圈，另一只手转动外圈，轴承应灵活转动，无异常响声				

四、检修工序卡

工序步骤及内容	安全、质量标准
1　高低压套管清扫检查 危险源：脚手架、安全带、高空工器具、零部件 安全鉴证点 | 1-S2 |	□A1（a）　上下脚手架应走人行通道或梯子，不准攀登架体；不准站在脚手架的探头上作业；不准在架子上退着行走或跨坐在防护横杆上休息；脚手架上作业时不准蹬在木桶、木箱、砖及其他建筑材料上；工作过程中，不准随意改变脚手架的结构，必要时，必须经过搭设脚手架的技术负责人同意，并再次验收合格后方可使用。 □A1（b）　使用时安全带的挂钩或绳子应挂在结实牢固的构件上；安全带要挂在上方，高度不低于腰部（即高挂低用）；安全带严禁打结使用，使用中要避开尖锐的构件。 □A1（c）　高处作业应一律使用工具袋，较大的工具应用绳拴在牢固的构件上；工器具和零部件不准上下抛掷，应使用绳系牢后往下或往上吊；不允许交叉作业，特殊情况必须交叉作业时，中间隔层必须搭设牢固、可靠的防护隔板或防护网；工作前套牢引线，引线设专人牵引，防止碰撞作业人员。
□1.1　打开低压柔性密封连接 □1.2　拆下低压套管引线 □1.3　用包布将套管擦净	
□1.4　检查低压套管清洁无裂纹，无渗漏 □1.5　检查低压套管地脚螺丝	1.4　低压套管清洁无裂纹，无渗漏。 1.5　螺栓固定良好无松动。
□1.6　拆下高压套管引线 危险源：感应电压 安全鉴证点 | 1-S1 |	□A1.6　应加装接地线，释放感应电压。 1.6　拆除的高压引线牢固固定。
□1.7　检查将军帽有无过热、玻璃油标密封垫是否老化，油标窗口除垢，将军帽刷色漆 □1.8　用包布将高压套管擦净 □1.9　检查高压套管清洁无裂纹，无渗漏	1.9　高压套管清洁无裂纹，无渗漏。

续表

工序步骤及内容	安全、质量标准
□1.10 检查高压套管法兰螺栓、末屏螺丝固定牢固 质检点 | 1-W2 |	1.10 螺栓固定良好
2 变压器风冷回路检修 □2.1 冷却器控制箱清扫 □2.2 冷却器控制箱内元件检查 □2.3 控制、动力回路接线紧固 □2.4 风扇电机接线检查紧固，接线盒密封胶垫检查 □2.5 风扇电机绝缘电阻、直阻测试 安全鉴证点 | 2-S1 | □2.6 检查风扇叶片与轮壳的铆接情况，松动时用铁锤铆紧 □2.7 继电器、转换开关接点检查 □2.8 回路绝缘测量 □2.9 冷却器传动试验、温度自动启停试验 □2.10 控制箱密封性检查 □2.11 箱柜除锈后刷油漆 质检点 | 2-W2 |	2.1 清洁无灰尘。 2.2 元件完好无破损。 2.3 接线无过热，引线螺丝紧固。 □A2.5（a） 测量人员和绝缘电阻表安放位置，应选择适当，保持安全距离，以免绝缘电阻表引线或引线支持物触碰带电部分；移动引线时，应注意监护，防止工作人员触电。 □A2.5（b） 试验结束将所试设备对地放电，释放残余电压。 2.5 500V绝缘电阻表测电机绝缘：＞0.5MΩ，测电机三相直阻互差：＜2%。 2.7 接触电阻：＜5Ω。 2.8 绝缘电阻：＞1MΩ。 2.9 信号灯指示正常、双路电源及各组冷却器试运正常。 2.10 密封良好无老化。 2.11 外观无锈蚀
3 压力释放阀检查 □3.1 打开压力释放阀上盖 □3.2 压力释放阀清扫 □3.3 检查接点动作正常 □3.4 紧固地脚螺丝 □3.5 密封圈检查 质检点 | 3-W2 |	3.2 清洁无渗漏。 3.3 压力接点动作正确。 3.5 密封良好无渗漏
4 呼吸器硅胶检查更换 □4.1 呼吸器解体，更换变色的硅胶 □4.2 呼吸器安装 □4.3 油杯补油	4.1 硅胶罐顶部留有20mm空间，通气孔畅通。 4.2 连管的各法兰连接部位密封圈无裂纹，安装后压接均匀。 4.3 加变压器油至上下限之间
5 密封点检查、处理 □5.1 检查变压器渗漏点 □5.2 对变压器渗漏点进行处理，使用密封胶进行封堵 质检点 | 4-W2 |	5.1 密封点螺栓紧固良好，密封垫无老化。 5.2 渗漏部位经处理后清洁无渗漏
6 气体继电器检查 危险源：安全带 安全鉴证点 | 3-S1 | □6.1 检查气体继电器无渗漏 □6.2 气体继电器进行排气 □6.3 气体继电器传动试验 □6.4 气体继电器防雨检查 □6.5 二次接线检查 质检点 | 5-W2 |	□A6 使用时安全带的挂钩或绳子应挂在结实牢固的构件上；安全带要挂在上方，高度不低于腰部（即高挂低用）；安全带严禁打结使用，使用中要避开尖锐的构件。 6.1 清洁无油污。 6.2 继电器室无气体。 6.3 接点信号动作正确。 6.4 防雨罩安装牢固。 6.5 接线紧固电缆无破损
7 变压器油枕检查 □7.1 打开油枕与呼吸器的连接法兰	

续表

<table>
<tr><th>工序步骤及内容</th><th>安全、质量标准</th></tr>
<tr><td>□7.2 用铁丝或细木棒缠上白布带检查胶囊内是否进油
□7.3 回装上法兰
□7.4 油枕油位表检查、接线盒防水检查
质检点 | 6-W2 |</td><td>7.2 胶囊内应清洁无油污，否则更换胶囊。
7.3 密封良好。
7.4 密封良好、指示正确</td></tr>
<tr><td>8 变压器温控器校验
□8.1 取下温度计探头
□8.2 拆除二次线，拆下温度计
□8.3 校验温度计
□8.4 温度计安装
□8.5 安装探头
□8.6 恢复二次接线
□8.7 观察表计指示无明显差别
质检点 | 7-W2 |</td><td>8.1 探头用布包好防止损坏
8.2 做好标记
8.3 经热控专业表计校验合格
8.4 固定牢固，密封良好
8.5 探头座清理后加入新油
8.6 接线正确紧固</td></tr>
<tr><td>9 接地电阻柜检修
□9.1 拆下中性点接地电阻柜连接引线
□9.2 接地电阻检查
□9.3 接地电阻固定支架检查
□9.4 电流互感器检查
□9.5 接地电阻测量
□9.6 电缆检查、绝缘电阻测量
质检点 | 8-W2 |</td><td>9.2 完好无裂纹，连接紧固。
9.4 无裂纹，二次线紧固。
9.5 接地电阻 16Ω。
9.6 电缆附件无裂纹，绝缘电阻大于 100MΩ</td></tr>
<tr><td>10 分接开关检查、动作特性测试
危险源：安全带
安全鉴证点 | 4-S1 |
10.1 分接开关操作机构检查
□10.1.1 检查分接开关密封性
□10.1.2 分接开关手动操作、电动操作、远方操作各一个循环，检查动作正确性
□10.1.3 检查机械传动部位是否连接良好，是否有适量的润滑油
10.2 分接开关电气回路检查
□10.2.1 操作机构箱密封条齐全完整无破损，电缆孔洞封堵严密
□10.2.2 紧固电气回路接线，测量绝缘
□10.2.3 检查分接开关位置指示与 DCS 画面显示一致
□10.2.4 电加热器电源回路检查、紧线，加热器直阻、绝缘测试
□10.3 分接开关过渡时间、过渡电阻测试
质检点 | 1—H3 |</td><td>□A10 使用时安全带的挂钩或绳子应挂在结实牢固的构件上；安全带要挂在上方，高度不低于腰部（即高挂低用）；安全带严禁打结使用，使用中要避开尖锐的构件。
10.1.1 操作机构清洁无漏油，螺丝紧固。
10.1.2 操作应无卡涩，没有连动现象，电气和机械限位动作正常。
10.1.3 各部件连接紧固，润滑良好。
10.2.2 500V 绝缘电阻表测绝缘：≥0.5MΩ。
10.2.4 500V 绝缘电阻表测绝缘：≥0.5MΩ。
10.3 过渡电阻实测值与铭牌值比较，偏差不应大于±10%；电流波形变化图无开路现象，三相同期性的偏差、切换时间的数值及正反向切换时间的偏差均与制造厂的技术要求相符</td></tr>
<tr><td>11 本体试验
危险源：试验电压
安全鉴证点 | 2-S2 |</td><td>□A11（a） 高压试验工作不得少于两人。试验负责人应由有经验的人员担任，开始试验前，试验负责人应向全体试验人员详细布置试验中的安全注意事项，交待邻近间隔的带电部位，以及其他安全注意事项；试验现场应装设遮栏或围栏，遮栏或围栏与试验设备高压部分应有足够的安全距离，向外悬挂“止步，高压危险”的标示牌，并派人看守；变更接线或试验结束时，应首先断开试验电源，并将升压设备的高压部分放电、短路接地。
□A11（b） 试验前确认试验电压标准；加压前必须认真检查试验结线，表计倍率、量程，调压器零位及仪表的开始状态，均正确无误；试验时，通知所有人员离开被试设备，并</td></tr>
</table>

续表

工序步骤及内容	安全、质量标准
	取得试验负责人许可，方可加压。加压过程中应有人监护并呼唱。 □A11（c） 试验结束时，试验人员应拆除自装的接地短路线，并对被试设备进行检查，恢复试验前的状态，经试验负责人复查后，进行现场清理。 □A11（d） 测量人员和绝缘电阻表安放位置，应选择适当，保持安全距离，以免绝缘电阻表引线或引线支持物触碰带电部分；移动引线时，应注意监护，防止工作人员触电；试验结束将所试设备对地放电，释放残余电压。
□11.1 绕组绝缘电阻、极化指数 □11.2 绕组直流电阻 □11.3 绕组的介损 □11.4 绕组泄漏电流 □11.5 套管的绝缘电阻 □11.6 套管的介损及电容量，试验后末屏螺丝紧固检查 □11.7 铁芯绝缘电阻 质检点 | 2-H3 |	11.1 绝缘电阻换算至同一温度下，与前一次测量结果相比无明显变化；吸收比不低于1.3或极化指数不低于1.5。 11.2 相间互差不大于2%，线间互差不大于1%，与以前测得值变化不大于1%。 11.3 高压侧不大于0.8%，低压侧不大于1.5%，介损值与历年的数值比较不应有显著变化（一般不大于30%）。 11.4 与以前测试结果相比无显著差别。 11.5 主绝缘不应低于10000MΩ，末屏绝缘不应低于1000MΩ。 11.6 低压不大于1%，高压不大于0.8%，末屏绝缘小于1000MΩ时，应测量末屏对地介损，其值不大于2%；电容值与出厂值或上一次试验值的差别超出±5%时，应查明原因。 11.7 绝缘不应低于500MΩ
12 绝缘油试验 □12.1 变压器绝缘油介电强度 □12.2 变压器绝缘油 $\tan\delta$（90℃时） □12.3 切换开关绝缘油介电强度 质检点 | 9-W2 |	12.1 计算五次电压击穿值的平均值，其值应：≥35kV。 12.2 $\tan\delta \leq 4$。 12.3 击穿电压：≥25kV
13 变压器引线回装 □13.1 检查试验短接线全部拆除 □13.2 接高压低压引线时用导电膏均匀涂抹表面，清除表面的毛刺，紧固各部螺栓 危险源：脚手架、安全带、高空工器具、零部件 安全鉴证点 | 3-S2 | 13.3 经确认检查无误后，将低压侧封盖恢复 质检点 | 3-H3 |	□A13.2（a） 上下脚手架应走人行通道或梯子，不准攀登架体；不准站在脚手架的探头上作业；不准在架子上退着行走或跨坐在防护横杆上休息；脚手架上作业时不准蹬在木桶、木箱、砖及其他建筑材料上；工作过程中，不准随意改变脚手架的结构，必要时，必须经过搭设脚手架的技术负责人同意，并再次验收合格后方可使用。 □A13.2（b） 使用时安全带的挂钩或绳子应挂在结实牢固的构件上；安全带要挂在上方，高度不低于腰部（即高挂低用）；安全带严禁打结使用，使用中要避开尖锐的构件。 □A13.2（c） 高处作业应一律使用工具袋，较大的工具应用绳拴在牢固的构件上；工器具和零部件不准上下抛掷，应使用绳系牢后往下或往上吊；不允许交叉作业，特殊情况必须交叉作业时，中间隔层必须搭设牢固、可靠的防护隔板或防护网；工作前套牢引线，引线设专人牵引，防止碰撞作业人员。 13.2 平垫、弹簧垫齐全，螺栓紧固
14 本体冷却器清扫检修 危险源：安全带 安全鉴证点 | 5-S1 | □14.1 做好电气防水措施 □14.2 清洗散热片上污渍	□A14 使用时安全带的挂钩或绳子应挂在结实牢固的构件上；安全带要挂在上方，高度不低于腰部（即高挂低用）；安全带严禁打结使用，使用中要避开尖锐的构件 14.2 冷却器清洁无污渍

续表

工序步骤及内容	安全、质量标准
□14.3　检查冷却器无渗漏 □14.4　清洗变压器本体污渍 质检点 | 10-W2 |	14.4　变压器清洁无污渍
15　检修工作结束 危险源：施工废料、废油 安全鉴证点 | 6-S1 | □15.1　清点检修使用的工器具、备件数量应符合使用前的数量要求，出现丢失等及时进行查找 □15.2　清理工作现场 □15.3　同运行人员按照规定程序办理结束工作票手续	□A15　废料及时清理，做到工完、料尽、场地清；不准将油污、油泥、废油等（包括沾油棉纱、布、手套、纸等）倒入下水道排放或随地倾倒，应收集放于指定的地点，妥善处理，以防污染环境及发生火灾。 15.1　回收的工器具应齐全、完整

五、安全鉴证卡		
风险点鉴证点：1-S2　工序 1　高低压套管清扫检查 安全防护措施完备，工器具完好，全体工作人员个人防护用品正确佩戴齐全，工作负责人已组织工作班人员对安全工作程序进行学习，对进行现场安全、技术交底完毕		
一级验收		年　月　日
二级验收		年　月　日
风险点鉴证点：2-S2　工序 11　本体试验 试验现场隔离措施完备，无关人员撤出，试验人员与被试设备保持安全距离		
一级验收		年　月　日
二级验收		年　月　日
风险点鉴证点：3-S2　工序 13　变压器引线回装 安全防护措施完备，工器具完好，全体工作人员个人防护用品正确佩戴齐全，工作负责人已组织工作班人员对安全工作程序进行学习，对进行现场安全、技术交底完毕		
一级验收		年　月　日
二级验收		年　月　日

续表

六、质量验收卡			
质检点：1-W2 工序 1 高低压套管清扫检查 检查情况：			
测量器具/编号			
测量（检查）人		记录人	
一级验收			年 月 日
二级验收			年 月 日
质检点：2-W2 工序 2 变压器风冷回路检修 检查情况：			
测量器具/编号			
测量（检查）人		记录人	
一级验收			年 月 日
二级验收			年 月 日
质检点：3-W2 工序 3 压力释放阀检查 检查情况：			
测量器具/编号			
测量（检查）人		记录人	
一级验收			年 月 日
二级验收			年 月 日
质检点：4-W2 工序 5 密封点检查、处理 检查情况：			

续表

测量器具/编号			
测量（检查）人		记录人	
一级验收			年　月　日
二级验收			年　月　日
质检点：5-W2　工序 6　气体继电器检查 检查情况：			
测量器具/编号			
测量（检查）人		记录人	
一级验收			年　月　日
二级验收			年　月　日
质检点：6-W2　工序 7　变压器油枕检查 检查情况：			
测量器具/编号			
测量（检查）人		记录人	
一级验收			年　月　日
二级验收			年　月　日
质检点：7-W2　工序 8　变压器温控器校验 检查情况：			
测量器具/编号			
测量（检查）人		记录人	
一级验收			年　月　日
二级验收			年　月　日
质检点：8-W2　工序 9　接地电阻柜检修 检查情况： 试验记录：			

续表

测量器具/编号			
测量（检查）人		记录人	
一级验收			年 月 日
二级验收			年 月 日

质检点：1-H3 工序 10 分接开关检查、动作特性测试
检查情况：

试验记录：

测量器具/编号			
测量（检查）人		记录人	
一级验收			年 月 日
二级验收			年 月 日

质检点：2-H3 工序 11 本体试验
试验记录：

测量器具/编号			
测量（检查）人		记录人	
一级验收			年 月 日
二级验收			年 月 日
三级验收			年 月 日

质检点：9-W2 工序 12 绝缘油试验
试验记录：

测量器具/编号			
测量（检查）人		记录人	
一级验收			年 月 日
二级验收			年 月 日

续表

<table>
<tr><td colspan="4">质检点：3-H3　工序 12　变压器引线回装
检查情况：</td></tr>
<tr><td>测量器具/编号</td><td colspan="3"></td></tr>
<tr><td>测量（检查）人</td><td></td><td>记录人</td><td></td></tr>
<tr><td>一级验收</td><td colspan="2"></td><td>年　月　日</td></tr>
<tr><td>二级验收</td><td colspan="2"></td><td>年　月　日</td></tr>
<tr><td>三级验收</td><td colspan="2"></td><td>年　月　日</td></tr>
<tr><td colspan="4">质检点：10-W2　工序 14　本体冷却器清扫检修
检查情况：</td></tr>
<tr><td>测量器具/编号</td><td colspan="3"></td></tr>
<tr><td>测量（检查）人</td><td></td><td>记录人</td><td></td></tr>
<tr><td>一级验收</td><td colspan="2"></td><td>年　月　日</td></tr>
<tr><td>二级验收</td><td colspan="2"></td><td>年　月　日</td></tr>
</table>

<table>
<tr><td colspan="4">七、完工验收卡</td></tr>
<tr><td>序号</td><td>检查内容</td><td>标　　准</td><td>检查结果</td></tr>
<tr><td>1</td><td>安全措施恢复情况</td><td>1.1　检修工作全部结束
1.2　整改项目验收合格
1.3　检修脚手架拆除完毕
1.4　孔洞、坑道等盖板恢复
1.5　临时拆除的防护栏恢复
1.6　安全围栏、标示牌等撤离现场
1.7　安全措施和隔离措施具备恢复条件
1.8　工作票具备押回条件</td><td>□
□
□
□
□
□
□
□</td></tr>
<tr><td>2</td><td>设备自身状况</td><td>2.1　设备与系统全面连接
2.2　设备标示牌齐全
2.3　设备油漆完整
2.4　设备各部相色标志清晰准确
2.5　拆除各附件试验合格并安装完毕</td><td>□
□
□
□
□</td></tr>
<tr><td>3</td><td>设备环境状况</td><td>3.1　检修整体工作结束，人员撤出
3.2　检修剩余备件材料清理出现场
3.3　检修现场废弃物清理完毕
3.4　检修用辅助设施拆除结束
3.5　临时电源、水源、气源、照明等拆除完毕
3.6　工器具及工具箱运出现场
3.7　地面铺垫材料运出现场
3.8　检修现场卫生整洁</td><td>□
□
□
□
□
□
□
□</td></tr>
<tr><td colspan="2">一级验收</td><td colspan="2">二级验收</td></tr>
<tr><td colspan="2"></td><td colspan="2"></td></tr>
</table>

续表

<table>
<tr><td colspan="6">八、完工报告单</td></tr>
<tr><td>工期</td><td colspan="3">年 月 日 至 年 月 日</td><td>实际完成工日</td><td>工日</td></tr>
<tr><td rowspan="6">主要材料备件消耗统计</td><td>序号</td><td>名称</td><td>规格与型号</td><td>生产厂家</td><td>消耗数量</td></tr>
<tr><td>1</td><td></td><td></td><td></td><td></td></tr>
<tr><td>2</td><td></td><td></td><td></td><td></td></tr>
<tr><td>3</td><td></td><td></td><td></td><td></td></tr>
<tr><td>4</td><td></td><td></td><td></td><td></td></tr>
<tr><td>5</td><td></td><td></td><td></td><td></td></tr>
<tr><td rowspan="5">缺陷处理情况</td><td>序号</td><td colspan="2">缺陷内容</td><td colspan="2">处理情况</td></tr>
<tr><td>1</td><td colspan="2"></td><td colspan="2"></td></tr>
<tr><td>2</td><td colspan="2"></td><td colspan="2"></td></tr>
<tr><td>3</td><td colspan="2"></td><td colspan="2"></td></tr>
<tr><td>4</td><td colspan="2"></td><td colspan="2"></td></tr>
<tr><td>异动情况</td><td colspan="5"></td></tr>
<tr><td>让步接受情况</td><td colspan="5"></td></tr>
<tr><td>遗留问题及采取措施</td><td colspan="5"></td></tr>
<tr><td>修后总体评价</td><td colspan="5"></td></tr>
<tr><td rowspan="2">各方签字</td><td colspan="2">一级验收人员</td><td colspan="2">二级验收人员</td><td>三级验收人员</td></tr>
<tr><td colspan="2"></td><td colspan="2"></td><td></td></tr>
</table>

检修文件包

单位：________ 班组：________ 编号：________

检修任务：**发电机检修** 风险等级：________

一、检修工作任务单			
计划检修时间	年 月 日 至 年 月 日	计划工日	

主要检修项目	1．排氢置换 2．断引 3．发电机解体 4．发电机定子检修 5．发电机转子检修	6．发电机其他部件检修 7．发电机附件回装 8．充氢置换 9．机组启动，工作结束
修后目标	1．最大允许振动值：≤0.03mm 2．定子线圈最高温度值：<75℃ 3．转子线圈最高温度值：<115℃ 4．定子铁芯最高温度值：<105℃ 5．定子线圈出水最高温度值：<75℃	6．定子机壳内热风和发电机刷架出口热风：<75℃ 7．滑环最高温度：<120℃ 8．发电机漏氢率：≤3% 9．设备修后180天无临修 10．设备修后所测参数不应超过修前值10%

鉴证点分布	W点	工序及质检点内容	H点	工序及质检点内容	S点	工序及安全鉴证点内容
	1-W2	□6.2 定子槽楔检查	1-H3	□6.14 定冷水系统水压试验	1-S3	□5.5.5 发电机解体（抽转子）
	2-W2	□6.3 定子背部铁芯检查	2-H3	□9.1 发电机回装前进行验收	2-S3	□10.3 发电机附件回装（穿转子）
	3-W2	□6.4 定子线圈检查	3-H3	□11 气密性试验		
	4-W2	□6.5 发电机端部固定及引线固定检查				
	5-W2	□6.7 发电机聚四氟乙烯水管检查				
	6-W2	□6.8 发电机出线瓷套管检查				
	7-W2	□6.11 定子氢管道检查清理				
	8-W2	□7.3 发电机电刷装置、滑环检查				
	9-W2	□10.1 安装两侧气隙风挡，测间隙				
	10-W2	□10.3 回装两侧端盖				

质量验收人员	一级验收人员	二级验收人员	三级验收人员
安全验收人员	一级验收人员	二级验收人员	三级验收人员

二、修前策划卡
设 备 基 本 参 数

1．型号：TBB-500-2EY3

2．基本参数：

环境温度：+5～40℃	额定转速：3000r/min
视在功率：588MVA	静子绕组引出线：9
有功功率：530MW	接法：YY
静子电压：20000V	转子绝缘等级：F
静子电流：17000A	冷却方式：水氢氢
功率因数：0.90	静子过载能力：1.6
转子电压：530V	频率：50Hz

续表

设备基本参数				
转子电流：3800A 转向：从汽侧看顺时针旋转				
设备修前状况				
检修前交底（设备运行状况、历次主要检修经验和教训、检修前主要缺陷） 历次主要检修经验和教训： （1）曾发生过发电机端部绝缘部件脱落，造成线棒绝缘磨损故障。 （2）曾发生过绝缘水管变形故障。 （3）详细检查定子冷却水波纹补偿器及波纹管有无裂纹，金属焊接处是否疲劳折断。 检修前主要缺陷： 无				
技术交底人			年 月 日	
接受交底人			年 月 日	
人员准备				
序号	工种	工作组人员姓名	资格证书编号	检查结果
1	电机检修高级工			□
2	电机检修中级工			□
3	电机检修初级工			□
4	起重高级工			□

三、现场准备卡		
办理工作票		
工作票编号：		
施工现场准备		
序号	安全措施检查	确认符合
1	发现盖板缺损及平台防护栏杆不完整时，应采取临时防护措施，设坚固的临时围栏	□
2	增加临时照明	□
3	与运行人员共同确认现场安全措施、隔离措施正确完备；确认隔离开关拉开，开关在“试验”或“检修”位置，控制方式在“就地”位置，操作电源、动力电源断开，验明检修设备确无电压；确认“禁止合闸、有人工作”“在此工作”等警告标示牌按措施要求悬挂；确认三相短路接地线是否按措施要求悬挂，三相短路接地线悬挂位置正确且牢固可靠	□
4	工作前核对设备名称及编号、验电	□
5	发电机氢冷系统进行检修前，必须将检修部分与相连的部分隔断，加装严密的堵板，并将氢气按规程规定置换为空气，按规定办理手续后方可工作	□
6	补充氢气的管路应隔断，并加装严密的堵板	□
7	检测氢气浓度合格（不大于 0.3%）	□
8	清理检修现场。设置检修现场定制图。地面使用胶皮铺设，并设置围栏及警告标示牌。检修工器具、材料备件定置摆放	□
9	检修管理文件、原始记录本已准备齐全	□
确认人签字：		

工器具准备与检查				
序号	工具名称及型号	数量	完好标准	确认符合
1	手拉葫芦（2t×3m）	2	（1）检查检验合格证在有效期内。 （2）链节无严重锈蚀及裂纹，无打滑现象。 （3）齿轮完整，轮杆无磨损现象，开口销完整。 （4）吊钩无裂纹变形。 （5）链扣、蜗母轮及轮轴发生变形、生锈或链索磨损严重时，均应禁止使用。 （6）撑牙灵活能起刹车作用。撑牙平面垫片有足够厚度，加荷重后不会拉滑。	□

续表

序号	工具名称及型号	数量	完好标准	确认符合
1	手拉葫芦（2t×3m）	2	（7）使用前应做无负荷的起落试验一次，检查其煞车以及传动装置是否良好，然后再进行工作	
2	行车	2	（1）经检验检测监督机构检验合格。 （2）使用前应做无负荷起落试验一次，检查制动器及传动装置应良好无缺陷，制动器灵活良好。 （3）检查行车各部限位灵活正常，卷扬限制器在吊钩升起距起重构架300mm时自动停止。 （4）驾驶室应装有音响（钟、喇叭、电铃）或色灯的信号装置，以备操作时发出警告	□
3	吊带（2t）	4	（1）起重工具使用前，必须检查完好、无破损。 （2）所选用的吊索具应与被吊工件的外形特点及具体要求相适应，在不具备使用条件的情况下，决不能使用。 （3）作业中应防止损坏吊索具及配件，必要时在棱角处应加护角防护。 （4）吊具及配件不能超过其额定起重量，起重吊具、吊索不得超过其相应吊挂状态下的最大工作载荷。 （5）检查检验合格证在有效期内	□
4	电动扳手轻型	1	（1）检查检验合格证在有效期内。 （2）检查电动扳手电源线、电源插头完好无破损，有漏电保护器。 （3）检查手柄、外壳部分、驱动套筒完好无损伤。进出风口清洁干净无遮挡。 （4）检查正反转开关完好且操作灵活可靠	□
5	吸尘器	1	（1）检查检验合格证在有效期内。 （2）检查电源线、电源插头完好无破损，有漏电保护器。 （3）检查手柄、外壳部分、驱动套筒完好无损伤。进出风口清洁干净无遮挡。 （4）检查开关完好且操作灵活可靠	□
6	螺丝刀	1	螺丝刀手柄应安装牢固，没有手柄的不准使用	□
7	大锤	2	手锤的锤头须完整，其表面须光滑微凸，不得有歪斜、缺口、凹入及裂纹等情形。手锤的柄须用整根的硬木制成，并将头部用楔栓固定。楔栓宜采用金属楔，楔子长度不应大于安装孔的2/3	□
8	锤击扳手（55、65号）	各2	扳手不应有裂缝、毛刺及明显的夹缝、切痕、氧化皮等缺陷，柄部应平直	□
9	活扳手（450mm）	2	（1）活动扳口应在扳体导轨的全行程上灵活移动。 （2）活扳手不应有裂缝、毛刺及明显的夹缝、氧化皮等缺陷，柄部平直且不应有影响使用性能的缺陷	□
10	梅花扳手（6～32mm）	1	扳手不应有裂缝、毛刺及明显的夹缝、切痕、氧化皮等缺陷，柄部应平直	□
11	锤击改锥（150mm）	2	锉刀、手锯、螺丝刀、钢丝钳等手柄应安装牢固、没有手柄的不准使用	□
12	撬棍（1.5m）	2	必须保证撬杠强度满足要求。在使用加力杆时，必须保证其强度和嵌套深度满足要求，以防折断或滑脱	□
13	套筒扳手（5～32mm）	1	扳手不应有裂缝、毛刺及明显的夹缝、切痕、氧化皮等缺陷，柄部应平直	□
14	手锤（0.5kg）	2	手锤的锤头须完整，其表面须光滑微凸，不得有歪斜、缺口、凹入及裂纹等情形。手锤的柄须用整根的硬木制成，并将头部用楔栓固定。楔栓宜采用金属楔，楔子长度不应大于安装孔的2/3	□
15	行灯（24V）	2	（1）检查行灯电源线、电源插头完好无破损。 （2）行灯电源线应采用橡胶套软电缆。 （3）行灯的手柄应绝缘良好且耐热、防潮。 （4）行灯变压器必须采用双绕组型，变压器一、二次侧均应装熔断器。 （5）行灯变压器外壳必须有良好的接地线，高压侧应使用三相插头行灯电压不应超过24V	□

续表

序号	工具名称及型号	数量	完 好 标 准	确认符合
16	长柄尖嘴钳	2	锉刀、手锯、螺丝刀、钢丝钳等手柄应安装牢固，没有手柄的不准使用	
17	游标卡尺（0～300mm）	1	（1）检查测定面是否有毛头。 （2）检查卡尺的表面应无锈蚀、碰伤或其他缺陷，刻度和数字应清晰、均匀，不应有脱色现象，游标刻线应刻至斜面下缘。卡尺上应有刻度值、制造厂商、工厂标志和出厂编号	□
18	游标卡尺（0～120mm）	1	（1）检查测定面是否有毛头。 （2）检查卡尺的表面应无锈蚀、碰伤或其他缺陷，刻度和数字应清晰、均匀，不应有脱色现象，游标刻线应刻至斜面下缘。卡尺上应有刻度值、制造厂商、工厂标志和出厂编号	□
19	塞尺（4″）	2	（1）检查测定面是否有毛头。 （2）检查表面应无锈蚀、碰伤或其他缺陷，刻度和数字应清晰、均匀，不应有脱色现象，刻线应刻至斜面下缘。塞尺上应有刻度值、制造厂商、工厂标志和出厂编号	□
20	钢板尺（0.5、1m）	各1	检查表面应无锈蚀、碰伤或其他缺陷，刻度和数字应清晰、均匀，不应有脱色现象	□
21	螺栓（M30×80mm）	2	检查表面应无锈蚀、碰伤或其他缺陷	□
22	定滑轮	8	（1）撑牙灵活能起刹车作用。撑牙平面垫片有足够厚度，加荷重后不会拉滑。 （2）使用前应做无负荷的起落试验一次，检查其煞车以及传动装置是否良好，然后再进行工作	□
23	假端盖	1	检查表面应无锈蚀、碰伤或其他缺陷	□
24	吊盘	1	（1）起重工具使用前，必须检查完好、无破损。 （2）所选用的吊索具应与被吊工件的外形特点及具体要求相适应，在不具备使用条件的情况下，决不能使用。 （3）作业中应防止损坏吊索具及配件，必要时在棱角处应加护角防护。 （4）吊具及配件不能超过其额定起重量，起重吊具、吊索不得超过其相应吊挂状态下的最大工作载荷	□
25	高压冲洗机	1	（1）检查电源线、电源插头完好无破损、绝缘良好、防护罩完好无破损。 （2）检查合格证在有效期内	□
确认人签字：				

材 料 准 备

序号	材料名称	规 格	单位	数量	检查结果
1	抹布		kg	50	□
2	白布		kg	10	□
3	毛刷	25、50mm	把	各5	□
4	密封胶	587	瓶	2	□
5	瞬干胶	406	瓶	2	□
6	密封胶	801	瓶	2	□
7	记号笔	粗白、红	支	各2	□
8	酒精	500mL	瓶	24	□
9	机电清洗剂	DX-25	桶	0.5	□
10	绝缘漆	9130	kg	20	□
11	导电膏		kg	10	□
12	二氧化碳		瓶	80	□

续表

<table>
<tr><td>序号</td><td>材料名称</td><td>规　　格</td><td>单位</td><td>数量</td><td>检查结果</td></tr>
<tr><td>13</td><td>环氧树脂胶</td><td>YQ53841A</td><td>瓶</td><td>30</td><td>□</td></tr>
<tr><td>14</td><td>环氧树脂胶</td><td>YQ53841B</td><td>瓶</td><td>30</td><td>□</td></tr>
<tr><td colspan="6">备　件　准　备</td></tr>
<tr><td>序号</td><td>备件名称</td><td>规格型号</td><td>单位</td><td>数量</td><td>检查结果</td></tr>
<tr><td rowspan="4">1</td><td>发电机密封胶条</td><td>12×12mm</td><td>m</td><td>30</td><td>□</td></tr>
<tr><td>人孔门密封垫</td><td>TPD-22</td><td>件</td><td>2</td><td>□</td></tr>
<tr><td>氢冷器密封垫</td><td>TPD02-902、TPD02-903</td><td>套</td><td>各4</td><td>□</td></tr>
<tr><td colspan="5">验收标准：检查密封件合格证完整，制造厂名、规格型号、标准代号、包装日期、检验人等准确清晰。密封胶条备件检查标准：胶条回弹性好，外观应无扭曲变形，表面无裂纹、无气泡、无明显杂质。氢冷器密封垫备件检查标准：密封垫回弹性好，外观应无扭曲变形，表面无裂纹、无气泡、无明显杂质。人孔门密封垫备件检查标准：密封垫回弹性好，外观应无扭曲变形，表面无裂纹、无气泡、无明显杂质</td></tr>
<tr><td rowspan="2">2</td><td>发电机槽楔</td><td>90×47×18mm</td><td>只</td><td>20</td><td>□</td></tr>
<tr><td colspan="5">验收标准：槽楔备件检查标准，即合格证完整，制造厂名、规格型号、标准代号、包装日期、检验人等准确清晰，包装完好、无破损；槽楔表面应平正光滑，无裸露纤维，无气泡、杂质，端部无开裂和变色痕迹，内部无分层裂纹</td></tr>
<tr><td rowspan="2">3</td><td>聚四氟乙烯水管</td><td>5Б С.462.097-02\03</td><td>根</td><td>各10</td><td>□</td></tr>
<tr><td colspan="5">验收标准：聚四氟水管备件检查标准，即合格证完整，制造厂名、规格型号、标准代号、包装日期、检验人等准确清晰；水管表面应光洁，无变形、裂纹、划伤等现象；管接头、锁紧螺帽、压接处无损伤、划伤，螺扣无损伤，经1.0MPa的水压试验合格，全部水压试验完毕后进行30kV持续1min的交流耐压试验，应无闪络现象</td></tr>
<tr><td rowspan="2">4</td><td>发电机电刷</td><td>NCC634</td><td>块</td><td>100</td><td>□</td></tr>
<tr><td colspan="5">验收标准：电刷备件检查标准，即合格证完整，制造厂名、规格型号、标准代号、包装日期、检验人等准确清晰，包装完好、无破损；电刷外形尺寸符合标准；刷辫、铆钉固定牢靠，电刷表面无裂纹</td></tr>
<tr><td rowspan="2">5</td><td>恒压簧</td><td>YH119</td><td>套</td><td>50</td><td>□</td></tr>
<tr><td colspan="5">验收标准：恒压簧备件检查标准，即合格证完整，制造厂名、规格型号、标准代号、包装日期、检验人等准确清晰表面光洁，卷簧无裂纹，无腐蚀变形</td></tr>
</table>

<table>
<tr><td colspan="2">四、检修工序卡</td></tr>
<tr><td>检修工序步骤及内容</td><td>安全、质量标准</td></tr>
<tr><td>1　排氢置换

□1.1　联系运行降氢压，氢气置换
危险源：氢气

安全鉴证点 | 1-S1 |</td><td>关键工序提示：氢气置换时严格执行《发电机检修排氢置换操作卡》，氢气置换完毕，测量发电机壳体内氢纯度前对发电机本体、氢冷器、干燥器等部位死角进行排污3min以上，并保持机内压力为0.02～0.05MPa，避免氢气置换不彻底可能导致的爆炸事故。
□A1.1　检测氢气浓度合格（不大于0.3%）。
1.1　执行《发电机检修排氢置换操作卡》</td></tr>
<tr><td>2　吊化妆板
□2.1　联系机务吊化妆板
危险源：化妆板

安全鉴证点 | 2-S1 |</td><td>□A2.1（a）　严禁吊物上站人或放有活动的物体。
□A2.1（b）　严禁吊物从人的头上越过或停留。
□A2.1（c）　起吊重物不准让其长期悬在空中。
□A2.1（d）　有重物暂时悬在空中时，严禁驾驶人员离开驾驶室或做其他工作。
□A2.1（e）　工作负荷不准超过铭牌规定，禁止工作人员利用吊钩载人。
□A2.1（f）　安排专人在行车顶部监护，发现行车溜钩立即紧固抱闸；电气设备发生故障时，必须先断开电源，然后才可进行修理。
2.1　将化妆板内照明灯电缆解开，将化妆板吊到检修定置图指定位置（可在排氢前进行，不可与排氢同时进行）</td></tr>
</table>

续表

<table>
<tr><th>检修工序步骤及内容</th><th>安全、质量标准</th></tr>
<tr><td>3 断开中性点、引线（如试验需要可在排氢前进行）
□3.1 发电机中性点连板拆除。用手锤和小錾子将连板紧固螺栓锁片打平，用 24mm 梅花扳手（或呆扳手）将 148 条（M20×80mm）紧固螺栓及锁片拆下

危险源：20kV 交流电、电动扳手、移动式电源盘

安全鉴证点 | 3-S1 |

3.2 打开封母外壳，断开引线发电机</td><td>□A3.1（a） 工作前必须进行验电，拆除软连接后铜排三相应短路接地。
□A3.1（b） 不准手提电动扳手的导线或转动部分。
正确佩戴防护面罩；使用金属外壳电动工具必须戴绝缘手套；在高处作业时，电动扳手必须系好安全绳；对电动扳手进行调整或更换附件、备件之前，必须切断电源（用电池的，也要断开连接）；工作中，离开工作场所、暂停作业以及遇临时停电时，须立即切断电动扳手电源。
□A3.1（c） 工作中，离开工作场所、暂停作业以及遇临时停电时，须立即切断电源盘电源。
3.1 拆前应使用塞尺对引线的连接情况进行测量并记录。各连板做好对应标记；将拆下的连板、螺栓、垫片登记核实数量，保存好；连板应无裂纹、过热，垫片应无断裂。
3.2 引线螺栓、垫片无过热、变形；软连接无过热、断裂，导电连接杆光滑无氧化过热；试验时要严格按照试验要求进行</td></tr>
<tr><td>4 修前试验
危险源：试验电压

安全鉴证点 | 4-S1 |</td><td>□A4（a） 高压试验工作不得少于两人，试验负责人应由有经验的人员担任，开始试验前，试验负责人应向全体试验人员详细布置试验中的安全注意事项，交代邻近间隔的带电部位，以及其他安全注意事项。
□A4（b） 试验现场应装设遮栏或围栏，遮栏或围栏与试验设备高压部分应有足够的安全距离，向外悬挂“止步，高压危险”的标示牌，并派人看守。被试设备两端不在同一地点时，另一端还应派人看守。
□A4（c） 变更接线或试验结束时，应首先断开试验电源，并将升压设备的高压部分放电、短路接地。
□A4（d） 试验时，通知所有人员离开被试设备，并取得试验负责人许可，方可加压，加压过程中应有人监护并呼唱。
□A4（e） 试验结束时，试验人员应拆除自装的接地短路线，并对被试设备进行检查，恢复试验前的状态，经试验负责人复查后，进行现场清理
□A4（f） 测量人员和绝缘电阻表安放位置，应选择适当，保持安全距离，以免绝缘电阻表引线或引线支持物触碰带电部分。
□A4（g） 移动引线时，应注意监护，防止工作人员触电 。
□A4（h） 通知运行人员和有关人员，并派人到现场看守，检查二次回路及一次设备上确无人工作后，方可加压，试验结束将所试设备对地放电，释放残余电压。
□A4（i） 试验前确认试验电压标准，加压前必须认真检查试验结线，表计倍率、量程，调压器零位及仪表的开始状态，均正确无误。
□A4（j） 通知所有人员离开被试设备，并取得试验负责人许可，方可加压，加压过程中应有人监护并呼唱。
□A4（k） 高压试验工作不得少于两人，试验后确认短接线已拆除</td></tr>
<tr><td>5 发电机解体
□5.1 拆下与发电机连接的油管道和热工测温线、主机密封瓦等
□5.2 测量两侧导风圈与风扇间隙

□5.3 拆卸励侧端盖
危险源：手拉葫芦

安全鉴证 | 5-S1 |

□5.3.1 将上下端盖结合面紧固螺栓定位销钉进行编号
□5.3.2 用 65mm 锤击扳手和大锤将紧固螺栓拆下，用 55mm 锤击扳手和大锤将定位销钉拆下
□5.3.3 用 55mm 锤击扳手和大锤将上下端盖紧固螺栓 62</td><td>5.1 机械人员执行机械标准。

5.2 两侧上端盖拆除后进行补充测量。每点测量 3 次，取平均值并详细记录。
□A5.3 悬挂链式起重机的架梁或建筑物，必须经过计算，否则不准悬挂；禁止用链式起重机长时间悬吊重物。工作负荷不准超过铭牌规定。

□5.3.1 详细记录销钉螺栓对应位置。

□A5.3.3 锤把上不可有油污；严禁单手抡大锤；使用大锤时，周围不得有人靠近；严禁戴手套抡大锤。</td></tr>
</table>

续表

检修工序步骤及内容	安全、质量标准
条中54条全部拆下，将3条紧固螺栓拧入上端盖顶丝眼内，将上端盖顶出20～25 mm 危险源：大锤、手锤 安全鉴证点　6-S1	5.3.3　上端盖顶出尺寸为20～25mm，顶出过程中应注意间隙均匀。
□5.3.4　将上端盖吊到指定检修现场 危险源：端盖 安全鉴证点　7-S1	□A5.3.4　严禁吊物上站人或放有活动的物体；严禁吊物从人的头上越过或停留；起吊重物不准让其长期悬在空中，有重物暂时悬在空中时，不准驾驶人员离开驾驶室或做其他工作；吊装作业现场必须设警戒区域，设专人监护；大型物件的放置地点必须为荷重区域（如发电机转子必须放置在发电机底座范围内、汽轮机转子必须放置在平台下方设有钢梁的位置上）；不准将重物放置在孔、洞的盖板或非支撑平面上面；应事先选好地点，放好方木等衬垫物品。 5.3.4　端盖应水平放置。风挡侧朝上。
□5.3.5　将3条紧固螺栓拧入下端盖顶丝眼内，将下端盖顶出20～25mm	5.3.5　下端盖顶出20～25mm，顶出过程中应注意间隙均匀。
□5.3.6　将专用假端盖放到原上端盖位置上，用两条螺栓与下端盖固定好，安装假端盖时要在假端盖与下端盖两侧结合面处垫加2mm厚不锈钢垫片后锁紧，以防止端盖在翻转过程中与风扇间隙过小磨损风扇铝风挡	5.3.6　两端盖水平结合面处纵面轴向差值不应大于3mm。
□5.3.7　按发电机端罩密封面圆周上的专用螺孔将8只专用小轮安装好	5.3.7　小轮的固定螺栓不应弯曲，应拧紧，小轮窄面朝向发电机端罩。
□5.3.8　拆下上下端盖结合面下部4条螺栓	5.3.8　检查发电机下端盖应落在下部4个小轮槽内，假端盖外边缘应在上部4个小轮槽内
□5.3.9　用行车与手拉葫芦配合将发电机下盖翻到上盖位置。用发电机端盖螺栓将假端盖固定好 危险源：行车、端盖 安全鉴证点　8-S1	□A5.3.9（a）　起重机械只限于熟悉使用方法并经有关机构业务培训考试合格、取得操作资格证的人员操作行车司机在工作中应始终随时注意指挥人员信号，不准同时进行与行车操作无关的其他工作；起重工作应有统一的信号，起重机操作人员应根据指挥人员的信号（红白旗、口哨、左右手）来进行操作；操作人员看不见信号时不准操作起吊重物稍一离地（或支持物），就须再检查悬吊及捆绑情况，认为可靠后方准继续起吊。在起吊过程中如发现绳扣不良或重物有倾倒危险，应立即停止起吊；起重物品必须绑牢，吊钩应挂在物品的重心上，吊钩钢丝绳应保持垂直。禁止使吊钩斜着拖吊重物。 □A5.3.9（b）　严禁吊物上站人或放有活动的物体；严禁吊物从人的头上越过或停留；起吊重物不准让其长期悬在空中；有重物暂时悬在空中时，严禁驾驶人员离开驾驶室或做其他工作；工作负荷不准超过铭牌规定。禁止工作人员利用吊钩载人；安排专人在行车顶部监护，发现行车溜钩立即紧固抱闸；电气设备发生故障时，必须先断开电源，然后才可进行修理。 5.3.9　防止因端盖本身重量引起的突然翻转，工作过程应缓慢进行。
□5.3.10　将吊端盖专用工具安装好，拆下下端盖与假端盖结合面间2条固定螺栓。起吊端盖2～3mm，左右两侧专人用撬棍将端盖撬出 危险源：吊具 安全鉴证点　9-S1	□A5.3.10　不准将不同物质的材料捆绑在一起进行起吊；不准将长短不同的材料捆绑在一起进行起吊；工作起吊时严禁歪斜拽吊起重工具的工作负荷，不准超过铭牌规定；禁止工作人员利用吊钩来上升或下降；起重机在起吊大的或不规则的构件时，应在构件上系以牢固的拉绳，使其不摇摆不旋转；选择牢固可靠、满足载荷的吊点；起重物品必须绑牢，吊钩要挂在物品的重心上，吊钩钢丝绳应保持垂直；起重吊物之前，必须清楚物件的实际重量，不准起吊不明物和埋在地下的物件；当重物无固定死点时，必须按规定选择吊点并捆绑牢固，使重物在吊运过程中保持平衡和吊点不发生移动；工件或吊物起吊时必须捆绑牢靠；吊拉时两根钢丝绳之间的夹角一般不得大于90°；使用单吊索起吊重物挂钩时应打“挂钩结”；使用吊环时螺栓必须拧到底。使用卸扣时，吊索与其连接的一个索扣必须扣在销轴上，另一个索扣必须扣在扣顶上，不准两个索扣分别扣在卸扣的扣体两侧上；吊拉捆绑时，重物或设备构件的锐边快口处必须加装衬垫物。确保平稳牢固

续表

检修工序步骤及内容	安全、质量标准
□5.3.11　将下端盖吊到指定检修现场 □5.4　按以上步骤将汽侧端盖拆下 □5.5　拆除汽、励两侧气隙风挡 □5.5.1　测量气隙风挡与转子护环间隙 □5.5.2　拆卸气隙风挡。将两侧气隙风挡各段分别进行编号、登记 □5.5.3　使用270mm尖嘴钳将气隙风挡锁固用的24个销钉拆除。使用19mm套筒扳手将气隙风挡锁固用的24个M12螺母拆除，并取下24个无磁垫片。过程中严防螺栓、垫片、销钉丢失 □5.5.4　拆下6段短环间6段连板，取下短环间梯形撑块，拆下短环 □5.5.5　抽转子 危险源：发电机转子 安全鉴证点　1-S3	5.3.10　撬出端盖过程中，注意行车的配合和间隙的均匀。 5.3.11　端盖应水平放置，风挡侧朝上。 5.4　标准同拆励侧端盖。 5.5　拆卸前做好标记。 5.5.1　每侧选取水平垂直4点位置进行测量，每点测量3次，取平均值。 5.5.3　防止销钉螺母和垫片丢失或掉入发电机定子膛内，拆下的销钉螺母垫片核对数目应无误，并妥善保存。 5.5.4　拆卸过程中注意不要损伤风挡环。 □A5.5.5　严禁吊物上站人或放有活动的物体；严禁吊物从人的头上越过或停留；起吊重物不准让其长期悬在空中；有重物暂时悬在空中时，严禁驾驶人员离开驾驶室或做其他工作；工作负荷不准超过铭牌规定。禁止工作人员利用吊钩载人；安排专人在行车顶部监护，发现行车溜钩立即紧固抱闸；电气设备发生故障时，必须先断开电源，然后才可进行修理
6　发电机定子检修（此工序可与7、8检修工序同步进行） □6.1　发电机定子底部积油清理 危险源：清洁剂、电吹风、行灯、压力水 安全鉴证点　10-S1 □6.2　发电机定子槽楔检查（内窥镜） 质检点　1-W2 □6.3　发电机定子背部铁芯检查 质检点　2-W2 □6.4　发电机定子线圈检查 质检点　3-W2 □6.5　发电机端部固定及引线固定检查。登踏位置不要造成设备损伤（内窥镜配合）	关键工序提示：为防止发电机内遗留金属异物，应建立严格的现场管理制度，防止锯条、螺钉、螺母、工具等金属杂物遗留在定子内部。工作中，特别应对背部端部线圈的夹缝、上下渐伸线之间位置做详细检查。 □A6.1（a）　使用含有抗菌成分的清洁剂时，戴上手套，避免灼伤皮肤；使用时打开窗户或打开风扇通风，避免过多吸入化学微粒，戴防护口罩；高压灌装清洁剂远离明火、高温热源。 □A6.1（b）　不准手提电吹风的导线或转动部分；电吹风不要连续使用时间太久，应间隙断续使用，以免电热元件和电机过热而烧坏。 □A6.1（c）　每次使用后，应立即拔断电源，待冷却后，存放于通风良好、干燥，远离阳光照射的地方。 □A6.1（d）　行灯电源线不准与其他线路缠绕在一起，行灯暂时或长时间不用时，应断开行灯变压器电源。 □A6.1（e）　水压试验时检修人员撤离工作区域，并做好隔离，在隔离带悬挂“禁止入内”标示牌。 6.1　人员做好防护，防止油污染，抹布不能遗留在发电机内部，积油清理彻底、干净。 6.2　槽楔无变色、裂纹、松动和损坏现象，端楔绑扎紧固，楔下垫条与线棒无磨损。 6.3　打开定子内部东、西两侧风区隔板，对发电机背部铁芯支撑筋固定情况进行重点检查，支撑筋应无断裂、开焊。铁芯风路应畅通无堵塞，风区隔板固定螺栓应紧固无松动。用内窥镜对发电机端部和边段铁芯进行检查，若发现有松动、磨损、黑油泥等异常情况，应进行处理。 6.4　定子线圈各部位要清洁，漆膜光亮完整。绝缘无损伤、空响、变色、爬电现象。线圈无磨损，线圈夹缝无异物。 6.5　引线固定良好。线棒与槽口处槽衬无摩擦（黑泥）现象，无半导体垫条松动、位移，甩出现象。端部压板紧固良好、螺栓无松脱现象。槽口风挡板和槽口块无松动，与线棒无摩擦现象。绝缘盒无变色、裂纹、空响，两半盒间间隙封堵良好。对汽、励两侧端部做重点检查，端部支架应紧固，无松动、磨损现象，各绝缘环、撑块和绑线无磨损，环氧泥填充应良好，绑线应无磨损。对有环氧泥磨出的部位查明原因并处理。对发电机环形（端部）接线、过渡引线、鼻部手包绝缘、引水管接头等处进行检查。

续表

检修工序步骤及内容	安全、质量标准
1—外撑环；2—内撑环；3—铁芯压圈；4—铁支架；5—环氧支架；6—平行四边形撑块压板；7—压板；8—上线棒；9—下线棒 端部线棒 质检点 | 4-W2 |	对定子绕组端部进行电位外移试验及振动模态试验和引线固有振动频率测试，发现问题及时采取针对性的改进措施。检修时对定子绕组端部紧固件的磨损、紧固情况以及定子铁芯边缘矽钢片有无断裂等进行检查，防止定子绕组端部松动引起相间短路。
□6.6　发电机测温元件检查 □6.7　发电机聚四氟乙烯水管检查 质检点 | 5-W2 |	6.6　测温线固定良好，测温元件校验合格。 6.7　聚四氟乙烯引水管应无变形、变色、磨损。
□6.8　发电机出线瓷套管检查 质检点 | 6-W2 |	6.8　瓷套管检查应光洁无裂纹。密封可靠。出线与引线连接处手包绝缘应无浸油、松动、爬电、变色和损伤现象。
□6.9　定子壳体内紧固螺栓检查，主要包括两侧铁支架固定螺栓、汇水环固定螺栓、两侧铁支架与环氧支架间限位螺栓、压板两端紧固螺栓、引线固定螺栓，风区隔板固定螺栓及其余机壳内所有固定螺栓	6.9　螺栓、螺母紧固无脱扣现象，垫片锁固良好，能有效防止螺栓松动脱落。压板与内撑环固定螺栓锁固良好，应防止螺栓从内撑环内脱落。
□6.10　发电机进出水波纹管检查 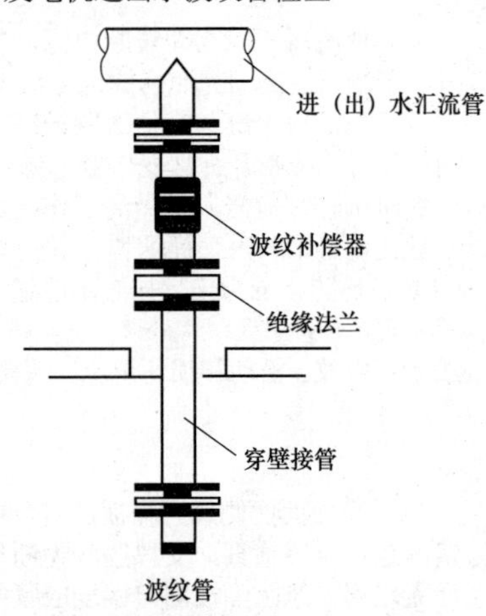 波纹管	6.10　金属软管内外表面不允许有剥层、气泡、夹杂、氧化、锈斑、裂纹、尖角，也不允许有深度大于壁厚的压痕和划伤，水压试验时重点检查。波纹补偿器绝缘法兰应无变形和裂纹。绝缘接地线绝缘良好。管路焊口无开焊现象。汇水环绝缘不低于 5MΩ/2500V。所有密封垫均应为聚四氟乙烯垫。
□6.11　定子氢管道检查清理 对发电机氢系统、水系统、监测系统的管路法兰、阀门，氢干燥器内部管路法兰、阀门等的密封垫检查 质检点 | 7-W2 |	6.11.1　管道无锈蚀、堵塞。氢门、管道应无泄漏。所有法兰密封垫压缩均匀，无老化现象。
□6.12　发电机内部清理，清理端盖密封结合面时不得用利器，以免划伤结合面 □6.13　发电机定子流量检查，试验 对流量小怀疑有堵塞的水管要进行原因分析，必要时拆开进行分支路水锤试验。试验时，水压为 $3kg/cm^2$，流量为发电机定子水额定流量	6.11.2　在接近发电机本体氢管道部位取下 1～2 个弯头，检查磨损量，同时测量一下金属组织是否发生变化。焊接管道前管道内、外部打磨平正无毛刺、漆皮、锈斑、油迹，并用压缩空气吹扫 2～3 遍。无缝钢管管口打磨成 45°坡口，进行焊接时，焊缝要添满，以保证焊接强度。焊口平滑无裂纹，由专业焊工进行焊接，氩弧焊打底，电焊补强。严格执行焊接工艺规程。焊接完毕后，全部焊口经金相试验检测应合格。

续表

检修工序步骤及内容	安全、质量标准
□6.14 定冷水系统水压试验 将1MPa 0.5等级的压力表安装到发电机汽侧上部水汽分离器法兰处，排尽空气后，对定冷水系统施加0.5MPa的水压，维持8h，每小时记录一次水压值，发现压力明显下降时及时进行查找 质检点 | 1-H3 |	6.11.3 检查与发电机管座连接的角焊缝，从管道内部用手电或手摸的方法检查内部焊缝完好，无裂纹。 6.12 发电机内部先用吸尘器清理，再用白面将残渣黏净。各部应清洁无异物。 6.13 测量每根水管的流量并纪录。最小值大于平均值×0.85。 6.14 发电机定冷水系统注水升压至0.5MPa后与系统明显断开，检查阀门是否存在内漏，包括下部放水阀门。重点对汽侧引水管和励侧引线水管的接头及壳体内外波纹管的法兰、管壁焊口是否存在渗点进行重点检查，无渗漏后静止1h开始计时
7 发电机转子检修（此工序可与6、8检修工序同步进行） □7.1 使用内窥镜对定转子间隙情况和转子情况进行检查，对转子绕组做RSO匝间短路测试试验 □7.2 转子中心环、通风孔检查 □7.3 发电机电刷装置、滑环检查 危险源：清洁剂、电吹风、行灯、风压 安全鉴证点 | 11-S1 | 质检点 | 8-W2 | □7.4 发电机滑环抛光	7.1 主要检查转子螺栓等部件无松动、脱落。护环和锁母无裂纹、变形、过热。 □A7.2（a） 使用含有抗菌成分的清洁剂时，戴上手套，避免灼伤皮肤；使用时打开窗户或打开风扇通风，避免过多吸入化学微粒，戴防护口罩；高压灌装清洁剂远离明火、高温热源。 □A7.2（b） 不准手提电吹风的导线或转动部分；电吹风不要连续使用时间太久，应间隙断续使用，以免电热元件和电机过热而烧坏；每次使用后，应立即拔断电源，待冷却后，存放于通风良好、干燥，远离阳光照射的地方。 □A7.2（c） 行灯电源线不准与其他线路缠绕在一起，行灯暂时或长时间不用时，应断开行灯变压器电源。 □A7.2（d） 风压试验时检修人员撤离工作区域，并做好隔离，在隔离带悬挂“禁止入内”标示牌。 7.2 平衡块紧固，无松动，外观漆膜良好，转子通风孔内无一物。气密性螺栓自锁完好。 7.3 发电机电刷装置清扫、检查、调整，对失效的恒压簧进行更换。用1000V绝缘电阻表测绝缘螺栓的绝缘电阻。电刷装置各部应完好，无损伤。详细检查刷架连接绝缘螺栓，对绝缘低于200MΩ的绝缘螺栓进行处理。（测量绝缘前联系电气二次解开测量回路仪表）电刷与刷握间隙（0.1～0.2mm），且无卡塞。电刷长度不小于全长的1/3。压力均匀，大小应为830g±50g。刷架、刷握对地绝缘大于1.0MΩ/1000V绝缘电阻表。电刷与滑环接触面积大于80%。 7.4 发电机滑环抛光，用抛光机使用细羊毛轮对发电机滑环进行抛光
8 发电机其他部件检修（此工序可与6、7检修工序同步进行） □8.1 发电机端盖清理检查 危险源：清洁剂、电吹风、行灯、压力水、脚手架 安全鉴证点 | 12-S1 |	□A8.1（a） 使用含有抗菌成分的清洁剂时，戴上手套，避免灼伤皮肤；使用时打开窗户或打开风扇通风，避免过多吸入化学微粒，戴防护口罩；高压灌装清洁剂远离明火、高温热源。 □A8.1（b） 不准手提电吹风的导线或转动部分。电吹风不要连续使用时间太久，应间隙断续使用，以免电热元件和电机过热而烧坏。 □A8.1（c） 每次使用后，应立即拔断电源，待冷却后，存放于通风良好、干燥，远离阳光照射的地方。 □A8.1（d） 行灯电源线不准与其他线路缠绕在一起。行灯暂时或长时间不用时，应断开行灯变压器电源。 □A8.1（e） 水压试验时检修人员撤离工作区域，并做好隔离，在隔离带悬挂“禁止入内”标示牌。 □A8.1（f） 在高处作业区域周围设置明显的围栏，悬挂安全警示标示牌，并设置专人监护，必要时在作业区内搭设防

续表

检修工序步骤及内容	安全、质量标准
	护栅，不准无关人员入内或在工作地点下方行走和停留；在靠近人行通道处使用脚手架时，脚手架下方周围必须装设防护围栏并悬挂安全警示的标示牌；从事高处作业的人员必须身体健康；患有精神病、癫痫病以及经医师鉴定患有高血压、心脏病等不宜从事高处作业病症的人员，不准参加高处作业；凡发现工作人员精神不振时，禁止登高作业；上下脚手架应走人行通道或梯子，不准攀登架体；不准站在脚手架的探头上作业；不准在架子上退着行走或跨坐在防护横杆上休息；脚手架上作业时不准蹬在木桶、木箱、砖及其他建筑材料上；工作过程中，不准随意改变脚手架的结构，必要时，必须经过搭设脚手架的技术负责人同意，并再次验收合格后方可使用。 8.1　风扇挡板无损伤、裂纹。各部螺栓紧固，焊接部位不开焊，销钉固定良好。用1000V绝缘电阻表测量风挡板之间，风挡板与端盖之间绝缘不低于1.0MΩ。 □A8.2　严禁吊物上站人或放有活动的物体；严禁吊物从人的头上越过或停留；起吊重物不准让其长期悬在空中，有重物暂时悬在空中时，不准驾驶人员离开驾驶室或做其他工作。吊装作业现场必须设警戒区域，设专人监护大型物件的放置地点必须为荷重区域；不准将重物放置在孔、洞的盖板或非支撑平面上面；应事先选好地点，放好方木等衬垫物品，确保平稳牢固。
□8.2　氢冷器冷却管疏通 危险源：氢冷器端盖 安全鉴证点 | 13-S1 | □8.3　发电机干燥器检查（包含容易碰磨的小管检查）	8.2　分别打开氢冷器上部水室盖，用高压喷枪逐一疏通氢冷器冷却管，疏通完毕用清水将每根冷却管内的淤泥冲洗干净。按照原记号回装上水室盖，用手拉葫芦缓慢将其落下，防止水室密封皮垫损坏，对角均匀紧固密封螺栓后。检查冷却器水管密封垫压实无间隙。 8.3　两台氢气干燥器密封检查，氢系统、管道密封垫无老化、脆裂，管道无碰磨。氢气干燥器储液罐、换热罐管道连接部位无生锈和裂纹，启动氢气干燥器运转正常。氢气干燥器控制回路紧线，螺栓无松动，引线无过热。压缩空气管路无磨损，压力显示正常
9　发电机回装前对定转子检查结果及回装准备工作和电气试验结果进行验收 □9.1　检修工具和零部件完好无缺。电气试验合格，各部检查验收合格，检修记录齐全 质检点 | 2-H3 |	9.1　检修工具和零部件完好无缺。电气试验合格，各部检查验收合格，检修记录齐全，质量验收单填写完整
10　发电机附件回装 危险源：手拉葫芦、行车、端盖、大锤、手锤、吊具 安全鉴证点 | 14-S1 |	□A10（a）悬挂链式起重机的架梁或建筑物，必须经过计算，否则不准悬挂；禁止用链式起重机长时间悬吊重物；工作负荷不准超过铭牌规定。 □A10（b）锤把上不可有油污；严禁单手抡大锤。使用大锤时，周围不得有人靠近；严禁戴手套抡大锤。 □A10（c）不准将不同物质的材料捆绑在一起进行起吊。不准将长短不同的材料捆绑在一起进行起吊；工作起吊时严禁歪斜拽吊。起重工具的工作负荷，不准超过铭牌规定；禁止工作人员利用吊钩来上升或下降。起重机在起吊大的或不规则的构件时，应在构件上系以牢固的拉绳，使其不摇摆不旋转；选择牢固可靠、满足载荷的吊点。起重物品必须绑牢，吊钩要挂在物品的重心上，吊钩钢丝绳应保持垂直；起重吊物之前，必须清楚物件的实际重量，不准起吊不明物和埋在地下的物件。当重物无固定死点时，必须按规定选择吊点并捆绑牢固，使重物在吊运过程中保持平衡和吊点不发生移动工件或吊物起吊时必须捆绑牢靠。吊拉时两根钢丝绳之间的夹角一般不得大于90°；使用单吊索起吊重物挂钩时应打“挂钩结”；使用吊环时螺栓必须拧到底；使用卸扣时，吊索与其连接的一个索扣必须扣在销轴上，另一个索扣必须扣在扣顶上，不准两个索扣分别扣在卸扣的扣体两侧上。吊拉捆绑时，重物或设备构件的锐边快口处必须加装衬垫物。

续表

<table>
<tr><th>检修工序步骤及内容</th><th>安全、质量标准</th></tr>
<tr><td></td><td>□A10（d） 严禁吊物上站人或放有活动的物体；严禁吊物从人的头上越过或停留；起吊重物不准让其长期悬在空中，有重物暂时悬在空中时，不准驾驶人员离开驾驶室或做其他工作；吊装作业现场必须设警戒区域，设专人监护大型物件的放置地点必须为荷重区域；不准将重物放置在孔、洞的盖板或非支撑平面上面；应事先选好地点，放好方木等衬垫物品，确保平稳牢固。
□A10（e） 起重机械只限于熟悉使用方法并经有关机构业务培训考试合格、取得操作资格证的人员操作行车司机在工作中应始终随时注意指挥人员信号，不准同时进行与行车操作无关的其他工作；起重工作应有统一的信号，起重机操作人员应根据指挥人员的信号（红白旗、口哨、左右手）来进行操作；操作人员看不见信号时不准操作起吊重物稍一离地（或支持物），就须再检查悬吊及捆绑情况，认为可靠后方准继续起吊；在起吊过程中如发现绳扣不良或重物有倾倒危险，应立即停止起吊；起重物品必须绑牢，吊钩应挂在物品的重心上，吊钩钢丝绳应保持垂直；禁止使吊钩斜着拖吊重物。
□A10（f） 起吊重物不准让其长期悬在空中；有重物暂时悬在空中时，严禁驾驶人员离开驾驶室或做其他工作；工作负荷不准超过铭牌规定；禁止工作人员利用吊钩载人。安排专人在行车顶部监护，发现行车溜钩立即紧固抱闸；电气设备发生故障时，必须先断开电源，然后才可进行修理。</td></tr>
<tr><td>□10.1 安装两侧气隙风挡，测间隙。安装过程中作好防止螺栓、垫片、销钉丢失措施<table><tr><td>质检点</td><td>9-W2</td><td></td></tr></table></td><td>10.1 螺栓、垫片、销钉齐全、无遗失；间隙值为 7mm±1mm；风挡安装牢固。</td></tr>
<tr><td>□10.2 更换发电机密封胶条。黏胶条前 24h 检查端罩水平接合面上下端罩之间的胶条是否凸出凹槽 2～3mm，否则应进行修复，用新胶条填充好后用1587密封胶在其两侧修成45°平面，便于端盖胶条与其压接良好。将胶条使用 801 密封胶牢固黏接在端罩圆周胶条槽内，胶条两侧应尽量避免使用橡胶块塞紧固定，如胶条在特殊位置不好固定时可少量使用</td><td>10.2 胶条接口应错开水平结合面最小 500mm，接口为上下斜口对接，接口面在 30mm 左右。</td></tr>
<tr><td>□10.3 穿转子
危险源：发电机转子<table><tr><td>安全鉴证点</td><td>2-S3</td><td></td></tr></table></td><td>□A10.3 严禁吊物上站人或放有活动的物体；严禁吊物从人的头上越过或停留；起吊重物不准让其长期悬在空中；有重物暂时悬在空中时，严禁驾驶人员离开驾驶室或做其他工作；工作负荷不准超过铭牌规定。禁止工作人员利用吊钩载人；安排专人在行车顶部监护，发现行车溜钩立即紧固抱闸；电气设备发生故障时，必须先断开电源，然后才可进行修理。</td></tr>
<tr><td>□10.4 回装两侧端盖，测量导风圈和风扇间隙。翻转端盖过程中应注意安全，应与起重人员严密配合<table><tr><td>质检点</td><td>10-W2</td><td></td></tr></table></td><td>10.4 端盖螺栓应紧固均匀，用塞尺测量端盖与本体结合面间隙应均匀最大间隙应小于 0.10mm。回装完两侧下端盖后，测量、调整导风圈与风扇间隙为 2.5mm±1mm。</td></tr>
<tr><td>□10.5 回装密封瓦。电气室人员用 1000V 绝缘电阻表测密封瓦绝缘大于 0.5MΩ</td><td>10.5 机务人员执行机械标准。</td></tr>
<tr><td>□10.6 封发电机气隙隔板，人孔门。封人孔前，应对发电机内部详细检查，确认无遗留物品后，在进行封闭</td><td>10.6 气隙隔板螺栓齐全、紧固，无松动，垫片齐全；人孔螺栓紧固齐全无松动。</td></tr>
<tr><td>□10.7 接引线、回装封母筒。接引线后应仔细测量引线接板的紧固、配合情况。引线回装按拆时所做的标记进行。连板装之前已清理干净并涂抹导电膏，执行《电气设备接线工艺质量管控措施》
危险源：电动扳手、移动式电源盘<table><tr><td>安全鉴证点</td><td>15-S1</td><td></td></tr></table></td><td>□A10.7（a） 不准手提电动扳手的导线或转动部分；正确佩戴防护面罩；使用金属外壳电动工具必须戴绝缘手套；在高处作业时，电动扳手必须系好安全绳；对电动扳手进行调整或更换附件、备件之前，必须切断电源（用电池的，也要断开连接）；工作中，离开工作场所、暂停作业以及遇临时停电时，须立即切断电动扳手电源。
□A10.7（b） 工作中，离开工作场所、暂停作业以及遇临时停电时，须立即切断电源盘电源。
10.7 使用 0.05mm 塞尺应不能塞入，如间隙过大应查明原因并处理，如出现实在不能处理的应做好记录以便于下一次分析。引线连板螺栓应齐全、紧固、无松动。引线连板紧固、配合良好</td></tr>
</table>

续表

检修工序步骤及内容	安全、质量标准
11　气密性试验 质检点 3-H3 □11.1　检查密封瓦回装完毕，发电机人孔门已全部封闭。6.9m 排污门，干燥器排污门，氢气纯度、压力排污门，发电机零米排污门已关闭。检查压缩空气管路连接正常，压缩空气压力满足置换要求，且干燥罐内硅胶完好。缓慢打开压缩空气总门（开 1/3～1/2 圈），向机内充入压缩空气。监视置氢盘上发电机下部压力表压力，保持机内压力在 0.015～0.02MPa。联系运行人员投入密封油，运行人员调整压差阀、平衡阀平稳后开时升压。方法步骤标准详见《电气一次检修工艺规程》发电机定子气密性试验部分	11.1　第一阶段：查漏，压力 0.49MPa，查找漏点并消除。第二阶段：保持，压力 0.441MPa，保持 24h，温度不变时压力降小于 4.4kPa
12　充氢置换 □12.1　建立风压联系运行投密封油 危险源：氢气 安全鉴证点 16-S1	□A12.1　检测氢气浓度合格（≥99.7%）。 12.1　执行《发电机检修充氢置换操作卡》
13　工作结束，达到设备“四保持”标准，发电机投入运行 □13.1　设备外观及泄漏：文明卫生情况；氢系统管路、阀门；排污系统管路、阀门、视窗 危险源：施工废料 安全鉴证点 17-S1 □13.2　设备结构：设备铭牌、设备标示牌、防护罩壳、油漆、各部位螺栓、接地线 □13.3　应详细记录发电机的各项运行数据、参数，并与检修前数据相比较，从而及早查找原因并消除	□A13.1　废料及时清理，做到工完、料尽、场地清。 13.1　无积灰、无油污、无杂物、设备见本色；管路、阀门视窗无渗漏。 13.2　字迹清晰、齐全，牢固；无变形，完整；无脱落、无松动、变色。 13.3　各部温升正常。声音正常、无异声。振动值应符合相关标准。滑环和电刷装置运行正常，无打火现象

五、安全鉴证卡		
风险点鉴证点：1-S3　工序 5.5.5　发电机解体（抽转子） 检查情况：		
一级验收		年　月　日
二级验收		年　月　日
三级验收		年　月　日
风险点鉴证点：2-S3　工序 10.3　发电机附件回装（穿转子） 检查情况：		
一级验收		年　月　日
二级验收		年　月　日
三级验收		年　月　日

续表

<table>
<tr><td colspan="4">六、质量验收卡</td></tr>
<tr><td colspan="4">质检点：1-W2　工序 6.2　发电机定子槽楔检查
检查情况：</td></tr>
<tr><td>测量器具/编号</td><td colspan="3"></td></tr>
<tr><td>测量人</td><td></td><td>记录人</td><td></td></tr>
<tr><td>一级验收</td><td colspan="2"></td><td>年　月　日</td></tr>
<tr><td>二级验收</td><td colspan="2"></td><td>年　月　日</td></tr>
<tr><td colspan="4">质检点：2-W2　工序 6.3　发电机定子背部铁芯检查
检查情况：</td></tr>
<tr><td>测量器具/编号</td><td colspan="3"></td></tr>
<tr><td>测量人</td><td></td><td>记录人</td><td></td></tr>
<tr><td>一级验收</td><td colspan="2"></td><td>年　月　日</td></tr>
<tr><td>二级验收</td><td colspan="2"></td><td>年　月　日</td></tr>
<tr><td colspan="4">质检点：3-W2　工序 6.4　发电机定子线圈检查
检查情况：</td></tr>
<tr><td>测量器具/编号</td><td colspan="3"></td></tr>
<tr><td>测量人</td><td></td><td>记录人</td><td></td></tr>
<tr><td>一级验收</td><td colspan="2"></td><td>年　月　日</td></tr>
<tr><td>二级验收</td><td colspan="2"></td><td>年　月　日</td></tr>
<tr><td colspan="4">质检点：4-W2　工序 6.5　发电机端部固定及引线固定检查
检查情况：</td></tr>
</table>

续表

测量器具/编号			
测量人		记录人	
一级验收			年　月　日
二级验收			年　月　日

质检点：5-W2　工序 6.7　发电机聚四氟乙烯水管检查
检查情况：

测量器具/编号			
测量人		记录人	
一级验收			年　月　日
二级验收			年　月　日

质检点：6-W2　工序 6.8　发电机出线瓷套管检查
检查情况：

测量器具/编号			
测量人		记录人	
一级验收			年　月　日
二级验收			年　月　日

质检点：7-W2　工序 6.11　发电机定子氢管道检查清理
检查情况：

测量器具/编号			
负责人		记录人	
一级验收			年　月　日
二级验收			年　月　日

质检点：1-H3　工序 6.14　定冷水系统水压试验

排尽空气后，对定冷水系统施加 0.5MPa 的水压，维持 8h，水压试验过程中，要求压力表无明显压降，并手摸焊缝接头及法兰连接处无渗漏现象。若由于环境温差影响引起表压波动，而不能准确判断时，则可延长试验时间至表压稳定

时间	环境温度（℃）	压力表（MPa）	记录人

续表

时间	环境温度（℃）	压力表（MPa）	记录人
试验结果分析：			
测量器具/编号			
负责人			
一级验收			年 月 日
二级验收			年 月 日
三级验收			年 月 日

质检点：8-W2　工序 7.3　发电机电刷装置、滑环检查
检查情况：

测量器具/编号			
测量人		记录人	
一级验收			年 月 日
二级验收			年 月 日

质检点：2-H3　工序 9.1　发电机回装前对定转子检查结果及回装准备工作和电气试验结果进行验收
检查情况：

续表

测量器具/编号			
负责人		记录人	
一级验收			年　月　日
二级验收			年　月　日
三级验收			年　月　日

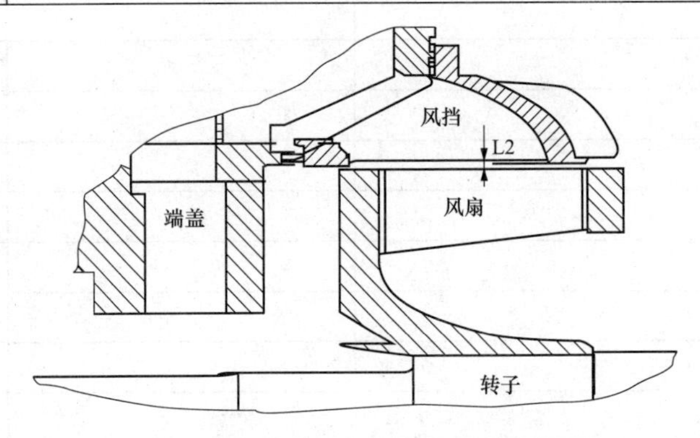

附图 1　导风圈和风扇间隙

质检点：10-W2　工序 10.3　回装两侧端盖，测量导风圈和风扇间隙（见附图 1 所示位置）

测量位置		解体前实测值	回装后测量值
L2	励侧左侧		
	励侧右侧		
	汽侧左侧		
	汽侧右侧		

检查情况：

测量器具/编号			
测量人		记录人	
一级验收			年　月　日
二级验收			年　月　日

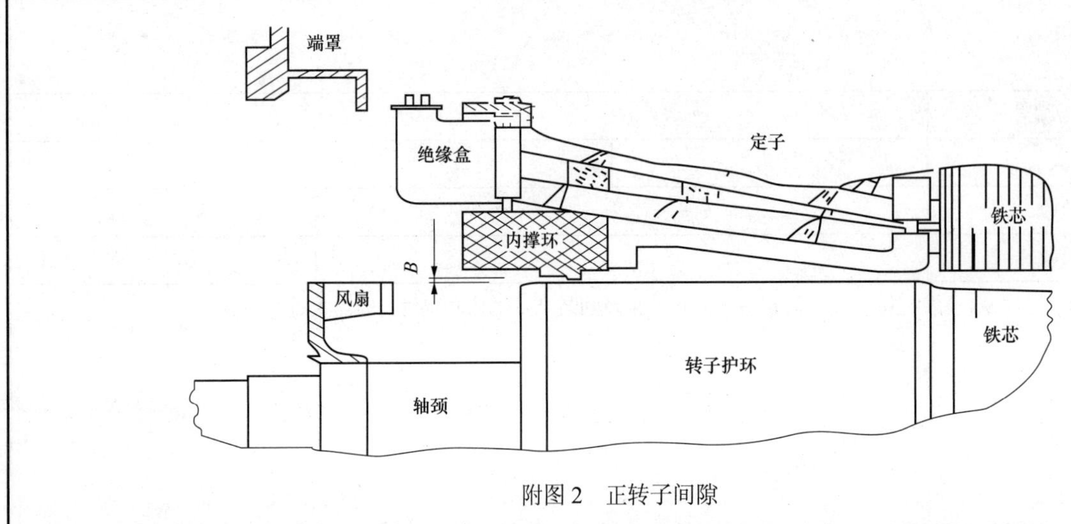

附图 2　正转子间隙

续表

质检点：9-W2 工序 10.1 安装两侧气隙风挡，测间隙（见附图 2 所示位置）

测量位置	励侧上侧	励侧下侧	励侧左侧	励侧右侧
解体前实测值				
回装后测量值				
测量位置	汽侧上侧	汽侧下侧	汽侧左侧	汽侧右侧
解体前实测值				
回装后测量值				

检查情况：

测量器具/编号			
测量人		记录人	
一级验收			年 月 日
二级验收			年 月 日

质检点：3-H3 工序 11 气密性试验

压力 0.441MPa，保持 24h，在初始温度不变的情况下压力降小于 4.4kPa

时间	环境温度（℃）	计算机温度（℃）	就地表压（kPa）	计算机表压（kPa）	备注
压差变化率			试验结果（合格/不合格）		

续表

测量器具/编号		
负责人		记录人	
一级验收		年　月　日
二级验收		年　月　日
三级验收		年　月　日

七、完工验收卡

序号	检查内容	标　准	检查结果
1	安全措施恢复情况	1.1 检修工作全部结束 1.2 整改项目验收合格 1.3 检修脚手架拆除完毕 1.4 孔洞、坑道等盖板恢复 1.5 临时拆除的防护栏恢复 1.6 安全围栏、标示牌等撤离现场 1.7 安全措施和隔离措施具备恢复条件 1.8 工作票具备押回条件	□ □ □ □ □ □ □ □
2	设备自身状况	2.1 设备与系统全面连接 2.2 设备各人孔、开口部分密封良好 2.3 设备标示牌齐全 2.4 设备油漆完整 2.5 设备管道色环清晰准确 2.6 阀门手轮齐全 2.7 设备保温恢复完毕	□ □ □ □ □ □ □
3	设备环境状况	3.1 检修整体工作结束，人员撤出 3.2 检修剩余备件材料清理出现场 3.3 检修现场废弃物清理完毕 3.4 检修用辅助设施拆除结束 3.5 临时电源、水源、气源、照明等拆除完毕 3.6 工器具及工具箱运出现场 3.7 地面铺垫材料运出现场 3.8 检修现场卫生整洁	□ □ □ □ □ □ □ □
一级验收		二级验收	

八、完工报告单

工期	年　月　日　至　年　月　日			实际完成工日	工日
主要材料备件消耗统计	序号	名称	规格与型号	生产厂家	消耗数量
	1				
	2				
	3				
	4				
	5				
缺陷处理情况	序号	缺陷内容		处理情况	
	1				
	2				
	3				
	4				

续表

异动情况			
让步接受情况			
遗留问题及采取措施			
修后总体评价			
各方签字	一级验收人员	二级验收人员	三级验收人员

检修文件包

单位：＿＿＿＿＿＿　班组：＿＿＿＿＿＿　编号：＿＿＿＿＿＿

检修任务：<u>励磁机检修</u>　风险等级：＿＿＿＿＿＿

一、检修工作任务单						
计划检修时间	年　月　日　至　年　月　日			计划工日		
主要检修项目	1．断引 2．电动机解体（抽转子） 3．励磁机定子检修 4．励磁机转子检修			5．励磁机其他部件检修 6．电气试验 7．励磁机回装 8．接引线		
修后目标	1．最大允许振动值：≤0.12mm 2．定子线圈最高温度值：＜130℃ 3．设备修后所测参数不应超过修前值10%			4．设备修后180天无临修 备注：以上为规定的最大允许标准限值		
鉴证点分布	W点	工序及质检点内容	H点	工序及质检点内容	S点	工序及安全鉴证点内容
	1-W2	□1　励磁机解体，外罩吊离	1-H3	□2.14　励磁机整体吊离	1-S2	□4　主励磁机解体
	2-W2	□2.6　测量永磁极磁场间隙和小触头间隙（修前）	2-H3	□4.5　励磁机上瓣磁极吊离		
	3-W2	□3　永磁机定转子、清扫、检查	3-H3	□6.11　整流轮组件清扫检查、试验、更换		
	4-W2	□4.3　测量主励磁机定转子间隙（修前）	4-H3	□7.6　冷却器泵压试验		
	5-W2	□5.8　励磁机定子绕组检查	5-H3	□8.10　主励磁机组装		
	6-W2	□8.12　测量主励磁机定转子间隙（修后）	6-H3	□9.2　永磁极组装		
	7-W2	□9.3　测量永磁极磁场间隙和小触头间隙（修后）	7-H3	□10.1　励磁机整体回装		
	8-W2	□10.4　接励磁机、发电机导电螺栓				
	9-W2	□10.7　接上励冷却器水管，并通水试验				
质量验收人员	一级验收人员		二级验收人员		三级验收人员	
安全验收人员	一级验收人员		二级验收人员		三级验收人员	

二、修前策划卡	
设备基本参数	
1．型号：ZLWS10 2．基本参数：	
功率（kW）1695	电流（A）2698
电压（V）403	转速（r/min）3000
绝缘等级 F	生产厂家　上海电机厂

续表

设 备 修 前 状 况				
检修前交底（设备运行状况、历次主要检修经验和教训、检修前主要缺陷） 历次主要检修经验和教训： 检修前主要缺陷：				
技术交底人			年 月 日	
接受交底人			年 月 日	
人 员 准 备				
序号	工种	工作组人员姓名	资格证书编号	检查结果
1	电机检修高级工			□
2	电机检修中级工			□
3	电机检修初级工			□
4	起重高级工			□

三、现场准备卡		
办 理 工 作 票		
工作票编号：		
施 工 现 场 准 备		
序号	安 全 措 施 检 查	确认符合
1	增加临时照明	□
2	发现盖板缺损及平台防护栏杆不完整时，应采取临时防护措施，设坚固的临时围栏	□
3	与运行人员共同确认现场安全措施、隔离措施正确完备；确认灭磁开关拉开，开关拉至“试验”或“检修”位置，控制方式在“就地”位置，操作电源、动力电源断开，验明检修设备确无电压；确认“禁止合闸、有人工作”“在此工作”等警告标示牌按措施要求悬挂	□
4	确认三相短路接地刀闸或三相短路接地线是否按措施要求合闸或悬挂，三相短路接地刀闸机械状态指示应正确，三相短路接地线悬挂位置正确且牢固可靠	□
5	工作前核对设备名称及编号、验电	□
6	清理检修现场；设置检修现场定制图；地面使用胶皮铺设，并设置围栏及警告标示牌；检修工器具、材料备件定置摆放	□
7	检修管理文件、原始记录本已准备齐全	□
确认人签字：		

工 器 具 准 备 与 检 查				
序号	工具名称及型号	数量	完 好 标 准	确认符合
1	手拉葫芦 （2t×3m）	2	（1）检查检验合格证在有效期内。 （2）链节无严重锈蚀及裂纹，无打滑现象。 （3）齿轮完整，轮杆无磨损现象，开口销完整。 （4）吊钩无裂纹变形。 （5）链扣、蜗母轮及轮轴发生变形、生锈或链索磨损严重时，均应禁止使用。 （6）撑牙灵活能起刹车作用；撑牙平面垫片有足够厚度，加荷重后不会拉滑。 （7）使用前应做无负荷的起落试验一次，检查其煞车以及传动装置是否良好，然后再进行工作	□
2	行车	2	（1）经检验检测监督机构检验合格。 （2）使用前应做无负荷起落试验一次，检查制动器及传动装置应良好无缺陷，制动器灵活良好。	□

续表

序号	工具名称及型号	数量	完 好 标 准	确认符合
2	行车	2	（3）检查行车各部限位灵活正常，卷扬限制器在吊钩升起距起重构架300mm时自动停止。 （4）驾驶室应装有音响（钟、喇叭、电铃）或色灯的信号装置，以备操作时发出警告	□
3	吊带 （2t）	4	（1）起重工具使用前，必须检查完好、无破损。 （2）所选用的吊索具应与被吊工件的外形特点及具体要求相适应，在不具备使用条件的情况下，决不能使用。 （3）作业中应防止损坏吊索具及配件，必要时在棱角处应加护角防护。 （4）吊具及配件不能超过其额定起重量，起重吊具、吊索不得超过其相应吊挂状态下的最大工作载荷。 （5）检查检验合格证在有效期内	□
4	电动扳手轻型	1	（1）检查检验合格证在有效期内。 （2）检查电动扳手电源线、电源插头完好无破损；有漏电保护器。 （3）检查手柄、外壳部分、驱动套筒完好无损伤；进出风口清洁干净无遮挡。 （4）检查正反转开关完好且操作灵活可靠	□
5	吸尘器 （GB-2-550 BOSH）	1	（1）检查检验合格证在有效期内。 （2）检查电源线、电源插头完好无破损；有漏电保护器。 （3）检查手柄、外壳部分、驱动套筒完好无损伤；进出风口清洁干净无遮挡。 （4）检查开关完好且操作灵活可靠	□
6	大锤	2	手锤的锤头须完整，其表面须光滑微凸，不得有歪斜、缺口、凹入及裂纹等情形；手锤的柄须用整根的硬木制成，并将头部用楔栓固定；楔栓宜采用金属楔，楔子长度不应大于安装孔的2/3	□
7	锤击扳手 （55、65号）	各2	扳手不应有裂缝、毛刺及明显的夹缝、切痕、氧化皮等缺陷，柄部应平直	□
8	活扳手 （450mm）	2	（1）活动扳口应与扳体导轨的全行程上灵活移动。 （2）活扳手不应有裂缝、毛刺及明显的夹缝、氧化皮等缺陷，柄部平直且不应有影响使用性能的缺陷	□
9	梅花扳手 （6～32mm）	1	扳手不应有裂缝、毛刺及明显的夹缝、切痕、氧化皮等缺陷，柄部应平直	□
10	锤击改锥 （150mm）	2	锉刀、手锯、螺丝刀、钢丝钳等手柄应安装牢固，没有手柄的不准使用	□
11	撬棍 （1.5m）	2	必须保证撬杠强度满足要求；在使用加力杆时，必须保证其强度和嵌套深度满足要求，以防折断或滑脱	□
12	套筒扳手 （5～32mm）	1	（1）扳口应与扳体导轨的全行程上灵活移动。 （2）不应有裂缝、毛刺及明显的夹缝、氧化皮等缺陷，柄部平直且不应有影响使用性能的缺陷	□
13	手锤 （0.5kg）	2	手锤的锤头须完整，其表面须光滑微凸，不得有歪斜、缺口、凹入及裂纹等情形；手锤的柄须用整根的硬木制成，并将头部用楔栓固定；楔栓宜采用金属楔，楔子长度不应大于安装孔的2/3	□
14	行灯 （24V）	2	（1）检查行灯电源线、电源插头完好无破损。 （2）行灯电源线应采用橡胶套软电缆。 （3）行灯的手柄应绝缘良好且耐热、防潮。 （4）行灯变压器必须采用双绕组型，变压器一、二次侧均应装熔断器。 （5）行灯变压器外壳必须有良好的接地线，高压侧应使用三相插头行灯电压不应超过24V	□
15	长柄尖嘴钳	2	锉刀、手锯、螺丝刀、钢丝钳等手柄应安装牢固，没有手柄的不准使用	□
16	游标卡尺 （0～300mm）	1	（1）检查测定面是否有毛头。 （2）检查卡尺的表面应无锈蚀、碰伤或其他缺陷，刻度和数字应清晰、均匀，不应有脱色现象，游标刻线应刻至斜面下缘；卡尺上应有刻度值、制造厂商、工厂标志和出厂编号	□

续表

序号	工具名称及型号	数量	完 好 标 准	确认符合
17	游标卡尺 （0～120mm）	1	（1）检查测定面是否有毛头。 （2）检查卡尺的表面应无锈蚀、碰伤或其他缺陷，刻度和数字应清晰、均匀，不应有脱色现象，游标刻线应刻至斜面下缘；卡尺上应有刻度值、制造厂商、工厂标志和出厂编号	□
18	塞尺 （4″）	2	（1）检查测定面是否有毛头。 （2）检查表面应无锈蚀、碰伤或其他缺陷，刻度和数字应清晰、均匀，不应有脱色现象，刻线应刻至斜面下缘；塞尺上应有刻度值、制造厂商、工厂标志和出厂编号	□
19	钢板尺 （0.5、1m）	各1	检查表面应无锈蚀、碰伤或其他缺陷，刻度和数字应清晰、均匀，不应有脱色现象	□
20	螺栓 （M30×80mm）	2	检查表面应无锈蚀、碰伤或其他缺陷	□
21	定滑轮	8	（1）撑牙灵活能起刹车作用；撑牙平面垫片有足够厚度，加荷重后不会拉滑。 （2）使用前应做无负荷的起落试验一次，检查其刹车以及传动装置是否良好，然后再进行工作	□
22	吊盘	1	（1）起重工具使用前，必须检查完好、无破损。 （2）所选用的吊索具应与被吊工件的外形特点及具体要求相适应，在不具备使用条件的情况下，决不能使用。 （3）作业中应防止损坏吊索具及配件，必要时在棱角处应加护角防护。 （4）吊具及配件不能超过其额定起重量，起重吊具、吊索不得超过其相应吊挂状态下的最大工作载荷	□
23	高压冲洗机	1	（1）检查电源线、电源插头完好无破损、绝缘良好、防护罩完好无破损。 （2）检查合格证在有效期内	□
确认人签字：				

材 料 准 备

序号	材料名称	规 格	单位	数量	检查结果
1	抹布		kg	50	□
2	白布		kg	10	□
3	毛刷	25、50mm	把	各5	□
4	密封胶	587	瓶	2	□
5	瞬干胶	406	瓶	2	□
6	密封胶	801	瓶	2	□
7	记号笔	粗白、红	支	各2	□
8	酒精	500mL	瓶	24	□
9	机电清洗剂	DX-25	桶	0.5	□
10	面粉		kg	20	□
11	绝缘漆	9130	kg	20	□
12	导电膏		kg	10	□
13	二氧化碳		瓶	80	□
14	环氧树脂胶	YQ53841A	瓶	30	□
15	环氧树脂胶	YQ53841B	瓶	30	□

续表

备件准备					
序号	备件名称	规格型号	单位	数量	检查结果
1	发电机电刷		块	100	□
	验收标准：电刷备件检查标准，即合格证完整，制造厂名、规格型号、标准代号、包装日期、检验人等准确清晰，包装完好、无破损。电刷外形尺寸符合标准，刷辫、铆钉固定牢靠，电刷表面无裂纹				
2	恒压簧		套	50	□
	验收标准：恒压簧备件检查标准，即合格证完整，制造厂名、规格型号、标准代号、包装日期、检验人等准确清晰表面光洁，卷簧无裂纹，无腐蚀变形				

四、检修工序卡

检修工序步骤及内容	安全、质量标准
1 励磁机解体，外罩吊离 危险源：手拉葫芦、行车、励磁机外罩、大锤、手锤、吊具 安全鉴证点 | 1-S1 | □1.1 打开冷却器的放水阀，放尽冷却器内的余水 □1.2 拆开两组冷却器进出水管的快速接头和法兰接头，放气管接头，排水管接头，做好记号，螺栓排放整齐；外罩与本体无机械联系 □1.3 断开罩内照明电源引线；做好记号 □1.4 用行车付钩将外罩吊离；在永磁机部挂一葫芦调节中心 □1.5 联系起重人员，用行车将外罩吊离（要找好中心和平衡）在起吊过程，不得碰撞 □1.6 用塑料布将主励磁机通风孔盖好防止杂物进去，并用白布将励磁极进出水管口扎盖	□A1（a） 悬挂链式起重机的架梁或建筑物，必须经过计算，否则不准悬挂；禁止用链式起重机长时间悬吊重物；工作负荷不准超过铭牌规定。 □A1（b） 锤把上不可有油污；严禁单手抡大锤；使用大锤时，周围不得有人靠近；严禁戴手套抡大锤。 □A1（c） 不准将不同物质的材料捆绑在一起进行起吊；不准将长短不同的材料捆绑在一起进行起吊；工作起吊时严禁歪斜拽吊；起重工具的工作负荷，不准超过铭牌规定；禁止工作人员利用吊钩来上升或下降；起重机在起吊大的或不规则的构件时，应在构件上系以牢固的拉绳，使其不摇摆不旋转；选择牢固可靠、满足载荷的吊点；起重物品必须绑牢，吊钩要挂在物品的重心上，吊钩钢丝绳应保持垂直；起重吊物之前，必须清楚物件的实际重量，不准起吊不明物和埋在地下的物件；当重物无固定死点时，必须按规定选择吊点并捆绑牢固，使重物在吊运过程中保持平衡和吊点不发生移动；工件或吊物起吊时必须捆绑牢靠；吊拉时两根钢丝绳之间的夹角一般不得大于90°；使用单吊索起吊重物挂钩时应打“挂钩结”；使用吊环时螺栓必须拧到底；使用卸扣时，吊索与其连接的一个索扣必须扣在销轴上，另一个索扣必须扣在扣顶上，不准两个索扣分别扣在卸扣的扣体两侧上；吊拉捆绑时，重物或设备构件的锐边快口处必须加装衬垫物。 □A1（d） 严禁吊物上站人或放有活动的物体；严禁吊物从人的头上越过或停留；起吊重物不准让其长期悬在空中，有重物暂时悬在空中时，不准驾驶人员离开驾驶室或做其他工作；吊装作业现场必须设警戒区域，设专人监护大型物件的放置地点必须为荷重区域；不准将重物放置在孔、洞的盖板或非支撑平面上面；应事先选好地点，放好方木等衬垫物品，确保平稳牢固。 □A1（e） 起重机械只限于熟悉使用方法并经有关机构业务培训考试合格、取得操作资格证的人员操作行车司机在工作中应始终随时注意指挥人员信号，不准同时进行与行车操作无关的其他工作；起重工作应有统一的信号，起重机操作人员应根据指挥人员的信号（红白旗、口哨、左右手）来进行操作；操作人员看不见信号时不准操作起吊重物稍一离地（或支持物），就须再检查悬吊及捆绑情况，认为可靠后方准继续起吊；在起吊过程中如发现绳扣不良或重物有倾倒危险，应立即停止起吊；起重物品必须绑牢，吊钩应挂在物品的重心上，吊钩钢丝绳应保持垂直；禁止使吊钩斜着拖吊重物。 □A1（f） 起吊重物不准让其长期悬在空中；有重物暂时悬在空中时，严禁驾驶人员离开驾驶室或做其他工作；工作负荷不准超过铭牌规定；禁止工作人员利用吊钩载人；安排专人在行车顶部监护，发现行车溜钩立即紧固抱闸；电气设备发生故障时，必须先断开电源，然后才可进行修理。
□1.7 测量转子与外罩端板之间间隙，不小于0.5mm □1.8 拆除外罩端板（做好记录，螺栓放好） 质检点 | 1-W2 |	1.7 转子与外罩端板之间间隙，不小于0.5mm

续表

检修工序步骤及内容	安全、质量标准
2 永磁机解体 □2.1 联系保护班拆掉发电机转子接地探测装置及引线 □2.2 联系热控专业拆除风区温度元件及引线 □2.3 用专用工具将励，发引线连接螺栓拆去 □2.4 拆掉永磁机与主励磁机之间的所有引线 危险源：励磁电压、电动扳手、移动式电源盘 安全鉴证点　2-S1 □2.5 拆掉风扇隔板，用不锈钢塞尺测量定、转子间隙；填入检修记录 □2.6 测量永磁极磁场间隙和小触头间隙 质检点　2-W2 □2.7 将永磁机拆装专用工具安装到位，并在导轨上涂一些润滑油 □2.8 拆去永磁机定子上的定位销钉和固定螺栓，永磁机的夹紧导轨不得拆除 □2.9 手摇专用工具将定子慢慢移出，吊至检修位置，移动过程中注意监视定、转子间隙（注意：定转子不得相擦） □2.10 联系汽机专业拆除励磁机与发电机对轮螺丝和油管阀兰 □2.11 拆除励磁机一次回路线，并做好标记 □2.12 将励磁机转子用专用工具支撑 □2.13 拆除励磁机底板柱和底板螺栓 □2.14 用行车主钩将励磁机整体分离 质检点　1-H3	□A2.4（a） 工作前必须进行验电；拆除软连接后铜排三相应短路接地。 □A2.4（b） 不准手提电动扳手的导线或转动部分；正确佩戴防护面罩；使用金属外壳电动工具必须戴绝缘手套；在高处作业时，电动扳手必须系好安全绳；对电动扳手进行调整或更换附件、备件之前，必须切断电源（用电池的，也要断开连接）；工作中，离开工作场所、暂停作业以及遇临时停电时，须立即切断电动扳手电源。 □A2.4（c） 工作中，离开工作场所、暂停作业以及遇临时停电时，须立即切断电源盘电源。 2.4 引出线做好标志
□2.15 将励磁机吊至检修场地；找正用垫片进行编号，妥善收管 危险源：励磁机 安全鉴证点　3-S1	□A2.15（a） 严禁吊物上站人或放有活动的物体；严禁吊物从人的头上越过或停留。 □A2.15（b） 起吊重物不准让其长期悬在空中，有重物暂时悬在空中时，不准驾驶人员离开驾驶室或做其他工作。 □A2.15（c） 吊装作业现场必须设警戒区域，设专人监护。 □A2.15（d） 大型物件的放置地点必须为荷重区域。 □A2.15（e） 不准将重物放置在孔、洞的盖板或非支撑平面上面。 □A2.15（f） 应事先选好地点，放好方木等衬垫物品，确保平稳牢固
3．永磁机解体，定转子、清扫、检查 危险源：清洁剂、电吹风、移动式电源盘 安全鉴证点　4-S1	□A3（a） 使用含有抗菌成分的清洁剂时，戴上手套，避免灼伤皮肤。 □A3（b） 使用时打开窗户或打开风扇通风，避免过多吸入化学微粒，戴防护口罩。 □A3（c） 高压灌装清洁剂远离明火、高温热源。 □A3（d） 不准手提电吹风的导线或转动部分。 □A3（e） 电吹风不要连续使用时间太久，应间隙断续使用，以免电热元件和电机过热而烧坏。 □A3（f） 每次使用后，应立即拔断电源，待冷却后，存放于通风良好、干燥，远离阳光照射的地方。 □A3（g） 工作中，离开工作场所、暂停作业以及遇临时停电时，须立即切断电源盘电源。
□3.1 永磁机检修，用酒精（带电清洗剂）清理定子和转子，所有部件清洁无灰尘 □3.2 检查定子绕组引线，槽楔不松动，无位移，无裂纹，绕组及引线绝缘完好，无破损，无过热 □3.3 检查定子铁芯；铁芯紧密无锈蚀，轴向压紧无位移 □3.4 检查转子（永磁体）：永磁体无过热，紧密，与转轴固定牢固 □3.5 用高斯仪测量永磁体磁场强度；在永磁极中心线上，	3.1 检查永磁钢，应无松动、断裂、磁力减退等；永磁钢环应无裂纹、损坏。 3.2 风扇无变形，无裂纹，固定部位需紧固不松动，若有松动，并用洋冲锁住；各点无相对位移

续表

<table>
<tr><th>检修工序步骤及内容</th><th>安全、质量标准</th></tr>
<tr><td>38mm 处测磁密约，1500 高斯，偏差：不大于 20%
| 质检点 | 3-W2 | |</td><td></td></tr>
<tr><td>4 主励磁机解体
危险源：手拉葫芦、行车、励磁机转子、大锤、手锤、吊具
| 安全鉴证点 | 1-S2 | |
□4.1 拆开励磁机的外接引线，做好记号
□4.2 拆开励磁机磁极间的联接，做好记号
□4.3 测量主励磁机定转子间隙
| 质检点 | 4-W2 | |
□4.4 去掉上、下瓣结合面锁钉及固定螺栓
□4.5 将上瓣磁极吊离
| 质检点 | 2-H3 | |
□4.6 拆开硅整流外罩
□4.7 拆开风扇处梯形隔板
□4.8 联系汽机拆除 7 号轴瓦
□4.9 整体吊离励磁机转子
□4.10 定、转子清理
□4.11 用布（不起毛）将绝缘表面的灰尘擦掉，表面无灰尘
□4.12 对不好清理的位置用大约 0.3MPa 压缩空气吹净，无积灰
□4.13 对绝缘表面不油污存在时，可以用溶剂(二甲苯等)清理，无油污</td><td>关键工序提示：整流轮不可受力
□A4（a） 悬挂链式起重机的架梁或建筑物，必须经过计算，否则不准悬挂；禁止用链式起重机长时间悬吊重物；工作负荷不准超过铭牌规定。
□A4（b） 锤把上不可有油污；严禁单手抡大锤；使用大锤时，周围不得有人靠近；严禁戴手套抡大锤。
□A4（c） 不准将不同物质的材料捆绑在一起进行起吊；不准将长短不同的材料捆绑在一起进行起吊；工作起吊时严禁歪斜拽吊；起重工具的工作负荷，不准超过铭牌规定；禁止工作人员利用吊钩来上升或下降；起重机在起吊大的或不规则的构件时，应在构件上系以牢固的拉绳，使其不摇摆不旋转；选择牢固可靠、满足载荷的吊点；起重物品必须绑牢，吊钩要挂在物品的重心上，吊钩钢丝绳应保持垂直；起重吊物之前，必须清楚物件的实际重量，不准起吊不明物和埋在地下的物件；当重物无固定死点时，必须按规定选择吊点并捆绑牢固，使重物在吊运过程中保持平衡和吊点不发生移动；工件或吊物起吊时必须捆绑牢靠；吊拉时两根钢丝绳之间的夹角一般不得大于 90°；使用单吊索起吊重物挂钩时应打“挂钩结”；使用吊环时螺栓必须拧到底；使用卸扣时，吊索与其连接的一个索扣必须扣在销轴上，另一个索扣必须扣在扣顶上，不准两个索扣分别扣在卸扣的扣体两侧上；吊拉捆绑时，重物或设备构件的锐边快口处必须加装衬垫物。
□A4（d） 严禁吊物上站人或放有活动的物体；严禁吊物从人的头上越过或停留；起吊重物不准让其长期悬在空中，有重物暂时悬在空中时，不准驾驶人员离开驾驶室或做其他工作；吊装作业现场必须设警戒区域，设专人监护大型物件的放置地点必须为荷重区域；不准将重物放置在孔、洞的盖板或非支撑平面上面；应事先选好地点，放好方木等衬垫物品，确保平稳牢固。
□A4（e） 起重机械只限于熟悉使用方法并经有关机构业务培训考试合格、取得操作资格证的人员操作行车司机在工作中应始终随时注意指挥人员信号，不准同时进行与行车操作无关的其他工作；起重工作应有统一的信号，起重机操作人员应根据指挥人员的信号（红白旗、口哨、左右手）来进行操作；操作人员看不见信号时不准操作起吊重物稍一离地(或支持物)，就须再检查悬吊及捆绑情况，认为可靠后方准继续起吊；在起吊过程中如发现绳扣不良或重物有倾倒危险，应立即停止起吊；起重物品必须绑牢，吊钩应挂在物品的重心上，吊钩钢丝绳应保持垂直；禁止使吊钩斜着拖吊重物。
□A4（f） 起吊重物不准让其长期悬在空中；有重物暂时悬在空中时，严禁驾驶人员离开驾驶室或做其他工作；工作负荷不准超过铭牌规定；禁止工作人员利用吊钩载人；安排专人在行车顶部监护，发现行车溜钩立即紧固抱闸；电气设备发生故障时，必须先断开电源，然后才可进行修理</td></tr>
<tr><td>5 定子绕组检查、清理
危险源：清洁剂、电吹风、移动式电源盘、粉尘
| 安全鉴证点 | 5-S1 | |</td><td>□A5（a） 使用含有抗菌成分的清洁剂时，戴上手套，避免灼伤皮肤。
□A5（b） 使用时打开窗户或打开风扇通风，避免过多吸入化学微粒，戴防护口罩。
□A5（c） 高压灌装清洁剂远离明火、高温热源。
□A5（d） 不准手提电吹风的导线或转动部分。
□A5（e） 电吹风不要连续使用时间太久，应间隙断续使用，以免电热元件和电机过热而烧坏。
□A5（f） 每次使用后，应立即拔断电源，待冷却后，存放于通风良好、干燥，远离阳光照射的地方。</td></tr>
</table>

续表

检修工序步骤及内容	安全、质量标准
5.1　检查引线绝缘完好无破损 □5.2　检查清理铁芯；铁芯无锈斑、无黄粉、无过热现象，各通风孔畅通，无油垢，磁极固定牢固不松动 □5.3　转子风扇检查，风扇无变形、无裂纹、不松动 □5.4　转子绕组及槽楔检查，绕组绝缘完好，无油污、无过热，端部护环无变形、无过热现象；槽楔不松动，无位移、无裂纹 □5.5　检查清理铁芯：背部应光泽，无锈蚀和锈斑；上下定子的铁芯和机壳的结合面完整、光泽，无过热、变色，无锈蚀；铁芯表面有无短路过热及松散现象；如有铁芯短路，应去毛刺，酸洗或凿开塞入云母片或 0.2mm 厚环氧玻璃布板，表面刷环氧漆，必要时做铁损试验；如有局部松散，可塞入环氧玻璃布板处理 □5.6　检查、清洁磁极；磁极面应清洁、整齐，片间无凹凸、松弛、过热、变色、锈蚀及锈斑 □5.7　检查、清理通风沟和通风口；检查有无污垢可杂物堵塞通风道；若有应及时清除 □5.8　清洁绝缘夹板，检查有无放电痕迹 质检点 | 5-W2 |	□A5（g）　工作中，离开工作场所、暂停作业以及遇临时停电时，须立即切断电源盘电源。 □A5（h）　作业人员必须戴防尘口罩。 5.1　定子线圈表面清洁，绝缘良好，无破损、过热、枯焦、油污等异常，绑扎紧固。 5.4　槽楔紧固干净，无破损、炭化现象。 5.5　铁芯无磨损，无局部短路过热，无松散，表面及通风孔干净，无堵塞 5.6　磁极固定牢固不松动
6．整流轮组件清扫检查、试验、更换 □6.1　整流轮组件清理，用白细布沾剂将组件清理，组件见本色，无油污 危险源：清洁剂、电吹风、移动式电源盘 安全鉴证点 | 6-S1 | □6.2　对不易清理的地方用 0.18～0.52MPa 的压缩空气吹扫，无积灰 □6.3　整流轮组件外观检查；整流轮无损伤，与转轴固定牢固，组件编号清晰；组件无机械损伤，固定牢固，连接线处无发热，过热现象 □6.4　检查二极管熔丝；目测检查，熔丝熔断后指示器突出约 3.35mm □6.5　拆去组件连片与熔丝连接螺帽，绝缘板将熔丝与连接片隔开；螺帽垫片做好记号 □6.6　除去熔丝两端薄薄漆膜，保证仪表引线与熔丝可靠接触 □6.7　使用仪表测量熔丝直流电阻；单个熔丝在 25℃时直流电阻为 102～119μΩ超过这个范围需要更换，使用寿命 5 年，如任何一个熔丝在随后一次测量的结果表明其电阻已增加 20%及以上，需更换 □6.8　测量二极管的反向泄漏电流；加反向直流电压来测泄漏电流 □6.9　测试结束后，恢复原状，螺帽旋紧，使用原装配的螺帽垫片，若更换时，必得保证其重量与原配重量误差小于±3g □6.10　检查发电机转子绕组接地栓测用滑环 □6.11　滑环表面光洁，无凹凸、无烧伤，绕组引线与滑环连扫牢固、不松动 质检点 | 3-H3 |	□A6.1（a）　使用含有抗菌成分的清洁剂时，戴上手套，避免灼伤皮肤。 □A6.1（b）　使用时打开窗户或打开风扇通风，避免过多吸入化学微粒，戴防护口罩。 □A6.1（c）　高压灌装清洁剂远离明火、高温热源。 □A6.1（d）　不准手提电吹风的导线或转动部分。 □A6.1（e）　电吹风不要连续使用时间太久，应间隙断续使用，以免电热元件和电动机过热而烧坏。 □A6.1（f）　每次使用后，应立即拔断电源，待冷却后，存放于通风良好、干燥，远离阳光照射的地方。 □A6.1（g）　工作中，离开工作场所、暂停作业以及遇临时停电时，须立即切断电源盘电源。 □A6.1（h）　作业人员必须戴防尘口罩。 6.8　二极管、熔丝无爆裂、无破损，陶瓷熔丝指示器未动作。 6.8.1　整流组件测试值应符合以下电阻值： 正向：（5～10Ω）（×1 挡） 反向：＞3Ω（×10K 挡） 反向泄漏电流： 1000V 时：＜45mA。 6.8.2　更换部件的重量与原部件重量相差不得大于 3g
7　冷却器检修，泵压，清理检查 □7.1　打开两侧盖板 □7.2　用尼龙刷清理铜管；铜管内无泥污、无杂草，铜管无锈蚀 □7.3　将冷却器端面及盖板和法兰管道清理干净；端面无凹凸，光洁	

续表

<table>
<tr><th>检修工序步骤及内容</th><th>安全、质量标准</th></tr>
<tr><td>□7.4 用进口纸柏垫配好两侧密封垫；无裂纹、缺角，螺孔距正确
□7.5 装上两侧盖板，螺栓紧固，锁片锁紧
□7.6 冷却器泵压试验，压力 0.5MPa，0.5h 不漏
<table><tr><td>质检点</td><td>4-H3</td><td></td></tr></table>□7.7 拆除泵压实验设备
□7.8 装上两侧盖板</td><td>7.6.1 冷却器水压试验标准：压力 0.5MPa、保持 30min，无渗漏，冷却器冷却效果不应明显下降，否则应更换。
7.6.2 冷却器散热片应完好无损，应干净。
7.6.3 冷却器安装可靠，密封垫无老化破损</td></tr>
<tr><td>8 主励磁机组装
□8.1 用吸尘器清洁转子本体、护环、风扇、风道口、通风孔、槽楔等部位的尘埃和污垢
□8.2 检查转子有无异常，应无电弧灼伤痕迹；转子线圈如有损伤应及时处理
□8.3 检查铁芯及槽楔，槽楔间的间隙均匀相等，周围无磨损迹象；检查有无因槽楔松动而出现个别间隙过大现象；若槽楔松动应予处理
□8.4 检查轴向引线的导电端面，如有磨损、过热等现象应做适当处理，必要时表面涂镀，绝缘件上不得有油脂、溶剂或电镀液
□8.5 检查风道口应清洁光泽，无锈蚀、锈斑痕迹；通风孔无污垢或异物堵塞，若有应及时处理
□8.6 检查平衡块，应紧固并锁紧，四周无锈蚀、位移迹象
□8.7 检查转子铁芯与轴的结合可风部位，应无锈斑、无松动迹象
□8.8 检查转子风扇，应无变形、无裂纹、不松动
□8.9 再一次清理励磁机转子，检查转子拆除元件是否全部装齐
□8.10 吊入励磁机转子
危险源：手拉葫芦、行车、励磁机转子、大锤、手锤、吊具
<table><tr><td>安全鉴证点</td><td>7-S1</td><td></td></tr></table><table><tr><td>质检点</td><td>5-H3</td><td></td></tr></table>□8.11 按照拆卸工序，反序进行，组装，组装时注意，拆卸的记号</td><td>8.1 铁芯干净，无过热、凹凸磨损等。
8.2 通风孔干净，无堵塞。
8.3 槽楔干净，无松动及过热。
8.4 轴向引线的导电端部应平整、光洁、无油垢；环氧绑箍不高出铁芯，应光滑平整，无松散变色。
8.8 风扇叶完整无损，平衡块牢固。
□A8.10（a） 悬挂链式起重机的架梁或建筑物，必须经过计算，否则不准悬挂；禁止用链式起重机长时间悬吊重物；工作负荷不准超过铭牌规定。
□A8.10（b） 锤把上不可有油污；严禁单手抡大锤；使用大锤时，周围不得有人靠近；严禁戴手套抡大锤。
□A8.10（c）不准将不同物质的材料捆绑在一起进行起吊；不准将长短不同的材料捆绑在一起进行起吊工作起吊时严禁歪斜拽吊；起重工具的工作负荷，不准超过铭牌规定；禁止工作人员利用吊钩来上升或下降；起重机在起吊大的或不规则的构件时，应在构件上系以牢固的拉绳，使其不摇摆不旋转；选择牢固可靠、满足载荷的吊点；起重物品必须绑牢，吊钩要挂在物品的重心上，吊钩钢丝绳应保持垂直；起重吊物之前，必须清楚物件的实际重量，不准起吊不明物和埋在地下的物件；当重物无固定死点时，必须按规定选择吊点并捆绑牢固，使重物在吊运过程中保持平衡和吊点不发生移动；工件或吊物起吊时必须捆绑牢靠；吊拉时两根钢丝绳之间的夹角一般不得大于 90°；使用单吊索起吊重物挂钩时应打“挂钩结”；使用吊环时螺栓必须拧到底；使用卸扣时，吊索与其连接的一个索扣必须扣在销轴上，另一个索扣必须扣在扣顶上，不准两个索扣分别扣在卸扣的扣体两侧上；吊拉捆绑时，重物或设备构件的锐边快口处必须加装衬垫物。
□A8.10（d） 严禁吊物上站人或放有活动的物体；严禁吊物从人的头上越过或停留；起吊重物不准让其长期悬在空中，有重物暂时悬在空中时，不准驾驶人员离开驾驶室或做其他工作；吊装作业现场必须设警戒区域，设专人监护大型物件的放置地点必须为荷重区域；不准将重物放置在孔、洞的盖板或非支撑平面上面；应事先选好地点，放好方木等衬垫物品，确保平稳牢固。
□A8.10（e） 起重机械只限于熟悉使用方法并经有关机构业务培训考试合格、取得操作资格证的人员操作行车司机在</td></tr>
</table>

续表

<table>
<tr><th>检修工序步骤及内容</th><th>安全、质量标准</th></tr>
<tr><td>□8.12　测量修后主励磁机定、转子间隙及相关试验
危险源：试验电压
<table><tr><td>安全鉴证点</td><td>8-S1</td><td></td></tr></table>
<table><tr><td>质检点</td><td>6-W2</td><td></td></tr></table></td><td>工作中应始终随时注意指挥人员信号，不准同时进行与行车操作无关的其他工作；起重工作应有统一的信号，起重机操作人员应根据指挥人员的信号（红白旗、口哨、左右手）来进行操作；操作人员看不见信号时不准操作起吊重物稍一离地（或支持物），就须再检查悬吊及捆绑情况，认为可靠后方准继续起吊；在起吊过程中如发现绳扣不良或重物有倾倒危险，应立即停止起吊；起重物品必须绑牢，吊钩应挂在物品的重心上，吊钩钢丝绳应保持垂直；禁止使吊钩斜着拖吊重物。
□A8.10（f）　起吊重物不准让其长期悬在空中；有重物暂时悬在空中时，严禁驾驶人员离开驾驶室或做其他工作；工作负荷不准超过铭牌规定；禁止工作人员利用吊钩载人；安排专人在行车顶部监护，发现行车溜钩立即紧固抱闸；电气设备发生故障时，必须先断开电源，然后才可进行修理。
□A8.12（a）　高压试验工作不得少于两人；试验负责人应由有经验的人员担任，开始试验前，试验负责人应向全体试验人员详细布置试验中的安全注意事项，交代邻近间隔的带电部位，以及其他安全注意事项。
□A8.12（b）　试验现场应装设遮栏或围栏，遮栏或围栏与试验设备高压部分应有足够的安全距离，向外悬挂“止步，高压危险”的标示牌，并派人看守；被试设备两端不在同一地点时，另一端还应派人看守。
□A8.12（c）变更接线或试验结束时，应首先断开试验电源，并将升压设备的高压部分放电、短路接地。
□A8.12（d）　试验时，通知所有人员离开被试设备，并取得试验负责人许可，方可加压；加压过程中应有人监护并呼唱。
□A8.12（e）　试验结束时，试验人员应拆除自装的接地短路线，并对被试设备进行检查，恢复试验前的状态，经试验负责人复查后，进行现场清理。
□A8.12（f）　测量人员和绝缘电阻表安放位置，应选择适当，保持安全距离，以免绝缘电阻表引线或引线支持物触碰带电部分。
□A8.12（g）　移动引线时，应注意监护，防止工作人员触电。
□A8.12（h）　通知运行人员和有关人员，并派人到现场看守，检查二次回路及一次设备上确无人工作后，方可加压，试验结束将所试设备对地放电，释放残余电压。
□A8.12（i）　试验前确认试验电压标准；加压前必须认真检查试验结线，表计倍率、量程，调压器零位及仪表的开始状态，均正确无误。
□A8.12（j）　通知所有人员离开被试设备，并取得试验负责人许可，方可加压；加压过程中应有人监护并呼唱。
□A8.12（k）　高压试验工作不得少于两人，试验后确认短接线已拆除。
8.12　转子绝缘电阻应大于 0.5MΩ（500V 绝缘电阻表）</td></tr>
<tr><td>9　永磁极组装
□9.1　再一次清理永磁机，检查拆除元件是否全部装齐
□9.2　组装永磁极定子
<table><tr><td>质检点</td><td>6-H3</td><td></td></tr></table>
□9.3　调整永磁极磁场间隙和小触头间隙
<table><tr><td>质检点</td><td>7-W2</td><td></td></tr></table></td><td>—</td></tr>
<tr><td>10　整体组装
□10.1　励磁机整体回装，按照拆卸工序，反工序进行组装
危险源：手拉葫芦、行车、励磁机外罩、大锤、手锤、吊具、撬棍</td><td>□A10.1（a）　悬挂链式起重机的架梁或建筑物，必须经过计算，否则不准悬挂；禁止用链式起重机长时间悬吊重物；工作负荷不准超过铭牌规定。</td></tr>
</table>

续表

检修工序步骤及内容	安全、质量标准
安全鉴证点 9-S1 质检点 7-H3 □10.2 联系汽机找发电机与励磁机中心 □10.3 联系热控和保护接线	□A10.1（b） 锤把上不可有油污；严禁单手抡大锤；使用大锤时，周围不得有人靠近；严禁戴手套抡大锤。 □A10.1（c）不准将不同物质的材料捆绑在一起进行起吊；不准将长短不同的材料捆绑在一起进行起吊；工作起吊时严禁歪斜拽吊；起重工具的工作负荷，不准超过铭牌规定；禁止工作人员利用吊钩来上升或下降；起重机在起吊大的或不规则的构件时，应在构件上系以牢固的拉绳，使其不摇摆不旋转；选择牢固可靠、满足载荷的吊点；起重物品必须绑牢，吊钩要挂在物品的重心上，吊钩钢丝绳应保持垂直；起重吊物之前，必须清楚物件的实际重量，不准起吊不明物和埋在地下的物件；当重物无固定死点时，必须按规定选择吊点并捆绑牢固，使重物在吊运过程中保持平衡和吊点不发生移动；工件或吊物起吊时必须捆绑牢靠；吊拉时两根钢丝绳之间的夹角一般不得大于90°；使用单吊索起吊重物挂钩时应打“挂钩结”；使用吊环时螺栓必须拧到底；使用卸扣时，吊索与其连接的一个索扣必须扣在销轴上，另一个索扣必须扣在扣顶上，不准两个索扣分别扣在卸扣的扣体两侧上；吊拉捆绑时，重物或设备构件的锐边快口处必须加装衬垫物。 □A10.1（d） 严禁吊物上站人或放有活动的物体；严禁吊物从人的头上越过或停留；起吊重物不准让其长期悬在空中，有重物暂时悬在空中时，不准驾驶人员离开驾驶室或做其他工作；吊装作业现场必须设警戒区域，设专人监护大型物件的放置地点必须为荷重区域；不准将重物放置在孔、洞的盖板或非支撑平面上面；应事先选好地点，放好方木等衬垫物品，确保平稳牢固。 □A10.1（e） 起重机械只限于熟悉使用方法并经有关机构业务培训考试合格、取得操作资格证的人员操作行车司机在工作中应始终随时注意指挥人员信号，不准同时进行与行车操作无关的其他工作；起重工作应有统一的信号，起重机操作人员应根据指挥人员的信号（红白旗、口哨、左右手）来进行操作；操作人员看不见信号时不准操作起吊重物稍一离地（或支持物），就须再检查悬吊及捆绑情况，认为可靠后方准继续起吊；在起吊过程中如发现绳扣不良或重物有倾倒危险，应立即停止起吊；起重物品必须绑牢，吊钩应挂在物品的重心上，吊钩钢丝绳应保持垂直；禁止使吊钩斜着拖吊重物。 □A10.1（f） 起吊重物不准让其长期悬在空中；有重物暂时悬在空中时，严禁驾驶人员离开驾驶室或做其他工作；工作负荷不准超过铭牌规定；禁止工作人员利用吊钩载人；安排专人在行车顶部监护，发现行车溜钩立即紧固抱闸；电气设备发生故障时，必须先断开电源，然后才可进行修理。 □A10.1（g） 撬动过程中应采取防止被撬物倾斜或滚落的措施。 □A10.1（h） 把上不可有油污；严禁单手抡大锤；使用大锤时，周围不得有人靠近；严禁戴手套抡大锤。
□10.4 接励磁机、发电机导电螺栓 危险源：电动扳手、移动式电源盘 安全鉴证点 10-S1 质检点 8-W2 □10.5 装上励前梯形板 □10.6 励磁机外罩复位 □10.7 接上励冷却器水管，并通水试验 质检点 9-W2	□A10.4（a） 不准手提电动扳手的导线或转动部分，正确佩戴防护面罩。 □A10.4（b） 使用金属外壳电动工具必须戴绝缘手套。 □A10.4（c） 在高处作业时，电动扳手必须系好安全绳。 □A10.4（d）对电动扳手进行调整或更换附件、备件之前，必须切断电源（用电池的，也要断开连接）。 □A10.4（e） 工作中，离开工作场所、暂停作业以及遇临时停电时，须立即切断电动扳手电源。 □A10.4（f） 工作中，离开工作场所、暂停作业以及遇临时停电时，须立即切断电源盘电源

续表

检修工序步骤及内容	安全、质量标准
11 工作结束，达到设备“四保持”标准，发电机投入运行 □11.1 设备外观及泄漏：文明卫生情况；氢系统管路、阀门；排污系统管路、阀门、视窗 危险源：施工废料 安全鉴证点 11-S1 □11.2 设备结构：设备铭牌、设备标识牌、防护罩壳、油漆、各部位螺栓、接地线 □11.3 应详细记录励磁机的各项运行数据、参数，并与检修前数据相比较，从而及早查找原因并消除	□A11.1 废料及时清理，做到工完、料尽、场地清。 11.1 无积灰、无油污、无杂物、设备见本色；管路、阀门视窗无渗漏。 11.2 字迹清晰、齐全，牢固；无变形，完整；无脱落、无松动、变色。 11.3 各部温升正常；声音正常、无异声；振动值应符合相关标准；滑环和电刷装置运行正常，无打火现象

五、安全鉴证卡		
风险点鉴证点：1-S2 工序4 主励磁机解体 检查情况：		
一级验收		年 月 日
二级验收		年 月 日
风险点鉴证点： 检查情况：		
一级验收		年 月 日
二级验收		年 月 日

六、质量验收卡			
质检点：1-W2 工序1 励磁机解体，外罩吊离 检查情况：			
测量（检查）人		记录人	
一级验收			年 月 日
二级验收			年 月 日

续表

质检点：2-W2　工序 2.6　测量永磁极磁场间隙和小触头间隙（修前）
检查情况：

	北中	南中	上	下
永磁极磁场间隙励侧				
小触头外间隙				
小触头内间隙				
测量器具/编号				
测量人		记录人		
一级验收			年　月　日	
二级验收			年　月　日	

质检点：1-H3　工序 2.14　励磁机整体吊离
检查情况：

测量（检查）人		记录人	
一级验收			年　月　日
二级验收			年　月　日
三级验收			年　月　日

质检点：3-W2　工序 3　永磁机定转子、清扫、检查
检查情况：

测量器具/编号			
测量（检查）人		记录人	
一级验收			年　月　日
二级验收			年　月　日

质检点：4-W2　工序 4.3　测量主励磁机定转子间隙（修前）
检查情况：

发电机侧	北中	南中	上	下
永磁机侧				
测量（检查）人		记录人		
一级验收			年　月　日	
二级验收			年　月　日	

质检点：2-H3　工序 4.5　励磁机上瓣磁极吊离
检查情况：

续表

测量器具/编号			
测量人		记录人	
一级验收			年 月 日
二级验收			年 月 日
三级验收			年 月 日

质检点：5-W2 工序 5.8 励磁机定子绕组检查
检查情况：

测量器具/编号			
测量人		记录人	
一级验收			年 月 日
二级验收			年 月 日

质检点：3-H3 工序 6.11 整流轮组件清扫检查、试验、更换
检查情况：

测量器具/编号			
测量（检查）人		记录人	
一级验收			年 月 日
二级验收			年 月 日
三级验收			年 月 日

质检点：4-H3 工序 7.6 冷却器泵压试验
检查情况：

时间				
压力（发电机侧）				
压力（永磁机侧）				
测量（检查）人		记录人		
一级验收				年 月 日
二级验收				年 月 日
三级验收				年 月 日

质检点：5-H3 工序 8.10 主励磁机组装
检查情况：

续表

测量器具/编号				
测量人		记录人		
一级验收				年　月　日
二级验收				年　月　日
三级验收				年　月　日

质检点：6-W2　工序 8.12　测量主励磁机定转子间隙（修后）
检查情况：

发电机侧	北中	南中	上	下
永磁机侧				
测量器具/编号				
测量（检查）人		记录人		
一级验收				年　月　日
二级验收				年　月　日

质检点：6-H3　工序 9.2　永磁极组装
检查情况：

测量器具/编号			
测量（检查）人		记录人	
一级验收			年　月　日
二级验收			年　月　日
三级验收			年　月　日

质检点：7-W2　工序 9.3　测量永磁极磁场间隙和小触头间隙（修后）
检查情况：

	北中	南中	上	下
永磁极磁场间隙励侧				
小触头外间隙				
小触头内间隙				
测量（检查）人		记录人		
一级验收				年　月　日
二级验收				年　月　日

质检点：7-H3　工序 10.1　励磁机整体回装

续表

<table>
<tr><td>测量器具/编号</td><td colspan="3"></td></tr>
<tr><td>测量人</td><td></td><td>记录人</td><td></td></tr>
<tr><td>一级验收</td><td colspan="2"></td><td>年　月　日</td></tr>
<tr><td>二级验收</td><td colspan="2"></td><td>年　月　日</td></tr>
<tr><td>三级验收</td><td colspan="2"></td><td>年　月　日</td></tr>
<tr><td colspan="4">质检点：8-W2　工序 10.4　接励磁机、发电机导电螺栓
检查情况：</td></tr>
<tr><td>测量器具/编号</td><td colspan="3"></td></tr>
<tr><td>测量人</td><td></td><td>记录人</td><td></td></tr>
<tr><td>一级验收</td><td colspan="2"></td><td>年　月　日</td></tr>
<tr><td>二级验收</td><td colspan="2"></td><td>年　月　日</td></tr>
<tr><td colspan="4">质检点：9-W2　工序 10.7　接上励冷却器水管，并通水试验
检查情况：</td></tr>
<tr><td>测量器具/编号</td><td colspan="3"></td></tr>
<tr><td>测量（检查）人</td><td></td><td>记录人</td><td></td></tr>
<tr><td>一级验收</td><td colspan="2"></td><td>年　月　日</td></tr>
<tr><td>二级验收</td><td colspan="2"></td><td>年　月　日</td></tr>
</table>

<table>
<tr><td colspan="4">七、完工验收卡</td></tr>
<tr><td>序号</td><td>检查内容</td><td>标　　准</td><td>检查结果</td></tr>
<tr><td>1</td><td>安全措施恢复情况</td><td>1.1　检修工作全部结束
1.2　整改项目验收合格
1.3　检修脚手架拆除完毕
1.4　孔洞、坑道等盖板恢复
1.5　临时拆除的防护栏恢复
1.6　安全围栏、标示牌等撤离现场
1.7　安全措施和隔离措施具备恢复条件
1.8　工作票具备押回条件</td><td>□
□
□
□
□
□
□
□</td></tr>
<tr><td>2</td><td>设备自身状况</td><td>2.1　设备与系统全面连接
2.2　设备各人孔、开口部分密封良好
2.3　设备标示牌齐全
2.4　设备油漆完整
2.5　设备管道色环清晰准确
2.6　阀门手轮齐全
2.7　设备保温恢复完毕</td><td>□
□
□
□
□
□
□</td></tr>
<tr><td>3</td><td>设备环境状况</td><td>3.1　检修整体工作结束，人员撤出
3.2　检修剩余备件材料清理出现场</td><td>□
□</td></tr>
</table>

续表

<table>
<tr><th>序号</th><th>检查内容</th><th>标　　准</th><th>检查结果</th></tr>
<tr><td>3</td><td>设备环境状况</td><td>3.3　检修现场废弃物清理完毕
3.4　检修用辅助设施拆除结束
3.5　临时电源、水源、气源、照明等拆除完毕
3.6　工器具及工具箱运出现场
3.7　地面铺垫材料运出现场
3.8　检修现场卫生整洁</td><td>□
□
□
□
□
□</td></tr>
<tr><td colspan="2">一级验收</td><td colspan="2">二级验收</td></tr>
<tr><td colspan="2"></td><td colspan="2"></td></tr>
</table>

<table>
<tr><td colspan="6">八、完工报告单</td></tr>
<tr><td>工期</td><td colspan="3">年　月　日　至　年　月　日</td><td>实际完成工日</td><td>工日</td></tr>
<tr><td rowspan="6">主要材料备件消耗统计</td><td>序号</td><td>名称</td><td>规格与型号</td><td>生产厂家</td><td>消耗数量</td></tr>
<tr><td>1</td><td></td><td></td><td></td><td></td></tr>
<tr><td>2</td><td></td><td></td><td></td><td></td></tr>
<tr><td>3</td><td></td><td></td><td></td><td></td></tr>
<tr><td>4</td><td></td><td></td><td></td><td></td></tr>
<tr><td>5</td><td></td><td></td><td></td><td></td></tr>
<tr><td rowspan="5">缺陷处理情况</td><td>序号</td><td colspan="2">缺陷内容</td><td colspan="2">处理情况</td></tr>
<tr><td>1</td><td colspan="2"></td><td colspan="2"></td></tr>
<tr><td>2</td><td colspan="2"></td><td colspan="2"></td></tr>
<tr><td>3</td><td colspan="2"></td><td colspan="2"></td></tr>
<tr><td>4</td><td colspan="2"></td><td colspan="2"></td></tr>
<tr><td>异动情况</td><td colspan="5"></td></tr>
<tr><td>让步接受情况</td><td colspan="5"></td></tr>
<tr><td>遗留问题及采取措施</td><td colspan="5"></td></tr>
<tr><td>修后总体评价</td><td colspan="5"></td></tr>
<tr><td rowspan="2">各方签字</td><td colspan="2">一级验收人员</td><td colspan="2">二级验收人员</td><td>三级验收人员</td></tr>
<tr><td colspan="2"></td><td colspan="2"></td><td></td></tr>
</table>

检修文件包

单位：________ 班组：________ 编号：________

检修任务：高压电动机检修 风险等级：________

<table>
<tr><td colspan="7">一、检修工作任务单</td></tr>
<tr><td>计划检修时间</td><td colspan="4">年 月 日 至 年 月 日</td><td>计划工日</td><td></td></tr>
<tr><td>主要检修项目</td><td colspan="3">1．断引
2．电动机解体（抽转子）
3．电动机定子检修
4．电动机转子检修
5．电动机其他部件检修</td><td colspan="3">6．电气试验
7．三级验收
8．电动机回装
9．接引线，电动机试运</td></tr>
<tr><td>修后目标</td><td colspan="3">1．最大允许振动值：≤0.10mm
2．定子线圈最高温度值：<130℃
3．回油温度不超过65℃时轴瓦温度为80℃</td><td colspan="3">4．设备修后180天无临修
备注：以上为规定的最大允许标准限值设备修后所测参数不应超过修前值10%</td></tr>
<tr><td rowspan="12">鉴证点分布</td><td>W点</td><td>工序及质检点内容</td><td>H点</td><td>工序及质检点内容</td><td>S点</td><td>工序及安全鉴证点内容</td></tr>
<tr><td>1-W2</td><td>□5.3 修前测量定、转子间隙和磁力中心</td><td>1-H3</td><td>□7.5 转子检查、处理后验收</td><td>1-S2</td><td>□5.3 修前测量定、转子间隙和磁力中心</td></tr>
<tr><td>2-W2</td><td>□5.5 抽转子</td><td>2-H3</td><td>□10 电动机回装前检查验收</td><td>2-S2</td><td>□11.1 穿转子</td></tr>
<tr><td>3-W2</td><td>□6.5 定子检查、处理后验收</td><td>3-H3</td><td>□11.3 测量定、转子间隙和磁力中心</td><td></td><td></td></tr>
<tr><td></td><td></td><td>4-H3</td><td>□13 电动机接引线完毕进行验收</td><td></td><td></td></tr>
<tr><td></td><td></td><td></td><td></td><td></td><td></td></tr>
<tr><td></td><td></td><td></td><td></td><td></td><td></td></tr>
<tr><td></td><td></td><td></td><td></td><td></td><td></td></tr>
<tr><td></td><td></td><td></td><td></td><td></td><td></td></tr>
<tr><td></td><td></td><td></td><td></td><td></td><td></td></tr>
<tr><td></td><td></td><td></td><td></td><td></td><td></td></tr>
<tr><td></td><td></td><td></td><td></td><td></td><td></td></tr>
<tr><td rowspan="2">质量验收人员</td><td colspan="2">一级验收人员</td><td colspan="2">二级验收人员</td><td colspan="2">三级验收人员</td></tr>
<tr><td colspan="2"></td><td colspan="2"></td><td colspan="2"></td></tr>
<tr><td rowspan="2">安全验收人员</td><td colspan="2">一级验收人员</td><td colspan="2">二级验收人员</td><td colspan="2">三级验收人员</td></tr>
<tr><td colspan="2"></td><td colspan="2"></td><td colspan="2"></td></tr>
</table>

<table>
<tr><td colspan="3">二、修前策划卡</td></tr>
<tr><td colspan="3">设 备 基 本 参 数</td></tr>
<tr><td colspan="3">1．型号：ADO-3150/1000y1
2．基本参数：</td></tr>
<tr><td>有功功率：3150kW
接　　法：Y
效　　率：96.0%
工作方式：S</td><td>电　　压：6000V
频　　率：50Hz
质　　量：17370kg
绝缘等级：F</td><td>电　　流：354.8A
额定转速：995.5r/min
功率因数：0.89
防护形式：IP44</td></tr>
<tr><td colspan="3">设 备 修 前 状 况</td></tr>
<tr><td colspan="3">检修前交底（设备运行状况、历次主要检修经验和教训、检修前主要缺陷）
历次主要检修经验和教训：
（1）曾发生修后电动机接线工艺不良，造成运行中引线过热短路。</td></tr>
</table>

续表

<table>
<tr><td colspan="5">设 备 修 前 状 况</td></tr>
<tr><td colspan="5">（2）曾发生定、转子铁芯松动的现象。
（3）曾发生转子端部笼条断裂的现象
检修前主要缺陷：
转子端部压指和铁芯松动</td></tr>
<tr><td>技术交底人</td><td colspan="3"></td><td>年　月　日</td></tr>
<tr><td>接受交底人</td><td colspan="3"></td><td>年　月　日</td></tr>
<tr><td colspan="5">人 员 准 备</td></tr>
<tr><td>序号</td><td>工种</td><td>工作组人员姓名</td><td>资格证书编号</td><td>检查结果</td></tr>
<tr><td>1</td><td>电机检修高级工</td><td></td><td></td><td>□</td></tr>
<tr><td>2</td><td>电机检修中级工</td><td></td><td></td><td>□</td></tr>
<tr><td>3</td><td>电机检修初级工</td><td></td><td></td><td>□</td></tr>
<tr><td>4</td><td>电机检修初级工</td><td></td><td></td><td>□</td></tr>
<tr><td>5</td><td>电机检修初级工</td><td></td><td></td><td>□</td></tr>
<tr><td>6</td><td>起重高级工</td><td></td><td></td><td>□</td></tr>
</table>

<table>
<tr><td colspan="3">三、现场准备卡</td></tr>
<tr><td colspan="3">办 理 工 作 票</td></tr>
<tr><td colspan="3">工作票编号：</td></tr>
<tr><td colspan="3">施 工 现 场 准 备</td></tr>
<tr><td>序号</td><td>安 全 措 施 检 查</td><td>确认符合</td></tr>
<tr><td>1</td><td>进入噪声区域、使用高噪声工具时正确佩戴合格的耳塞</td><td>□</td></tr>
<tr><td>2</td><td>增加临时照明</td><td>□</td></tr>
<tr><td>3</td><td>发现盖板缺损及平台防护栏杆不完整时，应采取临时防护措施，设坚固的临时围栏</td><td>□</td></tr>
<tr><td>4</td><td>进入粉尘较大的场所作业，作业人员必须戴防尘口罩</td><td>□</td></tr>
<tr><td>5</td><td>电气设备的金属外壳应实行单独接地；电气设备金属外壳的接地与电源中性点的接地分开</td><td>□</td></tr>
<tr><td>6</td><td>与带电设备保持 0.7m 安全距离</td><td>□</td></tr>
<tr><td>7</td><td>与运行人员共同确认现场安全措施、隔离措施正确完备；确认开关拉开，手车开关拉至“试验”或“检修”位置，控制方式在“就地”位置，操作电源、动力电源断开，验明检修设备确无电压；确认“禁止合闸、有人工作”“在此工作”等警告标示牌按措施要求悬挂；明确相邻带电设备及带电部位；确认三相短路接地刀闸是否按措施要求合闸，三相短路接地刀闸机械状态指示应正确</td><td>□</td></tr>
<tr><td>8</td><td>工作前核对设备名称及编号、验电</td><td>□</td></tr>
<tr><td>9</td><td>清理检修现场；设置检修现场定制图；地面使用胶皮铺设，并设置围栏及警告标示牌；检修工器具、材料备件定置摆放</td><td>□</td></tr>
<tr><td>10</td><td>检修管理文件、原始记录本已准备齐全</td><td>□</td></tr>
<tr><td colspan="3">确认人签字：</td></tr>
</table>

<table>
<tr><td colspan="5">工器具准备与检查</td></tr>
<tr><td>序号</td><td>工具名称及型号</td><td>数量</td><td>完 好 标 准</td><td>确认符合</td></tr>
<tr><td>1</td><td>大锤
（8p）</td><td>2</td><td>手锤的锤头须完整，其表面须光滑微凸，不得有歪斜、缺口、凹入及裂纹等情形；手锤的柄须用整根的硬木制成，并将头部用楔栓固定；楔栓宜采用金属楔，楔子长度不应大于安装孔的 2/3</td><td>□</td></tr>
<tr><td>2</td><td>梅花扳手</td><td>1</td><td>扳手不应有裂缝、毛刺及明显的夹缝、切痕、氧化皮等缺陷，柄部应平直</td><td>□</td></tr>
</table>

续表

序号	工具名称及型号	数量	完 好 标 准	确认符合
3	锤击扳手	1	扳手不应有裂缝、毛刺及明显的夹缝、切痕、氧化皮等缺陷，柄部应平直	□
4	活扳手	2	（1）活动扳口应在扳体导轨的全行程上灵活移动。 （2）活扳手不应有裂缝、毛刺及明显的夹缝、氧化皮等缺陷，柄部平直且不应有影响使用性能的缺陷	□
5	螺丝刀	2	丝刀手柄应安装牢固，没有手柄的不准使用	□
6	撬棍	2	必须保证撬杠强度满足要求；在使用加力杆时，必须保证其强度和嵌套深度满足要求，以防折断或滑脱	□
7	錾子	2	（1）工作前应对錾子外观检查，不准使用不完整工器具。 （2）錾子被敲击部分有伤痕不平整、沾有油污等，不准使用	□
8	铜棒	2	无油污、表面须光滑微凸，不得有歪斜、缺口、凹入及裂纹等情形	□
9	内六角扳手	2	表面应光滑，不应有裂纹、毛刺等影响使用性能的缺陷	□
10	手拉葫芦 （1t×3m）	2	（1）检查检验合格证在有效期内。 （2）链节无严重锈蚀及裂纹，无打滑现象。 （3）齿轮完整，轮杆无磨损现象，开口销完整。 （4）吊钩无裂纹变形。 （5）链扣、蜗母轮及轮轴发生变形、生锈或链索磨损严重时，均应禁止使用。 （6）撑牙灵活能起刹车作用；撑牙平面垫片有足够厚度，加荷重后不会拉滑。 （7）使用前应做无负荷的起落试验一次，检查其煞车以及传动装置是否良好，然后再进行工作	□
11	手拉葫芦 （5t×3m）	1	（1）检查检验合格证在有效期内。 （2）链节无严重锈蚀及裂纹，无打滑现象。 （3）齿轮完整，轮杆无磨损现象，开口销完整。 （4）吊钩无裂纹变形。 （5）链扣、蜗母轮及轮轴发生变形、生锈或链索磨损严重时，均应禁止使用。 （6）撑牙灵活能起刹车作用；撑牙平面垫片有足够厚度，加荷重后不会拉滑。 （7）使用前应做无负荷的起落试验一次，检查其煞车以及传动装置是否良好，然后再进行工作	□
12	吊带	4	（1）起重工具使用前，必须检查完好、无破损。 （2）所选用的吊索具应与被吊工件的外形特点及具体要求相适应，在不具备使用条件的情况下，决不能使用。 （3）作业中应防止损坏吊索具及配件，必要时在棱角处应加护角防护。 （4）吊具及配件不能超过其额定起重量，起重吊具、吊索不得超过其相应吊挂状态下的最大工作载荷。 （5）检查检验合格证在有效期内	□
13	电动葫芦	1	（1）经（或检验检测监督机构）检验检测合格。 （2）检查钢丝绳磨无严重磨损现象，钢丝绳断裂根数在规程规定限度以内；接扣可靠，无松动现象；吊钩放至最低位置时，滚筒上至少剩有5圈绳索。 （3）吊钩滑轮杆无磨损现象，开口销完整；开口度符合标准要求。 （4）吊钩无裂纹或显著变形，无严重腐蚀、磨损现象；销子及滚珠轴承良好。 （5）使用前应做无负荷起落试验一次，检查制动器及传动装置应良好无缺陷，制动器灵活良好。 （6）检查导绳器和限位器灵活正常，卷扬限制器在吊钩升起距起重构架300mm时自动停止。 （7）保证控制手柄的外观完整，绝缘良好	□

续表

序号	工具名称及型号	数量	完 好 标 准	确认符合
14	轴承加热器	1	（1）加热器各部件完好齐全，数显装置无损伤且显示清晰；轭铁表面无可见损伤，放在主机的顶端面上，应与其吻合紧密平整。 （2）电源线及磁性探头连线无破损、无灼伤；控制箱上各个按钮完好且操作灵活	□
15	吹尘器	1	（1）检查检验合格证在有效期内。 （2）检查电源线、电源插头完好无破损；有漏电保护器。 （3）检查手柄、外壳部分、驱动套筒完好无损伤；进出风口清洁干净无遮挡。 （4）检查开关完好且操作灵活可靠	□
16	电动扳手	1	（1）检查电源线、电源插头完好无破损、绝缘良好、防护罩完好无破损。 （2）检查合格证在有效期内	□
17	游标卡尺	1	（1）检查测定面是否有毛头。 （2）检查卡尺的表面应无锈蚀、碰伤或其他缺陷，刻度和数字应清晰、均匀，不应有脱色现象，游标刻线应刻至斜面下缘；卡尺上应有刻度值、制造厂商、工厂标志和出厂编号	□
18	深度游标卡尺	1	（1）检查测定面是否有毛头。 （2）检查卡尺的表面应无锈蚀、碰伤或其他缺陷，刻度和数字应清晰、均匀，不应有脱色现象，游标刻线应刻至斜面下缘；卡尺上应有刻度值、制造厂商、工厂标志和出厂编号	□
19	塞尺	2	（1）检查测定面是否有毛头。 （2）检查表面应无锈蚀、碰伤或其他缺陷，刻度和数字应清晰、均匀，不应有脱色现象，刻线应刻至斜面下缘；塞尺上应有刻度值、制造厂商、工厂标志和出厂编号	□
确认人签字：				

材 料 准 备

序号	材料名称	规 格	单位	数量	检查结果
1	抹布		kg	5	□
2	塑料布		kg	3	□
3	毛刷	25、50mm	把	各1	□
4	记号笔	粗白、红	支	各1	□
5	砂纸	400目	张	10	□
6	酒精	500mL	瓶	1	□
7	机电清洗剂	DX-25	桶	0.5	□
8	环氧树脂及固化剂	E-51（618）	桶	各1	□
9	膨化橡胶板	10mm	kg	10	□
10	高效清洗剂	500mL/罐	瓶	5	□
11	螺栓松动剂	JF-51	瓶	10	□
12	硅橡胶密封剂	JF587	瓶	2	□
13	白面		kg	2	□
14	手锯条		根	2	□
15	电工纸板	2mm	张	10	□
16	硅橡胶绝缘带	QY6531	盘	4	□
17	玻璃胶		瓶	3	□

续表

备件准备					
序号	备件名称	规格型号	单位	数量	检查结果
1	导电杆	M16	个	3	□
	导电杆垫片	ϕ16	个	6	□
	验收标准：外观检查，用肉眼观察导电杆螺口无损伤和乱扣的现象，用铜母带入后无卡涩，卡槽棱角与绝缘子尺寸吻合，垫片平整无毛刺				
2	绝缘子	外径60mm	个	3	□
	验收标准：检查绝缘子合格证完整，制造厂名、规格型号、标准代号、包装日期、检验人等准确清晰；绝缘子无裂纹、爬电、闪络现象，耐压试验合格				

四、检修工序卡	
检修工序步骤及内容	安全、质量标准
1 电动机断引，三相电源电缆接地并短路 □1.1 使用24～27mm梅花扳手将3个瓷瓶电缆引线拆除；（拆线前留照片） 危险源：交流电 安全鉴证点 1-S1 □1.2 将电缆引线从接线盒内抽出	□A1.1 工作前验电；拆下的电缆三相短路并接地。 1.1 用钢字头在电缆上做相序永久性标，并记录（已有永久标记的进行核对）；拆卸的电缆已三相接地并短路；接地短路采用铜编织线，截面积不小于10mm^2；符合要求
2 联系相关专业人员拆热工线和联轴器 □2.1 联系机务拆联轴器螺栓 危险源：联轴器、手拉葫芦、电动葫芦、氧气、乙炔 安全鉴证点 2-S1 2.2 联系热工拆测温线	□A2.1（a） 工作人员穿戴好防护手套；应用专用测温工具测量高温部件温度，不准用手臂直接接触判断；拆卸时必须统一指挥、相互配合、同起同落、同时行进。 □A2.1（b） 悬挂链式起重机的架梁或建筑物，必须经过计算，否则不准悬挂；禁止用链式起重机长时间悬吊重物；工作负荷不准超过铭牌规定；起重物品必须绑牢，吊钩应挂在物品的重心上，吊钩钢丝绳应保持垂直；禁止使吊钩斜着拖吊重物；工作负荷不准超过铭牌规定。 □A2.1（c） 使用中不准混用氧气软管与乙炔软管；冻结时应用热水或蒸汽解冻，不准用火烤；通气的乙炔及氧气软管上方禁止进行动火作业；在焊接中禁止将带有油迹的衣服、手套或其他沾有油脂的工具、物品与氧气瓶软管及接头相接触；运送氧气瓶时，必须保证气瓶不致沾染油脂、沥青等；乙炔和氧气软管在工作中应防止沾上油脂或触及金属溶液；焊接工作结束或中断焊接工作时，应关闭氧气和乙炔气瓶、供气管路的阀门，确保气体不外漏；重新开始工作时，应再次确认没有可燃气体外漏时方可点火工作。 2.1 拆卸的螺栓要及时进行回收，并记录，以防遗失
3 修前试验 危险源：试验电压 安全鉴证点 3-S1	□A3（a） 检查验电器在使用有效期及检测合格周期内，产品标识及定期检验合格标识应清晰齐全。 □A3（b） 严格执行《电业安全工作规程》，根据检修设备的额定电压选用相同电压等级的验电器。 □A3（c） 工作触头的金属部分连接应牢固，无放电痕迹 □A3（d） 验电器的绝缘杆表面应清洁光滑、干燥，无裂纹、无破损、无绝缘层脱落、无变形及放电痕迹等明显缺陷 □A3（e） 握柄应无裂纹、无破损、无有碍手握的缺陷。 □A3（f） 验电器（触头、绝缘杆、握柄）各处连接应牢固可靠。 □A3（g） 验电前应将验电器在带电的设备上验电，证实验电器声光报警等是否良好。 □A3（h） 设置电气专人进行监护及安全交底。 □A3（i） 试验时，无关人员撤离工作现场，未经许可不许进入试验区，在得到检修负责人许可后方可加压；试验结束将所试验设备接地放电并经试验负责人同意后方可重新检

续表

检修工序步骤及内容	安全、质量标准
□3.1　使用合格的绝缘电阻表测电动机修前绝缘	修设备。 □A3（j）试验后立即放电，然后将被试设备可靠接地，再断开试验设备与被试设备的连接。 3.1　使用检验合格的2500V绝缘电阻表；测量时遵从绝缘电阻表使用相关规定；测量数据记录清楚
4　电动机移位 危险源：电动机本体、吊具、电动扳手、手拉葫芦、电动葫芦 安全鉴证点 | 4-S1 | □4.1　拆地脚螺栓和水管螺栓；使用41mm地脚扳手将电动机4条地脚螺栓拆除	4.1　勿用扁铲和锤子直接敲击螺栓造成损坏；拆水管前确认冷却水阀门已关严，冷却器法兰用堵板封堵牢固，防止冷却水管内进入异物；拆卸的螺栓要及时进行回收，并记录，以防遗失。 □A4（a）大型物件的放置地点必须为荷重区域。 □A4（b）不准将重物放置在孔、洞的盖板或非支撑平面上面。 □A4（c）应事先选好地点，放好方木等衬垫物品，确保平稳牢固。 □A4（d）起吊重物不准让其长期悬在空中，有重物暂时悬在空中时，不准操作人员离开或做其他工作。 □A4（e）起重吊物之前，必须清楚物件的实际重量；当重物无固定死点时，必须按规定选择吊点并捆绑牢固，使重物在吊运过程中保持平衡和吊点不发生移动；工件或吊物起吊时必须捆绑牢靠。 □A4（f）吊拉时两根钢丝绳之间的夹角一般不得大于90°。 □A4（g）使用单吊索起吊重物挂钩时应打"挂钩结"；使用吊环时螺栓必须拧到底；使用卸扣时，吊索与其连接的一个索扣必须扣在销轴上，另一个索扣必须扣在扣顶上，不准两个索扣分别扣在卸扣的扣体两侧上；吊拉捆绑时，重物或设备构件的锐边快口处必须加装衬垫物。 □A4（h）严禁吊物上站人或放有活动的物体严禁吊物从人的头上越过或停留。 □A4（i）不准手提电动扳手的导线或转动部分；使用金属外壳电动工具必须戴绝缘手套。 □A4（j）对电动扳手进行调整或更换附件、备件之前，必须切断电源（用电池的，也要断开连接）；工作中，离开工作场所、暂停作业以及遇临时停电时，须立即切断电动扳手电源。 □A4（k）起重物品必须绑牢，吊钩应挂在物品的重心上，吊钩钢丝绳应保持垂直；禁止使吊钩斜着拖吊重物，工作负荷不准超过铭牌规定。
□4.2　冷却器移位	4.2　起吊前检查起吊部件牢靠，先用倒链缓慢地将冷却器吊出，检查下部无磕碰后再用天车吊下，离开本体前要缓慢，防止磕碰；冷却器吊走后将电机背部做好防护，防止异物落入电动机内部。
□4.3　将电动机吊至检修场地，找正用垫片进行编号，妥善收管	4.3　找正用垫片已进行编号，妥善收管；起吊电动机执行起重标准，由专业人员进行
5　电动机解体 □5.1　修前测量电动机前后轴封间隙，并做好标记；测量转轴与轴封间隙并做好记录	5.1　测量相互垂直的4点，测量3次取平均值，详细记录；做好拆卸位置相对标记。
□5.2　拆电动机前、后端盖	5.2　拆电机前、后端盖；先拆除上下端盖定位销，用17～19mm梅花扳手松开上下结合面螺丝和端盖螺丝，将上端盖取下，将下端盖翻出。
□5.3　修前测量定、转子间隙和磁力中心 电动机定、转子间隙标准：（最大值或最小值-平均值）/平均值×100%＜10%	5.3　用塞尺测量定转子间隙，每点测量3次取平均值，记录清楚；每隔120°用两根1m钢板尺测量定转子磁力中心，每点测量3次取平均值，记录清楚。

续表

<table>
<tr><th>检修工序步骤及内容</th><th>安全、质量标准</th></tr>
<tr><td>

质检点	1-W2	

□5.4 拆除双侧轴瓦及瓦座（由机械人员执行机械标准）定子膛内事先铺好1mm厚纸板，将转子放在定子膛内

□5.5 抽转子
危险源：电动葫芦、手拉葫芦、转子

安全鉴证点	1-S2	

质检点	2-W2	

</td><td>5.4 将转子放在定子膛上时应缓慢进行，不得磕碰定转子铁芯及绕组；用胶皮将轴颈包裹好，防止造成轴颈意外损坏。
□A5.5（a） 悬挂链式起重机的架梁或建筑物，必须经过计算，否则不准悬挂；禁止用链式起重机长时间悬吊重物。
□A5.5（b） 工作负荷不准超过铭牌规定。
□A5.5（c） 起重物品必须绑牢，吊钩应挂在物品的重心上。
□A5.5（d） 吊钩钢丝绳应保持垂直；禁止使吊钩斜着拖吊重物。
□A5.5（e） 工作负荷不准超过铭牌规定。
□A5.5（f） 必须将物件牢固、稳妥地绑住。
□A5.5（g） 滚动物件必须加设垫块并捆绑牢固。
5.5 抽转子过程应平稳，转子在定子膛内四周间隙应保持均匀；专人监测定、转子间隙；抽转子前应使用10t手拉葫芦将转子位置调整好，其定、转子间隙上下左右位置应保持均匀，严禁转子在抽出过程中发生定转子磕碰现象，以防止造成其铁芯及线圈损坏；抽出的转子放在道木上，做好防滑等相应的防护措施</td></tr>
<tr><td>6 电动机定子检修（此工序可与7、8检修工序同时进行）
□6.1 吹灰清扫，将定子各部位及端盖等附件清理干净
危险源：清洁剂、电吹风

安全鉴证点	5-S1	

□6.2 定子铁芯进行详细检查

□6.3 定子绕组检查
主要检查定子绕组的固定和绝缘磨损、腐蚀等情况

□6.4 引线和接线盒检查

□6.5 定子检查、处理后验收

质检点	3-W2	

</td><td>关键工序提示：
重点检查定子铁芯通风孔，其通风沟槽内应清洁，无异物。
□A6.1（a） 使用含有抗菌成分的清洁剂时，戴上手套，避免灼伤皮肤。
□A6.1（b） 使用时打开窗户或打开风扇通风，避免过多吸入化学微粒，戴防护口罩。
□A6.1（c） 高压灌装清洁剂远离明火、高温热源。
□A6.1（d） 废料及时清理，做到工完、料尽、场地清。
□A6.1（e） 不准将油污、油泥、废油等（包括沾油棉纱、布、手套、纸等）倒入下水道排放或随地倾倒，应收集放于指定的地点，妥善处理，以防污染环境及发生火灾。
□A6.1（f） 现场有毒、有害废料清理干净并交专业机构或指定人员进行处理。
□A6.1（g） 不准手提电吹风的导线或转动部分。电吹风不要连续使用时间太久，应间隙断续使用，以免电热元件和电动机过热而烧坏。
□A6.1（h） 每次使用后，应立即拔断电源，待冷却后，存放于通风良好、干燥，远离阳光照射的地方。
6.2 铁芯紧固、平整，无毛刺和锈斑现象；无定、转子擦痕；铁芯压紧和固定机构良好，焊口无裂纹；通风道干净畅通无杂物。
6.3 绕组表面漆膜良好，无变色裂纹；端部固定良好，绑线无断裂松动；线棒出槽口处无磨损；端部过线绝缘及固定应良好，端部绕组绑扎紧固。
6.4 引出线绝缘良好，无损伤，电动机内部引线固定良好，直接与金属部件接触部件的防护完好，定子铁芯定位筋之间固定良好无磨损；瓷瓶无裂纹和爬电、闪络现象；接线柱无脱扣烧伤现象；引线鼻子无过热、断裂痕迹。
6.5 定子各部清洁、无异物；检查、修理记录齐全；试验记录完整</td></tr>
<tr><td>7 电动机转子检修（此工序可与6、8检修工序同时进行）

□7.1 清扫、清洗转子各部</td><td>关键工序提示：
主要检查短路环和笼条的固定，焊接情况，铁芯的紧固及固定件的紧固性。
7.1 使用0.2～0.4MPa无油，无水压缩空气；各部无灰尘、油污、杂物。</td></tr>
</table>

续表

<table>
<tr><th>检修工序步骤及内容</th><th>安全、质量标准</th></tr>
<tr><td>□7.2　转子铁芯、笼条检查

□7.3　转子风扇检查

□7.4　转子其他部分检查
主要检查转子轴颈，转子上紧固件，平衡块和联轴器

□7.5　转子检查、处理后验收
质检点 | 1-H3 |</td><td>7.2　铁芯紧固，无张口、变色、毛刺、锈斑现象；笼条与短路环焊接良好，强度足够，笼条无变形、开焊现象；各紧固件防松措施应良好，无松动、脱落现象；笼条无熔化、裂纹；转子通风孔畅通，无杂物；重点检查转子铁芯端部不松动，压止无松动；主要检查短路环和笼条的固定，焊接情况，铁芯的紧固及固定件的紧固性。
7.3　风扇无变形、损伤、裂纹；固定良好，无开焊等情况；敲击声音应清脆连续，声振时间较长；转子风扇在转轴上固定良好，无位移现象。
7.4　转子轴颈各部良好，无损伤；转子上各紧固螺栓无松动，防滑垫片无松动，焊口无开焊现象；平衡块固定良好，无磨损松动；联轴器无变形、裂纹、损伤</td></tr>
<tr><td>8　电动机其他部件检修（此工序可与 6、7 检修工序同时进行）
□8.1　端盖及附件检查
主要检查端盖及各附件的外形，螺栓紧固情况，配合情况（注意：使用合格的量具进行测量）
□8.2　热工对测温元件检查</td><td>8.1　端盖等附件外形良好无变形裂纹；螺孔无脱扣。

8.2　由热工人员进行测温元件测试合格</td></tr>
<tr><td>9　电气试验
□9.1　直流耐压、直流泄漏、交流耐压等电气试验
危险源：试验电压
安全鉴证点 | 6-S1 |</td><td>□A9.1（a）　高压试验工作不得少于两人；试验负责人应由有经验的人员担任，开始试验前，试验负责人应向全体试验人员详细布置试验中的安全注意事项，交代邻近间隔的带电部位，以及其他安全注意事项。
□A9.1（b）　试验现场应装设遮栏或围栏，遮栏或围栏与试验设备高压部分应有足够的安全距离，向外悬挂“止步，高压危险”的标示牌，并派人看守；被试设备两端不在同一地点时，另一端还应派人看守。
□A9.1（c）　变更接线或试验结束时，应首先断开试验电源，并将升压设备的高压部分放电、短路接地。
□A9.1（d）　试验时，通知所有人员离开被试设备，并取得试验负责人许可，方可加压；加压过程中应有人监护并呼唱。
□A9.1（e）　试验结束时，试验人员应拆除自装的接地短路线，并对被试设备进行检查，恢复试验前的状态，经试验负责人复查后，进行现场清理。
□A9.1（f）测量人员和绝缘电阻表安放位置，应选择适当，保持安全距离，以免绝缘电阻表引线或引线支持物触碰带电部分。
□A9.1（g）　移动引线时，应注意监护，防止工作人员触电。
□A9.1（h）　通知运行人员和有关人员，并派人到现场看守，检查二次回路及一次设备上确无人工作后，方可加压，试验结束将所试设备对地放电，释放残余电压。
□A9.1（i）　试验前确认试验电压标准；加压前必须认真检查试验结线，表计倍率、量程，调压器零位及仪表的开始状态，均正确无误。
□A9.1（j）　通知所有人员离开被试设备，并取得试验负责人许可，方可加压；加压过程中应有人监护并呼唱。
□A9.1（k）　高压试验工作不得少于两人，试验后确认短接线已拆除。
9.1　直流电阻三相互差小于 2%。
绝缘电阻值不小于 6MΩ；直流耐压及泄漏 15kV 1min 通过；交流耐压 9kV 1min 通过。试验合格后出具相关试验报告</td></tr>
</table>

续表

检修工序步骤及内容	安全、质量标准
10　电动机回装前检查验收 □10.1　电动机各部应清洁无杂物，验收检查所有拆卸记录，各种标记齐全，无误 质检点　2-H3	10.1　转子各部清洁、无异物；检查、修理记录齐全；试验记录完整
11　电动机回装 □11.1　穿转子 注意：顺序与抽转子相反（要求同抽转子） 危险源：转子、吊具 安全鉴证点　2-S2	□A11.1（a）　起重工具使用前，必须检查完好、无破损。 □A11.1（b）　所选用的吊索具应与被吊工件的外形特点及具体要求相适应，在不具备使用条件的情况下，决不能使用。 □A11.1（c）　作业中应防止损坏吊索具及配件，必要时在棱角处应加护角防护。 □A11.1（d）　吊具及配件不能超过其额定起重量，起重吊具、吊索不得超过其相应吊挂状态下的最大工作载荷。 □A11.1（e）　严禁吊物上站人或放有活动的物体；严禁吊物从人的头上越过或停留。 □A11.1（f）　起吊重物不准让其长期悬在空中。 □A11.1（g）　吊装作业现场必须设警戒区域，设专人监护。 □A11.1（h）　不准将重物放置在孔、洞的盖板或非支撑平面上面。 □A11.1（i）　应事先选好地点，放好方木等衬垫物品，确保平稳牢固。 11.1　穿转子过程应平稳，转子在定子膛内四周间隙应保持均匀；专人监测定、转子间隙；穿转子前应使用10t手拉葫芦将转子位置调整好，其定转子间隙上下左右位置应保持均匀，严禁转子在穿进过程中磕碰定转子铁芯及线圈，造成损坏；转子与定子铁芯中心对齐。 □A11.2（a）　工作人员穿戴好防护手套；应用专用测温工具测量高温部件温度，不准用手臂直接接触判断；拆卸时必须统一指挥、相互配合、同起同落、同时行进。 □A11.2（b）　悬挂链式起重机的架梁或建筑物，必须经过计算，否则不准悬挂；禁止用链式起重机长时间悬吊重物；工作负荷不准超过铭牌规定；起重物品必须绑牢，吊钩应挂在物品的重心上，吊钩钢丝绳应保持垂直；禁止使吊钩斜着拖吊重物；工作负荷不准超过铭牌规定。 □A11.2（c）　使用中不准混用氧气软管与乙炔软管；冻结时应用热水或蒸汽解冻，不准用火烤；通气的乙炔及氧气软管上方禁止进行动火作业；在焊接中禁止将带有油迹的衣服、手套或其他沾有油脂的工具、物品与氧气瓶软管及接头相接触；运送氧气瓶时，必须保证气瓶不致沾染油脂、沥青等；乙炔和氧气软管在工作中应防止沾上油脂或触及金属溶液；焊接工作结束或中断焊接工作时，应关闭氧气和乙炔气瓶、供气管路的阀门，确保气体不外漏；重新开始工作时，应再次确认没有可燃气体外漏时方可点火工作。
□11.2　回装联轴器及电动机轴瓦及瓦座 危险源：联轴器、手拉葫芦、电动葫芦、氧气、乙炔 安全鉴证点　7-S1	11.2　执行机械标准。
□11.3　测量定、转子间隙和磁力中心 电动机定、转子间隙标准：（最大值或最小值-平均值）/平均值×100%＜10% 质检点　3-H3	11.3　测量定转子间隙，每点测量3次取平均值，记录清楚；每隔120°用两根1m钢板尺测量定转子磁力中心，每点测量3次取平均值，记录清楚。
□11.4　安装电动机前、后端盖 先将下端盖沿电动机止口翻下，再安装上端盖；将上下端盖对齐，安装定位销，将接合面螺栓安装后紧固，在将电动机端盖螺栓对角紧牢	11.4　端盖翻转过程要平稳，勿碰伤定子线圈和转子轴颈；端盖安装好后，各部间隙均匀，无变形。
□11.5　修后测量电动机前后轴封间隙，测量转轴与轴封间隙与修前进行比较	11.5　测量相互垂直的4点，测量3次取平均值，与修前相同。

续表

<table>
<tr><th>检修工序步骤及内容</th><th>安全、质量标准</th></tr>
<tr><td>□11.6 冷却器回装
危险源：手拉葫芦、电动葫芦、冷却器、吊具、电动扳手

| 安全鉴证点 | 8-S1 | |</td><td>□A11.6（a） 大型物件的放置地点必须为荷重区域。
□A11.6（b） 不准将重物放置在孔、洞的盖板或非支撑平面上面。
□A11.6（c） 应事先选好地点，放好方木等衬垫物品，确保平稳牢固。
□A11.6（d） 起吊重物不准让其长期悬在空中，有重物暂时悬在空中时，不准操作人员离开或做其他工作。
□A11.6（e） 起重吊物之前，必须清楚物件的实际重量；当重物无固定死点时，必须按规定选择吊点并捆绑牢固，使重物在吊运过程中保持平衡和吊点不发生移动；工件或吊物起吊时必须捆绑牢靠。
□A11.6（f） 吊拉时两根钢丝绳之间的夹角一般不得大于90°。
□A11.6（g） 使用单吊索起吊重物挂钩时应打“挂钩结”；使用吊环时螺栓必须拧到底；使用卸扣时，吊索与其连接的一个索扣必须扣在销轴上，另一个索扣必须扣在扣顶上，不准两个索扣分别扣在卸扣的扣体两侧上；吊拉捆绑时，重物或设备构件的锐边快口处必须加装衬垫物。
□A11.6（h） 严禁吊物上站人或放有活动的物体；严禁吊物从人的头上越过或停留。
□A11.6（i） 不准手提电动扳手的导线或转动部分；使用金属外壳电动工具必须戴绝缘手套。
□A11.6（j） 对电动扳手进行调整或更换附件、备件之前，必须切断电源（用电池的，也要断开连接）；工作中，离开工作场所、暂停作业以及遇临时停电时，须立即切断电动扳手电源。
□A11.6（k） 起重物品必须绑牢，吊钩应挂在物品的重心上，吊钩钢丝绳应保持垂直；禁止使吊钩斜着拖吊重物；工作负荷不准超过铭牌规定。
11.6 严格按照拆前标记进行回装，定、转子间及冷却器风道各部清洁、无异物；紧固各部螺栓应对应进行，用力均匀，在工作中应注意，防止工作中螺栓脱落而掉入电动机内部，冷却器起吊时要注意安全，勿磕碰；起重工到位，安全监督到位。</td></tr>
<tr><td>□11.7 电动机就位找中心（机务人员执行机械标准）
危险源：手拉葫芦、电动葫芦、电动机本体、吊具、电动扳手

| 安全鉴证点 | 9-S1 | |</td><td>□A11.7（a） 大型物件的放置地点必须为荷重区域。
□A11.7（b） 不准将重物放置在孔、洞的盖板或非支撑平面上面。
□A11.7（c） 应事先选好地点，放好方木等衬垫物品，确保平稳牢固。
□A11.7（d） 起吊重物不准让其长期悬在空中，有重物暂时悬在空中时，不准操作人员离开或做其他工作。
□A11.7（e） 起重吊物之前，必须清楚物件的实际重量；当重物无固定死点时，必须按规定选择吊点并捆绑牢固，使重物在吊运过程中保持平衡和吊点不发生移动；工件或吊物起吊时必须捆绑牢靠。
□A11.7（f） 吊拉时两根钢丝绳之间的夹角一般不得大于90°。
□A11.7（g） 使用单吊索起吊重物挂钩时应打“挂钩结”；使用吊环时螺栓必须拧到底；使用卸扣时，吊索与其连接的一个索扣必须扣在销轴上，另一个索扣必须扣在扣顶上，不准两个索扣分别扣在卸扣的扣体两侧上；吊拉捆绑时，重物或设备构件的锐边快口处必须加装衬垫物。
□A11.7（h） 严禁吊物上站人或放有活动的物体严禁吊物从人的头上越过或停留。
□A11.7（i） 不准手提电动扳手的导线或转动部分；使用金属外壳电动工具必须戴绝缘手套。
□A11.7（j） 对电动扳手进行调整或更换附件、备件之前，必须切断电源（用电池的，也要断开连接）；工作中，离开工作场所、暂停作业以及遇临时停电时，须立即切断电动扳手</td></tr>
</table>

续表

检修工序步骤及内容	安全、质量标准
	电源。 □A11.7（k） 起重物品必须绑牢，吊钩应挂在物品的重心上，吊钩钢丝绳应保持垂直；禁止使吊钩斜着拖吊重物；工作负荷不准超过铭牌规定
12 电缆检查（此工序可与6、7、8检修工序同时进行） □12.1 检查电动机电缆引线 危险源：试验电压 安全鉴证点 | 10-S1 |	□A12.1 通知有关人员，并派人到现场看守，检查设备上确无人工作后，方可加压；测量人员和绝缘电阻表安放位置，应选择适当，保持安全距离，以免绝缘电阻表引线或引线支持物触碰带电部分；移动引线时，应注意监护，防止工作人员触电；试验结束将所试设备对地放电，释放残余电压。 12.1 电缆接线鼻子无裂纹，无过热现象；电缆绝缘层良好无破损；电缆紧固良好，20℃时测试绝缘：＞6MΩ/2500V绝缘电阻表
13 电动机接引线完毕进行验收 □13.1 使用14～17mm梅花扳手将引线螺栓紧固完毕，注意所垫垫片要齐全；接引线前应用2500V绝缘电阻表测量电动机绝缘；应大于6MΩ/2500V绝缘电阻表 质检点 | 4-H3 |	13.1 引线螺栓紧固齐全无松动；绝缘瓷瓶完好无裂纹、损坏；引线绝缘测试合格；接线标记与拆前记录比较一致；电缆绝缘套安装牢固，齐全；电缆孔洞封堵完好，接线执行《电气设备接线工艺质量管控措施》
14 工作结束，达到设备“四保持”标准，电动机试运 □14.1 设备外观及泄漏：文明卫生情况；冷却器水室密封、法兰；冷却器溢流孔 危险源：施工废料、孔洞 安全鉴证点 | 11-S1 | □14.2 设备结构：设备铭牌；设备标示牌；防护罩壳；油漆；接地线；各部螺栓、螺母；电缆 □14.3 应详细记录电动机的各项试验运行数据、参数，并与检修前数据相比较，从而及早查找原因并消除 危险源：6kV交流电、转动电动机 安全鉴证点 | 12-S1 |	□A14.1 废料及时清理，做到工完、料尽、场地清；临时打的孔、洞，施工结束后，必须恢复原状，检查现场安全设施已恢复齐全。 14.1 无积灰、无油污、无杂物、设备见本色；各部法兰，密封面无渗漏；溢流孔通畅、无堵塞、无水流出。 14.2 字迹清晰、齐全，牢固；无变形，完整；无脱落、变色，油漆无损坏；紧固良好，无虚接；无松动；防护管无破损。 □A14.3 电动机试转应办理工作票押票，执行设备试运程序，在未完成相关手续之前，运行人员不准将检修设备合闸送电。 检修工作结束之前，若需将设备试加工作电压，可按下列条件进行： （1）全体工作人员撤离工作地点。 （2）将该系统的所有工作票收回，拆除临时遮栏、接地线和标示牌，恢复常设遮栏。 （3）应在工作负责人和值班员进行全面检查无误后，由值班员进行加压试验。 （4）工作班若需继续工作时，应重新履行工作许可手续；衣服和袖口应扣好，不得戴围巾领带，长发必须盘在安全帽内；不准将用具、工器具接触设备的转动部位；试运行启动时不准站在试转设备的径向位置。 14.3 转向正确，各部温升正常，声音良好；振动值不超过0.10mm；三相电流平衡；转动部分无摩擦，带负载试运时间不少于2h

五、安全鉴证卡
风险点鉴证点：1-S2 工序5.3 修前测量定、转子间隙和磁力中心 检查情况：

续表

一级验收		年　月　日
二级验收		年　月　日

风险点鉴证点：2-S2　工序 11.1　穿转子
检查情况：

一级验收		年　月　日
二级验收		年　月　日

六、质量验收卡

质检点：1-W2　工序 5.3　修前测量定、转子间隙和磁力中心
测量定、转子间隙（每点测量 3 次，取平均值）：　（mm）

解体前		第一次	第二次	第三次	平均值
自由端（b、a、c）	a				
	b				
	c				
负荷端（B、A、C）	A				
	B				
	C				

测量定、转子磁力中心位置（每端测量 3 次，取平均值）：

负荷端　自由端

（mm）

测量位置	自由端		负荷端
解体前第一次值			
解体前第二次值			
解体前第三次值			
平均值			
测量器具/编号			
测量（检查）人		记录人	
一级验收			年　月　日
二级验收			年　月　日

续表

质检点：2-W2　工序 5.5　抽转子
检查情况：

测量器具/编号			
测量（检查）人		记录人	
一级验收			年　月　日
二级验收			年　月　日

质检点：3-W2　工序 6.5　定子检查、处理后验收
检查情况：

测量器具/编号			
测量人		记录人	
一级验收			年　月　日
二级验收			年　月　日

质检点：1-H3　工序 7.5　转子检查、处理后验收
检查情况：

测量器具/编号			
测量人		记录人	
一级验收			年　月　日
二级验收			年　月　日
三级验收			年　月　日

质检点：2-H3　工序 10　电动机回装前检查验收
检查情况：

续表

测量器具/编号			
测量人		记录人	
一级验收			年　月　日
二级验收			年　月　日
三级验收			年　月　日

质检点：3-H3　工序 11.3　测量定、转子间隙和磁力中心

测量定、转子间隙（每点测量 3 次，取平均值）：　　（mm）

回装后数据		第一次	第二次	第三次	平均值
b a　c　自由端	a				
	b				
	c				
B A　C　负荷端	A				
	B				
	C				

测量定、转子磁力中心位置（每端测量 3 次，取平均值）：

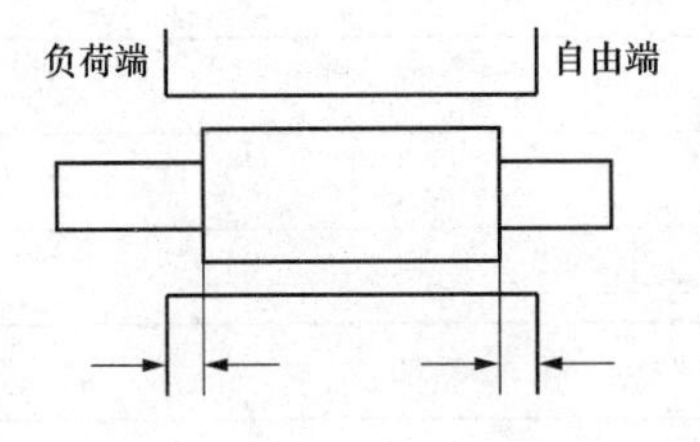

（mm）

测量位置	自由端		负荷端
回装后第一次值			
回装后第二次值			
回装后第三次值			
平均值			
测量器具/编号			
测量人		记录人	
一级验收			年　月　日
二级验收			年　月　日
三级验收			年　月　日

质检点：4-H3　工序 13　电动机接引线完毕进行验收

检查情况：

续表

测量器具/编号			
测量（检查）人		记录人	
一级验收			年 月 日
二级验收			年 月 日
三级验收			年 月 日

七、完工验收卡

序号	检查内容	标 准	检查结果
1	安全措施恢复情况	1.1 检修工作全部结束 1.2 整改项目验收合格 1.3 检修脚手架拆除完毕 1.4 孔洞、坑道等盖板恢复 1.5 临时拆除的防护栏恢复 1.6 安全围栏、标示牌等撤离现场 1.7 安全措施和隔离措施具备恢复条件 1.8 工作票具备押回条件	□ □ □ □ □ □ □ □
2	设备自身状况	2.1 设备与系统全面连接 2.2 设备各人孔、开口部分密封良好 2.3 设备标示牌齐全 2.4 设备油漆完整 2.5 设备管道色环清晰准确 2.6 阀门手轮齐全 2.7 设备保温恢复完毕	□ □ □ □ □ □ □
3	设备环境状况	3.1 检修整体工作结束，人员撤出 3.2 检修剩余备件材料清理出现场 3.3 检修现场废弃物清理完毕 3.4 检修用辅助设施拆除结束 3.5 临时电源、水源、气源、照明等拆除完毕 3.6 工器具及工具箱运出现场 3.7 地面铺垫材料运出现场 3.8 检修现场卫生整洁	□ □ □ □ □ □ □ □

一级验收	二级验收

八、完工报告单

工期	年 月 日 至 年 月 日			实际完成工日	工日
主要材料备件消耗统计	序号	名称	规格与型号	生产厂家	消耗数量
	1				
	2				
	3				
	4				
	5				
缺陷处理情况	序号	缺陷内容		处理情况	
	1				
	2				
	3				
	4				

续表

<table>
<tr><td>异动情况</td><td colspan="3"></td></tr>
<tr><td>让步接受情况</td><td colspan="3"></td></tr>
<tr><td>遗留问题及
采取措施</td><td colspan="3"></td></tr>
<tr><td>修后总体评价</td><td colspan="3"></td></tr>
<tr><td rowspan="2">各方签字</td><td>一级验收人员</td><td>二级验收人员</td><td>三级验收人员</td></tr>
<tr><td></td><td></td><td></td></tr>
</table>

检修文件包

单位：____________ 班组：____________ 编号：____________

检修任务：低压电动机检修 风险等级：________

一、检修工作任务单			
计划检修时间	年 月 日 至 年 月 日	计划工日	
主要检修项目	1．断引 2．电动机解体（抽转子） 3．电动机定子检修 4．电动机转子检修	5．电动机其他部件检修 6．电气试验 7．电动机回装 8．接引线，电动机试运	
修后目标	1．最大允许振动值：≤0.10mm 2．定子线圈最高温度值：＜130℃ 3．轴承最高允许温度值：＜90℃	4．设备修后180天无临修 备注：以上为规定的最大允许标准限值设备修后所测参数不应超过修前值10%	

鉴证点分布	W点	工序质检点内容	H点	工序及质检点内容	S点	工序及安全鉴证点内容
	1-W2	□5.6 定子检查、处理后验收	1-H3	□9.1 电动机回装前检查验收	S2	
	2-W2	□6.6 转子检查、处理后验收				
	3-W2	□12.1 电动机接引线完毕进行验收				
	4-W2	□13.3 应详细记录电动机的各项试验运行数据、参数				

质量验收人员	一级验收人员	二级验收人员	三级验收人员
安全验收人员	**一级验收人员**	**二级验收人员**	**三级验收人员**

二、修前策划卡
设 备 基 本 参 数
1．型号：YE3-200L1-2 2．基本参数： 功　率：30kW　电　压：380V　电　流：55.6A 接　法：△　转　速：2939r/min　质　量：249kg 功率因数：0.89　工作制式：S　绝缘等级：F 制造厂名：佳木斯电机厂
设 备 修 前 状 况
检修前交底（设备运行状况、历次主要检修经验和教训、检修前主要缺陷） 历次主要检修经验和教训：

续表

设备修前状况				
检修前主要缺陷：				
技术交底人			年　月　日	
接受交底人			年　月　日	
人员准备				
序号	工种	工作组人员姓名	资格证书编号	检查结果
1	电机检修高级工			□
2	电机检修中级工			□
3	电机检修初级工			□
4	电机检修初级工			□
5	电机检修初级工			□
6	起重高级工			□

三、现场准备卡		
办理工作票		
工作票编号：		
施工现场准备		
序号	安全措施检查	确认符合
1	进入噪声区域、使用高噪声工具时正确佩戴合格的耳塞	□
2	增加临时照明	□
3	发现盖板缺损及平台防护栏杆不完整时，应采取临时防护措施，设坚固的临时围栏	□
4	进入粉尘较大的场所作业，作业人员必须戴防尘口罩	□
5	电气设备的金属外壳应实行单独接地；电气设备金属外壳的接地与电源中性点的接地分开；拆下的电缆三相短路并接地	□
6	与带电设备保持0.7m安全距离	□
7	与运行人员共同确认现场安全措施、隔离措施正确完备；确认开关拉开，开关拉至“试验”或“检修”位置，控制方式在“就地”位置，操作电源、动力电源断开，验明检修设备确无电压；确认“禁止合闸、有人工作”“在此工作”等警告标示牌按措施要求悬挂；明确相邻带电设备及带电部位	□
8	工作前核对设备名称及编号、验电	□
9	清理检修现场；设置检修现场定制图；地面使用胶皮铺设，并设置围栏及警告标示牌；检修工器具、材料备件定置摆放	□
10	检修管理文件、原始记录本已准备齐全	□
确认人签字：		

工器具准备与检查				
序号	工具名称及型号	数量	完好标准	确认符合
1	手锤 （0.75p）	2	手锤的锤头须完整，其表面须光滑微凸，不得有歪斜、缺口、凹入及裂纹等情形；手锤的柄须用整根的硬木制成，并将头部用楔栓固定；楔栓宜采用金属楔，楔子长度不应大于安装孔的2/3	□
2	梅花扳手	1	扳手不应有裂缝、毛刺及明显的夹缝、切痕、氧化皮等缺陷，柄部应平直	□
3	活扳手	2	（1）活动扳口在扳体导轨的全行程上灵活移动。 （2）活扳手不应有裂缝、毛刺及明显的夹缝、氧化皮等缺陷，柄部平直且不应有影响使用性能的缺陷	□
4	螺丝刀	2	丝刀手柄应安装牢固，没有手柄的不准使用	□

续表

序号	工具名称及型号	数量	完 好 标 准	确认符合
5	撬棍	2	必须保证撬杠强度满足要求；在使用加力杆时，必须保证其强度和嵌套深度满足要求，以防折断或滑脱	□
6	錾子	2	（1）工作前应对錾子外观检查，不准使用不完整工器具。 （2）錾子被敲击部分有伤痕不平整、沾有油污等，不准使用	□
7	铜棒	2	无油污、表面须光滑微凸，不得有歪斜、缺口、凹入及裂纹等情形	□
8	内六角扳手	2	表面应光滑，不应有裂纹、毛刺等影响使用性能的缺陷	□
9	手拉葫芦（1t×3m）	2	（1）检查检验合格证在有效期内。 （2）链节无严重锈蚀及裂纹，无打滑现象。 （3）齿轮完整，轮杆无磨损现象，开口销完整。 （4）吊钩无裂纹变形。 （5）链扣、蜗母轮及轮轴发生变形、生锈或链索磨损严重时，均应禁止使用。 （6）撑牙灵活能起刹车作用；撑牙平面垫片有足够厚度，加荷重后不会拉滑。 （7）使用前应做无负荷的起落试验一次，检查其煞车以及传动装置是否良好，然后再进行工作	□
10	吊带	4	（1）起重工具使用前，必须检查完好、无破损。 （2）所选用的吊索具应与被吊工件的外形特点及具体要求相适应，在不具备使用条件的情况下，决不能使用。 （3）作业中应防止损坏吊索具及配件，必要时在棱角处应加护角防护。 （4）吊具及配件不能超过其额定起重量，起重吊具、吊索不得超过其相应吊挂状态下的最大工作载荷。 （5）检查检验合格证在有效期内	□
11	轴承加热器	1	（1）加热器各部件完好齐全，数显装置无损伤且显示清晰；轭铁表面无可见损伤，放在主机的顶端面上，应与其吻合紧密平整。 （2）电源线及磁性探头连线无破损、无灼伤；控制箱上各个按钮完好且操作灵活	□
12	吹尘器	1	（1）检查检验合格证在有效期内。 （2）检查电源线、电源插头完好无破损；有漏电保护器。 （3）检查手柄、外壳部分、驱动套筒完好无损伤；进出风口清洁干净无遮挡。 （4）检查开关完好且操作灵活可靠	□
13	电动喷枪	1	（1）检查电源线、电源插头完好无破损、绝缘良好、防护罩完好无破损。 （2）检查合格证在有效期内	□
14	电动扳手	1	（1）检查电源线、电源插头完好无破损、绝缘良好、防护罩完好无破损。 （2）检查合格证在有效期内	□
15	游标卡尺	1	（1）检查测定面是否有毛头。 （2）检查卡尺的表面应无锈蚀、碰伤或其他缺陷，刻度和数字应清晰、均匀，不应有脱色现象，游标刻线应刻至斜面下缘；卡尺上应有刻度值、制造厂商、工厂标志和出厂编号	□
16	塞尺	2	（1）检查测定面是否有毛头。 （2）检查表面应无锈蚀、碰伤或其他缺陷，刻度和数字应清晰、均匀，不应有脱色现象，刻线应刻至斜面下缘；塞尺上应有刻度值、制造厂商、工厂标志和出厂编号	□

确认人签字：

材 料 准 备

序号	材料名称	规 格	单位	数量	检查结果
1	抹布		kg	5	□
2	塑料布		kg	3	□

续表

序号	材料名称	规　　格	单位	数量	检查结果
3	毛刷	25、50mm	把	各1	□
4	记号笔	粗白、红	支	各1	□
5	砂纸	400目	张	10	□
6	酒精	500mL	瓶	1	□
7	机电清洗剂	DX-25	桶	0.5	□
8	高效清洗剂	500mL/罐	瓶	5	□
9	螺栓松动剂	JF-51	瓶	10	□
10	手锯条		根	2	□
备　件　准　备					
序号	备件名称	规　格　型　号	单位	数量	检查结果
	轴承				□
	验收标准：检查轴承备件合格证完整，制造厂名、规格型号、标准代号、包装日期、检验人等准确清晰；外观检查，用肉眼观察滚动轴承，内外滚道应没有剥落痕迹；所有滚动体表面应无斑点、裂纹和剥皮的现象；保持架应不松散，强度高；手感检查，测量轴承内、外径及宽度，轴承原始游隙符合滚动轴承国家标准；用手指捏住内座圈进行轴向晃动时，应无明显的旷动响声；采用转动法检查轴承振动及噪声，用一只手夹持轴承内圈，另一只手转动外圈，轴承应灵活转动，无异常响声				

四、检修工序卡	
检修工序步骤及内容	安全、质量标准
1　电机断引，三相电源电缆接地并短路 □1.1　使用梅花扳手将电缆引线拆除 危险源：交流电 安全鉴证点 | 1-S1 | □1.2　将电缆引线从接线盒内抽出	□A1.1　工作前验电；拆下的电缆三相短路并接地。 1.1　用钢字头在电缆上做相序永久性标记，并记录；拆卸的电缆已三相接地并短路；接地短路采用铜编织线，截面积不小于10mm^2；符合要求
2　拆除端盖法兰螺栓，电动机移位，运至检修现场 □2.1　联轴器螺栓 □2.2　电动机移位，运至检修现场	2.1　勿用扁铲和锤子直接敲击螺栓造成损坏；拆卸的螺栓要及时进行回收，并记录，以防遗失
3　修前试验 危险源：试验电压 安全鉴证点 | 2-S1 | □3.1　使用合格的绝缘电阻表测电动机修前绝缘	□A3（a）　检查验电器在使用有效期及检测合格周期内，产品标识及定期检验合格标识应清晰齐全。 □A3（b）　严格执行《电业安全工作规程》，根据检修设备的额定电压选用相同电压等级的验电器。 □A3（c）　工作触头的金属部分连接应牢固，无放电痕迹。 □A3（d）　验电器的绝缘杆表面应清洁光滑、干燥，无裂纹、无破损，无绝缘层脱落、无变形及放电痕迹等明显缺陷。 □A3（e）　握柄应无裂纹、无破损、无有碍手握的缺陷。 □A3（f）　验电器（触头、绝缘杆、握柄）各处连接应牢固可靠。 □A3（g）　验电前应将验电器在带电的设备上验电，证实验电器声光报警等是否良好。 □A3（h）　设置电气专人进行监护及安全交底。 □A3（i）　试验时，无关人员撤离工作现场，未经许可不许进入试验区，在得到检修负责人许可后方可加压；试验结束将所试验设备接地放电并经试验负责人同意后方可重新检修设备。 □A3（j）　试验后立即放电，然后将被试设备可靠接地，再断开试验设备与被试设备的连接 3.1　使用检验合格的500V绝缘电阻表；测量时遵从绝缘电阻表使用相关规定，测量数据记录清楚
4　电动机解体 □4.1　拆卸联轴器 危险源：联轴器、手拉葫芦、氧气、乙炔	□A4.1（a）　工作人员穿戴好防护手套；应用专用测温工具测量高温部件温度，不准用手臂直接接触判断；拆卸时必

续表

<table>
<tr><th>检修工序步骤及内容</th><th>安全、质量标准</th></tr>
<tr><td>
<table><tr><td>安全鉴证点</td><td>3-S1</td><td></td></tr></table>

□4.2　前后轴承盖拆卸
□4.3　后侧风扇拆卸
□4.4　抽转子
危险源：电动葫芦、手拉葫芦、转子
<table><tr><td>安全鉴证点</td><td>4-S1</td><td></td></tr></table>
</td><td>须统一指挥、相互配合、同起同落、同时行进。
□A4.1（b）　悬挂链式起重机的架梁或建筑物，必须经过计算，否则不准悬挂；禁止用链式起重机长时间悬吊重物；工作负荷不准超过铭牌规定；起重物品必须绑牢，吊钩应挂在物品的重心上，吊钩钢丝绳应保持垂直；禁止使吊钩斜着拖吊重物；工作负荷不准超过铭牌规定。
□A4.1（c）　使用中不准混用氧气软管与乙炔软管；冻结时应用热水或蒸汽解冻，不准用火烤；通气的乙炔及氧气软管上方禁止进行动火作业。
在焊接中禁止将带有油迹的衣服、手套或其他沾有油脂的工具、物品与氧气瓶软管及接头相接触；运送氧气瓶时，必须保证气瓶不致沾染油脂、沥青等；乙炔和氧气软管在工作中应防止沾上油脂或触及金属溶液；焊接工作结束或中断焊接工作时，应关闭氧气和乙炔气瓶、供气管路的阀门，确保气体不外漏；重新开始工作时，应再次确认没有可燃气体外漏时方可点火工作。
4.1　使用2t专用拉马将联轴器拆下；拉马外观检查良好，检验合格；正确使用拉马，人员做好安全措施，以防联轴器过紧致使专用工具损坏，紧固螺栓蹦出造成人身伤害；扒卸过程中要求联轴器受力均匀；联轴器加热温度一般为200℃左右；加热要均匀迅速；氧气、乙炔使用遵循相关规定，两瓶之间间距不小于8m，距动火地点大于10m；联轴器拆卸后要妥善放好，做好防烫、防人员砸伤措施。
4.2　电动机解体前做好前后端盖、油盖的位置标记，使用红色或黑色记号笔做前、后字样。
4.3　拆除尾侧风扇叶时要小心，使用撬棍将扇叶撬出过程中用力要均匀，以免损坏风扇叶。
□A4.4（a）　悬挂链式起重机的架梁或建筑物，必须经过计算，否则不准悬挂；禁止用链式起重机长时间悬吊重物。
□A4.4（b）　工作负荷不准超过铭牌规定。
□A4.4（c）　起重物品必须绑牢，吊钩应挂在物品的重心上。
□A4.4（d）　吊钩钢丝绳应保持垂直；禁止使吊钩斜着拖吊重物。
□A4.4（e）　工作负荷不准超过铭牌规定。
□A4.4（f）　必须将物件牢固、稳妥地绑住。
□A4.4（g）　滚动物件必须加设垫块并捆绑牢固。
4.4　抽转子过程应平稳，转子在定子膛内四周间隙应保持均匀；专人监测定、转子间隙；将转子位置调整好，严禁转子在抽出过程中发生定转子磕碰现象，以防止造成其铁芯及线圈损坏；抽出的转子放在道木上，并做好防滑等相应的防护措施</td></tr>
<tr><td>5　电动机定子检修（此工序可与6、7检修工序同时进行）
□5.1　吹灰清扫，将定子各部位及端盖等附件清理干净
危险源：清洁剂、电吹风
<table><tr><td>安全鉴证点</td><td>5-S1</td><td></td></tr></table>

□5.2　定子铁芯进行详细检查</td><td>□A5.1（a）　使用含有抗菌成分的清洁剂时，戴上手套，避免灼伤皮肤；使用时打开窗户或打开风扇通风，避免过多吸入化学微粒，戴防护口罩；高压灌装清洁剂远离明火、高温热源。
□A5.1（b）　不准手提电吹风的导线或转动部分；
电吹风不要连续使用时间太久，应间隙断续使用，以免电热元件和电动机过热而烧坏。
每次使用后，应立即拔断电源，待冷却后，存放于通风良好、干燥，远离阳光照射的地方。
□A5.1（c）　行灯电源线不准与其他线路缠绕在一起；行灯暂时或长时间不用时，应断开行灯变压器电源。
5.1　使用0.2～0.4MPa无油、无水压缩空气；各部位无灰尘、油污、杂物。
5.2　铁芯紧固、平整，无毛刺和锈斑现象；无定、转子擦痕；铁芯压紧和固定机构良好，焊口无裂纹。</td></tr>
</table>

续表

<table>
<tr><th>检修工序步骤及内容</th><th>安全、质量标准</th></tr>
<tr><td>□5.3 定子绕组检查
主要检查定子绕组的固定和绝缘磨损、腐蚀等情况
□5.4 槽楔检查
□5.5 引线和接线盒检查
仔细检查电动机引出线、绝缘和接线柱
□5.6 定子检查、处理后验收
质检点 | 1-W2 | </td><td>5.3 绕组表面漆膜良好，无变色裂纹；端部固定良好，绑线无断裂松动；线棒出槽口处无磨损；端部过线绝缘及固定应良好，端部绕组绑扎紧固。
5.4 槽楔无松动、损伤、变色及多层损坏现象。
5.5 引出线绝缘良好，损伤，电动机内部引线固定良好，直接与金属部件接触部件的防护完好；接线柱无脱扣烧伤现象；引线鼻子无过热、断裂痕迹。
5.6 定子各部清洁、无异物；检查、修理记录齐全；试验记录完整</td></tr>
<tr><td>6 电动机转子检修（此工序可与5、7检修工序同时进行）
□6.1 清扫、清洗转子各部
□6.2 转子铁芯、笼条检查
主要检查短路环和笼条的固定，焊接情况，铁芯的紧固及固定件的紧固性
□6.3 转子风扇检查
□6.4 轴承更换
清洗轴承；检查，压轴承间隙，加润滑脂；更换轴承时应测量轴承内套与电动机轴颈配合尺寸
注意：轴承润滑脂的添加量应根据润滑脂品牌的不同合理掌握，一般为轴承容量的1/2～2/3；更换轴承时，轴承型号应与原轴承相同，测量尺寸时必须使用合格的测量工具；回装轴承时一定要认真核对前后侧轴承型号，并与拆前记录相比较，以免发生错装、漏装现象，轴承与轴肩贴紧无间隙；如需扒轴承时，火焰对准轴承内圈，不要损伤轴径
危险源：轴承加热器、润滑油、移动式电源盘、手锤、轴承
安全鉴证点 | 6-S1 |
□6.5 转子其他部分检查
主要检查转子轴颈，转子上紧固件，平衡块和联轴器
□6.6 转子检查、处理后验收
质检点 | 2-W2 | </td><td>关键工序提示：
主要检查短路环和笼条的固定，焊接情况，铁芯的紧固及固定件的紧固性。
6.1 使用0.2～0.4MPa无油、无水压缩空气；各部无灰尘、油污、杂物。
6.2 铁芯紧固，无张口、变色、毛刺、锈斑的现象；笼条与短路环无开裂、变形的现象；各紧固件防松措施应良好，无松动、脱落现象；笼条无熔化、裂纹；转子通风孔畅通，无杂物。
6.3 风扇无变形、损伤、裂纹；固定良好无开焊等情况；敲击声音应清脆连续，声振时间较长；转子风扇在转轴上固定良好，无位移现象。
□A6.4（a） 操作人员必须使用隔热手套。
□A6.4（b） 检查加热设备绝缘良好，工作人员离开现场应切断电源。
□A6.4（c） 轴承未放置轭铁前，严禁按启动按钮开关。
□A6.4（d） 地面有油水必须及时清除，以防滑跌；不准将油污、油泥、废油等（包括沾油棉纱、布、手套、纸等）倒入下水道排放或随地倾倒，应收集放于指定的地点，妥善处理，以防污染环境及发生火灾。
□A6.4（e） 工作中，离开工作场所、暂停作业以及遇临时停电时，须立即切断电源盘电源。
□A6.4（f） 锤把上不可有油污。
6.4 轴承应清洁无异物；滚珠及滑道光滑无麻点，锈斑；保持架无变形，铆钉无松动；轴承转动灵活，轴承磨损允许间隙应符合标准；轴承加润滑油油量一般为轴承室容量的1/2～2/3；润滑油应清洁无杂物，质量可靠；轴颈与轴承内套过盈配合尺寸符合标准（0.02～+0.04mm）。
6.5 转子轴颈各部良好，无损伤；转子上各紧固螺栓无松动，防滑垫片无松动，焊口无开焊现象；平衡块固定良好，无磨损松动；联轴器无变形、裂纹、损伤；轴承安装到位与拆前记录尺寸相符</td></tr>
<tr><td>7 电动机其他部件检修（此工序可与5、6检修工序同时进行）
□7.1 端盖及附件检查
主要检查端盖及各附件的外形，螺栓紧固情况，配合情况（注意：使用合格的量具进行测量）</td><td>7.1 端盖及油盖等附件外形良好无变形裂纹；螺孔无脱扣；端盖轴承孔与轴承外套间隙配合尺寸符合标准（0～+0.03mm）</td></tr>
<tr><td>8 电气试验
□8.1 绝缘电阻和直流电阻符合要求</td><td>8.1 测量电动机绝缘电阻和直阻符合要求；对地绝缘电阻大于0.5MΩ/500V绝缘电阻表，直阻不平衡值小于2%</td></tr>
<tr><td>9 电动机回装前检查验收
□9.1 电动机各部应清洁无杂物，验收检查所有拆卸记录，各种标记齐全，无误
质检点 | 1-H3 | </td><td>9.1 转子各部清洁、无异物；检查、修理记录齐全；试验记录完整</td></tr>
</table>

续表

检修工序步骤及内容	安全、质量标准
10　电动机回装 危险源：起吊物、吊具 安全鉴证点　7-S1	关键工序提示： 回装前检查端盖内无异物，回装后检查端盖止口、外油盖与端盖密封处无间隙。 □A10（a）悬挂链式起重机的架梁或建筑物，必须经过计算，否则不准悬挂；禁止用链式起重机长时间悬吊重物。 □A10（b）工作负荷不准超过铭牌规定。 □A10（c）起重物品必须绑牢，吊钩应挂在物品的重心上。 □A10（d）吊钩钢丝绳应保持垂直；禁止使吊钩斜着拖吊重物。 □A10（e）工作负荷不准超过铭牌规定。 □A10（f）必须将物件牢固、稳妥地绑住。 □A10（g）滚动物件必须加设垫块并捆绑牢固。
□10.1　穿转子 注意：顺序与抽转子相反（要求同抽转子）	10.1　穿转子过程应平稳，转子在定子膛内四周间隙应保持均匀；专人监测定、转子间隙；定子、转子间隙上下左右位置应保持均匀，严禁转子在穿进过程中磕碰定转子铁芯及线圈，造成损坏。
□10.2　回装电动机端盖 回装过程应平稳，使用铜棒轻敲将端盖均匀打入	10.2　勿碰定子线圈；按标记进行回装；端盖进止口前需提起转子轴；紧固端盖螺栓应对角进行，用力均匀。
□10.3　回装轴承盖	10.3　按标记进行回装；紧固轴承盖螺栓应对应进行，用力均匀。
□10.4　回装联轴器 加热后用铜棒或枕木打入	10.4　将联轴器键与键槽配合组装好；将联轴器加热 180℃左右打入。
□10.5　电动机刷漆	10.5　油漆覆盖均匀，无漆瘤现象。
□10.6　电动机就位找中心（机务人员执行机械标准） 危险源：手拉葫芦、撬杠、吊具、大锤、电动葫芦、叉车 安全鉴证点　8-S1	□A10.6（a）不准将不同物质的材料捆绑在一起进行起吊；不准将长短不同的材料捆绑在一起进行起吊；工作起吊时严禁歪斜拽吊；起重工具的工作负荷，不准超过铭牌规定；禁止工作人员利用吊钩来上升或下降；起重机在起吊大的或不规则的构件时，应在构件上系以牢固的拉绳，使其不摇摆、不旋转；选择牢固可靠、满足载荷的吊点；起重物品必须绑牢，吊钩要挂在物品的重心上，吊钩钢丝绳应保持垂直；起重吊物之前，必须清楚物件的实际重量，不准起吊不明物和埋在地下的物件；当重物无固定死点时，必须按规定选择吊点并捆绑牢固，使重物在吊运过程中保持平衡和吊点不发生移动；工件或吊物起吊时必须捆绑牢靠；吊拉时两根钢丝绳之间的夹角一般不得大于 90°；使用单吊索起吊重物挂钩时应打“挂钩结”；使用吊环时螺栓必须拧到底；使用卸扣时，吊索与其连接的一个索扣必须扣在销轴上，一个索扣必须扣在扣顶上，不准两个索扣分别扣在卸扣的扣体两侧上；吊拉捆绑时，重物或设备构件的锐边快口处必须加装衬垫物。 □A10.6（b）严禁吊物上站人或放有活动的物体；严禁吊物从人的头上越过或停留；起吊重物不准让其长期悬在空中，有重物暂时悬在空中时，不准驾驶人员离开驾驶室或做其他工作；吊装作业现场必须设警戒区域，设专人监护；不准将重物放置在孔、洞的盖板或非支撑平面上面；应事先选好地点，放好方木等衬垫物品，确保平稳牢固；应保证支撑物可靠。 □A10.6（c）撬动过程中应采取防止被撬物倾斜或滚落的措施。 □A10.6（d）锤把上不可有油污；严禁单手抡大锤；使用大锤时，周围不得有人靠近；严禁戴手套抡大锤。 □A10.6（e）装载货物必须均衡平稳，捆扎牢固；对容易滚动和超出车辆货架的物件应用绳子扎牢或用木块垫稳；不准超高、超长、超宽运载货物，车辆装载不得超过铭牌核定荷重；除驾驶员、副驾驶员座位以外，任何位置在行驶中不得有人坐立；遇到路面狭窄、不平和重车时，应缓慢行驶，车速每小时不应超过 5km，空车时不准超过 10km。 10.6　起吊电动机执行起重标准规定；找正垫片按标记进行回垫

续表

<table>
<tr><th>检修工序步骤及内容</th><th>安全、质量标准</th></tr>
<tr><td>11 电缆检查（此工序可与10检修工序同时进行）
□11.1 检查电动机电缆引线
危险源：试验电压
| 安全鉴证点 | 9-S1 | |</td><td>□A11.1（a） 通知有关人员，并派人到现场看守，检查设备上确无人工作后，方可加压。
□A11.1（b） 测量人员和绝缘电阻表安放位置，应选择适当，保持安全距离，以免绝缘电阻表引线或引线支持物触碰带电部分。
□A11.1（c） 移动引线时，应注意监护，防止工作人员触电。
□A11.1（d） 试验结束将所试设备对地放电，释放残余电压。
11.1 电缆接线鼻子无裂纹、无过热现象；电缆绝缘层良好无破损；电缆紧固良好，20℃时测试绝缘：＞1MΩ/500V 绝缘电阻表</td></tr>
<tr><td>12 电动机接引线完毕进行验收
□12.1 使用梅花扳手将引线螺栓紧固完毕，注意所垫垫片要齐全；接引线前应用500V绝缘电阻表测量电动机绝缘；应大于0.5MΩ/500V 绝缘电阻表
| 质检点 | 3-W2 | |</td><td>12.1 引线螺栓紧固齐全无松动；接线柱完好无裂纹、损坏；引线绝缘测试合格；接线标记与拆前记录比较一致；电缆绝缘套安装牢固，齐全；电缆孔洞封堵完好；接线执行《电气设备接线工艺质量管控措施》</td></tr>
<tr><td>13 工作结束，达到设备“四保持”标准，电动机试运
□13.1 设备外观及泄漏：文明卫生情况；风扇罩
危险源：施工废料、孔洞
| 安全鉴证点 | 10-S1 | |

□13.2 设备结构：设备铭牌；设备标识牌；防护罩壳；油漆；接地线；各部螺栓、螺母；电缆

□13.3 应详细记录电动机的各项试验运行数据、参数，并与检修前数据相比较，从而及早查找原因并消除
危险源：400V交流电转动电动机
| 安全鉴证点 | 11-S1 | |
| 质检点 | 4-W2 | |</td><td>□A13.1 废料及时清理，做到工完、料尽、场地清；临时打的孔、洞，施工结束后，必须恢复原状，检查现场安全设施已恢复齐全。
13.1 无积灰、无油污、无杂物、设备见本色；无毛絮和杂物。
13.2 设备铭牌字迹清晰、齐全，设备标示牌牢固；防护罩壳无变形，完整；油漆无脱落、变色、损坏；接地线紧固良好，无虚接；各部螺栓、螺母无松动；电缆防护管无破损。
□A13.3 电动机试运应办理工作票押票，执行设备试运程序，在未完成相关手续之前，运行人员不准将检修设备合闸送电。
检修工作结束之前若需将设备试加工作电压，可按下列条件进行：
（1）全体工作人员撤离工作地点。
（2）将该系统的所有工作票收回，拆除临时遮栏、接地线和标示牌，恢复常设遮栏。
（3）应在工作负责人和值班员进行全面检查无误后，由值班员进行加压试验。
（4）工作班若需继续工作时，应重新履行工作许可手续；衣服和袖口应扣好，不得戴围巾领带，长发必须盘在安全帽内；不准将用具、工器具接触设备的转动部位；试运行启动时不准站在试转设备的径向位置。
13.3 转向正确，各部温升正常，声音良好；振动值不超过0.10mm；三相电流平衡；转动部分无摩擦，带负载试运时间不少于2h</td></tr>
</table>

五、质量验收卡
质检点：1-W2 工序5.6 定子检查、处理后验收 检查情况：

续表

<table>
<tr><td>测量器具/编号</td><td colspan="3"></td></tr>
<tr><td>测量（检查）人</td><td></td><td>记录人</td><td></td></tr>
<tr><td>一级验收</td><td colspan="2"></td><td>年 月 日</td></tr>
<tr><td>二级验收</td><td colspan="2"></td><td>年 月 日</td></tr>
<tr><td colspan="4">质检点：2-W2 工序 6.6 转子检查、处理后验收
检查情况：</td></tr>
<tr><td>测量器具/编号</td><td colspan="3"></td></tr>
<tr><td>测量人</td><td></td><td>记录人</td><td></td></tr>
<tr><td>一级验收</td><td colspan="2"></td><td>年 月 日</td></tr>
<tr><td>二级验收</td><td colspan="2"></td><td>年 月 日</td></tr>
<tr><td colspan="4">质检点：1-H3 工序 9.1 电动机回装前检查验收
检查情况：</td></tr>
<tr><td>测量器具/编号</td><td colspan="3"></td></tr>
<tr><td>测量人</td><td></td><td>记录人</td><td></td></tr>
<tr><td>一级验收</td><td colspan="2"></td><td>年 月 日</td></tr>
<tr><td>二级验收</td><td colspan="2"></td><td>年 月 日</td></tr>
<tr><td>三级验收</td><td colspan="2"></td><td>年 月 日</td></tr>
<tr><td colspan="4">质检点：3-W2 工序 12.1 电动机接引线完毕进行验收
检查情况：</td></tr>
<tr><td>测量器具/编号</td><td colspan="3"></td></tr>
<tr><td>测量人</td><td></td><td>记录人</td><td></td></tr>
<tr><td>一级验收</td><td colspan="2"></td><td>年 月 日</td></tr>
<tr><td>二级验收</td><td colspan="2"></td><td>年 月 日</td></tr>
<tr><td colspan="4">质检点：4-W2 工序 13.3 应详细记录电动机的各项试验运行数据、参数</td></tr>
</table>

<table>
<tr><td rowspan="2"></td><td colspan="2">温度（℃）</td><td colspan="3">振动（mm）</td><td rowspan="2">电流（A）</td><td rowspan="2">声音</td></tr>
<tr><td>油盖</td><td>本体</td><td>水平 —</td><td>轴向 ⊙</td><td>垂直 ⊥</td></tr>
<tr><td>负载试运</td><td></td><td></td><td></td><td></td><td></td><td></td><td></td></tr>
</table>

续表

测量器具/编号			
测量人		记录人	
一级验收			年　月　日
二级验收			年　月　日

六、完工验收卡			
序号	检查内容	标　准	检查结果
1	安全措施恢复情况	1.1 检修工作全部结束 1.2 整改项目验收合格 1.3 检修脚手架拆除完毕 1.4 孔洞、坑道等盖板恢复 1.5 临时拆除的防护栏恢复 1.6 安全围栏、标示牌等撤离现场 1.7 安全措施和隔离措施具备恢复条件 1.8 工作票具备押回条件	□ □ □ □ □ □ □ □
2	设备自身状况	2.1 设备与系统全面连接 2.2 设备各人孔、开口部分密封良好 2.3 设备标示牌齐全 2.4 设备油漆完整 2.5 设备管道色环清晰准确 2.6 阀门手轮齐全 2.7 设备保温恢复完毕	□ □ □ □ □ □ □
3	设备环境状况	3.1 检修整体工作结束，人员撤出 3.2 检修剩余备件材料清理出现场 3.3 检修现场废弃物清理完毕 3.4 检修用辅助设施拆除结束 3.5 临时电源、水源、气源、照明等拆除完毕 3.6 工器具及工具箱运出现场 3.7 地面铺垫材料运出现场 3.8 检修现场卫生整洁	□ □ □ □ □ □ □ □
一级验收		二级验收	

七、完工报告单					
工期	年　月　日　至　年　月　日			实际完成工日	工日
主要材料备件消耗统计	序号	名称	规格与型号	生产厂家	消耗数量
	1				
	2				
	3				
	4				
	5				
缺陷处理情况	序号	缺陷内容		处理情况	
	1				
	2				
	3				
	4				
异动情况					
让步接受情况					

续表

遗留问题及采取措施			
修后总体评价			
各方签字	一级验收人员	二级验收人员	三级验收人员

检 修 文 件 包

单位：________ 班组：________ 编号：________

检修任务：直流电动机检修 风险等级：________

<table>
<tr><td colspan="7">一、检修工作任务单</td></tr>
<tr><td>计划检修时间</td><td colspan="4">年 月 日 至 年 月 日</td><td>计划工日</td><td></td></tr>
<tr><td>主要检修项目</td><td colspan="3">1．断引
2．直流电动机解体（抽转子）
3．直流电动机定子检修
4．直流电动机转子检修</td><td colspan="3">5．直流电动机其他部件检修
6．电气试验
7．直流电动机回装
8．接引线，直流电动机试运</td></tr>
<tr><td>修后目标</td><td colspan="3">1．最大允许振动值：≤0.10mm
2．定子线圈最高温度值：＜130℃
3．轴承最高允许温度值：＜90℃</td><td colspan="3">4．设备修后180天无临修
备注：以上为规定的最大允许标准限值设备修后所测参数不应超过修前值10%</td></tr>
<tr><td rowspan="11">鉴证点分布</td><td>W点</td><td>工序及质检点内容</td><td>H点</td><td>工序及质检点内容</td><td>S点</td><td>工序及安全鉴证点内容</td></tr>
<tr><td>1-W2</td><td>□5.6 定子检查、处理后验收</td><td>1-H3</td><td>□9.1 直流电动机回装前检查验收</td><td></td><td></td></tr>
<tr><td>2-W2</td><td>□6.9 转子检查、处理后验收</td><td></td><td></td><td></td><td></td></tr>
<tr><td>3-W2</td><td>□12.1 直流电动机接引线完毕进行验收</td><td></td><td></td><td></td><td></td></tr>
<tr><td>4-W2</td><td>□13.3 应详细记录电动机的各项试验运行数据、参数</td><td></td><td></td><td></td><td></td></tr>
<tr><td></td><td></td><td></td><td></td><td></td><td></td></tr>
<tr><td></td><td></td><td></td><td></td><td></td><td></td></tr>
<tr><td></td><td></td><td></td><td></td><td></td><td></td></tr>
<tr><td></td><td></td><td></td><td></td><td></td><td></td></tr>
<tr><td></td><td></td><td></td><td></td><td></td><td></td></tr>
<tr><td></td><td></td><td></td><td></td><td></td><td></td></tr>
<tr><td rowspan="2">质量验收人员</td><td colspan="2">一级验收人员</td><td colspan="2">二级验收人员</td><td colspan="2">三级验收人员</td></tr>
<tr><td colspan="2"></td><td colspan="2"></td><td colspan="2"></td></tr>
<tr><td rowspan="2">安全验收人员</td><td colspan="2">一级验收人员</td><td colspan="2">二级验收人员</td><td colspan="2">三级验收人员</td></tr>
<tr><td colspan="2"></td><td colspan="2"></td><td colspan="2"></td></tr>
</table>

<table>
<tr><td>二、修前策划卡</td></tr>
<tr><td>设 备 基 本 参 数</td></tr>
<tr><td>1．型号：Z2-71
2．基本参数：
功　率：30kW　电　压：DC220V　转　速：3000r/min
额定电流：162　绝缘等级：F
制造厂名：上海虹光电机厂</td></tr>
<tr><td>设 备 修 前 状 况</td></tr>
<tr><td>检修前交底（设备运行状况、历次主要检修经验和教训、检修前主要缺陷）
历次主要检修经验和教训：

检修前主要缺陷：</td></tr>
</table>

续表

技术交底人				年 月 日
接受交底人				年 月 日
人 员 准 备				
序号	工种	工作组人员姓名	资格证书编号	检查结果
1	电机检修高级工			□
2	电机检修中级工			□
3	电机检修初级工			□
4	电机检修初级工			□
5	电机检修初级工			□
6	起重高级工			□

三、现场准备卡		
办 理 工 作 票		
工作票编号：		
施 工 现 场 准 备		
序号	安 全 措 施 检 查	确认符合
1	进入噪声区域、使用高噪声工具时正确佩戴合格的耳塞	□
2	增加临时照明	□
3	发现盖板缺损及平台防护栏杆不完整时，应采取临时防护措施，设坚固的临时围栏	□
4	进入粉尘较大的场所作业，作业人员必须戴防尘口罩	□
5	电气设备的金属外壳应实行单独接地；电气设备金属外壳的接地与电源中性点的接地分开；拆下的电缆短路并接地	□
6	与带电设备保持 0.7m 安全距离	□
7	与运行人员共同确认现场安全措施、隔离措施正确完备；确认开关拉开，验明检修设备确无电压；确认“禁止合闸、有人工作”“在此工作”等警告标示牌按措施要求悬挂；明确相邻带电设备及带电部位	□
8	工作前核对设备名称及编号、验电	□
9	清理检修现场；设置检修现场定制图；地面使用胶皮铺设，并设置围栏及警告标示牌；检修工器具、材料备件定置摆放	□
10	检修管理文件、原始记录本已准备齐全	□
确认人签字：		

工 器 具 准 备 与 检 查				
序号	工具名称及型号	数量	完 好 标 准	确认符合
1	手锤 （0.75p）	2	手锤的锤头须完整，其表面须光滑微凸，不得有歪斜、缺口、凹入及裂纹等情形；手锤的柄须用整根的硬木制成，并将头部用楔栓固定；楔栓宜采用金属楔，楔子长度不应大于安装孔的 2/3	□
2	梅花扳手	1	扳手不应有裂缝、毛刺及明显的夹缝、切痕、氧化皮等缺陷，柄部应平直	□
3	活扳手	2	（1）活动扳口应与扳体导轨的全行程上灵活移动。 （2）活扳手不应有裂缝、毛刺及明显的夹缝、氧化皮等缺陷，柄部平直且不应有影响使用性能的缺陷	□
4	螺丝刀	2	丝刀手柄应安装牢固，没有手柄的不准使用	□
5	撬棍	2	必须保证撬杠强度满足要求；在使用加力杆时，必须保证其强度和嵌套深度满足要求，以防折断或滑脱	□
6	錾子	2	（1）工作前应对錾子外观检查，不准使用不完整工器具。 （2）錾子被敲击部分有伤痕不平整、沾有油污等，不准使用	□

续表

序号	工具名称及型号	数量	完 好 标 准	确认符合
7	铜棒	2	无油污、表面须光滑微凸，不得有歪斜、缺口、凹入及裂纹等情形	□
8	内六角扳手	2	表面应光滑，不应有裂纹、毛刺等影响使用性能的缺陷	□
9	手拉葫芦（1t×3m）	2	（1）检查检验合格证在有效期内。 （2）链节无严重锈蚀及裂纹，无打滑现象。 （3）齿轮完整，轮杆无磨损现象，开口销完整。 （4）吊钩无裂纹变形。 （5）链扣、蜗母轮及轮轴发生变形、生锈或链索磨损严重时，均应禁止使用。 （6）撑牙灵活能起刹车作用；撑牙平面垫片有足够厚度，加荷重后不会拉滑。 （7）使用前应做无负荷的起落试验一次，检查其煞车以及传动装置是否良好，然后再进行工作	□
10	电动扳手	1	（1）检查电源线、电源插头完好无破损、绝缘良好、防护罩完好无破损。 （2）检查合格证在有效期内	□
11	吊带	4	（1）起重工具使用前，必须检查完好、无破损。 （2）所选用的吊索具应与被吊工件的外形特点及具体要求相适应，在不具备使用条件的情况下，决不能使用。 （3）作业中应防止损坏吊索具及配件，必要时在棱角处应加护角防护。 （4）吊具及配件不能超过其额定起重量，起重吊具、吊索不得超过其相应吊挂状态下的最大工作载荷。 （5）检查检验合格证在有效期内	□
12	电动葫芦	1	（1）经（或检验检测监督机构）检验检测合格。 （2）检查钢丝绳磨无严重磨损现象，钢丝绳断裂根数在规程规定限度以内；接扣可靠，无松动现象；吊钩放至最低位置时，滚筒上至少剩有5圈绳索。 （3）吊钩滑轮杆无磨损现象，开口销完整；开口度符合标准要求。 （4）吊钩无裂纹或显著变形，无严重腐蚀、磨损现象；销子及滚珠轴承良好。 （5）使用前应做无负荷起落试验一次，检查制动器及传动装置应良好无缺陷，制动器灵活良好。 （6）检查导绳器和限位器灵活正常，卷扬限制器在吊钩升起距起重构架300mm时自动停止。 （7）保证控制手柄的外观完整，绝缘良好	□
13	轴承加热器	1	（1）加热器各部件完好齐全，数显装置无损伤且显示清晰；轭铁表面无可见损伤，放在主机的顶端面上，应与其吻合紧密平整。 （2）电源线及磁性探头连线无破损、无灼伤；控制箱上各个按钮完好且操作灵活	□
14	吹尘器	1	（1）检查检验合格证在有效期内。 （2）检查电源线、电源插头完好无破损；有漏电保护器。 （3）检查手柄、外壳部分、驱动套筒完好无损伤；进出风口清洁干净无遮挡。 （4）检查开关完好且操作灵活可靠	□
15	电动喷枪	1	（1）检查电源线、电源插头完好无破损、绝缘良好、防护罩完好无破损。 （2）检查合格证在有效期内	□
16	游标卡尺	1	（1）检查测定面是否有毛头。 （2）检查卡尺的表面应无锈蚀、碰伤或其他缺陷，刻度和数字应清晰、均匀，不应有脱色现象，游标刻线应刻至斜面下缘；卡尺上应有刻度值、制造厂商、工厂标志和出厂编号	□
17	塞尺	2	（1）检查测定面是否有毛头。 （2）检查表面应无锈蚀、碰伤或其他缺陷，刻度和数字应清晰、均匀，不应有脱色现象，刻线应刻至斜面下缘；塞尺上应有刻度值、制造厂商、工厂标志和出厂编号	□
确认人签字：				

续表

材料准备					
序号	材料名称	规格	单位	数量	检查结果
1	抹布		kg	5	□
2	塑料布		kg	3	□
3	毛刷	25、50mm	把	各1	□
4	记号笔	粗白、红	支	各1	□
5	砂纸	400目	张	10	□
6	酒精	500mL	瓶	1	□
7	机电清洗剂	DX-25	桶	0.5	□
8	高效清洗剂	500mL/罐	瓶	5	□
9	螺栓松动剂	JF-51	瓶	10	□
10	手锯条		根	2	□
11	电工纸板	2mm	张	10	□
备件准备					
序号	备件名称	规格型号	单位	数量	检查结果
1					□
	验收标准：				
2	轴承				□
	验收标准：检查轴承备件合格证完整，制造厂名、规格型号、标准代号、包装日期、检验人等准确清晰；外观检查，用肉眼观察滚动轴承，内外滚道应没有剥落痕迹；所有滚动体表面应无斑点、裂纹和剥皮的现象；保持架应不松散、强度高；手感检查，测量轴承内、外径及宽度，轴承原始游隙符合滚动轴承国家标准；用手指捏住内座圈进行轴向晃动时，应无明显的旷动响声；采用转动法检查轴承振动及噪声，用一只手夹持轴承内圈，另一只手转动外圈，轴承应灵活转动，无异常响声				

四、检修工序卡	
检修工序步骤及内容	安全、质量标准
1 电动机断引，电源电缆接地并短路 □1.1 使用梅花扳手将电缆引线拆除 危险源：直流电 安全鉴证点 | 1-S1 | □1.2 将电缆引线从接线盒内抽出	□A1.1 工作前验电；拆下的电缆短路并接地。 1.1 用钢字头在电缆上做相序永久性标记，并记录；拆卸的电缆已接地并短路；接地短路采用铜编织线，截面积不小于10mm^2；符合要求
2 拆除端盖法兰螺栓，电动机移位，运至检修现场 □2.1 联轴器螺栓 □2.2 电动机移位，运至检修现场	2.1 勿用扁铲和锤子直接敲击螺栓造成损坏；拆卸的螺栓要及时进行回收，并记录，以防遗失
3 修前试验 危险源：试验电压 安全鉴证点 | 2-S1 |	□A3（a） 检查验电器在使用有效期及检测合格周期内，产品标识及定期检验合格标识应清晰齐全。 □A3（b） 严格执行《电业安全工作规程》，根据检修设备的额定电压选用相同电压等级的验电器。 □A3（c） 工作触头的金属部分连接应牢固，无放电痕迹。 □A3（d） 验电器的绝缘杆表面应清洁光滑、干燥，无裂纹、无破损、无绝缘层脱落、无变形及放电痕迹等明显缺陷。 □A3（e） 握柄应无裂纹、无破损、无有碍手握的缺陷。 □A3（f） 验电器（触头、绝缘杆、握柄）各处连接应牢固可靠。 □A3（g） 验电前应将验电器在带电的设备上验电，证实验电器声光报警等是否良好。 □A3（h） 设置电气专人进行监护及安全交底。

续表

检修工序步骤及内容	安全、质量标准
□3.1 使用合格的绝缘电阻表测电动机修前绝缘	□A3（i） 试验时，无关人员撤离工作现场，未经许可不许进入试验区，在得到检修负责人许可后方可加压；试验结束将所试验设备接地放电并经试验负责人同意后方可重新检修设备。 □A3（j） 试验后立即放电，然后将被试设备可靠接地，再断开试验设备与被试设备的连接。 3.1 使用检验合格的 500V 绝缘电阻表；测量时遵从绝缘电阻表使用相关规定，测量数据记录清楚
4 直流电动机解体 □4.1 拆卸联轴器 危险源：联轴器、手拉葫芦、氧气、乙炔 安全鉴证点　3-S1 □4.2 前后轴承盖拆卸 □4.3 拆除换向器端的端盖螺丝、轴承盖螺钉，并取下轴承外盖 □4.4 从刷握中取出电刷，拆下换向器端端盖（连同刷杆座、刷杆、刷握及电刷）；刷架位置应仔细做好记号 □4.5 拆卸换向器端盖（连同刷杆座、刷杆及电刷） □4.6 拆除轴伸端端盖螺钉，连同端盖及电枢从定子小心抽出，防止线圈受到擦伤 □4.7 拆除轴伸端轴承盖螺钉，取下轴承外盖及端盖 □4.8 解体时所有零、部件均应妥善保管 □4.9 抽转子 危险源：转子、吊具 安全鉴证点　4-S1	□A4.1（a） 工作人员穿戴好防护手套；应用专用测温工具测量高温部件温度，不准用手臂直接接触判断；拆卸时必须统一指挥、相互配合、同起同落、同时行进。 □A4.1（b） 悬挂链式起重机的架梁或建筑物，必须经过计算，否则不准悬挂；禁止用链式起重机长时间悬吊重物；工作负荷不准超过铭牌规定；起重物品必须绑牢，吊钩应挂在物品的重心上，吊钩钢丝绳应保持垂直；禁止使吊钩斜着拖吊重物；工作负荷不准超过铭牌规定。 □A4.1（c） 使用中不准混用氧气软管与乙炔软管；冻结时应用热水或蒸汽解冻，不准用火烤；通气的乙炔及氧气软管上方禁止进行动火作业。在焊接中禁止将带有油迹的衣服、手套或其他沾有油脂的工具、物品与氧气瓶软管及接头相接触；运送氧气瓶时，必须保证气瓶不致沾染油脂、沥青等；乙炔和氧气软管在工作中应防止沾上油脂或触及金属溶液；焊接工作结束或中断焊接工作时，应关闭氧气和乙炔气瓶、供气管路的阀门，确保气体不外漏；重新开始工作时，应再次确认没有可燃气体外漏时方可点火工作。 4.1 使用 2t 专用拉马将联轴器拆下；拉马外观检查良好，检验合格；正确使用拉马，人员做好安全措施，以防联轴器过紧致使专用工具损坏，紧固螺栓蹦出造成人身伤害；扒卸过程中要求联轴器受力均匀；联轴器加热温度一般为 200℃左右；加热要均匀迅速；氧气、乙炔使用遵循相关规定，两瓶之间间距不小于 8m，距动火地点大于 10m；联轴器拆卸后要妥善放好，做好防烫、防人员砸伤措施。 4.2 电动机解体前做好前后端盖、油盖的位置标记，使用红色或黑色记号笔做前、后字样。 □A4.9（a） 悬挂链式起重机的架梁或建筑物，必须经过计算，否则不准悬挂；禁止用链式起重机长时间悬吊重物。 □A4.9（b） 工作负荷不准超过铭牌规定。 □A4.9（c） 起重物品必须绑牢，吊钩应挂在物品的重心上。 □A4.9（d） 吊钩钢丝绳应保持垂直；禁止使吊钩斜着拖吊重物。 □A4.9（e） 工作负荷不准超过铭牌规定。 □A4.9（f） 必须将物件牢固、稳妥地绑住。 □A4.9（g） 滚动物件必须加设垫块并捆绑牢固。 4.9 抽转子过程应平稳，转子在定子膛内四周间隙应保持均匀；专人监测定、转子间隙；将转子位置调整好，严禁转子在抽出过程中发生定转子磕碰现象，以防止造成其铁芯及线圈损坏；抽出的转子放在道木上，并做好防滑等相应的防护措施

续表

<table>
<tr><th>检修工序步骤及内容</th><th>安全、质量标准</th></tr>
<tr><td>5 直流电动机定子检修（此工序可与 6、7 检修工序同时进行）
□5.1 吹灰清扫；将定子各部位及端盖等附件清理干净
危险源：清洁剂、电吹风
<table><tr><td>安全鉴证点</td><td>5-S1</td><td></td></tr></table>
□5.2 检查主磁极，换向极的固定螺栓紧固与外壳固定是否牢固，装在磁极上的线圈应不松动，绝缘无损伤，各磁极间的连接应完好；检查引线接头不脱焊
□5.3 端子盒接线螺丝联连牢固，线鼻子完好，引线无断股现象，接线板无破损烧伤现象
□5.4 若线圈绝缘较低应进行干燥处理，使用碘钨灯对其进行干燥，直到绝缘合格为止
□5.5 测量各线包直流电阻，其值与前次比较不大于 2%
□5.6 定子检查、处理后验收
<table><tr><td>质检点</td><td>1-W2</td><td></td></tr></table></td><td>□A5.1（a） 使用含有抗菌成分的清洁剂时，戴上手套，避免灼伤皮肤；使用时打开窗户或打开风扇通风，避免过多吸入化学微粒，戴防护口罩；高压灌装清洁剂远离明火、高温热源。
□A5.1（b） 不准手提电吹风的导线或转动部分；
电吹风不要连续使用时间太久，应间隙断续使用，以免电热元件和电动机过热而烧坏。
每次使用后，应立即拔断电源，待冷却后，存放于通风良好、干燥，远离阳光照射的地方。
5.1 使用 0.2～0.4MPa 无油，无水压缩空气；各部位无灰尘、油污、杂物。
5.3 引出线绝缘良好，无损伤，电动机内部引线固定良好，直接与金属部件接触部件的防护完好；接线柱无脱扣烧伤现象引线鼻子无过热、断裂痕迹。
5.6 定子各部清洁、无异物；检查、修理记录齐全；试验记录完整</td></tr>
<tr><td>6 直流电动机转子检修（此工序可与 5、7 检修工序同时进行）
□6.1 清扫，清洗转子各部
□6.2 检查电枢的绝缘应无老化、过热、损伤，槽楔不松动，无凸出及断裂；接头无开焊现象，绑线无松脱
□6.3 检查风扇无变形、裂纹，螺钉不松动
□6.4 电枢两端平衡块固定良好
□6.5 用 1000V 绝缘电阻表测量电枢对铁芯，绑线绝缘电阻不低于 0.5MΩ
□6.6 整流子检修
□6.6.1 整流子表面无黑斑及粗糙现象，云母沟内清洁无油垢、铜屑；整流子片间绝缘良好；云母沟应低于铜截片 1.0～1.5mm，整流片的边缘要倒角，不附有毛刺，与线卷焊接处应无松动、变色、脱焊现象
□6.6.2 测量整流子片间直流电阻，其相互间的差值不应超过正常最小值的 10%
□6.7 轴承更换；清洗轴承；检查压轴承间隙，加润滑脂；更换轴承时应测量轴承内套与电动机轴颈配合尺寸
注意：轴承润滑脂的添加量应根据润滑脂品牌的不同合理掌握，一般为轴承容量的 1/2～2/3；更换轴承时，轴承型号应与原轴承相同，测量尺寸时必须使用合格的测量工具；回装轴承时一定要认真核对前后侧轴承型号，并与拆前记录相比较，以免发生错装、漏装现象，轴承与轴肩贴紧无间隙；如需扒轴承时，火焰对准轴承内圈，不要损伤轴径
危险源：轴承加热器、润滑油、移动式电源盘、手锤、轴承
<table><tr><td>安全鉴证点</td><td>6-S1</td><td></td></tr></table>
□6.8 转子其他部分检查
主要检查转子轴颈，转子上紧固件，平衡块和联轴器
□6.9 转子检查、处理后验收
<table><tr><td>质检点</td><td>2-W2</td><td></td></tr></table></td><td>关键工序提示：
主要检查短路环和笼条的固定，焊接情况，铁芯的紧固及固定件的紧固性。
6.1 使用 0.2～0.4MPa 无油，无水压缩空气；各部无灰尘、油污、杂物。
6.3 风扇无变形、损伤、裂纹；固定良好无开焊等情况；敲击声音应清脆连续，声振时间较长；转子风扇在转轴上固定良好，无位移现象。
6.6 轴承应清洁无异物；滚珠及滑道光滑无麻点，锈斑；保持架无变形，铆钉无松动；轴承转动灵活，轴承磨损允许间隙应符合标准；轴承加润滑油油量一般为轴承室容量的 1/2～2/3；润滑油应清洁无杂物，质量可靠；轴颈与轴承内套过盈配合尺寸符合标准（0.02～＋0.04mm）。
□A6.7（a） 操作人员必须使用隔热手套。
□A6.7（b） 检查加热设备绝缘良好，工作人员离开现场应切断电源。
□A6.7（c） 轴承未放置轭铁前，严禁按启动按钮开关。
□A6.7（d） 地面有油水必须及时清除，以防滑跌；不准将油污、油泥、废油等（包括沾油棉纱、布、手套、纸等）倒入下水道排放或随地倾倒，应收集放于指定的地点，妥善处理，以防污染环境及发生火灾。
□A6.7（e） 工作中，离开工作场所、暂停作业以及遇临时停电时，须立即切断电源盘电源。
□A6.7（f） 锤把上不可有油污。
6.9 转子轴颈各部良好，无损伤；转子上各紧固螺栓无松动，防滑垫片无松动，焊口无开焊现象；平衡块固定良好，无磨损松动；联轴器无变形、裂纹、损伤；轴承安装到位与拆前记录尺寸相符</td></tr>
<tr><td>7 直流电动机其他部件检修（此工序可与 5、6 检修工序同时进行）</td><td></td></tr>
</table>

续表

<table>
<tr><th>检修工序步骤及内容</th><th>安全、质量标准</th></tr>
<tr><td>□7.1　端盖及附件检查；主要检查端盖及各附件的外形，螺栓紧固情况，配合情况
注意：使用合格的量具进行测量</td><td>7.1　端盖及油盖等附件外形良好无变形裂纹；螺孔无脱扣；端盖轴承孔与轴承外套间隙配合尺寸符合标准（0～+0.03mm）</td></tr>
<tr><td>8　电气试验
□8.1　绝缘电阻和直流电阻符合要求</td><td>8.1　测量直流电动机绝缘电阻和直阻符合要求；对地绝缘电阻大于 0.5MΩ/500V 绝缘电阻表，直阻不平衡值小于 2%</td></tr>
<tr><td>9　直流电动机回装前检查验收
□9.1　电动机各部应清洁无杂物，验收检查所有拆卸记录，各种标记齐全，无误
<table><tr><td>质检点</td><td>1-H3</td><td></td></tr></table></td><td>9.1　转子各部清洁、无异物；检查、修理记录齐全；试验记录完整</td></tr>
<tr><td>10　直流电动机回装
□10.1　穿转子
注意：顺序与抽转子相反（要求同抽转子）
危险源：电动葫芦、手拉葫芦、转子
<table><tr><td>安全鉴证点</td><td>7-S1</td><td></td></tr></table>
□10.2　回装电动机端盖
回装过程应平稳，使用铜棒轻敲将端盖均匀打入
□10.3　回装轴承盖
□10.4　回装联轴器
加热后用铜棒或枕木打入
□10.5　电动机刷漆
□10.6　电动机就位找中心（机务人员执行机械标准）
危险源：手拉葫芦、撬杠、吊具、大锤、电动葫芦、叉车
<table><tr><td>安全鉴证点</td><td>8-S1</td><td></td></tr></table></td><td>关键工序提示：
回装前检查端盖内无异物，回装后检查端盖止口、外油盖与端盖密封处无间隙。
□A10.1（a）　悬挂链式起重机的架梁或建筑物，必须经过计算，否则不准悬挂；禁止用链式起重机长时间悬吊重物。
□A10.1（b）　工作负荷不准超过铭牌规定。
□A10.1（c）　起重物品必须绑牢，吊钩应挂在物品的重心上。
□A10.1（d）　吊钩钢丝绳应保持垂直；禁止使吊钩斜着拖吊重物。
□A10.1（e）　工作负荷不准超过铭牌规定。
□A10.1（f）　必须将物件牢固、稳妥地绑住。
□A10.1（g）　滚动物件必须加设垫块并捆绑牢固
10.1　穿转子过程应平稳，转子在定子膛内四周间隙应保持均匀；专人监测定、转子间隙；定子、转子间隙上下左右位置应保持均匀，严禁转子在穿进过程中磕碰定转子铁芯及线圈，造成损坏。
10.2　勿碰定子线圈；按标记进行回装；端盖进止口前需提起转子轴；紧固端盖螺栓应对角进行，用力均匀。
10.3　按标记进行回装；紧固轴承盖螺栓应对应进行，用力均匀。
10.4　将联轴器键与键槽配合组装好；将联轴器加热 180℃左右打入。
10.5　油漆覆盖均匀，无漆瘤现象。
□A10.6（a）不准将不同物质的材料捆绑在一起进行起吊；不准将长短不同的材料捆绑在一起进行起吊；工作起吊时严禁歪斜拽吊起重工具的工作负荷，不准超过铭牌规定；禁止工作人员利用吊钩来上升或下降；起重机在起吊大的或不规则的构件时，应在构件上系以牢固的拉绳，使其不摇摆不旋转；选择牢固可靠、满足载荷的吊点；起重物品必须绑牢，吊钩要挂在物品的重心上，吊钩钢丝绳应保持垂直；起重吊物之前，必须清楚物件的实际重量，不准起吊不明物和埋在地下的物件；当重物无固定死点时，必须按规定选择吊点并捆绑牢固，使重物在吊运过程中保持平衡和吊点不发生移动；工件或吊物起吊时必须捆绑牢靠；吊拉时两根钢丝绳之间的夹角一般不得大于 90°；使用单吊索起吊重物挂钩时应打“挂钩结”；使用吊环时螺栓必须拧到底；使用卸扣时，吊索与其连接的一个索扣必须扣在销轴上，一个索扣必须扣在扣顶上，不准两个索扣分别扣在卸扣的扣体两侧上；吊拉捆绑时，重物或设备构件的锐边快口处必须加装衬垫物。
□A10.6（b）　严禁吊物上站人或放有活动的物体；严禁吊物从人的头上越过或停留；起吊重物不准让其长期悬在空中，有重物暂时悬在空中时，不准驾驶人员离开驾驶室或做其他工作；吊装作业现场必须设警戒区域，设专人监护；不准将重物放置在孔、洞的盖板或非支撑平面上面；应事先选好地点，放好方木等衬垫物品，确保平稳牢固；应保证支撑物可靠。</td></tr>
</table>

续表

<table>
<tr><th>检修工序步骤及内容</th><th>安全、质量标准</th></tr>
<tr><td></td><td>□A11.6（c） 撬动过程中应采取防止被撬物倾斜或滚落的措施。
□A10.6（d） 锤把上不可有油污；严禁单手抡大锤；使用大锤时，周围不得有人靠近；严禁戴手套抡大锤。
□A10.6（e） 装载货物必须均衡平稳，捆扎牢固；对容易滚动和超出车辆货架的物件应用绳子扎牢或用木块垫稳；不准超高、超长、超宽运载货物，车辆装载不得超过铭牌核定荷重；除驾驶员、副驾驶员座位以外，任何位置在行驶中不得有人坐立；遇到路面狭窄、不平和重车时，应缓慢行驶，车速每小时不应超过 5 km，空车时不准超过 10km。
10.6 起吊电动机执行起重标准规定；找正垫片按标记进行回垫</td></tr>
<tr><td>11 电缆检查（此工序可与 10 检修工序同时进行）
□11.1 检查电动机电缆引线
危险源：试验电压<table><tr><td>安全鉴证点</td><td>9-S1</td><td></td></tr></table></td><td>□A11.1（a） 通知有关人员，并派人到现场看守，检查设备上确无人工作后，方可加压。
□A11.1（b） 测量人员和绝缘电阻表安放位置，应选择适当，保持安全距离，以免绝缘电阻表引线或引线支持物触碰带电部分。
□A11.1（c） 移动引线时，应注意监护，防止工作人员触电。
□A11.1（d） 试验结束将所试设备对地放电，释放残余电压。
11.1 电缆接线鼻子无裂纹，无过热现象；电缆绝缘层良好无破损；电缆紧固良好，20℃时测试绝缘：>1MΩ/500V 绝缘电阻表</td></tr>
<tr><td>12 直流电动机接引线完毕进行验收
□12.1 使用梅花扳手将引线螺栓紧固完毕，注意所垫垫片要齐全；接引线前应用 500V 绝缘电阻表测量电动机绝缘；应大于 0.5MΩ/500V 绝缘电阻表<table><tr><td>质检点</td><td>3-W2</td><td></td></tr></table></td><td>12.1 引线螺栓紧固齐全无松动；接线柱完好无裂纹、损坏；引线绝缘测试合格；接线标记与拆前记录比较一致；电缆绝缘套安装牢固，齐全；电缆孔洞封堵完好；接线执行《电气设备接线工艺质量管控措施》</td></tr>
<tr><td>13 工作结束，达到设备“四保持”标准，直流电动机试运
□13.1 设备外观及泄漏：文明卫生情况；风扇罩
危险源：施工废料、孔洞<table><tr><td>安全鉴证点</td><td>10-S1</td><td></td></tr></table>□13.2 设备结构：设备铭牌；设备标示牌；防护罩壳；油漆；接地线；各部螺栓、螺母；电缆

□13.3 应详细记录电动机的各项试验运行数据、参数，并与检修前数据相比较，从而及早查找原因并消除
危险源：220V 直流电、转动电动机<table><tr><td>安全鉴证点</td><td>11-S1</td><td></td></tr></table><table><tr><td>质检点</td><td>4-W2</td><td></td></tr></table></td><td>□A13.1 废料及时清理，做到工完、料尽、场地清；临时打的孔、洞，施工结束后，必须恢复原状，检查现场安全设施已恢复齐全。
13.1 无积灰、无油污、无杂物、设备见本色；无毛絮和杂物。
13.2 设备铭牌字迹清晰、齐全；设备标示牌牢固；防护罩壳无变形，完整；油漆无脱落、变色、损坏；接地线紧固良好，无虚接；各部螺栓、螺母无松动；电缆防护管无破损
□A13.3 电动机试转应办理工作票押票，执行设备试运程序，在未完成相关手续以前，运行人员不准将检修设备合闸送电。
检修工作结束以前，若需将设备试加工作电压，可按下列条件进行：
（1）全体工作人员撤离工作地点。
（2）将该系统的所有工作票收回，拆除临时遮栏、接地线和标示牌，恢复常设遮栏。
（3）应在工作负责人和值班员进行全面检查无误后，由值班员进行加压试验。
（4）工作班若需继续工作时，应重新履行工作许可手续；衣服和袖口应扣好，不得戴围巾领带、长发必须盘在安全帽内；不准将用具、工器具接触设备的转动部位；试运行起动时不准站在试转设备的径向位置。
13.3 转向正确，各部温升正常，声音良好；振动值不超过 0.10mm；电流平衡；转动部分无摩擦，带负载试运时间不少于 2h</td></tr>
</table>

续表

五、质量验收卡			
质检点：1-W2　工序 5.6　定子检查、处理后验收 检查情况：			
测量器具/编号			
测量（检查）人		记录人	
一级验收			年　月　日
二级验收			年　月　日
质检点：2-W2　工序 6.9　转子检查、处理后验收 检查情况：			
测量器具/编号			
测量人		记录人	
一级验收			年　月　日
二级验收			年　月　日
质检点：1-H3　工序 9.1　直流电动机回装前检查验收 检查情况：			
测量器具/编号			
测量人		记录人	
一级验收			年　月　日
二级验收			年　月　日
三级验收			年　月　日
质检点：3-W2　工序 12.1　直流电动机接引线完毕进行验收 检查情况：			

续表

测量器具/编号							
测量人				记录人			
一级验收						年 月 日	
二级验收						年 月 日	
质检点：4-W2 工序 13.3 应详细记录电动机的各项试验运行数据、参数							
	温度（℃）		振动（mm）			电流（A）	声音
	油盖	本体	水平 —	轴向 ⊙	垂直 ⊥		
负载试运							
测量器具/编号							
测量人				记录人			
一级验收						年 月 日	
二级验收						年 月 日	

六、完工验收卡			
序号	检查内容	标 准	检查结果
1	安全措施恢复情况	1.1 检修工作全部结束 1.2 整改项目验收合格 1.3 检修脚手架拆除完毕 1.4 孔洞、坑道等盖板恢复 1.5 临时拆除的防护栏恢复 1.6 安全围栏、标示牌等撤离现场 1.7 安全措施和隔离措施具备恢复条件 1.8 工作票具备押回条件	□ □ □ □ □ □ □ □
2	设备自身状况	2.1 设备与系统全面连接 2.2 设备各人孔、开口部分密封良好 2.3 设备标示牌齐全 2.4 设备油漆完整 2.5 设备管道色环清晰准确 2.6 阀门手轮齐全 2.7 设备保温恢复完毕	□ □ □ □ □ □ □
3	设备环境状况	3.1 检修整体工作结束，人员撤出 3.2 检修剩余备件材料清理出现场 3.3 检修现场废弃物清理完毕 3.4 检修用辅助设施拆除结束 3.5 临时电源、水源、气源、照明等拆除完毕 3.6 工器具及工具箱运出现场 3.7 地面铺垫材料运出现场 3.8 检修现场卫生整洁	□ □ □ □ □ □ □ □
一级验收		二级验收	

七、完工报告单					
工期	年 月 日 至 年 月 日			实际完成工日	工日
主要材料备件消耗统计	序号	名称	规格与型号	生产厂家	消耗数量
	1				
	2				
	3				
	4				
	5				

续表

缺陷处理情况	序号	缺陷内容	处理情况
	1		
	2		
	3		
	4		
异动情况			
让步接受情况			
遗留问题及采取措施			
修后总体评价			
各方签字	一级验收人员	二级验收人员	三级验收人员

检 修 文 件 包

单位：________ 班组：________ 编号：________

检修任务：**6kV 干式变压器检修** 风险等级：________

一、检修工作任务单					
计划检修时间	年 月 日 至 年 月 日			计划工日	
主要检修项目	1. 变压器本体清扫 2. 线圈绕组检查 3. 铁芯检查 4. 高低压引线及各短接线检查 5. 电气试验			6. 各部绝缘件检查清扫 7. 温控器检查	
修后目标	1. 变压器修后无返工 2. 变压器修后无遗留缺陷 3. 变压器修后保证 180 天无异常或故障				

	W 点	工序及质检点内容	H 点	工序及质检点内容	S 点	工序及安全鉴证点内容
鉴证点分布	1-W2	□2.9 变压器各部清扫、检查后验收	1-H3	□3 电气试验	1-S2	□3.3 交流耐压试验
	2-W2	□4.2 将所拆各部引线回装，验收				

质量验收人员	一级验收人员	二级验收人员	三级验收人员
安全验收人员	一级验收人员	二级验收人员	三级验收人员

二、修前准备卡

设 备 基 本 参 数

设备基本参数：

型　　号：SCB10-2500	额定容量：2500kVA
电 压 比：6.3±2×2.5%/0.4kV	冷却方式：自然风冷
额定电流：229.1/3608.4A	极　　数：3
结线组别：D，yn11	短路阻抗：10.38%
温升限值：80K	
厂　　家：上海 ABB 变压器有限公司	

设 备 修 前 状 况

检修前交底（设备运行状况、历次主要检修经验和教训、检修前主要缺陷）

历次检修经验和教训：

检修前主要缺陷：

技术交底人		年 月 日
接受交底人		年 月 日

续表

人员准备				
序号	工种	工作组人员姓名	资格证书编号	检查结果
1				□
2				□
3				□
4				□

三、现场准备卡		
办理工作票		
工作票编号：		
施工现场准备		
序号	安全措施检查	确认符合
1	与带电设备保持0.7m安全距离	□
2	电气设备的金属外壳应实行单独接地	□
3	电气设备金属外壳的接地与电源中性点的接地分开	□
4	增加临时照明	□
5	与运行人员共同确认现场安全措施、隔离措施正确完备；确认隔离开关拉开，手车开关拉至“试验”或“检修”位置，控制方式在“就地”位置，操作电源、动力电源断开，验明检修设备确无电压；确认“禁止合闸、有人工作”“在此工作”等警告标示牌按措施要求悬挂；明确相邻带电设备及带电部位；确认三相短路接地刀闸是否按措施要求合闸，三相短路接地刀闸机械状态指示应正确	□
6	工作前核对设备名称及编号	□
7	工作前验电	□
8	设置电气专人进行监护及安全交底	□
9	清理检修现场；地面使用胶皮铺设，并设置围栏及警告标示牌；检修工器具、材料备件定置摆放	□
10	检修管理文件、原始记录本已准备齐全	□
确认人签字：		

工器具检查				
序号	工具名称及型号	数量	完好标准	确认符合
1	活扳手	2	（1）活动扳口应在扳体导轨的全行程上灵活移动。 （2）活扳手不应有裂缝、毛刺及明显的夹缝、氧化皮等缺陷，柄部平直且不应有影响使用性能的缺陷	□
2	温湿度计	1	检查检验合格证在有效期内	□
3	梅花扳手	1	梅花扳手不应有裂缝、毛刺及明显的夹缝、切痕、氧化皮等缺陷，柄部应平直	□
4	什锦锉	1	手柄应安装牢固，没有手柄的不准使用	□
5	手电筒	2	进行外观及亮度检测	□
6	螺丝刀	1	螺丝刀手柄应安装牢固，没有手柄的不准使用	□
7	清洁剂	1	高压灌装清洁剂远离明火、高温热源	□
8	移动式电源盘	1	（1）检查检验合格证在有效期内。 （2）检查电源盘电源线、电源插头、插座完好无破损；漏电保护器动作正确。 （3）检查电源盘线盘架、拉杆、线盘架轮子及线盘摇动手柄齐全完好	□
9	电吹风	1	（1）检查检验合格证在有效期内。 （2）检查电吹风电源线、电源插头完好无破损	□

续表

序号	工具名称及型号	数量	完 好 标 准	确认符合
10	验电器	1	（1）检查验电器在使用有效期及检测合格周期内，产品标识及定期检验合格标识应清晰齐全。 （2）严格执行《电业安全工作规程》，根据检修设备的额定电压选用相同电压等级的验电器。 （3）工作触头的金属部分连接应牢固，无放电痕迹。 （4）验电器的绝缘杆表面应清洁光滑、干燥，无裂纹、无破损、无绝缘层脱落、无变形及放电痕迹等明显缺陷。 （5）握柄应无裂纹、无破损、无有碍手握的缺陷。 （6）验电器（触头、绝缘杆、握柄）各处连接应牢固可靠。 （7）验电前应将验电器在带电的设备上验电，证实验电器声光报警等是否良好	□
11	绝缘手套	1	（1）检查绝缘手套在使用有效期及检测合格周期内，产品标识及定期检验合格标识应清晰齐全，出厂年限满5年的绝缘手套应报废。 （2）使用前检查绝缘手套有无漏气（裂口）等，手套表面必须平滑，无明显的波纹和铸模痕迹。 （3）手套内外面应无针孔、无疵点、无裂痕、无砂眼、无杂质、无霉变、无划痕损伤、无夹紧痕迹、无粘连、无发脆、无染料污染痕迹等各种明显缺陷	□
12	绝缘电阻表	1	（1）检查检验合格证在有效期内。 （2）表计的外表应整洁美观，不应有变形、缩痕、裂纹、划痕、剥落、锈蚀、油污、变色等缺陷。文字、标志等应清晰无误。绝缘电阻表的零件、部件、整件等应装配正确，牢固可靠。绝缘电阻表的控制调节机构和指示装置应运行平稳，无阻滞和抖动现象	□
13	万用表	1	（1）检查检验合格证在有效期内。 （2）塑料外壳具有足够的机械强度，不得有缺损和开裂、划伤和污迹，不允许有明显的变形，按键、按钮应灵活可靠，无卡死和接触不良的现象	□
14	直流电阻测试仪	1	（1）检查检验合格证在有效期内。 （2）外框表面不应有明显的凹痕、划伤、裂缝和变形等现象，表面镀涂层不应起泡、龟裂和脱落。金属零件不应有锈蚀及其他机械损伤。操作开关、旋钮应灵活可靠，使用方便。回路仪应能正常显示极性、读数、超量程	□
15	交流耐压装置	1	（1）检查检验合格证在有效期内。 （2）装置应有可靠的接地螺栓，接地处应有明显的接地符号或接地字样；各种操控按钮、手柄、指示灯、指示仪表应有对应的明显标识，铭牌字迹清晰，控制回路的连接标志应醒目、清晰	□

确认人签字：

材 料 准 备

序号	材料名称	规 格	单位	数量	检查结果
1	导电膏	100g	管	1	□
2	砂纸		张	2	□
3	抹布		kg	0.5	□
4	酒精	500mL	瓶	1	□
5	绑扎带	50根/袋	袋	1	□

备 件 准 备

序号	备件名称	规 格 型 号	单位	数量	检查结果
1	绝缘子		只	1	□
	验收标准：查看绝缘子备件试验报告及合格证，制造厂名、规格型号、检验人等准确清晰。外观检查，无裂纹、脱皮现象，外表光滑				
2					□
	验收标准：				

续表

四、检修工序卡	
检修工序步骤及内容	安全、质量标准
1 变压器引线拆除 危险源：6kV 交流电、验电器 安全鉴证点 | 1-S1 | □1.1 根据试验要求拆除引线，并将高压侧电缆三相短路接地	□A1（a） 工作前必须进行验电。 □A1（b） 高压验电必须戴绝缘手套；拆除电缆引线头三相应短路接地。 1.1 引线拆除前做好标记并纪录
2 变压器内部清扫、检查 危险源：电吹风、清洁剂、灰尘、移动式电源盘、梅花扳手 安全鉴证点 | 2-S1 | □2.1 线圈清扫检查 线圈应清洁，无积灰，绝缘良好无过热，绝缘无脱落，脆裂，损坏现象	□A2（a） 不准手提电吹风的导线或转动部分；电吹风不要连续使用时间太久，应间隙断续使用，以免电热元件和电机过热而烧坏。每次使用后，应立即拔断电源，待冷却后，存放于通风良好、干燥，远离阳光照射的地方。 □A2（b） 使用含有抗菌成分的清洁剂时，戴上手套，避免灼伤皮肤。清洁剂使用时打开窗户或打开风扇通风，避免过多吸入化学微粒，戴防护口罩。高压灌装清洁剂远离明火、高温热源。 □A2（c） 作业时正确佩戴合格防尘口罩。 □A2（d） 移动电源盘在离开工作场所、暂停作业以及遇临时停电时，须立即切断电源盘电源。 □A2（e） 在使用梅花扳手时，左手推住梅花扳手与螺栓连接处，保持梅花扳手与螺栓完全配合，防止滑脱，右手握住梅花扳手另一端并加力；禁止使用带有裂纹和内孔已严重磨损的梅花扳手。
□2.2 铁芯清扫检查 表面清洁，无油垢，无过热变形，绝缘良好，检查铁芯上下轭铁及下部支架应完好，无开焊现象。检查螺栓无松动现象 □2.3 检查各导线及焊接头 螺栓紧固及焊接引线应无过热开焊现象 □2.4 检查变压器紧固件 绝缘子表面应清洁，无裂纹、损伤 垫块、压块等紧固件应牢固，无松动、过热、碳化现象。各部螺丝应紧固，无松动现象	2.2 拉带边缘与高压线圈距离均匀。
□2.5 温控器检查、校验 拆检温控器做好标记，并记录清楚。温控器电源线无过热现象接线紧固。将探头放在低压线圈内。检查温控器使用有效期，拆检时对于表计要轻拿轻放 □2.6 分接头检查 分接头螺栓紧固。连接片无变形、过热及裂纹现象	2.5 送电后，三相温度指示正确，互差不大于 5%。
□2.7 电缆检查 电缆接头无裂纹、过热现象，紧固良好。电缆表面无破损现象，并将容易破损部位用胶皮垫好。电缆孔洞封堵完好 □2.8 清扫检查外壳 清扫检查外壳、框架、油漆层无脱落现象，紧固部件无松动、损坏现象，螺丝应紧固、齐全，必要时刷漆 □2.9 变压器各部清扫、检查后验收 线圈检查完好，铁芯检查完好，温控器检查完好，散热风扇试转正常 质检点 | 1-W2 |	2.7 将所有扎带更换成涤波绳绑扎
3 电气试验 危险源：试验电压 安全鉴证点 | 3-S1 |	□A3 通知相关人员，并派人到现场看守，检查二次回路及一次设备上确无人工作后，方可加压；测量人员和绝缘电阻表安放位置，应选择适当，保持安全距离，以免绝缘电阻表引线或引线支持物触碰带电部分；移动引线时，应注意监护，防止工作人员触电；试验结束将所试设备对地放电，释放残余电压。
□3.1 绕组直流电阻测量	3.1 相间阻值误差不能超过 4%，线间阻值误差不能超过 2%，与标准值相比，其变化不应大于 2%。

续表

<table>
<tr><th>检修工序步骤及内容</th><th>安全、质量标准</th></tr>
<tr><td>□3.2 绕组绝缘电阻、吸收比测量
能分相的要分相进行，被试相首尾短接，非被试相首尾短接接地，不能分相测量者三相短接一起测量

□3.3 交流耐压试验
危险源：试验电压

安全鉴证点 | 1-S2 |

□3.3.1 拔出变压器测温探头
□3.3.2 将低压绕组短接接地，并短接高压绕组
□3.3.3 将交流耐压装置在变压器高压绕组附近布置好并连接试验线，检查设备接地良好，先进行空升压试验以确认仪器状态良好

□3.3.4 将高压输出引线接至变压器高压绕组，均匀平稳升压至21kV
□3.3.5 降低试验电压为零，断开电源开关

质检点 | 1-H3 |</td><td>3.2.1 高、低压绕组绝缘电阻，与前次测量结果应无明显变化，吸收比（10～30℃范围）不低于1.3或极化指数不低于1.5。
3.2.2 变压器铁芯绝缘与以前测试结果相比无显著差别。
□A3.3（a） 高压试验工作不得少于两人。试验负责人应由有经验的人员担任，开始试验前，试验负责人应向全体试验人员详细布置试验中的安全注意事项，交代邻近间隔的带电部位，以及其他安全注意事项；试验现场应装设遮栏或围栏，遮栏或围栏与试验设备高压部分应有足够的安全距离，向外悬挂“止步，高压危险”的标示牌，并派人看守。被试设备两端不在同一地点时，另一端还应派人看守；变更接线或试验结束时，应首先断开试验电源，并将升压设备的高压部分放电、短路接地。
□A3.3（b） 试验时，通知所有人员离开被试设备，并取得试验负责人许可，方可加压。加压过程中应有人监护并呼唱；试验结束时，试验人员应拆除自装的接地短路线，并对被试设备进行检查，恢复试验前的状态，经试验负责人复查后，进行现场清理。
□A3.3（c） 试验前确认试验电压标准；加压前必须认真检查试验结线，表计倍率、量程，调压器零位及仪表的开始状态，均正确无误。
□A3.3（d） 试验结束将所试设备对地放电，释放残余电压，确认短接线已拆除。
3.3.4 交流耐压1min通过</td></tr>
<tr><td>4 变压器引线连接
□4.1 检查绝缘件
□4.2 将所拆各部引线回装，验收
电缆与接线盒用橡胶垫隔离

质检点 | 2-W2 |</td><td>4.1 无破损及放电痕迹。
4.2 变压器引线连接紧固，相色正确</td></tr>
<tr><td>5 检修工作结束
危险源：施工废料

安全鉴证点 | 4-S1 |</td><td>□A5 废料及时清理，做到工完、料尽、场地清</td></tr>
</table>

五、安全鉴证卡		
风险点鉴证点：1-S2 工序3.3 交流耐压试验		
一级验收		年 月 日
二级验收		年 月 日
一级验收		年 月 日
二级验收		年 月 日
一级验收		年 月 日
二级验收		年 月 日
一级验收		年 月 日
二级验收		年 月 日
一级验收		年 月 日
二级验收		年 月 日

续表

风险点鉴证点：1-S2　工序 3.3　交流耐压试验		
一级验收		年　月　日
二级验收		年　月　日
一级验收		年　月　日
二级验收		年　月　日
一级验收		年　月　日
二级验收		年　月　日
一级验收		年　月　日
二级验收		年　月　日
一级验收		年　月　日
二级验收		年　月　日

六、质量验收卡			
质检点：1-W2　工序 2.9　变压器各部清扫、检查后验收 检查情况：			
测量器具/编号			
测量（检查）人		记录人	
一级验收			年　月　日
二级验收			年　月　日
质检点：1-H3　工序 3　电气试验 试验数据：			
测量器具/编号			
测量人		记录人	
一级验收			年　月　日
二级验收			年　月　日
三级验收			年　月　日
质检点：2-W2　工序 4.2　将所拆各部引线回装后验收			

续表

测量器具/编号			
测量（检查）人		记录人	
一级验收			年 月 日
二级验收			年 月 日

七、完工验收卡			
序号	检查内容	标 准	检查结果
1	安全措施恢复情况	1.1 检修工作全部结束 1.2 整改项目验收合格 1.3 检修脚手架拆除完毕 1.4 孔洞、坑道等盖板恢复 1.5 临时拆除的防护栏恢复 1.6 安全围栏、标示牌等撤离现场 1.7 安全措施和隔离措施具备恢复条件 1.8 工作票具备押回条件	□ □ □ □ □ □ □ □
2	设备自身状况	2.1 设备与系统全面连接 2.2 设备各人孔、开口部分密封良好 2.3 设备标示牌齐全 2.4 设备油漆完整 2.5 设备管道色环清晰准确 2.6 阀门手轮齐全 2.7 设备保温恢复完毕	□ □ □ □ □ □ □
3	设备环境状况	3.1 检修整体工作结束，人员撤出 3.2 检修剩余备件材料清理出现场 3.3 检修现场废弃物清理完毕 3.4 检修用辅助设施拆除结束 3.5 临时电源、水源、气源、照明等拆除完毕 3.6 工器具及工具箱运出现场 3.7 地面铺垫材料运出现场 3.8 检修现场卫生整洁	□ □ □ □ □ □ □ □
一级验收		二级验收	

八、完工报告单					
工期	年 月 日 至 年 月 日			实际完成工日	工日
主要材料备件消耗统计	序号	名称	规格与型号	生产厂家	消耗数量
	1				
	2				
	3				
	4				
	5				
缺陷处理情况	序号	缺陷内容		处理情况	
	1				
	2				
	3				
	4				
异动情况					
让步接受情况					

续表

<table>
<tr><td>遗留问题及
采取措施</td><td colspan="3"></td></tr>
<tr><td>修后总体评价</td><td colspan="3"></td></tr>
<tr><td rowspan="2">各方签字</td><td>一级验收人员</td><td>二级验收人员</td><td>三级验收人员</td></tr>
<tr><td></td><td></td><td></td></tr>
</table>

检修文件包

单位：________ 班组：________ 编号：________

检修任务：**6kV 真空断路器检修** 风险等级：________

一、检修工作任务单						
计划检修时间	年 月 日 至 年 月 日			计划工日		
主要检修项目	1. 真空断路器清扫检查 2. 真空断路器触头、真空泡检修 3. 真空断路器机构检修 4. 进出车机构及辅助开关检修			5. 真空断路器电气试验 6. CT、带电传感器、电缆、避雷器检修试验		
修后目标	1. 真空断路器修后无返工 2. 真空断路器修后无遗留缺陷 3. 真空断路器修后保证 180 天无异常或故障					
鉴证点分布	W 点	工序及质检点内容	H 点	工序及质检点内容	S 点	工序及安全鉴证点内容
	1-W2	□1 断路器器清扫检修	1-H3	□5 电气试验	1-S2	□5.4 交流耐压试验
	2-W2	□2 断路器触头、真空泡检修	2-H3	□6 CT、带电传感器、电缆、避雷器检修试验	2-S2	□6.4 CT、带电传感器、电耐压试验
	3-W2	□3 机构检修				
	4-W2	□4 进出车机构及辅助开关检修				
质量验收人员	一级验收人员		二级验收人员		三级验收人员	
安全验收人员	一级验收人员		二级验收人员		三级验收人员	

二、修前准备卡
设 备 基 本 参 数
设备基本参数： 断路器型号：VB1-13.8 额定电压：12kV 额定电流：1250A 额定短路开断电流（周期分量，有效值）：50kA 额定短路开断次数：75 次 最大关合电流（峰值）：125kA 动稳定电流（峰值）：125kA 4s 热稳定电流（有效值）：50kA 1min 工频耐受电压（有效值）：42kV 雷电冲击耐受电压（全波、峰值）：75kV 机械、电气寿命：至少 30000 次 额定短路开断电流的直流分量：≥45%
设 备 修 前 状 况
检修前交底（设备运行状况、历次主要检修经验和教训、检修前主要缺陷） 历次检修经验和教训： 检修前主要缺陷：

续表

设备修前状况				
技术交底人			年　月　日	
接受交底人			年　月　日	
人员准备				
序号	工种	工作组人员姓名	资格证书编号	检查结果
1				□
2				□
3				□
4				□

三、现场准备卡		
办理工作票		
工作票编号：		
施工现场准备		
序号	安全措施检查	确认符合
1	与带电设备保持0.7m安全距离	□
2	与运行人员共同确认现场安全措施、隔离措施正确完备；确认隔离开关拉开，手车开关拉至“试验”或“检修”位置，控制方式在“就地”位置，操作电源、动力电源断开，验明检修设备确无电压；确认“禁止合闸、有人工作”“在此工作”等警告标示牌按措施要求悬挂；明确相邻带电设备及带电部位；确认三相短路接地刀闸或三相短路接地线是否按措施要求合闸或悬挂，三相短路接地刀闸机械状态指示应正确，三相短路接地线悬挂位置正确且牢固可靠	□
3	工作前核对设备名称及编号；工作前验电	□
4	清理检修现场；地面使用胶皮铺设，并设置围栏及警告标示牌；检修工器具、材料备件定置摆放	□
5	检修管理文件、原始记录本已准备齐全	□
确认人签字：		

工器具检查				
序号	工具名称及型号	数量	完好标准	确认符合
1	活扳手	各1	（1）活动扳口应在扳体导轨的全行程上灵活移动。 （2）活扳手不应有裂缝、毛刺及明显的夹缝、氧化皮等缺陷，柄部平直且不应有影响使用性能的缺陷	□
2	梅花扳手	套1	梅花扳手不应有裂缝、毛刺及明显的夹缝、切痕、氧化皮等缺陷，柄部应平直	□
3	手电筒	1	进行外观及亮度检测	□
4	克丝钳	1	钢丝钳等手柄应安装牢固，没有手柄的不准使用	□
5	尖嘴钳	1	钢丝钳等手柄应安装牢固，没有手柄的不准使用	□
6	螺丝刀	1	螺丝刀手柄应安装牢固，没有手柄的不准使用	□
7	移动电源盘	1	（1）检查检验合格证在有效期内。 （2）检查电源盘电源线、电源插头、插座完好无破损；漏电保护器动作正确。 （3）检查电源盘线盘架、拉杆、线盘架轮子及线盘摇动手柄齐全完好	□
8	电吹风	1	（1）检查检验合格证在有效期内。 （2）检查电吹风电源线、电源插头完好无破损	□
9	电动扳手	套1	（1）检查检验合格证在有效期内。 （2）检查电动扳手电源线、电源插头完好无破损；有漏电保护器。 （3）检查手柄、外壳部分、驱动套筒完好无损伤；进出风口清洁干净无遮挡。 （4）检查正反转开关完好且操作灵活可靠	□

续表

序号	工具名称及型号	数量	完 好 标 准	确认符合
10	酒精	1	领用、暂存时量不能过大，一般不超过 500mL	□
11	绝缘电阻表	1	（1）检查检验合格证在有效期内。 （2）表计的外表应整洁美观，不应有变形、缩痕、裂纹、划痕、剥落、锈蚀、油污、变色等缺陷。文字、标志等应清晰无误。绝缘电阻表的零件、部件、整件等应装配正确，牢固可靠。绝缘电阻表的控制调节机构和指示装置应运行平稳，无阻滞和抖动现象	□
12	万用表	1	（1）检查检验合格证在有效期内。 （2）塑料外壳具有足够的机械强度，不得有缺损和开裂、划伤和污迹，不允许有明显的变形，按键、按钮应灵活可靠，无卡死和接触不良的现象	□
13	回路电阻测试仪	1	（1）检查检验合格证在有效期内。 （2）回路仪外框表面不应有明显的凹痕、划伤、裂缝和变形等现象，表面镀涂层不应起泡、龟裂和脱落。金属零件不应有锈蚀及其他机械损伤。操作开关、旋钮应灵活可靠，使用方便。回路仪应能正常显示极性、读数、超量程	□
14	交流耐压装置	1	（1）检查检验合格证在有效期内。 （2）装置应有可靠的接地螺栓，接地处应有明显的接地符号或接地字样；各种操控按钮、手柄、指示灯、指示仪表应有对应的明显标识，铭牌字迹清晰，控制回路的连接标志应醒目、清晰	□
15	机械特性试验仪	1	（1）检查检验合格证在有效期内。 （2）仪器表面应光洁平整，不应有凹、凸及划痕、裂缝、变形现象，涂层不应起泡、脱落，字迹应清晰、明了。金属零件不应有锈蚀及机械损伤，接插件牢固可靠，开关、按钮均应动作灵活。仪器应有明显的接地标识	□
确认人签字：				

材 料 准 备

序号	材料名称	规 格	单位	数量	检查结果
1	包布		袋	1	□
2	导电膏		kg	1	□
3	低温润滑脂		kg	1	□
4	绝缘胶布		盘	1	□
5	酒精		瓶	1	□
6	尼龙扎带		袋	1	□
7	砂纸	0 号	张	2	□
8	塑料布	2m	kg	1	□
9	毛刷	50mm	把	1	□

备件准备

序号	备件名称	规格型号	单位	数量	检查结果
1	动触头		只	1	□
	验收标准：检查动触头备件合格证，制造厂名、规格型号、检验人等准确清晰。外观检查，无变形、毛刺等现象				
2	分闸线圈		只	1	□
	验收标准：检查分闸线圈备件合格证，制造厂名、规格型号、检验人等准确清晰。外观检查，无变形、毛刺等现象。测量直阻满足要求				
3	合闸线圈		只	1	□
	验收标准：检查合闸线圈备件合格证，制造厂名、规格型号、检验人等准确清晰。外观检查，无变形、毛刺等现象。测量直阻满足要求				

续表

四、检修工序卡	
检修工序步骤及内容	安全、质量标准
1　断路器清扫检修 危险源：手车、重物、灰尘 安全鉴证点 | 1-S1 | □1.1　用吹尘器清扫断路器灰尘 □1.2　检查紧固断路器各部螺栓 □1.3　防误闭锁检查 质检点 | 1-W2 |	□A1（a）　工作中正确操作手车，及时调整位置，勿挤伤人员。 □A1（b）　多人共同搬运、抬运或装卸较大的重物时，应有1人担任指挥，搬运的步调应一致，必要时还应有专人在旁监护。 □A1（c）　作业时正确佩戴合格防尘口罩。 1.1　清洁无灰尘。 1.2　螺丝紧固无松动。 1.3　润滑机构灵活，断路器与地刀、柜体闭锁完好
2　断路器触头、真空泡检修 □2.1　梅花触头、触指、环状张力弹簧检查 □2.2　绝缘部件、触头座检查 □2.3　真空泡外观检查 □2.4　触头清洁后涂导电膏 质检点 | 2-W2 |	2.1　触头无磨损腐蚀过热灼伤；弹簧无变形，压紧良好。 2.2　触头座用25Nm力矩紧固；绝缘部件无裂纹放电痕迹。 2.3　真空泡外观清洁、无放电痕迹。 2.4　均匀涂抹薄薄一层，大约0.2mm厚的导电膏
3　机构检修 危险源：电动扳手、手动扳手、移动式电源盘、操动机构 安全鉴证点 | 2-S1 | □3.1　目测检查机构所有元件是否有损坏、各部连板系统、各连接件的紧固螺栓、螺母是否松动，开口销和挡卡有无断裂脱落 □3.2　机构运动部位润滑，需要润滑的部位滴加润滑油。注意：导向板摩擦处也需要润滑 □3.3　绝缘拉杆检查 □3.4　检查储能电动机电刷和转子是否接触良好、线圈直阻测量 □3.5　分合闸线圈引线绝缘检查，顶杆有无变形弯曲、线圈直阻测量 □3.6　检查辅助开关、行程开关触点是否良好，操作是否正常，紧固螺栓 □3.7　检查计数器、位置指示器动作是否正确 □3.8　检查二次回路接线端子是否松动、线芯露出长度是否合适、线芯是否压偏、线芯压接部分是否有绝缘皮、二次插头插针是否退针变形 质检点 | 3-W2 |	□A3（a）　不准手提电动扳手的导线或转动部分；使用电动工器具应正确佩戴防护面罩；使用金属外壳电动工具必须戴绝缘手套；在高处作业时，电动扳手必须系好安全绳。 对电动扳手进行调整或更换附件、备件之前，必须切断电源（用电池的，也要断开连接）。 □A3（b）　在使用梅花扳手时，左手推住梅花扳手与螺栓连接处，保持梅花扳手与螺栓完全配合，防止滑脱，右手握住梅花扳手另一端并加力；禁止使用带有裂纹和内孔已严重磨损的梅花扳手。 □A3（c）　移动式电源盘工作中，离开工作场所、暂停作业以及遇临时停电时，须立即切断电源盘电源。 □A3（d）　检修前切断操动机构操作电源及储能电源；就地分合机构时，检修人员不得触及连扳和传动部件。 3.1　部件无损坏、螺母无松动、开口销和档卡无断裂脱落、传动灵活无卡涩。 3.2　各个部位滴加液体润滑油2～3滴。 3.3　绝缘拉杆完好无裂纹。 3.4　电刷无断裂、转子清洁，线圈直阻与铭牌比较变化不超（±10%）。 3.5　用500V绝缘电阻表测量引线绝缘：≥1MΩ、动铁芯顶杆灵活无变形；线圈直阻为57Ω±5.7Ω。 3.6　开关转换正确，触点直阻小于1Ω，螺栓紧固，轴销、连杆完好。 3.7　固定螺栓紧固，指示位置正确。 3.8　接线紧固，线芯压接正确，二次插头插针无退针变形，接触良好
4　进出车机构及辅助开关检修 □4.1　检查柜内导轨左右两侧移动滑块前后位置 □4.2　检查柜内传动链条 □4.3　检查柜内辅助开关 □4.4　机构润滑 质检点 | 4-W2 |	4.3　辅助开关直阻为1Ω

续表

检修工序步骤及内容	安全、质量标准
5 电气试验 危险源：试验电压 安全鉴证点　3-S1	□A5 测量人员和绝缘电阻表安放位置，应选择适当，保持安全距离，以免绝缘电阻表引线或引线支持物触碰带电部分；移动引线时，应注意监护，防止工作人员触电；试验结束将所试设备对地放电，释放残余电压。
□5.1 用2500V绝缘电阻表测量绝缘电阻 □5.2 导电回路电阻测量 □5.3 机械特性、动作电压试验	5.1 绝缘电阻：＞1200MΩ。 5.2 回路电阻：≤25μΩ。 5.3 合闸时间：35～75ms；分闸时间：32～60ms；合闸弹跳时间：≤2ms；三相分、合闸同期性：≤2ms；80%额定电压合闸可靠、65%额定电压分闸可靠、30%额定电压时不分闸。
□5.4 交流耐压试验 危险源：试验电压 安全鉴证点　1-S2	□A5.4（a） 高压试验工作不得少于两人。试验负责人应由有经验的人员担任，开始试验前，试验负责人应向全体试验人员详细布置试验中的安全注意事项，交代邻近间隔的带电部位，以及其他安全注意事项；试验现场应装设遮栏或围栏，遮栏或围栏与试验设备高压部分应有足够的安全距离，向外悬挂“止步，高压危险”的标示牌，并派人看守；变更接线或试验结束时，应首先断开试验电源，并将升压设备的高压部分放电、短路接地。 □A5.4（b） 试验时，通知所有人员离开被试设备，并取得试验负责人许可，方可加压。加压过程中应有人监护并呼唱；试验结束时，试验人员应拆除自装的接地短路线，并对被试设备进行检查，恢复试验前的状态，经试验负责人复查后，进行现场清理。 □A5.4（c） 试验前确认试验电压标准；加压前必须认真检查试验结线，表计倍率、量程，调压器零位及仪表的开始状态，均正确无误。 □A5.4（d） 试验结束将所试设备对地放电，释放残余电压；确认短接线已拆除。 5.4 耐压27kV/1min无闪络。
□5.5 试验位置传动 质检点　1-H3	5.5 分合闸、信号反馈正常
6 CT、带电传感器、电缆、避雷器检修试验 □6.1 CT、带电传感器、电缆、避雷器清扫 □6.2 绝缘头护套检查、线鼻子压接检查	6.1 清洁无灰尘、无裂纹闪络放电。 6.2 外绝缘完好、线鼻子压接紧固无过热变色。
□6.3 电气试验电缆绝缘电阻、谐振耐压；避雷器绝缘电阻、直流泄漏 危险源：试验电压 安全鉴证点　4-S1	□A6.3（a） 测量人员和绝缘电阻表安放位置，应选择适当，保持安全距离，以免绝缘电阻表引线或引线支持物触碰带电部分；移动引线时，应注意监护，防止工作人员触电。 □A6.3（b） 试验结束将所试设备对地放电，释放残余电压。 6.3（电缆）绝缘电阻不小于1000MΩ，谐振耐压9.6kV/5min通过。（避雷器）绝缘电阻不小于1000MΩ，U_{1mA}实测值于初始值比较、变化不大于（±5%），0.75U_{1mA}下的泄漏电流不大于50μA。
□6.4 CT、带电传感器交流耐压 危险源：试验电压 安全鉴证点　2-S2 质检点　2-H3	□A6.4（a） 高压试验工作不得少于两人。试验负责人应由有经验的人员担任，开始试验前，试验负责人应向全体试验人员详细布置试验中的安全注意事项，交代邻近间隔的带电部位，以及其他安全注意事项；试验现场应装设遮栏或围栏，遮栏或围栏与试验设备高压部分应有足够的安全距离，向外悬挂“止步，高压危险”的标示牌，并派人看守；变更接线或试验结束时，应首先断开试验电源，并将升压设备的高压部分放电、短路接地。 □A6.4（b） 试验时，通知所有人员离开被试设备，并取得试验负责人许可，方可加压。加压过程中应有人监护并呼唱；试验结束时，试验人员应拆除自装的接地短路线，并对被试设备进行检查，恢复试验前的状态，经试验负责人复查后，进行现场清理。 □A6.4（c） 试验前确认试验电压标准；加压前必须认真检查试验结线、表计倍率、量程，调压器零位及仪表的开始

续表

<table>
<tr><th>检修工序步骤及内容</th><th>安全、质量标准</th></tr>
<tr><td></td><td>状态，均正确无误。
□A6.4（d） 试验结束将所试设备对地放电，释放残余电压；确认短接线已拆除。
6.4 CT、带电传感器交流耐压 27kV/1min 通过</td></tr>
<tr><td>7 检修工作结束
危险源：施工废料
安全鉴证点 | 5-S1 |</td><td>□A7 废料及时清理，做到工完、料尽、场地清</td></tr>
</table>

五、安全鉴证卡

风险点鉴证点：1-S2 工序 5.4 交流耐压试验

一级验收		年 月 日
二级验收		年 月 日
一级验收		年 月 日
二级验收		年 月 日
一级验收		年 月 日
二级验收		年 月 日
一级验收		年 月 日
二级验收		年 月 日

风险点鉴证点：2-S2 工序 6.4 CT、带电传感器交流耐压

一级验收		年 月 日
二级验收		年 月 日
一级验收		年 月 日
二级验收		年 月 日
一级验收		年 月 日
二级验收		年 月 日
一级验收		年 月 日
二级验收		年 月 日
一级验收		年 月 日
二级验收		年 月 日
一级验收		年 月 日
二级验收		年 月 日

六、质量验收卡

质检点：1-W2 工序 1 断路器清扫检修

检查情况：

测量器具/编号			
测量（检查）人		记录人	

续表

<table>
<tr><td>一级验收</td><td colspan="2"></td><td>年　月　日</td></tr>
<tr><td>二级验收</td><td colspan="2"></td><td>年　月　日</td></tr>
<tr><td colspan="4">质检点：2-W2　工序 2　断路器触头、真空泡检修
检查情况：</td></tr>
<tr><td>测量器具/编号</td><td colspan="3"></td></tr>
<tr><td>测量人</td><td></td><td>记录人</td><td></td></tr>
<tr><td>一级验收</td><td colspan="2"></td><td>年　月　日</td></tr>
<tr><td>二级验收</td><td colspan="2"></td><td>年　月　日</td></tr>
<tr><td colspan="4">质检点：3-W2　工序 3　机构检修
检查情况：</td></tr>
<tr><td>测量器具/编号</td><td colspan="3"></td></tr>
<tr><td>测量（检查）人</td><td></td><td>记录人</td><td></td></tr>
<tr><td>一级验收</td><td colspan="2"></td><td>年　月　日</td></tr>
<tr><td>二级验收</td><td colspan="2"></td><td>年　月　日</td></tr>
<tr><td colspan="4">质检点：4-W2　工序 4　进出车机构及辅助开关检修
试验情况：</td></tr>
<tr><td>测量器具/编号</td><td colspan="3"></td></tr>
<tr><td>测量人</td><td></td><td>记录人</td><td></td></tr>
<tr><td>一级验收</td><td colspan="2"></td><td>年　月　日</td></tr>
<tr><td>二级验收</td><td colspan="2"></td><td>年　月　日</td></tr>
<tr><td colspan="4">质检点：1-H3　工序 5　电气试验
试验情况：</td></tr>
</table>

续表

测量器具/编号			
测量（检查）人		记录人	
一级验收			年　月　日
二级验收			年　月　日
三级验收			年　月　日
质检点：2-H3　工序 6　CT、带电传感器、电缆、避雷器检修试验 试验情况：			
测量器具/编号			
测量人		记录人	
一级验收			年　月　日
二级验收			年　月　日
三级验收			年　月　日

七、完工验收卡

序号	检查内容	标　　准	检查结果
1	安全措施恢复情况	1.1　检修工作全部结束 1.2　整改项目验收合格 1.3　检修脚手架拆除完毕 1.4　孔洞、坑道等盖板恢复 1.5　临时拆除的防护栏恢复 1.6　安全围栏、标示牌等撤离现场 1.7　安全措施和隔离措施具备恢复条件 1.8　工作票具备押回条件	□ □ □ □ □ □ □ □
2	设备自身状况	2.1　设备与系统全面连接 2.2　设备各人孔、开口部分密封良好 2.3　设备标示牌齐全 2.4　设备油漆完整 2.5　设备管道色环清晰准确 2.6　阀门手轮齐全 2.7　设备保温恢复完毕	□ □ □ □ □ □ □
3	设备环境状况	3.1　检修整体工作结束，人员撤出 3.2　检修剩余备件材料清理出现场 3.3　检修现场废弃物清理完毕 3.4　检修用辅助设施拆除结束 3.5　临时电源、水源、气源、照明等拆除完毕 3.6　工器具及工具箱运出现场 3.7　地面铺垫材料运出现场 3.8　检修现场卫生整洁	□ □ □ □ □ □ □ □
一级验收		二级验收	

续表

<table>
<tr><td colspan="6">八、完工报告单</td></tr>
<tr><td>工期</td><td colspan="3">年　月　日　至　年　月　日</td><td>实际完成工日</td><td>工日</td></tr>
<tr><td rowspan="6">主要材料备件
消耗统计</td><td>序号</td><td>名称</td><td>规格与型号</td><td>生产厂家</td><td>消耗数量</td></tr>
<tr><td>1</td><td></td><td></td><td></td><td></td></tr>
<tr><td>2</td><td></td><td></td><td></td><td></td></tr>
<tr><td>3</td><td></td><td></td><td></td><td></td></tr>
<tr><td>4</td><td></td><td></td><td></td><td></td></tr>
<tr><td>5</td><td></td><td></td><td></td><td></td></tr>
<tr><td rowspan="5">缺陷处理情况</td><td>序号</td><td colspan="2">缺陷内容</td><td colspan="2">处理情况</td></tr>
<tr><td>1</td><td colspan="2"></td><td colspan="2"></td></tr>
<tr><td>2</td><td colspan="2"></td><td colspan="2"></td></tr>
<tr><td>3</td><td colspan="2"></td><td colspan="2"></td></tr>
<tr><td>4</td><td colspan="2"></td><td colspan="2"></td></tr>
<tr><td>异动情况</td><td colspan="5"></td></tr>
<tr><td>让步接受情况</td><td colspan="5"></td></tr>
<tr><td>遗留问题及
采取措施</td><td colspan="5"></td></tr>
<tr><td>修后总体评价</td><td colspan="5"></td></tr>
<tr><td rowspan="2">各方签字</td><td colspan="2">一级验收人员</td><td colspan="2">二级验收人员</td><td>三级验收人员</td></tr>
<tr><td colspan="2"></td><td colspan="2"></td><td></td></tr>
</table>

检修文件包

单位：________ 班组：________ 编号：________

检修任务：**6kV真空接触器检修** 风险等级：________

<table>
<tr><td colspan="7">一、检修工作任务单</td></tr>
<tr><td>计划检修时间</td><td colspan="4">年 月 日 至 年 月 日</td><td>计划工日</td><td></td></tr>
<tr><td>主要检修项目</td><td colspan="3">1．真空接触器清扫检查
2．真空接触器触头、真空泡检修
3．真空接触器机构检修</td><td colspan="3">4．真空接触器电气试验
5．CT、带电传感器、电缆、避雷器检修试验</td></tr>
<tr><td>修后目标</td><td colspan="6">1．真空接触器修后无返工
2．真空接触器修后无遗留缺陷
3．真空接触器修后保证180天无异常或故障</td></tr>
<tr><td rowspan="8">鉴证点分布</td><td>W点</td><td>工序及质检点内容</td><td>H点</td><td>工序及质检点内容</td><td>S点</td><td>工序及安全鉴证点内容</td></tr>
<tr><td>1-W2</td><td>□1 真空接触器清扫检修</td><td>1-H3</td><td>□4 真空接触器电气试验</td><td>1-S2</td><td>□4.4 交流耐压试验</td></tr>
<tr><td>2-W2</td><td>□2 真空接触器触头、真空泡检修</td><td>2-H3</td><td>□5 CT、带电传感器、电缆、避雷器检修试验</td><td>2-S2</td><td>□5.4 CT、带电传感器耐压试验</td></tr>
<tr><td>3-W2</td><td>□3 真空接触器机构检修</td><td></td><td></td><td></td><td></td></tr>
<tr><td></td><td></td><td></td><td></td><td></td><td></td></tr>
<tr><td></td><td></td><td></td><td></td><td></td><td></td></tr>
<tr><td></td><td></td><td></td><td></td><td></td><td></td></tr>
<tr><td></td><td></td><td></td><td></td><td></td><td></td></tr>
<tr><td rowspan="2">质量验收人员</td><td colspan="2">一级验收人员</td><td colspan="2">二级验收人员</td><td colspan="2">三级验收人员</td></tr>
<tr><td colspan="2"></td><td colspan="2"></td><td colspan="2"></td></tr>
<tr><td rowspan="2">安全验收人员</td><td colspan="2">一级验收人员</td><td colspan="2">二级验收人员</td><td colspan="2">三级验收人员</td></tr>
<tr><td colspan="2"></td><td colspan="2"></td><td colspan="2"></td></tr>
</table>

<table>
<tr><td>二、修前准备卡</td></tr>
<tr><td>设备基本参数</td></tr>
<tr><td>设备基本参数：
真空接触器型号：VRC193
额定电压：7.2kV
额定电流：400A
额定短路开断电流（周期分量，有效值）：50kA
最大关合电流（峰值）：125kA
额定绝缘水平：
1min工频耐受电压（有效值）：32kV
机械、电气寿命：至少30000次
断路器操作时间：
合闸时间：≤160ms
分闸时间：≤130ms
避雷器型号：YH5WS-8/18.7
熔断器型号WKNHO-7.2 315/200A</td></tr>
<tr><td>设备修前状况</td></tr>
<tr><td>检修前交底（设备运行状况、历次主要检修经验和教训、检修前主要缺陷）
历次检修经验和教训：

检修前主要缺陷：</td></tr>
</table>

续表

技术交底人			年　月　日	
接受交底人			年　月　日	
人 员 准 备				
序号	工种	工作组人员姓名	资格证书编号	检查结果
1				□
2				□
3				□
4				□

三、现场准备卡				
办 理 工 作 票				
工作票编号：				
施 工 现 场 准 备				
序号	安 全 措 施 检 查			确认符合
1	与带电设备保持 0.7m 安全距离			□
2	与运行人员共同确认现场安全措施、隔离措施正确完备；确认隔离开关拉开，手车开关拉至“试验”或“检修”位置，控制方式在“就地”位置，操作电源、动力电源断开，验明检修设备确无电压；确认“禁止合闸、有人工作”“在此工作”等警告标示牌按措施要求悬挂；明确相邻带电设备及带电部位；确认三相短路接地刀闸或三相短路接地线是否按措施要求合闸或悬挂，三相短路接地刀闸机械状态指示应正确，三相短路接地线悬挂位置正确且牢固可靠			□
3	工作前核对设备名称及编号；工作前验电			□
4	清理检修现场；地面使用胶皮铺设，并设置围栏及警告标示牌；检修工器具、材料备件定置摆放			□
5	检修管理文件、原始记录本已准备齐全			□
确认人签字：				
工 器 具 检 查				
序号	工具名称及型号	数量	完 好 标 准	确认符合
1	活扳手	各 1	（1）活动扳口应在扳体导轨的全行程上灵活移动。 （2）活扳手不应有裂缝、毛刺及明显的夹缝、氧化皮等缺陷，柄部平直且不应有影响使用性能的缺陷	□
2	梅花扳手	套 1	梅花扳手不应有裂缝、毛刺及明显的夹缝、切痕、氧化皮等缺陷，柄部应平直	□
3	手电筒	1	进行外观及亮度检测	□
4	克丝钳	1	钢丝钳等手柄应安装牢固，没有手柄的不准使用	□
5	尖嘴钳	1	钢丝钳等手柄应安装牢固，没有手柄的不准使用	□
6	螺丝刀	1	螺丝刀手柄应安装牢固，没有手柄的不准使用	□
7	移动电源盘	1	（1）检查检验合格证在有效期内。 （2）检查电源盘电源线、电源插头、插座完好无破损；漏电保护器动作正确。 （3）检查电源盘线盘架、拉杆、线盘架轮子及线盘摇动手柄齐全完好	□
8	电吹风	1	（1）检查检验合格证在有效期内。 （2）检查电吹风电源线、电源插头完好无破损	□
9	电动扳手	套 1	（1）检查检验合格证在有效期内。 （2）检查电动扳手电源线、电源插头完好无破损；有漏电保护器。 （3）检查手柄、外壳部分、驱动套筒完好无损伤；进出风口清洁干净无遮挡。 （4）检查正反转开关完好且操作灵活可靠	□

续表

序号	工具名称及型号	数量	完 好 标 准	确认符合
10	酒精	1	领用、暂存时量不能过大，一般不超过500mL	□
11	绝缘电阻表	1	（1）检查检验合格证在有效期内。 （2）表计的外表应整洁美观，不应有变形、缩痕、裂纹、划痕、剥落、锈蚀、油污、变色等缺陷。文字、标志等应清晰无误。绝缘电阻表的零件、部件、整件等应装配正确，牢固可靠；绝缘电阻表的控制调节机构和指示装置应运行平稳，无阻滞和抖动现象	□
12	万用表	1	（1）检查检验合格证在有效期内。 （2）塑料外壳具有足够的机械强度，不得有缺损和开裂、划伤和污迹，不允许有明显的变形，按键、按钮应灵活可靠，无卡死和接触不良的现象	□
13	回路电阻测试仪	1	（1）检查检验合格证在有效期内。 （2）回路仪外框表面不应有明显的凹痕、划伤、裂缝和变形等现象，表面镀涂层不应起泡、龟裂和脱落。金属零件不应有锈蚀及其他机械损伤。操作开关、旋钮应灵活可靠，使用方便。回路仪应能正常显示极性、读数、超量程	□
14	交流耐压装置	1	（1）检查检验合格证在有效期内。 （2）装置应有可靠的接地螺栓，接地处应有明显的接地符号或接地字样；各种操控按钮、手柄、指示灯、指示仪表应有对应的明显标示，铭牌字迹清晰，控制回路的连接标志应醒目、清晰	□
15	机械特性试验仪	1	（1）检查检验合格证在有效期内。 （2）仪器表面应光洁平整，不应有凹、凸及划痕、裂缝、变形现象，涂层不应起泡、脱落，字迹应清晰、明了。金属零件不应有锈蚀及机械损伤，接插件牢固可靠，开关、按钮均应动作灵活。仪器应有明显的接地标识	□
确认人签字：				

材 料 准 备

序号	材料名称	规 格	单位	数量	检查结果
1	包布		袋	1	□
2	导电膏		kg	1	□
3	低温润滑脂		kg	1	□
4	绝缘胶布		盘	1	□
5	酒精		瓶	1	□
6	尼龙扎带		袋	1	□
7	砂纸	600目	张	2	□
8	塑料布	2m	kg	1	□
9	毛刷	50mm	把	1	□

备 件 准 备

<table>
<tr><th>序号</th><th>备件名称</th><th>规 格 型 号</th><th>单位</th><th>数量</th><th>检查结果</th></tr>
<tr><td rowspan="2">1</td><td>动触头</td><td></td><td>只</td><td>1</td><td>□</td></tr>
<tr><td colspan="5">验收标准：检查动触头备件合格证，制造厂名、规格型号、检验人等准确清晰。外观检查，无变形、毛刺等现象</td></tr>
<tr><td rowspan="2">2</td><td>分闸线圈</td><td></td><td>只</td><td>1</td><td>□</td></tr>
<tr><td colspan="5">验收标准：检查分闸线圈备件合格证，制造厂名、规格型号、检验人等准确清晰。外观检查，无变形、毛刺等现象。测量直阻满足要求</td></tr>
</table>

续表

序号	备件名称	规 格 型 号	单位	数量	检查结果
3	合闸线圈		只	1	□
	验收标准：检查合闸线圈备件合格证，制造厂名、规格型号、检验人等准确清晰。外观检查，无变形、毛刺等现象。测量直阻满足要求				

四、检修工序卡	
检修工序步骤及内容	安全、质量标准
1 真空接触器清扫检修 危险源：手车、重物、灰尘 安全鉴证点 | 5-S1 | □1.1 打开接触器盖板 □1.2 用吹尘器清扫接触器灰尘 □1.3 检查紧固接触器各部螺栓 □1.4 接触器推进机构、防误闭锁检查 □1.5 一次保险检查 质检点 | 1-W2 |	□A1（a） 工作中正确操作手车，及时调整位置，勿挤伤人员。 □A1（b） 多人共同搬运、抬运或装卸较大的重物时，应有 1 人担任指挥，搬运的步调应一致，必要时还应有专人在旁监护。 □A1（c） 作业时正确佩戴合格防尘口罩。 1.2 清洁无灰尘。 1.3 螺丝紧固无松动。 1.4 润滑机构灵活、接触器与地刀、柜体闭锁完好。 1.5 保险无裂纹、万用表检测导通良好（阻值：≤1Ω）
2 真空接触器触头、真空泡检修 □2.1 梅花触头、触指、环状张力弹簧检查 □2.2 绝缘部件、触头座检查 □2.3 真空泡外观检查 □2.4 触头清洁后涂导电膏 质检点 | 2-W2 |	2.1 触头无磨损腐蚀过热灼伤，弹簧无变形压紧良好。 2.2 触头座用 25Nm 力矩紧固；绝缘部件无裂纹放电痕迹。 2.3 真空泡外观清洁，无放电痕迹。 2.4 均匀涂抹薄薄一层，大约 0.2mm 厚的导电膏
3 真空接触器机构检修 危险源：电动扳手、手动扳手、移动电源盘、操作机构 安全鉴证点 | 2-S1 | □3.1 机构各部连板系统和轴销检查、清扫、润滑及螺栓紧固 □3.2 分合闸线圈引线绝缘检查，顶杆有无变形弯曲、直阻测量 □3.3 二次插头、转换开关、辅助接点检查 □3.4 计数器、位置指示器检查 □3.5 控制回路端子检查、紧固、绝缘测试 质检点 | 3-W2 |	□A3（a） 不准手提电动扳手的导线或转动部分；使用电动工器具应正确佩戴防护面罩；使用金属外壳电动工具必须戴绝缘手套；在高处作业时，电动扳手必须系好安全绳；对电动扳手进行调整或更换附件、备件之前，必须切断电源（用电池的，也要断开连接）。 □A3（b） 在使用梅花扳手时，左手推住梅花扳手与螺栓连接处，保持梅花扳手与螺栓完全配合，防止滑脱，右手握住梅花扳手另一端并加力；禁止使用带有裂纹和内孔已严重磨损的梅花扳手。 □A3（c） 移动式电源盘工作中，离开工作场所、暂停作业以及遇临时停电时，须立即切断电源盘电源。 □A3（d） 检修前切断操动机构操作电源及储能电源；就地分合机构时，检修人员不得触及连扳和传动部件。 3.1 无损伤变形、传动灵活无卡涩、松动、变形。 3.2 顶杆灵活无变形；直阻变化与铭牌比较±10%。 3.3 开关转换动作正确、接点导通良好（接点直阻小于 2Ω）、二次插头插针无歪斜、接触良好。 3.4 指示位置正确。 3.5 接线紧固；用 500V 绝缘电阻表测试绝缘：≥1MΩ
4 真空接触器电气试验 危险源：试验电压 安全鉴证点 | 3-S1 | □4.1 用 2500V 绝缘电阻表测量相间、相对地绝缘电阻 □4.2 导电回路直流电阻测量	□A4 测量人员和绝缘电阻表安放位置应选择适当，保持安全距离，以免绝缘电阻表引线或引线支持物触碰带电部分；移动引线时，应注意监护，防止工作人员触电；试验结束将所试设备对地放电，释放残余电压。 4.1 绝缘电阻：≥1200MΩ。 4.2 400A 开关阻值：≤200μΩ。

续表

检修工序步骤及内容	安全、质量标准
□4.3　机械特性、动作电压试验	4.3　合闸时间：≤160ms；分闸时间：≤130ms；合闸弹跳时间：≤3ms；三相分、合闸同期性：≤2ms；合闸动作电压85%额定电压、分闸动作电压65%额定电压时可靠动作、30%额定电压时不分闸。
□4.4　交流耐压试验 危险源：试验电压 安全鉴证点　1-S2 质检点　1-H3	□A4.4（a）　高压试验工作不得少于两人。试验负责人应由有经验的人员担任，开始试验前，试验负责人应向全体试验人员详细布置试验中的安全注意事项，交代邻近间隔的带电部位，以及其他安全注意事项；试验现场应装设遮栏或围栏，遮栏或围栏与试验设备高压部分应有足够的安全距离，向外悬挂“止步，高压危险”的标示牌，并派人看守；变更接线或试验结束时，应首先断开试验电源，并将升压设备的高压部分放电、短路接地。 □A4.4（b）　试验时，通知所有人员离开被试设备，并取得试验负责人许可，方可加压。加压过程中应有人监护并呼唱；试验结束时，试验人员应拆除自装的接地短路线，并对被试设备进行检查，恢复试验前的状态，经试验负责人复查后，进行现场清理。 □A4.4（c）　试验前确认试验电压标准；加压前必须认真检查试验结线，表计倍率、量程，调压器零位及仪表的开始状态，均正确无误。 □A4.4（d）　试验结束将所试设备对地放电，释放残余电压；确认短接线已拆除。 4.4　耐压27kV/1min无闪络通过
5　CT、带电传感器、电缆、避雷器检修试验 □5.1　CT、带电传感器、电缆、避雷器清扫 □5.2　绝缘头护套检查、线鼻子压接检查 □5.3　电气试验电缆绝缘电阻、谐振耐压；避雷器绝缘电阻、直流泄漏 危险源：试验电压 安全鉴证点　4-S1	5.1　清洁无灰尘、无裂纹闪络放电。 5.2　外绝缘完好、线鼻子压接紧固无过热变色。 □A5.3（a）　测量人员和绝缘电阻表安放位置应选择适当，保持安全距离，以免绝缘电阻表引线或引线支持物触碰带电部分；移动引线时，应注意监护，防止工作人员触电。 □A5.3（b）　试验结束将所试设备对地放电，释放残余电压。 5.3　（电缆）绝缘电阻不小于1000MΩ，谐振耐压9.6kV/5min通过。（避雷器）绝缘电阻不小于1000MΩ，U_{1mA}实测值于初始值比较、变化不大于（±5%），0.75U_{1mA}下的泄漏电流不大于50μA。
□5.4　CT、带电传感器交流耐压 危险源：试验电压 安全鉴证点　2-S2 质检点　2-H3	□A5.4（a）　高压试验工作不得少于两人。试验负责人应由有经验的人员担任，开始试验前，试验负责人应向全体试验人员详细布置试验中的安全注意事项，交代邻近间隔的带电部位，以及其他安全注意事项；试验现场应装设遮栏或围栏，遮栏或围栏与试验设备高压部分应有足够的安全距离，向外悬挂“止步，高压危险”的标示牌，并派人看守；变更接线或试验结束时，应首先断开试验电源，并将升压设备的高压部分放电、短路接地。 □A5.4（b）　试验时，通知所有人员离开被试设备，并取得试验负责人许可，方可加压。加压过程中应有人监护并呼唱；试验结束时，试验人员应拆除自装的接地短路线，并对被试设备进行检查，恢复试验前的状态，经试验负责人复查后，进行现场清理。 □A5.4（c）　试验前确认试验电压标准；加压前必须认真检查试验结线，表计倍率、量程，调压器零位及仪表的开始状态，均正确无误。 □A5.4（d）　试验结束将所试设备对地放电，释放残余电压；确认短接线已拆除。 5.4　CT、带电传感器交流耐压27kV/1min通过
6　检修工作结束 危险源：施工废料 安全鉴证点　5-S1	□A6 废料及时清理，做到工完、料尽、场地清

续表

<table>
<tr><td colspan="3">五、安全鉴证卡</td></tr>
<tr><td colspan="3">风险点鉴证点：1-S2　工序 4.4　交流耐压试验</td></tr>
<tr><td>一级验收</td><td></td><td>年　月　日</td></tr>
<tr><td>二级验收</td><td></td><td>年　月　日</td></tr>
<tr><td>一级验收</td><td></td><td>年　月　日</td></tr>
<tr><td>二级验收</td><td></td><td>年　月　日</td></tr>
<tr><td>一级验收</td><td></td><td>年　月　日</td></tr>
<tr><td>二级验收</td><td></td><td>年　月　日</td></tr>
<tr><td colspan="3">风险点鉴证点：2-S2　工序 5.4　CT、带电传感器交流耐压</td></tr>
<tr><td>一级验收</td><td></td><td>年　月　日</td></tr>
<tr><td>二级验收</td><td></td><td>年　月　日</td></tr>
<tr><td>一级验收</td><td></td><td>年　月　日</td></tr>
<tr><td>二级验收</td><td></td><td>年　月　日</td></tr>
<tr><td>一级验收</td><td></td><td>年　月　日</td></tr>
<tr><td>二级验收</td><td></td><td>年　月　日</td></tr>
</table>

<table>
<tr><td colspan="4">六、质量验收卡</td></tr>
<tr><td colspan="4">质检点：1-W2　工序 1　真空接触器清扫检修
检查情况：</td></tr>
<tr><td>测量器具/编号</td><td colspan="3"></td></tr>
<tr><td>测量（检查）人</td><td></td><td>记录人</td><td></td></tr>
<tr><td>一级验收</td><td colspan="2"></td><td>年　月　日</td></tr>
<tr><td>二级验收</td><td colspan="2"></td><td>年　月　日</td></tr>
<tr><td colspan="4">质检点：2-W2　工序 2　真空接触器触头、真空泡检修
检查情况：</td></tr>
<tr><td>测量器具/编号</td><td colspan="3"></td></tr>
<tr><td>测量人</td><td></td><td>记录人</td><td></td></tr>
<tr><td>一级验收</td><td colspan="2"></td><td>年　月　日</td></tr>
<tr><td>二级验收</td><td colspan="2"></td><td>年　月　日</td></tr>
</table>

续表

<table>
<tr><td colspan="4">质检点：3-W2　工序 3　真空接触器机构检修
检查情况：</td></tr>
<tr><td>测量器具/编号</td><td colspan="3"></td></tr>
<tr><td>测量（检查）人</td><td></td><td>记录人</td><td></td></tr>
<tr><td>一级验收</td><td colspan="2"></td><td>年　月　日</td></tr>
<tr><td>二级验收</td><td colspan="2"></td><td>年　月　日</td></tr>
<tr><td colspan="4">质检点：1-H3　工序 4　真空接触器电气试验
试验情况：</td></tr>
<tr><td>测量器具/编号</td><td colspan="3"></td></tr>
<tr><td>测量人</td><td></td><td>记录人</td><td></td></tr>
<tr><td>一级验收</td><td colspan="2"></td><td>年　月　日</td></tr>
<tr><td>二级验收</td><td colspan="2"></td><td>年　月　日</td></tr>
<tr><td>三级验收</td><td colspan="2"></td><td>年　月　日</td></tr>
<tr><td colspan="4">质检点：2-H3　工序 5.4　CT、带电传感器、电缆、避雷器检修试验
试验情况：</td></tr>
<tr><td>测量器具/编号</td><td colspan="3"></td></tr>
<tr><td>测量人</td><td></td><td>记录人</td><td></td></tr>
<tr><td>一级验收</td><td colspan="2"></td><td>年　月　日</td></tr>
<tr><td>二级验收</td><td colspan="2"></td><td>年　月　日</td></tr>
<tr><td>三级验收</td><td colspan="2"></td><td>年　月　日</td></tr>
</table>

<table>
<tr><td colspan="4">七、完工验收卡</td></tr>
<tr><td>序号</td><td>检查内容</td><td>标　　准</td><td>检查结果</td></tr>
<tr><td>1</td><td>安全措施恢复情况</td><td>1.1　检修工作全部结束
1.2　整改项目验收合格
1.3　检修脚手架拆除完毕
1.4　孔洞、坑道等盖板恢复
1.5　临时拆除的防护栏恢复
1.6　安全围栏、标示牌等撤离现场
1.7　安全措施和隔离措施具备恢复条件</td><td>□
□
□
□
□
□
□</td></tr>
</table>

续表

序号	检查内容	标　　准	检查结果
1	安全措施恢复情况	1.8 工作票具备押回条件	□
2	设备自身状况	2.1 设备与系统全面连接 2.2 设备各人孔、开口部分密封良好 2.3 设备标示牌齐全 2.4 设备油漆完整 2.5 设备管道色环清晰准确 2.6 阀门手轮齐全 2.7 设备保温恢复完毕	□ □ □ □ □ □ □
3	设备环境状况	3.1 检修整体工作结束，人员撤出 3.2 检修剩余备件材料清理出现场 3.3 检修现场废弃物清理完毕 3.4 检修用辅助设施拆除结束 3.5 临时电源、水源、气源、照明等拆除完毕 3.6 工器具及工具箱运出现场 3.7 地面铺垫材料运出现场 3.8 检修现场卫生整洁	□ □ □ □ □ □ □ □

一级验收	二级验收

八、完工报告单					
工期	年　月　日　至　年　月　日			实际完成工日	工日
主要材料备件消耗统计	序号	名称	规格与型号	生产厂家	消耗数量
	1				
	2				
	3				
	4				
	5				
缺陷处理情况	序号	缺陷内容		处理情况	
	1				
	2				
	3				
	4				
异动情况					
让步接受情况					
遗留问题及采取措施					
修后总体评价					
各方签字	一级验收人员		二级验收人员	三级验收人员	

检修文件包

单位：________ 班组：________ 编号：________

检修任务：**6kV 工作段母线检修** 风险等级：________

一、检修工作任务单						
计划检修时间	年 月 日 至 年 月 日				计划工日	
主要检修项目	1．开关柜断路器室检查 2．开关柜母线室检查 3．开关柜电缆室检查			4．工作终结电气试验 5．五防功能检查		
修后目标	1．母线及间隔修后无返工 2．母线及间隔修后无遗留缺陷 3．母线及间隔修后保证 180 天无异常或故障					
鉴证点分布	W 点	工序及质检点内容	H 点	工序及质检点内容	S 点	工序及安全鉴证点内容
	1-W2	□5 五防功能检查	1-H3	□2.6 开关柜母线室后盖板回装前，对其进行三级验收	1-S2	□4.2 母线交流耐压试验
			2-H3	□4.2 母线交流耐压试验		
质量验收人员	一级验收人员		二级验收人员		三级验收人员	
安全验收人员	一级验收人员		二级验收人员		三级验收人员	

二、修前准备卡	
设备基本参数	
设备基本参数： 开关柜型号：P/VⅡ-12 额定电压：7.2kV 额定电流：1250A 额定短路开断电流：40kA 主母线额定电流：1600A 额定短路耐受电流/时间：40kA/4s 额定峰值耐受电流：125 kA 外壳保护等级：IP42 生产厂家：上海通用电气广电有限公司	
设备修前状况	
检修前交底（设备运行状况、历次主要检修经验和教训、检修前主要缺陷） 历次检修经验和教训： 检修前主要缺陷：	
技术交底人	年 月 日
接受交底人	年 月 日

续表

人 员 准 备				
序号	工种	工作组人员姓名	资格证书编号	检查结果
1				□
2				□
3				□
4				□
5				□

三、现场准备卡

办 理 工 作 票

工作票编号：

施 工 现 场 准 备		
序号	安 全 措 施 检 查	确认符合
1	与带电设备保持 0.7m 安全距离；使用警戒遮栏对检修与运行区域进行隔离，悬挂“止步、高压危险”警告标示牌，防止人员误入带电运行设备区域	□
2	电气设备的金属外壳应实行单独接地；电气设备金属外壳的接地与电源中性点的接地分开	□
3	增加临时照明	□
4	与运行人员共同确认现场安全措施、隔离措施正确完备；确认隔离开关拉开，手车开关拉至“试验”或“检修”位置，控制方式在“就地”位置，操作电源、动力电源断开，验明检修设备确无电压；确认“禁止合闸、有人工作”“在此工作”等警告标示牌按措施要求悬挂；明确相邻带电设备及带电部位；确认三相短路接地刀闸或三相短路接地线是否按措施要求合闸或悬挂，三相短路接地刀闸机械状态指示应正确，三相短路接地线悬挂位置正确且牢固可靠	□
5	工作前验电	□
6	工作前核对设备名称及编号	□
7	现场工器具、设备备品备件应定置摆放	□
8	清理检修现场；地面使用胶皮铺设，并设置围栏及警告标示牌；检修工器具、材料备件定置摆放	□
9	检修管理文件、原始记录本已准备齐全	□

确认人签字：

工 器 具 检 查				
序号	工具名称及型号	数量	完 好 标 准	确认符合
1	活扳手	各 1	（1）活动扳口应在扳体导轨的全行程上灵活移动。 （2）活扳手不应有裂缝、毛刺及明显的夹缝、氧化皮等缺陷，柄部平直且不应有影响使用性能的缺陷	□
2	电动扳手	1	（1）检查检验合格证在有效期内。 （2）检查电动扳手电源线、电源插头完好无破损；有漏电保护器。 （3）检查手柄、外壳部分、驱动套筒完好无损伤；进出风口清洁干净无遮挡。 （4）检查正反转开关完好且操作灵活可靠	□
3	梅花扳手	1	梅花扳手不应有裂缝、毛刺及明显的夹缝、切痕、氧化皮等缺陷，柄部应平直	□
4	什锦锉	1	锉刀等手柄应安装牢固，没有手柄的不准使用	□
5	手电筒	2	进行外观及亮度检测	□
6	克丝钳	1	钢丝钳等手柄应安装牢固，没有手柄的不准使用	□
7	尖嘴钳	1	钢丝钳等手柄应安装牢固，没有手柄的不准使用	□
8	塞尺	1	（1）量片不应有碰伤、锈蚀、带磁等缺陷。 （2）标尺刻度应完整清晰无损	□

续表

序号	工具名称及型号	数量	完好标准	确认符合
9	螺丝刀	1	螺丝刀手柄应安装牢固，没有手柄的不准使用	□
10	移动式电源盘	1	（1）检查检验合格证在有效期内。 （2）检查电源盘电源线、电源插头、插座完好无破损；漏电保护器动作正确。 （3）检查电源盘线盘架、拉杆、线盘架轮子及线盘摇动手柄齐全完好	□
11	安全带	2	（1）检查检验合格证应在有效期内，标识（产品标识和定期检验合格标识）应清晰齐全。 （2）各部件应完整无缺失、无伤残破损，腰带、胸带、围杆带、围杆绳、安全绳应无灼伤、脆裂、断股、霉变。 （3）金属卡环（钩）必须有保险装置，且操作要灵活。钩体和钩舌的咬口必须完整，两者不得偏斜	□
12	梯子	1	（1）检查梯子检验合格证在有效期内。 （2）使用梯子前应先检查梯子坚实、无缺损，止滑脚完好，不得使用有故障的梯子。 （3）人字梯应具有坚固的铰链和限制开度的拉链。 （4）各个连接件应无目测可见的变形，活动部件开合或升降应灵活	□
13	电吹风	1	（1）检查检验合格证在有效期内。 （2）检查电吹风电源线、电源插头完好无破损	□
14	绝缘手套	1	（1）检查绝缘手套在使用有效期及检测合格周期内，产品标识及定期检验合格标识应清晰齐全，出厂年限满5年的绝缘手套应报废。 （2）严格执行《电业安全工作规程》，使用电压等级6kV或10kV的绝缘手套。 （3）使用前检查绝缘手套有无漏气（裂口）等，手套表面必须平滑，无明显的波纹和铸模痕迹。 （4）手套内外面应无针孔、无疵点、无裂痕、无砂眼、无杂质、无霉变、无划痕损伤、无夹紧痕迹、无粘连、无发脆、无染料污染痕迹等各种明显缺陷	□
15	验电器	1	（1）检查验电器在使用有效期及检测合格周期内，产品标识及定期检验合格标识应清晰齐全。 （2）严格执行《电业安全工作规程》，根据检修设备的额定电压选用相同电压等级的验电器。 （3）工作触头的金属部分连接应牢固，无放电痕迹。 （4）验电器的绝缘杆表面应清洁光滑、干燥，无裂纹、无破损、无绝缘层脱落、无变形及放电痕迹等明显缺陷。 （5）握柄应无裂纹、无破损、无有碍手握的缺陷。 （6）验电器（触头、绝缘杆、握柄）各处连接应牢固可靠。 （7）验电前应将验电器在带电的设备上验电，证实验电器声光报警等是否良好	□
16	酒精	1	领用、暂存时量不能过大，一般不超过500mL	□
17	绝缘电阻表	1	（1）检查检验合格证在有效期内。 （2）表计的外表应整洁美观，不应有变形、缩痕、裂纹、划痕、剥落、锈蚀、油污、变色等缺陷。文字、标志等应清晰无误。绝缘电阻表的零件、部件、整件等应装配正确，牢固可靠。绝缘电阻表的控制调节机构和指示装置应运行平稳，无阻滞和抖动现象	□
18	万用表	1	（1）检查检验合格证在有效期内。 （2）塑料外壳具有足够的机械强度，不得有缺损和开裂、划伤和污迹，不允许有明显的变形，按键、按钮应灵活可靠，无卡死和接触不良的现象	□
19	交流耐压装置	1	（1）检查检验合格证在有效期内。 （2）装置应有可靠的接地螺栓，接地处应有明显的接地符号或接地字样；各种操控按钮、手柄、指示灯、指示仪表应有对应的明显标识，铭牌字迹清晰，控制回路的连接标志应醒目、清晰	□
确认人签字：				

续表

<table>
<tr><td colspan="6">材 料 准 备</td></tr>
<tr><td>序号</td><td>材料名称</td><td>规　　格</td><td>单位</td><td>数量</td><td>检查结果</td></tr>
<tr><td>1</td><td>包布</td><td></td><td>kg</td><td>2</td><td>□</td></tr>
<tr><td>2</td><td>导电膏</td><td></td><td>kg</td><td>1</td><td>□</td></tr>
<tr><td>3</td><td>白布</td><td></td><td>m</td><td>5</td><td>□</td></tr>
<tr><td>4</td><td>酒精</td><td></td><td>瓶</td><td>1</td><td>□</td></tr>
<tr><td>5</td><td>尼龙扎带</td><td></td><td>袋</td><td>1</td><td>□</td></tr>
<tr><td>6</td><td>金相砂纸</td><td>280 号</td><td>张</td><td>10</td><td>□</td></tr>
<tr><td>7</td><td>塑料布</td><td>2m</td><td>kg</td><td>1</td><td>□</td></tr>
<tr><td>8</td><td>毛刷</td><td>50mm</td><td>把</td><td>2</td><td>□</td></tr>
<tr><td colspan="6">备件准备</td></tr>
<tr><td>序号</td><td>备件名称</td><td>规格型号</td><td>单位</td><td>数量</td><td>检查结果</td></tr>
<tr><td rowspan="2">1</td><td>绝缘子</td><td></td><td>只</td><td>2</td><td>□</td></tr>
<tr><td colspan="5">验收标准：查看绝缘子备件试验报告及合格证，制造厂名、规格型号、检验人等准确清晰。外观检查，无裂纹、脱皮现象，外表光滑</td></tr>
<tr><td rowspan="2">2</td><td>静触头</td><td></td><td>只</td><td>2</td><td>□</td></tr>
<tr><td colspan="5">验收标准：检查静触座备件合格证，制造厂名、规格型号、检验人等准确清晰。外观检查，无裂纹、毛刺等现象</td></tr>
</table>

<table>
<tr><td colspan="2">四、检修工序卡</td></tr>
<tr><td>检修工序步骤及内容</td><td>安全、质量标准</td></tr>
<tr><td>1　开关柜断路器室检查
□1.1　上、下活门检查
动作灵活无卡涩，各部螺丝紧固、齐全
□1.2　滑动轨道检查
平整，无凸起及凹陷
□1.3　断路器（接触器）静触头检查
危险源：6kV 交流电
安全鉴证点 | 1-S1 | </td><td>1.2　轨道上均匀涂抹润滑脂

□A1.3　工作前必须进行验电；高压验电必须戴绝缘手套
1.3　通过观察与动触头之间的接触痕迹检查其接触情况；静触头与母线间固定螺栓紧固良好；触头完好，无损伤、无过热</td></tr>
<tr><td>2　开关柜母线室检查
危险源：灰尘、安全带、梯子、电动扳手、手动扳手、移动式电源盘
安全鉴证点 | 2-S1 | </td><td>□A2（a）　作业时正确佩戴合格防尘口罩。
□A2（b）　使用时安全带的挂钩或绳子应挂在结实牢固的构件上；安全带要挂在上方，高度不低于腰部（即高挂低用）；利用安全带进行悬挂作业时，不能将挂钩直接勾在安全绳上，应勾在安全带的挂环上；严禁用安全带来传递重物；安全带严禁打结使用，使用中要避开尖锐的构件。
□A2（c）　升降梯升降高度不准超过产品铭牌的规定；不准梯子垫高或接长使用；不准在悬吊式的脚手架上搭放梯子作业；靠在管子上使用的梯子，其上端应有挂钩或用绳索缚住；在水泥或光滑坚硬的地面上使用梯子时，其下端应安置橡胶套或橡胶布，同时应用绳索将梯子下端与固定物缚住；在梯子上工作时，梯与地面的斜角度，直梯和升降梯与地面夹角以 60°～70°为宜，折梯使用时上部夹角以 35°～45°为宜；梯子的止滑脚必须安全可靠，使用梯子时必须有人扶持梯子不得放在通道口、通道拐弯口和门前使用，如需放置时应设专人看守。
上下梯子时，不准手持物件攀登；作业人员必须面向梯子上下；梯子上作业人员应将安全带挂在牢固的构件上，不准将安全带挂在梯子上；不准两人同登一梯。
人在梯子上作业时，不准移动梯子；作业人员必须登在距梯顶不少于 1m 的梯蹬上工作。</td></tr>
</table>

续表

<table>
<tr><th>检修工序步骤及内容</th><th>安全、质量标准</th></tr>
<tr><td>□2.1　母线检查
拆开开关柜母线室后盖板，对母线接头检查：打开母线接头绝缘罩，检查各接头螺栓紧固情况。各接头螺栓应紧固无松动，平垫、弹垫齐全
□2.2　母线绝缘检查
检查母线绝缘有无过热现象；母线搭接处有无压绝缘皮现象
□2.3　接头部位贴感温贴
□2.4　母线绝缘护罩检查
无过热，无损伤
□2.5　CT 外观检查
完好无裂纹，一次引线紧固良好
□2.6　开关柜母线室后盖板回装前，对其进行三级验收
<table><tr><td>质检点</td><td>1-H3</td><td></td></tr></table></td><td>□A2（d）不准手提电动扳手的导线或转动部分；使用金属外壳电动工具必须戴绝缘手套，正确佩戴防护面罩；在高处作业时，电动扳手必须系好安全绳；对电动扳手进行调整或更换附件、备件之前，必须切断电源（用电池的，也要断开连接）；工作中，离开工作场所、暂停作业以及遇临时停电时，须立即切断电动扳手电源。
□A2（e）在使用梅花扳手时，左手推住梅花扳手与螺栓连接处，保持梅花扳手与螺栓完全配合，防止滑脱，右手握住梅花扳手另一端并加力；禁止使用带有裂纹和内孔已严重磨损的梅花扳手。
□A2（f）移动式电源盘，工作中，离开工作场所、暂停作业以及遇临时停电时，须立即切断电源盘电源。
2.1　母线接触面用塞尺插入：≤5mm。
2.2　母线绝缘应无过热；母线搭接处应无压绝缘皮现象。
2.6　母线室内清洁无杂物、绝缘护套安装牢固、严密</td></tr>
<tr><td>3　开关柜电缆室检查
□3.1　接地刀闸检查
对接地刀闸进行分合操作，检查其分、合是否正常，有无卡涩现象。检查其摇把插孔内六角销位置是否正确
□3.2　一次电缆检查
检查电缆鼻子有无损伤、变形、有无压绝缘皮现象；检查导电接触面有无氧化、过热现象；检查电缆钢铠接地线有无穿过零序 CT 情况，检查其接地情况；检查连接螺栓是否紧固；平垫、弹垫是否齐全；检查电缆外绝缘有无损伤，三岔口有无开裂；检查电缆接头部位感温贴
□3.3　盘柜接地铜排检查
盘柜接地铜排螺栓紧固良好，平垫、弹垫齐全
□3.4　电缆孔洞封堵情况检查
电缆孔洞封堵严密、牢固、美观</td><td>3.1　轴销齐全、螺丝紧固，刀头接触严密，接地线连接良好
3.2　连接螺栓紧固；平垫、弹垫齐全</td></tr>
<tr><td>4　电气试验
危险源：试验电压
<table><tr><td>安全鉴证点</td><td>1-S2</td><td></td></tr></table></td><td>□A4（a）高压试验工作不得少于两人。试验负责人应由有经验的人员担任，开始试验前，试验负责人应向全体试验人员详细布置试验中的安全注意事项，交代邻近间隔的带电部位，以及其他安全注意事项；试验现场应装设遮栏或围栏，遮栏或围栏与试验设备高压部分应有足够的安全距离，向外悬挂“止步，高压危险”的标示牌，并派人看守；变更接线或试验结束时，应首先断开试验电源，并将升压设备的高压部分放电、短路接地。
□A4（b）试验时，通知所有人员离开被试设备，并取得试验负责人许可，方可加压。加压过程中应有人监护并呼唱；试验结束时，试验人员应拆除自装的接地短路线，并对被试设备进行检查，恢复试验前的状态，经试验负责人复查后，进行现场清理。
□A4（c）测量人员和绝缘电阻表安放位置，应选择适当，保持安全距离，以免绝缘电阻表引线或引线支持物触碰带电部分；移动引线时，应注意监护，防止工作人员触电。</td></tr>
</table>

续表

检修工序步骤及内容	安全、质量标准
□4.1 绝缘电阻试验 □4.2 母线交流耐压试验 质检点 | 2-H3 |	□A4（d） 试验前确认试验电压标准；加压前必须认真检查试验结线，表计倍率、量程，调压器零位及仪表的开始状态，均正确无误。 □A4（e） 试验结束将所试设备对地放电，释放残余电压；确认短接线已拆除。 4.1 绝缘电阻试验使用1000V绝缘电阻表，绝缘电阻值不低于10MΩ。 4.2 母线交流耐压试验电压为26kV/1min，无放电、无击穿
5 五防功能检查 □5.1 断路器（接触器）处于分闸位置时，小车才能拉出或摇入 □5.2 小车处于工作位置或试验位置，断路器（接触器）才能操作 □5.3 小车处于工作位置，辅助电路未接通，断路器（接触器）不能合闸 □5.4 接地开关未合闸，电缆室的门不能打开 □5.5 接地开关处于合闸状态，小车无法摇入 □5.6 小车在间隔内非试验位，接地开关不能合闸 □5.7 小车在间隔内非试验位置，二次插头不能拔出 □5.8 电缆室柜门打开，地刀合不上 质检点 | 1-W2 |	
6 检修工作结束 危险源：施工废料 安全鉴证点 | 3-S1 |	□A6 废料及时清理，做到工完、料尽、场地清

五、安全鉴证卡		
风险鉴证点：1-S2 工序4.2 母线交流耐压试验		
一级验收		年 月 日
二级验收		年 月 日
一级验收		年 月 日
二级验收		年 月 日
一级验收		年 月 日
二级验收		年 月 日
一级验收		年 月 日
二级验收		年 月 日
一级验收		年 月 日
二级验收		年 月 日
一级验收		年 月 日
二级验收		年 月 日
一级验收		年 月 日
二级验收		年 月 日
一级验收		年 月 日
二级验收		年 月 日
一级验收		年 月 日

续表

风险鉴证点：1-S2　工序 4.2　母线交流耐压试验		
二级验收		年　月　日
一级验收		年　月　日
二级验收		年　月　日

六、质量验收卡			
质检点：1-H3　工序 2.6　开关柜母线室后盖板回装前，对其进行三级验收 检查情况：			
测量器具/编号			
测量（检查）人		记录人	
一级验收			年　月　日
二级验收			年　月　日
质检点：2-H3　工序 4.2　母线交流耐压试验 检查情况：			
测量器具/编号			
测量人		记录人	
一级验收			年　月　日
二级验收			年　月　日
三级验收			年　月　日
质检点：1-W2　工序 5　五防功能检查 检查情况：			
测量器具/编号			
测量（检查）人		记录人	
一级验收			年　月　日
二级验收			年　月　日

续表

七、完工验收卡			
序号	检查内容	标　准	检查结果
1	安全措施恢复情况	1.1 检修工作全部结束 1.2 整改项目验收合格 1.3 检修脚手架拆除完毕 1.4 孔洞、坑道等盖板恢复 1.5 临时拆除的防护栏恢复 1.6 安全围栏、标示牌等撤离现场 1.7 安全措施和隔离措施具备恢复条件 1.8 工作票具备押回条件	□ □ □ □ □ □ □ □
2	设备自身状况	2.1 设备与系统全面连接 2.2 设备各人孔、开口部分密封良好 2.3 设备标示牌齐全 2.4 设备油漆完整 2.5 设备管道色环清晰准确 2.6 阀门手轮齐全 2.7 设备保温恢复完毕	□ □ □ □ □ □ □
3	设备环境状况	3.1 检修整体工作结束，人员撤出 3.2 检修剩余备件材料清理出现场 3.3 检修现场废弃物清理完毕 3.4 检修用辅助设施拆除结束 3.5 临时电源、水源、气源、照明等拆除完毕 3.6 工器具及工具箱运出现场 3.7 地面铺垫材料运出现场 3.8 检修现场卫生整洁	□ □ □ □ □ □ □ □
一级验收		二级验收	

八、完工报告单					
工期	年　月　日　至　年　月　日			实际完成工日	工日
主要材料备件消耗统计	序号	名称	规格与型号	生产厂家	消耗数量
	1				
	2				
	3				
	4				
	5				
缺陷处理情况	序号	缺陷内容		处理情况	
	1				
	2				
	3				
	4				
异动情况					
让步接受情况					
遗留问题及采取措施					
修后总体评价					
各方签字	一级验收人员		二级验收人员	三级验收人员	

检修文件包

单位：________ 班组：________ 编号：________

检修任务：**400V 工作段母线及开关检修** 风险等级：________

一、检修工作任务单						
计划检修时间	年 月 日 至 年 月 日			计划工日		
主要检修项目	1. 测试母线修前绝缘 2. 母线及工作段配电设备清扫 3. 母线检修 4. 母线绝缘支撑瓶检修			5. 工作段各开关间隔轨道及固定插入触头检修 6. 测试母线修后绝缘 7. 清理工作现场		
修后目标	1. 修后母线试验达到优良标准，整体传动试验一次成功 2. 修后设备 180 天无临修					
鉴证点分布	W 点	工序及质检点内容	H 点	工序及质检点内容	S 点	工序及安全鉴证点内容
	1-W2	□1.2 母线修前绝缘测量	1-H3	□3.2 母线固定螺栓检查		
	2-W2	□6.1 母线修后绝缘测量	2-H3	□4 母线绝缘支撑瓶检修		
	3-W2	□6.2 仪表及其二次线恢复				
质量验收人员	一级验收人员		二级验收人员		三级验收人员	
安全验收人员	一级验收人员		二级验收人员		三级验收人员	

二、修前准备卡

设 备 基 本 参 数

设备基本参数：
电压：400V
频率：50Hz

设 备 修 前 状 况

检修前交底（设备运行状况、历次主要检修经验和教训、检修前主要缺陷）
历次检修经验和教训：

检修前主要缺陷：

技术交底人		年 月 日
接受交底人		年 月 日

人 员 准 备

序号	工种	工作组人员姓名	资格证书编号	检查结果
1				□
2				□
3				□
4				□

续表

<table>
<tr><td colspan="5">三、现场准备卡</td></tr>
<tr><td colspan="5">办 理 工 作 票</td></tr>
<tr><td colspan="5">工作票编号：</td></tr>
<tr><td colspan="5">施 工 现 场 准 备</td></tr>
<tr><td>序号</td><td colspan="3">安 全 措 施 检 查</td><td>确认符合</td></tr>
<tr><td>1</td><td colspan="3">与带电设备保持安全距离</td><td>□</td></tr>
<tr><td>2</td><td colspan="3">电气设备的金属外壳应实行单独接地</td><td>□</td></tr>
<tr><td>3</td><td colspan="3">电气设备金属外壳的接地与电源中性点的接地分开</td><td>□</td></tr>
<tr><td>4</td><td colspan="3">增加临时照明</td><td>□</td></tr>
<tr><td>5</td><td colspan="3">与运行人员共同确认现场安全措施、隔离措施正确完备；确认隔离开关拉开，手车开关拉至“检修”位置，控制方式在“就地”位置，操作电源、动力电源断开，验明检修设备确无电压；确认“禁止合闸、有人工作”“在此工作”等警告标示牌按措施要求悬挂；明确相邻间隔带电设备及带电部位；确认三相短路接地线悬挂位置正确且牢固可靠</td><td>□</td></tr>
<tr><td>6</td><td colspan="3">工作前核对设备名称及编号</td><td>□</td></tr>
<tr><td>7</td><td colspan="3">工作前验电</td><td>□</td></tr>
<tr><td>8</td><td colspan="3">清理检修现场；地面使用胶皮铺设，并设置围栏及警告标示牌；检修工器具、材料备件定置摆放</td><td>□</td></tr>
<tr><td>9</td><td colspan="3">检修管理文件、原始记录本已准备齐全</td><td>□</td></tr>
<tr><td colspan="5">确认人签字：</td></tr>
<tr><td colspan="5">工 器 具 检 查</td></tr>
<tr><td>序号</td><td>工具名称及型号</td><td>数量</td><td>完 好 标 准</td><td>确认符合</td></tr>
<tr><td>1</td><td>个人工具</td><td>套 4</td><td>螺丝刀、钢丝钳等手柄应安装牢固，没有手柄的不准使用</td><td>□</td></tr>
<tr><td>2</td><td>梅花扳手</td><td>套 1</td><td>梅花扳手不应有裂缝、毛刺及明显的夹缝、切痕、氧化皮等缺陷，柄部应平直</td><td>□</td></tr>
<tr><td>3</td><td>内六角扳手</td><td>套 1</td><td>禁止使用带有裂纹和内孔已严重磨损的扳手</td><td>□</td></tr>
<tr><td>4</td><td>套筒扳手</td><td>套 1</td><td>禁止使用带有裂纹和内孔已严重磨损的扳手</td><td>□</td></tr>
<tr><td>5</td><td>塑料盒</td><td>2</td><td>外观良好无破损</td><td>□</td></tr>
<tr><td>6</td><td>手电筒</td><td>1</td><td>进行外观及亮度检测</td><td>□</td></tr>
<tr><td>7</td><td>塞尺</td><td>1</td><td>（1）量片不应有碰伤、锈蚀、带磁等缺陷。
（2）标尺刻度应完整清晰无损</td><td>□</td></tr>
<tr><td>8</td><td>移动电源盘</td><td>1</td><td>（1）检查检验合格证在有效期内。
（2）检查电源盘电源线、电源插头、插座完好无破损；漏电保护器动作正确。
（3）检查电源盘线盘架、拉杆、线盘架轮子及线盘摇动手柄齐全完好</td><td>□</td></tr>
<tr><td>9</td><td>梯子</td><td>1</td><td>（1）检查梯子检验合格证在有效期内。
（2）使用梯子前应先检查梯子坚实、无缺损，止滑脚完好，不得使用有故障的梯子。
（3）人字梯应具有坚固的铰链和限制开度的拉链。
（4）各个连接件应无目测可见的变形，活动部件开合或升降应灵活</td><td>□</td></tr>
<tr><td>10</td><td>安全带</td><td>3</td><td>（1）检查检验合格证应在有效期内，标识（产品标识和定期检验合格标识）应清晰齐全。
（2）各部件应完整，无缺失、无伤残、无破损，腰带、胸带、围杆带、围杆绳、安全绳应无灼伤、脆裂、断股、霉变。
（3）金属卡环（钩）必须有保险装置，且操作要灵活。钩体和钩舌的咬口必须完整，两者不得偏斜</td><td>□</td></tr>
<tr><td>11</td><td>酒精</td><td>1</td><td>领用、暂存时量不能过大，一般不超过 500mL</td><td>□</td></tr>
</table>

续表

序号	工具名称及型号	数量	完　好　标　准	确认符合
12	电吹风	1	（1）检查检验合格证在有效期内。 （2）检查电吹风电源线、电源插头完好无破损	□
13	清洁剂	1	高压灌装清洁剂远离明火、高温热源	□
14	绝缘电阻表	1	（1）检查检验合格证在有效期内。 （2）表计的外表应整洁美观，不应有变形、缩痕、裂纹、划痕、剥落、锈蚀、油污、变色等缺陷。文字、标志等应清晰无误。绝缘电阻表的零件、部件、整件等应装配正确，牢固可靠；控制调节机构和指示装置应运行平稳，无阻滞和抖动现象	□
15	万用表	1	（1）检查检验合格证在有效期内。 （2）塑料外壳具有足够的机械强度，不得有缺损和开裂、划伤和污迹，不允许有明显的变形，按键、按钮应灵活可靠，无卡死和接触不良的现象	□
确认人签字：				

材　料　准　备

序号	材料名称	规　　格	单位	数量	检查结果
1	包布		kg	2	□
2	导电膏		kg	1	□
3	凡士林		瓶	2	□
4	酒精		瓶	1	□
5	尼龙扎带		袋	1	□
6	机油		kg	1	□
7	镀锌螺栓		个	20	□

备　件　准　备

序号	备件名称	规　格　型　号	单位	数量	检查结果
1	绝缘子		只	2	□
	验收标准：查看绝缘子备件试验报告及合格证，制造厂名、规格型号、检验人等准确清晰。外观检查，无裂纹、脱皮现象，外表光滑				
2	静触头		只	2	□
	验收标准：检查静触座备件合格证，制造厂名、规格型号、检验人等准确清晰。外观检查，无裂纹、毛刺等现象				

四、检修工序卡

检修工序步骤及内容	安全、质量标准
1　修前绝缘检查 □1.1　将母线电压表、绝缘仪表及相关二次仪表线拆除 □1.2　母线修前绝缘测量，采用检验合格 500V 绝缘电阻表测试母线相间、对地绝缘电阻值 危险源：试验电压 安全鉴证点 | 1-S1 | 质检点 | 1-W2 |	□A1.2（a）　通知有关人员，并派人到现场看守，检查设备上确无人工作后，方可加压。 □A1.2（b）　测量人员和绝缘电阻表安放位置，应选择适当，保持安全距离，以免绝缘电阻表引线或引线支持物触碰带电部分；移动引线时，应注意监护，防止工作人员触电。 □A1.2（c）　试验结束将所试设备对地放电，释放残余电压。 1.2　相间、相对地绝缘电阻值大于 20MΩ
2　母线及工作段配电设备清扫 危险源：电吹风、梯子、安全带、移动式电源盘、清洁剂 安全鉴证点 | 2-S1 |	□A2（a）　不准手提电吹风的导线或转动部分；电吹风不要连续使用时间太久，应间隙断续使用，以免电热元件和电机过热而烧坏，每次使用后，应立即拔断电源，待冷却后，存放于通风良好、干燥，远离阳光照射的地方。

续表

检修工序步骤及内容	安全、质量标准
	□A2（b） 在水泥或光滑坚硬的地面上使用梯子时，其下端应安置橡胶套或橡胶布，同时应用绳索将梯子下端与固定物缚住；在梯子上工作时，梯与地面的斜角度，直梯和升降梯与地面夹角以 60°～70°为宜，折梯使用时上部夹角以35°～45°为宜。 □A2（c） 使用时安全带的挂钩或绳子应挂在结实牢固的构件上；安全带要挂在上方，高度不低于腰部（即高挂低用）；利用安全带进行悬挂作业时，不能将挂钩直接勾在安全绳上，应勾在安全带的挂环上；安全带严禁打结使用，使用中要避开尖锐的构件。 □A2（d） 移动式电源盘，工作中，离开工作场所、暂停作业以及遇临时停电时，须立即切断电源盘电源。 □A2（e） 使用含有抗菌成分的清洁剂时，戴上手套，避免灼伤皮肤；使用时打开窗户或打开风扇通风，避免过多吸入化学微粒，戴防护口罩；高压灌装清洁剂远离明火、高温热源。
□2.1 将工作段上负荷开关及控制装置做好明显的标识 □2.2 将开关及控制装置退出开关间隔	关键工序提示：为防止母线及工作段配电间隔内遗留金属异物，应将螺栓放在专用塑料盒内，工作中，应对母线、配电间隔做详细检查。负荷开关及控制装置做好明显的标识，防止误送间隔。
□2.3 拆下工作段上盖固定螺栓，打开上盖板	2.3 螺栓存放在专用塑料盒内，禁止乱扔、乱放，以免遗失或掉落在母线室内。
□2.4 吹扫母线室及各开关间隔的灰尘	2.4 母线室和开关间隔内部应清洁，无油污、灰尘。
□2.5 用酒精布清理母线、母线支撑绝缘瓶脏污及遗留的灰尘	2.5 母线、母线支撑绝缘瓶表面应清洁，无脏污、灰尘
□2.6 用酒精布清理负荷开关间隔各部污垢及遗留的灰尘	
□2.7 负荷开关解体检查 危险源：抽屉开关、操动机构 安全鉴证点 | 3-S1 |	□A2.7（a） 肩扛物件重量不超过本人体重为宜，不准肩荷重物登上移动式梯子或软梯；手搬物件时应量力而行，不得搬运超过自己能力的物件；两人以上抬运重物时，必须同一顺肩，换肩时重物必须放下；多人共同搬运、抬运或装卸较大的重物时，应有一人担任指挥，搬运的步调应一致，前后扛应同肩，必要时还应有专人在旁监护。
□2.7.1 用酒精布擦拭负荷开关表面及其刀型触头的积尘	□A2.7（b） 检修前切断操动机构操作电源及储能电源；就地分合机构时，检修人员不得触及连扳和传动部件。
□2.7.2 解体检查开关分合闸机构	2.7.2 机构销轴齐全、各部件完整无磨损；传动机构灵活无卡涩。
□2.7.3 用万用表测试开关辅助接点	2.7.3 接点动作正确、接触良好，接触电阻不大于 0.5MΩ
□2.8 检查负荷侧电缆间隔内负荷开关保护配置与电流互感器接线正确性	
3 工作母线检修（此工序可以与检修工序 4、5 并列进行） □3.1 母线接头间隙测量、检查	3.1 母线接头无过热现象；用塞尺插入深度不应超过5mm。
□3.2 母线固定螺栓检查：用梅花扳手、开口扳手检查母线各部螺栓紧固情况，使用的螺栓、平垫、弹簧垫均应使用镀锌的 质检点 | 1-H3 |	3.2 母线螺栓紧固适度，使用的螺栓长度紧固后应有 2～5扣的丝扣外露
4 母线绝缘支撑瓶检修（此工序可以与检修工序 3、5 同时进行） □绝缘支撑瓶表面应清洁、光滑，必要时用酒精布清理其表面的脏污及灰尘 注意：出现有砂眼、纵向裂纹深度及表面掉釉现象时进行更换合格的 SMC 绝缘子 质检点 | 2-H3 |	4（a） 绝缘支撑瓶表面应清洁、光滑，无积尘；瓷瓶表面无裂纹、无破损、无闪烙痕迹；瓷瓶无砂眼、裂纹、掉釉现象；支撑绝缘瓶固定螺栓紧固适度。 4（b） 母线支撑绝缘瓶的绝缘电阻值应大于 10MΩ
5 工作段各开关间隔轨道及固定插入触头检修（此工序可以与检修工序 3、4 同时进行）	

续表

<table>
<tr><th>检修工序步骤及内容</th><th>安全、质量标准</th></tr>
<tr><td>□5.1　用酒精布清理开关间隔内轨道及支撑绝缘框架上的油垢、灰尘
□5.2　用酒精布清理固定插入触头表面的导电膏、油垢及氧化层，检查固定插入触头在支撑绝缘框架上的固定螺栓紧固适度
□5.3　在间隔轨道上涂抹少量的凡士林，以减少开关在轨道上行进时的摩擦</td><td>5.3　开关在间隔轨道上行进时应顺畅、自如</td></tr>
<tr><td>6．母线修后绝缘测试
□6.1　用500V绝缘电阻表测试母线修后相间、相地绝缘电阻值，并与修前绝缘电阻值进行对比
危险源：试验电压
| 安全鉴证点 | 4-S1 | |
| 质检点 | 2-W2 | |
□6.2　仪表及其二次线恢复：母线绝缘测试合格后，注意恢复电压表、绝缘仪表及相关二次仪表线
| 质检点 | 3-W2 | |</td><td>□A6.1（a）　通知有关人员，并派人到现场看守，检查设备上确无人工作后，方可加压。
□A6.1（b）　测量人员和绝缘电阻表安放位置，应选择适当，保持安全距离，以免绝缘电阻表引线或引线支持物触碰带电部分；移动引线时，应注意监护，防止工作人员触电。
□A6.1（c）　试验结束将所试设备对地放电，释放残余电压。
6.1　相间、相对地绝缘电阻值大于20MΩ。
6.2　接线应正确、无误</td></tr>
<tr><td>7　工作结束，清理工作现场
危险源：施工废料
| 安全鉴证点 | 5-S1 | |
□7.1　清点检修使用的工器具、备件数量应符合使用前的数量要求，出现丢失等及时进行查找
□7.2　仔细检查，无遗留物后盖好动力母线顶盖或观察孔盖板，紧固各部螺栓
□7.3　开关送至间隔轨道试验位置后锁固开关两侧的闭锁螺钉
□7.4　清理工作现场</td><td>□A7　废料及时清理，做到工完、料尽、场地清。
7.1　回收的工器具应齐全、完整。
7.2　顶盖及观察孔盖板固定螺栓齐全。
7.3　闭锁装置锁定位置正确</td></tr>
</table>

<table>
<tr><td colspan="4">五、质量验收卡</td></tr>
<tr><td colspan="4">质检点：1-W2　工序1.2　母线修前绝缘测量
测试数据：</td></tr>
<tr><td>测量器具/编号</td><td colspan="3"></td></tr>
<tr><td>测量（检查）人</td><td></td><td>记录人</td><td></td></tr>
<tr><td>一级验收</td><td colspan="2"></td><td>年　月　日</td></tr>
<tr><td>二级验收</td><td colspan="2"></td><td>年　月　日</td></tr>
<tr><td colspan="4">质检点：1-H3　工序3　工作母线检修
检查结果：</td></tr>
</table>

续表

测量器具/编号			
测量人		记录人	
一级验收			年 月 日
二级验收			年 月 日
三级验收			年 月 日

质检点：2-H3　工序 4　母线绝缘支撑瓶检修
检查结果：

测量器具/编号			
测量（检查）人		记录人	
一级验收			年 月 日
二级验收			年 月 日
三级验收			年 月 日

质检点：2-W2　工序 6.1　母线修后绝缘测试
测试数据：

测量器具/编号			
测量人		记录人	
一级验收			年 月 日
二级验收			年 月 日

质检点：3-W2　工序 6.2　仪表及其二次线恢复
检查结果：

测量器具/编号			
测量（检查）人		记录人	
一级验收			年 月 日
二级验收			年 月 日

六、完工验收卡

序号	检查内容	标　准	检查结果
1	安全措施恢复情况	1.1　检修工作全部结束	□

续表

序号	检查内容	标　　准	检查结果
1	安全措施恢复情况	1.2　整改项目验收合格 1.3　检修脚手架拆除完毕 1.4　孔洞、坑道等盖板恢复 1.5　临时拆除的防护栏恢复 1.6　安全围栏、标示牌等撤离现场 1.7　安全措施和隔离措施具备恢复条件 1.8　工作票具备押回条件	□ □ □ □ □ □ □
2	设备自身状况	2.1　设备与系统全面连接 2.2　设备各人孔、开口部分密封良好 2.3　设备标示牌齐全 2.4　设备油漆完整 2.5　设备管道色环清晰准确 2.6　阀门手轮齐全 2.7　设备保温恢复完毕	□ □ □ □ □ □ □
3	设备环境状况	3.1　检修整体工作结束，人员撤出 3.2　检修剩余备件材料清理出现场 3.3　检修现场废弃物清理完毕 3.4　检修用辅助设施拆除结束 3.5　临时电源、水源、气源、照明等拆除完毕 3.6　工器具及工具箱运出现场 3.7　地面铺垫材料运出现场 3.8　检修现场卫生整洁	□ □ □ □ □ □ □ □

一级验收	二级验收

七、完工报告单					
工期	年　月　日　至　年　月　日			实际完成工日	工日
主要材料备件消耗统计	序号	名称	规格与型号	生产厂家	消耗数量
	1				
	2				
	3				
	4				
	5				
缺陷处理情况	序号	缺陷内容		处理情况	
	1				
	2				
	3				
	4				
异动情况					
让步接受情况					
遗留问题及采取措施					
修后总体评价					
各方签字	一级验收人员		二级验收人员		三级验收人员

3 汽轮机检修

检 修 文 件 包

单位：__________ 班组：__________ 编号：__________

检修任务：高压主汽门检修 风险等级：__________

一、检修工作任务单			
计划检修时间	年 月 日 至 年 月 日	计划工日	

主要检修项目		
	1．各部阀门检修前准备工作及油动机拆除 2．阀门检修前行程测量 3．阀门解体 4．阀门各部件清理检查	5．阀门回装的准备工作 6．阀门回装 7．阀门回装后数据测量 8．油动机回装

修后目标	
	1．设备整体启动一次成功 2．数据符合文件包要求 3．检修后设备无内、外漏 4．检修项目验收达到优良 5．修后机组设备见本色，保温、油漆、标牌、介质流向完整清晰

鉴证点分布	W 点	工序及质检点内容	H 点	工序及质检点内容	S 点	工序及安全鉴证点内容
	1-W2	□5.2 阀杆与导杆的检查	1-H3	□4.2 修前密封面检查	1-S2	□A4.2 将主阀慢慢吊出
	2-W2	□6.1 各部套配合间隙测量	2-H3	□8.6 缓冲行程测量	2-S2	□A8.1 阀门回装
	3-W2	□6.2 阀杆弯曲度测量	3-H3	□9.1～9.3 阀门行程测量		
	4-W2	□8.4 阀盖与阀体间隙测量				

质量验收人员	一级验收人员	二级验收人员	三级验收人员
安全验收人员	一级验收人员	二级验收人员	三级验收人员

二、修前准备卡
设 备 基 本 参 数
设备基本参数： 结构特点：有预启阀，阀门的门盖采用自密封结构 内径：430.3mm

续表

<table>
<tr><td colspan="5">设 备 基 本 参 数</td></tr>
<tr><td colspan="5">阀杆材料：1Cr12NiMo1W1V
总重：15750kg
设计蒸汽参数：压力 16.7MPa，温度 537℃
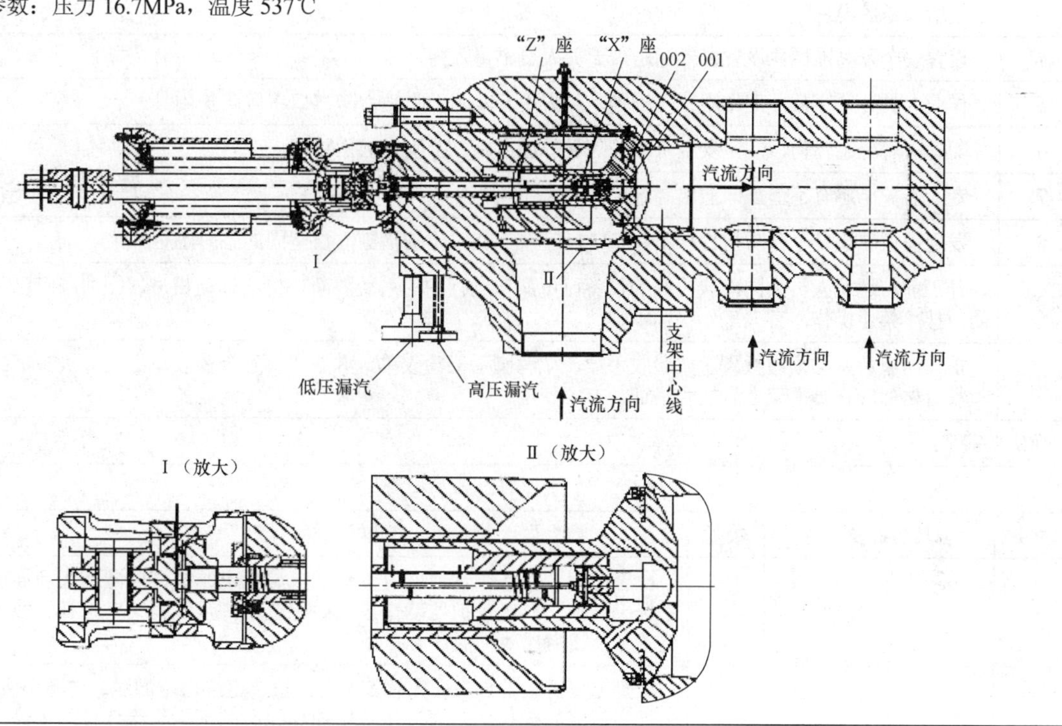
</td></tr>
<tr><td colspan="5">设 备 修 前 状 况</td></tr>
<tr><td colspan="5">检修前交底（设备运行状况、历次主要检修经验和教训、检修前主要缺陷）
历次检修经验和教训：

检修前主要缺陷：</td></tr>
<tr><td>技术交底人</td><td colspan="3"></td><td>年 月 日</td></tr>
<tr><td>接受交底人</td><td colspan="3"></td><td>年 月 日</td></tr>
<tr><td colspan="5">人 员 准 备</td></tr>
<tr><td>序号</td><td>工种</td><td>工作组人员姓名</td><td>资格证书编号</td><td>检查结果</td></tr>
<tr><td>1</td><td></td><td></td><td></td><td>□</td></tr>
<tr><td>2</td><td></td><td></td><td></td><td>□</td></tr>
<tr><td>3</td><td></td><td></td><td></td><td>□</td></tr>
<tr><td>4</td><td></td><td></td><td></td><td>□</td></tr>
<tr><td>5</td><td></td><td></td><td></td><td>□</td></tr>
</table>

<table>
<tr><td colspan="3">三、现场准备卡</td></tr>
<tr><td colspan="3">办 理 工 作 票</td></tr>
<tr><td colspan="3">工作票编号：</td></tr>
<tr><td colspan="3">施 工 现 场 准 备</td></tr>
<tr><td>序号</td><td>安 全 措 施 检 查</td><td>确认符合</td></tr>
<tr><td>1</td><td>进入噪声区域、使用高噪声工具时正确佩戴合格的耳塞</td><td>□</td></tr>
</table>

续表

序号	安全措施检查	确认符合
2	进入粉尘较大的场所作业，作业人员必须戴防尘口罩	□
3	在高温场所工作时，应为工作人员提供足够的饮水、清凉饮料及防暑药品，对温度较高的作业场所必须增加通风设备	□
4	设置安全隔离围栏并设置警告标志，无关人员不得入内	□
5	作业人员必须穿戴好工作服、防护鞋、防护手套、防护眼镜、防毒口罩等防护用具	□
6	配备防暑降温药物、制定安全可靠的防暑降温措施，并确定逃生路线	□
7	专人监护，遇有不适立即撤出高温检修区域	□
8	发现盖板缺损及平台防护栏杆不完整时，应采取临时防护措施，设坚固的临时围栏	□
9	开工前与运行人员共同确认检修的设备已可靠与运行中的系统隔断，检查油动机进、回油阀门已关闭，挂“禁止操作，有人工作”标示牌	□
10	搭设结束后，必须履行脚手架验收手续，填写脚手架验收单，并在“脚手架验收单”上分级签字；验收合格后应在脚手架上悬挂合格证，方可使用	□
确认人签字：		

工器具准备与检查

序号	工具名称及型号	数量	完好标准	确认符合
1	移动式电源盘	1	检查检验合格证在有效期内；检查电源盘电源线、电源插头、插座完好无破损；漏电保护器动作正确；检查电源盘线盘架、拉杆、线盘架轮子及线盘摇动手柄齐全完好	□
2	电焊机	1	检查电焊机检验合格证在有效期内；检查电焊机电源线、电源插头、电焊钳等完好无损，电焊工作所用的导线必须使用绝缘良好的皮线；电焊机的裸露导电部分和转动部分以及冷却用的风扇，均应装有保护罩；电焊机金属外壳应有明显的可靠接地，且一机一接地电焊机应放置在通风、干燥处，露天放置应加防雨罩；电焊机、焊钳与电缆线连接牢固，接地端头不外露；连接到电焊钳上的一端，至少有5m为绝缘软导线；每台焊机应该设有独立的接地、接零线，其接点应用螺丝压紧；电焊机必须装有独立的专用电源开关，其容量应符合要求，电焊机超负荷时，应能自动切断电源，禁止多台焊机共用一个电源开关；不准利用厂房的金属结构、管道、轨道或其他金属搭接起来作为导线使用；电焊机装设、检查和修理工作，必须在切断电源后进行	□
3	角磨机（ϕ100）	1	检查检验合格证在有效期内；检查电源线、电源插头完好无缺损；有漏电保护器；检查防护罩完好；检查电源开关动作正常、灵活；检查转动部分转动灵活、轻快，无阻滞	□
4	切割机	1	检查检验合格证在有效期内；检查电源线、电源插头完好无缺损；有漏电保护器；检查防护罩完好；检查电源开关动作正常、灵活；检查转动部分转动灵活、轻快，无阻滞	□
5	大锤（12p）	2	大锤的锤头须完整，其表面须光滑微凸，不得有歪斜、缺口、凹入及裂纹等情形；大锤的柄须用整根的硬木制成，并将头部用楔销固定；楔栓宜采用金属楔，楔子长度不应大于安装孔的2/3	□
6	锉刀（100mm）	2	锉刀手柄应安装牢固，没有手柄的不准使用	□
7	手锯	1	手锯手柄应安装牢固，没有手柄的不准使用	□
8	螺丝刀	1	螺丝刀手柄应安装牢固，没有手柄的不准使用	□
9	钢丝钳	1	钢丝钳手柄应安装牢固，没有手柄的不准使用	□
10	手拉葫芦（5t）	2	链节无严重锈蚀及裂纹，无打滑现象；齿轮完整，轮杆无磨损现象，开口销完整；吊钩无裂纹变形；链扣、蜗母轮及轮轴发生变形、生锈或链索磨损严重时，均应禁止使用；检查检验合格证在有效期内	□
11	脚手架	1	搭设结束后，必须履行脚手架验收手续，填写脚手架验收单，并在“脚手架验收单”上分级签字；验收合格后应在脚手架上悬挂合格证，方可使用	□

续表

序号	工具名称及型号	数量	完好标准	确认符合
12	行车	1	经检验检测监督机构检验合格；发现信号装置失灵立即停止使用，并通知相关人员进行处理；检查行车各部限位灵活正常；使用前应做无负荷起落试验一次，检查制动器及传动装置应良好无缺陷，制动器灵活良好	□
13	重型套筒扳手（32件）	2	内方无损坏，无弯曲，无断裂	□
14	铜棒（300mm）	2	无卷边，无裂纹，无弯曲	□
15	活扳手（15″）	3	活动扳口应与扳体导轨的全行程上灵活移动；活扳手不应有裂缝、毛刺及明显的夹缝、氧化皮等缺陷，柄部平直且不应有影响使用性能的缺陷	□
16	梅花扳手（15″）	5	梅花扳手不应有裂缝、毛刺及明显的夹缝、切痕、氧化皮等缺陷，柄部应平直	□
17	游标卡尺（150mm）	1	检查测定面是否有毛头；检查卡尺的表面应无锈蚀、碰伤或其他缺陷，刻度和数字应清晰、均匀，不应有脱色现象，游标刻线应刻至斜面下缘，卡尺上应有刻度值、制造厂商和定期检验合格证	□
确认人签字：				

材料准备

序号	材料名称	规格	单位	数量	检查结果
1	清洗剂	JF46	瓶	20	□
2	金相砂纸	1000号	张	20	□
3	白面	10kg/袋	袋	1	□
4	割锯片	$\phi150\times1.2$	片	10	□
5	砂纸	120号	张	50	□

备件准备

序号	备件名称	规格型号	单位	数量	检查结果
1	主汽门阀杆	157.30.41.20	件	1	□
	验收标准：合格证完整，制造厂名、规格型号、标准代号、包装日期、检验人等准确清晰，备件材质符合图纸要求				
2	主汽门预启阀	157.30.41.08	个	1	□
	验收标准：合格证完整，制造厂名、规格型号、标准代号、包装日期、检验人等准确清晰，备件材质符合图纸要求				
3	主汽门双头螺栓	M72×3×476	个	1	□
	验收标准：合格证完整，制造厂名、规格型号、标准代号、包装日期、检验人等准确清晰，备件材质符合图纸要求				
4	主汽门罩螺母	M72×3×140/12×130	件	1	□
	验收标准：合格证完整，制造厂名、规格型号、标准代号、包装日期、检验人等准确清晰，备件材质符合图纸要求				
5	圆柱销	12×70	套	1	□
	验收标准：合格证完整，制造厂名、规格型号、标准代号、包装日期、检验人等准确清晰，备件材质符合图纸要求				
6	低压漏汽法兰缠绕垫	$\phi127\times\phi64\times3.2$	个	1	□
	验收标准：合格证完整，制造厂名、规格型号、标准代号、包装日期、检验人等准确清晰，备件材质符合图纸要求				

续表

序号	备件名称	规 格 型 号	单位	数量	检查结果
7	高压漏汽法兰缠绕垫	ϕ63.5×ϕ34×3.2	件	1	□
	验收标准：合格证完整，制造厂名、规格型号、标准代号、包装日期、检验人等准确清晰，备件材质符合图纸要求				
8	阀盖垫片	157.30.41.25	套	1	□
	验收标准：合格证完整，制造厂名、规格型号、标准代号、包装日期、检验人等准确清晰，备件材质符合图纸要求				

四、检修工序卡

检修工序步骤及内容	安全、质量标准
1 解体前的准备工作 □1.1 联系热工，拆除有关信号 □1.2 拆除门体保温及化妆板吊孔盖板 □1.3 拆除阀门上所有疏水及漏汽管道，并封好管口	
2 油动机及操纵座的整体拆除 □2.1 拆除油动机相连油管，接头用白绸布及塑料布可靠封堵 □2.2 拆除导块与导杆间的圆柱销 □2.3 搭设好脚手架后松开操纵座固定螺栓的M33×3的螺母 危险源：脚手架、高空的工器具、零部件 安全鉴证点 | 1-S1 | □2.4 用行车将油动机及操纵座整体吊出 □2.5 检查操纵座6个螺孔与原固定螺栓是否匹配，不匹配时需对操纵座螺孔进行扩孔	□A2.3（a） 工作过程中，不准随意改变脚手架的结构，必要时，必须经过搭设脚手架的技术负责人同意，并再次验收合格后方可使用；脚手架上不准乱拉电线；必须安装临时照明线路时，金属脚手架应另设木横担。 □A2.3（b） 不准在脚手架和脚手板上聚集人员或放置超过计算荷重的材料；脚手架上的堆置物应摆放整齐和牢固，不准超高摆放脚；手架上的大物件应分散堆放；不得集中堆放，脚手架上的废弃物应及时清理，并用绳子系牢后溜放到地面；工器具必须使用防坠绳；工器具和零部件应用绳栓在牢固的构件上，不准随便乱放；工器具和零部件不准上下抛掷
3 解体前的测量 □3.1 用塞尺检查门盖四周的间隙，画图记录测量数据至附页验收卡	3.1 其偏差不大于0.05mm
4 主阀解体 □4.1 用螺栓加热棒（ϕ18×500）加热双头螺柱，松开门盖与阀座的连接螺栓（最后保留两只对称螺栓不卸），将卸下的螺栓妥善保管好 危险源：螺栓加热棒 安全鉴证点 | 1-S1 | □4.2 挂好钢丝绳及手拉葫芦，并稍微吃劲，松开最后保留的两只螺栓，将主阀慢慢吊出至检修场地，取下垫片，同时对主阀芯与阀座的密封线进行检查，用专用盖板封好腔室（贴封条），防止杂物落入阀体 危险源：行车、起吊、手拉葫芦 安全鉴证点 | 1-S2 | 质检点 | 1-H3 | □4.3 拆除导块与阀杆连接销，取下导块，将主阀碟朝下吊起主阀，在阀盖上部用铜棒将主阀碟打出 □4.4 用阀杆解体专用工具将密封衬套拆出，取出阀杆及预启阀组套	□A4.1（a） 操作人员必须使用隔热手套；使用后加热棒要存放在专用支架上并做好隔离；螺栓加热过程中清理可燃物并严禁使用螺栓松动剂等易燃易爆物品；操作人与员必须穿绝缘鞋、戴绝缘手套；检查加热设备绝缘良好，工作人员离开现场应切断电源。 □A4.1（b） 工器具必须使用防坠绳，工器具和零部件应用绳拴在牢固的构件上，不准随便乱放，工器具和零部件不准上下抛掷。 □A4.2（a） 起重机械只限于熟悉使用方法并经有关机构业务培训考试合格、取得操作资格证的人员操作；行车司机在工作中应始终随时注指挥人员信号，不准同时进行与行车操作无关的其他工作；工作负荷不准超过铭牌规定；起吊重物不准让其长期悬在空中；有重物暂时悬在空中时，严禁驾驶人员离开驾驶室或做其他工作。 □A4.2（b） 起重机在起吊大的或不规则的构件时，应在构件上系以牢固的拉绳，使其不摇摆、不旋转；选择牢固可靠、满足载荷的吊点；起重物品必须绑牢，吊钩要挂在物品的重心上，吊钩钢丝绳应保持垂直；作业中应防止损坏吊索具及配件，必要时在棱角处应加护角防护；吊具及配件不能超过其额定起重量，起重吊索、吊具不得超过其相应吊挂状态下的最大工作载荷；必须按规定选择吊点并捆绑牢固，使重物在吊运过程中保持平衡和吊点不发生移动；工件或吊物起吊时必须捆绑牢靠；使重物在吊运过程中保持平衡和吊点

续表

检修工序步骤及内容	安全、质量标准
	不发生移动；工件或吊物起吊时必须捆绑牢靠；吊拉时两根钢丝绳之间的夹角一般不得大90°；使用单吊索起吊重物挂钩时应打“挂钩结”；使用吊环时螺栓必须拧到底；使用卸扣时，吊索与其连接的一个索扣必须扣在销轴上，一个索扣必须扣在扣顶上，不准两个索扣分别扣在卸扣的扣体两侧上；吊拉捆绑时，重物或设备构件的锐边快口处必须加装衬垫物；任何人不准在起吊重物下逗留和行走。 □A4.2（c） 使用前应做无负荷的起落试验一次，检查其煞车以及传动装置是否良好，然后再进行工作；使用手拉葫芦时工作负荷不准超过铭牌规定。 4.2 主阀、阀座应完好无损，阀座无开焊、卷边、裂纹、损伤，阀头、阀座的密封线应良好连续，无贯穿、麻点现象，密封接触面100%为合格
5 各部件打磨、检查和清理 危险源：抛光轮 安全鉴证点 3-S1 □5.1 打磨各部件表面氧化物，直至露出金属光泽 □5.2 阀杆与导杆的检查 质检点 1-W2 □5.3 门盖结合面、各疏水法兰结合面的检查 □5.4 各销轴的检查 □5.5 滤网的检查，如果滤网有缺陷，应将滤网拉出，进行详细检查并处理 □5.6 各连接部分的配合间隙测量，对不符合要求项进行处理或者更换部件	□A5 操作人员必须正确佩戴防护面罩、防护眼镜；禁止手提电动工具的导线或转动部分；使用前检查角磨机钢丝轮完好无缺损；更换钢丝轮前必须切断电源。 5.2 阀标与导标应光滑，无裂纹、无卡涩、无磨偏等现象。 5.3 门盖结合面、各疏水法兰结合面应平整光滑，无麻点、凹坑、毛刺等现象。 5.4 各销轴光滑无磨损、裂纹、毛刺，无弯曲、变形。 5.5 滤网应无吹蚀、变形、裂纹，网孔无堵塞。 5.6 各连接部分应活动灵活，无反抗、卡涩现象
6 各部套间隙及门杆弯曲度的测量 □6.1 各部套间隙 主阀碟与阀环平面配合间隙 主阀碟与阀杆密封衬套配合间隙 阀杆与密封衬套配合间隙 主阀碟与外导套配合间隙 质检点 2-W2 □6.2 阀杆弯曲度 质检点 3-W2	6.1 主阀碟与阀环平面配合间隙为0.20～0.25mm。 主阀碟与阀杆密封衬套配合间隙为0.08～0.13mm。 阀杆与密封衬套配合间隙为0.25～0.33mm。 主阀碟与外导套配合间隙为0.28～0.38mm。 6.2 阀杆弯曲度为0.00～0.05mm
7 各部件的金属检测（探伤和硬度检查） 危险源：X射线 安全鉴证点 3-S1 □7.1 由金属监督部门对阀杆、阀头探伤等检查 □7.2 阀盖螺栓、螺帽硬度的检测	□A7 工作前做好安全区隔离、悬挂“当心辐射”标示牌；提出风险预警通知告知全员，并指定专人现场监护，防止非工作人员误入。 7.1 HB279及以下：更换新件；HB280～HB289之间：建议两年内更换。 7.2 HB290～HB360之间：可继续使用；HB361及以上，更换新件
8 阀门回装 □8.1 按解体相反顺序进行主阀的组装和回装 危险源：行车、起吊、手拉葫芦、高空的工器具、零部件 安全鉴证点 2-S2	□A8.1（a） 行车司机在工作中应始终随时注指挥人员信号，不准同时进行与行车操作无关的其他工作，工作负荷不准超过铭牌规定，起吊重物不准让其长期悬在空中。有重物暂时悬在空中时，严禁驾驶人员离开驾驶室或做其他工作。 □A8.1（b） 起重机在起吊大的或不规则的构件时，应在构件上系以牢固的拉绳，使其不摇摆不旋转；选择牢固可靠、满足载荷的吊点；起重物品必须绑牢，吊钩要挂在物品的重

续表

检修工序步骤及内容	安全、质量标准
□8.2　阀盖冷紧 □8.3　阀盖螺丝热紧 危险源：螺栓加热棒、高空的工器具、零部件 鉴证点 | 5-S1 | □8.4　阀盖与阀体间隙测量，画图记录数据于验收卡 质检点 | 4-W2 | □8.5　新操纵座预装，确认止口配合合适 □8.6　缓冲行程设定：使用圆柱销将连接杆与导向杆连接，间隔 180°测取弹簧箱的油动机安装面至连接杆端面的平均尺寸 C（名义尺寸 286.6），拉出油动机活塞杆至活塞杆碰到油缸底，在活塞杆距离油动机安装面 $C+5.5$ 处做好标记，拆下连接杆，将连接杆旋转到活塞杆上直至标记位置后钻孔装配销子并冲铆固定 质检点 | 2-H3 | □8.7　将带着连接杆的油动机与操纵座组装后，整体吊装并与主阀盖连接，最后连接导向杆与连接杆，并装配圆柱销	心上，吊钩钢丝绳应保持垂直；作业中应防止损坏吊索具及配件，必要时在棱角处应加护角防护；吊具及配件不能超过其额定起重量，起重吊索、吊具不得超过其相应吊挂状态下的最大工作载荷；必须按规定选择吊点并捆绑牢固，使重物在吊运过程中保持平衡和吊点不发生移动；工件或吊物起吊时必须捆绑牢靠；使重物在吊运过程中保持平衡和吊点不发生移动；工件或吊物起吊时必须捆绑牢靠；吊拉时两根钢丝绳之间的夹角一般不得大 90°；使用单吊索起吊重物挂钩时应打“挂钩结”；使用吊环时螺栓必须拧到底；使用卸扣时，吊索与其连接的一个索扣必须扣在销轴上，一个索扣必须扣在扣顶上，不准两个索扣分别扣在卸扣的扣体两侧上；吊拉捆绑时，重物或设备构件的锐边快口处必须加装衬垫物，任何人不准在起吊重物下逗留和行走。 □A8.1（c）　使用前应做无负荷的起落试验一次，检查其煞车以及传动装置是否良好，然后再进行工作；使用手拉葫芦时工作负荷不准超过铭牌规定。 □A8.1（d）　工器具必须使用防坠绳，工器具和零部件应用绳拴在牢固的构件上，不准随便乱放，工器具和零部件不准上下抛掷。 8.2　冷紧力矩 770Nm。 □A8.3（a）　操作人员必须使用隔热手套，使用后加热棒要存放在专用支架上并做好隔离；螺栓加热过程中清理可燃物并严禁使用螺栓松动剂等易燃易爆物品；操作人员必须穿绝缘鞋、戴绝缘手套；检查加热设备绝缘良好，工作人员离开现场应切断电源。 □A8.3（b）　工器具必须使用防坠绳，工器具和零部件应用绳拴在牢固的构件上，不准随便乱放，工器具和零部件不准上下抛掷。 8.3　热紧螺栓参考转角 100°，伸长量 0.52mm。 8.4　其偏差不大于 0.05mm。 8.6　油动机缓冲行程 5.5 mm
9　阀门行程测量 □9.1　主阀行程 □9.2　预启阀行程 □9.3　主汽门全行程 质检点 | 3-H3 | □9.4　阀门传动调试 危险源：转动的门杆 安全鉴证点 | 6-S1 |	9.1　主阀行程为 162.6mm±3mm。 9.2　预启阀行程为 25.4mm±0.8mm。 9.3　主汽门全行程为 188mm±3mm。 □A9.4　调整阀门执行机构行程的同时不得用手触摸阀杆和手轮，避免挤伤手指
10　检修工作结束 清理场地	10　废料及时清理，做到工完、料尽、场地清

续表

五、安全鉴证卡		
风险鉴证点：1-S2　工序 A4.2　将主阀慢慢吊出		
一级验收		年　月　日
二级验收		年　月　日
风险鉴证点：2-S2　工序 A8.1　阀门回装		
一级验收		年　月　日
二级验收		年　月　日

六、质量验收卡				
质检点：1-W2　工序 5.2　阀杆与导杆的检查 技术标准：应光滑，无裂纹、无卡涩、无磨偏等现象，若更换阀杆，新阀杆应做金相监督检查，弯曲测量 检查情况：				
测量器具/编号				
测量（检查）人		记录人		
一级验收				年　月　日
二级验收				年　月　日
质检点：2-W2　工序 6.1　各部套配合间隙测量				
数据名称	质量标准	单位	修前值	修后值
主阀碟与阀环平面配合间隙	0.20～0.25	mm		
主阀碟与阀杆密封衬套配合间隙	0.08～0.13			
阀杆与密封衬套配合间隙	0.25～0.33			
主阀碟与外导套配合间隙	0.28～0.38			
测量器具/编号				
测量（检查）人		记录人		
一级验收				年　月　日
二级验收				年　月　日
质检点：3-W2　工序 6.2　阀杆弯曲度测量				
数据名称	质量标准	单位	修前值	修后值
门杆弯曲度	0.00～0.05	mm		
测量器具/编号				
测量（检查）人		记录人		
一级验收				年　月　日
二级验收				年　月　日

续表

质检点：1-H3　工序 4.2　修前密封面检查

技术标准：主阀、阀座应完好无损，阀座无开焊、卷边、裂纹、损伤，阀头、阀座的密封线应良好连续，无贯穿、麻点现象，密封接触面 100%为合格。

检查情况：

测量器具/编号			
测量（检查）人		记录人	
一级验收			年　月　日
二级验收			年　月　日
三级验收			年　月　日

质检点：4-W2　工序 8.4　阀盖与阀体间隙测量

数据名称	质量标准	单位	修前值	修后值
阀盖与阀体间隙	其偏差不大于 0.05	mm		

画图示意修前修后测量值：

修前值　　修后值

测量器具/编号			
测量人		记录人	
一级验收			年　月　日
二级验收			年　月　日

质检点：2-H3　工序 8.6　缓冲行程测量

数据名称	质量标准	单位	修前值	修后值
缓冲行程	5.5	mm		

测量器具/编号			
测量人		记录人	
一级验收			年　月　日
二级验收			年　月　日
三级验收			年　月　日

质检点：3-H3　工序 9.1～9.3　阀门行程测量

数据名称	质量标准	单位	修前值	修后值
主阀行程	162.6±3	mm		
预启阀行程	25.4±0.8			
主汽门全行程	188±3			

续表

测量器具/编号			
测量人		记录人	
一级验收			年 月 日
二级验收			年 月 日
三级验收			年 月 日

七、完工验收卡

序号	检查内容	标准	检查结果
1	安全措施恢复情况	1.1 检修工作全部结束 1.2 整改项目验收合格 1.3 检修脚手架拆除完毕 1.4 孔洞、坑道等盖板恢复 1.5 临时拆除的防护栏恢复 1.6 安全围栏、标示牌等撤离现场 1.7 安全措施和隔离措施具备恢复条件 1.8 工作票具备押回条件	□ □ □ □ □ □ □ □
2	设备自身状况	2.1 设备与系统全面连接 2.2 设备各人孔、开口部分密封良好 2.3 设备标示牌齐全 2.4 设备油漆完整 2.5 设备管道色环清晰准确 2.6 阀门手轮齐全 2.7 设备保温恢复完毕	□ □ □ □ □ □ □
3	设备环境状况	3.1 检修整体工作结束，人员撤出 3.2 检修剩余备件材料清理出现场 3.3 检修现场废弃物清理完毕 3.4 检修用辅助设施拆除结束 3.5 临时电源、水源、气源、照明等拆除完毕 3.6 工器具及工具箱运出现场 3.7 地面铺垫材料运出现场 3.8 检修现场卫生整洁	□ □ □ □ □ □ □ □
一级验收		二级验收	

八、完工报告单

工期	年 月 日 至 年 月 日			实际完成工日	工日
主要材料备件消耗统计	序号	名称	规格与型号	生产厂家	消耗数量
	1				
	2				
	3				
	4				
	5				
缺陷处理情况	序号	缺陷内容		处理情况	
	1				
	2				
	3				
	4				

续表

<table>
<tr><td>异动情况</td><td colspan="3"></td></tr>
<tr><td>让步接受情况</td><td colspan="3"></td></tr>
<tr><td>遗留问题及
采取措施</td><td colspan="3"></td></tr>
<tr><td>修后总体评价</td><td colspan="3"></td></tr>
<tr><td rowspan="2">各方签字</td><td>一级验收人员</td><td>二级验收人员</td><td>三级验收人员</td></tr>
<tr><td></td><td></td><td></td></tr>
</table>

检修文件包

单位：________ 班组：________ 编号：________

检修任务：中压调节汽门检修 风险等级：________

<table>
<tr><td colspan="6">一、检修工作任务单</td></tr>
<tr><td>计划检修时间</td><td colspan="3">年 月 日 至 年 月 日</td><td>计划工日</td><td></td></tr>
<tr><td>主要检修项目</td><td colspan="2">1. 阀门检修前准备工作及油动机拆除
2. 阀门解体及修前数据测量
3. 各部件检查清理
4. 检查阀芯，阀座及研磨</td><td colspan="3">5. 修后数据测量
6. 回装阀门
7. 油动机缓冲行程测量、调整
8. 油动机正式回装</td></tr>
<tr><td>修后目标</td><td colspan="5">1. 设备整体启动一次成功
2. 密封面严密无泄露，无内、外漏
3. 数据符合文件包要求
4. 阀门开关灵活无卡涩
5. 检修项目验收达到优良
6. 修后机组设备见本色，保温、油漆、标牌、介质流向完整清晰</td></tr>
</table>

<table>
<tr><td rowspan="11">鉴证点分布</td><td>W点</td><td>工序及质检点内容</td><td>H点</td><td>工序及质检点内容</td><td>S点</td><td>工序及安全鉴证点内容</td></tr>
<tr><td>1-W2</td><td>□2.2 测量修前油动机缓冲行程</td><td>1-H3</td><td>□4.3 主阀及阀座的检查</td><td>1-S2</td><td>□A3.4 将主阀慢慢吊出</td></tr>
<tr><td>2-W2</td><td>□3.2 弹簧检查，测量调门行程</td><td>2-H3</td><td>□8 阀门行程的测量</td><td>2-S2</td><td>□A7.1 阀门回装</td></tr>
<tr><td>3-W2</td><td>□5 各部套间隙测量</td><td>3-H3</td><td></td><td></td><td></td></tr>
<tr><td>4-W2</td><td>□7.3 阀盖与阀体间隙测量</td><td></td><td></td><td></td><td></td></tr>
<tr><td></td><td></td><td></td><td></td><td></td><td></td></tr>
<tr><td></td><td></td><td></td><td></td><td></td><td></td></tr>
<tr><td></td><td></td><td></td><td></td><td></td><td></td></tr>
<tr><td></td><td></td><td></td><td></td><td></td><td></td></tr>
<tr><td></td><td></td><td></td><td></td><td></td><td></td></tr>
<tr><td></td><td></td><td></td><td></td><td></td><td></td></tr>
<tr><td rowspan="2">质量验收人员</td><td colspan="2">一级验收人员</td><td colspan="2">二级验收人员</td><td colspan="2">三级验收人员</td></tr>
<tr><td colspan="2"></td><td colspan="2"></td><td colspan="2"></td></tr>
<tr><td rowspan="2">安全验收人员</td><td colspan="2">一级验收人员</td><td colspan="2">二级验收人员</td><td colspan="2">三级验收人员</td></tr>
<tr><td colspan="2"></td><td colspan="2"></td><td colspan="2"></td></tr>
</table>

<table>
<tr><td>二、修前准备卡</td></tr>
<tr><td>设备基本参数</td></tr>
<tr><td>设备基本参数：
结构参数及参数
内径：456mm
阀体材料：C-422-5
阀杆材料：C-422-5＋6（氮化）
总重：3762kg</td></tr>
<tr><td>设备修前状况</td></tr>
<tr><td>检修前交底（设备运行状况、历次主要检修经验和教训、检修前主要缺陷）
历次检修经验和教训：</td></tr>
</table>

续表

设备修前状况			
检修前主要缺陷：			
技术交底人			年　月　日
接受交底人			年　月　日

人员准备				
序号	工种	工作组人员姓名	资格证书编号	检查结果
1				□
2				□
3				□
4				□
5				□

三、现场准备卡		
办理工作票		
工作票编号：		
施工现场准备		
序号	安全措施检查	确认符合
1	进入噪声区域、使用高噪声工具时正确佩戴合格的耳塞	□
2	进入粉尘较大的场所作业，作业人员必须戴防尘口罩	□
3	在高温场所工作时，应为工作人员提供足够的饮水、清凉饮料及防暑药品，对温度较高的作业场所必须增加通风设备	□
4	设置安全隔离围栏并设置警告标示，无关人员不得入内	□
5	作业人员必须穿戴好工作服、防护鞋、防护手套、防护眼镜、防毒口罩等防护用具	□
6	配备防暑降温药物、制定安全可靠的防暑降温措施，并确定逃生路线	□
7	专人监护，遇有不适立即撤出高温检修区域	□
8	发现盖板缺损及平台防护栏杆不完整时，应采取临时防护措施，设坚固的临时围栏	□
9	开工前与运行人员共同确认检修的设备已可靠与运行中的系统隔断，检查油动机进、回油阀门已关闭，挂“禁止操作，有人工作”标示牌	□
10	搭设结束后，必须履行脚手架验收手续，填写脚手架验收单，并在“脚手架验收单”上分级签字；验收合格后应在脚手架上悬挂合格证，方可使用	□
确认人签字：		

工器具准备与检查				
序号	工具名称及型号	数量	完好标准	确认符合
1	移动式电源盘	1	检查检验合格证在有效期内；检查电源盘电源线、电源插头、插座完好无破损；漏电保护器动作正确；检查电源盘线盘架、拉杆、线盘架轮子及线盘摇动手柄齐全完好	□
2	电焊机	1	检查电焊机检验合格证在有效期内；检查电焊机电源线、电源插头、电焊钳等完好无损，电焊工作所用的导线必须使用绝缘良好的皮线；电焊机的裸露导电部分和转动部分以及冷却用的风扇，均应装有保护罩；电焊机金属外壳应有明显的可靠接地，且一机一接地；电焊机应放置在通风、干燥处，露天放置应加防雨罩；电焊机、焊钳与电缆线连接牢固，接地端头不外露；连接到电焊钳上的一端，至少有5m为	□

续表

序号	工具名称及型号	数量	完好标准	确认符合
2	电焊机	1	绝缘软导线；每台焊机应该设有独立的接地、接零线，其接点应用螺丝压紧；电焊机必须装有独立的专用电源开关，其容量应符合要求，电焊机超负荷时，应能自动切断电源，禁止多台焊机共用一个电源开关；不准利用厂房的金属结构、管道、轨道或其他金属搭接起来作为导线使用；电焊机装设、检查和修理工作，必须在切断电源后进行	□
3	角磨机（ϕ100）	1	检查检验合格证在有效期内；检查电源线、电源插头完好无缺损；有漏电保护器；检查防护罩完好；检查电源开关动作正常、灵活；检查转动部分转动灵活、轻快，无阻滞	□
4	切割机	1	检查检验合格证在有效期内；检查电源线、电源插头完好无缺损；有漏电保护器；检查防护罩完好；检查电源开关动作正常、灵活；检查转动部分转动灵活、轻快，无阻滞	□
5	大锤（12p）	2	大锤的锤头须完整，其表面须光滑微凸，不得有歪斜、缺口、凹入及裂纹等情形；大锤的柄须用整根的硬木制成，并将头部用楔栓固定；楔栓宜采用金属楔，楔子长度不应大于安装孔的 2/3	□
6	锉刀	2	锉刀手柄应安装牢固，没有手柄的不准使用	□
7	手锯	1	手锯手柄应安装牢固，没有手柄的不准使用	□
8	螺丝刀	1	螺丝刀手柄应安装牢固，没有手柄的不准使用	□
9	钢丝钳	1	钢丝钳手柄应安装牢固，没有手柄的不准使用	□
10	手拉葫芦（5t）	2	链节无严重锈蚀及裂纹，无打滑现象；齿轮完整，轮杆无磨损现象，开口销完整；吊钩无裂纹变形；链扣、蜗母轮及轮轴发生变形、生锈或链索磨损严重时，均应禁止使用，检查检验合格证在有效期内	□
11	脚手架	1	搭设结束后，必须履行脚手架验收手续，填写脚手架验收单，并在“脚手架验收单”上分级签字；验收合格后应在脚手架上悬挂合格证，方可使用	□
12	行车	1	经检验检测监督机构检验合格；发现信号装置失灵立即停止使用，并通知相关人员进行处理；检查行车各部限位灵活正常；使用前应做无负荷起落试验一次，检查制动器及传动装置应良好无缺陷，制动器灵活良好	□
13	重型套筒扳手（32 件）	2	内方无损坏，无弯曲，无断裂	□
14	铜棒（L=300）	2	铜棒端部无卷边、无裂纹，铜棒本体无弯曲	□
15	活扳手（12″）	3	活动扳口应与扳体导轨的全行程上灵活移动；活扳手不应有裂缝、毛刺及明显的夹缝、氧化皮等缺陷，柄部平直且不应有影响使用性能的缺陷	□
16	梅花扳手（32″）	5	梅花扳手不应有裂缝、毛刺及明显的夹缝、切痕、氧化皮等缺陷，柄部应平直	□
17	游标卡尺（150mm）	1	检查测定面是否有毛头；检查卡尺的表面应无锈蚀、碰伤或其他缺陷，刻度和数字应清晰、均匀，不应有脱色现象，游标刻线应刻至斜面下缘，卡尺上应有刻度值、制造厂商和定期检验合格证	□

确认人签字：

材料准备

序号	材料名称	规格	单位	数量	检查结果
1	清洗剂	JF46	瓶	20	□
2	金相砂纸	1000 号	张	20	□
3	白面	10kg/袋	袋	1	□
4	胶皮	1000mm×10000mm×5mm	卷	20	□

续表

序号	材料名称	规　　格	单位	数量	检查结果
5	割锯片	ϕ150×1.2	片	10	□
6	砂纸	120号	张	50	□
备　件　准　备					
序号	备件名称	规　格　型　号	单位	数量	检查结果
1	缠绕式垫片	304＋奥氏体不锈钢	件	1	□
	验收标准：合格证完整，制造厂名、规格型号、标准代号、包装日期、检验人等准确清晰，备件材质符合图纸要求				
2	圆柱销	12×38/6×100	个	2	□
	验收标准：合格证完整，制造厂名、规格型号、标准代号、包装日期、检验人等准确清晰，备件材质符合图纸要求				
3	双头螺柱	M39×3×305	个	5	□
	验收标准：合格证完整，制造厂名、规格型号、标准代号、包装日期、检验人等准确清晰，备件材质符合图纸要求				
4	六角螺母	M39×3	件	5	□
	验收标准：合格证完整，制造厂名、规格型号、标准代号、包装日期、检验人等准确清晰，备件材质符合图纸要求				
5	阀　杆	C157.30.62.01	套	1	□
	验收标准：合格证完整，制造厂名、规格型号、标准代号、包装日期、检验人等准确清晰，备件材质符合图纸要求				
6	中调联接器	191.30.62.16	个	1	□
	验收标准：合格证完整，制造厂名、规格型号、标准代号、包装日期、检验人等准确清晰，备件材质符合图纸要求				
7	活塞杆组件	OC152.01.00	件	1	□
	验收标准：合格证完整，制造厂名、规格型号、标准代号、包装日期、检验人等准确清晰，备件材质符合图纸要求				
8	导向套	OC152.002-03	套	1	□
	验收标准：合格证完整，制造厂名、规格型号、标准代号、包装日期、检验人等准确清晰，备件材质符合图纸要求				

四、检修工序卡	
检修工序步骤及内容	质量标准
1　解体前的准备工作 □1.1　联系热工，拆除有关信号 □1.2　拆除门体保温 □1.3　拆除阀门上所有的疏水及漏汽管道，并封好管	
2　解体前的测量 危险源：不系安全带、脚手架 安全鉴证点 | 1-S1 | □2.1　用塞尺检查门盖四周的间隙，并做好记录 □2.2　拆除油动机与油动机支架的连接螺栓，用行车及深度尺、手动葫芦，测量修前油动机缓冲行程 质检点 | 1-W2 |	□A2（a）　使用时安全带的挂钩或绳子应挂在结实牢固的构件上；安全带要挂在上方，高度不低于腰部（即高挂低用）。 □A2（b）　工作过程中，不准随意改变脚手架的结构，必要时，必须经过搭设脚手架的技术负责人同意，并再次验收合格后方可使用；脚手架上不准乱拉电线；必须安装临时照明线路时，金属脚手架应另设木横担；不准在脚手架和脚手板上聚集人员或放置超过计算荷重的材料；脚手架上的堆置物应摆放整齐和牢固，不准超高摆放；脚手架上的大物件应分散堆放，不得集中堆放；脚手架上的废弃物应及时清理，并用绳子系牢后溜放到地面。 2.2　缓冲行程为6.4mm±1.5mm

续表

检修工序步骤及内容	质量标准
3 解体	
□3.1 拆解联轴器，装上专用的长丝杆，用专用长丝杆缓慢均匀地压紧弹簧，拆下活塞杆与联轴器之间的顶丝，用撬棍插入活塞杆上的通孔中将活塞杆与联轴器脱开，拆除油动机的固定螺栓将油动机吊至检修位置	
□3.2 拆除弹簧室与阀盖的连接螺栓，吊下弹簧室，放到指定位置，放松专用长丝放下弹簧室下座、吊走弹簧室上座，清理、检查弹簧、测量弹簧的自由长度，测量调门行程 质检点 2-W2	3.2 弹簧应完好，无歪斜、扭曲、裂纹、断裂等现象，汽门行程为203mm±1.5mm。
□3.3 松开门盖与阀座的连接螺栓（最后保留两只对称螺栓不卸），将卸下的螺栓妥善保管好 危险源：大锤、手锤、高空的工器具、零部件 安全鉴证点 2-S1	□A3.3（a） 锤把上不可有油污；抡大锤时，周围不得有人；不得单手抡大锤；严禁戴手套抡大锤。 □A3.3（b） 工器具必须使用防坠绳；工器具和零部件应用绳拴在牢固的构件上，不准随便乱放；工器具和零部件不准上下抛掷
□3.4 挂好钢丝绳及倒链，并稍微吃劲，松开最后保留的两只螺栓，将主阀慢慢吊出阀体至专用支架上，缓慢吊出滤网，取下垫片，用专用盖板封好腔室（贴封条），防止杂物落入阀体 危险源：行车、吊具、手拉葫芦 安全鉴证点 1-S2	□A3.4（a） 起重机械只限于熟悉使用方法并经有关机构业务培训考试合格、取得操作资格证的人员操作；行车司机在工作中应始终随时注指挥人员信号，不准同时进行与行车操作无关的其他工作；工作负荷不准超过铭牌规定；起吊重物不准让其长期悬在空中；有重物暂时悬在空中时，严禁驾驶人员离开驾驶室或做其他工作。 □A3.4（b） 起重机在起吊大的或不规则的构件时，应在构件上系以牢固的拉绳，使其不摇摆、不旋转；选择牢固可靠、满足载荷的吊点；起重物品必须绑牢，吊钩要挂在物品的重心上，吊钩钢丝绳应保持垂直；作业中应防止损坏吊索具及配件，必要时在棱角处应加护角防护；吊具及配件不能超过其额定起重量，起重吊索、吊具不得超过其相应吊挂状态下的最大工作载荷；必须按规定选择吊点并捆绑牢固，使重物在吊运过程中保持平衡和吊点不发生移动；工件或吊物起吊时必须捆绑牢靠；使重物在吊运过程中保持平衡和吊点不发生移动；工件或吊物起吊时必须捆绑牢靠；吊拉时两根钢丝绳之间的夹角一般不得大90°；使用单吊索起吊重物挂钩时应打"挂钩结"；使用吊环时螺栓必须拧到底；使用卸扣时，吊索与其连接的一个索扣必须扣在销轴上，一个索扣必须扣在扣顶上，不准两个索扣分别扣在卸扣的扣体两侧上；吊拉捆绑时，重物或设备构件的锐边快口处必须加装衬垫物；任何人不准在起吊重物下逗留和行走。 □A3.4（c） 使用前应做无负荷的起落试验一次，检查其煞车以及传动装置是否良好，然后再进行工作；使用手拉葫芦时工作负荷不准超过铭牌规定
□3.5 用行车吊起阀门盖，将手扶正阀碟，使其门盖与阀碟脱离 □3.6 将阀盖放平到指定位置，把阀碟放到专用架上 □3.7 松开阀盖与外衬套（主阀外套）固定螺钉，取出衬套 □3.8 拆除阀碟与套圈固定螺钉，拆卸阀杆	
4 各部件打磨、检查和清理 危险源：抛光轮 安全鉴证点 3-S1	□A4 操作人员必须正确佩戴防护面罩、防护眼镜；禁止手提电动工具的导线或转动部分；使用前检查角磨机钢丝轮完好无缺损；更换钢丝轮前必须切断电源。
□4.1 磨各部件表面氧化物，直至露出金属光泽	
□4.2 阀杆检查	4.2 阀杆应光滑，无弯曲、裂纹、划痕、腐蚀、卡涩、磨偏等现象。
□4.3 主阀、阀座的检查 质检点 1-H3	4.3 阀碟、阀座表面应光滑，无毛刺、裂纹等缺陷，密封线用红丹粉检查，阀线应完好，无贯穿、麻点、凹坑等缺陷。
□4.4 阀碟活塞环的检查（包括轴向间隙检查）	4.4 阀碟活塞环应完好，无断裂、毛刺、磨损，活动灵活。

续表

检修工序步骤及内容	质量标准
□4.5　各销轴的检查 □4.6　门盖结合面、各疏水法兰结合面的检查 □4.7　调节阀套筒内径的检查 □4.8　滤网的检查 □4.9　各连接部分的检查	4.5　各销轴应光滑无磨损、裂纹、毛刺，无弯曲、变形。 4.6　门盖结合面、各疏水法兰结合面应平整光滑、无麻点、凹坑、毛刺等现象，更换新垫片。 4.7　套筒内径应无纵向划痕及磨损，与每一道密封环的周向接触应为宽度的80%以上。 4.8　滤网应无吹蚀、变形、裂纹，网孔无堵塞，如果滤网有缺陷，应进行处理。 4.9　各连接部分应活动灵活，无卡涩现象
5　各部套间隙测量 □5.1　上阀杆与联轴器配合间隙 □5.2　下阀杆与联轴器配合间隙 □5.3　下阀杆与衬套配合间隙 质检点 | 3-W2 |	5 5.1　上阀杆与联轴器配合间隙为0.025～0.125mm 5.2　下阀杆与联轴器配合间隙为0.025～0.10mm 5.3　下阀杆与衬套配合间隙为0.33～0.38mm
6　各部件的金属检查 危险源：X射线 安全鉴证点 | 4-S1 | □6.1　联系门盖螺栓、螺帽硬度检测，金相检查，对新更换紧固件还需进行光谱分析	□A6　工作前做好安全区隔离、悬挂“当心辐射”标示牌；提出风险预警通知告知全员，并指定专人现场监护，防止非工作人员误入。 6.1　HB279及以下：更换新件； HB280～HB289之间：建议两年内更换； HB290～HB360之间：可继续使用； HB361及以上：更换新件。
7　阀门回装 □7.1　按拆卸相反的顺序进行组装 危险源：行车、吊具、安全带、脚手架、高空的工器具、零部件 安全鉴证点 | 2-S2 |	□A.7.1（a）　起重机械只限于熟悉使用方法并经有关机构业务培训考试合格、取得操作资格证的人员操作；行车司机在工作中应始终随时注注指挥人员信号，不准同时进行与行车操作无关的其他工作；工作负荷不准超过铭牌规定；起吊重物不准让其长期悬在空中；有重物暂时悬在空中时，严禁驾驶人员离开驾驶室或做其他工作。 □A7.1（b）　起重机在起吊大的或不规则的构件时，应在构件上系以牢固的拉绳，使其不摇摆、不旋转；选择牢固可靠、满足载荷的吊点；起重物品必须绑牢，吊钩要挂在物品的重心上，吊钩钢丝绳应保持垂直；作业中应防止损坏吊索具及配件，必要时在棱角处应加护角防护；吊具及配件不能超过其额定起重量，起重吊索、吊具不得超过其相应吊挂状态下的最大工作载荷；必须按规定选择吊点并捆绑牢固，使重物在吊运过程中保持平衡和吊点不发生移动；工件或吊物起吊时必须捆绑牢靠；使重物在吊运过程中保持平衡和吊点不发生移动；工件或吊物起吊时必须捆绑牢靠；吊拉时两根钢丝绳之间的夹角一般不得大90°；使用单吊索起吊重物挂钩时应打“挂钩结”；使用吊环时螺栓必须拧到底；使用卸扣时，吊索与其连接的一个索扣必须扣在销轴上，一个索扣必须扣在扣顶上，不准两个索扣分别扣在卸扣的扣体两侧上；吊拉捆绑时，重物或设备构件的锐边快口处必须加装衬垫物；任何人不准在起吊重物下逗留和行走。 □A7.1（c）　使用时安全带的挂钩或绳子应挂在结实牢固的构件上；安全带要挂在上方，高度不低于腰部（即高挂低用）。 □A7.1（d）　工作过程中，不准随意改变脚手架的结构，必要时，必须经过搭设脚手架的技术负责人同意，并再次验收合格后方可使用，脚手架上不准乱拉电线；必须安装临时照明线路时，木竹脚手架应采用绝缘子，金属脚手架应另设木横担。 □A7.1（e）　工器具必须使用防坠绳；工器具和零部件应用绳拴在牢固的构件上，不准随便乱放；工器具和零部件不准上下抛掷。 7.1　各部件均匀涂抹二硫化钼粉。

续表

检修工序步骤及内容	质量标准
□7.2 阀盖螺丝紧固 □7.3 阀盖与阀体间隙测量 质检点 | 4-W2 | □7.4 将连接器与阀杆拧紧，再装定位销	7.2 采用力矩扳手不得用锤击法。 7.3 其偏差不大于 0.05mm
8 阀门行程的测量 □8.1 调节阀总行程 □8.2 油动机缓冲器行程 质检点 | 2-H3 |	8.1 调节阀总行程为 203mm±1.5mm。 8.2 油动机缓冲器行程为 6.4mm±1.5mm
9 阀门传动 □9.1 阀门传动前必须拆除弹簧座组装调整专用制螺栓拆除 □9.2 阀门传动调试 危险源：运动的门杆 安全鉴证点 | 5-S1 |	9.1 将专用螺栓全部拆除，确认无遗留。 □A9.2 调整阀门执行机构行程的同时不得用手触摸阀杆和手轮，避免挤伤手指
10 检修工作结束清理场地	10 废料及时清理，做到工完、料尽、场地清

五、安全鉴证卡		
风险鉴证点：1-S2 工序 A3.4 将主阀慢慢吊出		
一级验收		年 月 日
二级验收		年 月 日
风险鉴证点：2-S2 工序 A7.1 阀门回装		
一级验收		年 月 日
二级验收		年 月 日

六、质量验收卡				
质检点：1-W2 工序 2.2 测量修前油动机缓冲行程 测量数据：				
数据名称	质量标准	单位	修前值	修后值
油动机缓冲行程	6.4±1.5	mm		
测量器具/编号				
测量（检查）人		记录人		
一级验收				年 月 日
二级验收				年 月 日
质检点：2-W2 工序 3.2 弹簧检查，测量调门行程 技术标准：弹簧应完好，无歪斜、扭曲、裂纹、断裂等现象 检查情况：				
数据名称	质量标准	单位	修前值	修后值
汽门行程	203±1.5	mm		
测量器具/编号				
测量（检查）人		记录人		
一级验收				年 月 日
二级验收				年 月 日

续表

质检点：1-H3　工序 4.2　主阀及阀座的检查

技术标准：阀碟、阀座表面应光滑，无毛刺、裂纹等缺陷，密封线用红丹粉检查，阀线应完好，无贯穿、麻点、凹坑等缺陷

检查情况：

测量器具/编号			
测量（检查）人		记录人	
一级验收			年　月　日
二级验收			年　月　日
三级验收			年　月　日

质检点：2-H3　工序 8　阀门行程测量

测量数据：

数据名称	质量标准	单位	修前值	修后值
修后阀门行程	203±1.5	mm		
油动机缓冲器行程	6.4±1.5			

测量器具/编号			
测量人		记录人	
一级验收			年　月　日
二级验收			年　月　日
三级验收			年　月　日

质检点：3-W2　工序 5　各部套间隙测量

测量数据：

数据名称	质量标准	单位	修前值	修后值
上阀杆与联轴器配合间隙	0.025～0.125	mm		
下阀杆与联轴器配合间隙	0.025～0.10			
下阀杆与衬套配合间隙	0.33～0.38			

测量器具/编号			
测量（检查）人		记录人	
一级验收			年　月　日
二级验收			年　月　日

质检点：4-W2　工序 7.3　阀盖与阀体间隙测量

测量数据：

数据名称	质量标准	单位	修前值	修后值
阀盖与阀体间隙	偏差不大于 0.05	mm		

续表

修前值	修后值		
测量器具/编号			
测量人		记录人	
一级验收			年　月　日
二级验收			年　月　日

七、完工验收卡			
序号	检查内容	标　准	检查结果
1	安全措施恢复情况	1.1　检修工作全部结束 1.2　整改项目验收合格 1.3　检修脚手架拆除完毕 1.4　孔洞、坑道等盖板恢复 1.5　临时拆除的防护栏恢复 1.6　安全围栏、标示牌等撤离现场 1.7　安全措施和隔离措施具备恢复条件 1.8　工作票具备押回条件	□ □ □ □ □ □ □ □
2	设备自身状况	2.1　设备与系统全面连接 2.2　设备各人孔、开口部分密封良好 2.3　设备标示牌齐全 2.4　设备油漆完整 2.5　设备管道色环清晰准确 2.6　阀门手轮齐全 2.7　设备保温恢复完毕	□ □ □ □ □ □ □
3	设备环境状况	3.1　检修整体工作结束，人员撤出 3.2　检修剩余备件材料清理出现场 3.3　检修现场废弃物清理完毕 3.4　检修用辅助设施拆除结束 3.5　临时电源、水源、气源、照明等拆除完毕 3.6　工器具及工具箱运出现场 3.7　地面铺垫材料运出现场 3.8　检修现场卫生整洁	□ □ □ □ □ □ □ □
一级验收		二级验收	

八、完工报告单					
工期	年　月　日　至　年　月　日			实际完成工日	工日
主要材料备件消耗统计	序号	名称	规格与型号	生产厂家	消耗数量
	1				
	2				
	3				
	4				
	5				

续表

<table>
<tr><td rowspan="5">缺陷处理情况</td><td>序号</td><td colspan="2">缺陷内容</td><td colspan="2">处理情况</td></tr>
<tr><td>1</td><td colspan="2"></td><td colspan="2"></td></tr>
<tr><td>2</td><td colspan="2"></td><td colspan="2"></td></tr>
<tr><td>3</td><td colspan="2"></td><td colspan="2"></td></tr>
<tr><td>4</td><td colspan="2"></td><td colspan="2"></td></tr>
<tr><td>异动情况</td><td colspan="5"></td></tr>
<tr><td>让步接受情况</td><td colspan="5"></td></tr>
<tr><td>遗留问题及
采取措施</td><td colspan="5"></td></tr>
<tr><td>修后总体评价</td><td colspan="5"></td></tr>
<tr><td rowspan="2">各方签字</td><td colspan="2">一级验收人员</td><td colspan="2">二级验收人员</td><td>三级验收人员</td></tr>
<tr><td colspan="2"></td><td colspan="2"></td><td></td></tr>
</table>

检修文件包

单位：＿＿＿＿＿＿＿＿ 班组：＿＿＿＿＿＿＿＿ 编号：＿＿＿＿＿＿＿＿

检修任务：盘车解体检修 风险等级：＿＿＿＿＿＿

一、检修工作任务单						
计划检修时间	年 月 日 至 年 月 日			计划工日		
主要检修项目	1．盘车装置解 2．盘车装置各齿轮齿侧间隙测量及接触检查 3．链条松紧度检查			4．各零部件清理检查 5．油封更换 6．盘车装置回装		
修后目标	1．设备整体启动一次成功 2．数据符合文件包要求 3．无摩擦声，无异响 4．检修项目验收达到优良 5．修后机组设备见本色，油漆、标牌、转向完整清晰					
鉴证点分布	W点	工序及质检点内容	H点	工序及质检点内容	S点	工序及安全鉴证点内容
	1-W2	□4.4 调整齿轮、蜗轮间隙至合格范围	1-H3	□4.12 大齿轮与盘车的齿侧间隙测大齿轮与盘车蜗轮齿侧间隙测量量	1-S2	□A1.6 吊出盘车装置
	2-W2	□4.5 检查齿面接触情况			2-S2	□A4.9 把盘车装置吊起
	3-W2	□4.7 两侧链条距离的缩短量测量				
质量验收人员	一级验收人员		二级验收人员		三级验收人员	
安全验收人员	一级验收人员		二级验收人员		三级验收人员	

二、修前准备卡
设 备 基 本 参 数
设备基本参数： 本机组采用侧装式盘车装置，其位置在2号低压缸的电动机侧，具体结构如下图所示，盘车装置在汽轮机启动前或停机后投入运行，使汽轮机转子缓慢地旋转，减小因汽轮机部件不均匀受热或冷却所引起的转子挠曲，盘车转速转约为2.98r/min

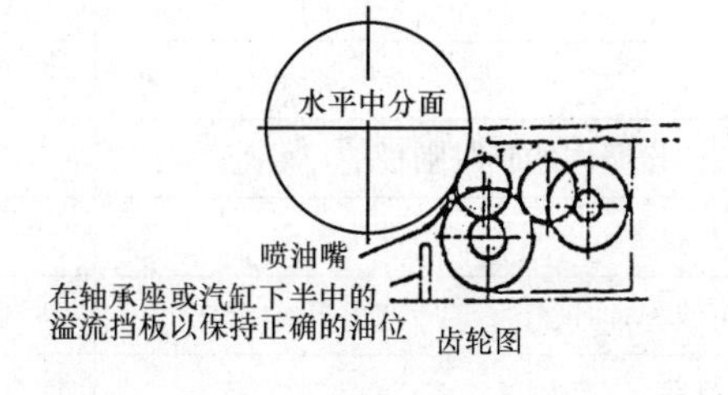

齿轮图

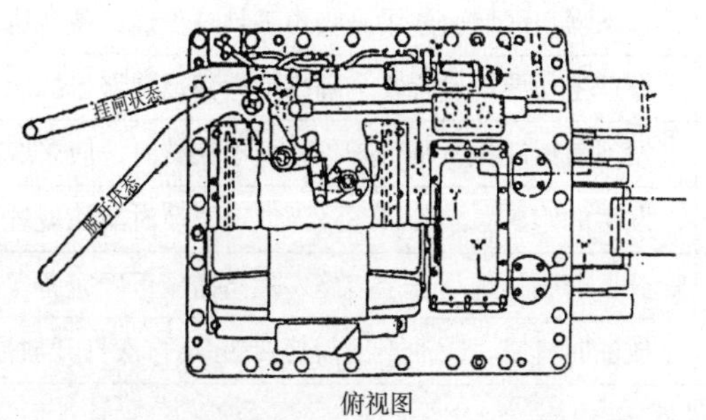

俯视图

续表

<table>
<tr><td colspan="5">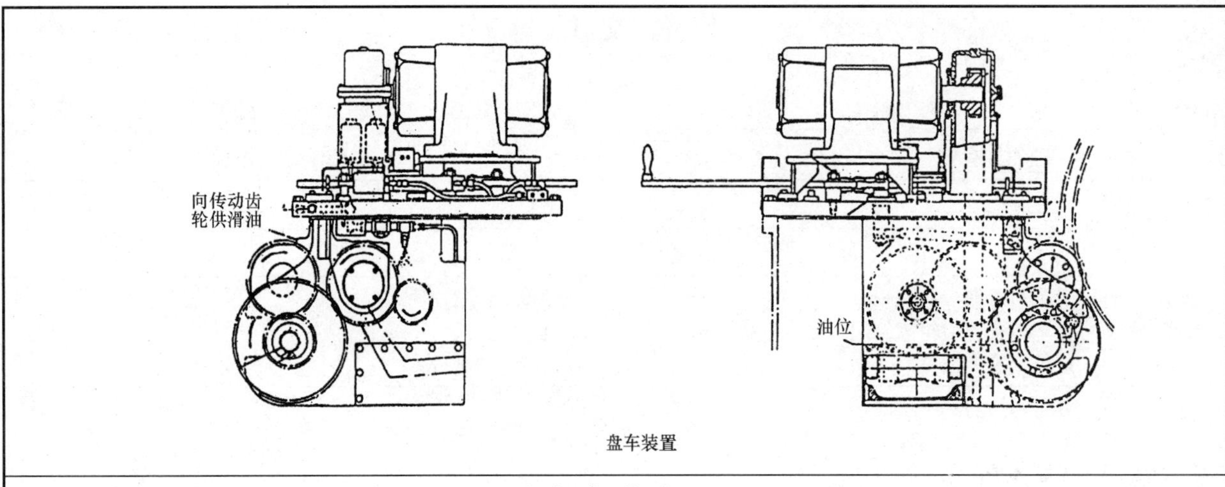
盘车装置</td></tr>
<tr><td colspan="5">设 备 修 前 状 况</td></tr>
<tr><td colspan="5">检修前交底（设备运行状况、历次主要检修经验和教训、检修前主要缺陷）
历次检修经验和教训：

检修前主要缺陷：</td></tr>
<tr><td>技术交底人</td><td colspan="3"></td><td>年 月 日</td></tr>
<tr><td>接受交底人</td><td colspan="3"></td><td>年 月 日</td></tr>
<tr><td colspan="5">人 员 准 备</td></tr>
<tr><td>序号</td><td>工种</td><td>工作组人员姓名</td><td>资格证书编号</td><td>检查结果</td></tr>
<tr><td>1</td><td></td><td></td><td></td><td>□</td></tr>
<tr><td>2</td><td></td><td></td><td></td><td>□</td></tr>
<tr><td>3</td><td></td><td></td><td></td><td>□</td></tr>
<tr><td>4</td><td></td><td></td><td></td><td>□</td></tr>
<tr><td>5</td><td></td><td></td><td></td><td>□</td></tr>
</table>

<table>
<tr><td colspan="3">三、现场准备卡</td></tr>
<tr><td colspan="3">办 理 工 作 票</td></tr>
<tr><td colspan="3">工作票编号：</td></tr>
<tr><td colspan="3">施 工 现 场 准 备</td></tr>
<tr><td>序号</td><td>安 全 措 施 检 查</td><td>确认符合</td></tr>
<tr><td>1</td><td>进入噪声区域、使用高噪声工具时正确佩戴合格的耳塞</td><td>□</td></tr>
<tr><td>2</td><td>办理工作票，设置安全隔离围栏并设置警告标示</td><td>□</td></tr>
<tr><td>3</td><td>发现盖板缺损及平台防护栏杆不完整时，应采取临时防护措施，设坚固的临时围栏</td><td>□</td></tr>
<tr><td>4</td><td>发生的跑、冒、滴、漏及溢油，要及时清除处理</td><td>□</td></tr>
<tr><td>5</td><td>开工前确认现场安全措施、隔离措施正确完备，待管道内存油放尽，压力为零，方可开始工作</td><td>□</td></tr>
<tr><td>6</td><td>放油时排空，放油不出需静置 2h 后再次打开放油门确认油已排完</td><td>□</td></tr>
<tr><td colspan="3">确认人签字：</td></tr>
</table>

续表

工器具准备与检查

序号	工具名称及型号	数量	完好标准	确认符合
1	大锤 （8p）	2	大锤的锤头须完整，其表面须光滑微凸，不得有歪斜、缺口、凹入及裂纹等情形；大锤的柄须用整根的硬木制成，并将头部用楔栓固定；楔栓宜采用金属楔，楔子长度不应大于安装孔的2/3	□
2	敲击呆扳手 （30″）	2	扳手不应有裂缝、毛刺及明显的夹缝、切痕、氧化皮等缺陷，柄部应平直	□
3	手拉葫芦 （5t）	2	链节无严重锈蚀及裂纹，无打滑现象；齿轮完整，轮杆无磨损现象，开口销完整；吊钩无裂纹变形；链扣、蜗母轮及轮轴发生变形、生锈或链索磨损严重时，均应禁止使用，检查检验合格证在有效期内	□
4	行车	1	经检验检测监督机构检验合格；发现信号装置失灵立即停止使用，并通知相关人员进行处理；检查行车各部限位灵活正常；使用前应做无负荷起落试验一次，检查制动器及传动装置应良好无缺陷，制动器灵活良好	□
5	铜棒 （300mm）	1	铜棒端部无卷边、无裂纹，铜棒本体无弯曲	□
6	撬杠 （1000mm）	2	必须保证撬杠强度满足要求，在使用加力杆时，必须保证其强度和嵌套深度满足要求，以防折断或滑脱	□

确认人签字：

材料准备

序号	材料名称	规格	单位	数量	检查结果
1	清洗剂	JF46	瓶	3	□
2	金相砂纸	1000号	张	5	□
3	白面	10kg/袋	袋	1	□
4	砂纸	120号	张	10	□
5	密封胶	J1587	支	1	□

备件准备

序号	备件名称	规格型号	单位	数量	检查结果
1	盘车装置蜗轮	794D036GD01/①	件	1	□
	验收标准：合格证完整，制造厂名、规格型号、标准代号、包装日期、检验人等准确清晰，备件材质符合图纸要求				
2	盘车装置蜗杆	794D036GD01/②	个	1	□
	验收标准：合格证完整，制造厂名、规格型号、标准代号、包装日期、检验人等准确清晰，备件材质符合图纸要求				
3	盘车装置传动链条	#HV-612，126节，长94.5"， 名义宽度3"，节距3/4"	个	1	□
	验收标准：合格证完整，制造厂名、规格型号、标准代号、包装日期、检验人等准确清晰，备件材质符合图纸要求				
4	盘车装置油封（外侧）	PD65×90×12	件	1	□
	验收标准：合格证完整，制造厂名、规格型号、标准代号、包装日期、检验人等准确清晰，备件材质符合图纸要求				
5	盘车装置油封（内侧）	PD65×85×12	套	1	□
	验收标准：合格证完整，制造厂名、规格型号、标准代号、包装日期、检验人等准确清晰，备件材质符合图纸要求				
6	回转设备衬套（盘车铜套）	A156.28.01.68	个	1	□
	验收标准：合格证完整，制造厂名、规格型号、标准代号、包装日期、检验人等准确清晰，备件材质符合图纸要求				

续表

序号	备件名称	规格型号	单位	数量	检查结果
7	回转设备垫片	A156.28.01.129	件	1	□
	验收标准：合格证完整，制造厂名、规格型号、标准代号、包装日期、检验人等准确清晰，备件材质符合图纸要求				
8	密封O形圈	49×5.0/44×3.1	套	2	□
	验收标准：合格证完整，制造厂名、规格型号、标准代号、包装日期、检验人等准确清晰，备件材质符合图纸要求				

四、检修工序卡

检修工序步骤及内容	安全、质量标准
1　盘车解体前的工作 □1.1　拆除有关热工信号管线、仪表探头等，做好标记并保好孔洞、管口等 □1.2　揭开汽轮机2号低压缸后轴承箱盖 □1.3　手动使盘车装置处于啮合状态，用塞尺、百分表测量盘车装置的啮合齿轮与汽轮机转子上的大齿轮间的齿侧间隙，并做好记录 □1.4　齿接触面涂上一层红丹，手动盘动盘车装置，检查齿面接触情况 安全鉴证点 | 1-S2 | □1.5　拆除盘车装置电动机的电源线 □1.6　拆卸盘车装置与轴承箱的定位销及连接螺栓，手动使盘车装置处于脱扣状态，吊出盘车装置到检修场地 危险源：行车、手拉葫芦、起吊、大锤、敲击扳手 □1.7　用枕木搭设800～900mm高来放置拆卸下来的盘车装置，松开行车前确认盘车装置放置牢固	1.3　齿侧间隙为0.33～0.50mm， 实测：______________。 1.4　接触70%以上且均匀， 实测：______________。 □A1.6（a）　行车司机在工作中应始终随时注指挥人员信号，不准同时进行与行车操作无关的其他工作。 □A1.6（b）　使用前应做无负荷的起落试验一次，检查其煞车以及传动装置是否良好，然后再进行工作；使用手拉葫芦时，工作负荷不准超过铭牌规定。 □A1.6（c）　起重机在起吊大的或不规则的构件时，应在构件上系以牢固的拉绳，使其不摇摆、不旋转，选择牢固可靠、满足载荷的吊点；起重物品必须绑牢，吊钩要挂在物品的重心上，吊钩钢丝绳应保持垂直；作业前，应对吊索具及其配件进行检查，确认完好，方可使用，所选用的吊索具应与被吊工件的外形特点及具体要求相适应，在不具备使用条件的情况下，决不能对付使用；作业中应防止损坏吊索具及配件，必要时在棱角处应加护角防护，吊具及配件不能超过其额定起重量，起重吊索、吊具不得超过其相应吊挂状态下的最大工作载荷，当重物无固定死点时，必须按规定选择吊点并捆绑牢固，使重物在吊运过程中保持平衡和吊点不发生移动，工件或吊物起吊时必须捆绑牢靠，吊拉时两根钢丝绳之间的夹角一般不得大于90°；使用单吊索起吊重物挂钩时应打“挂钩结”；使用吊环时螺栓必须拧到底；使用卸扣时，吊索与其连接的一个索扣必须扣在销轴上，一个索扣必须扣在扣顶上，不准两个索扣分别扣在卸扣的扣体两侧上；吊拉捆绑时，重物或设备构件的锐边快口处必须加装衬垫物。 □A1.6（d）　锤把上不可有油污；抡大锤时，周围不得有人；不得单手抡大锤；严禁戴手套抡大锤。 □A1.6（e）　使用敲击扳手不准用手自己扶持在敲击扳手上
2　盘车装置解体检修 □2.1　用塞尺、百分表测量盘车装置的蜗轮轴小齿轮与惰轮、惰轮与减速齿轮（副）、减速齿轮（主）与啮合齿轮间的齿侧间隙 □2.2　齿接触面涂上一层红丹，手动盘动盘车装置，检查齿面接触情况 □2.3　用手将两侧链条互相靠拢，检查链条的松紧程度是否符合要求 □2.4　拆卸主动链轮盖及链条护罩壳体	2.1　齿侧间隙为0.33～0.50mm， 实测：______________。 2.2　接触70%、均匀。 2.3　两侧链条的距离缩短量约6.5mm， 实测：______________。

续表

检修工序步骤及内容	安全、质量标准
□2.5 拆卸盘车装置电动机的定位销子及地脚螺栓，取出电动机底部的调整垫片，测量其厚度并做好记录 □2.6 测量并记录拉杆组件的长度 □2.7 拆卸传动链条并吊出盘车装置电动机 □2.8 各齿轮、蜗轮、轴套、操纵杆、连接杆、齿合板等部件，如未曾发现损坏，齿侧间隙符合要求，则直接清理，否则需要拆卸，做好记号及测量、记录	2.6 其长度约 523mm， 实测：__________。
3 各零、部件的清理、检查、调整 危险源：酒精、润滑油 安全鉴证点 1-S1 □3.1 用煤油或金属清洗剂对所有螺栓、销子等零部件进行清洗 □3.2 用锉刀、钢丝刷、油石、砂布对各齿轮、螺栓、销子等零部件的毛刺、拉痕、锈斑进行修理 □3.3 检查各销子表面应光滑、平整，无毛刺、无凹凸、无锈蚀、无损伤痕迹，螺牙整齐，否则应更换 □3.4 各齿轮、齿轮轴应光滑无毛刺、无裂纹、无磨损、无腐蚀、无弯曲等现象 □3.5 各齿轮啮合面接触良好，不符合时应调整 □3.6 操纵杆、连接杆、拉杆应灵活无卡涩现象 □3.7 各润滑油孔管应畅通无阻塞现象 □3.8 盘动各齿轮应无异声、无松动 □3.9 盘车装置的壳体、啮合板等应无裂纹、损坏等现象	□A3（a） 禁止在工作场所存储易燃物品，如汽油、酒精等，领用、暂存时量不能过大，一般不超过 500mL。 □A3（b） 润滑油彻底清理，避免工作面光滑造成人员滑到。 3.5 齿侧间隙 0.33～0.50mm， 实测：__________
4 盘车装置复装 □4.1 确认盘车装置所有的零、部件已清理、检修完毕，通过验收符合要求 □4.2 对轴承箱盘车下部的箱体进行彻底的清理并用面团黏吸干净，通过验收符合要求 □4.3 所有拆卸下来的零、部件已经组装完毕并经检查验收符合要求 □4.4 对齿轮、蜗轮等进行清理、调整，检查验收齿侧间隙符合要求 质检点 1-W2 □4.5 齿接触面涂上一层红丹，手动盘动盘车装置，检查齿面接触情况 质检点 2-W2 □4.6 销子接触良好，销孔无错口，地脚螺栓应紧固好 □4.7 复装传动链条，用手将两侧链条靠拢，检查两侧链条距离的缩短量是否符合要求，否则进行调整 质检点 3-W2 □4.8 复装传动链条护壳及护壳盖 □4.9 确认盘车装置已全部组装完毕后，把盘车装置吊起，用压缩空气彻底吹扫 危险源：手拉葫芦、起吊、大锤、敲击扳手 安全鉴证点 2-S2 □4.10 调平吊起并已经清理干净的盘车装置，盘动盘车装置电动机，使盘车装置处于脱扣位置，对着盘车装置的安装位置缓缓落下，当落至接合面约 300～500mm 时，接合面加垫片及涂密封胶，落至接合面 2～3mm 时打入接合面定位销，继续落至接合面 □4.11 确认正确无误后均匀地紧固好接合面螺栓	4.4 齿侧间隙为 0.33～0.50mm， 实测：__________。 4.5 齿轮接触面应达到 70%以上， 实测：__________。 4.7 链条距离的缩短量约 6.5mm， 实测：__________。 □A4.9（a） 使用前应做无负荷的起落试验一次，检查其煞车以及传动装置是否良好，然后再进行工作。 □A4.9（b） 使用前应做无负荷的起落试验一次，检查其煞车以及传动装置是否良好，然后再进行工作；使用手拉葫芦时工作负荷不准超过铭牌规定，起重机在起吊大的或不规则的构件时，应在构件上系以牢固的拉绳，使其不摇摆、不旋转，选择牢固可靠、满足载荷的吊点；起重物品必须绑牢，吊钩要挂在物品的重心上，吊钩钢丝绳应保持垂直；作业前，应对吊索具及其配件进行检查，确认完好，方可使用，所选用的吊索具应与被吊工件的外形特点及具体要求相适应，在不具备使用条件的情况下，决不能对付使用；作业中应防止

续表

<table>
<tr><th>检修工序步骤及内容</th><th>安全、质量标准</th></tr>
<tr><td></td><td>损坏吊索具及配件，必要时在棱角处应加护角防护；吊具及配件不能超过其额定起重量，起重吊索、吊具不得超过其相应吊挂状态下的最大工作载荷，当重物无固定死点时，必须按规定选择吊点并捆绑牢固，使重物在吊运过程中保持平衡和吊点不发生移动，工件或吊物起吊时必须捆绑牢靠，吊拉时两根钢丝绳之间的夹角一般不得大于90°；使用单吊索起吊重物挂钩时应打“挂钩结”；使用吊环时螺栓必须拧到底；使用卸扣时，吊索与其连接的一个索扣必须扣在销轴上，一个索扣必须扣在扣顶上，不准两个索扣分别扣在卸扣的扣体两侧上；吊拉捆绑时，重物或设备构件的锐边快口处必须加装衬垫物
□A4.9（c） 锤把上不可有油污；抡大锤时，周围不得有人；不得单手抡大锤；严禁戴手套抡大锤。
□A4.9（d） 使用敲击扳手不准用手自己扶持在敲击扳手上。</td></tr>
<tr><td>□4.12 使盘车装置处于啮合位置，用塞尺、百分表测量盘车装置的啮合齿轮与汽轮机转子上的大齿轮间的齿侧间隙符合要求
<table><tr><td>质检点</td><td>1-H3</td><td></td></tr></table>□4.13 恢复盘车装置电动机电源
□4.14 复装有关热工信号管线、仪表探头等
□4.15 盘车试运
危险源：转动的盘车
<table><tr><td>安全鉴证点</td><td>2-S1</td><td></td></tr></table></td><td>4.12 齿侧间隙为0.33～0.50mm，
实测：______________。

□A4.15（a） 设备的转动部分必须装设防护罩，并标明旋转方向；露出的轴端必须装设护盖，对转动设备缺损的防护罩应及时装复或修复，装复或修复前在转动设备区域内设置“禁止靠近”安全警示标示，不准擅自拆除设备上的安全防护设施。
□A4.15（b） 衣服和袖口应扣好，不得戴围巾领带，长发必须盘在安全帽内；不准将用具、工器具接触设备的转动部位，不准在转动设备附近长时间停留，不准在靠背轮上；不准安全罩上或运行中设备的轴承上行走和坐立。
□A4.15（c） 转动设备试运行时所有人员应先远离，站在转动机械的轴向位置，并有一人站在事故按钮位置</td></tr>
<tr><td>5 检修工作结束清理现场</td><td>5 废料及时清理，做到工完、料尽、场地清</td></tr>
</table>

<table>
<tr><td colspan="3">五、安全鉴证卡</td></tr>
<tr><td colspan="3">风险鉴证点：1-S2 工序A1.6 吊出盘车装置</td></tr>
<tr><td>一级验收</td><td></td><td>年 月 日</td></tr>
<tr><td>二级验收</td><td></td><td>年 月 日</td></tr>
<tr><td colspan="3">风险鉴证点：2-S2 工序A4.9 把盘车装置吊起</td></tr>
<tr><td>一级验收</td><td></td><td>年 月 日</td></tr>
<tr><td>二级验收</td><td></td><td>年 月 日</td></tr>
</table>

<table>
<tr><td colspan="5">六、质量验收卡</td></tr>
<tr><td colspan="5">质检点：1-W2 工序4.4 对齿轮、蜗轮等进行清理、调整，检查验收齿侧间隙符合要求</td></tr>
<tr><td>数据名称</td><td>质量标准</td><td>单位</td><td>修前值</td><td>测量值</td></tr>
<tr><td>齿侧间</td><td>0.33～0.50</td><td>mm</td><td></td><td></td></tr>
<tr><td>测量器具/编号</td><td colspan="4"></td></tr>
<tr><td>测量（检查）人</td><td></td><td>记录人</td><td colspan="2"></td></tr>
<tr><td>一级验收</td><td colspan="3"></td><td>年 月 日</td></tr>
<tr><td>二级验收</td><td colspan="3"></td><td>年 月 日</td></tr>
</table>

续表

<table>
<tr><td colspan="5">质检点：2-W2　工序 4.5　齿接触面涂上一层红丹，手动盘动盘车装置，检查齿面接触情况
技术标准：齿轮接触面应达到 70%以上</td></tr>
<tr><td>测量器具/编号</td><td colspan="4"></td></tr>
<tr><td>测量人</td><td></td><td colspan="2">记录人</td><td></td></tr>
<tr><td>一级验收</td><td colspan="3"></td><td>年　月　日</td></tr>
<tr><td>二级验收</td><td colspan="3"></td><td>年　月　日</td></tr>
<tr><td colspan="5">质检点：3-W2　工序 4.7　两侧链条距离的缩短量测量</td></tr>
<tr><td>数据名称</td><td>质量标准</td><td>单位</td><td>修前值</td><td>测量值</td></tr>
<tr><td>链条距离的缩短量</td><td>6.5</td><td>mm</td><td></td><td></td></tr>
<tr><td>测量器具/编号</td><td colspan="4"></td></tr>
<tr><td>测量（检查）人</td><td></td><td colspan="2">记录人</td><td></td></tr>
<tr><td>一级验收</td><td colspan="3"></td><td>年　月　日</td></tr>
<tr><td>二级验收</td><td colspan="3"></td><td>年　月　日</td></tr>
<tr><td colspan="5">质检点：1-H3　工序 4.12　大齿轮与盘车蜗轮齿侧间隙测量</td></tr>
<tr><td>数据名称</td><td>质量标准</td><td>单位</td><td>修前值</td><td>测量值</td></tr>
<tr><td>齿侧间隙</td><td>0.33～0.50</td><td>mm</td><td></td><td></td></tr>
<tr><td>测量器具/编号</td><td colspan="4"></td></tr>
<tr><td>测量人</td><td></td><td colspan="2">记录人</td><td></td></tr>
<tr><td>一级验收</td><td colspan="3"></td><td>年　月　日</td></tr>
<tr><td>二级验收</td><td colspan="3"></td><td>年　月　日</td></tr>
<tr><td>三级验收</td><td colspan="3"></td><td>年　月　日</td></tr>
</table>

<table>
<tr><td colspan="4">七、完工验收卡</td></tr>
<tr><td>序号</td><td>检查内容</td><td>标　准</td><td>检查结果</td></tr>
<tr><td>1</td><td>安全措施恢复情况</td><td>1.1　检修工作全部结束
1.2　整改项目验收合格
1.3　检修脚手架拆除完毕
1.4　孔洞、坑道等盖板恢复
1.5　临时拆除的防护栏恢复
1.6　安全围栏、标示牌等撤离现场
1.7　安全措施和隔离措施具备恢复条件
1.8　工作票具备押回条件</td><td>□
□
□
□
□
□
□
□</td></tr>
<tr><td>2</td><td>设备自身状况</td><td>2.1　设备与系统全面连接
2.2　设备各人孔、开口部分密封良好
2.3　设备标示牌齐全
2.4　设备油漆完整
2.5　设备管道色环清晰准确
2.6　阀门手轮齐全
2.7　设备保温恢复完毕</td><td>□
□
□
□
□
□
□</td></tr>
<tr><td>3</td><td>设备环境状况</td><td>3.1　检修整体工作结束，人员撤出
3.2　检修剩余备件材料清理出现场</td><td>□
□</td></tr>
</table>

续表

序号	检查内容	标　　准	检查结果
3	设备环境状况	3.3　检修现场废弃物清理完毕 3.4　检修用辅助设施拆除结束 3.5　临时电源、水源、气源、照明等拆除完毕 3.6　工器具及工具箱运出现场 3.7　地面铺垫材料运出现场 3.8　检修现场卫生整洁	□ □ □ □ □ □
一级验收		二级验收	

八、完工报告单

工期	年　月　日　至　年　月　日			实际完成工日	工日
主要材料备件消耗统计	序号	名称	规格与型号	生产厂家	消耗数量
	1				
	2				
	3				
	4				
	5				
缺陷处理情况	序号	缺陷内容		处理情况	
	1				
	2				
	3				
	4				
异动情况					
让步接受情况					
遗留问题及采取措施					
修后总体评价					
各方签字	一级验收人员		二级验收人员	三级验收人员	

检修文件包

单位：__________ 班组：__________ 编号：__________

检修任务：电动给水泵检修 风险等级：__________

一、检修工作任务单						
计划检修时间	年 月 日 至 年 月 日			计划工日		
主要检修项目	1．推力间隙测量 2．两侧轴瓦解体，轴瓦间隙、紧力测量 3．推力盘及推力瓦检查 4．各部件清理及测量		5．轴瓦及推力瓦着色检查 6．两侧径向瓦抬量测量调整 7．更换机械密封 8．推力间隙调整 9．中心复查调整			
修后目标	1．轴承温度：≤75℃ 2．轴承振动：≤0.04mm 3．进口压力：1.223MPa 4．出口压力：22MPa 5．润滑油压力：0.15～0.20MPa 6．轴承无异声 7．泵体无异声 8．设备见本色，介质流向、色环标识正确，标牌完整，密封点无渗漏					
鉴证点分布	W点	工序及质检点内容	H点	工序及质检点内容	S点	工序及安全鉴证点内容
	1-W2	□6.4 机械密封检查	1-H3	□8.2 半窜量测量与调整		
	2-W2	□7.2 总窜量测量	2-H3	□9.3 膨胀间隙测量与调整		
	3-W2	□11.4 机械密封夹紧圈螺钉力矩检查	3-H3	□10.3 轴承、推力瓦、推力盘清理和检验		
	4-W2	□12.5 测量驱动端泵轴抬量（全抬、半抬）、泵轴在轴承座中心左右偏差	4-H3	□13.10 测量与调整平衡鼓间隙		
	5-W2	□12.7 驱动端轴瓦油挡间隙	5-H3	□13.16 检查调整推力瓦间隙		
	6-W2	□13.5 测量自由端泵轴抬量（全抬、半抬）、泵轴在轴承座中心左右偏差	6-H3	□15.3 中心复查调整（电泵与耦合器）		
	7-W2	□13.7 自由端轴瓦油挡间隙	7-H3	□16.3 中心复查调整（电动机与耦合器）		
质量验收人员	一级验收人员		二级验收人员		三级验收人员	
安全验收人员	一级验收人员		二级验收人员		三级验收人员	

二、修前准备卡	
设备基本参数	
设备基本参数： 设备型号：CHTC6/5 额定流量：1047m³/h 转速：4784r/min 效率：83.5%	形式：筒体芯包、卧式 额定扬程：2090m 汽蚀余量：42m 轴功率：7246.5kW
设备修前状况	
检修前交底（设备运行状况、历次主要检修经验和教训、检修前主要缺陷） 历次检修经验和教训：	

续表

设备修前状况				
检修前主要缺陷：轴封泄漏；轴承温度超标；轴承振动超标				
技术交底人			年　月　日	
接受交底人			年　月　日	
人员准备				
序号	工种	工作组人员姓名	资格证书编号	检查结果
1				□
2				□
3				□
4				□
5				□

三、现场准备卡		
办理工作票		
工作票编号：		
施工现场准备		
序号	安全措施检查	确认符合
1	进入噪声区域、使用高噪声工具时正确佩戴合格的耳塞	□
2	设置安全隔离围栏并设置警告标示	□
3	增加临时照明	□
4	工作前核对设备名称及编号，转动设备检修时应采取防转动措施	□
5	开工前与运行人员共同确认检修的设备已可靠与运行中的系统隔断，检查进、出口相关阀门已关闭，电机电源已断开，挂“禁止操作，有人工作”标示牌	□
6	待泵体、管道内介质放尽，压力为零，温度适可后方可开始工作	□
7	发生的跑、冒、滴、漏及溢油，要及时清除处理	□
确认人签字：		

工器具检查				
序号	工具名称及型号	数量	完好标准	确认符合
1	手拉葫芦（2t）	1	链节无严重锈蚀及裂纹，无打滑现象；齿轮完整，轮杆无磨损现象，开口销完整；吊钩无裂纹变形	□
2	十字螺丝刀（100mm）	1	手柄应安装牢固，没有手柄的不准使用	□
3	一字螺丝刀（100mm）	1	手柄应安装牢固，没有手柄的不准使用	□
4	撬棍（500mm）	1	必须保证撬杠强度满足要求，在使用加力杆时，必须保证其强度和嵌套深度满足要求，以防折断或滑脱	□
5	三角刮刀（150mm）	1	手柄应安装牢固，没有手柄的不准使用	□
6	铜棒	1	铜棒端部无卷边、无裂纹，铜棒本体无弯曲	□
7	平锉（100mm）	1	手柄应安装牢固，没有手柄的不准使用	□

续表

序号	工具名称及型号	数量	完好标准	确认符合
8	角磨机（ϕ100）	1	检查电源线、电源插头完好无破损、防护罩完好无破损；检查检验合格证在有效期内	□
9	临时电源及电源线	1	检查电源线外绝缘良好，无破损；检查电源插头插座，确保完好；不准将电源线缠绕；分级配置漏电保安器，工作前试漏电保护器，确保正确动作；检查电源箱外壳接地良好，检查检验合格证在有效期内	□
10	梅花扳手	1	扳手不应有裂缝、毛刺及明显的夹缝、切痕、氧化皮等缺陷，柄部应平直	□
11	深度尺（200mm）	1	检查卡尺的表面应无锈蚀、碰伤或其他缺陷，刻度和数字应清晰、均匀，不应有脱色现象，游标刻线应刻至斜面下缘。卡尺上应有刻度值、制造厂商、工厂标志和出厂编号	□
12	游标卡尺（150mm）	1	检查卡尺的表面应无锈蚀、碰伤或其他缺陷，刻度和数字应清晰、均匀，不应有脱色现象，游标刻线应刻至斜面下缘。卡尺上应有刻度值、制造厂商、工厂标志和出厂编号	□
13	百分表	3	保持清洁，无油污、铁屑	□
14	磁力表座	3	座体工作面不得有影响外观缺陷，非工作面的喷漆应均匀、牢固，不得有漆层剥落和生锈等缺陷；紧固螺母应转动灵活，锁紧应可靠，移动件应移动灵活；微调磁性表座调机构的微调量不应小于2mm	□
确认人签字：				

材料准备					
序号	材料名称	规格	单位	数量	检查结果
1	青稞纸	0.25mm	kg	2	□
2	高压石棉板	2mm	kg	5	□
3	砂布	100目	张	20	□
4	生料带		卷	2	□
5	密封胶	587	筒	2	□
6	清洗剂		筒	4	□

备件准备					
序号	备件名称	规格型号	单位	数量	检查结果
1	机械密封	SHP11/117	套	2	□
验收标准：检查密封件合格证完整，制造厂名、规格型号、标准代号、包装日期、检验人等准确清晰，动静环无磕碰、表面无划痕、蹦角，弹簧活动灵活，动环座完好					
2	密封O形圈	SHP11/117	套	1	□
验收标准：合格证完整，制造厂名、规格型号、标准代号、包装日期、检验人等准确清晰，备件外观检查良好并核对各部尺寸					
3	翼形垫圈	SHP11/117	套	1	□
验收标准：合格证完整，制造厂名、规格型号、标准代号、包装日期、检验人等准确清晰，备件外观检查良好并核对各部尺寸					

四、检修工序卡	
检修工序步骤及内容	安全、质量标准
1 准备工作 □1.1 拆卸前必须做好各部件的位置记号，以便各部件的组装	
2 拆除附属管路及附件 □2.1 拆除附属管路和附件，管口、孔洞做好封口 □2.2 联系热控班组拆除温度计、测温、测速探头等附件	

续表

检修工序步骤及内容	安全、质量标准
□2.3　拆去联轴器保护罩，在联轴器非测量部位做永久性标记，拆除联轴器连接螺栓、弹簧片组件及短轴 □2.4　冷态下测量并记录泵与耦合器的中心原始数据、轴端距离 危险源：联轴器销孔 [安全鉴证点　1-S1　　] □2.5　复测泵推力间隙并记录	□A2.4　联轴器对孔时严禁将手指放入销孔内
3　非驱动端轴承检查、拆卸 □3.1　拆除推力轴承端盖 □3.2　松开轴承锁紧螺母，将轴承螺母旋出轴 □3.3　利用专用工具将推力盘从轴上取出 □3.4　拆除推力盘键和平行销，拆除推力盘定位环 □3.5　松开螺母，拆除推力轴承部件 □3.6　拆除推力轴承箱和轴承部件支撑，包括密封O形圈，弹性挡圈和轴密封环 □3.7　将环从推力轴承箱中取出 □3.8　测量油挡间隙，用顶丝将迷宫环从轴承室中移出 □3.9　测量轴瓦间隙，松开六角螺栓，利用顶丝将轴瓦从轴承箱中拆除 危险源：轴瓦 [安全鉴证点　2-S1　　] □3.10　将轴承箱从轴上拆除	□A3.9（a）　翻瓦检查时，必须把转动的轴瓦固定后方可工作，以防翻转伤人。 □A3.9（b）　在轴瓦翻转就位时，不准将手深入轴瓦洼窝内，以防轴瓦下滑时将手挤伤
4　驱动端轴承检查、拆除 □4.1　测量油挡间隙，松开六角螺母，利用顶丝将迷宫环从轴承箱中拆除，包括密封O形圈 □4.2　测量轴瓦间隙，松开圆头螺丝利用顶丝将轴瓦从轴承箱中拆除 □4.3　将轴承箱从轴上拆除 危险源：轴瓦端盖 [安全鉴证点　3-S1　　]	4.1　油挡间隙为0.3～0.4mm。 4.2　轴瓦间隙为0.11～0.135mm。 □A4.3　手搬物件时应量力而行，不得搬运超过自己能力的物件
5　机械密封拆卸 □5.1　将机械密封的锁紧盘（插入到轴套的槽中，并通过六角螺栓进行紧固） □5.2　松开锁紧环并将整个锁紧环取出 □5.3　松开螺母，用专用工具将机械密封从轴上取出	
6　机械密封检查 □6.1　将机械密封锁紧盘从轴套的槽中取出，并通过六角螺母锁紧 □6.2　将套取出，并取出密封O形圈和动环 □6.3　松开六角螺栓，将密封水套取出 □6.4　从静环座上将静环，密封O形圈取出 [质检点　1-W2　　]	6　动、静环密封面无裂纹、碎裂等缺陷，密封O形圈无损伤、缺口等缺陷；弹簧无裂纹、损伤等缺陷，且弹性良好，弹簧座固定牢固，动环滑硝光滑、无毛刺，拆装中一定要保持清洁
7　总窜量测量 □7.1　用假轴套连接第五级叶轮至自由端并锁紧 □7.2　在驱动端轴端架设百分表（量程0～20mm），来回窜动转子，记录百分表两次读数差值即为总窜量 [质检点　2-W2　　]	7.2　总窜量为10mm±1.5mm
8　半窜量测量与调整 □8.1　检查平衡鼓工作面、各密封槽、内部轴向各台阶是	8.1　工作面瓢偏不大于0.02mm，其他部位无毛刺、异物。

续表

检修工序步骤及内容	安全、质量标准
否有毛刺、污物 □8.2 装复平衡鼓、卡环、锁定环，用测量总窜方法测出半窜值，不合适进行调整平衡鼓前边的调整环 质检点 1-H3	8.2 半窜量（*B*）＝（总窜一半）＋0.25mm
9 膨胀间隙测量与调整 □9.1 在平衡鼓原有位置，测量半窜量（A） □9.2 膨胀间隙：*B*-*A* 之差 □9.3 膨胀间隙可以调整平衡鼓内台肩轴向几何尺 质检点 2-H3	9.2 膨胀间隙为 1.8～2.2mm
10 轴承、推力瓦、推力盘清理和检验 危险源：清洁剂、角磨机 安全鉴证点 4-S1 □10.1 用煤油清洗干净，联系金属专业着色检查各部件 □10.2 检查轴承部件、推力瓦、推力盘有否损坏、划痕和磨损 □10.3 推力瓦乌金无脱胎、气孔等缺陷，附属部件清理干净、见金属本色 质检点 3-H3	□A10（a） 禁止在工作场所存储易燃物品，如汽油、酒精等；领用、暂存时量不能过大，一般不超过 500mL；工作人员佩戴乳胶手套。 □A10（b） 使用前检查角磨机钢丝轮完好无缺损；禁止手提电动工具的导线或转动部分；操作人员必须正确佩戴防护面罩、防护眼镜；更换钢丝轮前必须切断电源。 10.2 轴瓦乌、推力瓦乌金良好，无脱胎、裂纹、磨痕及腐蚀现象。 10.3 推力瓦厚度差不大于 0.02mm
11 机械密封回装 □11.1 把平衡鼓靠死平衡座位置进行机封回装 □11.2 清理：用酒精清洗去轴套夹紧范围内轴表面油脂，可以涂水或硅油于轴套内密封 O 形圈，禁止涂油 □11.3 将机封缓慢轻松装到泵轴机封工作位置，拧紧机封静环座与密封腔体固定螺丝 □11.4 先用十字法轻轻地拧紧夹紧圈，使夹紧圈垂直，然后以同一旋向依次均匀拧紧所有夹紧圈的螺钉，直至所有夹紧圈的螺钉都均匀固定。用测力扳手测定规定的拧紧力矩 质检点 3-W2 □11.5 将组装板反转并固定好	11.4 夹紧圈螺钉力矩为 29Nm。绝对不允许机械密封干转，机械密封必须浸没在介质中，否则有干转的危险和密封面损坏
12 驱动端轴承回装 □12.1 清理轴承箱各部件，尤其是轴承进回油孔 □12.2 将甩油环套在轴上 □12.3 将迷宫环装至轴承箱上 □12.4 将轴承箱回装 □12.5 测量驱动端泵轴抬量（全抬、半抬）、泵轴在轴承座中心左右偏差 质检点 4-W2 □12.6 测量轴瓦间隙合格后，装复轴瓦 危险源：轴瓦、轴瓦端盖 安全鉴证点 5-S1 □12.7 将甩油环回装至轴承箱上，测量油挡间隙 质检点 5-W2	12.5 抬量：半抬量为总抬量一半。泵轴中心左右偏差不大于 0.02mm。 □A12.6（a） 翻瓦检查时，必须把转动的轴瓦固定后方可工作，以防翻转伤人；在轴瓦翻转就位时，不准将手深入轴瓦洼窝内，以防轴瓦下滑时将手挤伤。 □A12.6（b） 手搬物件时应量力而行，不得搬运超过自己能力的物件。 12.6 轴瓦间隙为 0.11～0.135mm。 12.7 油挡间隙为 0.30～0.40mm

续表

检修工序步骤及内容	安全、质量标准
13　非驱动端轴承回装 □13.1　清理轴承箱各部件，检查推力瓦及附属部件 □13.2　将甩油环套在轴上 □13.3　将迷宫环装至轴承箱上 □13.4　将轴承箱回装 □13.5　测量非驱动端泵轴抬量（全抬、半抬）、泵轴在轴承座中心左右偏差 质检点 | 6-W2 | □13.6　测量轴瓦间隙合格后，装复轴瓦 □13.7　将甩油环和迷宫环回装至轴承箱上，测量油挡间隙 质检点 | 7-W2 | □13.8　将环，平行销安装至泵轴上 □13.9　将轴密封环装至轴承支撑部件，将推力瓦装至轴承支撑部件 □13.10　将间隔环装在轴上，装上假推力盘，测量调整平衡鼓间隙至标准范围内 质检点 | 4-H3 | □13.11　将键和销装至轴上 □13.12　将推力盘装至轴上 □13.13　用轴承锁紧螺母，锁紧推力盘，锁紧紧顶螺丝 □13.14　将轴密封圈装至轴承室端盖上，注意平行销的位置，插入卡箍 □13.15　利用螺丝将推力瓦安装至轴承室端盖上 □13.16　检查调整推力瓦间隙值 质检点 | 5-H3 | □13.17　安装垫片 □13.18　用螺栓和螺母将轴承室端盖安装至轴承室 □13.19　盘动泵转子灵活、自如，无卡涩	13.5　抬量：半抬量为总抬量一半。泵轴中心左右偏差不大于0.02mm。 13.6　轴瓦间隙为0.11～0.135mm。 13.7　油挡间隙为0.30～0.40mm。 13.10　平衡鼓间隙标准为0.15～0.30mm。 13.16　推力间隙标准为0.40～0.60mm。 调整垫回油孔有两个，一个在侧部中间、一个在下部
14　联轴器回装 □14.1　装上联轴器键 □14.2　将联轴器装于轴上，拧紧联轴器螺母，拧紧锁紧螺钉 危险源：联轴器销孔 安全鉴证点 | 6-S1 |	□A14.2　联轴器对孔时严禁将手指放入销孔内
15　对轮找中心（电泵与耦合器） □15.1　清理对轮外圆与圆周面锈蚀、毛刺等异物 □15.2　架设百分表及专用支座 □15.3　双盘转子找中心至合格 质检点 | 6-H3 |	15.3　从电泵对轮侧看：电泵比耦合器偏左为0.10mm±0.015mm；电泵比耦合器高0.28mm±0.015mm；端面不大于0.03mm
16　对轮找中心（电动机与耦合器） □16.1　清理对轮外圆与圆周面锈蚀、毛刺等异物 □16.2　架设百分表及专用支座 □16.3　转子找中心至合格 质检点 | 7-H3 |	16.3　圆周上下方向电动机比耦合器对轮中心线高0.21mm±0.015mm；左右，（视向：面向电动机）电机偏耦合器于左侧0.16mm±0.015mm，上下偏差不大于0.05mm，端面不大于0.03mm
17　恢复附属部件 □17.1　安装其他管路附件 □17.2　通知热工、电气接线	

续表

<table>
<tr><th>检修工序步骤及内容</th><th>安全、质量标准</th></tr>
<tr><td>□17.3 安装滤油机过滤油箱油质合格
□17.4 清理现场，押送工作票</td><td></td></tr>
<tr><td>18 设备试运
□18.1 在电动机空载合格后进行负载试运工作
危险源：转动的水泵
安全鉴证点 | 7-S1 |
□18.2 检查泵各管路接头、密封面应无渗漏
□18.3 检查机械密封有无泄漏
□18.4 测量泵和电动机的振动和噪声
□18.5 记录泵轴承温度和电动机电流值，应在正常范围内
□18.6 用听针仔细听测轴承声响，判断是否运行良好
□18.7 检查泵与辅助管路接头，密封面应无渗漏，管道支架固定牢固</td><td>□A18.1 设备的转动部分必须装设防护罩，并标明旋转方向，露出的轴端必须装设护盖；衣服和袖口应扣好，不得戴围巾领带，长发必须盘在安全帽内；不准将用具、工器具接触设备的转动部位；不准在转动设备附近长时间停留；不准在靠背轮上、安全防护罩上或运行中设备的轴承上行走和坐立；转动设备试运行时所有人员应先远离，站在转动机械的轴向位置，并有一人站在事故按钮位置</td></tr>
</table>

<table>
<tr><td colspan="4">五、质量验收卡</td></tr>
<tr><td colspan="4">质检点：1-W2 工序 6.4 机封检查</td></tr>
<tr><td>数据名称</td><td colspan="2">质 量 标 准</td><td>测量值</td></tr>
<tr><td rowspan="2">机封动静环、弹簧检查</td><td colspan="2" rowspan="2">动、静环密封面无裂纹、划痕等缺陷，弹簧有无裂纹、损伤等缺陷，且弹性良好</td><td>修前</td></tr>
<tr><td>修后</td></tr>
<tr><td>测量器具/编号</td><td colspan="3"></td></tr>
<tr><td>测量人</td><td></td><td>记录人</td><td></td></tr>
<tr><td>一级验收</td><td colspan="2"></td><td>年 月 日</td></tr>
<tr><td>二级验收</td><td colspan="2"></td><td>年 月 日</td></tr>
</table>

<table>
<tr><td colspan="5">质检点：2-W2 工序 7.2 总窜量测量</td></tr>
<tr><td>数据名称</td><td colspan="2">质量标准</td><td>单位</td><td>测量值</td></tr>
<tr><td rowspan="2">总窜量测量</td><td colspan="2" rowspan="2">10±1.5</td><td rowspan="2">mm</td><td>修前</td></tr>
<tr><td>修后</td></tr>
<tr><td>测量器具/编号</td><td colspan="4"></td></tr>
<tr><td>测量人</td><td></td><td colspan="2">记录人</td><td></td></tr>
<tr><td>一级验收</td><td colspan="3"></td><td>年 月 日</td></tr>
<tr><td>二级验收</td><td colspan="3"></td><td>年 月 日</td></tr>
<tr><td colspan="5">质检点：1-H3 工序 8.2 半窜量测量与调整</td></tr>
<tr><td>数据名称</td><td colspan="2">质量标准</td><td>单位</td><td>测量值</td></tr>
<tr><td rowspan="2">半窜量测量</td><td colspan="2" rowspan="2">（总窜一半）+0.25</td><td rowspan="2">mm</td><td>修前</td></tr>
<tr><td>修后</td></tr>
<tr><td>测量器具/编号</td><td colspan="4"></td></tr>
<tr><td>测量人</td><td></td><td colspan="2">记录人</td><td></td></tr>
<tr><td>一级验收</td><td colspan="3"></td><td>年 月 日</td></tr>
<tr><td>二级验收</td><td colspan="3"></td><td>年 月 日</td></tr>
<tr><td>三级验收</td><td colspan="3"></td><td>年 月 日</td></tr>
</table>

续表

质检点：2-H3　工序 9.3　膨胀间隙测量与调整

数据名称	质量标准	单位	测量值
膨胀间隙	1.8～2.2	mm	修前
			修后
测量器具/编号			
测量人		记录人	
一级验收			年　月　日
二级验收			年　月　日
三级验收			年　月　日

质检点：3-H3　工序 10.3　轴承、推力瓦、推力盘检验

数据名称	质量标准	单位	测量值
轴瓦、推力瓦乌金	乌金无脱胎、裂纹、磨痕及腐蚀现象	mm	
推力瓦厚度差	≤0.02		
推力盘瓢偏	≤0.02		
测量器具/编号			
测量人		记录人	
一级验收			年　月　日
二级验收			年　月　日
三级验收			年　月　日

质检点：3-W2　工序 11.4　机械密封夹紧圈螺钉力矩检查

数据名称	质量标准	单位	测量值
夹紧圈螺钉力矩	29	Nm	
测量器具/编号			
测量人		记录人	
一级验收			年　月　日
二级验收			年　月　日

质检点：4-W2　12.5　工序测量驱动端泵轴抬量（全抬、半抬）、泵轴在轴承座中心左右偏差

数据名称	质量标准	单位	测量值
全抬量	0.80～1.20	mm	修前
			修后
半抬量	0.40～0.60		修前
			修后
泵轴在轴承座中心左右偏差	≤0.02		修前
			修后
测量器具/编号			
测量人		记录人	
一级验收			年　月　日
二级验收			年　月　日

续表

<table>
<tr><td colspan="5">质检点：5-W2　工序 12.7　驱动端轴瓦油挡间隙</td></tr>
<tr><td>数据名称</td><td colspan="2">质量标准</td><td>单位</td><td>测量值</td></tr>
<tr><td rowspan="2">轴瓦间隙</td><td colspan="2" rowspan="2">0.11～0.135</td><td rowspan="4">mm</td><td>修前</td></tr>
<tr><td>修后</td></tr>
<tr><td rowspan="2">油挡间隙</td><td colspan="2" rowspan="2">0.30～0.40</td><td>修前</td></tr>
<tr><td>修后</td></tr>
<tr><td>测量器具/编号</td><td colspan="4"></td></tr>
<tr><td>测量人</td><td></td><td colspan="2">记录人</td><td></td></tr>
<tr><td>一级验收</td><td colspan="3"></td><td>年　月　日</td></tr>
<tr><td>二级验收</td><td colspan="3"></td><td>年　月　日</td></tr>
<tr><td colspan="5">质检点：6-W2　工序 13.5　测量自由端泵轴抬量（全抬、半抬）、泵轴在轴承座中心左右偏差</td></tr>
<tr><td>数据名称</td><td colspan="2">质量标准</td><td>单位</td><td>测量值</td></tr>
<tr><td rowspan="2">全抬量</td><td colspan="2" rowspan="2">0.80～1.20</td><td rowspan="6">mm</td><td>修前</td></tr>
<tr><td>修后</td></tr>
<tr><td rowspan="2">半抬量</td><td colspan="2" rowspan="2">0.40～0.60</td><td>修前</td></tr>
<tr><td>修后</td></tr>
<tr><td rowspan="2">泵轴在轴承座中心左右偏差</td><td colspan="2" rowspan="2">≤0.02</td><td>修前</td></tr>
<tr><td>修后</td></tr>
<tr><td>测量器具/编号</td><td colspan="4"></td></tr>
<tr><td>测量人</td><td></td><td colspan="2">记录人</td><td></td></tr>
<tr><td>一级验收</td><td colspan="3"></td><td>年　月　日</td></tr>
<tr><td>二级验收</td><td colspan="3"></td><td>年　月　日</td></tr>
<tr><td colspan="5">质检点：7-W2　工序 13.7　自由端轴瓦油挡间隙</td></tr>
<tr><td>数据名称</td><td colspan="2">质量标准</td><td>单位</td><td>测量值</td></tr>
<tr><td rowspan="2">轴瓦间隙</td><td colspan="2" rowspan="2">0.11～0.135</td><td rowspan="4">mm</td><td>修前</td></tr>
<tr><td>修后</td></tr>
<tr><td rowspan="2">油挡间隙</td><td colspan="2" rowspan="2">0.30～0.40</td><td>修前</td></tr>
<tr><td>修后</td></tr>
<tr><td>测量器具/编号</td><td colspan="4"></td></tr>
<tr><td>测量人</td><td></td><td colspan="2">记录人</td><td></td></tr>
<tr><td>一级验收</td><td colspan="3"></td><td>年　月　日</td></tr>
<tr><td>二级验收</td><td colspan="3"></td><td>年　月　日</td></tr>
<tr><td colspan="5">质检点：4-H3　工序 13.10　测量与调整平衡鼓间隙</td></tr>
<tr><td>数据名称</td><td colspan="2">质量标准</td><td>单位</td><td>测量值</td></tr>
<tr><td rowspan="2">平衡鼓间隙</td><td colspan="2" rowspan="2">0.15～0.30</td><td rowspan="2">mm</td><td>修前</td></tr>
<tr><td>修后</td></tr>
<tr><td>测量器具/编号</td><td colspan="4"></td></tr>
<tr><td>测量人</td><td></td><td colspan="2">记录人</td><td></td></tr>
<tr><td>一级验收</td><td colspan="3"></td><td>年　月　日</td></tr>
<tr><td>二级验收</td><td colspan="3"></td><td>年　月　日</td></tr>
<tr><td>三级验收</td><td colspan="3"></td><td>年　月　日</td></tr>
</table>

续表

质检点：5-H3　工序 13.16　检查调整推力瓦间隙				
数据名称	质量标准		单位	测量值
推力间隙标准	0.40～0.60		mm	修前
				修后
测量器具/编号				
测量人		记录人		
一级验收				年　月　日
二级验收				年　月　日
三级验收				年　月　日
质检点：6-H3　工序 15.3　中心复查调整（电泵与耦合器中心）				
数据名称	质量标准		单位	测量值
轴中心上下偏差	电泵比耦合器高为 0.28±0.015		mm	修前
				修后
轴中心左右偏差	（视向：从电泵对轮端看）电泵比耦合器偏左为 0.10±0.015			修前
				修后
对轮张口	端面不大于 0.03			修前
				修后
测量器具/编号				
测量人		记录人		
一级验收				年　月　日
二级验收				年　月　日
三级验收				年　月　日
质检点：7-H3　工序 16.3　中心复查调整（电动机与耦合器中心）				
数据名称	质量标准		单位	测量值
轴中心上下偏差	电动机比耦合器对轮中心线高为 0.21±0.015		mm	修前
				修后
轴中心左右偏差	（视向：面向电动机）电动机偏耦合器于左侧 0.16±0.015，上下偏差不大于 0.05			修前
				修后
对轮张口	端面不大于 0.03			修前
				修后
测量器具/编号				
测量人		记录人		
一级验收				年　月　日
二级验收				年　月　日
三级验收				年　月　日

六、完工验收卡			
序号	检查内容	标　　准	检查结果
1	安全措施恢复情况	1.1　检修工作全部结束 1.2　整改项目验收合格 1.3　检修脚手架拆除完毕	□ □ □

续表

序号	检查内容	标　　准	检查结果
1	安全措施恢复情况	1.4 孔洞、坑道等盖板恢复 1.5 临时拆除的防护栏恢复 1.6 安全围栏、标示牌等撤离现场 1.7 安全措施和隔离措施具备恢复条件 1.8 工作票具备押回条件	□ □ □ □ □
2	设备自身状况	2.1 设备与系统全面连接 2.2 设备各人孔、开口部分密封良好 2.3 设备标示牌齐全 2.4 设备油漆完整 2.5 设备管道色环清晰准确 2.6 阀门手轮齐全 2.7 设备保温恢复完毕	□ □ □ □ □ □ □
3	设备环境状况	3.1 检修整体工作结束，人员撤出 3.2 检修剩余备件材料清理出现场 3.3 检修现场废弃物清理完毕 3.4 检修用辅助设施拆除结束 3.5 临时电源、水源、气源、照明等拆除完毕 3.6 工器具及工具箱运出现场 3.7 地面铺垫材料运出现场 3.8 检修现场卫生整洁	□ □ □ □ □ □ □ □
一级验收		二级验收	

七、完工报告单					
工期	年　月　日　至　年　月　日			实际完成工日	工日
主要材料备件消耗统计	序号	名称	规格与型号	生产厂家	消耗数量
	1				
	2				
	3				
	4				
	5				
缺陷处理情况	序号	缺陷内容		处理情况	
	1				
	2				
	3				
	4				
异动情况					
让步接受情况					
遗留问题及采取措施					
修后总体评价					
各方签字	一级验收人员		二级验收人员		三级验收人员

检 修 文 件 包

单位：__________ 班组：__________ 编号：__________

检修任务：定子冷却水泵检修 风险等级：__________

一、检修工作任务单

计划检修时间	年 月 日 至 年 月 日	计划工日	

主要检修项目	1．复查联轴器中心，解体联轴器 2．拆开泵体结合面螺栓 3．泵组解体 4．各零部件检查测量	5．泵组回装 6．联轴器找中心 7．工作终结
修后目标	1．设备整体启动一次成功 2．设备修后轴承振动小于0.05mm，温度低于50℃，符合标准 3．检修项目验收优 4．检修后设备无内外漏 5．修后机组设备见本色，保温、油漆、标牌、设备转向、介质流向完整清晰	

鉴证点分布	W点	工序及质检点内容	H点	工序及质检点内容	S点	工序及安全鉴证点内容
	1-W2	□3.1 测量叶轮入口密封环间隙	1-H3	□3.4 转子组件晃度		
	2-W2	□3.2 测量叶轮出口密封环间隙	2-H3	□4.8 叶轮口环与密封环接触情况		
	3-W2	□3.3 测量记录转子弯曲度	3-H3	□4.11 泵与电动机找中心		
	4-W2	□4.3 测量轴窜				
	5-W2	□4.9 测量轴承室与泵壳的间隙				

质量验收人员	一级验收人员	二级验收人员	三级验收人员
安全验收人员	一级验收人员	二级验收人员	三级验收人员

二、修前准备卡

设 备 基 本 参 数

设备基本参数：

1．设备型号：100-80-230

2．设备参数：

流量：70m^3/h 杨程：70m 转速：2900r/min

电动机功率：30kW 效率：70% 必须气蚀量：4.5m

质量：108kg 产品编号：081104 制造日期：2008年11月

厂家：常州市武进泵业有限公司

3．结构特点：定子泵为卧式、单级单吸悬臂式离心泵，是将定子水冷却器内的水送入发电机冷却定子线圈。轴承冷却采用自然冷却，轴封采用机械密封

设 备 修 前 状 况

检修前交底（设备运行状况、历次主要检修经验和教训、检修前主要缺陷）

历次主要检修经验和教训：

检修前主要缺陷：轴封泄漏；轴承温度超标；轴承振动超标

续表

技术交底人			年　月　日
接受交底人			年　月　日

人员准备

序号	工种	工作组人员姓名	资格证书编号	检查结果
1				□
2				□
3				□
4				□
5				□

三、现场准备卡

办理工作票

工作票编号：

施工现场准备

序号	安全措施检查	确认符合
1	进入噪声区域、使用高噪声工具时正确佩戴合格的耳塞	□
2	增加临时照明	□
3	开工前与运行人员共同确认检修的设备已可靠与运行中的系统隔断，检查进、出口相关阀门已关闭，挂“禁止操作，有人工作”标示牌	□
4	工作前核对设备名称及编号，转动设备检修时应采取防转动措施	□

确认人签字：

工器具检查

序号	工具名称及型号	数量	完好标准	确认符合
1	手锤（2.5p）	1	手锤的锤头须完整，其表面须光滑微凸，不得有歪斜、缺口、凹入及裂纹等情形。手锤的柄须用整根的硬木制成，并将头部用楔栓固定。楔栓宜采用金属楔，楔子长度不应大于安装孔的2/3	□
2	锉刀、螺丝刀、钢丝钳	1	锉刀、螺丝刀、钢丝钳手柄应安装牢固，没有手柄的不准使用	□
3	活扳手	1	活动扳口应与扳体导轨的全行程上灵活移动；活扳手不应有裂缝、毛刺及明显的夹缝、氧化皮等缺陷，柄部平直且不应有影响使用性能的缺陷	□
4	撬棍（500mm）	1	必须保证撬杠强度满足要求。在使用加力杆时，必须保证其强度和嵌套深度满足要求，以防折断或滑脱	□
5	临时电源及电源线	1	检查电源线外绝缘良好，无破损；检查电源插头插座，确保完好；不准将电源线缠绕；分级配置漏电保安器，工作前试漏电保护器，确保正确动作；检查电源箱外壳接地良好，检查检验合格证在有效期内	□
6	轴承加热器	1	加热器各部件完好齐全，数显装置无损伤且显示清晰；轭铁表面无可见损伤，放在主机的顶端面上，应与其吻合紧密平整；电源线及磁性探头连线无破损、无灼伤；控制箱上各个按钮完好且操作灵活	□

确认人签字：

材料准备

序号	材料名称	规格	单位	数量	检查结果
1	擦机布		kg	1	□
2	煤油		kg	1	□
3	密封胶	J587	支	1	□
4	记号笔			1	□
5	不锈钢垫片	0.05mm	kg	1	□

续表

<table>
<tr><td>序号</td><td>材料名称</td><td>规　　格</td><td>单位</td><td>数量</td><td>检查结果</td></tr>
<tr><td>6</td><td>砂纸</td><td>120 号</td><td>张</td><td>5</td><td>□</td></tr>
<tr><td>7</td><td>白布</td><td></td><td>kg</td><td>0.2</td><td>□</td></tr>
<tr><td>8</td><td>塑料布</td><td></td><td>kg</td><td>0.2</td><td>□</td></tr>
<tr><td colspan="6">备　件　准　备</td></tr>
<tr><td>序号</td><td>备件名称</td><td>规　格　型　号</td><td>单位</td><td>数量</td><td>检查结果</td></tr>
<tr><td rowspan="2">1</td><td>机械密封</td><td>DFB 型 100-80-230 配套</td><td>套</td><td>1</td><td>□</td></tr>
<tr><td colspan="5">验收标准：合格证完整，制造厂名、规格型号、标准代号、包装日期、检验人等准确清晰；动静环无磕碰，表面无划痕、蹦角；弹簧活动灵活，动环座完好</td></tr>
<tr><td rowspan="2">2</td><td>轴承</td><td>6309</td><td>盘</td><td>2</td><td>□</td></tr>
<tr><td colspan="5">验收标准：合格证完整，制造厂名、规格型号、标准代号、包装日期、检验人等准确清晰，轴承转动灵活</td></tr>
</table>

<table>
<tr><td colspan="2">四、检修工序卡</td></tr>
<tr><td>检修工序步骤及内容</td><td>安全、质量标准</td></tr>
<tr><td>1　定子冷却水泵解体
□1.1　将对轮护罩拆下做好标记并复查电动机与泵的对轮中心
□1.2　在泵对轮的端面处一块百分表，用撬棍水平撬动转子，记录轴承的轴窜值
□1.3　用专用工具拉出对轮，取下键，并妥善保存
□1.4　将泵体结合螺栓拆下，将泵搬运至检修现场，泵体进行可靠封堵
危险源：重物、撬杠、手锤
安全鉴证点 ｜ 1-S1 ｜
□1.5　松开叶轮锁紧锁母并取下叶轮
□1.6　取下吸入室
□1.7　松开机封压兰螺栓
□1.8　测量机械密封动环到轴端的距离（或将机械密封整体拉出）
□1.9　拆下轴承压盖紧固螺栓，取出轴承前后压盖
□1.10　从轴承室内取出轴
□1.11　拆下两侧轴承</td><td>1.1　圆：≤0.05mm；面：≤0.05mm。
1.2　轴承的轴窜值：0.15～0.20mm。
□A1.4（a）　手搬物件时应量力而行，不得搬运超过自己能力的物件。
□A1.4（b）　应保证支撑物可靠，撬动过程中应采取防止被撬物倾斜或滚落的措施。
□A1.4（c）　锤把上不可有油污</td></tr>
<tr><td>2　定子冷却水泵解体零部件的检查、清理
危险源：清洁剂
安全鉴证点 ｜ 2-S1 ｜
□2.1　用砂布清理干净所有密封面
□2.2　转子零部件检查
□2.3　静止部件检查
□2.4　清理检查各螺栓、螺母等紧固件
□2.5　清理检查轴承座</td><td>□A2　禁止在工作场所存储易燃物品，如汽油、酒精等；领用、暂存时量不能过大，一般不超过 500mL；工作人员佩戴乳胶手套。
2.1　密封面光洁、无贯通性沟痕。
2.2　零件清洁，无裂纹、砂眼等缺陷。
2.3　各部件应无裂纹、砂眼等缺陷。
2.4　各紧固件螺纹完好，无毛刺、滑扣现象。
2.5　轴承座内部无垃圾，轴承盖及端盖无裂纹及变形现象，接触面光滑平整，无磨损现象</td></tr>
<tr><td>3　定子冷却水泵间隙数据测量
□3.1　测量叶轮入口密封环间隙
质检点 ｜ 1-W2 ｜
□3.2　测量叶轮出口密封环间隙
质检点 ｜ 2-W2 ｜
□3.3　测量记录转子弯曲度
质检点 ｜ 3-W2 ｜</td><td>3.1　密封环间隙为 0.50～0.70mm。
3.2　密封环间隙为 0.50～0.70mm。
3.3　轴弯曲度不小于 0.05m。</td></tr>
</table>

续表

<table>
<tr><th>检修工序步骤及内容</th><th>安全、质量标准</th></tr>
<tr><td>□3.4 转子各部件组装在轴上，测晃度值
<table><tr><td>质检点</td><td>1-H3</td><td></td></tr></table></td><td>3.4 转子晃度：叶轮口环处不大于 0.08mm；机械密封处不大于 0.03mm；轴承处不大于 0.03mm</td></tr>
<tr><td>4 定子冷却泵泵体组装
□4.1 采用热装法将轴承安装在轴上，在轴上装上两侧轴承并涂足量的润滑脂
危险源：轴承加热器
<table><tr><td>安全鉴证点</td><td>3-S1</td><td></td></tr></table>□4.2 将轴穿入轴承室内，装上两侧轴承压盖并用螺栓紧固
□4.3 测量轴窜
<table><tr><td>质检点</td><td>4-W2</td><td></td></tr></table>□4.4 组装静环及其组件并穿在轴上
□4.5 组装动环及其组件
□4.6 测量动环到轴端的距离，紧固动环紧固螺栓
□4.7 装上密封盖板
□4.8 装上叶轮并用锁母紧固，在叶轮口环圆周方向涂一层薄薄的红丹粉，回装紧固检查叶轮口环与密封环的接触情况
<table><tr><td>质检点</td><td>2-H3</td><td></td></tr></table>□4.9 紧固泵转子时检查轴承室与泵壳的间隙后，装上吸入室并用螺栓紧固
<table><tr><td>质检点</td><td>5-W2</td><td></td></tr></table>□4.10 装上靠背轮，将泵就位，紧固泵体结合面螺丝
危险源：撬杠、手锤、重物
<table><tr><td>安全鉴证点</td><td>4-S1</td><td></td></tr></table>□4.11 泵与电动机找中心
<table><tr><td>质检点</td><td>3-H3</td><td></td></tr></table>□4.12 连接冷却水管，恢复对轮护罩</td><td>□A4.1（a） 操作人员必须使用隔热手套。
□A4.1（b） 主机未放置轭铁前，严禁按启动按钮开关。

4.3 轴窜为 0.15～0.20mm。

4.8 叶轮口环与密封环间隙均匀，无明显接触。

4.9 间隙均匀。

□A4.10（a） 手搬物件时应量力而行，不得搬运超过自己能力的物件。
□A4.10（b） 应保证支撑物可靠，撬动过程中应采取防止被撬物倾斜或滚落的措施。
□A4.10（c） 锤把上不可有油污。
4.10 紧固后盘动转子不应有摩擦等现象。
4.11 圆：≤0.03mm；面：≤0.03mm</td></tr>
<tr><td>5 水泵试运
危险源：转动的水泵
<table><tr><td>安全鉴证点</td><td>5-S1</td><td></td></tr></table>□5.1 检查泵各管路接头、密封面应无渗漏
□5.2 检查机械密封有无泄漏
□5.3 测量泵和电动机的振动和噪声
□5.4 记录泵轴承温度和电动机电流值，应在正常范围内
□5.5 用听针仔细听测轴承声响，判断是否运行良好
□5.6 检查泵与辅助管路接头，密封面应无渗漏，管道支架固定牢固</td><td>□A5 衣服和袖口应扣好，不得戴围巾领带，长发必须盘在安全帽内；不准将用具、工器具接触设备的转动部位；不准在转动设备附近长时间停留；转动设备试运行时所有人员应先远离，站在转动机械的轴向位置，并有一人站在事故按钮位置</td></tr>
</table>

<table>
<tr><td colspan="4">五、质量验收卡</td></tr>
<tr><td colspan="4">质检点：1-W2 工序 3.1 测量叶轮入口密封环间隙</td></tr>
<tr><th>数据名称</th><th>质量标准</th><th>单位</th><th>测量值</th></tr>
<tr><td rowspan="2">入口密封环间隙</td><td rowspan="2">0.50～0.70</td><td rowspan="2">mm</td><td>修前</td></tr>
<tr><td>修后</td></tr>
</table>

续表

测量器具/编号			
测量人		记录人	
一级验收			年　月　日
二级验收			年　月　日
质检点：2-W2　工序 3.2　测量叶轮出口密封环间隙			
数据名称	质量标准	单位	测量值
叶轮出口密封环间隙	0.50～0.70	mm	修前
			修后
测量器具/编号			
测量人		记录人	
一级验收			年　月　日
二级验收			年　月　日
质检点：3-W2　工序 3.3　测量记录转子弯曲度			
数据名称	质量标准	单位	测量值
转子弯曲度	0.03	mm	修前
			修后
测量器具/编号			
测量人		记录人	
一级验收			年　月　日
二级验收			年　月　日
质检点：1-H3　工序 3.4　转子组件晃度			
数据名称	质量标准	单位	测量值
转子组件晃度	叶轮口环处不大于 0.08 机械密封处不大于 0.03 轴承处不大于 0.03	mm	修前
			修后
测量器具/编号			
测量人		记录人	
一级验收			年　月　日
二级验收			年　月　日
三级验收			年　月　日
质检点：4-W2　工序 4.3　测量轴窜			
数据名称	质量标准	单位	测量值
推力间隙	0.20～0.30	mm	修前
			修后
测量器具/编号			
测量人		记录人	
一级验收			年　月　日
二级验收			年　月　日

续表

质检点：2-H3　工序 4.8　叶轮口环与密封环接触情况			
数据名称	质量标准		测量值
叶轮口环与密封环接触情况	间隙均匀		修前
			修后
测量器具/编号			
测量人		记录人	
一级验收			年　月　日
二级验收			年　月　日
三级验收			年　月　日

质检点：5-W2　工序 4.9　测量轴承室与泵壳间隙			
数据名称	质量标准		测量值
轴承室与泵壳间隙	间隙均匀		修前
			修后
测量器具/编号			
测量人		记录人	
一级验收			年　月　日
二级验收			年　月　日

质检点：3-H3　工序 4.11　泵与电动机找中心				
数据名称	质量标准		单位	测量值
泵与电动机中心	圆：≤0.03 面：≤0.03		mm	修前
				修后
测量器具/编号				
测量人		记录人		
一级验收				年　月　日
二级验收				年　月　日
三级验收				年　月　日

六、完工验收卡			
序号	检查内容	标　　准	检查结果
1	安全措施恢复情况	1.1　检修工作全部结束 1.2　整改项目验收合格 1.3　检修脚手架拆除完毕 1.4　孔洞、坑道等盖板恢复 1.5　临时拆除的防护栏恢复 1.6　安全围栏、标示牌等撤离现场 1.7　安全措施和隔离措施具备恢复条件 1.8　工作票具备押回条件	□ □ □ □ □ □ □ □
2	设备自身状况	2.1　设备与系统全面连接 2.2　设备各人孔、开口部分密封良好 2.3　设备标示牌齐全 2.4　设备油漆完整 2.5　设备管道色环清晰准确 2.6　阀门手轮齐全 2.7　设备保温恢复完毕	□ □ □ □ □ □ □

续表

序号	检查内容	标准	检查结果
3	设备环境状况	3.1 检修整体工作结束，人员撤出 3.2 检修剩余备件材料清理出现场 3.3 检修现场废弃物清理完毕 3.4 检修用辅助设施拆除结束 3.5 临时电源、水源、气源、照明等拆除完毕 3.6 工器具及工具箱运出现场 3.7 地面铺垫材料运出现场 3.8 检修现场卫生整洁	□ □ □ □ □ □ □ □
一级验收		二级验收	

七、完工报告单

工期	年 月 日 至 年 月 日		实际完成工日	工日
主要材料备件消耗统计	序号	名称	规格与型号	生产厂家	消耗数量
	1				
	2				
	3				
	4				
	5				
缺陷处理情况	序号	缺陷内容		处理情况	
	1				
	2				
	3				
	4				
异动情况					
让步接受情况					
遗留问题及采取措施					
修后总体评价					
各方签字	一级验收人员		二级验收人员	三级验收人员	

检修文件包

单位：＿＿＿＿ 班组：＿＿＿＿ 编号：＿＿＿＿

检修任务：凝结水泵检修 风险等级：＿＿＿＿

一、检修工作任务单						
计划检修时间	年 月 日 至 年 月 日				计划工日	
主要检修项目	1. 吊走电动机 2. 吊泵芯置检修现场 3. 泵体解体 4. 各部件测量 5. 各部件检修			6. 各部件组装 7. 泵就位 8. 电动机就位 9. 靠背轮找中心		
修后目标	1. 设备整体启动一次成功 2. 设备修后轴承振动、温度符合标准 3. 检修项目验收优 4. 修后机组设备见本色，保温、油漆、标牌、设备转向、介质流向完整清晰 5. 检修后设备无内外漏					

鉴证点分布	W点	工序及质检点内容	H点	工序及质检点内容	S点	工序及安全鉴证点内容
	1-W2	□2.4 拆前泵推力间隙	1-H3	□6.18 回装轴总窜	1-S2	□2.15 行车吊出泵体，将泵体平放在检修现场枕木上
	2-W2	□2.6 拆前泵半窜	2-H3	□6.36 回装泵半窜	2-S2	□6.31 用行车、导链将泵整体吊装入泵桶内
	3-W2	□2.13 泵轴总串量	3-H3	□6.39 泵轴承的推力间隙		
	4-W2	□4.1 叶轮口环间隙	4-H3	□6.40 回装测量泵侧联轴器、电机侧联轴器的外圆晃度和端面飘偏		
	5-W2	□4.2（级间）导轴承间隙	5-H3	□6.42 联轴器中心		
	6-W2	□4.3 叶轮轴与上轴（传动轴）弯曲				
	7-W2	□4.4 节流导轴承间隙				
	8-W2	□4.5 节流套轴承间隙				

质量验收人员	一级验收人员	二级验收人员	三级验收人员
安全验收人员	一级验收人员	二级验收人员	三级验收人员

二、修前准备卡

设 备 基 本 参 数

设备基本参数：

型号：NLT350-400×6	流量：939 m^3/h
扬程：279m	转速：1480r/min
轴功率：862.4kW	效率：81.7%
运行水温：51.83℃	最小流量：215m^3/h
最小流量下的扬程：356m	生产厂家：上海凯士比（KSB）

续表

设备修前状况				
检修前交底（设备运行状况、历次主要检修经验和教训、检修前主要缺陷） 历次检修经验和教训：				
检修前主要缺陷：轴封泄漏；轴承温度超标；轴承振动超标				
技术交底人				年　月　日
接受交底人				年　月　日
人员准备				
序号	工种	工作组人员姓名	资格证书编号	检查结果
1				□
2				□
3				□
4				□
5				□

三、现场准备卡		
办理工作票		
工作票编号：		
施工现场准备		
序号	安全措施检查	确认符合
1	进入噪声区域正确佩戴合格的耳塞	□
2	增加临时照明	□
3	发现盖板缺损及平台防护栏杆不完整时，应采取临时防护措施，设坚固的临时围栏	□
4	设置安全隔离围栏并设置警告标示	□
5	工作前核对设备名称及编号，转动设备检修时应采取防转动措施	□
6	开工前与运行人员共同确认检修的设备已可靠与运行中的系统隔断，检查凝结水泵进、出口电动门关闭，挂“禁止操作，有人工作”标示牌	□
7	待管道内介质放尽，压力为零，温度适可后方可开始工作	□
确认人签字：		

工器具准备与检查				
序号	工具名称及型号	数量	完好标准	确认符合
1	大锤 （8p）	1	大锤的锤头须完整，其表面须光滑微凸，不得有歪斜、缺口、凹入及裂纹等情形；大锤的柄须用整根的硬木制成，并将头部用楔栓固定；楔栓宜采用金属楔，楔子长度不应大于安装孔的2/3	□
2	撬棍 （500mm）	1	必须保证撬杠强度满足要求；在使用加力杆时，必须保证其强度和嵌套深度满足要求，以防折断或滑脱	□
3	角磨机 （ϕ100）	1	检查电源线、电源插头完好，无破损，防护罩完好无破损；检查检验合格证在有效期内	□
4	手拉葫芦 （2t）	2	链节无严重锈蚀及裂纹，无打滑现象；齿轮完整，轮杆无磨损现象，开口销完整；吊钩无裂纹变形	□
5	敲击扳手	2	扳手不应有裂缝、毛刺及明显的夹缝、切痕、氧化皮等缺陷，柄部应平直	□
6	锉刀 （100mm）	1	手柄应安装牢固，没有手柄的不准使用	□

续表

序号	工具名称及型号	数量	完 好 标 准	确认符合
7	三角刮刀（150mm）	1	手柄应安装牢固，没有手柄的不准使用	□
8	移动式电源盘	1	检查检验合格证在有效期内；检查电源盘电源线、电源插头、插座完好无破损；漏电保护器动作正确；检查电源盘线盘架、拉杆、线盘架轮子及线盘摇动手柄齐全完好	□
9	电动打压泵	1	检查电源线、电源插头完好无破损、绝缘良好、防护罩完好无破损；检查合格证在有效期内	□
10	百分表	3	保持清洁，无油污、铁屑	□
11	磁力表座	3	座体工作面不得有影响外观缺陷，非工作面的喷漆应均匀、牢固，不得有漆层剥落和生锈等缺陷；紧固螺母应转动灵活，锁紧应可靠，移动件应移动灵活；微调磁性表座调机构的微调量不应小于2mm	□
确认人签字：				

材 料 准 备

序号	材料名称	规 格	单位	数量	检查结果
1	白布	1.5m	kg	0.2	□
2	清洗剂	500mL	筒	2	□
3	生料带		卷	2	□
4	记号笔	红色	支	1	□
5	密封胶	1587	筒	2	□
6	锂基脂	3号	筒	1	□
7	青壳纸	0.25mm	kg	0.1	□
8	凡士林		kg	0.1	□

备 件 准 备

序号	备件名称	规格型号	单位	数量	检查结果
1	口环	ϕ315、ϕ290	件	共12	□
	验收标准：合格证完整，制造厂名、规格型号、标准代号、包装日期、检验人等准确清晰，备件外观检查良好并核对各部尺寸				
2	导轴承	DZ123×104×86	个	6	□
	验收标准：合格证完整，制造厂名、规格型号、标准代号、包装日期、检验人等准确清晰，备件外观检查良好并核对各部尺寸				
3	导轴承	DZ125×107×99	个	1	□
	验收标准：合格证完整，制造厂名、规格型号、标准代号、包装日期、检验人等准确清晰，备件外观检查良好并核对各部尺寸				
4	推力轴承	NLT350-400×6	件	1	□
	验收标准：合格证完整，制造厂名、规格型号、标准代号、包装日期、检验人等准确清晰，备件外观检查良好并核对各部尺寸				
5	机械密封	NLT350-400×6	套	1	□
	验收标准：检查密封件合格证完整，制造厂名、规格型号、标准代号、包装日期、检验人等准确清晰，动静环无磕碰、表面无划痕、蹦角，弹簧活动灵活，动环座完好				

四、检修工序卡

检修工序步骤及内容	安全、质量标准
1 凝结水泵中心复查 □1.1 用M36敲击扳手松开对轮螺栓 危险源：联轴器销孔 安全鉴证点 | 1-S1 |	□A1.1 联轴器对孔时严禁将手指放入销孔内。

续表

检修工序步骤及内容	安全、质量标准
□1.2 复查对轮中心 □1.3 用行车吊走电机 危险源：行车、吊具、撬杠、大锤、手拉葫芦 安全鉴证点 | 2-S1 | □1.4 修前测量泵侧联轴器、电机侧联轴器的外圆晃度和端面飘偏 □1.5 在电机与泵结合面的垫片上做好位置和厚度记号	1.2 面：≤0.03mm；圆：≤0.03mm。 □A1.3（a） 行车司机在工作中应始终随时注意指挥人员信号，不准同时进行与行车操作无关的其他工作；起吊重物不准让其长期悬在空中，有重物暂时悬在空中时，严禁驾驶人员离开驾驶室或做其他工作。 □A1.3（b） 选择牢固可靠、满足载荷的吊点。起重物品必须绑牢，吊钩要挂在物品的重心上，吊钩钢丝绳应保持垂直；起重吊物之前，必须清楚物件的实际重量，使重物在吊运过程中保持平衡和吊点不发生移动。工件或吊物起吊时必须捆绑牢靠；吊拉时两根钢丝绳之间的夹角一般不得大于90°；使用吊环时螺栓必须拧到底；使用卸扣时，吊索与其连接的一个索扣必须扣在销轴上，一个索扣必须扣在扣顶上，不准两个索扣分别扣在卸扣的扣体两侧上；吊拉捆绑时，重物或设备构件的锐边快口处必须加装衬垫物；任何人不准在起吊重物下逗留和行走。 □A1.3（c） 应保证支撑物可靠；撬动过程中应采取防止被撬物倾斜或滚落的措施。 □A1.3（d） 锤把上不可有油污；抡大锤时，周围不得有人，不得单手抡大锤；严禁戴手套抡大锤。 □A1.3（e） 使用前应做无负荷的起落试验一次，检查其煞车以及传动装置是否良好，然后再进行工作；使用手拉葫芦时工作负荷不准超过铭牌规定。 1.4 外圆晃度和端面飘偏值：≤0.02mm
2 凝结水泵解体 □2.1 松开机械密封动环与静环锁紧卡片螺栓，将锁紧卡片调整至卡入动环接触的位置，并紧固锁紧卡片螺栓 □2.2 松开机封轴套抱轴锁紧螺栓 □2.3 拆下泵侧联轴器及键 □2.4 在轴头上装上吊环，用钢丝绳手拉葫芦吊住吊环，在轴头上装百分表，拉手拉葫芦测量泵推力间隙 危险源：手拉葫芦 安全鉴证点 | 3-S1 | 质检点 | 1-W2 | □2.5 拆卸推力轴承上盖的固定螺栓，拆下推力轴承上盖 □2.6 拆前测量泵半窜，在轴头上装上吊环，用钢丝绳手拉葫芦吊住吊环，在轴头上装百分表，拉手拉葫芦测量，并记录数值 质检点 | 2-W2 | □2.7 拆下推力轴承定位锁母与轴套的固定内六方螺栓 □2.8 拆下推力轴承定位锁母 □2.9 从轴上拆下推力轴承及其轴套 □2.10 从泵壳上拆下推力轴承室外壳 □2.11 拆下机械密封装置固定螺栓 □2.12 从轴上拆下机械密封装置 □2.13 测量泵轴总窜量；在轴头上装上吊环，用钢丝绳手拉葫芦吊住吊环，在轴头上装百分表，拉手拉葫芦测量泵轴总窜量，并记录数值 质检点 | 3-W2 | □2.14 拆卸泵盖的固定螺栓，拆卸泵出口法兰紧固螺栓 □2.15 行车吊出泵体，将泵体平放在检修现场枕木上 危险源：行车、吊具、撬杠、大锤、手拉葫芦	□A2.4 使用前应做无负荷的起落试验一次，检查其煞车以及传动装置是否良好，然后再进行工作。 2.4 推力间隙：1.0～1.2mm 2.6 半窜：4mm±0.5mm 2.13 总窜：8mm±1mm □A2.15（a） 行车司机在工作中应始终随时注意指挥人员信号，不准同时进行与行车操作无关的其他工作；起吊重物

续表

检修工序步骤及内容	安全、质量标准
安全鉴证点 | 1-S2 |	不准让其长期悬在空中，有重物暂时悬在空中时，严禁驾驶人员离开驾驶室或做其他工作。 □A2.15（b） 选择牢固可靠、满足载荷的吊点。起重物品必须绑牢，吊钩要挂在物品的重心上，吊钩钢丝绳应保持垂直；起重吊物之前，必须清楚物件的实际重量，使重物在吊运过程中保持平衡和吊点不发生移动。工件或吊物起吊时必须捆绑牢靠；吊拉时两根钢丝绳之间的夹角一般不得大于90°；使用吊环时螺栓必须拧到底；使用卸扣时，吊索与其连接的一个索扣必须扣在销轴上，一个索扣必须扣在扣顶上，不准两个索扣分别扣在卸扣的扣体两侧上；吊拉捆绑时，重物或设备构件的锐边快口处必须加装衬垫物；任何人不准在起吊重物下逗留和行走。 □A2.15（c） 应保证支撑物可靠；撬动过程中应采取防止被撬物倾斜或滚落的措施。 □A2.15（d） 锤把上不可有油污；抡大锤时，周围不得有人，不得单手抡大锤；严禁戴手套抡大锤。 □A2.15（e） 使用前应做无负荷的起落试验一次，检查其煞车以及传动装置是否良好，然后再进行工作；使用手拉葫芦时工作负荷不准超过铭牌规定。 2.15 泵盖吊起后，立即检查泵盖密封O形圈，泵体吊离后，立即将泵盖密封O形圈取走，防止掉入泵坑
3 凝结水泵零件清理检查 危险源：清洁剂、角磨机 安全鉴证点 | 4-S1 | □3.1 用砂布清理干净所有密封面，止口 □3.2 检查泵轴磨损、冲刷 □3.3 转子零部件检查 □3.4 静止部件检查 □3.5 如发现有严重缺陷的零部件应更换	□A3（a） 禁止在工作场所存储易燃物品，如汽油、酒精等；领用、暂存时量不能过大，一般不超过500mL；工作人员佩戴乳胶手套。 □A3（b） 使用前检查角磨机钢丝轮完好无缺损；禁止手提电动工具的导线或转动部分；操作人员必须正确佩戴防护面罩、防护眼镜；更换钢丝轮前必须切断电源。 3.1 密封面光洁，无贯通性沟痕。 3.2 泵轴应无明显冲刷沟痕。 3.3 零件清洁，无裂纹、砂眼、汽蚀等缺陷。 3.4 部件应无裂纹、砂眼、汽蚀等缺陷
4 凝结水泵零件测量 □4.1 叶轮口环间隙 质检点 | 4-W2 | □4.2 （级间）导轴承间隙 质检点 | 5-W2 | □4.3 叶轮轴与上轴（传动轴）弯曲 质检点 | 6-W2 | □4.4 节流导轴承间隙 质检点 | 7-W2 | □4.5 节流套轴承间隙 质检点 | 8-W2 |	4.1 叶轮口环间隙标准值：0.34～0.41mm；允许值：0.6mm。 4.2 （级间）导轴承间隙标准值：0.25～0.38mm；允许值：0.55mm。 4.3 叶轮轴与上轴（传动轴）弯曲标准值：≤0.04mm。 4.4 节流导轴承间隙标准值：0.12～0.24mm；最大允许值：0.45mm。 4.5 节流套轴承间隙标准值：0.42～0.48mm；最大允许值：0.65mm。
5 凝结水泵装复前的准备工作 □5.1 装复前，所有配合部件或接触面已清理干净，缺陷都已清除，记录完整。所有密封O形圈、垫片等密封件均需更换，更换部件的备品都已准备好。所有滑动面、接触面和轴的配合部件、有运行间隙的表面、螺纹等都须涂上薄薄一层二硫化钼，以防卡涩和易于拆装。 □5.2 对推力轴承冷却器进行打压查漏 危险源：电动打压泵	□A5.2 除操作人员外，其他人员尽量远离，工作人员不

续表

<table>
<tr><th>检修工序步骤及内容</th><th>安全、质量标准</th></tr>
<tr><td><table><tr><td>安全鉴证点</td><td>5-S1</td><td></td></tr></table></td><td>准站在安全栓或高压管前面；打压区域进行有效隔离，严禁与工作无关人人员进入；严禁超压</td></tr>
<tr><td>6　凝结水泵整体组装
危险源：重物
<table><tr><td>安全鉴证点</td><td>6-S1</td><td></td></tr></table>
□6.1　检查轴上光滑无毛刺后，用干净透平油涂薄薄一层
□6.2　将轴的底部轴端从第一级泵壳出口方向穿上
□6.3　从轴的底部轴端依次装入第一级轴套、卡环、第一级叶轮和键
□6.4　将卡环装到位后，将轴套和叶轮装到位，在内六方螺栓上涂上螺纹锁固剂后，装上内六方螺栓，将轴套和叶轮联接牢固
□6.5　在第一级轴套上涂抹一层凡士林，将轴向泵出口端移动，轴套穿入导轴承内
□6.6　从轴的出口端依次装入第二级叶轮、键、轴套和卡环
□6.7　将卡环装到位后，将轴套和叶轮装到位，在内六方螺栓上涂上螺纹锁固剂后，装上内六方螺栓，将轴套和叶轮联接牢固
□6.8　在第二级轴套上涂抹一层凡士林，在轴上套上密封O形圈后将第二级泵壳水平穿入轴上，导轴承装到轴套上，装上第二级泵壳与第一级泵壳连接螺栓
□6.9　从轴的出口端依次装入第三级叶轮、键、轴套和卡环
□6.10　将卡环装到位后，将轴套和叶轮装到位，在内六方螺栓上涂上螺纹锁固剂后，装上内六方螺栓，将轴套和叶轮联接牢固
□6.11　在第三级轴套上涂抹一层凡士林，在轴上套上泵壳密封O形圈后将第三级泵壳水平穿入轴上，导轴承装到轴套上，装上第三级泵壳与第二级泵壳连接螺栓
□6.12　从轴的出口端依次装入第四级叶轮、键、轴套和卡环
□6.13　将卡环装到位后，将轴套和叶轮装到位，在内六方螺栓上涂上螺纹锁固剂后，装上内六方螺栓，将轴套和叶轮联接牢固
□6.14　在第四级轴套上涂抹一层凡士林，在轴上套上泵壳密封O形圈后将第四级泵壳水平穿入轴上，导轴承装到轴套上，装上第四级泵壳与第三级泵壳连接螺栓
□6.15　从轴的出口端依次装入第五级叶轮、键、轴套和卡环
□6.16　将卡环装到位后，将轴套和叶轮装到位，在内六方螺栓上涂上螺纹锁人固剂后，装上内六方螺栓，将轴套和叶轮联接牢固
□6.17　在第五级轴套上涂抹一层凡士林，在轴上套上泵壳密封O形圈后将第五级泵壳水平穿入轴上，导轴承装到轴套上，装上第五级泵壳与第四级泵壳连接螺栓
□6.18　架上百分表，推拉轴，测量轴窜
<table><tr><td>质检点</td><td>1-H3</td><td></td></tr></table>
□6.19　在泵入口端喇叭口和第一级泵壳结合面装上密封O形圈后，装上泵入口端喇叭口及导轴承
□6.20　装上泵入口喇叭口与第一级泵壳的连接螺栓，并紧固
□6.21　将上轴和下轴吊至水平后，装上联轴装置
□6.22　从轴上水平装入上升管，在上升管和第五级泵壳结合面装上密封O形圈后，装上上升管和第五级泵壳的联接螺栓</td><td>□A6　手搬物件时应量力而行，不得搬运超过自己能力的物件。

6.18　在轴头部位架一块百分表，表杆垂直轴头部位，总窜力 8mm±1mm</td></tr>
</table>

续表

检修工序步骤及内容	安全、质量标准
□6.23 装上泵上部导向轴承的轴套及键 □6.24 装上轴上部导向轴承外壳及两侧的密封O形圈 □6.25 用行车、导链吊平泵出口部分，整体水平穿入轴上，紧固上升管、上部导向轴承壳和泵出口部分的结合面螺栓 □6.26 在轴上装上平衡鼓、键及平衡鼓内密封O形圈 □6.27 装上平衡鼓定位卡环，装上卡环压紧圈，紧固螺钉 □6.28 装上平衡套及密封O形圈，并紧固螺栓 □6.29 回装平衡水室端盖及密封O形圈，并紧固螺栓 □6.30 清理干净泵坑内的杂物，在泵桶盖上装上密封O形圈	
□6.31 用行车、手拉葫芦将泵整体吊装入泵桶内，并紧固泵盖螺栓 危险源：行车、吊具、撬杠、大锤、手拉葫芦 安全鉴证点 | 2-S2 | □6.32 在泵出口法兰装上缠绕垫片，紧固法兰螺栓 □6.33 在机械密封动环内密封O形圈上涂凡士林，将机械密封装置整体装至泵轴上，紧固机械密封静环端盖固定螺栓 □6.34 回装推力轴承外壳及油箱部分，并紧固螺栓	□A6.31（a） 行车司机在工作中应始终随时注意指挥人员信号，不准同时进行与行车操作无关的其他工作；起吊重物不准让其长期悬在空中，有重物暂时悬在空中时，严禁驾驶人员离开驾驶室或做其他工作。 □A6.31（b） 起重吊物之前，必须清楚物件的实际重量，使重物在吊运过程中保持平衡和吊点不发生移动。工件或吊物起吊时必须捆绑牢靠；吊拉时两根钢丝绳之间的夹角一般不得大于90°；使用吊环时螺栓必须拧到底；使用卸扣时，吊索与其连接的一个索扣必须扣在销轴上，一个索扣必须扣在扣顶上，不准两个索扣分别扣在卸扣的扣体两侧上；吊拉捆绑时，重物或设备构件的锐边快口处必须加装衬垫物；任何人不准在起吊重物下逗留和行走。 □A6.31（c） 应保证支撑物可靠；撬动过程中应采取防止被撬物倾斜或滚落的措施。 □A6.31（d） 锤把上不可有油污；抡大锤时，周围不得有人，不得单手抡大锤；严禁戴手套抡大锤。 □A6.31（e） 使用前应做无负荷的起落试验一次，检查其煞车以及传动装置是否良好，然后再进行工作；使用手拉葫芦时工作负荷不准超过铭牌规定。
□6.35 在推力轴承上浇上润滑油，回装推力轴承的轴套、键及轴承 危险源：三角刮刀 安全鉴证点 | 7-S1 |	□A6.35 修刮推力瓦块使用三角刮刀时刃部不准向人防止划伤。
□6.36 装上推力轴承锁紧定位螺母，在轴头上架百分表，调整轴承锁紧定位螺母，紧固轴承锁紧定位螺母与推力轴承轴套的固定螺栓；回装测量泵半窜 质检点 | 2-H3 | □6.37 装上推力轴承上定位圈，并紧固螺栓 □6.38 回装推力轴承上盖，并紧固螺栓	6.36 在轴头部位架一块百分表，表杆垂直轴头部位，半窜为5mm±0.2mm。
□6.39 在轴头上架百分表，测量泵轴承的推力间隙 质检点 | 3-H3 |	6.39 在轴头部位架一块百分表，表杆垂直轴头部位，泵轴承的推力间隙为1.0～1.2mm。
□6.40 用加热法装上新的泵侧对轮及键，并测量泵侧联轴器、电机侧联轴器的外圆晃度和端面瓢偏 质检点 | 4-H3 | □6.41 对称均匀紧固机封轴套抱轴锁紧螺栓，松开机械密封动环与静环锁紧卡片螺栓，将锁紧卡片调整至不与动环接触的位置，并紧固锁紧卡片螺栓	6.40 外圆晃度和端面飘偏值不大于0.10mm。
□6.42 用行车、导链吊装电机，调整电机与泵对轮处外壳之间的垫片，测量泵对轮中心，紧固电机与泵的连接螺栓 危险源：行车、吊具、撬杠、大锤、手拉葫芦、联轴器销孔 安全鉴证点 | 8-S1 |	□A6.42（a） 行车司机在工作中应始终随时注意指挥人员信号，不准同时进行与行车操作无关的其他工作；起吊重物不准让其长期悬在空中，有重物暂时悬在空中时，严禁驾驶人员离开驾驶室或做其他工作。 □A6.42（b） 起重吊物之前，必须清楚物件的实际重量，使重物在吊运过程中保持平衡和吊点不发生移动。工件或吊物起吊时必须捆绑牢靠；吊拉时两根钢丝绳之间的夹角一般

续表

检修工序步骤及内容	安全、质量标准
质检点 | 5-H3 |	不得大于90°；使用吊环时螺栓必须拧到底；使用卸扣时，吊索与其连接的一个索扣必须扣在销轴上，一个索扣必须扣在扣顶上，不准两个索扣分别扣在卸扣的扣体两侧上；吊拉捆绑时，重物或设备构件的锐边快口处必须加装衬垫物；任何人不准在起吊重物下逗留和行走。 □A6.42（c） 应保证支撑物可靠；撬动过程中应采取防止被撬物倾斜或滚落的措施。 □A6.42（d） 锤把上不可有油污；抡大锤时，周围不得有人，不得单手抡大锤；严禁戴手套抡大锤。 □A6.42（e） 使用前应做无负荷的起落试验一次，检查其煞车以及传动装置是否良好，然后再进行工作；使用手拉葫芦时工作负荷不准超过铭牌规定。 □A6.42（f） 联轴器对孔时严禁将手指放入销孔内。 6.42 泵与电动机中心标准： 圆：≤0.03mm；面：≤0.03mm
7 凝结水泵附属管道恢复 □7.1 按解体前标注的记号恢复各密封水管、冷却水管 □7.2 轴承室加油至正常油位	7.2 油位不宜过高应保持在1/3～1/2处，并应缓慢加入
8 设备试运 □8.1 在电机空载合格后进行负载试运工作 危险源：转动的水泵 安全鉴证点 | 9-S1 | □8.2 检查核对设备标牌 □8.3 检查泵各管路接头、密封面应无渗漏 □8.4 检查机械密封有无泄漏 □8.5 测量泵和电机的振动和噪声 □8.6 记录泵轴承温度和电机电流值，应在正常范围内 □8.7 用听针仔细听测轴承声响，判断是否运行良好 □8.8 检查泵与辅助管路接头，密封面应无渗漏，管道支架固定牢固	□A8.1 衣服和袖口应扣好，不得戴围巾领带，长发必须盘在安全帽内；不准将用具、工器具接触设备的转动部位；不准在转动设备附近长时间停留；不准在靠背轮上、安全防护罩上或运行中设备的轴承上行走和坐立；转动设备试运行时所有人员应先远离，站在转动机械的轴向位置，并有一人站在事故按钮位置

五、安全鉴证卡		
风险点鉴证点：1-S2 工序2.15 行车吊出泵体，将泵体平放在检修现场枕木上		
一级验收		年 月 日
二级验收		年 月 日
风险点见证点：2-S2 工序6.31 用行车、导链将泵整体吊装入泵桶内		
一级验收		年 月 日
二级验收		年 月 日

六、质量验收卡				
质检点：1-W2 工序2.4 拆前推力间隙：3-H3 工序6.40 回装推力间隙				
数据名称	质量标准		单位	测量值
推力间隙	1.0～1.2		mm	修前
				修后
测量器具/编号				
测量（检查）人		记录人		
一级验收				年 月 日
二级验收				年 月 日
三级验收				年 月 日

续表

质检点：2-W2　工序 2.6　拆前转子半窜　2-H3　工序、6.36　回装转子半窜			
数据名称	质量标准	单位	测量值
转子半窜	5±0.2	mm	修前
			修后
测量器具/编号			
测量人		记录人	
一级验收			年　月　日
二级验收			年　月　日
三级验收			年　月　日
质检点：3-W2　工序 2.13　拆前转子总窜　1-H3　工序 6.18　回装转子总窜			
数据名称	质量标准	单位	测量值
转子总窜	8±1	mm	修前
			修后
测量器具/编号			
测量人		记录人	
一级验收			年　月　日
二级验收			年　月　日
三级验收			年　月　日
质检点：4-W2　工序 4.1　叶轮口环间隙			
数据名称	质量标准	单位	测量值
叶轮口环间隙	0.34～0.41，最大值不大于 0.6	mm	修前
			修后
测量器具/编号			
测量（检查）人		记录人	
一级验收			年　月　日
二级验收			年　月　日
质检点：5-W2　工序 4.2　（级间）导轴承间隙			
数据名称	质量标准	单位	测量值
导轴承间隙	0.25～0.38，最大值不大于 0.55	mm	修前
			修后
测量器具/编号			
测量人		记录人	
一级验收			年　月　日
二级验收			年　月　日
质检点：6-W2　工序 4.3　叶轮轴与上轴（传动轴）弯曲			
数据名称	质量标准	单位	测量值
叶轮轴与上轴（传动轴）弯曲	≤0.04	mm	修前
			修后

续表

测量器具/编号			
测量（检查）人		记录人	
一级验收			年 月 日
二级验收			年 月 日
质检点：7-W2　工序 4.4　节流导轴承间隙			
数据名称	质量标准	单位	测量值
节流导轴承间隙	0.12～0.24，最大值不大于 0.45	mm	修前
			修后
测量器具/编号			
测量（检查）人		记录人	
一级验收			年 月 日
二级验收			年 月 日
质检点：8-W2　工序 4.5　节流套轴承间隙			
数据名称	质量标准	单位	测量值
节流套轴承间隙	0.42～0.48，最大值不大于 0.65	mm	修前
			修后
测量器具/编号			
测量人		记录人	
一级验收			年 月 日
二级验收			年 月 日
质检点：4-H3　工序 6.40　回装测量泵侧联轴器、电机侧联轴器的外圆晃度和端面飘偏			
数据名称	质量标准	单位	测量值
外圆晃度和端面飘偏值	≤0.10	mm	修前
			修后
测量器具/编号			
测量（检查）人		记录人	
一级验收			年 月 日
二级验收			年 月 日
三级验收			年 月 日
质检点：5-H3　工序 6.42　联轴器中心			
数据名称	质量标准	单位	测量值
联轴器中心	圆：≤0.03 面：≤0.03	mm	修前
			修后
测量器具/编号			
测量（检查）人		记录人	
一级验收			年 月 日
二级验收			年 月 日
三级验收			年 月 日

续表

<table>
<tr><td colspan="4">七、完工验收卡</td></tr>
<tr><td>序号</td><td>检查内容</td><td>标 准</td><td>检查结果</td></tr>
<tr><td>1</td><td>安全措施恢复情况</td><td>1.1 检修工作全部结束
1.2 整改项目验收合格
1.3 检修脚手架拆除完毕
1.4 孔洞、坑道等盖板恢复
1.5 临时拆除的防护栏恢复
1.6 安全围栏、标示牌等撤离现场
1.7 安全措施和隔离措施具备恢复条件
1.8 工作票具备押回条件</td><td>□
□
□
□
□
□
□
□</td></tr>
<tr><td>2</td><td>设备自身状况</td><td>2.1 设备与系统全面连接
2.2 设备各人孔、开口部分密封良好
2.3 设备标示牌齐全
2.4 设备油漆完整
2.5 设备管道色环清晰准确
2.6 阀门手轮齐全
2.7 设备保温恢复完毕</td><td>□
□
□
□
□
□
□</td></tr>
<tr><td>3</td><td>设备环境状况</td><td>3.1 检修整体工作结束，人员撤出
3.2 检修剩余备件材料清理出现场
3.3 检修现场废弃物清理完毕
3.4 检修用辅助设施拆除结束
3.5 临时电源、水源、气源、照明等拆除完毕
3.6 工器具及工具箱运出现场
3.7 地面铺垫材料运出现场
3.8 检修现场卫生整洁</td><td>□
□
□
□
□
□
□
□</td></tr>
<tr><td colspan="2">一级验收</td><td colspan="2">二级验收</td></tr>
<tr><td colspan="2"></td><td colspan="2"></td></tr>
</table>

<table>
<tr><td colspan="7">八、完工报告单</td></tr>
<tr><td>工期</td><td colspan="3">年 月 日 至 年 月 日</td><td>实际完成工日</td><td colspan="2">工日</td></tr>
<tr><td rowspan="6">主要材料备件消耗统计</td><td>序号</td><td>名称</td><td>规格与型号</td><td>生产厂家</td><td colspan="2">消耗数量</td></tr>
<tr><td>1</td><td></td><td></td><td></td><td colspan="2"></td></tr>
<tr><td>2</td><td></td><td></td><td></td><td colspan="2"></td></tr>
<tr><td>3</td><td></td><td></td><td></td><td colspan="2"></td></tr>
<tr><td>4</td><td></td><td></td><td></td><td colspan="2"></td></tr>
<tr><td>5</td><td></td><td></td><td></td><td colspan="2"></td></tr>
<tr><td rowspan="5">缺陷处理情况</td><td>序号</td><td colspan="2">缺陷内容</td><td colspan="3">处理情况</td></tr>
<tr><td>1</td><td colspan="2"></td><td colspan="3"></td></tr>
<tr><td>2</td><td colspan="2"></td><td colspan="3"></td></tr>
<tr><td>3</td><td colspan="2"></td><td colspan="3"></td></tr>
<tr><td>4</td><td colspan="2"></td><td colspan="3"></td></tr>
<tr><td>异动情况</td><td colspan="6"></td></tr>
<tr><td>让步接受情况</td><td colspan="6"></td></tr>
<tr><td>遗留问题及采取措施</td><td colspan="6"></td></tr>
<tr><td>修后总体评价</td><td colspan="6"></td></tr>
<tr><td rowspan="2">各方签字</td><td colspan="2">一级验收人员</td><td colspan="2">二级验收人员</td><td colspan="2">三级验收人员</td></tr>
<tr><td colspan="2"></td><td colspan="2"></td><td colspan="2"></td></tr>
</table>

检修文件包

单位：＿＿＿＿＿＿ 班组：＿＿＿＿＿＿ 编号：＿＿＿＿＿＿

检修任务：**1号轴承解体检修** 风险等级：＿＿＿＿＿

一、检修工作任务单

计划检修时间	年 月 日 至 年 月 日				计划工日	
主要检修项目	1．轴承油环间隙测量 2．轴承顶部间隙测量 3．轴瓦乌金检查 4．轴瓦接触检查			5．轴径扬度测量 6．轴径椭圆度、锥度测量 7．瓦套紧力测量 8．轴承回装		
修后目标	1．设备整体启动一次成功 2．轴振动优良，小于 0.076mm 3．轴瓦温度优良，小于 85℃ 4．回油温度正常小于 65℃					
鉴证点分布	W 点	工序及质检点内容	H 点	工序及质检点内容	S 点	工序及安全鉴证点内容
	1-W2	□2.4 测量解体时瓦套紧力	1-H3	□3.4 瓦块着色检查	1-S2	□A1.3 用行车吊开汽轮机前轴承箱盖
	2-W2	□2.5 测量轴承顶部间隙	2-H3	□3.5 轴承体与轴承洼窝接触检查	2-S2	□A4.15 将上半轴承外盖吊起
	3-W2	□4.16 测量上下油挡间隙	3-H3	□3.8 测量轴承的直径间隙		
			4-H3	□4.11 测量回装时瓦套紧力		
质量验收人员	一级验收人员		二级验收人员		三级验收人员	
安全验收人员	一级验收人员		二级验收人员		三级验收人员	

二、修前准备卡

设 备 基 本 参 数

设备基本参数：

高中压缸前轴承为可倾瓦型，它用于支承高中压转子，适用于因温度变化而引起标高变化，同时又能保持良好对中，它的抗油膜振荡的稳定性较圆柱轴承好，它由孔径镗到一定公差的 4 块浇有轴承合金的钢制瓦块，轴承直径 381mm，直径的间隙为 0.66～0.76mm，瓦盖紧力为 0.02～0.05mm

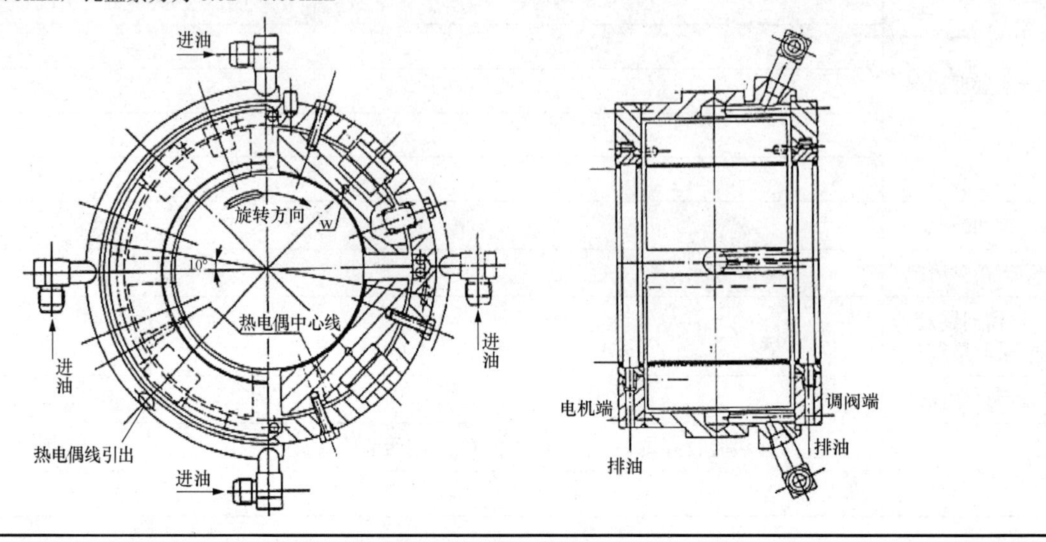

续表

<table>
<tr><td colspan="5">设 备 修 前 状 况</td></tr>
<tr><td colspan="5">检修前交底（设备运行状况、历次主要检修经验和教训、检修前主要缺陷）
历次检修经验和教训：

检修前主要缺陷：</td></tr>
<tr><td colspan="2">技术交底人</td><td colspan="2"></td><td>年 月 日</td></tr>
<tr><td colspan="2">接受交底人</td><td colspan="2"></td><td>年 月 日</td></tr>
<tr><td colspan="5">人 员 准 备</td></tr>
<tr><td>序号</td><td>工种</td><td>工作组人员姓名</td><td>资格证书编号</td><td>检查结果</td></tr>
<tr><td>1</td><td></td><td></td><td></td><td>□</td></tr>
<tr><td>2</td><td></td><td></td><td></td><td>□</td></tr>
<tr><td>3</td><td></td><td></td><td></td><td>□</td></tr>
<tr><td>4</td><td></td><td></td><td></td><td>□</td></tr>
<tr><td>5</td><td></td><td></td><td></td><td>□</td></tr>
</table>

<table>
<tr><td colspan="5">三、现场准备卡</td></tr>
<tr><td colspan="5">办 理 工 作 票</td></tr>
<tr><td colspan="5">工作票编号：</td></tr>
<tr><td colspan="5">施 工 现 场 准 备</td></tr>
<tr><td>序号</td><td colspan="3">安 全 措 施 检 查</td><td>确认符合</td></tr>
<tr><td>1</td><td colspan="3">进入噪声区域、使用高噪声工具时正确佩戴合格的耳塞</td><td>□</td></tr>
<tr><td>2</td><td colspan="3">设置安全隔离围栏并设置警告标示</td><td>□</td></tr>
<tr><td>3</td><td colspan="3">发生的跑、冒、滴、漏及溢油，要及时清除处理</td><td>□</td></tr>
<tr><td>4</td><td colspan="3">开工前确认现场安全措施、隔离措施正确完备，待管道内存油放尽，压力为零，方可开始工作</td><td>□</td></tr>
<tr><td>5</td><td colspan="3">放油时排空，放不出油，需静置 2h 后再次打开放油门确认油已排完</td><td>□</td></tr>
<tr><td colspan="5">确认人签字：</td></tr>
<tr><td colspan="5">工 器 具 准 备 与 检 查</td></tr>
<tr><td>序号</td><td>工具名称及型号</td><td>数量</td><td>完 好 标 准</td><td>确认符合</td></tr>
<tr><td>1</td><td>大锤
（8p）</td><td>2</td><td>大锤的锤头须完整，其表面须光滑微凸，不得有歪斜、缺口、凹入及裂纹等情形；大锤的柄须用整根的硬木制成，并将头部用楔栓固定；楔栓宜采用金属楔，楔子长度不应大于安装孔的 2/3</td><td>□</td></tr>
<tr><td>2</td><td>螺丝千斤顶
（32t）</td><td>1</td><td>千斤顶检验合格方可进入检修现场，不准使用螺纹或齿条已磨损的千斤顶</td><td>□</td></tr>
<tr><td>3</td><td>敲击呆扳手</td><td>2</td><td>扳手不应有裂缝、毛刺及明显的夹缝、切痕、氧化皮等缺陷，柄部应平直</td><td>□</td></tr>
<tr><td>4</td><td>手拉葫芦
（2t）</td><td>2</td><td>链节无严重锈蚀及裂纹，无打滑现象；齿轮完整，轮杆无磨损现象，开口销完整；吊钩无裂纹变形；链扣、蜗母轮及轮轴发生变形、生锈或链索磨损严重时，均应禁止使用；检查检验合格证在有效期内</td><td>□</td></tr>
<tr><td>5</td><td>行车</td><td>1</td><td>经检验检测监督机构检验合格；发现信号装置失灵立即停止使用，并通知相关人员进行处理；检查行车各部限位灵活正常；使用前应做无负荷起落试验一次，检查制动器及传动装置应良好无缺陷，制动器灵活良好</td><td>□</td></tr>
</table>

续表

序号	工具名称及型号	数量	完 好 标 准	确认符合
6	铜棒（300mm）	1	铜棒端部无卷边、无裂纹，铜棒本体无弯曲	□
7	撬杠（1000mm）	2	必须保证撬杠强度满足要求，在使用加力杆时，必须保证其强度和嵌套深度满足要求，以防折断或滑脱	□
确认人签字：				

材 料 准 备

序号	材料名称	规 格	单位	数量	检查结果
1	酒精	500mL	瓶	3	□
2	金相砂纸	1000 号	张	5	□
3	白面	10kg/袋	袋	1	□
4	不锈钢垫片	0.05mm/0.10mm	KG	0.5	□
5	密封胶	J1587	支	2	□

备 件 准 备

序号	备件名称	规格型号	单位	数量	检查结果
1	1 号瓦瓦块	157.08.32.08G01	套	1	□
	验收标准：合格证完整，制造厂名、规格型号、标准代号、包装日期、检验人等准确清晰，备件材质符合图纸要求				
2	盘车装置蜗杆	794D036GD01/②	个	1	□
	验收标准：合格证完整，制造厂名、规格型号、标准代号、包装日期、检验人等准确清晰，备件材质符合图纸要求				
3	衬垫	C157.08.01.11	个	1	□
	验收标准：合格证完整，制造厂名、规格型号、标准代号、包装日期、检验人等准确清晰，备件材质符合图纸要求				
4	球面垫	A156.08.72.09	件	1	□
	验收标准：合格证完整，制造厂名、规格型号、标准代号、包装日期、检验人等准确清晰，备件材质符合图纸要求				
5	油封体Ⅰ	C157.08.01.05G01	套	1	□
	验收标准：合格证完整，制造厂名、规格型号、标准代号、包装日期、检验人等准确清晰，备件材质符合图纸要求				
6	内六角圆柱头螺钉	0.1050-90-M14×50	个	1	□
	验收标准：合格证完整，制造厂名、规格型号、标准代号、包装日期、检验人等准确清晰，备件材质符合图纸要求				
7	（浮动油挡）油封环	157.08.32.10G01	件	1	□
	验收标准：合格证完整，制造厂名、规格型号、标准代号、包装日期、检验人等准确清晰，备件材质符合图纸要求				
8	油挠性导管接头	C157.07.01.06G01	套	1	□
	验收标准：合格证完整，制造厂名、规格型号、标准代号、包装日期、检验人等准确清晰，备件材质符合图纸要求				

四、检修工序卡	
检修工序步骤及内容	质量标准
1 轴承解体前工作 □1.1 拆除有关热工信号管线、仪表探头等，做好标记并保护好孔洞、管口等	

续表

检修工序步骤及内容	质量标准
□1.2　测量修前1号瓦上油挡间隙 □1.3　拆除结合面螺丝后用行车吊开汽轮机前轴承箱盖，拆除轴承箱内对轴承检修有影响的信号管线、仪表探头等 危险源：行车、手拉葫芦、起吊、大锤 [安全鉴证点 | 1-S2 |] □1.4　轴承箱内所有的孔洞、管口必须用适当的物品封堵、包扎好 □1.5　拆除轴承套	□A1.3（a）　行车司机在工作中应始终随时注指挥人员信号；不准同时进行与行车操作无关的其他工作。 □A1.3（b）　使用前应做无负荷的起落试验一次；检查其煞车以及传动装置是否良好，然后再进行工作使用手拉葫芦时工作负荷不准超过铭牌规定。 □A1.3（c）　选择牢固可靠、满足载荷的吊点；起重物品必须绑牢，吊钩要挂在物品的重心上，吊钩钢丝绳应保持垂直；作业前，应对吊索具及其配件进行检查，确认完好，方可使用；所选用的吊索具应与被吊工件的外形特点及具体要求相适应，在不具备使用条件的情况下，绝不能对付使用；作业中应防止损坏吊索具及配件，必要时在棱角处应加护角防护，吊具及配件不能超过其额定起重量；起重吊索、吊具不得超过其相应吊挂状态下的最大工作载荷，当重物无固定死点时，必须按规定选择吊点并捆绑牢固，使重物在吊运过程中保持平衡和吊点不发生移动，工件或吊物起吊时必须捆绑牢靠，吊拉时两根钢；丝绳之间的夹角一般不得大于90°；使用单吊索起吊重物挂钩时应打“挂钩结”；使用吊环时螺栓必须拧到底；使用卸扣时，吊索与其连接的一个索扣必须扣在销轴上，一个索扣必须扣在扣顶上，不准两个索扣分别扣在卸扣的扣体两侧上；吊拉捆绑时，重物或设备构件的锐边快口处必须加装衬垫物。 □A1.3（d）　锤把上不可有油污；抡大锤时，周围不得有人，不得单手抡大锤；严禁戴手套抡大锤
2　轴承解体 □2.1　拆除轴承下部的温度测点连线并盘绕好，防止在翻出下轴承时拉伤连线 □2.2　拆卸进油管 □2.3　所拆卸的零部件、螺栓、销子等必须做好记号，取出轴承防转定位销并吊出上半轴承套 □2.4　清理干净后用压铅丝方法测量瓦套的紧力（为使测量数据的准确，铅丝的压缩量约为铅丝直径的1/3） [质检点 | 1-W2 |] □2.5　用深度尺测量或压铅丝方法测量轴承的顶部间隙（为使测量数据的准确，铅丝的压缩量约为铅丝直径的1/3） [质检点 | 2-W2 |] □2.6　用千斤顶抬起转子0.50mm左右，将1号瓦逆时针旋转约10° 危险源：螺旋千斤顶 [安全鉴证点 | 1-S1 |] □2.7　拆卸轴承水平中分面的定位销和螺栓 □2.8　用专用螺栓将轴承上半的两瓦块固定好并吊出上半轴承 □2.9　测量浮动油环径向及轴向间隙，并拆除浮动油环 □2.10　为了防止抬轴或顶轴时对主油泵轴、叶轮造成损害，把主油泵的上半拆卸吊出并及时封堵 □2.11　测量1号瓦下油挡间隙 □2.12　测量并记录1号轴颈的扬度 □2.13　在汽侧高中压转子轴前端下面加上一个螺旋千斤顶或抬轴工具，并在不影响轴承下半翻出的水平及垂直位置上各装上一个百分表监视转子的顶起高度0.4～0.5mm及水平位置，抬起轴径翻出下瓦，用专用螺栓将轴承下半的两瓦块固定好，吊出下半轴承 □2.14　拆卸下来的轴承体、螺栓、销子等零部件应在指定地方摆放整齐，白布遮盖好	□A2.6　不准在千斤顶的摇把上套接管子或用其他任何方法来加长摇把的长度，起重工具的工作负荷；不准超过铭牌规定，不准将千斤顶放在长期无人照料的荷重下面；更换垫板时不准将手臂伸入荷重与顶重头或垫板之间

续表

检修工序步骤及内容	质量标准
3　轴承零部件的检查、清理及检修 □3.1　用煤油或金属清洗剂对所拆卸下来的轴承体、轴承瓦块、螺栓、销子等零部件进行清洗 危险源：润滑油、酒精 安全鉴证点 1-S1 □3.2　用锉刀、钢丝刷、油石、砂布拆除的轴承体、轴承瓦块、螺栓、销子、瓦枕等 □3.3　目视检查瓦块乌金的磨损情况 □3.4　轴承瓦块清理干净后进行着色检查，是否有裂纹、乌金是否脱胎等现象 质检点 1-H3 □3.5　涂红丹检查轴承体与轴承洼窝的接触情况，并做好记录，接触面积不小于 75%而且接触点分布均匀，否则研磨至符合要求为止 质检点 2-H3 □3.6　检查轴承体的调整垫片为不锈钢垫片，垫片应平整，不皱折 □3.7　检查各销子表面应光滑、平整，无毛刺、无凹凸、无锈蚀、无损伤痕迹，螺牙整齐，否则应更换 □3.8　转子轴颈表面应用金相砂纸、羊毛毡、麻绳加油打磨，应光滑、平整，无毛刺、无凹凸、无锈蚀等 □3.9　用外径千分尺测量并记录转子轴颈的椭圆度及锥度 □3.10　通知热工对轴承的温度测点进行检查、校验、调整 □3.11　对轴承体的隐蔽管道、腔室应用压缩空气吹净，必要时用内窥镜检查	□A3.1（a）　润滑油彻底清理，避免工作面光滑造成人员滑倒。 □A3.1（b）　禁止在工作场所存储易燃物品，如汽油、酒精等，领用、暂存时量不能过大，一般不超过 500mL。 3.5　无裂纹脱胎现象，接触面积不小于 75%。 3.8　垫片数不宜超过三层，无毛刺和卷边。 3.9　轴径的椭圆度及锥度：不大于 0.02mm
4　轴承复装 □4.1　确认以上工作已完成并通过验收符合要求 □4.2　对轴承箱进行彻底的清理 □4.3　取出轴承座的孔洞、管口的封堵物 □4.4　把检修好下半轴承吊起，用压缩空气彻底吹扫干净放在轴承上，拆去专用的瓦块固定螺栓，翻入下半轴承座内 □4.5　确认下半轴承安装正确到位后，缓慢拆除所有抬轴和吊瓦工具 □4.6　查看百分表数，确认下轴承的标高以恢复到原状态，若标高未归位必须返工查找原因 □4.7　用压缩空气清理下油挡齿，（若在线清理不干净必须拆除后清理）用塞尺检查测量油挡间隙并根据测量数据调整至符合要求为止 □4.8　用深度尺测量或压铅丝方法测量轴承的直径间隙（为使测量数据的准确，铅丝的压缩量约为铅丝直径的 1/3），并根据测量数据调整至符合要求为止 质检点 3-H3 □4.9　回装浮动油环，测量并调整径向及轴向间隙至合格 □4.10　拆去专用的瓦块固定螺栓，打入定位销，紧好轴承体水平中分面螺栓 □4.11　稍微吊起转子后将 1 号轴承体顺时针旋转约 10°，清理轴承套中分面并用压缩空气彻底吹扫，用压铅丝方法测量轴承套的紧力（为使测量数据的准确，铅丝的压缩量约为铅丝直径的 1/3），并根据测量数据调整至符合要求为止，合格后切记回装轴承套与轴承的定位销钉，紧固螺丝 质检点 4-H3	4.3　注意垫块方向，弧面方向。 4.9　轴承的直径间隙参考标准为 0.66～0.76mm。 4.11　轴承套的紧力参考标准为 0.03～0.10mm

续表

检修工序步骤及内容	质量标准
□4.12 连接好1号瓦进油管，用白面团对轴承箱彻底清理干净，通过验收符合要求 □4.13 热工最终复查轴承箱内的所有温度、振动测点及连线，确认正确无误 □4.14 确认前箱内工作全部结束并通过验收 □4.15 将上半轴承外盖吊起，落至离轴承箱水平结合面200～300mm时停止，清理水平结合面，空扣测量结合面间隙应合格，吊起轴承盖涂上密封胶后缓缓落下，离轴承箱水平结合面1～2mm时打入结合面定位销，紧好水平中分面螺栓 危险源：手拉葫芦、起吊、手锤、敲击扳手 安全鉴证点 | 2-S2 | □4.16 调整1号瓦轴承外部上油挡，用塞尺检查测量上下油挡间隙并根据测量数据调整至符合要求为止 质检点 | 3-W2 | □4.17 确认中轴承箱内热工的检修工作已全部完成	□A4.15（a） 使用前应做无负荷的起落试验一次，检查其煞车以及传动装置是否良好，然后再进行工作；使用手拉葫芦时工作负荷不准超过铭牌规定。 □A4.15（b） 起重机在起吊大的或不规则的构件时，应在构件上系以牢固的拉绳，使其不摇摆、不旋转；选择牢固可靠、满足载荷的吊点；起重物品必须绑牢，吊钩要挂在物品的重心上，吊钩钢丝绳应保持垂直；当重物无固定死点时，必须按规定选择吊点并捆绑牢固，使重物在吊运过程中保持平衡和吊点不发生移动；工件或吊物起吊时必须捆绑牢靠，吊拉时两根钢丝绳之间的夹角一般不得大于90°；使用单吊索起吊重物挂钩时应打“挂钩结”；使用吊环时螺栓必须拧到底；使用卸扣时，吊索与其连接的一个索扣必须扣在销轴上，一个索扣必须扣在扣顶上，不准两个索扣分别扣在卸扣的扣体两侧上；吊拉捆绑时，重物或设备构件的锐边快口处必须加装衬垫物。 □A4.15（c） 锤把上不可有油污。 □A4.15（d） 使用敲击扳手不准用手自己扶持在敲击扳手上。 4.15 空扣时用0.05mm塞尺检查应塞不进
5 检修工作结束	5 废料及时清理，做到工完、料尽、场地清

五、安全鉴证卡		
风险鉴证点：1-S2 工序A1.3 用行车吊开汽轮机前轴承箱盖		
一级验收		年 月 日
二级验收		年 月 日
风险鉴证点：2-S2 工序A4.15 将上半轴承外盖吊起		
一级验收		年 月 日
二级验收		年 月 日

六、质量验收卡				
质检点：1-W2 工序2.5 测量解体时瓦套紧力				
数据名称	质量标准	单位	修前值	修后值
轴承的紧力	0.02～0.05	mm		
测量器具/编号				
测量（检查）人		记录人		
一级验收				年 月 日
二级验收				年 月 日
质检点：2-W2 工序2.6 测量轴承顶部间隙				
数据名称	质量标准	单位	修前值	修后值
轴承顶部间隙	0.66～0.76	mm		
测量器具/编号				
测量人		记录人		
一级验收				年 月 日
二级验收				年 月 日

续表

<table>
<tr><td colspan="5">质检点：1-H3　工序 3.4　轴承瓦块着色检查，是否有裂纹、乌金是否脱胎等现象
技术标准：无裂纹脱胎现象</td></tr>
<tr><td>测量器具/编号</td><td colspan="4"></td></tr>
<tr><td>测量（检查）人</td><td></td><td>记录人</td><td colspan="2"></td></tr>
<tr><td>一级验收</td><td colspan="2"></td><td colspan="2">年　月　日</td></tr>
<tr><td>二级验收</td><td colspan="2"></td><td colspan="2">年　月　日</td></tr>
<tr><td>三级验收</td><td colspan="2"></td><td colspan="2">年　月　日</td></tr>
<tr><td colspan="5">质检点：2-H3　工序 3.5　轴承体与轴承洼窝的接触情况（技术标准：在每平方厘米上有接触点的面积应达到 75%）</td></tr>
<tr><td>测量器具/编号</td><td colspan="4"></td></tr>
<tr><td>测量人</td><td></td><td>记录人</td><td colspan="2"></td></tr>
<tr><td>一级验收</td><td colspan="2"></td><td colspan="2">年　月　日</td></tr>
<tr><td>二级验收</td><td colspan="2"></td><td colspan="2">年　月　日</td></tr>
<tr><td>三级验收</td><td colspan="2"></td><td colspan="2">年　月　日</td></tr>
<tr><td colspan="5">质检点：3-H3　工序 4.8　测量轴承的直径间隙</td></tr>
<tr><td>数据名称</td><td>质量标准</td><td>单位</td><td>修前值</td><td>修后值</td></tr>
<tr><td>轴瓦顶部间隙</td><td>0.66～0.76</td><td>mm</td><td></td><td></td></tr>
<tr><td>测量器具/编号</td><td colspan="4"></td></tr>
<tr><td>测量（检查）人</td><td></td><td>记录人</td><td colspan="2"></td></tr>
<tr><td>一级验收</td><td colspan="2"></td><td colspan="2">年　月　日</td></tr>
<tr><td>二级验收</td><td colspan="2"></td><td colspan="2">年　月　日</td></tr>
<tr><td>三级验收</td><td colspan="2"></td><td colspan="2">年　月　日</td></tr>
<tr><td colspan="5">质检点：4-H3　工序 4.11　测量回装瓦套紧力</td></tr>
<tr><td>数据名称</td><td>质量标准</td><td>单位</td><td>修前值</td><td>修后值</td></tr>
<tr><td>轴承套的紧力</td><td>0.02～0.05</td><td>mm</td><td></td><td></td></tr>
<tr><td>测量器具/编号</td><td colspan="4"></td></tr>
<tr><td>测量人</td><td></td><td>记录人</td><td colspan="2"></td></tr>
<tr><td>一级验收</td><td colspan="2"></td><td colspan="2">年　月　日</td></tr>
<tr><td>二级验收</td><td colspan="2"></td><td colspan="2">年　月　日</td></tr>
<tr><td>三级验收</td><td colspan="2"></td><td colspan="2">年　月　日</td></tr>
</table>

续表

质检点：3-W2　工序 4.16　测量上下油挡间隙				
序号	外油挡径向间隙　（单位：mm）			
	左	右	上	下
标准值	0.45～0.5	0.45～0.5	0.88～0.90	0.10～0.13
修前值				
修后值				
测量器具/编号				
测量（检查）人		记录人		
一级验收			年　月　日	
二级验收			年　月　日	

七、完工验收卡			
序号	检查内容	标　准	检查结果
1	安全措施恢复情况	1.1 检修工作全部结束 1.2 整改项目验收合格 1.3 检修脚手架拆除完毕 1.4 孔洞、坑道等盖板恢复 1.5 临时拆除的防护栏恢复 1.6 安全围栏、标示牌等撤离现场 1.7 安全措施和隔离措施具备恢复条件 1.8 工作票具备押回条件	□ □ □ □ □ □ □ □
2	设备自身状况	2.1 设备与系统全面连接 2.2 设备各人孔、开口部分密封良好 2.3 设备标示牌齐全 2.4 设备油漆完整 2.5 设备管道色环清晰准确 2.6 阀门手轮齐全 2.7 设备保温恢复完毕	□ □ □ □ □ □ □
3	设备环境状况	3.1 检修整体工作结束，人员撤出 3.2 检修剩余备件材料清理出现场 3.3 检修现场废弃物清理完毕 3.4 检修用辅助设施拆除结束 3.5 临时电源、水源、气源、照明等拆除完毕 3.6 工器具及工具箱运出现场 3.7 地面铺垫材料运出现场 3.8 检修现场卫生整洁	□ □ □ □ □ □ □ □
一级验收		二级验收	

八、完工报告单					
工期	年　月　日　至　年　月　日			实际完成工日	工日
主要材料备件消耗统计	序号	名称	规格与型号	生产厂家	消耗数量
	1				
	2				
	3				
	4				
	5				

续表

<table>
<tr><td rowspan="5">缺陷处理情况</td><td>序号</td><td colspan="2">缺陷内容</td><td colspan="2">处理情况</td></tr>
<tr><td>1</td><td colspan="2"></td><td colspan="2"></td></tr>
<tr><td>2</td><td colspan="2"></td><td colspan="2"></td></tr>
<tr><td>3</td><td colspan="2"></td><td colspan="2"></td></tr>
<tr><td>4</td><td colspan="2"></td><td colspan="2"></td></tr>
<tr><td>异动情况</td><td colspan="5"></td></tr>
<tr><td>让步接受情况</td><td colspan="5"></td></tr>
<tr><td>遗留问题及
采取措施</td><td colspan="5"></td></tr>
<tr><td>修后总体评价</td><td colspan="5"></td></tr>
<tr><td rowspan="2">各方签字</td><td colspan="2">一级验收人员</td><td colspan="2">二级验收人员</td><td>三级验收人员</td></tr>
<tr><td colspan="2"></td><td colspan="2"></td><td></td></tr>
</table>

检修文件包

单位：________ 班组：________ 编号：________

检修任务：高压旁路电动阀检修 风险等级：________

<table>
<tr><td colspan="7">一、检修工作任务单</td></tr>
<tr><td>计划检修时间</td><td colspan="4">年 月 日 至 年 月 日</td><td>计划工日</td><td></td></tr>
<tr><td>主要检修项目</td><td colspan="3">1. 检修前的准备工作
2. 调节阀传动机构拆除
3. 调节阀阀体解体
4. 调节阀零部件检查、修理、测量</td><td colspan="3">5. 调节阀密封面试验
6. 调节阀整体组装
7. 调节阀限位整订</td></tr>
<tr><td>修后目标</td><td colspan="6">1. 阀门手动及电动开关灵活
2. 阀门投入运行，密封无泄漏</td></tr>
<tr><td rowspan="4">鉴证点分布</td><td>W 点</td><td>工序及质检点内容</td><td>H 点</td><td>工序及质检点内容</td><td>S 点</td><td>工序及安全鉴证点内容</td></tr>
<tr><td>1-W2</td><td>□3.4 检查阀杆弯曲度</td><td>1-H3</td><td>□4.2 阀芯及阀座（研磨或更换后的），做红丹粉接触试验</td><td></td><td></td></tr>
<tr><td></td><td></td><td></td><td></td><td></td><td></td></tr>
<tr><td></td><td></td><td></td><td></td><td></td><td></td></tr>
<tr><td rowspan="2">质量验收人员</td><td colspan="2">一级验收人员</td><td colspan="2">二级验收人员</td><td colspan="2">三级验收人员</td></tr>
<tr><td colspan="2"></td><td colspan="2"></td><td colspan="2"></td></tr>
<tr><td rowspan="2">安全验收人员</td><td colspan="2">一级验收人员</td><td colspan="2">二级验收人员</td><td colspan="2">三级验收人员</td></tr>
<tr><td colspan="2"></td><td colspan="2"></td><td colspan="2"></td></tr>
</table>

<table>
<tr><td colspan="5">二、修前准备卡</td></tr>
<tr><td colspan="5">设备基本参数</td></tr>
<tr><td colspan="5">设备基本参数：
型号：C9z61Y-P5418.5V 角型
型式及阀杆方向：角型、阀杆垂直向上
厂家：上海希希埃动力有限责任公司</td></tr>
<tr><td colspan="5">设备修前状况</td></tr>
<tr><td colspan="5">检修前交底（设备运行状况、历次主要检修经验和教训、检修前主要缺陷）
历次检修经验和教训：

检修前主要缺陷：轴封泄漏；轴承温度超标；轴承振动超标</td></tr>
<tr><td>技术交底人</td><td colspan="3"></td><td>年 月 日</td></tr>
<tr><td>接受交底人</td><td colspan="3"></td><td>年 月 日</td></tr>
<tr><td colspan="5">人员准备</td></tr>
<tr><td>序号</td><td>工种</td><td>工作组人员姓名</td><td>资格证书编号</td><td>检查结果</td></tr>
<tr><td>1</td><td></td><td></td><td></td><td>□</td></tr>
<tr><td>2</td><td></td><td></td><td></td><td>□</td></tr>
<tr><td>3</td><td></td><td></td><td></td><td>□</td></tr>
<tr><td>4</td><td></td><td></td><td></td><td>□</td></tr>
<tr><td>5</td><td></td><td></td><td></td><td>□</td></tr>
</table>

续表

三、现场准备卡

办 理 工 作 票

工作票编号：

施 工 现 场 准 备

序号	安 全 措 施 检 查	确认符合
1	进入噪声区域、使用高噪声工具时正确佩戴合格的耳塞	□
2	进入粉尘较大的场所作业，作业人员必须戴防尘口罩	□
3	在高温场所工作时，应为工作人员提供足够的饮水、清凉饮料及防暑药品。对温度较高的作业场所必须增加通风设备	□
4	发现盖板缺损及平台防护栏杆不完整时，应采取临时防护措施，设坚固的临时围栏	□
5	检修工作开始前检查设备或系统内高压介质确已排放干净，检修中应保证设备或系统与大气可靠连通，以防止介质积存突出	□
6	松开可能积存压力介质的法兰、锁母、螺丝时应避免正对介质释放点	□

确认人签字：

工 器 具 检 查

序号	工具名称及型号	数量	完 好 标 准	确认符合
1	手拉葫芦（2t）	1	链节无严重锈蚀及裂纹，无打滑现象齿轮完整轮杆无磨损现象；开口销完整，吊钩无裂纹、变形；检查检验合格证在有效期内	□
2	吊具	1	起重工具使用前，必须检查完好无破损	□
3	角磨机（ϕ100）	1	检查检验合格证在有效期内；检查电源线、电源插头完好无缺损；有漏电保护器；检查防护罩完好；检查电源开关动作正常、灵活；检查转动部分转动灵活、轻快，无阻滞	□
4	大锤（8p）、手锤（2.5p）	1	大锤、手锤的锤头须完整，其表面须光滑微凸，不得有歪斜、缺口、凹入及裂纹等情形。大锤、手锤的柄须用整根的硬木制成，并将头部用楔栓固定。楔栓宜采用金属楔，楔子长度不应大于安装孔的2/3	□
5	螺丝刀（100mm）	1	手柄应安装牢固，没有手柄的不准使用	□
6	铜棒	1	铜棒端部无卷边、无裂纹，铜棒本体无弯曲	□
7	阀门研磨机	1	检查检验合格证在有效期内；检查电源线、电源插头完好无缺损；有漏电保护器；检查防护罩完好；检查电源开关动作正常、灵活；检查转动部分转动灵活、轻快，无阻滞	□
8	临时电源及电源线	1	检查电源线外绝缘良好，无破损；检查电源插头插座，确保完好；不准将电源线缠绕；分级配置漏电保安器，工作前试漏电保护器，确保正确动作；检查电源箱外壳接地良好，检查检验合格证在有效期内	□
9	梅花扳手	1	扳手不应有裂缝、毛刺及明显的夹缝、切痕、氧化皮等缺陷，柄部应平直	□

确认人签字：

材 料 准 备

序号	材料名称	规 格	单位	数量	检查结果
1	擦机布		kg	1	□
2	双面胶带	50mm	卷	0.5	□
3	塑料布		m^2	2	□
4	抗咬合剂	N-7000	支	1	□
5	清洗剂	250mL	瓶	1	□
6	松动剂	250mL	瓶	1	□
7	红丹粉		kg	0.05	□

续表

序号	材料名称	规　　格	单位	数量	检查结果
8	记号笔		支	1	□
9	研磨砂	W5-W20	kg	0.1	□
10	砂纸	120～600 号	张	20	□
备　件　准　备					
序号	备件名称	规　格　型　号	单位	数量	检查结果
1	高旁阀 V 形自密封垫	239.5mm×210.5mm×30mm	套	1	□
	验收标准：核对密封件制造厂家、规格型号、材质、质量合格证等信息。密封件完整无破损，外观应无扭曲变形				
2	高旁阀填料石墨环	75mm×55mm×10mm	套	1	□
	验收标准：柔性石墨密封圈石墨制品表面光滑，无裂纹，石墨无脱落，结构完整				

四、检修工序卡	
检修工序步骤及内容	安全、质量标准
1　高压旁路电动门电动头拆除 □1.1　松开填料压盖螺母 □1.2　电动头上挂好手拉葫芦，拆卸电动头连杆和阀杆连接块 危险源：手拉葫芦 安全鉴证点　1-S1 □1.3　手动将阀门开启 2～3 圈，松开传动机构与门体框架的连接螺母 □1.4　将电动头放置检修场地	□A1.2　使用手拉葫芦前应做无负荷的起落试验一次，检查其煞车以及传动装置是否良好，然后再进行工作
2　高压旁路电动门阀体解体 □2.1　解体阀门结合面螺栓 危险源：手拉葫芦、大锤、手锤 安全鉴证点　2-S1 □2.2　从阀体内取出阀芯，导向护笼 □2.3　松开盘根压盖螺栓，取出阀芯阀杆组件	□A2.1　(a) 锤把上不可有油污；抡大锤时，周围不得有人，不得单手抡大锤；严禁戴手套抡大锤。 □A2.2　(b) 使用手拉葫芦时工作负荷不准超过铭牌规定；禁止长时间悬吊重物
3　高压旁路电动门零部件检查、修理、测量 危险源：清洁剂、角磨机 安全鉴证点　3-S1 □3.1　阀体检查 □3.2　检查各部位连接、紧固螺栓、螺母 □3.3　检查阀芯导向护笼的表面及阀芯孔 □3.4　检查阀杆。宏观检查，检查阀杆弯曲度。阀杆螺纹完好，表面光洁，无腐蚀划痕 质检点　1-W2 □3.5　清理填料室内密封填料，检查其内部填料挡圈是否完好，其内孔与阀杆间隙应符合要求，外圈与填料箱内壁无卡涩 □3.6　检查填料压盖内径与阀杆、压盖与填料箱内壁间隙 □3.7　检查阀体与阀盖结合面	□A3 (a)　禁止在工作场所存储易燃物品，如汽油、酒精等；领用、暂存时量不能过大，一般不超过 500mL；工作人员佩戴乳胶手套。 □A3 (b)　使用前检查角磨机钢丝轮完好无缺损；禁止手提电动工具的导线或转动部分；操作人员必须正确佩戴防护面罩、防护眼镜；更换钢丝轮前必须切断电源。 3.1　阀体应无裂纹、砂眼、冲刷严重等缺陷。阀体出入口管道畅通，无杂物。 3.2　螺纹无断扣、咬扣现象，手旋可将螺母旋至螺栓螺纹底部，组装时应涂抹抗咬合剂。 3.3　应无锈垢、磨损，磨损不应大于 0.5mm，否则应更换新的导向护笼，阀杆与其不应有卡涩。 3.4　阀杆弯曲度不应超过 1/1000

续表

<table>
<tr><th>检修工序步骤及内容</th><th>安全、质量标准</th></tr>
<tr><td>4 高压旁路电动门密封面检查、试验
□4.1 阀芯与阀座密封面检查
危险源：阀门研磨机
| 安全鉴证点 | 4-S1 | |
□4.2 阀芯及阀座（研磨或更换后的），做红丹粉接触试验
| 质检点 | 1-H3 | |</td><td>□A4.1 阀门研磨机架设稳固，旋转部分禁止靠近，全程专人操作及监护。
4.1 阀芯与阀座密封面轻微划痕，进行研磨处理，冲刷腐蚀严重超过 0.8mm 以上的应更换。
4.2 密封面无纵向沟槽及麻点，检查阀芯与阀座密封面红丹粉接触部分应清晰可见，细细一圈无断线现象</td></tr>
<tr><td>5 高压旁路电动门整体组装
危险源：手拉葫芦、大锤、手锤
| 安全鉴证点 | 5-S1 | |
□5.1 将阀芯导向护笼与护笼座圈依次平稳的放置在阀体内
□5.2 组装阀芯组件装入阀芯导向护笼
□5.3 在阀盖及阀体内放入密封石墨缠绕垫片
□5.4 从阀盖下部穿入阀杆，依次回装阀门填料石墨环、填料压盖、填料压盖及阀杆锁紧螺母，填料螺栓暂不紧固
□5.5 阀盖与阀体连接螺栓紧固。阀盖与阀体的连接螺栓涂抹抗咬合剂，用敲击扳手及大锤紧固，紧固螺栓、螺母，应对称旋紧，且紧力均匀，阀盖与阀体无间隙
□5.6 阀体框架组装及填料紧固，旋紧填料压兰螺栓，压盖内径与门杆周围间隙一致</td><td>□A5（a） 使用手拉葫芦时工作负荷不准超过铭牌规定；禁止长时间悬吊重物。
□A5（b） 锤把上不可有油污；抡大锤时，周围不得有人，不得单手抡大锤；严禁戴手套抡大锤</td></tr>
<tr><td>6 装复阀杆螺母、阀门电动头传动装置
□6.1 装入传动机构内，用梅花扳手旋紧螺栓。恢复安装调节门的传动机构，旋紧传动机构与框架的连接螺栓。手动开关阀门应轻松，无卡涩现象，检查无问题后，将阀门摇为全关状态</td><td></td></tr>
<tr><td>7 联系热工人员进行阀门调试传动
危险源：转动的门杆
| 安全鉴证点 | 6-S1 | |
□7.1 记录阀门开度及力矩值（禁止使用力矩开关调整阀门限位）</td><td>□A7 调整阀门执行机构行程的同时不得用手触摸阀杆和手轮，避免挤伤手指。
7.1 记录阀门开度，行程____mm。力矩开关动作正常</td></tr>
</table>

<table>
<tr><td colspan="5">五、质量验收卡</td></tr>
<tr><td colspan="5">质检点：1-W2 工序 3.4 检查阀杆弯曲度</td></tr>
<tr><td>数据名称</td><td>质量标准</td><td>单位</td><td colspan="2">测量值</td></tr>
<tr><td rowspan="2">阀杆弯曲度</td><td rowspan="2">＜1/1000</td><td rowspan="2">mm</td><td colspan="2">修前</td></tr>
<tr><td colspan="2">修后</td></tr>
<tr><td>测量器具/编号</td><td colspan="4"></td></tr>
<tr><td>测量人</td><td></td><td>记录人</td><td colspan="2"></td></tr>
<tr><td>一级验收</td><td colspan="2"></td><td colspan="2">年　月　日</td></tr>
<tr><td>二级验收</td><td colspan="2"></td><td colspan="2">年　月　日</td></tr>
<tr><td colspan="5">质检点：1-H3 工序 4.2 阀芯及阀座（研磨或更换后的），做红丹粉接触试验
质量标准：密封面无纵向沟槽及麻点，检查阀芯与阀座密封面红丹粉接触部分应清晰可见，细细一圈无断线现象
检查情况：</td></tr>
</table>

续表

测量器具/编号			
测量人		记录人	
一级验收			年 月 日
二级验收			年 月 日
三级验收			年 月 日

六、完工验收卡			
序号	检查内容	标　　准	检查结果
1	安全措施恢复情况	1.1 检修工作全部结束 1.2 整改项目验收合格 1.3 检修脚手架拆除完毕 1.4 孔洞、坑道等盖板恢复 1.5 临时拆除的防护栏恢复 1.6 安全围栏、标示牌等撤离现场 1.7 安全措施和隔离措施具备恢复条件 1.8 工作票具备押回条件	□ □ □ □ □ □ □ □
2	设备自身状况	2.1 设备与系统全面连接 2.2 设备各人孔、开口部分密封良好 2.3 设备标示牌齐全 2.4 设备油漆完整 2.5 设备管道色环清晰准确 2.6 阀门手轮齐全 2.7 设备保温恢复完毕	□ □ □ □ □ □ □
3	设备环境状况	3.1 检修整体工作结束，人员撤出 3.2 检修剩余备件材料清理出现场 3.3 检修现场废弃物清理完毕 3.4 检修用辅助设施拆除结束 3.5 临时电源、水源、气源、照明等拆除完毕 3.6 工器具及工具箱运出现场 3.7 地面铺垫材料运出现场 3.8 检修现场卫生整洁	□ □ □ □ □ □ □ □
一级验收		二级验收	

七、完工报告单					
工期	年 月 日 至 年 月 日			实际完成工日	工日
主要材料备件消耗统计	序号	名称	规格与型号	生产厂家	消耗数量
	1				
	2				
	3				
	4				
	5				
缺陷处理情况	序号	缺陷内容		处理情况	
	1				
	2				
	3				
	4				

续表

异动情况			
让步接受情况			
遗留问题及采取措施			
修后总体评价			
各方签字	一级验收人员	二级验收人员	三级验收人员

检修文件包

单位：______ 班组：______ 编号：______

检修任务：循环水泵检修 风险等级：______

<table>
<tr><td colspan="7">一、检修工作任务单</td></tr>
<tr><td colspan="2">计划检修时间</td><td colspan="3">年 月 日 至 年 月 日</td><td>计划工日</td><td></td></tr>
<tr><td>主要检修项目</td><td colspan="3">1. 复查联轴器中心，解体联轴器
2. 拆开泵体结合面螺栓
3. 泵组解体</td><td colspan="3">4. 各零部件检查测量
5. 泵组回装
6. 联轴器找中心
7. 工作终结</td></tr>
<tr><td>修后目标</td><td colspan="6">1. 设备整体启动一次成功
2. 设备修后轴承振动、温度符合标准
3. 检修项目验收优
4. 检修后设备无内外漏
5. 修后机组设备见本色，保温、油漆、标牌、设备转向、介质流向完整清晰</td></tr>
<tr><td rowspan="6">鉴证点分布</td><td>W 点</td><td>工序及质检点内容</td><td>H 点</td><td>工序及质检点内容</td><td>S 点</td><td>工序及安全鉴证点内容</td></tr>
<tr><td>1-W2</td><td>□3.2 叶轮入口密封环间隙测量</td><td>1-H3</td><td>□4.15 联轴器找中心</td><td>1-S2</td><td>□2.3 将泵组搬运至检修场地</td></tr>
<tr><td>2-W2</td><td>□3.3 轴弯曲度测量</td><td></td><td></td><td>2-S2</td><td>□4.13 将组装完成后的泵组装在泵壳上</td></tr>
<tr><td>3-W2</td><td>□3.4 轴承与泵轴的紧力配合</td><td></td><td></td><td></td><td></td></tr>
<tr><td>4-W2</td><td>□3.5 轴承与轴承室的紧力配合测量</td><td></td><td></td><td></td><td></td></tr>
<tr><td>5-W2</td><td>□4.3 轴承推力间隙测量</td><td></td><td></td><td></td><td></td></tr>
<tr><td rowspan="2">质量验收人员</td><td colspan="2">一级验收人员</td><td colspan="2">二级验收人员</td><td colspan="2">三级验收人员</td></tr>
<tr><td colspan="2"></td><td colspan="2"></td><td colspan="2"></td></tr>
<tr><td rowspan="2">安全验收人员</td><td colspan="2">一级验收人员</td><td colspan="2">二级验收人员</td><td colspan="2">三级验收人员</td></tr>
<tr><td colspan="2"></td><td colspan="2"></td><td colspan="2"></td></tr>
</table>

<table>
<tr><td colspan="3">二、修前准备卡</td></tr>
<tr><td colspan="3">设 备 基 本 参 数</td></tr>
<tr><td colspan="3">设备基本参数：
设备型号：IH80-50-200 离心泵主要用于清水介质的输送
设备参数：流量为 50m³/h，压力为 0.5MPa，转速为 2900r/h</td></tr>
<tr><td colspan="3">设 备 修 前 状 况</td></tr>
<tr><td colspan="3">检修前交底（设备运行状况、历次主要检修经验和教训、检修前主要缺陷）
历次检修经验和教训：

检修前主要缺陷：轴封泄漏；轴承温度超标；轴承振动超标</td></tr>
<tr><td>技术交底人</td><td></td><td>年 月 日</td></tr>
<tr><td>接受交底人</td><td></td><td>年 月 日</td></tr>
</table>

续表

人员准备				
序号	工种	工作组人员姓名	资格证书编号	检查结果
1				□
2				□
3				□
4				□
5				□

三、现场准备卡		
办理工作票		
工作票编号：		
施工现场准备		
序号	安全措施检查	确认符合
1	进入噪声区域、使用高噪声工具时正确佩戴合格的耳塞	□
2	设置安全隔离围栏并设置警告标示	□
3	工作前核对设备名称及编号，转动设备检修时应采取防转动措施	□
4	发现盖板缺损及平台防护栏杆不完整时，应采取临时防护措施，设坚固的临时围栏	□
5	开工前与运行人员共同确认检修的设备已可靠与运行中的系统隔断，检查进、出口阀门已关闭，电机电源已断开，挂“禁止操作，有人工作”标示牌	□
6	待管泵体内介质放尽，压力为零，温度适可后方可开始工作	□
确认人签字：		

工器具检查				
序号	工具名称及型号	数量	完好标准	确认符合
1	轴承电加热器	1	加热器各部件完好齐全，数显装置无损伤且显示清晰；轭铁表面无可见损伤，放在主机的顶端面上，应与其吻合紧密平整；电源线及磁性探头连线无破损、无灼伤；控制箱上各个按钮完好且操作灵活	□
2	铜棒	1	铜棒端部无卷边、无裂纹，铜棒本体无弯曲	□
3	螺丝刀（100mm）	1	螺丝刀手柄应安装牢固，没有手柄的不准使用	□
4	手拉葫芦（2t）	1	手拉有裂纹、链轮转动卡涩、吊钩无防脱保险装置、检查检验合格证在有效期内	□
5	角磨机（ϕ100）	1	检查电源线、电源插头完好无破损，防护罩完好无破损；检查检验合格证在有效期内	□
6	撬棍（500mm）	1	必须保证撬杠强度满足要求；在使用加力杆时，必须保证其强度和嵌套深度满足要求，以防折断或滑脱	□
7	临时电源及电源线	1	检查电源线外绝缘良好，无破损；检查电源插头插座，确保完好；不准将电源线缠绕；分级配置漏电保安器，工作前试漏电保护器，确保正确动作；检查电源箱外壳接地良好，检查检验合格证在有效期内	□
8	手锤（2.5p）	1	手锤的锤头须完整，其表面须光滑微凸，不得有歪斜、缺口、凹入及裂纹等情形。手锤的柄须用整根的硬木制成，并将头部用楔栓固定。楔栓宜采用金属楔，楔子长度不应大于安装孔的2/3	□
9	百分表	3	保持清洁，无油污、铁屑	□
10	磁力表座	3	座体工作面不得有影响外观缺陷，非工作面的喷漆应均匀、牢固，不得有漆层剥落和生锈等缺陷；紧固螺母应转动灵活，锁紧应可靠，移动件应移动灵活；微调磁性表座调机构的微调量不应小于2mm	□
确认人签字：				

续表

材料准备					
序号	材料名称	规格	单位	数量	检查结果
1	密封胶	587	瓶	1	□
2	螺栓松动剂		瓶	2	□
3	不锈钢垫片	0.0～0.50mm	kg	1	□
4	金相砂纸		张	5	□
5	塑料布		kg	2	□
备件准备					
序号	备件名称	规格型号	单位	数量	检查结果
1	机械密封	108-35 含轴套	套	1	□
验收标准：合格证完整，制造厂名、规格型号、标准代号、包装日期、检验人等准确清晰，包装完好、无破损。检查机械密封型号是否正确。机械密封动静环应完好，无磕碰、损坏、蹦角、划痕。轴套密封胶圈完好，弹簧活动灵活。动环座完好无缺陷					
2	轴承	6305NSK	盘	2	□
验收标准：合格证完整，制造厂名、规格型号、标准代号、包装日期、检验人等准确清晰，包装完好、无破损。轴承转动灵活，无杂声、突然停顿等情况					
3	弹性胶块	95mm×45mm×17mm	只	1	□
验收标准：合格证完整，制造厂名、规格型号、标准代号、包装日期、检验人等准确清晰，包装完好、无破损，无老化龟裂缺陷					

四、检修工序卡

检修工序步骤及内容	安全、质量标准
1 联轴器拆除 □1.1 拆除前联轴器中心复查 危险源：联轴器销孔 安全鉴证点 | 1-S1 | □1.2 泵组外观检查	□A1.1 联轴器对孔时严禁将手指放入销孔内 1.2 泵组外观无裂纹，固定螺栓无松动、无残缺及重大机械损伤
2 水泵解体 危险源：手拉葫芦、吊具、撬杠、大锤、手锤 安全鉴证点 | 1-S2 | □2.1 松开电机地脚螺栓，移开电机（确保泵组能直接由泵壳内取出） □2.2 拆开排水丝堵，放尽泵体内部存液 □2.3 松开轴承室支架紧固螺栓，松开泵盖与泵壳紧固螺	□A2（a） 使用前应做无负荷的起落试验一次，检查其煞车以及传动装置是否良好，然后再进行工作；使用手拉葫芦时工作负荷不准超过铭牌规定。 □A2（b） 选择牢固可靠、满足载荷的吊点。起重物品必须绑牢，吊钩要挂在物品的重心上，吊钩钢丝绳应保持垂直；起重吊物之前，必须清楚物件的实际重量，使重物在吊运过程中保持平衡和吊点不发生移动。工件或吊物起吊时必须捆绑牢靠；吊拉时两根钢丝绳之间的夹角一般不得大于90°；使用吊环时螺栓必须拧到底；使用卸扣时，吊索与其连接的一个索扣必须扣在销轴上，一个索扣必须扣在扣顶上，不准两个索扣分别扣在卸扣的扣体两侧上；吊拉捆绑时，重物或设备构件的锐边快口处必须加装衬垫物；任何人不准在起吊重物下逗留和行走。 □A2（c） 应保证支撑物可靠；撬动过程中应采取防止被撬物倾斜或滚落的措施。 □A2（d） 锤把上不可有油污；抡大锤时，周围不得有人，不得单手抡大锤；抡大锤时，周围不得有人，不得单手抡大锤。 2.1 移动电机前电机电源线必须拆除，移动电机前需将电机地脚垫片取出并妥善保管。 2.2 做好排水措施，防止水大面积洒落地面

续表

检修工序步骤及内容	安全、质量标准
栓，用手拉葫芦将泵组搬运至检修场地；松开叶轮紧固螺母 □2.4　用撬棍将叶轮由泵轴上拆下 □2.5　松开机械密封静环端盖螺栓 □2.6　拆下水泵联轴器 □2.7　拆开轴承室放油螺栓 □2.8　松开轴承盖紧固螺栓，再用铜棒与手锤配合，将泵轴连同轴承一起从轴承室内部取出 □2.9　用铜棒与手锤配合，将轴承从泵轴上拆下	
3　水泵各零部件检查、测量、修理 危险源：清洁剂、角磨机 安全鉴证点 | 2-S1 | □3.1　用砂布清理干净所有密封面，止口 □3.2　叶轮检查、叶轮入口密封环间隙测量 质检点 | 1-W2 | □3.3　泵轴检查、轴弯曲度测量 质检点 | 2-W2 | □3.4　轴承与泵轴的紧力配合 质检点 | 3-W2 | □3.5　轴承室检查、轴承与轴轴承室的紧力配合测量 质检点 | 4-W2 |	□A3（a）　禁止在工作场所存储易燃物品，如汽油、酒精等；领用、暂存时量不能过大，一般不超过 500mL；工作人员佩戴乳胶手套。 □A3（b）　使用前检查角磨机钢丝轮完好无缺损；禁止手提电动工具的导线或转动部分；操作人员必须正确佩戴防护面罩、防护眼镜；更换钢丝轮前必须切断电源。 3.2（a）　无裂纹、砂眼、汽蚀等缺陷。 3.2（b）　用三爪内径千分尺测量泵壳口环内径，再用外径千分尺测量叶轮入口密封环的外径，叶轮入口密封环间隙为 0.50～1mm。 3.2（c）　叶轮与轴的配合间隙为 0mm±0.02mm。 3.3（a）　部件无裂纹、砂眼、汽蚀等缺陷。 3.3（b）　用 V 形铁和百分表测量轴弯曲，轴弯曲量不大于 0.02mm。 3.4（a）　用三爪内径千分尺测量轴承内径，再用外径千分尺测量泵轴与轴承配合部位的外径轴承与轴的紧力配合为 0.02～0.03mm。 3.4（b）　联轴器与轴的紧力配合间隙为 0mm±0.02mm。 3.5（a）　部件无裂纹、砂眼等缺陷。 3.5（b）　用三爪内径千分尺测量轴承室内径，再用外径千分尺测量轴承外径，轴承与轴轴承室的紧力配合为 0.02～0.03mm
4　水泵组装 □4.1　采用热装法将轴承安装在轴上 危险源：轴承加热器 安全鉴证点 | 3-S1 | □4.2　待轴承完全冷却后，将轴承连同泵轴一起穿入轴承室 □4.3　测量 3 号轴承至轴承室密封面的距离，再测量轴承盖凸肩的高度，计算后确定轴承推力间隙 质检点 | 5-W2 | □4.4　根据计算后的数据制作轴承盖密封垫片，然后回装轴承盖，并紧固轴承盖压紧螺栓 □4.5　安装联轴器键后，用铜棒和手锤配合，采用敲击法回装水泵联轴器 □4.6　将机械密封静环安装在静环端盖内，并将静环连同端盖一起套装在轴上 □4.7　将动环组件连同轴套一起装在轴上 □4.8　将泵盖套装在泵轴上 □4.9　安装叶轮键后，将叶轮装在泵轴上，并紧固 □4.10　根据机械密封的总压缩量调整机械密封压缩量	□A4.1　操作人员必须使用隔热手套；主机未放置轭铁前，严禁按启动按钮开关。 4.1　轴承无型号一侧靠向轴间。 4.2　轴承的受力位置是轴承的外圈；泵组的 4 号轴承必须与轴承盖完全贴合。 4.3　轴承推力间隙为 0.2～0.4mm。 4.4　螺栓紧力适中，紧力均匀。 4.5　安装过程中，敲击力度不能过大，避免损坏联轴器。 4.6（a）　安装静环前，静环端盖内部必须清理干净。 4.6（b）　安装静环时，不得损坏静环密封圈。 4.6（c）　安装静环时，需在静环端面处垫上干净抹布，以防损伤端面。 4.6（d）　静环安装后，不得有歪斜现象；将静环连同端盖一起套装在轴上后，需在端盖的叶轮侧系一布条，以防安装动环时，碰伤静环。 4.7　安装轴套前，泵轴表面和轴套内部必须清理干净，且需在泵轴表面和轴套内部密封 O 形圈上以及轴套表面涂抹凡士林。 4.10　机封的压缩量为总压缩量的 1/2～2/3。

续表

<table>
<tr><th>检修工序步骤及内容</th><th>安全、质量标准</th></tr>
<tr><td>□4.11 机械密封压缩量调整结束后，紧固静环端盖
□4.12 安装好机械密封后，将叶轮装在泵轴上
□4.13 将组装完成后的泵组装在泵壳上，并紧固泵盖螺栓和水泵支架螺栓
危险源：手拉葫芦、吊具、撬杠、大锤、手锤
| 安全鉴证点 | 2-S2 | |
□4.14 将联轴器弹性胶块安装在水泵联轴器上，将电机移回原位，使电机联轴器和水泵联轴器进行良好连接
□4.15 进行联轴器找中心
危险源：联轴器销孔
| 安全鉴证点 | 4-S1 | |
| 质检点 | 1-H3 | |
□4.16 轴承室添加润滑脂
□4.17 回装联轴器防护罩</td><td>□A4.13（a） 使用前应做无负荷的起落试验一次，检查其煞车以及传动装置是否良好，然后再进行工作；使用手拉葫芦时工作负荷不准超过铭牌规定。
□A4.13（b） 选择牢固可靠、满足载荷的吊点。起重物品必须绑牢，吊钩要挂在物品的重心上，吊钩钢丝绳应保持垂直；起重吊物之前，必须清楚物件的实际重量，使重物在吊运过程中保持平衡和吊点不发生移动。工件或吊物起吊时必须捆绑牢靠；吊拉时两根钢丝绳之间的夹角一般不得大于90°；使用吊环时螺栓必须拧到底；使用卸扣时，吊索与其连接的一个索扣必须扣在销轴上，一个索扣必须扣在扣顶上，不准两个索扣分别扣在卸扣的扣体两侧上；吊拉捆绑时，重物或设备构件的锐边快口处必须加装衬垫物；任何人不准在起吊重物下逗留和行走。
□A4.13（c） 应保证支撑物可靠；撬动过程中应采取防止被撬物倾斜或滚落的措施。
□A4.13（d） 锤把上不可有油污；抡大锤时，周围不得有人，不得单手抡大锤；抡大锤时，周围不得有人，不得单手抡大锤。
4.14 两联轴器轴向端面间隙为3mm±1mm，并且不得有相互顶碰现象。
□A4.15 联轴器对孔时严禁将手指放入销孔内。
4.15 联轴器中心标准：径向不大于0.05mm；轴向不大于0.05mm</td></tr>
<tr><td>5 水泵试用
□5.1 在电机空载合格后进行负载试运工作
危险源：转动的水泵
| 安全鉴证点 | 5-S1 | |
□5.2 检查核对设备标牌
□5.3 检查泵各管路接头、密封面应无渗漏
□5.4 检查机械密封有无泄漏
□5.5 测量泵和电机的振动和噪声
□5.6 记录泵轴承温度和电机电流值，应在正常范围内
□5.7 用听针仔细听测轴承声响，判断是否运行良好
□5.8 检查泵与辅助管路接头，密封面应无渗漏，管道支架固定牢固</td><td>□A5.1 衣服和袖口应扣好，不得戴围巾领带，长发必须盘在安全帽内；不准将用具、工器具接触设备的转动部位；不准在转动设备附近长时间停留；不准在靠背轮上、安全防护罩上或运行中设备的轴承上行走和坐立；转动设备试运行时所有人员应先远离，站在转动机械的轴向位置，并有一人站在事故按钮位置</td></tr>
</table>

<table>
<tr><td colspan="3">五、安全鉴证卡</td></tr>
<tr><td colspan="3">风险点鉴证点：1-S2 工序2.3 将泵组搬运至检修场地</td></tr>
<tr><td>一级验收</td><td></td><td>年 月 日</td></tr>
<tr><td>二级验收</td><td></td><td>年 月 日</td></tr>
<tr><td colspan="3">风险点见证点：2-S2 工序4.13 将组装完成后的泵组装在泵壳上</td></tr>
<tr><td>一级验收</td><td></td><td>年 月 日</td></tr>
<tr><td>二级验收</td><td></td><td>年 月 日</td></tr>
</table>

续表

<table>
<tr><td colspan="4">六、质量验收卡</td></tr>
<tr><td colspan="4">质检点：1-W2　工序 3.2　叶轮入口密封环间隙测量</td></tr>
<tr><td>数据名称</td><td>质量标准</td><td>单位</td><td>测量值</td></tr>
<tr><td rowspan="2">叶轮入口密封环间隙</td><td rowspan="2">0.50～1</td><td rowspan="2">mm</td><td>修前</td></tr>
<tr><td>修后</td></tr>
<tr><td>测量器具/编号</td><td colspan="3"></td></tr>
<tr><td>测量（检查）人</td><td></td><td>记录人</td><td></td></tr>
<tr><td>一级验收</td><td colspan="2"></td><td>年　月　日</td></tr>
<tr><td>二级验收</td><td colspan="2"></td><td>年　月　日</td></tr>
<tr><td colspan="4">质检点：2-W2　工序 3.3　轴弯曲测量</td></tr>
<tr><td>数据名称</td><td>质量标准</td><td>单位</td><td>测量值</td></tr>
<tr><td rowspan="2">轴弯曲</td><td rowspan="2">≤0.02</td><td rowspan="2">mm</td><td>修前</td></tr>
<tr><td>修后</td></tr>
<tr><td>测量器具/编号</td><td colspan="3"></td></tr>
<tr><td>测量人</td><td></td><td>记录人</td><td></td></tr>
<tr><td>一级验收</td><td colspan="2"></td><td>年　月　日</td></tr>
<tr><td>二级验收</td><td colspan="2"></td><td>年　月　日</td></tr>
<tr><td colspan="4">质检点：3-W2　工序 3.4　轴承与泵轴的紧力配合测量</td></tr>
<tr><td>数据名称</td><td>质量标准</td><td>单位</td><td>测量值</td></tr>
<tr><td rowspan="2">轴承与泵轴</td><td rowspan="2">0.02～0.03</td><td rowspan="2">mm</td><td>修前</td></tr>
<tr><td>修后</td></tr>
<tr><td>测量器具/编号</td><td colspan="3"></td></tr>
<tr><td>测量人</td><td></td><td>记录人</td><td></td></tr>
<tr><td>一级验收</td><td colspan="2"></td><td>年　月　日</td></tr>
<tr><td>二级验收</td><td colspan="2"></td><td>年　月　日</td></tr>
<tr><td colspan="4">质检点：4-W2　工序 3.5　轴承与轴承室的紧力配合测量</td></tr>
<tr><td>数据名称</td><td>质量标准</td><td>单位</td><td>测量值</td></tr>
<tr><td rowspan="2">轴承与轴承室的紧力</td><td rowspan="2">0.02～0.03</td><td rowspan="2">mm</td><td>修前</td></tr>
<tr><td>修后</td></tr>
<tr><td>测量器具/编号</td><td colspan="3"></td></tr>
<tr><td>测量（检查）人</td><td></td><td>记录人</td><td></td></tr>
<tr><td>一级验收</td><td colspan="2"></td><td>年　月　日</td></tr>
<tr><td>二级验收</td><td colspan="2"></td><td>年　月　日</td></tr>
<tr><td colspan="4">质检点：5-W2　工序 4.3　轴承推力间隙测量</td></tr>
<tr><td>数据名称</td><td>质量标准</td><td>单位</td><td>测量值</td></tr>
<tr><td rowspan="2">轴承推力间隙</td><td rowspan="2">0.2～0.4</td><td rowspan="2">mm</td><td>修前</td></tr>
<tr><td>修后</td></tr>
<tr><td>测量器具/编号</td><td colspan="3"></td></tr>
<tr><td>测量人</td><td></td><td>记录人</td><td></td></tr>
<tr><td>一级验收</td><td colspan="2"></td><td>年　月　日</td></tr>
<tr><td>二级验收</td><td colspan="2"></td><td>年　月　日</td></tr>
</table>

续表

质检点：1-H3　工序 4.15　联轴器找中心			
数据名称	质量标准	单位	测量值
联轴器中心	径向：≤0.05 轴向：≤0.05	mm	修前
			修后
测量器具/编号			
测量人		记录人	
一级验收			年　月　日
二级验收			年　月　日
三级验收			年　月　日

七、完工验收卡			
序号	检查内容	标　准	检查结果
1	安全措施恢复情况	1.1　检修工作全部结束	□
		1.2　整改项目验收合格	□
		1.3　检修脚手架拆除完毕	□
		1.4　孔洞、坑道等盖板恢复	□
		1.5　临时拆除的防护栏恢复	□
		1.6　安全围栏、标示牌等撤离现场	□
		1.7　安全措施和隔离措施具备恢复条件	□
		1.8　工作票具备押回条件	□
2	设备自身状况	2.1　设备与系统全面连接	□
		2.2　设备各人孔、开口部分密封良好	□
		2.3　设备标示牌齐全	□
		2.4　设备油漆完整	□
		2.5　设备管道色环清晰准确	□
		2.6　阀门手轮齐全	□
		2.7　设备保温恢复完毕	□
3	设备环境状况	3.1　检修整体工作结束，人员撤出	□
		3.2　检修剩余备件材料清理出现场	□
		3.3　检修现场废弃物清理完毕	□
		3.4　检修用辅助设施拆除结束	□
		3.5　临时电源、水源、气源、照明等拆除完毕	□
		3.6　工器具及工具箱运出现场	□
		3.7　地面铺垫材料运出现场	□
		3.8　检修现场卫生整洁	□
一级验收		二级验收	

八、完工报告单					
工期	年　月　日　至　年　月　日			实际完成工日	工日
主要材料备件消耗统计	序号	名称	规格与型号	生产厂家	消耗数量
	1				
	2				
	3				
	4				
	5				

续表

<table>
<tr><td rowspan="5">缺陷处理情况</td><td>序号</td><td>缺陷内容</td><td colspan="2">处理情况</td></tr>
<tr><td>1</td><td></td><td colspan="2"></td></tr>
<tr><td>2</td><td></td><td colspan="2"></td></tr>
<tr><td>3</td><td></td><td colspan="2"></td></tr>
<tr><td>4</td><td></td><td colspan="2"></td></tr>
<tr><td>异动情况</td><td colspan="4"></td></tr>
<tr><td>让步接受情况</td><td colspan="4"></td></tr>
<tr><td>遗留问题及
采取措施</td><td colspan="4"></td></tr>
<tr><td>修后总体评价</td><td colspan="4"></td></tr>
<tr><td rowspan="2">各方签字</td><td colspan="2">一级验收人员</td><td>二级验收人员</td><td>三级验收人员</td></tr>
<tr><td colspan="2"></td><td></td><td></td></tr>
</table>

检 修 文 件 包

单位：________ 班组：________ 编号：________

检修任务：凝结水精处理阳床检修 风险等级：________

<table>
<tr><td colspan="7">一、检修工作任务单</td></tr>
<tr><td>计划检修时间</td><td colspan="4">年 月 日 至 年 月 日</td><td>计划工日</td><td></td></tr>
<tr><td>主要检修项目</td><td colspan="3">1．内部衬胶检查
2．上下进出水装置检查
3．配水装置间隙测量
4．支架、管卡检查、更换</td><td colspan="3">5．窥视孔检查
6．支架、管卡检查、更换
7．窥视孔检查
8．相关阀门、管道检查及检修</td></tr>
<tr><td>修后目标</td><td colspan="6">1．设备整体启动一次成功
2．检修项目验收合格率 100%
3．检修后设备无内外漏
4．修后机组设备见本色，保温、油漆、标牌、设备转向、介质流向完整清晰</td></tr>
<tr><td rowspan="4">鉴证点分布</td><td>W 点</td><td>工序及质检点内容</td><td>H 点</td><td>工序及质检点内容</td><td>S 点</td><td>工序及安全鉴证点内容</td></tr>
<tr><td>1-W2</td><td>□2.7 对上、下部配水装置的焊口等外观进行检查</td><td>1-H3</td><td>□2.4 用电火花检测仪对交换器内壁衬胶层进行检查</td><td>1-S2</td><td>□A2.3 检修人员进入床内，测量氧气浓度</td></tr>
<tr><td>2-W2</td><td>□2.8 用塞尺检查交换器上部配水支管的滤元绕丝间隙</td><td>2-H3</td><td>□2.9 检查交换器下部配水装置滤元间隙</td><td>2-S2</td><td>□A3.2 封闭人孔前工作负责人应认真清点工作人员；核对容器进出入登记，确认无人员和工器具遗落，并喊话确认无人</td></tr>
<tr><td>3-W2</td><td>□2.11 检查下部配水装置的螺栓紧力和法兰垫片</td><td></td><td></td><td>3-S2</td><td>□A4.1 不准在有压力的容器上进行任何检修工作；在工作中应注意操作方法的正确性，尽量远离可能泄漏的部位；不准带压紧固人孔螺栓，避免高压介质喷出伤人</td></tr>
<tr><td rowspan="2">质量验收人员</td><td colspan="2">一级验收人员</td><td colspan="2">二级验收人员</td><td colspan="2">三级验收人员</td></tr>
<tr><td colspan="2"></td><td colspan="2"></td><td colspan="2"></td></tr>
<tr><td rowspan="2">安全验收人员</td><td colspan="2">一级验收人员</td><td colspan="2">二级验收人员</td><td colspan="2">三级验收人员</td></tr>
<tr><td colspan="2"></td><td colspan="2"></td><td colspan="2"></td></tr>
</table>

<table>
<tr><td>二、修前准备卡</td></tr>
<tr><td>设 备 基 本 参 数</td></tr>
<tr><td>1．设备型号：KD-3200/1200y1
2．设备参数：
设计压力：4.6MPa
树脂高度：1200mm
阴阳树脂比例：1:1
设备出力：774～943t/h
工作介质：树脂、水
试验压力：5.75MPa
设备重量：11128kg
额定/最大流速：100/120m/h
工作温度：50℃
设备直径（直径×壁厚）：ϕ3256×28mm
额定/最大出力压差：0.175/0.30MPa
本体材质：16MnR
衬里材质/层数/厚度：天然橡胶/2/4.8mm
3．设备用途：
对机组凝结水进行离子交换处理</td></tr>
</table>

续表

设备修前状况				
检修前交底（设备运行状况、历次主要检修经验和教训、检修前主要缺陷） 历次检修经验和教训： 人孔密封面及部分连接管道法兰存在泄漏倾向，底部配水装置存在漏树脂倾向；上部配水装置污堵，底部配水装置漏树脂；人孔密封面衬胶翻边破损。 检修前主要缺陷：				
技术交底人			年　月　日	
接受交底人			年　月　日	
人员准备				
序号	工种	工作组人员姓名	资格证书编号	检查结果
1	化学设备检修中级工			
2	化学设备检修中级工			
3	化学设备检修中级工			
4	架子中级工			

三、现场准备卡		
办理工作票		
工作票编号：		
施工现场准备		
序号	安全措施检查	确认符合
1	进入噪声区域、使用高噪声工具时正确佩戴合格的耳塞	□
2	增加临时照明	□
3	工作前核对设备名称及编号	□
4	脚手架搭设结束后，必须履行验收手续，填写验收单，并在“脚手架验收单”上分级签字；验收合格后应在脚手架上悬挂合格证，方可使用	□
5	发现盖板缺损及平台防护栏杆不完整时，应采取临时防护措施，设坚固的临时围栏	□
6	开工前确认现场安全措施、隔离措施正确完备，需检修的阳床已可靠地与运行中的管道隔断，没有汽、水、烟或可燃气流入的可能	□
7	检修工作开始前检查系统疏水阀已打开，系统内介质确已放净，检修中应保证系统与大气可靠连通，以避免供氧不足发生窒息	□
8	关闭的阀门和打开的疏水门或放水门应做好防止误操作的措施并挂“禁止操作，有人工作”标示牌	□
确认人签字：		

工器具检查				
序号	工具名称及型号	数量	完好标准	确认符合
1	脚手架	1	搭设结束后，必须履行脚手架验收手续，填写脚手架验收单，并在“脚手架验收单”上分级签字；验收合格后应在脚手架上悬挂合格证，方可使用	□
2	安全带	3	检查检验合格证应在有效期内，标识（产品标识和定期检验合格标识）应清晰齐全；各部件应完整，无缺失、无伤残破损，腰带、胸带、围杆带、围杆绳、安全绳应无灼伤、脆裂、断股、霉变；金属卡环（钩）必须有保险装置，且操作要灵活。钩体和钩舌的咬口必须完整，两者不得偏斜	□
3	移动式电源盘	1	检查检验合格证在有效期内；检查电源盘电源线、电源插头、插座完好无破损；漏电保护器动作正确；检查电源盘线盘架、拉杆、线盘架轮子及线盘摇动手柄齐全完好	□

续表

序号	工具名称及型号	数量	完 好 标 准	确认符合
4	大锤 （8p）	1	大锤的锤头须完整，其表面须光滑微凸，不得有歪斜、缺口、凹入及裂纹等情形；大锤的柄须用整根的硬木制成，并将头部用楔栓固定；楔栓宜采用金属楔，楔子长度不应大于安装孔的2/3	□
5	敲击扳手	2	扳手不应有裂缝、毛刺及明显的夹缝、切痕、氧化皮等缺陷，柄部应平直	□
6	活扳手 （14″）	2	活动扳口应与扳体导轨的全行程上灵活移动；活扳手不应有裂缝、毛刺及明显的夹缝、氧化皮等缺陷，柄部平直且不应有影响使用性能的缺陷	□
7	塞尺 （2cm）	1	塞尺上无污垢与灰尘，未沾有油污或金属屑末	□
8	电火花检测仪	1	电源电压正常，显示正常，手柄绝缘良好；高压侧输出正常；经接地点测试，报警功能正常	□
9	行灯 （24V）	1	电源线、电源插头完好无破损；应采用橡胶套软电缆；手柄应绝缘良好且耐热、防潮；行灯变压器外壳必须有良好的接地线，高压侧应使用三相插头；行灯应有保护罩；在潮湿的金属容器内工作时不准超过12V	□
10	通风机	1	通风机检验合格证在有效期内；易燃易爆区域应为防爆型风机；风机转动部分必须装设防护装置，并标明旋转方向	□
确认人签字：				

材 料 准 备					
序号	材料名称	规格	单位	数量	检查结果
1	擦机布	棉质、清洁	kg	1	□
2	塑料布	1000mm×1500mm	kg	2	□
3	松锈灵		瓶	1	□
4	记号笔	粗白、红	支	2	□
5	编织袋	10kg/袋	个	2	□
6	螺栓	M33	条	10	□
7	耐高压石棉板	5mm	kg	3	□

备 件 准 备					
序号	备件名称	规格型号	单位	数量	检查结果
	滤元支管		根	2	□
验收标准：检查滤元支管合格证完整，制造厂名、规格型号、标准代号、包装日期、检验人等准确清晰。外观检验：不允许有翘曲、变形、裂纹、划伤、碰伤、凹凸不平及表面粗糙度符合要求。尺寸及公差的检验：零件的尺寸和公差符合图纸的要求。间隙检验：采用塞规检验滤元支管绕线间隙不大于0.25mm					

四、检修工序卡	
检修工序步骤及内容	安全、质量标准
1 打开精处理阳床人孔门 危险源：大锤、手锤、脚手架、安全带 安全鉴证点 | 1-S1 |	□A1（a） 锤把上不可有油污；严禁单手抡大锤；使用大锤时，周围不得有人靠近；严禁戴手套抡大锤；严禁戴手套抡大锤。 □A1（b） 工作负责人每天上脚手架前，必须进行脚手架整体检查。 □A1（c） 使用时安全带的挂钩或绳子应挂在结实牢固的构件上；安全带要挂在上方，高度不低于腰部（即高挂低用）
2 精处理阳床通风及内部检查 □2.1 使用通风机对精处理阳床进行强制通风30min 危险源：通风机	□A2.1（a） 衣服和袖口应扣好，不得戴围巾领带，长发必须盘在安全帽内。 □A2.1（b） 不准将用具、工器具接触设备的转动部位。

续表

检修工序步骤及内容	安全、质量标准
安全鉴证点 2-S1 □2.2　安装行灯照明工具 危险源：行灯 安全鉴证点 3-S1	□A2.2（a）　不准将行灯变压器带入金属容器或管道内。 □A2.2（b）　行灯电源线不准与其他线路缠绕在一起。 □A2.2（c）　行灯暂时或长时间不用时，应断开行灯变压器电源。
□2.3　测量内部氧含量合格，检修人员进入精处理阳床，用ϕ25×3mm 的塑料管将交换器底部的存水排净后，将交换器内部残留树脂清理干净，并用内部出树脂管口进行有效封堵 危险源：空气、孔洞 安全鉴证点 1-S2	□A2.3（a）　打开精处理阳床所有通风口进行通风。 □A2.3（b）　使用防爆轴流风机强制通风。 □A2.3（c）　测量氧气浓度保持在 19.5%～21%范围内。 □A2.3（d）　人员进出登记；工作停止时应将人孔临时进行封闭，并设有明显的警告标示。 □A2.3（e）　工作人员进入阳床内部，人孔处必须有专人进行监护。
□2.4　用电火花检测仪对交换器内壁衬胶层进行检查 质检点 1-H3	2.4　将电火花检测仪调至 20kV，探头距离衬胶 2～3mm，移动速度 3～5m/min，对内部衬胶检测无剧烈的青白色连续火花为合格（允许 3～5 点/m^2）。
□2.5　用 22～24mm 梅花扳手松开上部配水装置支管的法兰固定螺栓，将螺栓存放在工具袋内，配水支管运至交换器外部检修场地 危险源：高处落物 安全鉴证点 4-S1	□A2.5（a）　传递小零件和工具必须使用工具袋。 □A2.5（b）　工器具和零部件不准上下抛掷，应使用绳系牢后往下或往上吊。
□2.6　待精处理阳床上配水装置滤元支管干燥后，用铜丝刷子、木锤或橡胶锤对滤元支管进行清理	2.6　在配水支管的清理过程中，不发生导致滤元支管绕丝变形的事件。
□2.7　对上、下部配水装置的焊口等外观进行检查 质检点 1-W2	2.7　焊接部位没有气孔、夹渣等焊接缺陷，管道法兰没有明显变形，密封面没有径向损伤。
□2.8　用塞尺检查交换器上部配水支管的滤元绕丝间隙 质检点 2-W2	2.8　上部配水支管的滤元间隙为 0.3～0.5mm。
□2.9　用塞尺检查交换器下部配水支管的滤元绕丝间隙，底部出水母管检查管道有无砂眼 质检点 2-H3	2.9　下部配水支管的滤元间隙为 0.2～0.25mm。
□2.10　回装上部配水装置 □2.11　检查下部配水装置的螺栓紧力和法兰垫片情况 质检点 3-W2	2.10　法兰垫片安装位置正确，法兰螺栓紧力均匀。 2.11　法兰垫片完好，安装位置正确，法兰螺栓紧力均匀
3　封闭人孔 □3.1　制作新的人孔密封垫片，清理人孔门螺栓	3.1.1　制作密封垫使用的石棉板要完好无损，内外圆尺寸与人孔密封面一致。 3.1.2　人孔螺栓螺母的螺纹使用松锈灵除锈除垢，螺纹损坏更换新的。 □A3.2　封闭人孔前工作负责人应认真清点工作人员；核对容器进出入登记，确认无人员和工器具遗落，并喊话确认无人。
□3.2　封闭人孔门 危险源：空气 安全鉴证点 2-S2	3.2　封闭人孔前检查交换器内部无遗留的工器具、包布、塑料布等物品；垫片安装位置正确，无偏斜现象，螺栓紧力均匀适度，螺栓杆露出长短要一致（2～3 扣）
4　凝结水精处理阳床水压严密性试验 □4.1　启动精处理自用水泵对阳床进行水压严密性试验 危险源：高压介质 安全鉴证点 3-S2	□A4.1　不准在有压力的容器上进行任何检修工作；在工作中应注意操作方法的正确性，尽量远离可能泄漏的部位；不准带压紧固人孔螺栓，避免高压介质喷出伤人。 4.1　配合运行值班员对阳床进行 0.6MPa 水压试验，保压

续表

检修工序步骤及内容	安全、质量标准
□4.2　凝结水精处理阳床水压严密性试验合格后，泄压排净罐内的水 危险源：泄压 安全鉴证点 ｜ 5-S1 ｜	10min，检查人孔和管道法兰接合面无渗漏。 □A4.2　酸储存罐水压试验后泄压或放水，应检查放水总管处无人在工作，才可进行
5　检修工作结束验收 □5.1　设备标牌完好，检修记录齐全 □5.2　工完、料尽、场地清 危险源：检修废料 安全鉴证点 ｜ 6-S1 ｜ □5.3　由运行人员对现场进行检查，双方终结工作票，移交运行，待热态试运	5.1　设备标识清晰、完好，标牌恢复原样，检查、修理记录齐全。 □A5.2　废料及时清理，做到工完、料尽、场地清。 5.3　修后设备应物见本色，围栏、孔洞符合安全要求

五、安全鉴证卡		
风险点见证点：1-S2　工序 2.3　检修人员进入床内，测量氧气浓度		
一级验收		年　月　日
二级验收		年　月　日
一级验收		年　月　日
二级验收		年　月　日
一级验收		年　月　日
二级验收		年　月　日
一级验收		年　月　日
二级验收		年　月　日
一级验收		年　月　日
二级验收		年　月　日
一级验收		年　月　日
二级验收		年　月　日
一级验收		年　月　日
二级验收		年　月　日
一级验收		年　月　日
二级验收		年　月　日
一级验收		年　月　日
二级验收		年　月　日
风险点见证点：2-S2　工序 3.2　封闭人孔前工作负责人应认真清点工作人员；核对容器进出入登记，确认无人员和工器具遗落，并喊话确认无人		
一级验收		年　月　日
二级验收		年　月　日
风险点见证点：3-S2　工序 4.1　不准在有压力的容器上进行任何检修工作；在工作中应注意操作方法的正确性，尽量远离可能泄漏的部位；不准带压紧固人孔螺栓，避免高压介质喷出伤人		
一级验收		年　月　日
二级验收		年　月　日

续表

<table>
<tr><td colspan="5">六、质量验收卡</td></tr>
<tr><td colspan="5">质检点：1-H3　工序 2.4　用电火花检测仪对交换器内壁衬胶层进行检查</td></tr>
<tr><td>数据名称</td><td colspan="2">质量标准</td><td>单位</td><td>测量值</td></tr>
<tr><td rowspan="2">交换器内壁衬胶层</td><td colspan="2" rowspan="2">3～5 点/m^2</td><td rowspan="2">m^2</td><td>修前</td></tr>
<tr><td>修后</td></tr>
<tr><td>测量器具/编号</td><td colspan="4"></td></tr>
<tr><td>测量（检查）人</td><td></td><td colspan="2">记录人</td><td></td></tr>
<tr><td>一级验收</td><td colspan="3"></td><td>年　月　日</td></tr>
<tr><td>二级验收</td><td colspan="3"></td><td>年　月　日</td></tr>
<tr><td colspan="5">质检点：1-W2　工序 2.7　对上、下部配水装置的焊口等外观进行检查</td></tr>
<tr><td>数据名称</td><td colspan="2">质量标准</td><td>单位</td><td>测量值</td></tr>
<tr><td rowspan="2">上、下部配水装置
外观检查</td><td colspan="2" rowspan="2">焊接部位没有气孔、夹渣等焊接缺陷。管道法兰没有明显变形，密封面没有径向损伤</td><td rowspan="2"></td><td>修前</td></tr>
<tr><td>修后</td></tr>
<tr><td>测量器具/编号</td><td colspan="4"></td></tr>
<tr><td>测量人</td><td></td><td colspan="2">记录人</td><td></td></tr>
<tr><td>一级验收</td><td colspan="3"></td><td>年　月　日</td></tr>
<tr><td>二级验收</td><td colspan="3"></td><td>年　月　日</td></tr>
<tr><td colspan="5">质检点：2-W2　工序 2.8　用塞尺检查交换器上部配水支管的滤元绕丝间隙</td></tr>
<tr><td>数据名称</td><td colspan="2">质量标准</td><td>单位</td><td>测量值</td></tr>
<tr><td rowspan="2">上部配水支管的滤元
绕丝间隙</td><td colspan="2" rowspan="2">0.3～0.5</td><td rowspan="2">mm</td><td>修前</td></tr>
<tr><td>修后</td></tr>
<tr><td>测量器具/编号</td><td colspan="4"></td></tr>
<tr><td>测量人</td><td></td><td colspan="2">记录人</td><td></td></tr>
<tr><td>一级验收</td><td colspan="3"></td><td>年　月　日</td></tr>
<tr><td>二级验收</td><td colspan="3"></td><td>年　月　日</td></tr>
<tr><td colspan="5">质检点：2-H3　工序 2.9　检查下配水装置滤元间隙</td></tr>
<tr><td>数据名称</td><td colspan="2">质量标准</td><td>单位</td><td>测量值</td></tr>
<tr><td rowspan="2">下部配水支管的滤元
绕丝间隙</td><td colspan="2" rowspan="2">0.20～0.25</td><td rowspan="2">mm</td><td>修前</td></tr>
<tr><td>修后</td></tr>
<tr><td>测量器具/编号</td><td colspan="4"></td></tr>
<tr><td>测量（检查）人</td><td></td><td colspan="2">记录人</td><td></td></tr>
<tr><td>一级验收</td><td colspan="3"></td><td>年　月　日</td></tr>
<tr><td>二级验收</td><td colspan="3"></td><td>年　月　日</td></tr>
<tr><td colspan="5">3-W2　工序 2.11　检查下部配水装置的螺栓紧力和法兰垫片</td></tr>
<tr><td>数据名称</td><td colspan="2">质量标准</td><td>单位</td><td>测量值</td></tr>
<tr><td rowspan="2">下部配水装置安装检查</td><td colspan="2" rowspan="2">法兰螺栓紧力均匀，法兰垫片安装位置正确</td><td rowspan="2">mm</td><td>修前</td></tr>
<tr><td>修后</td></tr>
<tr><td>测量器具/编号</td><td colspan="4"></td></tr>
<tr><td>测量人</td><td></td><td colspan="2">记录人</td><td></td></tr>
<tr><td>一级验收</td><td colspan="3"></td><td>年　月　日</td></tr>
<tr><td>二级验收</td><td colspan="3"></td><td>年　月　日</td></tr>
</table>

续表

质检点：			
测量器具/编号			
测量（检查）人		记录人	
一级验收			年 月 日
二级验收			年 月 日

七、完工验收卡			
序号	检查内容	标 准	检查结果
1	安全措施恢复情况	1.1 检修工作全部结束 1.2 整改项目验收合格 1.3 检修脚手架拆除完毕 1.4 孔洞、坑道等盖板恢复 1.5 临时拆除的防护栏恢复 1.6 安全围栏、标示牌等撤离现场 1.7 安全措施和隔离措施具备恢复条件 1.8 工作票具备押回条件	□ □ □ □ □ □ □ □
2	设备自身状况	2.1 设备与系统全面连接 2.2 设备各人孔、开口部分密封良好 2.3 设备标示牌齐全 2.4 设备油漆完整 2.5 设备管道色环清晰准确 2.6 阀门手轮齐全 2.7 设备保温恢复完毕	□ □ □ □ □ □ □
3	设备环境状况	3.1 检修整体工作结束，人员撤出 3.2 检修剩余备件材料清理出现场 3.3 检修现场废弃物清理完毕 3.4 检修用辅助设施拆除结束 3.5 临时电源、水源、气源、照明等拆除完毕 3.6 工器具及工具箱运出现场 3.7 地面铺垫材料运出现场 3.8 检修现场卫生整洁	□ □ □ □ □ □ □ □
一级验收		二级验收	

八、完工报告单					
工期	年 月 日 至 年 月 日			实际完成工日	工日
主要材料备件消耗统计	序号	名称	规格与型号	生产厂家	消耗数量
	1				
	2				
	3				
	4				
	5				
缺陷处理情况	序号	缺陷内容		处理情况	
	1				
	2				
	3				
	4				

续表

<table>
<tr><td>异动情况</td><td colspan="3"></td></tr>
<tr><td>让步接受情况</td><td colspan="3"></td></tr>
<tr><td>遗留问题及
采取措施</td><td colspan="3"></td></tr>
<tr><td>修后总体评价</td><td colspan="3"></td></tr>
<tr><td rowspan="2">各方签字</td><td>一级验收人员</td><td>二级验收人员</td><td>三级验收人员</td></tr>
<tr><td></td><td></td><td></td></tr>
</table>

4 输 煤 检 修

检修文件包

单位：________ 班组：________ 编号：________

检修任务：带式输送机胶带更换检修 风险等级：________

<table>
<tr><td colspan="7">一、检修工作任务单</td></tr>
<tr><td>计划检修时间</td><td colspan="4">年 月 日 至 年 月 日</td><td>计划工日</td><td></td></tr>
<tr><td>主要检修项目</td><td colspan="3">1．检修前准备工作
2．旧胶带割除</td><td colspan="3">3．新胶带铺放、就位
4．胶带接口硫化</td></tr>
<tr><td>修后目标</td><td colspan="6">1．修后设备一次启动成功
2．检修后胶带无打滑和跑偏现象</td></tr>
<tr><td rowspan="18">鉴证点分布</td><td>W 点</td><td>工序及质检点内容</td><td>H 点</td><td>工序及质检点内容</td><td>S 点</td><td>工序及安全鉴证点内容</td></tr>
<tr><td>1-W2</td><td>□1.2 去除胶带张力</td><td>1-H2</td><td>□3.2 定中心线</td><td>1-S2</td><td>□1.2 起吊滚筒</td></tr>
<tr><td>2-W2</td><td>□3.3 胶带接口划线</td><td>2-H2</td><td>□4.4 钢丝绳排列</td><td>2-S2</td><td>□2.3 卷扬机牵引旧胶带</td></tr>
<tr><td>3-W2</td><td>□3.5 裁钢丝绳</td><td>3-H2</td><td>□4.6 接口中心线复核</td><td>3-S2</td><td>□2.4 新胶带就位</td></tr>
<tr><td>4-W2</td><td>□4.1 钢丝绳摆放</td><td>4-H2</td><td>□5.2 定中心线</td><td></td><td></td></tr>
<tr><td>5-W2</td><td>□4.2 钢丝绳涂胶</td><td>5-H2</td><td>□6.4 排列钢丝绳</td><td></td><td></td></tr>
<tr><td>6-W2</td><td>□4.3 铺下胶层</td><td>6-H2</td><td>□6.6 接口中心线复核</td><td></td><td></td></tr>
<tr><td>7-W2</td><td>□4.5 铺上胶层</td><td>1-H3</td><td>□3.4 剥钢丝绳</td><td></td><td></td></tr>
<tr><td>8-W2</td><td>□4.7 加热板摆放</td><td>2-H3</td><td>□3.6 钢丝绳打磨、清理</td><td></td><td></td></tr>
<tr><td>9-W2</td><td>□4.8 硫化机接线</td><td>3-H3</td><td>□4.9 硫化机参数设置</td><td></td><td></td></tr>
<tr><td>10-W2</td><td>□5.3 胶带接口划线</td><td>4-H3</td><td>□4.10 硫化口检查</td><td></td><td></td></tr>
<tr><td>11-W2</td><td>□5.5 裁钢丝绳</td><td>5-H3</td><td>□5.4 剥钢丝绳</td><td></td><td></td></tr>
<tr><td>12-W2</td><td>□6.1 钢丝绳摆放</td><td>6-H3</td><td>□5.6 钢丝绳打磨、清理</td><td></td><td></td></tr>
<tr><td>13-W2</td><td>□6.2 钢丝绳涂胶</td><td>7-H3</td><td>□6.9 硫化机参数设置</td><td></td><td></td></tr>
<tr><td>14-W2</td><td>□6.3 铺下胶层</td><td>8-H3</td><td>□6.10 硫化口检查</td><td></td><td></td></tr>
<tr><td>15-W2</td><td>□6.5 铺上胶层</td><td>9-H3</td><td>□7.3 设备试运</td><td></td><td></td></tr>
<tr><td>16-W2</td><td>□6.7 加热板摆放</td><td></td><td></td><td></td><td></td></tr>
<tr><td>17-W2</td><td>□6.8 硫化机接线</td><td></td><td></td><td></td><td></td></tr>
<tr><td rowspan="2">质量验收人员</td><td colspan="2">一级验收人员</td><td colspan="2">二级验收人员</td><td colspan="2">三级验收人员</td></tr>
<tr><td colspan="2"></td><td colspan="2"></td><td colspan="2"></td></tr>
<tr><td rowspan="2">安全验收人员</td><td colspan="2">一级验收人员</td><td colspan="2">二级验收人员</td><td colspan="2">三级验收人员</td></tr>
<tr><td colspan="2"></td><td colspan="2"></td><td colspan="2"></td></tr>
</table>

二、修前准备卡

设 备 基 本 参 数

1．胶带输送机规格型号：DTⅡ 1800
2．胶带型号：ST1250×1800（8+4.5+6）200m
3．图例：

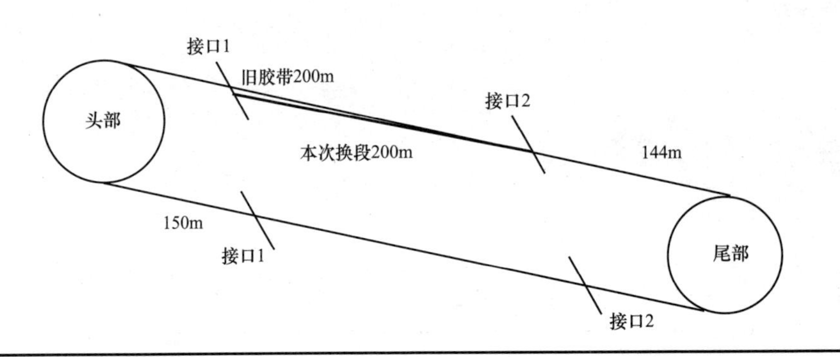

续表

设 备 修 前 状 况				
检修前交底（设备运行状况、历次主要检修经验和教训、检修前主要缺陷）： 胶带计划更换段的两个接口全部出现裂纹，胶带面老化也全部出现细小裂纹，胶带北侧边缘缺损，且胶带原始厚度15mm已磨损到12mm，胶带边缘损坏严重。 检修前主要缺陷： 胶带接口裂纹、胶面分布细小裂纹，北侧边缘损坏，胶带原始厚度15mm磨损后还剩12mm				
技术交底人			年　月　日	
接受交底人			年　月　日	
人 员 准 备				
序号	工种	工作组人员姓名	资格证书编号	检查结果
1	输煤机械检修高级工			□
2	输煤机械检修高级工			□
3	输煤机械检修中级工			□
4	输煤机械检修中级工			□
5	力工			□
6	力工			□
7	起重高级工			□

三、现场准备卡		
办 理 工 作 票		
工作票编号：		
施 工 现 场 准 备		
序号	安 全 措 施 检 查	确认符合
1	进入噪声区域、使用高噪声工具时正确佩戴合格的耳塞	□
2	进入粉尘较大的场所作业，作业人员必须戴防尘口罩	□
3	工作前核对设备名称及编号	□
4	发现盖板缺损及平台防护栏杆不完整时，应采取临时防护措施，设坚固的临时围栏	□
5	开工前与运行人员共同确认皮带机电源可靠已断开，挂“禁止合闸，有人工作”标示牌	□
6	转动设备检修时应采取防转动措施	□
7	设置安全隔离围栏并设置警告标示；设置检修通道	□
8	起重设备每日使用前填写就地每日检查记录	□
9	脚手架每日检查执行脚手架验收单中每日检查签字表	□
确认人签字：		

工 器 具 准 备 与 检 查				
序号	工具名称及型号	数量	完 好 标 准	确认符合
1	扳手（375mm）	2	（1）活动板口应在板体导轨的全行程上灵活移动。 （2）活扳手不应有裂缝、毛刺及明显的夹缝、切痕、氧化皮等缺陷，柄部平直且不应有影响使用性能的缺陷	□
2	螺丝刀（250mm）	2	螺丝刀手柄应安装牢固，没有手柄的不准使用	□
3	电动葫芦	1	（1）经（或检验检测监督机构）检验检测合格。 （2）检查导绳器和限位器灵活正常，卷扬限制器在吊钩升起距起重构架300mm时自动停止	□

续表

序号	工具名称及型号	数量	完　好　标　准	确认符合
4	钢丝钳（200mm）	2	钢丝钳手柄应安装牢固，没有手柄的不准使用	□
5	移动式电源盘（220V）	2	（1）检查检验合格证在有效期内。 （2）检查电源盘电源线、电源插头、插座完好无破损；漏电保护器动作正确。 （3）检查电源盘线盘架、拉杆、线盘架轮子及线盘摇动手柄齐全完好	□
6	手拉葫芦（3t）	4	（1）检查检验合格证在有效期内。 （2）链节无严重锈蚀及裂纹，无打滑现象。 （3）齿轮完整，轮杆无磨损现象，开口销完整。 （4）吊钩无裂纹变形。 （5）链扣、蜗母轮及轮轴发生变形、生锈或链索磨损严重时，均应禁止使用。 （6）撑牙灵活能起刹车作用；撑牙平面垫片有足够厚度，加荷重后不会拉滑。 （7）使用前应做无负荷的起落试验一次，检查其煞车以及传动装置是否良好，然后再进行工作	□
7	卷尺（100m）	1	（1）钢卷尺尺带的拉出和收卷应轻便、灵活，无卡阻现象。 （2）使用中的钢卷尺不应有影响使用准确度的外观缺陷	□
8	温度计（0～200℃）	4	温度计有合格证，并在有效期内	□
9	角尺（20°）	1	（1）端面、侧面的平面度不许有凸。 （2）尺表面不应有锈蚀、磁性、碰伤、砂眼、毛刺、刻度线断线、漆层脱落	□
10	硫化机扳手（M46）	2	内方无损坏、无弯曲、无断裂	□
11	硫化机（LHJ-1400）	1	硫化接头用硫化器必须是通过鉴定，证件齐全的合格产品，在有瓦斯、煤尘爆炸危险的场所硫化接头必须使用具有防爆性能的硫化器	□
12	手锤	2	手锤的锤头须完整，其表面须光滑微凸，不得有歪斜、缺口、凹入及裂纹等情形。大锤、手锤的柄须用整根的硬木制成，并将头部用楔栓固定。楔栓宜采用金属楔，楔子长度不应大于安装孔的2/3	□
13	皮带刀（180×30）	4	（1）皮带刀手柄应安装牢固，没有手柄的不准使用。 （2）刀鞘坚固厚度不小于1.0mm	□
14	电吹风（2000W）	1	（1）产品标识及定期检验合格标识应清晰齐全。 （2）电源线及插头、手柄完好，应无老化变形、无开裂、无破损等损伤。 （3）出风口及散热出风口处应清洁干净、无遮挡。 （4）空载试转时，各挡位转动应灵活，无卡堵现象，运行声音均匀无异常	□
15	角磨机（150mm）	2	（1）检查检验合格证在有效期内。 （2）检查电源线、电源插头完好无缺损；有漏电保护器。 （3）检查防护罩完好。 （4）检查电源开关动作正常、灵活。 （5）检查转动部分转动灵活、轻快，无阻滞	□
16	卷扬机（10t）	1	（1）经（或检验检测监督机构）检验检测合格。 （2）检查卷扬机的钢丝绳磨无严重磨损现象，钢丝绳断裂根数在规程规定限度以内；接扣可靠，无松动现象。 （3）滑轮杆无磨损现象，开口销完整；吊钩开口度符合标准要求。 （4）吊钩无裂纹或显著变形，无严重腐蚀、磨损现象；销子及滚珠轴承良好；保证控制开关的外观完整，绝缘良好	□
17	橡皮锤	2	橡皮锤的手柄及把套应安装牢固，没有手柄的不准使用	□

续表

序号	工具名称及型号	数量	完 好 标 准	确认符合
18	无齿锯	1	（1）检查检验合格证在有效期内。 （2）使用前应进行各部分检查，锯片必须锯齿尖锐锯片必须锯齿尖锐，不得有缺齿，不得有裂口。 （3）无齿锯机各部件应完整齐全、无松动。 （4）锯片防护罩应完好齐全，且安装牢固可靠。 （5）外壳塑料部分及握柄应无气泡、无裂痕、无灼伤、无变形、无影响安全使用的灼伤等缺陷	□
19	吊具	1	（1）起重工具使用前，必须检查完好、无破损。 （2）所选用的吊索具应与被吊工件的外形特点及具体要求相适应，在不具备使用条件的情况下，决不能使用	□
20	撬杠（1500mm）	2	必须保证撬杠强度满足要求。在使用加力杆时，必须保证其强度和嵌套深度满足要求，以防折断或滑脱	□
21	汽车起重机	1	（1）经（或检验检测监督机构）检验检测合格。 （2）由操作人员检查汽车起重机完好、液压系统无泄漏	□
确认人签字：				

材 料 准 备

序号	材料名称	规格	单位	数量	检查结果
1	清洗剂	120 号	kg	10	□
2	面胶	EP200	kg	15	□
3	芯胶	EP200	kg	30	□
4	毛刷	50mm	把	6	□
5	螺栓	M16×50	条	40	□
6	螺母	M16	个	40	□
7	弹垫	ϕ16	个	40	□
8	平垫	ϕ16	个	40	□
9	记号笔	粗	支	1	□
10	镀锌铁丝	20 号	m	0.8	□
11	镀锌铁丝	8 号	kg	10	□

备 件 准 备

序号	备件名称	规格型号	单位	数量	检查结果
1	钢丝绳芯输送带	ST1250 耐寒阻燃型	m	200	□
2	验收标准：胶带长度符合所需数量（200m），胶带表面无裂纹，钢绳直径 4.5mm，上胶 8mm，下胶 6mm，胶带宽度为 1800mm。检查胶带合格证完整，制造厂名、地址、规格型号、标准代号、包装日期、标明长度、检验人等准确清晰，检验证完整、清晰。整条胶带无搭接、无夹层、无烂口、无皱褶，底胶与面胶厚度均匀，无沉积、无鼓泡、无离层、无老化，整条胶带平直无扭曲、无变形，外观良好无划痕				

四、检修工序卡

检修工序步骤及内容	安全、质量标准
1 固定卷扬机、硫化机设备就位、起吊配重 □1.1 固定卷扬机，确认更换胶带及硫化机运至现场 □1.2 去除胶带张力：用两个 5t 手拉葫芦固定在带式输送机中部张紧滚筒上方，将张紧滚筒吊起 危险源：电动葫芦、吊具、起吊物 安全鉴证点 | 1-S2	1.1.1 新胶带卷长度为所需备件长度。 1.1.2 未经固定的卷扬机不准使用。 □A1.2（a） 由特种设备作业人员或操作人员检查电动葫芦的钢丝绳磨损情况，吊钩防脱保险装置是否牢固、齐全，制动器、导绳器和限位器的有效性，控制手柄的外观是否破

续表

<table>
<tr><th>检修工序步骤及内容</th><th>安全、质量标准</th></tr>
<tr><td>

质检点	1-W2	

</td><td>损，吊钩放至最低位置时滚筒上至少剩有 5 圈绳索；检查电动葫芦检验合格证在有效期内。
□A1.2（b） 起重吊物之前，必须清楚物件的实际重量，不准起吊不明物和埋在地下的物件。当重物无固定死点时，必须按规定选择吊点并捆绑牢固，使重物在吊运过程中保持平衡和吊点不发生移动。工件或吊物起吊时必须捆绑牢靠；吊拉时两根钢丝绳之间的夹角一般不得大于 90°；使用单吊索起吊重物挂钩时应打“挂钩结”；使用吊环时螺栓必须拧到底；使用卸扣时，吊索与其连接的一个索扣必须扣在销轴上，一个索扣必须扣在扣顶上，不准两个索扣分别扣在卸扣的扣体两侧上；吊拉捆绑时，重物或设备构件的锐边快口处必须加装衬垫物。
□A1.2（c） 起重机在起吊大的或不规则的构件时，应在构件上系以牢固的拉绳，使其不摇摆、不旋转；选择牢固可靠、满足载荷的吊点。起重物品必须绑牢，吊钩要挂在物品的重心上，吊钩钢丝绳应保持垂直；严禁吊物从人的头上越过或停留</td></tr>
<tr><td>2 拆除旧皮带更换新皮带
□2.1 在硫化位置双侧打卡子固定，用 2 个 3t 手拉葫芦将断口处前方上层胶带卡固定，再用 2 个 3t 手拉葫芦将断口处后方上层胶带卡与新胶带支撑架连接，并将手拉葫芦拉紧
危险源：手拉葫芦

| 安全鉴证点 | 1-S1 | |

□2.2 旧胶带断口
危险源：皮带刀

| 安全鉴证点 | 2-S1 | |

□2.3 在割除的旧胶带备件的端头安装皮带卡，并用一根钢丝绳套分别将卡子两端连接，然后将钢丝绳套与卷扬机连接，缓慢的开动卷扬机牵引旧胶带，并清理在卷扬机侧的地面上
危险源：卷扬机

| 安全鉴证点 | 2-S2 | |

□2.4 新胶带就位：使用汽车起重机吊起能够旋转的胶带卷，胶带卷位于第一道接口的上方，将新胶带头牵引至旧胶带接口处
危险源：汽车起重机、吊装皮带

| 安全鉴证点 | 3-S2 | |

□2.5 裁割旧胶带，将旧胶带打卷摆放，运到指定位置存放</td><td>□A2.1 不准使吊钩斜着拖吊重物；起重工具的工作负荷，不准超过铭牌规定；工件或吊物起吊时必须捆绑牢靠；吊拉时两根钢丝绳之间的夹角一般不大于 90°；吊拉捆绑时，重物或设备构件的锐边快口处必须加装衬垫物；吊装作业现场必须设警戒区域，设专人监护。

□A2.2 裁割胶带时，皮带刀口不要正对工作人员；皮带刀使用后要及时入鞘。

□A2.3 不准往滑车上套钢丝绳；不准修理或调整卷扬机的转动部分；不准当物件下落时用木棍来制动卷扬机的滚筒；不准站在提升或放下重物的地方附近；不准改正卷扬机滚筒上缠绕得不正确的钢丝绳；手动卷扬机工作完毕后必须取下手柄。

□A2.4（a） 使用汽车起重机起吊重物时，必须将支座盘牢靠地连接在支腿上，支腿应可靠地支承在坚实可靠的地面上，如在松土地面上工作时，应在支座盘上垫置枕木、钢板、路基箱等。
汽车起重机必须在水平位置上工作，其允许倾斜度不得大于 3°；车辆支腿应伸展到位，不准起吊中调整支腿。
□A2.4（b） 不准使吊钩斜着拖吊重物；起重物必须绑牢，吊钩应挂在物品的重心上；在起重作业区周围设置明显的起吊警戒和围栏；无关人员不准在起重工作区域内行走或者停留；吊装作业区周边必须设置警戒区域，并设专人监护</td></tr>
<tr><td>3 一道胶带做口（头部）
□3.1 拆除皮带机两侧护栏及槽形托辊架，铺放硫化机下支架
危险源：大锤

| 安全鉴证点 | 3-S1 | |

□3.2 定中心线：根据胶带宽度的中点，在一端胶带定出 3 个点，（两点间的间隔大于 2m），用小刀或记号笔做好标记，保证胶带切割后留存的中心线长度不小于 5m；定出另一端中点后将两端胶带对直，使两端胶带处于一直线上，确定中心线对直无误后，在接头部位以外将胶带固定在机架或接头平台上</td><td>□A3.1 严禁单手抡大锤，使用大锤时，周围不得有人靠近。
3.1 下支架倾斜角度按照 20°角尺摆放。在下支架上方摆放下侧加热板，顺胶带运行方向，靠右侧向前倾斜，螺栓孔两侧露出均匀。

3.2 用线确认两端中心线为一直线。</td></tr>
</table>

续表

<table>
<tr><th>检修工序步骤及内容</th><th>安全、质量标准</th></tr>
<tr><td>质检点 | 1-H2 |

□3.3 胶带接口画线

质检点 | 2-W2 |

□3.4 剥钢丝绳：在切割线上将胶层切割到钢丝绳，先将胶带的边胶沿边部钢丝绳割去，然后沿各切割线切割到钢丝绳，最后将内裹钢丝绳的长方形条带上的橡胶全部削去

质检点 | 1-H3 |

□3.5 裁钢丝绳，切割斜坡面
危险源：移动式电源盘、无齿锯

安全鉴证点 | 4-S1 |

质检点 | 3-W2 |

□3.6 钢丝绳打磨、清理
危险源：角磨机、移动式电源盘

安全鉴证点 | 5-S1 |

质检点 | 2-H3 |</td><td>3.3 皮带接口长度为1100mm，胶带接口的角度应为20°，方向与硫化机加热板的方向一致（角度原则为右上角）。

3.4 钢丝绳上所剩橡胶越少越好，削钢丝绳橡胶时严禁损坏钢丝绳镀层，严禁采用钢丝钳夹紧钢丝绳头硬将钢丝从橡胶中抽出的办法剥离。

□A3.5（a） 检查电源盘检验合格证在有效期内；电源线、电源插头、插座完好无破损；漏电保护器动作正确；检查电源盘线盘架、拉杆、线盘架轮子及线盘摇动手柄齐全完好。
□A3.5（b） 无齿锯使用前应进行各部分检查，锯片必须锯齿尖锐，不得有缺齿、裂口。
3.5 皮带斜坡面宽度30mm，每根钢丝绳的长度按1000、950mm从带头边缘交替裁剪。
□A3.6（a） 操作人员必须正确佩戴防护面罩、防护眼镜，不准手提角磨机的导线或转动部分。
□A3.6（b） 工作中，离开工作场所、暂停作业以及遇临时停电时，须立即切断电源盘电源。
3.6 角磨机清理浮胶、残胶时，将钢丝绳表面打成粗糙状，钢丝绳上保留0.5mm的橡胶。钢丝绳根部的斜坡面及邻近斜面的覆盖胶表面（宽度50mm）也须打磨</td></tr>
<tr><td>4 一道胶带接口热硫化（头部）
□4.1 钢丝绳摆放：重新校验两带头中心线，将两带头钢丝绳平铺在硫化机下加热板上，且要对放，并调整成一直线

质检点 | 4-W2 |

□4.2 钢丝绳涂胶：两带头清洗、涂胶，胶浆涂抹均匀。（可使用电吹风烘干）将两带头的钢丝绳翻向两边，放在预先铺好干净的布上

质检点 | 5-W2 |

□4.3 覆下胶层：加热板上先铺一层6mm厚面胶，刷一遍胶浆。接着铺设一层2mm厚芯胶，刷一遍胶浆

质检点 | 6-W2 |

□4.4 钢丝绳排列：将胶带两个头的中心钢丝绳找出，由中间向两边排列，全部钢丝绳排列完毕后检查钢丝绳排列情况，有歪斜的、排列错误的要予以纠正，检查无误后涂刷胶浆

质检点 | 2-H2 |

□4.5 覆上胶层：先铺一层裁好的2mm厚芯胶，刷一遍胶浆。接着铺设一层6mm厚面胶，刷一遍胶浆
危险源：清洗剂、溶剂

安全鉴证点 | 6-S1 |

质检点 | 7-W2 |

□4.6 接口中心线复核：带头整形、修补，两接头中心复核校对

质检点 | 3-H2 |</td><td>4.1 对放位置需使最长的钢丝绳端头与另一端带头钢丝绳根部（斜坡面前沿）间距100mm。

4.2 涂胶浆次数为2遍，胶浆以不黏手为宜。下加热板上也应铺上干净白布。

4.3 覆盖胶、芯胶裁成与带体斜坡面相一致的斜接头；覆盖胶、芯胶表面应清洗干净晾干后再涂胶；芯胶贴在覆盖胶上压牢，从中间向四周均匀按压、刺孔、排气。

4.4 钢丝绳保持与胶带中心线平行，各绳不得变位、变曲、拱起等。

□A4.5 对在使用中发生的跑、冒、滴、漏及溢油，要及时清除处理；使用时打开窗户或打开风扇通风，避免过多吸入化学微粒，戴防护口罩；使用含有抗菌成分的清洁剂时，戴上手套，避免灼伤皮肤。
4.5 胶层压实，可用木锤在表面顺次敲打和刺孔，排除胶层中的气孔。

4.6 皮带铺放完整，无缺胶</td></tr>
</table>

续表

<table>
<tr><th>检修工序步骤及内容</th><th>安全、质量标准</th></tr>
<tr><td>□4.7　加热板摆放：顶好边部垫铁，在胶带接口上方与下电热板对应位置铺上加热板、高压胶囊、保温板，电加热板与胶带接口硫化面铺满报纸或白布
检点 | 8-W2 |</td><td>4.7　垫铁厚度应比胶带薄 0.5～1mm，再次确认加热板，上下相邻加热板必须齐平。</td></tr>
<tr><td>□4.8　硫化机接线：铺放上机架，并用扳手均匀拧紧螺母。将加压泵系统快速接头与高压胶囊进水孔相连接，先将两根二次导线的一端插在电热控制箱的插座上，另一端插在电热板上，水泵电源插头与电控箱连接，再插接一次电源、合闸
危险源：硫化机加热
安全鉴证点 | 7-S1 |
质检点 | 9-W2 |</td><td>□A4.8　使用前检查电源线及插头外绝缘良好，无破损，硫化皮带时硫化机电源线全部展开，防止电缆发热漏电；硫化机紧固螺栓两侧禁止站人，硫化过程中密切关注电缆温度。
4.8　上下机架螺栓孔对齐，各电源插头均已安装到位，无虚接。</td></tr>
<tr><td>□4.9　硫化机参数设置：调整硫化机参数，打压至 1.4MPa，合上控制箱加热开关。硫化结束后，关闭电源，排水减压，拆下压力泵接口，拆除上支架，搬下保温板、高压胶囊、上加热板，切除两侧溢胶，打磨覆盖胶面。拆除下加热板、下支架。
质检点 | 3-H3 |</td><td>4.9　硫化温度为 145℃，保证压力为 1.4MPa，达到额定参数时硫化时间为 45min；硫化时升温要连续，整个升温时间不应超过 50min；硫化后冷却时严禁采用往硫化机上浇水强制冷却的方法；温度为 60℃以下时，拆卸硫化机。</td></tr>
<tr><td>□4.10　硫化口检查
质检点 | 4-H3 |</td><td>4.10　胶带接口黏接后边缘应为一条直线，胶带表面无起鼓、裂纹现象。中心线偏差在 10m 长度内大于 25mm 的或接头有大量气泡，必须重新接头</td></tr>
<tr><td>5　二道胶带做口（尾部）
□5.1　拆除皮带机两侧护栏及槽形托辊架，铺放硫化机下支架
危险源：大锤
安全鉴证点 | 8-S1 |</td><td>□A5.1　严禁单手抡大锤，使用大锤时，周围不得有人靠近。
5.1　下支架倾斜角度按照 20°角尺摆放。在下支架上方摆放下侧加热板，顺胶带运行方向，靠右侧向前倾斜，螺栓孔两侧露出均匀。</td></tr>
<tr><td>□5.2　定中心线：根据胶带宽度的中点，在一端胶带定出 3 个点，（两点间的间隔大于 2m），用小刀或记号笔做好标记，保证胶带切割后留存的中心线长度不小于 5m；定出另一端中点后将两端胶带对直，使两端胶带处于一直线上，确定中心线对直无误后，在接头部位以外将胶带固定在机架或接头平台上
质检点 | 4-H2 |</td><td>5.2　用线确认两端中心线为一直线。</td></tr>
<tr><td>□5.3　胶带接口割线
质检点 | 10-W2 |</td><td>5.3　皮带接口长度为 1100mm，胶带接口的角度应为 20°，方向与硫化机加热板的方向一致（角度原则为右上角）。</td></tr>
<tr><td>□5.4　剥钢丝绳，在切割线上将胶层切割到钢丝绳，先将胶带的边胶沿边部钢丝绳割去，然后沿各切割线切割到钢丝绳，最后将内裹钢丝绳的长方形条带上的橡胶全部削去
质检点 | 5-H3 |</td><td>5.4　钢丝绳上所剩橡胶越少越好，削钢丝绳橡胶时严禁损坏钢丝绳镀层，严禁采用钢丝钳夹紧钢丝绳头硬将钢丝从橡胶中抽出的办法剥离。</td></tr>
<tr><td>□5.5　裁钢丝绳，切割斜坡面
危险源：移动式电源盘、无齿锯
安全鉴证点 | 9-S1 |
质检点 | 11-W2 |</td><td>□A5.5（a）　检查电源盘检验合格证在有效期内；电源线、电源插头、插座完好无破损；漏电保护器动作正确；检查电源盘线盘架、拉杆、线盘架轮子及线盘摇动手柄齐全完好。
□A5.5（b）　无齿锯使用前应进行各部分检查，锯片必须锯齿尖锐，不得有缺齿、裂口。
5.5　皮带斜坡面宽度 30mm，每根钢丝绳的长度按 1000、950mm 从带头边缘交替裁剪。</td></tr>
<tr><td>□5.6　钢丝绳打磨、清理
危险源：角磨机、移动式电源盘</td><td>□A5.6（a）　操作人员必须正确佩戴防护面罩、防护眼镜，不准手提角磨机的导线或转动部分。
□A5.6（b）　工作中，离开工作场所、暂停作业以及遇临</td></tr>
</table>

续表

检修工序步骤及内容	安全、质量标准
安全鉴证点 10-S1 质检点 6-H3	时停电时，须立即切断电源盘电源。 5.6 角磨机清理浮胶、残胶时，将钢丝绳表面打成粗糙状，钢丝绳上保留0.5mm的橡胶。钢丝绳根部的斜坡面及邻近斜面的覆盖胶表面（宽度50mm）也须打磨
6 二道胶带接口热硫化（尾部） □6.1 钢丝绳摆放：重新校验两带头中心线，将两带头钢丝绳平铺在硫化机下加热板上，且要对放，并调整成一直线 质检点 12-W2	6.1 对放位置需使最长的钢丝绳端头与另一端带头钢丝绳根部（斜坡面前沿）间距100mm。
□6.2 钢丝绳涂胶：两带头清洗、涂胶，胶浆涂抹均匀。（可使用电吹风烘干）将两带头的钢丝绳翻向两边，放在预先铺好干净的布上 质检点 13-W2	6.2 涂胶浆次数为2遍，胶浆以不黏手为宜。下加热板上也应铺上干净白布。
□6.3 覆下胶层：加热板上先铺一层6mm厚面胶，刷一遍胶浆。接着铺设一层2mm厚芯胶，刷一遍胶浆 质检点 14-W2	6.3 覆盖胶、芯胶裁成与带体斜坡面相一致的斜接头；覆盖胶、芯胶表面应清洗干净晾干后再涂胶；芯胶贴在覆盖胶上压牢，从中间向四周均匀按压、刺孔、排气。
□6.4 钢丝绳排列：将胶带两个头的中心钢丝绳找出，由中间向两边排列，全部钢丝绳排列完毕后检查钢丝绳排列情况，有歪斜的、排列错误的要予以纠正，检查无误后涂刷胶浆 质检点 5-H2	6.4 钢丝绳保持与胶带中心线平行，各绳不得变位、变曲、拱起等。
□6.5 覆上胶层：先铺一层裁好的2mm厚芯胶，刷一遍胶浆。接着铺设一层6mm厚面胶，刷一遍胶浆 危险源：清洗剂、溶剂 安全鉴证点 11-S1 质检点 15-W2	□A6.5 对在使用中发生的跑、冒、滴、漏及溢油，要及时清除处理；使用时打开窗户或打开风扇通风，避免过多吸入化学微粒，戴防护口罩；使用含有抗菌成分的清洁剂时，带上手套，避免灼伤皮肤。 6.5 胶层压实，可用木锤在表面顺次敲打和刺孔，排除胶层中的气孔。
□6.6 接口中心线复核：带头整形、修补，两接头中心复核校对 质检点 6-H2	6.6 皮带铺放完整，无缺胶。
□6.7 加热板摆放：顶好边部垫铁，在胶带接口上方与下电热板对应位置铺上加热板、高压胶囊、保温板，电加热板与胶带接口硫化面铺满报纸或白布 质检点 16-W2	6.7 垫铁厚度应比胶带薄0.5～1mm，再次确认加热板，上下相邻加热板必须齐平。
□6.8 硫化机接线：铺放上机架，并用扳手均匀拧紧螺母。将加压泵系统快速接头与高压胶囊进水孔相连接，先将两根二次导线的一端插在电热控制箱的插座上，另一端插在电热板上，水泵电源插头与电控箱连接，再插接一次电源、合闸 危险源：硫化机加热 安全鉴证点 12-S1 质检点 17-W2	□A6.8 使用前检查电源线及插头外绝缘良好，无破损，硫化皮带时硫化机电源线全部展开，防止电缆发热漏电；硫化机紧固螺栓两侧禁止站人，硫化过程中密切关注电缆温度。 6.8 上下机架螺栓孔对齐，各电源插头均已安装到位，无虚接。
□6.9 硫化机参数设置：调整硫化机参数，打压至1.4MPa，合上控制箱加热开关。硫化结束后，关闭电源，排水减压，拆下压力泵接口，拆除上支架，搬下保温板、高压胶囊、上加热板，切除两侧溢胶，打磨覆盖胶面。拆除下加热板、下支架	6.9 硫化温度为145℃，保证压力为1.4MPa，达到额定参数时硫化时间为45min；硫化时升温要连续，整个升温时间不应超过50min；硫化后冷却时严禁采用往硫化机上浇水强制冷却的方法；温度为60℃以下时，拆卸硫化机。

续表

<table>
<tr><th>检修工序步骤及内容</th><th>安全、质量标准</th></tr>
<tr><td>质检点 7-H3
□6.10 硫化口检查
质检点 8-H3</td><td>6.10 胶带接口黏接后边缘应为一条直线，胶带表面无起鼓、裂纹现象。中心线偏差在10m长度内大于25mm的或接头有大量气泡，必须重新接头</td></tr>
<tr><td>7 胶带试运
□7.1 启动液压拉紧装置，将中部张紧装置恢复到原拉力，胶带恢复到原张力
□7.2 设备恢复、清理现场（清扫器、制动器、逆止器、托辊架、护栏、护罩恢复、清理胶带上检修垃圾）
□7.3 设备试运：工作票押至运行主控室，通知运行人员恢复送电
危险源：转动的电机
安全鉴证点 13-S1
质检点 9-H3</td><td>7.1 张紧装置动作灵活，无卡涩。
7.2 清扫器与胶带面紧密接触，护栏安装牢固，托辊架安装完毕。
□A7.3 转动机械试运行操作应由运行值班人员根据检修工作负责人的要求进行，检修人员不准自己进行试运行的操作；转动设备试运行时所有人员应先远离，站在转动机械的轴向位置，并有一人站在事故按钮位置。
7.3 胶带无打滑和跑偏现象。跑偏量小于胶带宽度5%（如有以上现象应立即调整）</td></tr>
<tr><td>8 工作结束，清理现场
危险源：孔洞、施工废料
安全鉴证点 14-S1</td><td>□A8.1（a） 施工结束后，临时打的孔、洞必须恢复原状。
□A8.1（b） 废料及时清理，做到工完、料尽、场地清</td></tr>
</table>

<table>
<tr><td colspan="3">五、安全鉴证卡</td></tr>
<tr><td colspan="3">风险鉴证点：1-S2 工序：1.2 起吊滚筒</td></tr>
<tr><td>一级验收</td><td></td><td>年 月 日</td></tr>
<tr><td>二级验收</td><td></td><td>年 月 日</td></tr>
<tr><td>一级验收</td><td></td><td>年 月 日</td></tr>
<tr><td>二级验收</td><td></td><td>年 月 日</td></tr>
<tr><td>一级验收</td><td></td><td>年 月 日</td></tr>
<tr><td>二级验收</td><td></td><td>年 月 日</td></tr>
<tr><td>一级验收</td><td></td><td>年 月 日</td></tr>
<tr><td>二级验收</td><td></td><td>年 月 日</td></tr>
<tr><td colspan="3">风险鉴证点：2-S2 工序：2.3 卷扬机牵引旧胶带</td></tr>
<tr><td>一级验收</td><td></td><td>年 月 日</td></tr>
<tr><td>二级验收</td><td></td><td>年 月 日</td></tr>
<tr><td>一级验收</td><td></td><td>年 月 日</td></tr>
<tr><td>二级验收</td><td></td><td>年 月 日</td></tr>
<tr><td>一级验收</td><td></td><td>年 月 日</td></tr>
<tr><td>二级验收</td><td></td><td>年 月 日</td></tr>
<tr><td>一级验收</td><td></td><td>年 月 日</td></tr>
<tr><td>二级验收</td><td></td><td>年 月 日</td></tr>
<tr><td colspan="3">风险鉴证点：3-S2 工序：2.4 新胶带就位</td></tr>
<tr><td>一级验收</td><td></td><td>年 月 日</td></tr>
<tr><td>二级验收</td><td></td><td>年 月 日</td></tr>
</table>

续表

风险鉴证点：3-S2　工序：2.4　新胶带就位		
一级验收		年　月　日
二级验收		年　月　日
一级验收		年　月　日
二级验收		年　月　日
一级验收		年　月　日
二级验收		年　月　日

六、质量验收卡			
质检点：1-W2　工序 1.2　去除胶带张力 检查情况：			
测量器具/编号			
测量（检查）人		记录人	
一级验收			年　月　日
二级验收			年　月　日
质检点：1-H2　工序 3.2　定中心线 检查情况：			
测量器具/编号			
测量人		记录人	
一级验收			年　月　日
二级验收			年　月　日
质检点：2-W2　工序 3.3　胶带接口画线 检查情况：			
测量器具/编号			
测量人		记录人	
一级验收			年　月　日
二级验收			年　月　日

续表

<table>
<tr><td colspan="4">质检点：1-H3　工序 3.4　剥钢丝绳
检查情况：</td></tr>
<tr><td>测量器具/编号</td><td colspan="3"></td></tr>
<tr><td>测量（检查）人</td><td></td><td>记录人</td><td></td></tr>
<tr><td>一级验收</td><td colspan="2"></td><td>年　月　日</td></tr>
<tr><td>二级验收</td><td colspan="2"></td><td>年　月　日</td></tr>
<tr><td>三级验收</td><td colspan="2"></td><td>年　月　日</td></tr>
<tr><td colspan="4">质检点：3-W2　工序 3.5　裁钢丝绳
检查情况：</td></tr>
<tr><td>测量器具/编号</td><td colspan="3"></td></tr>
<tr><td>测量人</td><td></td><td>记录人</td><td></td></tr>
<tr><td>一级验收</td><td colspan="2"></td><td>年　月　日</td></tr>
<tr><td>二级验收</td><td colspan="2"></td><td>年　月　日</td></tr>
<tr><td colspan="4">质检点：2-H3　工序 3.6　钢丝绳打磨、清理
检查情况：</td></tr>
<tr><td>测量器具/编号</td><td colspan="3"></td></tr>
<tr><td>测量人</td><td></td><td>记录人</td><td></td></tr>
<tr><td>一级验收</td><td colspan="2"></td><td>年　月　日</td></tr>
<tr><td>二级验收</td><td colspan="2"></td><td>年　月　日</td></tr>
<tr><td>三级验收</td><td colspan="2"></td><td>年　月　日</td></tr>
<tr><td colspan="4">质检点：4-W2　工序 4.1　钢丝绳摆放</td></tr>
</table>

续表

<table>
<tr><td>测量器具/编号</td><td colspan="3"></td></tr>
<tr><td>测量（检查）人</td><td></td><td>记录人</td><td></td></tr>
<tr><td>一级验收</td><td colspan="2"></td><td>年　月　日</td></tr>
<tr><td>二级验收</td><td colspan="2"></td><td>年　月　日</td></tr>
<tr><td colspan="4">质检点：5-W2　工序 4.2　钢丝绳涂胶
检查情况：</td></tr>
<tr><td>测量器具/编号</td><td colspan="3"></td></tr>
<tr><td>测量人</td><td></td><td>记录人</td><td></td></tr>
<tr><td>一级验收</td><td colspan="2"></td><td>年　月　日</td></tr>
<tr><td>二级验收</td><td colspan="2"></td><td>年　月　日</td></tr>
<tr><td colspan="4">质检点：6-W2　工序 4.3　铺下胶层
检查情况：</td></tr>
<tr><td>测量器具/编号</td><td colspan="3"></td></tr>
<tr><td>测量人</td><td></td><td>记录人</td><td></td></tr>
<tr><td>一级验收</td><td colspan="2"></td><td>年　月　日</td></tr>
<tr><td>二级验收</td><td colspan="2"></td><td>年　月　日</td></tr>
<tr><td colspan="4">质检点：2-H2　工序 4.4　排列钢丝绳
检查情况：</td></tr>
<tr><td>测量器具/编号</td><td colspan="3"></td></tr>
<tr><td>测量（检查）人</td><td></td><td>记录人</td><td></td></tr>
<tr><td>一级验收</td><td colspan="2"></td><td>年　月　日</td></tr>
<tr><td>二级验收</td><td colspan="2"></td><td>年　月　日</td></tr>
<tr><td colspan="4">质检点：7-W2　工序 4.5　铺上胶层
检查情况：</td></tr>
</table>

续表

<table>
<tr><td>测量器具/编号</td><td colspan="3"></td></tr>
<tr><td>测量人</td><td></td><td>记录人</td><td></td></tr>
<tr><td>一级验收</td><td colspan="2"></td><td>年 月 日</td></tr>
<tr><td>二级验收</td><td colspan="2"></td><td>年 月 日</td></tr>
<tr><td colspan="4">质检点：3-H2　工序 4.6　接口中心线复核
检查情况：</td></tr>
<tr><td>测量器具/编号</td><td colspan="3"></td></tr>
<tr><td>测量（检查）人</td><td></td><td>记录人</td><td></td></tr>
<tr><td>一级验收</td><td colspan="2"></td><td>年 月 日</td></tr>
<tr><td>二级验收</td><td colspan="2"></td><td>年 月 日</td></tr>
<tr><td colspan="4">质检点：8-W2　工序 4.7　加热板摆放
检查情况：</td></tr>
<tr><td>测量器具/编号</td><td colspan="3"></td></tr>
<tr><td>测量（检查）人</td><td></td><td>记录人</td><td></td></tr>
<tr><td>一级验收</td><td colspan="2"></td><td>年 月 日</td></tr>
<tr><td>二级验收</td><td colspan="2"></td><td>年 月 日</td></tr>
<tr><td colspan="4">质检点：9-W2　工序 4.8　硫化机接线
检查情况：</td></tr>
<tr><td>测量器具/编号</td><td colspan="3"></td></tr>
<tr><td>测量人</td><td></td><td>记录人</td><td></td></tr>
<tr><td>一级验收</td><td colspan="2"></td><td>年 月 日</td></tr>
<tr><td>二级验收</td><td colspan="2"></td><td>年 月 日</td></tr>
<tr><td colspan="4">质检点：3-H3　工序 4.9　硫化机参数设置
检查情况：</td></tr>
</table>

续表

测量器具/编号			
测量人		记录人	
一级验收			年 月 日
二级验收			年 月 日
三级验收			年 月 日
质检点：4-H3 工序 4.10 硫化口检查 检查情况：			
测量器具/编号			
测量（检查）人		记录人	
一级验收			年 月 日
二级验收			年 月 日
三级验收			年 月 日
质检点：4-H2 工序 5.2 定中心线 检查情况：			
测量器具/编号			
测量人		记录人	
一级验收			年 月 日
二级验收			年 月 日
质检点：10-W2 工序 5.3 胶带接口画线 检查情况：			
测量器具/编号			
测量人		记录人	
一级验收			年 月 日
二级验收			年 月 日

续表

<table>
<tr><td colspan="4">质检点：5-H3　工序 5.4　剥钢丝绳</td></tr>
<tr><td>测量器具/编号</td><td colspan="3"></td></tr>
<tr><td>测量（检查）人</td><td></td><td>记录人</td><td></td></tr>
<tr><td>一级验收</td><td colspan="2"></td><td>年　月　日</td></tr>
<tr><td>二级验收</td><td colspan="2"></td><td>年　月　日</td></tr>
<tr><td>三级验收</td><td colspan="2"></td><td>年　月　日</td></tr>
<tr><td colspan="4">质检点：11-W2　工序 5.5　裁钢丝绳
检查情况：</td></tr>
<tr><td>测量器具/编号</td><td colspan="3"></td></tr>
<tr><td>测量人</td><td></td><td>记录人</td><td></td></tr>
<tr><td>一级验收</td><td colspan="2"></td><td>年　月　日</td></tr>
<tr><td>二级验收</td><td colspan="2"></td><td>年　月　日</td></tr>
<tr><td colspan="4">质检点：6-H3　工序 5.6　钢丝绳打磨、清理
检查情况：</td></tr>
<tr><td>测量器具/编号</td><td colspan="3"></td></tr>
<tr><td>测量人</td><td></td><td>记录人</td><td></td></tr>
<tr><td>一级验收</td><td colspan="2"></td><td>年　月　日</td></tr>
<tr><td>二级验收</td><td colspan="2"></td><td>年　月　日</td></tr>
<tr><td>三级验收</td><td colspan="2"></td><td>年　月　日</td></tr>
<tr><td colspan="4">质检点：12-W2　工序 6.1　钢丝绳摆放</td></tr>
</table>

续表

测量器具/编号			
测量（检查）人		记录人	
一级验收			年 月 日
二级验收			年 月 日

质检点：13-W2 工序 6.2 钢丝绳涂胶
检查情况：

测量器具/编号			
测量人		记录人	
一级验收			年 月 日
二级验收			年 月 日

质检点：14-W2 工序 6.3 铺下胶层
检查情况：

测量器具/编号			
测量人		记录人	
一级验收			年 月 日
二级验收			年 月 日

质检点：5-H2 工序 6.4 排列钢丝绳
检查情况：

测量器具/编号			
测量（检查）人		记录人	
一级验收			年 月 日
二级验收			年 月 日

质检点：15-W2 工序 6.5 铺上胶层
检查情况：

续表

测量器具/编号			
测量人		记录人	
一级验收			年　月　日
二级验收			年　月　日
质检点：6-H2　工序 6.6　接口中心线复核 检查情况：			
测量器具/编号			
测量（检查）人		记录人	
一级验收			年　月　日
二级验收			年　月　日
质检点：16-W2　工序 6.7　加热板摆放 检查情况：			
测量器具/编号			
测量（检查）人		记录人	
一级验收			年　月　日
二级验收			年　月　日
质检点：17-W2　工序 6.8　硫化机接线 检查情况：			
测量器具/编号			
测量人		记录人	
一级验收			年　月　日
二级验收			年　月　日
质检点：7-H3　工序 6.9　硫化机参数设置 检查情况：			

续表

测量器具/编号			
测量人		记录人	
一级验收			年 月 日
二级验收			年 月 日
三级验收			年 月 日
质检点：8-H3 工序 6.10 硫化口检查 检查情况：			
测量器具/编号			
测量（检查）人		记录人	
一级验收			年 月 日
二级验收			年 月 日
三级验收			年 月 日
质检点：9-H3 工序 7.3 设备试运 检查情况：			
测量器具/编号			
测量人		记录人	
一级验收			年 月 日
二级验收			年 月 日
三级验收			年 月 日

七、完工验收卡

序号	检查内容	标 准	检查结果
1	安全措施恢复情况	1.1 检修工作全部结束 1.2 整改项目验收合格 1.3 检修脚手架拆除完毕 1.4 孔洞、坑道等盖板恢复 1.5 临时拆除的防护栏恢复 1.6 安全围栏、标示牌等撤离现场 1.7 安全措施和隔离措施具备恢复条件 1.8 工作票具备押回条件	□ □ □ □ □ □ □ □
2	设备自身状况	2.1 设备与系统全面连接 2.2 设备各人孔、开口部分密封良好 2.3 设备标示牌齐全 2.4 设备油漆完整 2.5 设备管道色环清晰准确 2.6 阀门手轮齐全 2.7 设备保温恢复完毕	□ □ □ □ □ □ □

续表

序号	检查内容	标准	检查结果
3	设备环境状况	3.1 检修整体工作结束，人员撤出 3.2 检修剩余备件材料清理出现场 3.3 检修现场废弃物清理完毕 3.4 检修用辅助设施拆除结束 3.5 临时电源、水源、气源、照明等拆除完毕 3.6 工器具及工具箱运出现场 3.7 地面铺垫材料运出现场 3.8 检修现场卫生整洁	□ □ □ □ □ □ □ □
一级验收		二级验收	

八、完工报告单

工期	年 月 日 至 年 月 日			实际完成工日	工日
主要材料备件消耗统计	序号	名称	规格与型号	生产厂家	消耗数量
	1				
	2				
	3				
	4				
	5				
缺陷处理情况	序号	缺陷内容		处理情况	
	1				
	2				
	3				
	4				
异动情况					
让步接受情况					
遗留问题及采取措施					
修后总体评价					
各方签字	一级验收人员		二级验收人员	三级验收人员	

检修文件包

单位：＿＿＿＿＿＿　班组：＿＿＿＿＿＿　编号：＿＿＿＿＿＿

检修任务：供油泵检修　风险等级：＿＿＿＿

一、检修工作任务单

计划检修时间	年　月　日　至　年　月　日	计划工日	

主要检修项目	1．解体检查测量 2．解体时轴承间隙测量 3．解体时转子部分的解体检查 4．解体时机械密封动静环、胶圈检查 5．转子动静口环间隙测量 6．转子与叶轮弯曲、晃度、瓢偏测量和高速平衡测量	7．平衡盘表面研磨、间隙测量 8．清理、做垫片、回装 9．调整轴总窜、半窜 10．调整轴瓦、机械密封间隙 11．联轴器找中心及护罩的回装 12．测量各运行数据与参数
修后目标	1．运行稳定无异声，出口压力准确、正常。 2．两侧轴承室无发热现象且温度正常、振动值小于修前数值	

鉴证点分布	W点	工序及质检点内容	H点	工序及质检点内容	S点	工序及安全鉴证点内容
	1-W2	□1.4　轴承检查	1-H2	□2.9　转子晃动值检查	1-S2	□1.1　起吊电机
	2-W2	□2.5　轴弯曲度检查	2-H2	□3.5　转子总窜量检查	2-S2	□3.9　轴承座安装
	3-W2	□2.7　叶轮与密封环间隙检查	3-H2	□3.6　平衡盘间隙测量		
	4-W2	□2.8　机械密封检查	4-H2	□3.7　转子和静子同心度检查		
			5-H2	□轴承座安装及压盖间隙测量		
			6-H2	□4.3　联轴器找中心		
			1-H3	□5.2　设备试运		

质量验收人员	一级验收人员	二级验收人员	三级验收人员
安全验收人员	一级验收人员	二级验收人员	三级验收人员

二、修前策划卡

设 备 基 本 参 数

1号供油泵

1．供油泵型号	DY125-50×9
2．出厂日期	2006.6
3．出厂编号	Y060234
4．设备编码	00EGC10AP001
5．主要参数	扬程450m，流量25m^3/h，转速2980r/min
6．生产厂家	中国长沙水泵厂
7．配套电机	YB2-280S-2
8．出厂日期	2005.10
9．主要参数	功率：75kW，转数：2970r/min
10．生产厂家	江苏锡安达电机公司

设 备 修 前 状 况

检修前交底（设备运行状况、历次主要检修经验和教训、检修前主要缺陷）

（1）2009年对供油泵进行过解体大修，主要消除机械密封渗漏现象，造成主要原因为密封胶圈老化产生裂纹现象，后更换机封消除缺陷。其余各部件经检查无异常。

续表

设备修前状况		
（2）2013年供油泵因电机负荷侧轴承温度高，电气一次班对电机轴承进行清理、油脂更换。清理过程中发现不明黏结物，清理干净后添加油脂。工作完成后配合电气专业进行电机回装后找中心。 其他部位运行正常。 检修前主要缺陷： 设备目前运行状况（单位mm）：自由端温度为59℃；水平为1.1mm；垂直振动为0.8mm；轴向振动为0.6mm。 电机侧：温度为48.5℃；水平振动为1.3mm；垂直振动为0.7mm		
技术交底人		年　月　日
接受交底人		年　月　日

人员准备				
序号	工种	工作组人员姓名	资格证书编号	检查结果
1	水泵检修技师			□
2	水泵检修高级工			□
3	水泵检修中级工			□
4	水泵检修中级工			□
5	力工			□
6	力工			□
7	起重高级工			□

三、现场准备卡		
办理工作票		
工作票编号：		
施工现场准备		
序号	安全措施检查	确认符合
1	进入油区的人员应关闭无线通信工具，交出携带火种，不准穿带铁钉的鞋及易产生火花的衣服进入油区作业	□
2	检修人员进入油区应先触摸静电释放装置，消除人体静电，并按规定进行登记	□
3	工作前核对设备名称及编号，共同确认所检修设备已断电，安全措施正确完备，且已全部执行到位	□
4	确认在油区检修时所用工具符合安全要求（使用铜制工具，否则应采取防止产生火花的措施，例如涂油、加铜垫）	□
5	确认开工前检修人员须经过现场安全交底和技术交底	□
6	燃油设备检修开工前，检修工作负责人和当值运行人员必须共同将被检修设备与运行系统可靠地隔离，在与系统、油罐、卸油沟连接处加装堵板，待管道内介质放尽，压力为零，温度适可后方可开始工作	□
7	检查工器具各部件完好，电动工器具、起重工器具、安全工器具合格证在有效期内	□
8	清理检修现场，设置检修现场定制图，地面使用胶皮铺设，并设置检修围栏及警告标示牌。检修工器具、材料备件定置摆放	□
9	检修管理文件、原始记录本已准备齐全	□
10	动火作业执行动火票或动火操作卡检查表	□
11	每日使用起重设备前填写就地每日检查记录	□
12	每日检查脚手架执行脚手架验收单中每日检查签字表	□
确认人签字：		

工器具准备与检查				
序号	工具名称及型号	数量	完好标准	确认符合
1	各种铜制活动扳手（14～17mm、300mm）	4	（1）活动板口应在板体导轨的全行程上灵活移动。 （2）活扳手不应有裂缝、毛刺及明显的夹缝、切痕、氧化皮等缺陷，柄部平直且不应有影响使用性能的缺陷	□

续表

序号	工具名称及型号	数量	完 好 标 准	确认符合
2	各种铜制梅花扳手（17～19mm）	4	梅花扳手不应有裂缝、毛刺及明显的夹缝、切痕、氧化皮等缺陷，柄部应平直	□
3	铜一字螺丝刀（150mm）	2	一字改锥的手柄应安装牢固，没有手柄的不准使用	□
4	铜撬杠（1000mm）	2	必须保证撬杠强度满足要求，在使用加力杆时，必须保证其强度和嵌套深度满足要求，以防折断或滑脱	□
5	吊具	1	（1）起重工具使用前，必须检查完好，无破损。 （2）所选用的吊索具应与被吊工件的外形特点及具体要求相适应，在不具备使用条件的情况下，决不能使用	□
6	平面刮刀	1	平面刮刀手柄应安装牢固，没有手柄的不准使用	□
7	铜棒	2	铜棒端部无卷边、无裂纹，铜棒本体无弯曲	□
8	移动式电源盘（220V）	1	（1）检查检验合格证在有效期内。 （2）检查电源盘电源线、电源插头、插座完好无破损。漏电保护器动作正确。 （3）检查电源盘线盘架、拉杆、线盘架轮子及线盘摇动手柄齐全完好	□
9	液压拉马	1	（1）产品标识及定期检验合格资料应齐全。 （2）各部件应完整，无缺失、无可见裂纹和残余变形，各处连接应牢固可靠，液压油连接口处密封应严密，无泄漏现象	□
10	手拉葫芦	2	（1）检查检验合格证在有效期内。 （2）链节无严重锈蚀及裂纹，无打滑现象。 （3）齿轮完整，轮杆无磨损现象，开口销完整。 （4）吊钩无裂纹变形	□
11	内径千分尺	1	（1）产品标识（分度值、测量范围、厂标、出厂编号）及定期检验合格资料应齐全。 （2）千分尺及校对用的量杆不应有碰伤、锈蚀、带磁等缺陷。 （3）千分尺上的标尺刻度应完整清晰无损伤。 （4）微分筒转动和测微量杆的移动应平稳，无卡滞现象。 （5）锁紧装置应有效锁紧，且无松动现象	□
12	深度游标卡尺	1	（1）检查测定面是否有毛头。 （2）检查卡尺的表面应无锈蚀、碰伤或其他缺陷，刻度和数字应清晰均匀，不应有脱色现象，游标刻线应刻至斜面下缘，卡尺上应有刻度值、制造厂商和定期检验合格证	□
13	游标卡尺	1	（1）检查测定面是否有毛头。 （2）检查卡尺的表面应无锈蚀、碰伤或其他缺陷，刻度和数字应清晰、均匀，不应有脱色现象，游标刻线应刻至斜面下缘，卡尺上应有刻度值、制造厂商和定期检验合格证	□
14	大锤	1	大锤的锤头须完整，其表面须光滑微凸，不得有歪斜、缺口、凹入及裂纹等情形。大锤、手锤的柄须用整根的硬木制成，并将头部用楔栓固定。楔栓宜采用金属楔，楔子长度不应大于安装孔的2/3	□
15	电动葫芦	1	（1）经（或检验检测监督机构）检验检测合格。 （2）吊钩滑轮杆无磨损现象，开口销完整；开口度符合标准要求。 （3）吊钩无裂纹或显著变形，无严重腐蚀、磨损现象；销子及滚珠轴承良好。 （4）使用前应做无负荷起落试验一次，检查制动器及传动装置应良好无缺陷，制动器灵活良好。 （5）检查导绳器和限位器灵活正常，卷扬限制器在吊钩升起距起重构架300mm时自动停止。 （6）检查检验合格证在有效期内	□
16	百分表	3	（1）产品标识（精度值、测量范围、厂标等）及定期检验合格资料应齐全。 （2）百分表各部件应完整齐全，无损伤，刻度应清晰可见。	□

续表

序号	工具名称及型号	数量	完 好 标 准	确认符合
16	百分表	3	（3）测量杆在套筒内的移动应灵活，无任何轧卡现象，且每次轻轻推动测量杆放松后，长指针能回复到原来的刻度位置，指针与表盘应无任何摩擦。 （4）测量头应无任何损伤，头表面应为光洁圆弧面。 （5）沿测量杆轴的方向拨动测量杆，测量杆应无明显晃动，指针位移不应大于 0.5 个分度	
17	磁力表座	3	座体的工作面不得有影响外观的缺陷，非工作面的喷漆应均匀、牢固，不得有漆层剥落和生锈等缺陷。紧固螺栓应转动灵活，锁紧应可靠，移动件应移动灵活。微调磁性表座调机构的微调量不应小于 2mm	□
18	轴承加热器	1	（1）必须使用有效期内合格的轴承加热器。 （2）供电电源应有良好的接地装置	□

确认人签字：

材 料 准 备

序号	材料名称	规格	单位	数量	检查结果
1	砂布	10	张	2	□
2	金相砂纸	5	张	2	□
3	研磨砂	50mm	把	4	□
4	毛刷		个	10	□
5	白布		条	40	□
6	擦机布	30mm×30mm	块	10	□
7	胶皮	1000mm×2000mm	个	1	□
8	油石		个	1	□
9	各种垫片	δ =0.5mm、δ =3mm	张	20	□

备 件 准 备

序号	备件名称	规格型号	单位	数量	检查结果
1	机械密封	CB103-60	套	2	□
	验收标准：检查密封件合格证完整，制造厂名、规格型号、标准代号、包装日期、检验人等准确清晰。密封面检查标准：密封面无杂质、划痕和裂纹。橡胶部分检查标准：橡胶弹性好，外观应无扭曲变形，表面无裂纹、无气泡。弹簧部分检查标准：弹簧伸缩力柔和，伸缩动作灵活				
序号	备件名称	规格型号	单位	数量	检查结果
2	轴承	U307	盘	2	□
	验收标准：轴承内、外套圈表面光滑，无划痕和裂纹，滚动体和保持架无变形、麻坑、锈蚀、划痕和裂纹，轴承型号与所需轴承型号一致，轴承数量与所需数量一致				

四、检修工序卡

检修工序步骤及内容	安全、质量标准
1 泵体护罩、联轴器拆除及轴承检查 □1.1 拆卸对轮防护罩，拆下对轮柱销。拆下电机地脚螺栓，用电动葫芦将电机移位 危险源：电动葫芦、吊装电机 安全鉴证点 | 1-S2 |	□A1.1（a） 工作起吊时严禁歪斜拽吊起重工具的工作负荷，不准超过铭牌规定；工件或吊物起吊时必须捆绑牢靠；吊拉时两根钢丝绳之间的夹角一般不得大于 90°；使用吊环时螺栓必须拧到底；吊装作业现场必须设警戒区域，设专人监护；严禁吊物上站人或放有活动的物体；严禁吊物从人的头上越过或停留。 □A1.1（b） 不准使吊钩斜着拖吊重物，起重物必须绑牢，吊钩应挂在物品的重心上；在起重作业区周围设置明显的起吊警戒和围栏；无关人员不准在起重工作区域内行走或者停留。

续表

检修工序步骤及内容	安全、质量标准
□1.2　用液压拉马将柴油泵侧对轮拉出 危险源：液压拉马 安全鉴证点　1-S1 □1.3　拆卸两侧轴承室压盖螺栓，将轴承锁母拆下并妥善保管。拆下轴承室固定螺栓，轴承室放油后将轴承室连同轴承拆下 危险源：润滑油、撬杠、大锤 安全鉴证点　2-S1 □1.4　轴承检查 质检点　1-W2	1.1　拆下联轴器外侧护罩，并记录好箭头指示方向。 □A1.2　使用液压工具时，除操作人员外，其他人员尽量远离，工作人员不准站在安全栓或高压软管前面；严禁超压使用。 1.2　在拆下的联轴器上做好相对位置的记号，以便回装时参照标记回装。 □A1.3　不准将油污、油泥、废油等（包括沾油棉纱、布、手套、纸等）倒入下水道排放或随地倾倒，应收集放于指定的地点，妥善处理，以防污染环境及发生火灾；地面有油水必须及时清除，以防滑跌。 □A1.3（b）　应保证支撑物可靠；撬动过程中应采取防止被撬物倾斜或滚落的措施。 □A1.3（c）　严禁单手抡大锤；使用大锤时，周围不得有人靠近；严禁戴手套抡大锤。 1.3　高、低压侧轴承座拆卸前做好安装标记，拆卸轴承座时下侧设置接油筒。 1.4　滚珠与内圈转动灵活、无杂声、隔离圈完整，新轴承径向间隙最小为 0.02mm，最大为 0.05mm
2　柴油泵解体及各部件检修 □2.1　在泵体导叶外壳各级做好记号，松开泵体穿杠长螺栓及定位销，松开泵体地脚螺栓 □2.2　做好轴套锁母定位记号，松开锁母，依次拆下轴上的密封 O 形圈、轴套、平衡盘和键后取下末级导叶 □2.3　卸下末级叶轮和平键后，卸下中段、导叶。按此依次卸下各级叶轮、中段和导叶，直到卸下首级叶轮为止 危险源：手锤、撬杠 安全鉴证点　3-S1 □2.4　将轴从进水段中抽出，拧下轴上固定螺母，依次将轴承内圈、密封 O 形圈、轴套卸下 □2.5　轴弯曲度检查：检查轴表面的光洁度和弯曲度，检查口环、泵轴、叶轮、轴套、键及键槽是否有损坏 质检点　2-W2 □2.6　检查叶轮及口环是否有汽蚀、腐蚀、裂纹现象，特别是叶片的端部 □2.7　叶轮与密封环间隙检查：依次检查各级叶轮和与之对应的密封环磨损情况，测量两者之间的径向间隙 质检点　3-W2 □2.8　机械密封检查：将旧机械密封拆下，并清理密封室内部杂质，检查密封轴套有无磨损的现象 质检点　4-W2 □2.9　转子密封检查：在 V 形铁上对转子进行检验，用百分表分别检查叶轮、叶轮进出口轮缘的径向晃度，如径向跳动值过大则对叶轮进行车修调整 质检点　1-H2	2.1.1　拆卸穿杆的同时应将各中段用垫块垫起，以免各中段止口松动下沉将轴压弯。 2.1.2　检查泵壳应无砂眼、裂纹等缺陷。 □A2.3（a）　锤把上不可有油污。 □A2.3（b）　必须保证撬杠强度满足要求。在使用加力杆时，必须保证其强度和嵌套深度满足要求，以防折断或滑脱。 2.3.1　测量记录水泵叶轮与口环间隙，清理泵体密封垫片。 2.3.2　导叶外壳各结合面应平整，无纵向纹路及烂痕等缺陷。泵的地脚与泵支架接触面不少于 70%。 2.5.1　将轴沿轴向等分成八等份测段，测量表面应尽量选择在正圆没有磨损和毛刺的光滑轴段。 2.5.2　轴应无裂纹、磨损、沟痕等大缺陷。轴弯曲度不大于 0.06mm。轴的丝扣应完整，无滑扣、烂扣现象；轴颈的椭圆锥度不大于 0.03mm。密封环与衬套应无裂纹、沟痕等缺陷。 2.6　叶轮与导流板应无裂纹或腐蚀而形成较多的砂眼，以及因被冲刷磨损而使叶轮、导流板变薄而影响机械强度时应更换。 2.7.1　叶轮两端接触面光滑，接触均匀，两端面平行度允许误差不大于 0.02mm，与中心垂直允许误差为 0.02mm 2.7.2　叶轮静平衡，其不平衡重量不大于 30%。铣去叶轮不平衡重量时应保证其壁厚不小于 2.6mm。 2.8　弹簧自由及压缩高度应符合要求。动环材料为硬质合金与密封套间隙为 0.5～0.6mm，最大不超过 1mm。静环与密封轴套表面完好，径向跳动允许误差为 0.025mm，密封 O 形圈不允许有气泡、杂质、凹凸、槽缝错位等缺陷。 2.9　转子晃度允许值：轴套径向晃度不大于 0.05mm。轴颈径向晃度不大于 0.02mm
3　泵体回装 □3.1　清除叶轮内外表面、密封环、导叶轮和轴套处的水垢及铁锈，用煤油清洗全部的零部件，在空气中干燥或用布擦干	3.1.1　拆下的所有部件均应存放在清洁的木板或胶垫上，用干净的白布或纸板盖好，以防碰伤经过精加工的表面。 3.1.2　对所有在安装或运行时可能发生摩擦的部件，如泵

续表

检修工序步骤及内容	安全、质量标准
	轴与轴套、轴套螺母，叶轮和密封环，均应涂以干燥的 MoS_2 粉（其中不能含有油脂）。 □A3.2　大锤的锤头须完整，其表面须光滑微凸，不得有歪斜、缺口、凹入及裂纹等情形；转子组装过程中禁止戴手套或单手抡大锤。
□3.2　从低压端开始顺序组装，将叶轮键用铜棒轻轻敲入键槽内，装第一级叶轮并使之与导翼的出口中心一致 危险源：大锤 安全鉴证点 | 4-S1 |	3.2　首级叶轮安装必须对正导叶的入口槽道中心。
□3.3　将导叶外圆周处的垫片槽涂上密封胶，放入新裁制的垫片 □3.4　在轴上嵌入次级叶轮用键，并将轴套及次级叶轮依、末级叶轮次嵌入轴上	
□3.5　转子总窜量检查：穿入螺丝并紧固，在轴端加百分表，拉足与堆足轴，所测得的窜动即为总窜动量 质检点 | 2-H2 |	3.5　叶轮总窜动量为 4～5mm 叶轮出口中心与导翼进口中心需对正，误差不超过 1mm。叶轮密封环与泵体密封环间隙： 一级为 0.5～0.7mm； 二级为 0.35～0.62mm。
□3.6　平衡盘间隙测量：装键及平衡件，再依次装齿形垫、调整套、机械密封轴套，用缩母打紧。前后拨动转子，用百分表测量出推力间隙，如推力间隙过大，缩短调整套，如推力间隙过小，则更换新的齿形垫 质检点 | 3-H2 |	3.6　平衡盘动静接触面不小于 75%，径向动静间隙小于 0.4mm，轴向动静间隙小于 0.07mm，无冲刷现象。
□3.7　转子与静子同心度检查：未装轴瓦前，使转子部件支承在静止部件上，在两段轴承架上各放置一块百分表。用撬杠平稳抬起转子做上下运动，记录上下位置时百分表的读数差，此数值为转子的总抬量。将转子撬起，放入下瓦，记录此时百分表的数值，此数值为转子半抬量 危险源：撬杠 安全鉴证点 | 5-S1 | 质检点 | 4-H2 |	□A3.7　应保证支撑物可靠；撬动过程中应采取防止被撬物倾斜或滚落的措施。 3.7　调整同心度数值至转子半抬量为转子总抬量的一半或稍小一点（考虑转子静挠度），调整时可以采用上下移动轴承架下的调整螺栓。
□3.8　机械密封的组装：将防转销装入密封端盖相应的孔内，将静环密封胶圈套在静环上，再将静环凹槽对准压盖的防转销压入。将机械密封轴套外圆涂一层机油，再将弹簧压入机械密封轴套座上，不得歪斜，然后装推环及密封圈，动环座上动环套在机械密封轴套上。检查机械密封端面密封 O 形圈已经更换完成，动静环完好，将机械密封套装到泵轴上	3.8.1　机封压盖与密封腔之间的垫片厚度为 1mm。动环安装后必须保证动环能在密封轴套上灵活移动，两者间隙为 0.40～0.60mm。 3.8.2　推环与密封轴套间隙为 0.40～0.60mm。
□3.9　轴承座安装及压盖间隙测量：将轴承加热到 110℃，将其装入两端泵轴，降至常温，锁紧两端轴承锁母。安装叶轮键装上叶轮及轴套，核对标记，锁紧锁母。将轴承的定位圈、防尘圈、轴承、轴承、轴承定位套、止退垫依次装入，并随手打紧，保证牢固。轴承室加入 3 号锂基脂，安装两侧轴承端盖。将轴承座用手拉葫芦缓慢拉起入位，拧紧连接螺栓 危险源：手拉葫芦、吊装轴承座、轴承加热器、移动式电源盘 安全鉴证点 | 2-S2 | 质检点 | 5-H2 |	□A3.9（a）　不准使吊钩斜着拖吊重物；起重工具的工作负荷，不准超过铭牌规定；工件或吊物起吊时必须捆绑牢靠；吊拉时两根钢丝绳之间的夹角一般不大于 90°；吊拉捆绑时，重物或设备构件的锐边快口处必须加装衬垫物；吊装作业现场必须设警戒区域，设专人监护。 □A3.9（b）　不准使吊钩斜着拖吊重物；起重物必须绑牢，吊钩应挂在物品的重心上；在起重作业区周围设置明显的起吊警戒和围栏；无关人员不准在起重工作区域内行走或者停留。 □A3.9（c）　必须使用有效期内合格的轴承加热器；供电电源应有良好的接地装置；工作时轭铁对地应无电压；轴承加热温度切勿超过 120℃，否则易引起轴承退火。 □A3.9（d）　工作中，离开工作场所、暂停作业以及遇临时停电时，须立即切断电源盘电源。 3.9.1　加入的润滑脂量为轴承室空间的 1/3。 3.9.2　轴承端盖密封面无损伤，螺栓紧固。轴承端盖间隙为 0.15～0.20mm

续表

检修工序步骤及内容	安全、质量标准
4 联轴器安装 □4.1 将泵轴与联轴器之间的导向键及键槽清理干净，保证导向键滑动间隙值为0.02～0.05mm，滑动面涂抹铅粉 □4.2 清理电机底板，将原垫片放好，安装两条联轴器螺栓，将一块百分表固定于基准轴对轮上，先粗略找一下电机左右高低偏差，高低找好后，在泵侧架上百分表 □4.3 联轴器找中心：如电机需加或减垫片，可采取此公式计算：$w=l\times a/d$，（w 为偏差值；l 为电机前或后地脚螺丝至联轴器中心距；a 为联轴器张口；d 为联轴器直径） 质检点 | 6-H2 | □4.4 找中心时，电机及泵侧联轴器测量的数值，作为参考数值，决定电机左右移动，中心找好后，紧固电机地脚螺丝后，再测量一次，径向不大于0.10mm，轴向偏差不大于0.06mm，符合标准后，可装上联轴器螺丝及防护罩 危险源：联轴器销孔 安全鉴证点 | 6-S1 | □4.5 检查联轴器销子完好后安装。按转动箭头方向，安装联轴器防护罩	4.3 电机垫片总厚度小于2mm，垫片数量小于3片。联轴器找正：中心偏差不大于0.10mm、端面偏差不大于0.10mm。 □A4.4 联轴器对孔时严禁将手指放入销孔内
5 设备试运 □5.1 确认检修中所做的设备措施均已恢复，一次设备电缆头已接好，打开的设备内无遗留物品，端盖密封良好 □5.2 设备试运：工作票押至运行主控室，通知运行人员恢复送电 危险源：转动的电机 安全鉴证点 | 7-S1 | 质检点 | 1-H3 |	□A5.2 转动机械试运行操作应由运行值班人员根据检修工作负责人的要求进行，检修人员不准自己进行试运行的操作；转动设备试运行时所有人员应先远离，站在转动机械的轴向位置，并有一人站在事故按钮位置。 5.2 各部位振动小于修前值。轴承温度不超过50°，压力、电流符合铭牌要求，各部转动无异声，各接合面无渗漏，连续运行4h无异常
6 工作结束，清理现场 危险源：施工废料 安全鉴证点 | 8-S1 |	□A6 废料及时清理，做到工完、料尽、场地清。 6 设备标牌齐全，防腐见本色

五、安全鉴证卡		
风险鉴证点：1-S2 工序1.1 起吊电机		
一级验收		年 月 日
二级验收		年 月 日
一级验收		年 月 日
二级验收		年 月 日
一级验收		年 月 日
二级验收		年 月 日
一级验收		年 月 日
二级验收		年 月 日
一级验收		年 月 日
二级验收		年 月 日
一级验收		年 月 日
二级验收		年 月 日

续表

风险鉴证点：2-S2　工序 3.9　两侧轴承座安装		
一级验收		年　月　日
二级验收		年　月　日
一级验收		年　月　日
二级验收		年　月　日
一级验收		年　月　日
二级验收		年　月　日
一级验收		年　月　日
二级验收		年　月　日
一级验收		年　月　日
二级验收		年　月　日
一级验收		年　月　日
二级验收		年　月　日

六、质量验收卡

质检点：1-W2　工序 1.4　轴承检查
质量标准：轴承应无凹槽、麻点、裂纹、发蓝、脱皮、锈斑等现象。滚珠与内圈转动灵活、无杂声、隔离圈完整
检查记录：

轴承间隙检查记录：

理论数据（mm）		原始数据（mm）	回装数据（mm）
轴向间隙：0.2～0.3			
径向间隙：0.02～0.05			
量具名称		量具编号	
检查人		记录人	
一级验收			年　月　日
二级验收			年　月　日

质检点：2-W2　工序 2.5　轴弯曲度检查
质量标准：轴无裂纹、磨损、沟痕等大缺陷。轴弯曲度不大于 0.06mm
检查记录：

轴弯曲度检查记录：

理论数据（mm）		原始数据（mm）	回装数据（mm）
≤0.06			
量具名称		量具编号	
检查人		记录人	
一级验收			年　月　日
二级验收			年　月　日

续表

<table>
<tr><td colspan="4">质检点：3-W2　工序 2.7　叶轮与密封环间隙检查
质量标准：叶轮与导流板无裂纹或砂眼，叶轮磨损不超过 1/3，无破损、裂纹
检查记录：

首级叶轮与密封环的径向间隙及飘偏和晃度间隙测量：</td></tr>
<tr><td>间隙测量</td><td>理论数据（mm）</td><td>原始数据（mm）</td><td>回装数据（mm）</td></tr>
<tr><td>叶轮与密封环径向间隙</td><td>叶轮直径：1.5‰～2‰</td><td></td><td></td></tr>
<tr><td colspan="2">量具名称</td><td colspan="2">量具编号</td></tr>
<tr><td>叶轮飘偏值</td><td>≤0.08</td><td></td><td></td></tr>
<tr><td colspan="2">量具名称</td><td colspan="2">量具编号</td></tr>
<tr><td colspan="4">二级叶轮与密封环的径向间隙及飘偏和晃度间隙测量：</td></tr>
<tr><td>间隙测量</td><td>理论数据（mm）</td><td>原始数据（mm）</td><td>回装数据（mm）</td></tr>
<tr><td>叶轮与密封环径向间隙</td><td>叶轮直径：1.5‰～2‰</td><td></td><td></td></tr>
<tr><td colspan="2">量具名称</td><td colspan="2">量具编号</td></tr>
<tr><td>叶轮飘偏值</td><td>≤0.08</td><td></td><td></td></tr>
<tr><td colspan="2">量具名称</td><td colspan="2">量具编号</td></tr>
<tr><td colspan="4">三级叶轮与密封环的径向间隙及飘偏和晃度间隙测量：</td></tr>
<tr><td>间隙测量</td><td>理论数据（mm）</td><td>原始数据（mm）</td><td>回装数据（mm）</td></tr>
<tr><td>叶轮与密封环径向间隙</td><td>叶轮直径：1.5‰～2‰</td><td></td><td></td></tr>
<tr><td colspan="2">量具名称</td><td colspan="2">量具编号</td></tr>
<tr><td>叶轮飘偏值</td><td>≤0.08</td><td></td><td></td></tr>
<tr><td colspan="2">量具名称</td><td colspan="2">量具编号</td></tr>
<tr><td>检查人</td><td></td><td>记录人</td><td></td></tr>
<tr><td>一级验收</td><td colspan="2"></td><td>年　　月　　日</td></tr>
<tr><td>二级验收</td><td colspan="2"></td><td>年　　月　　日</td></tr>
<tr><td colspan="4">四级叶轮与密封环的径向间隙及飘偏和晃度间隙测量：</td></tr>
<tr><td>间隙测量</td><td>理论数据（mm）</td><td>原始数据（mm）</td><td>回装数据（mm）</td></tr>
<tr><td>叶轮与密封环径向间隙</td><td>叶轮直径：1.5‰～2‰</td><td></td><td></td></tr>
<tr><td colspan="2">量具名称</td><td colspan="2">量具编号</td></tr>
<tr><td>叶轮飘偏值</td><td>≤0.08</td><td></td><td></td></tr>
<tr><td colspan="2">量具名称</td><td colspan="2">量具编号</td></tr>
<tr><td colspan="4">五级叶轮与密封环的径向间隙及飘偏和晃度间隙测量：</td></tr>
<tr><td>间隙测量</td><td>理论数据（mm）</td><td>原始数据（mm）</td><td>回装数据（mm）</td></tr>
<tr><td>叶轮与密封环径向间隙</td><td>叶轮直径：1.5‰～2‰</td><td></td><td></td></tr>
<tr><td colspan="2">量具名称</td><td colspan="2">量具编号</td></tr>
<tr><td>叶轮飘偏值</td><td>≤0.08</td><td></td><td></td></tr>
<tr><td colspan="2">量具名称</td><td colspan="2">量具编号</td></tr>
</table>

续表

六级叶轮与密封环的径向间隙及飘偏和晃度间隙测量：			
间隙测量	理论数据（mm）	原始数据（mm）	回装数据（mm）
叶轮与密封环径向间隙	叶轮直径：1.5‰～2‰		
量具名称		量具编号	
叶轮飘偏值	≤0.08		
量具名称		量具编号	
检查人		记录人	
一级验收			年　月　日
二级验收			年　月　日
七级叶轮与密封环的径向间隙及飘偏和晃度间隙测量：			
间隙测量	理论数据（mm）	原始数据（mm）	回装数据（mm）
叶轮与密封环径向间隙	叶轮直径：1.5‰～2‰		
量具名称		量具编号	
叶轮飘偏值	≤0.08		
量具名称		量具编号	
八级叶轮与密封环的径向间隙及飘偏和晃度间隙测量：			
间隙测量	理论数据（mm）	原始数据（mm）	回装数据（mm）
叶轮与密封环径向间隙	叶轮直径：1.5‰～2‰		
量具名称		量具编号	
叶轮飘偏值	≤0.08		
量具名称		量具编号	
九级叶轮与密封环的径向间隙及飘偏和晃度间隙测量：			
间隙测量	理论数据（mm）	原始数据（mm）	回装数据（mm）
叶轮与密封环径向间隙	叶轮直径：1.5‰～2‰		
量具名称		量具编号	
叶轮飘偏值	≤0.08		
量具名称		量具编号	
检查人		记录人	
一级验收			年　月　日
二级验收			年　月　日
质检点：4-W2　工序 2.8　机械密封检查 质量标准：弹簧自由及压缩高度应符合要求，密封O形圈不允许有气泡、杂质、凹凸、槽缝错位等缺陷 检查记录： 动环与密封套间隙记录：			
理论数据（mm）		原始数据（mm）	回装数据（mm）
0.5～0.6			
量具名称		量具编号	

续表

检查人		记录人	
一级验收人员			年　月　日
二级验收人员			年　月　日

质检点：1-H2　工序 2.9　转子晃度值
质量标准：轴套径向晃度不大于 0.05mm；轴颈径向晃度不大于 0.02mm。
检查记录：

转子晃度值记录：

理论数据（mm）		原始数据（mm）	回装数据（mm）
轴套处：≤0.05			
轴颈处：≤0.02			
量具名称		量具编号	
检查人		记录人	
一级验收			年　月　日
二级验收			年　月　日

质检点：2-H2　工序 3.5　转子总窜量检查
质量标准：叶轮出口中心与导叶进口中心需对正，误差不超过 1mm。
检查记录：

转子窜动量检查记录：

理论数据（mm）		原始数据（mm）	回装数据（mm）
总窜：（5±1）			
半窜：（2.5±1）			
量具名称		量具编号	
检查人		记录人	
一级验收			年　月　日
二级验收			年　月　日

质检点：3-H2　工序 3.6　平衡盘间隙测量
质量标准：动静接触面大于 75%，径向动静间隙为 0.4mm，轴向动静间隙为 0.07mm。
检查记录：

平衡盘间隙记录：

续表

理论数据（mm）		原始数据（mm）	回装数据（mm）
径向间隙：≤0.4			
轴向间隙：≤0.07			
量具名称		量具编号	
检查人		记录人	
一级验收			年　月　日
二级验收			年　月　日

质检点：4-H2　工序 3.7　转子和静子同心度检查
质量标准：调整同心度数值为半抬量等于总抬量的一半或稍小一点（考虑转子静挠度）。
检查记录：

转子抬轴数据记录：

理论数据（mm）		原始数据（mm）	回装数据（mm）
量具名称		量具编号	
检查人		记录人	
一级验收人员			年　月　日
二级验收人员			年　月　日

质检点：5-H2　工序 3.9　轴承座安装及压盖间隙测量
质量标准：轴承端盖密封面无损伤，螺栓紧固。
检查记录：

轴承端盖间隙记录：

标准范围（mm）		原始数据（mm）	实测数据（mm）
≤0.15～0.20			
量具名称		量具编号	
检查人		记录人	
一级验收			年　月　日
二级验收			年　月　日

质检点：6-H2　工序 4.3　联轴器找中心
质量标准：对轮间隙为 3～6mm，中心偏差不大于 0.10mm、端面偏差不大于 0.10mm。
检查情况：

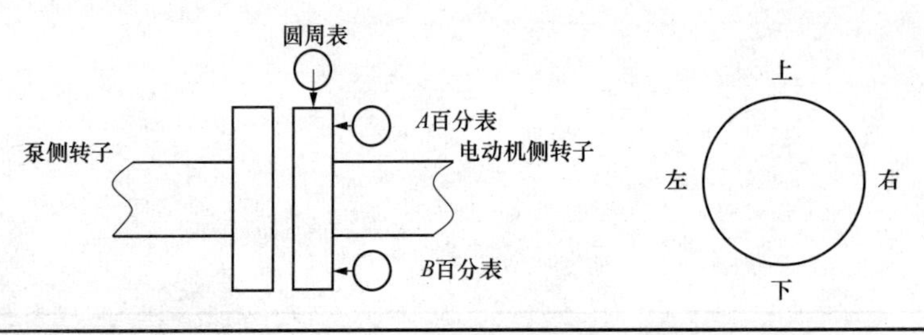

续表

位置	上	下	左	右	量具编号
A 百分表					
B 百分表					
（$A+B$）÷2					
圆周表					

上［（$A+B$）÷2］＋下［（$A+B$）÷2］＝上下张口读数。上下张口读数÷2＝上下张口调整值。
左［（$A+B$）÷2］＋右［（$A+B$）÷2］＝左右张口读数。左右张口读数÷2＝左右张口调整值。
上下圆周读数相减再÷2＝转子上下中心差。左右圆周读数相减再÷2＝转子左右中心差。
计算后偏差值：

检查项目	张口		中心差	
	上下	左右	上下	左右
标准值	≤0.10mm	≤0.10mm	≤0.06mm	≤0.06mm
实测值				

检查人		记录人	
一级验收			年　月　日
二级验收			年　月　日

质检点：1-H3　工序 5.2　设备试运行
质量标准：各方向振动不大于 0.10mm，温度小于 65℃，温升不大于 35℃。
检查情况：
初次启动记录：

检查项目	检查情况		处理方式及结果
	是	否	
轴承温度小于 50℃			
温升小于 35℃			
各方向振动小于 0.15mm			

试运数据记录：

参数	标准（mm）	第一次	第二次	第三次
轴向振动	＜0.15			
水平振动	＜0.10			
垂直振动	＜0.10			
轴承温度	＜50℃			

试运中发现的缺陷及处理情况

检查人		记录人	
一级验收			年　月　日
二级验收			年　月　日
三级验收			年　月　日

七、完工验收卡

序号	检查内容	标　　准	检查结果
1	安全措施恢复情况	1.1　检修工作全部结束 1.2　整改项目验收合格 1.3　检修脚手架拆除完毕 1.4　孔洞、坑道等盖板恢复	□ □ □ □

续表

序号	检查内容	标　准	检查结果
1	安全措施恢复情况	1.5 临时拆除的防护栏恢复 1.6 安全围栏、标示牌等撤离现场 1.7 安全措施和隔离措施具备恢复条件 1.8 工作票具备押回条件	□ □ □ □
2	设备自身状况	2.1 设备与系统全面连接 2.2 设备各人孔、开口部分密封良好 2.3 设备标示牌齐全 2.4 设备油漆完整 2.5 设备管道色环清晰准确 2.6 阀门手轮齐全 2.7 设备保温恢复完毕	□ □ □ □ □ □ □
3	设备环境状况	3.1 检修整体工作结束，人员撤出 3.2 检修剩余备件材料清理出现场 3.3 检修现场废弃物清理完毕 3.4 检修用辅助设施拆除结束 3.5 临时电源、水源、气源、照明等拆除完毕 3.6 工器具及工具箱运出现场 3.7 地面铺垫材料运出现场 3.8 检修现场卫生整洁	□ □ □ □ □ □ □ □
一级验收		二级验收	

八、完工报告单					
工期	年　月　日　至　年　月　日			实际完成工日	工日
主要材料备件消耗统计	序号	名称	规格与型号	生产厂家	消耗数量
	1				
	2				
	3				
	4				
	5				
缺陷处理情况	序号	缺陷内容		处理情况	
	1				
	2				
	3				
	4				
异动情况					
让步接受情况					
遗留问题及采取措施					
修后总体评价					
各方签字	一级验收人员		二级验收人员	三级验收人员	

5 热工检修

检修文件包

单位：________ 班组：________ 编号：________

检修任务：**DCS 系统检修** 风险等级：________

<table>
<tr><td colspan="9">一、检修工作任务单</td></tr>
<tr><td colspan="2">计划检修时间</td><td colspan="4">年 月 日 至 年 月 日</td><td>计划工日</td><td colspan="2"></td></tr>
<tr><td>主要检修项目</td><td colspan="4">1. DCS 系统软件和数据备份
2. DCS 系统设备控制柜接地检查
3. DCS 系统控制柜卡件、计算机全面清扫、外观检查
4. DCS 系统电源检查及切换试验
5. DCS 系统 UPS 电源检查试验
6. DCS 系统 AP 切换试验
7. 卡件通道测试
8. 网络冗余切换（容错测试）</td><td colspan="4">9. DCS 系统 AP 负荷率检查
10. DCS 系统打印机功能测试
11. 设备投运
12. 工作结束，办理工作终结手续</td></tr>
<tr><td>修后目标</td><td colspan="8">1. DCS 系统接地满足系统要求
2. 当系统服务器故障时备份的内容能恢复至机组正常运行状态
3. 电源切换时间满足系统要求
4. DCS 系统整洁无积灰
5. 画面设备正确无误，操作响应迅速
6. 逻辑设置正确，动作可靠</td></tr>
<tr><td rowspan="11">鉴证点分布</td><td>W 点</td><td>工序及质检点内容</td><td>H 点</td><td colspan="2">工序及质检点内容</td><td>S 点</td><td colspan="2">工序及安全鉴证点内容</td></tr>
<tr><td>1-W2</td><td>□1 DCS 系统软件和数据备份</td><td>1-H3</td><td colspan="2">□3 DCS 系统设备控制柜接地检查</td><td></td><td colspan="2"></td></tr>
<tr><td>2-W2</td><td>□2 DCS 系统控制柜卡件、计算机全面清扫、外观检查</td><td>2-H3</td><td colspan="2">□4 DCS 系统电源检查及切换试验</td><td></td><td colspan="2"></td></tr>
<tr><td></td><td></td><td>3-H3</td><td colspan="2">□6 DCS 系统 AP（控制器）切换试验</td><td></td><td colspan="2"></td></tr>
<tr><td></td><td></td><td>4-H3</td><td colspan="2">□8 网络冗余切换（容错测试）</td><td></td><td colspan="2"></td></tr>
<tr><td></td><td></td><td></td><td colspan="2"></td><td></td><td colspan="2"></td></tr>
<tr><td></td><td></td><td></td><td colspan="2"></td><td></td><td colspan="2"></td></tr>
<tr><td></td><td></td><td></td><td colspan="2"></td><td></td><td colspan="2"></td></tr>
<tr><td></td><td></td><td></td><td colspan="2"></td><td></td><td colspan="2"></td></tr>
<tr><td></td><td></td><td></td><td colspan="2"></td><td></td><td colspan="2"></td></tr>
<tr><td></td><td></td><td></td><td colspan="2"></td><td></td><td colspan="2"></td></tr>
<tr><td rowspan="2">质量验收人员</td><td colspan="2">一级验收人员</td><td colspan="3">二级验收人员</td><td colspan="3">三级验收人员</td></tr>
<tr><td colspan="2"></td><td colspan="3"></td><td colspan="3"></td></tr>
<tr><td rowspan="2">安全验收人员</td><td colspan="2">一级验收人员</td><td colspan="3">二级验收人员</td><td colspan="3">三级验收人员</td></tr>
<tr><td colspan="2"></td><td colspan="3"></td><td colspan="3"></td></tr>
</table>

<table>
<tr><td>二、修前准备卡</td></tr>
<tr><td>设 备 基 本 参 数</td></tr>
<tr><td>1. 设备名称：DCS 系统
2. 型号：西门子 T3000
3. 厂家：德国西门子（SIEMENS）
4. 安装位置：集控室、工程师站、电子设备间</td></tr>
</table>

续表

设备修前状况				
检修前交底（设备运行状况、历次主要检修经验和教训、检修前主要缺陷） 历次主要检修经验和教训： 检修前主要缺陷：DCS 系统 AP 通信故障报警				
技术交底人			年 月 日	
接受交底人			年 月 日	
人员准备				
序号	工种	工作组人员姓名	资格证书编号	检查结果
1				□
2				□
3				□
4				□
5				□
6				□

三、现场准备卡				
办理工作票				
工作票编号：				
施工现场准备				
序号	安全措施检查			确认符合
1	门口、通道、楼梯和平台等处，不准放置杂物			□
2	进入粉尘较大的场所作业，作业人员必须戴防尘口罩			□
3	地面有油水、泥污等，必须及时清除，以防滑跌			□
4	检修前工作负责人、工作许可人现场共同确认隔离措施安全可靠执行，工作前核对设备名称及编号并验电，电源开关上设置“禁止合闸，有人工作”标示牌			□
确认人签字：				
工器具准备与检查				
序号	工具名称及型号	数量	完好标准	确认符合
1	移动式电源盘	2	检查产品标识及定期检验合格标识应清晰齐全；检查线盘、插座、插头应无松动、无缺损、无开裂；电源线应无灼伤、无破损、无裸露，且与线盘及插头的连接牢固；线盘架、拉杆、线盘架轮子及线盘摇动手柄应齐全完好	□
2	吸尘器	1	产品标识及定期检验合格标识应清晰齐全；吸尘器各部件应完整齐全；外壳和手柄无裂缝、无破损；电源插头应完好无损伤，电源开关应动作正常、灵活	□
3	便携式吹风机	2	产品标识及定期检验合格标识应清晰齐全；吹风机各部件应完整齐全；外壳和手柄无裂缝、无破损；电源插头应完好无损伤，电源开关应动作正常、灵活	□
4	鼠标	1	检查出厂合格且功能正常	□

续表

序号	工具名称及型号	数量	完　好　标　准	确认符合
5	键盘	1	检查出厂合格且功能正常	☐
6	显示器	1	检查出厂合格且功能正常	☐
7	刻录机	1	检查出厂合格且功能正常	☐
8	万用表	1	万用表应在校验合格使用期内且电量充足	☐
9	信号发生器	1	信号发生器应在校验合格使用期内且电量充足	☐
10	绝缘电阻表	1	绝缘电阻表应在校验合格使用期内且电量充足	☐
11	电阻箱	1	电阻箱应在校验合格使用期内	☐
12	防静电手环	3	检查防静电手环产品标识应清晰齐全，导电松紧带、活动按扣、弹簧PU线、保护电阻及插头或鳄鱼夹等部件应完整无缺，各部件之间连接头应无缺损、无断裂等缺陷	☐
13	一字螺丝刀	2	一字螺丝刀手柄应安装牢固，没有手柄的不准使用	☐
14	尖嘴钳	2	绝缘胶良好，没有破皮漏电等现象，钳口无磨损，无错口现象，手柄无潮湿，保持充分干燥	☐
15	斜口钳	1	绝缘胶良好，没有破皮漏电等现象，钳口无磨损，无错口现象，手柄无潮湿，保持充分干燥	☐
确认人签字：				

材　料　准　备

序号	材料名称	规格	单位	数量	检查结果
1	擦机布		块	5	☐
2	绝缘胶布	3m	卷	2	☐
3	毛刷	25mm	把	10	☐
4	可写入光盘	4.7GB DVD-R	盘	2	☐
5	电缆绑线	20号	卷	10	☐
6	尼龙扎带	3mm×250mm	根	100	☐

备　件　准　备

序号	备件名称	规格型号	单位	数量	检查结果
1	开关量输入模件	SM321	块	1	☐
	验收标准：模件型号正确，外观良好，无磕碰、划痕，插针无破损，出厂合格				
2	开关量输出模件	SM322	块	1	☐
	验收标准：模件型号正确，外观良好，无磕碰、划痕，插针无破损，出厂合格				
3	模拟量输入模件	SM331 A	块	1	☐
	验收标准：模件型号正确，外观良好，无磕碰、划痕，插针无破损，出厂合格				
4	模拟量输入模件	SM331 P	块	1	☐
	验收标准：模件型号正确，外观良好，无磕碰、划痕，插针无破损，出厂合格				
5	模拟量输出模件	SM332	块	1	☐
	验收标准：模件型号正确，外观良好，无磕碰、划痕，插针无破损，出厂合格				

续表

序号	备件名称	规格型号	单位	数量	检查结果
6	AP 后备电池	6ES7971-OBA00	块	10	□
	验收标准：电池型号正确，外观良好，无磕碰，出厂合格				
7	UPS 不间断电源	DVD-R 4.7GB	个	3	□
	验收标准：电源型号正确，外观良好，无磕碰、痕迹，出厂合格				
8	备份光盘	SUA1000ICH	张	3	□
	验收标准：光盘型号正确，外观良好，外观无破损，出厂合格				

四、检修工序卡	
检修工序步骤及内容	安全、质量标准
1　DCS 系统软件和数据备份 危险源：设备组件 安全鉴证点 | 1-S1 | □1.1　使用管理员用户登入 T3000 项目平台 SPPA-T3000 Workbench □1.2　打开项目视图 Project View □1.3　选择需要备份的项目 Dingzhou Unit □1.4　在项目视图中选择 Extras 下拉菜单 □1.5　选择 Export→Project Nodes/Diagrams □1.6　在弹出的对话框中 Source Node/Diagram 中选择整个项目 Dingzhou Unit4 □1.7　窗口选项 Archive File 中命名备份文件名称 □1.8　点击 Export 执行项目数据备份 □1.9　远程登入 4 号机组 T3000 服务器 10.16.48.10 □1.10　所备份的文件保存在 D:\SPPA-T3000\ApacheGroup\Apache2\htdoc\Orion\OrionImport 目录下面 □1.11　利用网络硬盘将文件拷贝至历史站进行硬盘刻录 质检点 | 1-W2 |	□A1　组件插拔时用力要均匀。 1.11　数据备份正确，系统无错误提示，备份数据盘做好编号
2　DCS 系统控制柜卡件、计算机全面清扫、外观检查 □2.1　检查各 AP 机柜的接线 □2.2　完善各端子柜标签及电缆整理 □2.3　检查各机柜的接线端子是否有腐蚀，紧固接线 危险源：220V 交流电 安全鉴证点 | 2-S1 | □2.4　DCS 机柜及卡件清灰 危险源：模件、静电、电吹风、移动式电源盘、粉尘 安全鉴证点 | 3-S1 | □2.4.1　向运行人员确认设备运行情况后，制定清理机柜顺序 □2.4.2　端子柜继电器柜的清理：使用便携式吹风机和吸尘器清理浮尘，清理前先将各设备接地，注意边吹边吸，防止灰尘飞扬，使用毛刷清理黏附的灰尘 □2.4.3　做好卡件的标识 □2.4.4　控制机柜的清理：确认该机柜的所有设备都已经停运后，停止该机柜的供电电源 □2.4.5　戴上防静电手套、手环，吹风机和吸尘器可靠接地后，将卡件从机柜中拔出放到垫布上。卡件拔出顺序由上到下进行	2.1　标记应包括机柜号、机柜层号、槽号、卡地址。 2.2　电路板铜薄清晰无脱落、无过热痕迹，连接部件固定好。 □A2.3　使用有绝缘柄的工具，其外裸的导电部位应采取绝缘措施，防止操作时相间或相对地短路，工作时，应穿绝缘鞋。拆线时应逐根拆除，每根用绝缘胶布包好，连接线应设有防止相间短路的保护措施，应固定牢固。 2.3　机柜清洁整齐，电缆接线整齐。 □A2.4（a）　模件插拔时用力要均匀。 □A2.4（b）　正确佩戴防静电手环，使用时腕带与皮肤接触，接地线直接接地。 □A2.4（c）　不准手提电吹风的导线或转动部分；电吹风不要连续使用时间太久，应间隙断续使用，以免电热元件和电动机过热而烧坏；每次使用后，应立即拔断电源，待冷却后，存放于通风良好、干燥，远离阳光照射的地方。 □A2.4（d）　工作中，离开工作场所、暂停作业以及遇临时停电时，须立即切断电源盘电源。 □A2.4（e）　进入粉尘较大的场所作业，作业人员必须戴防尘口罩。

续表

<table>
<tr><th>检修工序步骤及内容</th><th>安全、质量标准</th></tr>
<tr><td>□2.4.6　使用吹风机和吸尘器进行边吸边吹清扫卡件灰尘，如吸附的灰尘可用防静电毛刷进行清扫，必须保证吹扫的压力不大于 0.05MPa
□2.4.7　机柜卡件全部拔下后，对机柜底板、滤网和风扇进行清扫，使用吹风机和吸尘器进行边吸边吹机柜的灰尘，如吸附的灰尘可用防静电毛刷进行清扫，必须保证吹扫的压力不大于 0.05MPa，机柜滤网可用清水清洗干净后晾干后装入机柜
□2.4.8　将卡件插回插槽待全部卡件插槽清洁完成后，将检查接线和插入情况正确后送上电投运
□2.4.9　检查卡件运行指示灯，确认无误后再进行下一个机柜的清扫
□2.5　计算机清灰
危险源：静电、电吹风、移动式电源盘、粉尘<table><tr><td>安全鉴证点</td><td>4-S1</td><td></td></tr></table>□2.5.1　按照顺序，依次将各 OT 运行程序退出
□2.5.2　关闭各 OT 工控机
□2.5.3　停掉计算机电源，拔掉 OT 计算机的接线并做好标识
□2.5.4　使用吹风机和吸尘器进行边吸边吹清扫计算机内部灰尘，如吸附的灰尘可用防静电毛刷进行清扫，必须保证吹扫的压力不大于 0.05MPa，清洁时检查计算机的散热风扇是否运转灵活
□2.5.5　清洁完成后复位到机柜上并恢复接线，确认正确后启动计算机，检查软件功能正常<table><tr><td>质检点</td><td>2-W2</td><td></td></tr></table></td><td>2.4　卡件灰尘清洗干净。

□A2.5（a）　正确佩戴防静电手环，使用时腕带与皮肤接触，接地线直接接地。
□A2.5（b）　不准手提电吹风的导线或转动部分；电吹风不要连续使用时间太久，应间隙断续使用，以免电热元件和电动机过热而烧坏；每次使用后，应立即拔断电源，待冷却后，存放于通风良好、干燥，远离阳光照射的地方。
□A2.5（c）　工作中，离开工作场所、暂停作业以及遇临时停电时，须立即切断电源盘电源。
□A2.5（d）　进入粉尘较大的场所作业，作业人员必须戴防尘口罩。
2.5　计算机内部清洁整齐，电缆接线整齐</td></tr>
<tr><td>3　DCS 系统设备控制柜接地检查
危险源：220V 交流电、绊脚物<table><tr><td>安全鉴证点</td><td>5-S1</td><td></td></tr></table>□3.1　将各控制柜、扩展柜及电源柜停电
□3.2　使用绝缘电阻表一端接控制柜、扩展柜及电源柜的接地线，另一端接 DCS 系统接地柜接地铜排，读出电阻值并记录
□3.3　测量 DCS 系统接地柜至电气接地点电缆电阻值并记录<table><tr><td>质检点</td><td>1-H3</td><td></td></tr></table></td><td>□A3（a）　隔离措施安全可靠执行，工作前核对设备名称及编号并验电，使用有绝缘柄的工具，其外裸的导电部位应采取绝缘措施，防止操作时相间或相对地短路；工作时，应穿绝缘鞋。
□A3（b）　现场拆下的零件、设备、材料等应定置摆放，禁止乱堆乱放；现场禁止放置大量材料现场使用的材料做到随取随用。

3.3　接地电阻小于 0.5Ω</td></tr>
<tr><td>4　DCS 系统电源检查及切换试验
危险源：220V 交流电<table><tr><td>安全鉴证点</td><td>6-S1</td><td></td></tr></table>□4.1　检查 DCS 供电电源电压是否正常，记录供电电压值
□4.2　检查 DCS 电源柜 DC24V 转换模块输出电压是否正常，记录电压值
□4.3　检查各控制机柜 24V 电源电压是否正常，记录电压值
□4.4　电源柜中有电源切换装置，确认其中一路电源供电，T3000 系统工作正常；接好录波仪，将供电一路开关断开切换至备用电源供电，检查 T3000 系统是否工作正常；记录电源切换时间<table><tr><td>质检点</td><td>2-H3</td><td></td></tr></table></td><td>□A4　使用有绝缘柄的工具，其外裸的导电部位应采取绝缘措施，防止操作时相间或相对地短路；工作时，应穿绝缘鞋。

4.4　确认所有 AP 处理器工作正常（检查工作指示灯），并做好记录</td></tr>
</table>

续表

<table>
<tr><th>检修工序步骤及内容</th><th>安全、质量标准</th></tr>
<tr><td>5 DCS 系统 UPS 电源检查试验
危险源：220V 交流电
<table><tr><td>安全鉴证点</td><td>7-S1</td><td></td></tr></table>
□5.1 将 UPS 放电器的专用插头插入 UPS，根据已经运行负荷情况确认（UPS 放电器的放电容量＝70%UPS 容量－已经带的负荷容量）
□5.2 将 UPS 通信口接入专用的计算机中，并启动 UPS 通信软件，将放电终止容量设定为 10%，启动放电程序
□5.3 启动 UPS 放电器开关
□5.4 当 UPS 放电容量等于 10%时，退出放电，由程序控制切回到正常状态，对 UPS 电池进行充电直至充满（每 5min 记录放电过程中电池的电压）
□5.5 完成全部小型 UPS 电源的放电和充电</td><td>□A5 使用有绝缘柄的工具，其外裸的导电部位应采取绝缘措施，防止操作时相间或相对地短路；工作时，应穿绝缘鞋。

5.5 放电时间达到 UPS 说明书规定的时间</td></tr>
<tr><td>6 DCS 系统 AP（控制器）切换试验
□6.1 检查各 AP 处理器的主从运行情况（检查 AP 运行指示灯）并记
□6.2 向运行人员确认运行设备并记录
□6.3 打开准备切换工作的个别逻辑观察切换时信号的变化
□6.4（AP 模块的 START/STOP 切换开关切换到 STOP 位置）停止主 AP 的运行，检查 AP 备用的状态指示灯并记录，同时观察逻辑信号是否变化及 ASD 报警并记录
□6.5 将 AP 模块的切换开关切换到 START 位置，启动 AP 处理器，待自检完毕
<table><tr><td>质检点</td><td>3-H3</td><td></td></tr></table></td><td>6.4 设备状态不发生跳变，控制功能正常</td></tr>
<tr><td>7 卡件通道测试
危险源：220V 交流电、绊脚物
<table><tr><td>安全鉴证点</td><td>8-S1</td><td></td></tr></table>
□7.1 开关量信号测试。抽取部分卡件测量通道进行测试并做好记录。使用短接线短接开关量信号通道，观察信号的变化情况
□7.2 模拟量信号测试。抽取部分卡件测量通道进行测试并做好记录。使用标准信号发生器进行信号输入，分别给出 4、8、12、16、20mA 电流信号观察画面显示值的变化情况，并记录
□7.3 热电阻信号测试。抽取部分卡件测量通道进行测试并做好记录。使用电阻箱进行信号输入，根据电阻值的不同观察画面显示值的变化情况，并记录</td><td>□A7（a） 使用有绝缘柄的工具，其外裸的导电部位应采取绝缘措施，防止操作时相间或相对地短路；工作时，应穿绝缘鞋。
□A7（b） 现场拆下的零件、设备、材料等应定置摆放，禁止乱堆乱放；现场禁止放置大量材料现场使用的材料做到随取随用。

7.3 校验达到卡件精度要求，各通道工作正常</td></tr>
<tr><td>8 网络冗余切换（容错测试）
□8.1 检查各 OT 计算机、AP 处理器的运行状态（检查 ASD 报警、AP 状态指示灯、OT 计算的软件指示）并记录
□8.2 检查各网络接口的状态及 ASD 的报警记录（检查 OSM 的接口指示灯并记录）
□8.3 断开网络环网的一端，检查 OSM 的报警及 ASD 的报警并记录
□8.4 检查各 OT 计算机、AP 处理器的运行状态（检查 ASD 报警、AP 状态指示灯、OT 计算的软件指示）并记录
□8.5 接上网络环网，检查 OSM 的报警及 ASD 的报警并记录，同时检查各 OT 计算机、AP 处理器的运行状态（检查 ASD 报警、AP 状态指示灯、OT 计算的软件指示）并记录
□8.6 接着进行下一个网络环网端口的切换测试并记录
<table><tr><td>质检点</td><td>4-H3</td><td></td></tr></table></td><td>8.5 网络切换时 OT 计算机和 AP 处理器工作正常，且网络切换时报警显示正确</td></tr>
</table>

续表

<table>
<tr><th>检修工序步骤及内容</th><th>安全、质量标准</th></tr>
<tr><td>9 DCS系统AP负荷率检查
□9.1 登入T3000项目软件平台，打开项目视图，选择Extras菜单下Calculate System Resources，在弹出窗口中Server选项中选择winsrv40，点击Calculate执行计算，在弹出的窗口中观察每组运行AP的负荷情况</td><td>9.1 每组运行AP的负荷正常</td></tr>
<tr><td>10 DCS系统打印机清扫及功能测试
危险源：粉尘、电吹风、移动式电源盘
| 安全鉴证点 | 9-S1 | |
□10.1 清扫打印机内部和外部的灰尘和遗留的碳粉
□10.2 使用操作员站的打印对话框进行报表生成、彩色曲线打印</td><td>□A10（a） 进入粉尘较大的场所作业，作业人员必须戴防尘口罩。
□A10（b） 不准手提电吹风的导线或转动部分；电吹风不要连续使用时间太久，应间隙断续使用，以免电热元件和电动机过热而烧坏；每次使用后，应立即拔断电源，待冷却后，存放于通风良好、干燥，远离阳光照射的地方。
□A10（c） 工作中，离开工作场所、暂停作业以及遇临时停电时，须立即切断电源盘电源。
10.1 打印机外观清晰、整齐，内部碳粉、灰尘、油污和纸末等清除干净。
10.2 打印机打印清晰，颜色分明</td></tr>
<tr><td>11 设备投运
危险源：220V交流电
| 安全鉴证点 | 10-S1 | |
□11.1 恢复所有检修中所做的检修措施，对DCS系统各设备进行全面的投运</td><td>□A11 使用有绝缘柄的工具，其外裸的导电部位应采取绝缘措施，防止操作时相间或相对地短路；工作时，应穿绝缘鞋。
11.1 DCS系统设备工作正常，无报警等故障信息</td></tr>
<tr><td>12 工作结束
危险源：施工废料
| 安全鉴证点 | 11-S1 | |
□12.1 向当值运行人员作技术交底
□12.2 以上各工序已完成，检修记录齐全，文字、图表清晰，各质检点均已验收合格
□12.3 现场卫生良好，达到文明生产要求
□12.4 工作负责人及相关工作班成员确定所有工作确已结束后办理工作终结手续</td><td>□A12 废料及时清理，做到工完、料尽、场地清</td></tr>
</table>

<table>
<tr><td colspan="4">五、质量验收卡</td></tr>
<tr><td colspan="4">质检点：1-W2 工序1 DCS系统软件和数据备份
质量标准：数据备份正确，系统无错误提示，备份数据盘做好编号。
检查情况：</td></tr>
<tr><td>测量器具/编号</td><td colspan="3"></td></tr>
<tr><td>测量（检查）人</td><td></td><td>记录人</td><td></td></tr>
<tr><td>一级验收</td><td colspan="2"></td><td>年 月 日</td></tr>
<tr><td>二级验收</td><td colspan="2"></td><td>年 月 日</td></tr>
</table>

续表

质检点：2-W2　工序 2　DCS 系统控制柜卡件、计算机全面清扫、外观检查
质量标准：标记应包括机柜号、机柜层号、槽号、卡地址；电路板铜薄清晰无脱落、无过热痕迹，连接部件固定好；机柜清洁整齐，电缆接线整齐；卡件灰尘清洗干净，AP 电池测量合格或更换；计算机内外部清洁、接线整齐。
检查情况：

测量器具/编号			
测量（检查）人		记录人	
一级验收			年　月　日
二级验收			年　月　日

质检点：1-H3　工序 3　DCS 系统设备控制柜接地检查
质量标准：接地电阻小于 0.5Ω。
检查情况：

测量器具/编号			
测量（检查）人		记录人	
一级验收			年　月　日
二级验收			年　月　日
三级验收			年　月　日

质检点：2-H3　工序 4　DCS 系统电源检查及切换试验
质量标准：记录电源切换时间，确保不因切换器切换时间长导致的 DCS 系统主机发生掉电。
检查情况：

测量器具/编号			
测量（检查）人		记录人	
一级验收			年　月　日
二级验收			年　月　日
三级验收			年　月　日

质检点：3-H3　工序 6　DCS 系统 AP（控制器）切换试验
质量标准：设备状态不发生跳变，控制功能正常。
检查情况：

续表

<table>
<tr><td>测量器具/编号</td><td colspan="3"></td></tr>
<tr><td>测量（检查）人</td><td></td><td>记录人</td><td></td></tr>
<tr><td>一级验收</td><td colspan="2"></td><td>年　月　日</td></tr>
<tr><td>二级验收</td><td colspan="2"></td><td>年　月　日</td></tr>
<tr><td>三级验收</td><td colspan="2"></td><td>年　月　日</td></tr>
<tr><td colspan="4">质检点：4-H3　工序 8　网络冗余切换（容错测试）
质量标准：网络切换时 OT 计算机和 AP 处理器工作正常，且网络切换时报警显示正确。
检查情况：</td></tr>
<tr><td>测量器具/编号</td><td colspan="3"></td></tr>
<tr><td>测量（检查）人</td><td></td><td>记录人</td><td></td></tr>
<tr><td>一级验收</td><td colspan="2"></td><td>年　月　日</td></tr>
<tr><td>二级验收</td><td colspan="2"></td><td>年　月　日</td></tr>
<tr><td>三级验收</td><td colspan="2"></td><td>年　月　日</td></tr>
</table>

AI 输入模件校验记录

<table>
<tr><td>机组</td><td colspan="6"></td><td>年</td><td>月</td><td>日</td></tr>
<tr><td>卡件号</td><td></td><td colspan="8">实测值</td></tr>
<tr><td rowspan="6">测试值</td><td>标准值（mA）</td><td>通道 1</td><td>通道 2</td><td>通道 3</td><td>通道 4</td><td>通道 5</td><td>通道 6</td><td>通道 7</td><td>通道 8</td></tr>
<tr><td>4</td><td></td><td></td><td></td><td></td><td></td><td></td><td></td><td></td></tr>
<tr><td>8</td><td></td><td></td><td></td><td></td><td></td><td></td><td></td><td></td></tr>
<tr><td>12</td><td></td><td></td><td></td><td></td><td></td><td></td><td></td><td></td></tr>
<tr><td>16</td><td></td><td></td><td></td><td></td><td></td><td></td><td></td><td></td></tr>
<tr><td>20</td><td></td><td></td><td></td><td></td><td></td><td></td><td></td><td></td></tr>
<tr><td colspan="2">评价</td><td></td><td></td><td></td><td></td><td></td><td></td><td></td><td></td></tr>
<tr><td>机组</td><td colspan="6"></td><td>年</td><td>月</td><td>日</td></tr>
<tr><td>卡件号</td><td></td><td colspan="8">实测值</td></tr>
<tr><td rowspan="6">测试值</td><td>标准值（mA）</td><td>通道 1</td><td>通道 2</td><td>通道 3</td><td>通道 4</td><td>通道 5</td><td>通道 6</td><td>通道 7</td><td>通道 8</td></tr>
<tr><td>4</td><td></td><td></td><td></td><td></td><td></td><td></td><td></td><td></td></tr>
<tr><td>8</td><td></td><td></td><td></td><td></td><td></td><td></td><td></td><td></td></tr>
<tr><td>12</td><td></td><td></td><td></td><td></td><td></td><td></td><td></td><td></td></tr>
<tr><td>16</td><td></td><td></td><td></td><td></td><td></td><td></td><td></td><td></td></tr>
<tr><td>20</td><td></td><td></td><td></td><td></td><td></td><td></td><td></td><td></td></tr>
<tr><td colspan="2">评价</td><td></td><td></td><td></td><td></td><td></td><td></td><td></td><td></td></tr>
<tr><td colspan="2">测量器具/编号</td><td colspan="8"></td></tr>
<tr><td colspan="2">测量（检查）人</td><td colspan="3"></td><td colspan="2">记录人</td><td colspan="3"></td></tr>
</table>

续表

一级验收		年 月 日
二级验收		年 月 日
三级验收		年 月 日

AO 输出模件校验记录

机组						年	月	日
卡件号		实测值						
测试值	标准值（mA）	通道 1	通道 2	通道 3	通道 4	通道 5	通道 6	通道 7	通道 8
	4								
	8								
	12								
	16								
	20								
评价									

机组						年	月	日
卡件号		实测值						
测试值	标准值（mA）	通道 1	通道 2	通道 3	通道 4	通道 5	通道 6	通道 7	通道 8
	4								
	8								
	12								
	16								
	20								
评价									

测量器具/编号			
测量（检查）人		记录人	
一级验收			年 月 日
二级验收			年 月 日
三级验收			年 月 日

DCS 热电阻模件校验记录

机组						年	月	日
卡件号		实测值						
测试值	标准值（Ω）	通道 1	通道 2	通道 3	通道 4	通道 5	通道 6	通道 7	通道 8
	0								
	100								
	200								
	300								
	400								
评价									

续表

机组						年	月	日
卡件号		实测值						
测试值	标准值（Ω）	通道1	通道2	通道3	通道4	通道5	通道6	通道7	通道8
	0								
	100								
	200								
	300								
	400								
评价									
测量器具/编号									
测量（检查）人			记录人						
一级验收						年　月　日			
二级验收						年　月　日			
三级验收						年　月　日			

六、完工验收卡

序号	检查内容	标　准	检查结果
1	安全措施恢复情况	1.1 检修工作全部结束 1.2 整改项目验收合格 1.3 安全措施和隔离措施具备恢复条件 1.4 工作票具备押回条件	□ □ □ □
2	设备自身状况	2.1 设备与系统全面连接 2.2 计算机、控制柜无异常报警 2.3 设备标示牌齐全 2.4 设备保护接线已恢复 2.5 DCS已投入运行	□ □ □ □ □
3	设备环境状况	3.1 检修整体工作结束，人员撤出 3.2 检修剩余备件材料清理出现场 3.3 检修现场废弃物清理完毕 3.4 检修用辅助设施拆除结束 3.5 临时电源、照明等拆除完毕 3.6 工器具及工具箱运出现场 3.7 地面铺垫材料运出现场 3.8 检修现场卫生整洁	□ □ □ □ □ □ □ □
一级验收		二级验收	

七、完工报告单

工期	年　月　日　至　年　月　日			实际完成工日	工日
主要材料备件消耗统计	序号	名称	规格与型号	生产厂家	消耗数量
	1				
	2				
	3				
	4				
	5				

续表

缺陷处理情况	序号	缺陷内容	处理情况
	1		
	2		
	3		
	4		
异动情况			
让步接受情况			
遗留问题及采取措施			
修后总体评价			
各方签字	一级验收人员	二级验收人员	三级验收人员

检修文件包

单位：________ 班组：________ 编号：________

检修任务：**TSI 系统检修** 风险等级：________

一、检修工作任务单						
计划检修时间	年 月 日 至 年 月 日			计划工日		
主要检修项目	1．汽轮机转速测量系统检修 2．汽轮机轴向位移测量系统检修 3．汽轮机轴振测量系统检修 4．汽轮机瓦振测量系统检修 5．汽轮机胀差测量系统检修			6．汽轮机键相测量系统检修 7．汽轮机挠度测量系统检修 8．汽轮机热膨胀测量系统检修 9．机柜、模件、电源、风扇清扫		
修后目标	1．示值准确 2．保护动作值正确，不发生误动和拒动					
鉴证点分布	W 点	工序及质检点内容	H 点	工序及质检点内容	S 点	工序及安全鉴证点内容
	1-W2	□1 瓦振传感器的回拆	1-H3	□8 轴振涡流传感器的回装		
	2-W2	□2 热膨胀传感器 LVDT 回拆	2-H3	□9 转速、键相、挠度传感器的回装		
	3-W2	□3 轴振传感器的回拆	3-H3	□10 轴位移传感器的回装		
	4-W2	□4 低压缸胀差传感器的回拆	4-H3	□11 胀差传感器的回装		
	5-W2	□5 中、高压缸胀差传感器的回拆	5-H3	□12 轴位移，胀差传感器的推拉试验		
	6-W2	□6 转速、键相、挠度传感器的回拆	6-H3	□13 瓦振传感器的回装		
	7-W2	□7 轴位移传感器的回拆	7-H3	□14 热膨胀传感器的回装		
质量验收人员	一级验收人员		二级验收人员		三级验收人员	
安全验收人员	一级验收人员		二级验收人员		三级验收人员	

二、修前策划卡
设 备 基 本 参 数
1．设备名称：TSI 监测系统—本特利 3500 2．传感器、前置器、延伸电缆型号见设备清册 3．监测仪表型号 电源模件： 3500/15　　系统监视： 3500/18 轴振动模件：3500/40M、3500/42M　　轴位移模件：3500/42M 键相模件： 3500/25　　汽轮机缸体膨胀：3500/45 转速、零转速：3500/50　　四通道继电器：3500/32 通信模件： 3500/92 4．生产厂家：美国本特利 5．安装位置：汽轮机前箱、各轴承箱、TSI 监测控制器

续表

<table>
<tr><td colspan="5">设 备 修 前 状 况</td></tr>
<tr><td colspan="5">检修前交底（设备运行状况、历次主要检修经验和教训、检修前主要缺陷）
历次主要检修经验和教训：

检修前主要缺陷：瓦振传感器故障</td></tr>
<tr><td>技术交底人</td><td colspan="3"></td><td>年 月 日</td></tr>
<tr><td>接受交底人</td><td colspan="3"></td><td>年 月 日</td></tr>
<tr><td colspan="5">人 员 准 备</td></tr>
<tr><td>序号</td><td>工种</td><td>工作组人员姓名</td><td>资格证书编号</td><td>检查结果</td></tr>
<tr><td>1</td><td></td><td></td><td></td><td>□</td></tr>
<tr><td>2</td><td></td><td></td><td></td><td>□</td></tr>
<tr><td>3</td><td></td><td></td><td></td><td>□</td></tr>
<tr><td>4</td><td></td><td></td><td></td><td>□</td></tr>
<tr><td>5</td><td></td><td></td><td></td><td>□</td></tr>
</table>

<table>
<tr><td colspan="5">三、现场准备卡</td></tr>
<tr><td colspan="5">办 理 工 作 票</td></tr>
<tr><td colspan="5">工作票编号：</td></tr>
<tr><td colspan="5">施 工 现 场 准 备</td></tr>
<tr><td>序号</td><td colspan="3">安 全 措 施 检 查</td><td>确认符合</td></tr>
<tr><td>1</td><td colspan="3">进入噪声区域，使用高噪声工具时正确佩戴合格的耳塞</td><td>□</td></tr>
<tr><td>2</td><td colspan="3">门口、通道、楼梯和平台等处，不准放置杂物</td><td>□</td></tr>
<tr><td>3</td><td colspan="3">发现盖板缺损及平台防护栏杆不完整时，应采取临时防护措施，设坚固的临时围栏</td><td>□</td></tr>
<tr><td>4</td><td colspan="3">进入粉尘较大的场所作业，作业人员必须戴防尘口罩</td><td>□</td></tr>
<tr><td>5</td><td colspan="3">地面有油水、泥污等，必须及时清除，以防滑跌</td><td>□</td></tr>
<tr><td>6</td><td colspan="3">工作前核对设备名称及编号，工作前验电，应将控制柜电源停电，并在电源开关上设置“禁止合闸，有人工作”标示牌</td><td>□</td></tr>
<tr><td colspan="5">确认人签字：</td></tr>
<tr><td colspan="5">工 器 具 准 备 与 检 查</td></tr>
<tr><td>序号</td><td>工具名称及型号</td><td>数量</td><td>完 好 标 准</td><td>确认符合</td></tr>
<tr><td>1</td><td>移动式电源盘</td><td>1</td><td>产品标识及定期检验合格标识应清晰齐全；线盘、插座、插头应无松动，无缺损、无开裂；电源线应无灼伤、无破损、无裸露，且与线盘及插头的连接牢固；线盘架、拉杆、线盘架轮子及线盘摇动手柄应齐全完好</td><td>□</td></tr>
<tr><td>2</td><td>塑料焊枪</td><td>2</td><td>检查检验合格证在有效期内；检查电吹风电源线、电源插头完好无破损</td><td>□</td></tr>
<tr><td>3</td><td>强光灯</td><td>1</td><td>电池电量充足、亮度正常、开关灵活好用</td><td>□</td></tr>
<tr><td>4</td><td>活扳手</td><td>2</td><td>活动扳口应在扳体导轨的全行程上灵活移动；活扳手不应有裂缝、毛刺及明显的夹缝、氧化皮等缺陷，柄部平直且不应有影响使用性能的缺陷</td><td>□</td></tr>
</table>

续表

序号	工具名称及型号	数量	完 好 标 准	确认符合
5	活扳手	2	活动扳口应在扳体导轨的全行程上灵活移动；活扳手不应有裂缝、毛刺及明显的夹缝、氧化皮等缺陷，柄部平直且不应有影响使用性能的缺陷	□
6	双呆头扳手	1	扳手不应有裂缝、毛刺及明显的夹缝、切痕、氧化皮等缺陷，柄部应平直	□
7	梅花扳手	1	扳手不应有裂缝、毛刺及明显的夹缝、切痕、氧化皮等缺陷，柄部应平直	□
8	十字螺丝刀	1	螺丝刀手柄应安装牢固，没有手柄的不准使用	□
9	一字螺丝刀	1	螺丝刀手柄应安装牢固，没有手柄的不准使用	□
10	尖嘴钳	2	尖嘴钳等手柄应安装牢固，没有手柄的不准使用	□
11	斜口钳	1	斜口钳等手柄应安装牢固，没有手柄的不准使用	□
12	裁纸刀	1	裁纸刀手柄应安装牢固，没有手柄的不准使用	□
13	对讲机	2	对讲机检查检验合格电量充足	□
14	游标卡尺	1	产品标识（卡尺上应有精度值、制造厂商、工厂标志和出厂编号）及定期检验合格资料应齐全；卡尺各部件应完好齐全无缺损；卡尺的表面应无锈蚀、碰伤、变形等缺陷，刻度和数字应完整清晰；内测量爪和外测量爪的测量面应无损伤，两爪合拢后对照光线看时应无可见亮光；深度尺（尺身）应无扭曲等变形的损伤	□
15	塞尺	1	塞尺的测量面和侧面不应有划痕、碰伤和锈蚀	□
16	百分表（0～5mm）	1	产品标识（精度值、测量范围、厂标等）及定期检验合格资料应齐全；百分表各部件应完整齐全，无损伤，刻度应清晰可见；测量杆在套筒内的移动应灵活，无任何轧卡现象，且每次轻轻推动测量杆放松后，长指针能回复到原来的刻度位置，指针与表盘应无任何摩擦；测量头应无任何损伤，头表面应为光洁圆弧面；沿测量杆轴的方向拨动测量杆，测量杆应无明显晃动，指针位移不应大于 0.5 个分度	□
17	百分表（0～10mm）	1	产品标识（精度值、测量范围、厂标等）及定期检验合格资料应齐全；百分表各部件应完整齐全，无损伤，刻度应清晰可见；测量杆在套筒内的移动应灵活，无任何轧卡现象，且每次轻轻推动测量杆放松后，长指针能回复到原来的刻度位置，指针与表盘应无任何摩擦；测量头应无任何损伤，头表面应为光洁圆弧面；沿测量杆轴的方向拨动测量杆，测量杆应无明显晃动，指针位移不应大于 0.5 个分度	□
18	万用表	1	塑料外壳具有足够的机械强度，不得有缺损和开裂、划伤和污迹，不允许有明显的变形，按键、按钮应灵活可靠，无卡死和接触不良的现象	□
19	绝缘电阻表	1	绝缘电阻表的外表应整洁美观，不应有变形、缩痕、裂纹、划痕、剥落、锈蚀、油污、变色等缺陷。文字、标志等应清晰无误；绝缘电阻表的零件、部件、整件等应装配正确，牢固可靠。绝缘电阻表的控制调节机构和指示装置应运行平稳，无阻滞和抖动现象	□
20	防静电手环	3	检查防静电手环产品标识应清晰齐全，导电松紧带、活动按扣、弹簧PU 线、保护电阻及插头或鳄鱼夹等部件应完整无缺，各部件之间连接头应无缺损、无断裂等缺陷	□
21	电吹风	2	检查检验合格证在有效期内；检查电吹风电源线、电源插头完好无破损	□
22	临时电源及电源线	1	检查电源线外绝缘良好，线绝缘有破损不完整或带电部分外露时，应立即找电气人员修好，否则不准使用；检查电源盘检验合格证在有效期内；不准使用破损的电源插头插座，分级配置漏电保护器，工作前试验漏电保护器正确动作	□
确认人签字：				

续表

<table>
<tr><td colspan="6">材 料 准 备</td></tr>
<tr><td>序号</td><td>材料名称</td><td>规　　格</td><td>单位</td><td>数量</td><td>检查结果</td></tr>
<tr><td>1</td><td>精密电子清洗剂</td><td>500mL</td><td>瓶</td><td>8</td><td>□</td></tr>
<tr><td>2</td><td>棉布</td><td></td><td>kg</td><td>3</td><td>□</td></tr>
<tr><td>3</td><td>密封胶</td><td>587</td><td>瓶</td><td>3</td><td>□</td></tr>
<tr><td>4</td><td>绝缘塑料带</td><td></td><td>盘</td><td>6</td><td>□</td></tr>
<tr><td>5</td><td>黏性绝缘带</td><td></td><td>盘</td><td>5</td><td>□</td></tr>
<tr><td>6</td><td>生料带</td><td></td><td>盘</td><td>6</td><td>□</td></tr>
<tr><td>7</td><td>耐油热缩管</td><td></td><td>m</td><td>10</td><td>□</td></tr>
<tr><td>8</td><td>记号笔</td><td></td><td>支</td><td>2</td><td>□</td></tr>
<tr><td colspan="6">备 件 准 备</td></tr>
<tr><td>序号</td><td>备件名称</td><td></td><td>单位</td><td>数量</td><td>检查结果</td></tr>
<tr><td rowspan="2">1</td><td>8mm 涡流传感器</td><td>330104</td><td>支</td><td>3</td><td>□</td></tr>
<tr><td colspan="5">验收标准：传感器型号正确，外观良好，无磕碰、划痕，延伸缆外皮无破损，同轴锁扣连接良好，探头阻值符合要求，校验合格</td></tr>
<tr><td rowspan="2">2</td><td>17mm 涡流传感器</td><td>SD-161，SD-164</td><td>支</td><td>2</td><td>□</td></tr>
<tr><td colspan="5">验收标准：传感器型号正确，外观良好，无磕碰、划痕，延伸缆外皮无破损，同轴锁扣连接良好，探头阻值符合要求，校验合格</td></tr>
<tr><td rowspan="2">3</td><td>11mm 涡流传感器</td><td>330710-000-060-10-02</td><td>支</td><td>1</td><td>□</td></tr>
<tr><td colspan="5">验收标准：传感器型号正确，外观良好，无磕碰、划痕，延伸缆外皮无破损，同轴锁扣连接良好，探头阻值符合要求，校验合格</td></tr>
<tr><td rowspan="2">4</td><td>前置器</td><td>330180-90-00</td><td>个</td><td>1</td><td>□</td></tr>
<tr><td colspan="5">验收标准：前置器型号正确，外观良好，无磕碰，同轴锁扣连接良好，接线端子良好，校验合格</td></tr>
<tr><td rowspan="2">5</td><td>前置器</td><td>OD-162，OD-165</td><td>个</td><td>2</td><td>□</td></tr>
<tr><td colspan="5">验收标准：前置器型号正确，外观良好，无磕碰，同轴锁扣连接良好，接线端子良好，校验合格</td></tr>
<tr><td rowspan="2">6</td><td>前置器</td><td>330780-90-00</td><td>个</td><td>1</td><td>□</td></tr>
<tr><td colspan="5">验收标准：前置器型号正确，外观良好，无磕碰，同轴锁扣连接良好，接线端子良好，校验合格</td></tr>
<tr><td rowspan="2">7</td><td>轴振二次表</td><td>3500/42</td><td>块</td><td>1</td><td>□</td></tr>
<tr><td colspan="5">验收标准：模板型号正确，外观良好，无磕碰痕迹</td></tr>
<tr><td rowspan="2">8</td><td>瓦振二次表</td><td>3500/42</td><td>块</td><td>1</td><td>□</td></tr>
<tr><td colspan="5">验收标准：模板型号正确，外观良好，无磕碰痕迹</td></tr>
<tr><td rowspan="2">9</td><td>申克二次表</td><td>SM-610-134</td><td>块</td><td>1</td><td>□</td></tr>
<tr><td colspan="5">验收标准：模板型号正确，外观良好，无磕碰痕迹</td></tr>
<tr><td rowspan="2">10</td><td>延伸缆</td><td>EC-001/40/0</td><td>根</td><td>1</td><td>□</td></tr>
<tr><td colspan="5">验收标准：延伸缆型号正确，外观良好，外皮无破损，同轴锁扣连接良好，阻值符合要求，校验合格</td></tr>
<tr><td rowspan="2">11</td><td>延伸缆</td><td>330130-080-13-00</td><td>根</td><td>2</td><td>□</td></tr>
<tr><td colspan="5">验收标准：延伸缆型号正确，外观良好，外皮无破损，同轴锁扣连接良好，阻值符合要求，校验合格</td></tr>
<tr><td rowspan="2">12</td><td>延伸缆</td><td>330730-080-01-00</td><td>根</td><td>1</td><td>□</td></tr>
<tr><td colspan="5">验收标准：延伸缆型号正确，外观良好，外皮无破损，同轴锁扣连接良好，阻值符合要求，校验合格</td></tr>
</table>

续表

<table>
<tr><td colspan="2">四、检修工序卡</td></tr>
<tr><td>检修工序步骤及内容</td><td>安全、质量标准</td></tr>
<tr><td>1　瓦振传感器的回拆
危险源：绊脚物、专用工具、重物
<table><tr><td>安全鉴证点</td><td>1-S1</td><td></td></tr></table>□1.1　准备好检修工作场地，以存放零部件及工具存放地点要避开步道等易碰落地方，现场工器具摆放要整齐，地面应铺设胶皮或帆布等物品，小件物品应运回班内统一保管，放在就地的物品做好防损坏措施
□1.2　准备必要的合格工器具及零部件
□1.3　将瓦振屏蔽罩上的螺丝拧下，取下屏蔽罩
□1.4　用扳手逆时针旋转瓦振传感器，使传感器松动，用手拧下传感器，将传感器清擦干净
□1.5　在瓦振传感器上做好“X 瓦”“Y 瓦”的标记，并放好
<table><tr><td>质检点</td><td>1-W2</td><td></td></tr></table>□1.6　用塑料带或粘胶带将信号线上的插头包好，防止杂物进入插头
□1.7　将信号线盘好，固定在合适位置，防止信号线损伤
□1.8　将现场清理干净，废物放至指定的垃圾箱，将传感器拿回库房放好，准备送检</td><td>□A1（a）　现场拆下的零件、设备、材料等应定置摆放，禁止乱堆乱放；现场禁止放置大量材料现场使用的材料做到随取随用。
□A1（b）　使用专用工具均匀用力。
□A1（c）　不允许交叉作业，特殊情况必须交叉作业时，做好防止落物措施。

1.4　表面无伤痕、安装底座无异常、连接头无异常、传感器螺纹无滑扣现象</td></tr>
<tr><td>2　热膨胀传感器（LVDT 传感器）回拆
危险源：绊脚物、专用工具、重物
<table><tr><td>安全鉴证点</td><td>2-S1</td><td></td></tr></table>□2.1　确认热膨胀测量系统已停电
□2.2　检查中压缸热膨胀传感器的外观
□2.3　将中压缸热膨胀测量的 LVDT 传感器在前置器端子箱内解线，松开固定螺丝后取下 LVDT 传感器并擦拭干净
□2.4 在传感器上做好“中压缸热膨胀”的标记，测量中压缸热膨胀传感器阻值正常，做好记录
<table><tr><td>质检点</td><td>2-W2</td><td></td></tr></table>□2.5　放好中压缸热膨胀传感器
□2.6　检查高压缸热膨胀传感器的外观
□2.7　将高压缸热膨胀测量的 LVDT 传感器在前置器端子箱内解线，松开固定螺丝后取下 LVDT 传感器并擦拭干净
□2.8　在传感器上做好“高压缸热膨胀东”“高压缸热膨胀西”的标记，测量高压缸热膨胀传感器阻值正常，做好记录
□2.9　将现场清理干净，废物放至指定的垃圾箱，将传感器放回实验室，待检</td><td>□A2（a）　现场拆下的零件、设备、材料等应定置摆放，禁止乱堆乱放；现场禁止放置大量材料，现场使用的材料做到随取随用。
□A2（b）　使用专用工具均匀用力。
□A2（c）　不允许交叉作业，特殊情况必须交叉作业时，做好防止落物措施。
2.2　传感器表面无损伤，.延伸缆无损伤。

2.6　传感器表面无损伤，.延伸缆无损伤</td></tr>
<tr><td>3　轴振传感器的回拆
危险源：绊脚物、专用工具、重物
<table><tr><td>安全鉴证点</td><td>3-S1</td><td></td></tr></table>□3.1　检查轴振传感器、延伸缆外观，有无破损
□3.2　在前置放大器端子箱内，按逆时针方向旋转扣帽，解开前置器输入侧，测量探头和延伸缆的直流电阻并做好记录
<table><tr><td>质检点</td><td>3-W2</td><td></td></tr></table>□3.3　用斜口钳将绑线拆除，注意防止绑线掉入缸内
□3.4　用棉纱或抹布将延伸缆上的油擦净，将用过的棉纱或抹布放在指定位置
□3.5　用白布带或塑料带在传感器和延伸缆上做好标记</td><td>□A3（a）　现场拆下的零件、设备、材料等应定置摆放，禁止乱堆乱放；现场禁止放置大量材料现场使用的材料做到随取随用。
□A3（b）　使用专用工具均匀用力。
□A3（c）　不允许交叉作业，特殊情况必须交叉作业时，做好防止落物措施。
3.1　传感器表面无伤痕。
3.2　阻值正确。</td></tr>
</table>

续表

检修工序步骤及内容	安全、质量标准
（N 瓦 X/Y 向） □3.6 旋开接头保护器，逆时针旋转扣帽，使扣帽松脱，用手旋开连接头，检查连接头有无异常 □3.7 用扳手逆时针旋转松动传感器上的锁母，松动传感器，将传感器及所带延伸缆一起逆时针转动，防止将延伸缆损伤，拆下传感器 □3.8 将拆下的探头及配件擦拭干净，并和拆下的安装配件一起放入事先准备好的纸箱中，妥善保管 □3.9 将延伸缆盘好，放在合适位置，防止损坏 □3.10 将现场的废物清理干净，放至指定的垃圾箱 □3.11 将传感器放至实验室，待检	3.6 连接头无异常。 3.7 传感器螺纹无滑扣现象，延伸缆无损伤
4 低压缸胀差传感器的回拆 危险源：绊脚物、专用工具、重物 安全鉴证点 | 4-S1 | □4.1 检查传感器、延伸缆外观，有无破损 □4.2 在前置放大器端子箱内，按逆时针方向旋转扣帽，解开前置器输入侧，测量 A、B 两个探头加延伸缆的直流电阻并做好记录 质检点 | 4-W2 | □4.3 在传感器和延伸缆上做好标记 □4.4 松开传感器安装支架上的固定螺丝，将传感器拆下，注意防止将延伸缆损伤 □4.5 将拆下的支架、探头及配件擦拭干净，并和拆下的安装配件（弹簧垫、防松垫）一起妥善保管 □4.6 将传感器送至实验室，待检	□A4（a） 现场拆下的零件、设备、材料等应定置摆放，禁止乱堆乱放；现场禁止放置大量材料，现场使用的材料做到随取随用。 □A4（b） 使用专用工具均匀用力。 □A4（c） 不允许交叉作业，特殊情况必须交叉作业时，做好防止落物措施。 4.1 传感器表面无伤痕。 4.4 传感器螺纹无滑扣现象，延伸缆无损伤
5 中、高压缸胀差传感器的回拆 危险源：绊脚物、专用工具、重物 安全鉴证点 | 5-S1 | □5.1 检查传感器、延伸缆外观，有无破损，做好记录 □5.2 在前置放大器端子箱内，按逆时针方向旋转扣帽，解开前置器输入侧，测量探头和延伸缆的直流电阻并做好记录 质检点 | 5-W2 | □5.3 在传感器和延伸缆上做好标记 □5.4 用扳手逆时针旋转松动传感器上的锁母，松动传感器，将传感器拆回，注意防止将延伸缆损伤 □5.5 将拆下的支架，探头及配件擦拭干净，并和拆下的安装配件（弹簧垫、防松垫）一起妥善保管 □5.6 将传感器送至实验室，待检	□A5（a） 现场拆下的零件、设备、材料等应定置摆放，禁止乱堆乱放；现场禁止放置大量材料，现场使用的材料做到随取随用。 □A5（b） 使用专用工具均匀用力。 □A5（c） 不允许交叉作业，特殊情况必须交叉作业时，做好防止落物措施。 5.1 传感器表面无伤痕 5.4 传感器螺纹无滑扣现象，延伸缆无损伤
6 转速、键相、挠度传感器的回拆 危险源：绊脚物、专用工具、重物 安全鉴证点 | 6-S1 | □6.1 检查传感器、延伸缆外观有无破损，用塞尺或量块测量出磁阻探头的安装间隙，做好拆前记录 □6.2 在前置放大器端子箱内，按逆时针方向旋转扣帽，解开前置器输入侧，测量探头和延伸缆的直流电阻并做好记录 质检点 | 6-W2 |	□A6（a） 现场拆下的零件、设备、材料等应定置摆放，禁止乱堆乱放；现场禁止放置大量材料现场使用的材料做到随取随用。 □A6（b） 使用专用工具均匀用力。 □A6（c） 不允许交叉作业，特殊情况必须交叉作业时，做好防止落物措施。 6.1 传感器表面无伤痕

续表

检修工序步骤及内容	安全、质量标准
□6.3　用斜口钳将绑线拆除，注意防止绑线及工具掉入前箱内，防止手臂划伤 □6.4　在传感器和延伸缆上做好标记 □6.5　将延伸缆与探头连接头拆开 □6.6　将探头从支架上拆下 □6.7　将拆下的支架、探头及配件擦拭干净，并和拆下的安装配件（弹簧垫、防松垫）一起妥善保管 □6.8　将延伸缆盘好，放在合适位置，防止损坏 □6.9　将传感器放至实验室，待检	6.5　连接头无异常。 6.7　传感器螺纹无滑扣现象，延伸缆无损伤
7　轴位移传感器的回拆 危险源：绊脚物、专用工具、重物 安全鉴证点 | 7-S1 | □7.1　检查传感器、延伸缆外观有无破损 □7.2　在前置放大器端子箱内，按逆时针方向旋转扣帽，解开前置器输入侧，测量探头和延伸缆的直流电阻并做好记录 质检点 | 7-W2 | □7.3　用斜口钳将绑线拆除，注意防止绑线及工具掉入前箱内，防止手臂划伤 □7.4　在传感器和延伸缆上做好标记 □7.5　将延伸缆与探头连接头拆开 □7.6　将探头从支架上拆下 □7.7　将拆下探头及配件擦拭干净，并和拆下的安装配件（弹簧垫、防松垫）一起妥善保管 □7.8　将延伸缆盘好，放在合适位置，防止损坏 □7.9　将传感器放至实验室，待检	□A7（a）　现场拆下的零件、设备、材料等应定置摆放，禁止乱堆乱放；现场禁止放置大量材料现场，使用的材料做到随取随用。 □A7（b）　使用专用工具均匀用力。 □A7（c）　不允许交叉作业，特殊情况必须交叉作业时，做好防止落物措施。 7.1　传感器表面无伤痕。 7.5　连接头无异常。 7.7　传感器螺纹无滑扣现象，延伸缆无损伤
8．轴振涡流传感器的回装 危险源：绊脚物、专用工具、重物 安全鉴证点 | 8-S1 | □8.1　检查测量回路端子接线无松动，电源供电回路端子无松动 □8.2　线芯号正确、清晰 □8.3　确认模板已送电 □8.4　向汽机人员询问确认轴瓦已压紧 □8.5　将探头连弹簧垫顺时针旋入轴瓦上的安装孔，凭手感调到距大轴约 2mm，注意避免探头所带延伸缆弯折损坏 □8.6　将探头与延伸缆连上，并预套热缩管，旋紧连接头（用力要适中） □8.7　细调探头与大轴的间隙，观察前置器输出电压（建议 Y 相－11.5V，X 相－10.5V 左右），旋紧探头固定扣环，使弹簧垫紧固不松动，重新紧固连接头 质检点 | 1-H3 | □8.8　抖动延伸缆，观察前置器输出值有无变化，若有变化证明回路接触不良，需对连接头及延伸缆进行检查；若无变化，表明连接可靠，可进行下一步工作 □8.9　用精密电子仪器清洗剂清洗连接头及附近延伸缆 □8.10　安装接头保护器 □8.11　固定缸内的电缆，使电缆紧贴缸壁，免受损伤 □8.12　检查出线孔的密封[密封件在拧入缸体的螺纹处要抹胶（587）]；在缸体内出线孔处要用胶封死	□A8（a）　现场拆下的零件、设备、材料等应定置摆放，禁止乱堆乱放；现场禁止放置大量材料，现场使用的材料做到随取随用。 □A8（b）　使用专用工具均匀用力。 □A8（c）　不允许交叉作业，特殊情况必须交叉作业时，做好防止落物措施。 8.7　间隙电压为 Y 向－11.5V±0.5V，X 向－10.5V±0.5V。 8.11　固定要牢靠。 8.12　无渗漏现象
9　转速、键相、挠度传感器的回装 危险源：绊脚物、专用工具、重物	□A9（a）　现场拆下的零件、设备、材料等应定置摆放，禁止乱堆乱放；现场禁止放置大量材料现场使用的材料做到

续表

检修工序步骤及内容	安全、质量标准
安全鉴证点 9-S1 □9.1 检查测量回路端子接线无松动，电源供电回路端子无松动 □9.2 线芯号正确、清晰 □9.3 确认模板已送电 □9.4 向汽轮机人员询问确认轴瓦已压紧 □9.5 将涡流探头连弹簧垫顺时针旋入安装孔，凭手感调到距大轴约 2mm，注意避免探头所带延伸缆弯折损坏 □9.6 将涡流探头与延伸缆连上，旋紧连接头（用力要适中） □9.7 细调探头与大轴的间隙至前置器输出电压为合格值，旋紧探头固定扣环，使弹簧垫紧固不松动 质检点 2-H3 □9.8 抖动延伸缆，观察前置器输出值有无变化，若有变化证明回路接触不良，需对连接头及延伸缆进行检查；若无变化，表明连接可靠，可进行下步工作 □9.9 用精密电子仪器清洗剂清洗连接头及附近延伸缆 □9.10 安装接头保护器 □9.11 将磁阻探头顺时针旋入安装孔，细调至 1mm 锁紧 □9.12 用塞尺测量探头与测量面的间隙，并做好记录，与拆前进行比较 □9.13 固定缸内的电缆，使电缆紧贴缸壁，免受损伤 □9.14 检查密封出线孔	随取随用。 □A9（b） 使用专用工具均匀用力。 □A9（c） 不允许交叉作业，特殊情况必须交叉作业时，做好防止落物措施。 9.7 挠度间隙电压为－10V±0.5V，键相间隙电压为－11V±0.5V，转速间隙电压为 Y 向－11.5V±0.5V，X 向－10.5V±0.5V。 9.11 磁阻探头安装间隙为 1mm±0.2mm。 9.12 固定要牢靠。 9.13 无渗漏现象
10 轴位移传感器的回装 危险源：绊脚物、专用工具、重物 安全鉴证点 10-S1 □10.1 检查测量回路端子接线无松动，电源供电回路端子无松动 □10.2 芯号正确、清晰 □10.3 确认模板已送电 □10.4 向汽轮机人员询问，确认止推轴承已回装完毕，汽轮机转子已靠到工作面，框架送电预热 □10.5 检查支架 □10.6 将探头固定在支架上，并上好防松垫，注意避免探头所带延伸缆弯折损坏 □10.7 就地架好百分表 □10.8 用精密电子仪器清洗剂清洗探头及延伸缆的连接头 □10.9 将探头与延伸缆连上，旋紧连接头（用力要适中） □10.10 移动支架，使传感器的间隙电压为-10V 左右 □10.11 抖动延伸缆，观察前置器输出值有无变化，若有变化证明回路接触不良，需对连接头及延伸缆进行检查；若无变化，表明连接可靠，可进行下步工作 □10.12 微调支架使轴位移示值为零 □10.13 在量程的上行程和下行程进行拖动实验，记录下就地百分表的示值，前置器的间隙电压及 CRT 示值，检查灵敏度是否合适，必要时可调整灵敏度的大小 □10.14 定零：调整传感器与工作面的间隙，当示值为零时将锁母锁死，若锁死后显示零位有偏差可在允许范围内调整零点电压值 质检点 3-H3 □10.15 用精密电子仪器清洗剂清洗连接头及附近延伸缆 □10.16 安装接头保护器	□A10（a） 现场拆下的零件、设备、材料等应定置摆放，禁止乱堆乱放；现场禁止放置大量材料现场，使用的材料做到随取随用。 □A10（b） 使用专用工具均匀用力。 □A10（c） 不允许交叉作业，特殊情况必须交叉作业时，做好防止落物措施。 10.5 固定可靠，调整螺栓动作灵敏。 10.13 误差应小于 3%。 10.14 零点误差应小于 3%。

续表

<table>
<tr><th>检修工序步骤及内容</th><th>安全、质量标准</th></tr>
<tr><td>□10.17　固定缸内的电缆，使电缆紧贴缸壁，免受损伤
□10.18　检查出线孔处的密封［密封件在拧入缸体的螺纹处要抹胶（587 或 515）；密封件内要用生料和胶（587）封好；在缸体内出线孔处要用胶封死］
□10.19　抖动延伸缆，观察前置器输出值有无变化，若有变化证明回路接触不良，需对连接头及延伸缆进行检查；若无变化，表明连接可靠
□10.20　清理现场，收好工器具</td><td>10.17　固定要牢靠。
10.18　无渗漏</td></tr>
<tr><td>11　胀差传感器的回装
危险源：绊脚物、专用工具、重物

| 安全鉴证点 | 11-S1 | |

□11.1　检查测量回路端子接线无松动，电源供电回路端子无松动
□11.2　线芯号正确、清晰
□11.3　向汽轮机人员询问，确认止推轴承已回装完毕，汽轮机转子已靠到工作面
□11.4　检查模板已送电，连接调试用电脑
□11.5　检查支架固定可靠，调整螺栓动作灵敏，将探头固定在支架上，注意避免探头所带延伸缆弯折损坏
□11.6　就地架好百分表
□11.7　用精密电子仪器清洗剂清洗探头及延伸缆的连接头
□11.8　将探头与延伸缆连上，并预套热缩管，旋紧连接头（用力要适中），移动支架，检查模板的示值应为 0
□11.9　抖动延伸缆，观察前置器输出值有无变化，若有变化证明回路接触不良，需对连接头及延伸缆进行检查；若无变化，表明连接可靠，可进行下一步工作
□11.10　在量程的上行程和下行程进行拖动实验，记录就地百分表的示值，用万用表测得前置器的间隙电压及模板的示值
□11.11　根据现场拖动情况将最终的拖动数据输入计算机，保存到模板中，再进行一次全行程的拖动
□11.12　定零：通过调整支架来调整传感器与工作面的间隙，观察就地万用表的示值，观察 CRT 的示值，当 CRT 示值为零时将锁母锁死，这时 CRT 显示是零

| 质检点 | 4-H3 | |

□11.13　用精密电子仪器清洗剂清洗连接头及附近延伸缆，并用棉布擦拭干净，用生料带将连接头处缠绕严密
□11.14　在生料带外用热缩管包好，均匀热缩
□11.15　固定缸内的电缆，使电缆紧贴缸壁，免受损伤
□11.16　检查出线孔处的密封［密封件在拧入缸体的螺纹处要抹胶（587）；密封件内要用生料和胶（587）封好；在缸体内出线孔处要用胶封死］
□11.17　抖动延伸缆，观察前置器输出值有无变化，若有变化证明回路接触不良，需对连接头及延伸缆进行检查；若无变化，表明连接可靠
□11.18　清理现场，收好工器具</td><td>□A11（a）　现场拆下的零件、设备、材料等应定置摆放，禁止乱堆乱放；现场禁止放置大量材料，现场使用的材料做到随取随用。
□A11（b）　使用专用工具均匀用力。
□A11（c）　不允许交叉作业，特殊情况必须交叉作业时，做好防止落物措施。

11.5　支架固定可靠，调整螺栓动作灵敏。

11.7　清洁无污渍。

11.10　误差应小于 4%。

11.12　零点误差不大于 2%。

11.15　固定要牢靠。
11.16　无渗漏</td></tr>
<tr><td>12　轴位移，胀差传感器的推拉试验
危险源：绊脚物、专用工具、重物

| 安全鉴证点 | 12-S1 | |

□12.1　汽轮机轴位移、高压缸胀差、中压缸胀差、低压缸胀差定零后必须进行转子的推拉试验
□12.2　确认汽轮机轴位移、高压缸胀差、中压缸胀差、1 号低压缸胀差、2 号低压缸胀差定零结束、现场工作结束，具</td><td>□A12（a）　现场拆下的零件、设备、材料等应定置摆放，禁止乱堆乱放；现场禁止放置大量材料，现场使用的材料做到随取随用。
□A12（b）　使用专用工具均匀用力。
□A12（c）　不允许交叉作业，特殊情况必须交叉作业时，做好防止落物措施。</td></tr>
</table>

续表

测量（检查）人		记录人	
一级验收			年 月 日
二级验收			年 月 日
三级验收			年 月 日

质检点：2-H3　工序 9　转速、键相、挠度传感器的回装

质量标准：挠度间隙电压为－10V±0.5V，键相间隙电压为－11V±0.5V，转速间隙电压为 Y 向－11.5V±0.5V，X 向－10.5V±0.5V；磁阻探头安装间隙为 1mm±0.2mm；固定要牢靠；无渗漏现象

涡流探头零点电压和磁阻探头安装间隙记录：

名称	涡流探头零点电压（V）	磁阻探头安装间隙（mm）	备注
挠度传感器			
键相传感器			
转速传感器			
硬超速传感器 1			
硬超速传感器 2			
硬超速传感器 3			
磁阻转速传感器 B1			
磁阻转速传感器 B2			
磁阻转速传感器 B3			
磁阻转速传感器 B4			
磁阻转速传感器 B5			
测量（检查）人		记录人	
一级验收			年 月 日
二级验收			年 月 日
三级验收			年 月 日

质检点：3-H3　工序 10　轴位移传感器的回装

质量标准：固定可靠，调整螺栓动作灵敏；误差应小于 3%；零点误差应小于 3%

拖动记录：

位号	拖动数据									
SA603	间隙									
	正向									
	反向									
SA604	间隙									
	正向									
	反向									
SA649	间隙									
	正向									
	反向									
SA651	间隙									
	正向									
	反向									

续表

测量（检查）人		记录人	
一级验收			年　月　日
二级验收			年　月　日
三级验收			年　月　日

质检点：4-H3　工序 11　胀差传感器的回装

质量标准：支架固定可靠，调整螺栓动作灵敏；清洁无污渍；误差应小于 4%；零点误差不大于 2%；固定要牢靠；无渗漏

测量（检查）人		记录人	
一级验收			年　月　日
二级验收			年　月　日
三级验收			年　月　日

质检点：5-H3　工序 12　轴位移，胀差传感器的推拉试验

质量标准：轴位移误差应小于 3%；胀差误差小于 4%

试验数据记录：

轴位置	百分表（mm）	CRT（mm）							
		SA603	SA604	SA649	SA651	SA605	SA606	SA607	SA608
工作面									
非工作面									
工作面									
非工作面									

测量（检查）人		记录人	
一级验收			年　月　日
二级验收			年　月　日
三级验收			年　月　日

质检点：6-H3　工序 13　瓦振传感器的回装

质量标准：安装板安装牢固，所有的螺丝均有弹簧垫防松；探头安装牢固；电缆套有蛇皮管，固定可靠；9、10、11、12 号瓦的探头及蛇皮管与大地绝缘

测量（检查）人		记录人	
一级验收			年　月　日
二级验收			年　月　日
三级验收			年　月　日

续表

质检点：7-H3　工序 14　热膨胀传感器的回装 质量标准：支架安装牢固；误差不应大于 4%；保护罩固定完好 试验数据记录：							
高热胀	就地值	0	10	20	30	40	50
	显示值						
中热胀	就地值	0	10	20	30	40	50
	显示值						
测量（检查）人				记录人			
一级验收						年　月　日	
二级验收						年　月　日	
三级验收						年　月　日	

六、修后验收卡

序号	检查内容	标　准	检查结果
1	安全措施恢复情况	1. 检修工作全部结束 2. 整改项目验收合格 3. 安全措施和隔离措施具备恢复条件 4. 工作票具备押回条件	□ □ □ □
2	设备自身状况	1. 数值显示正确 2. 缸体出线孔密封良好 3. 设备标示牌齐全	□ □ □
3	设备环境状况	1. 检修整体工作结束，人员撤出 2. 检修剩余备件材料清理出现场 3. 检修现场废弃物清理完毕 4. 工器具及工具箱运出现场 5. 检修现场卫生整洁	□ □ □ □ □
一级验收		二级验收	

七、完工报告单

工期	年　月　日　至　年　月　日			实际完成工日	工日
主要材料备件消耗统计	序号	名称	规格与型号	生产厂家	消耗数量
	1				
	2				
	3				
	4				
	5				
缺陷处理情况	序号	缺陷内容		处理情况	
	1				
	2				
	3				
	4				

续表

<table>
<tr><td>异动情况</td><td colspan="3"></td></tr>
<tr><td>让步接受情况</td><td colspan="3"></td></tr>
<tr><td>遗留问题及
采取措施</td><td colspan="3"></td></tr>
<tr><td>修后总体评价</td><td colspan="3"></td></tr>
<tr><td rowspan="2">各方签字</td><td>一级验收人员</td><td>二级验收人员</td><td>三级验收人员</td></tr>
<tr><td></td><td></td><td></td></tr>
</table>